JN443755

LEARN ELECTRONICS WITH AUDIO

오디오로 배우는

전자공학

오디오로 배우는
전자공학

장병준 지음

도서출판 홍릉

저자소개

장병준 bjjang@kookmin.ac.kr

1990년 연세대학교 전자공학과 학사
1992년 연세대학교 전자공학과 석사
1997년 연세대학교 전자공학과 박사
1995년 ~ 1999년 LG전자 선임연구원
1999년 ~ 2003년 한국전자통신연구원(ETRI) 선임연구원
2003년 ~ 2005년 정보통신연구진흥원(IITA) 선임연구원
2013년 ~ 2015년 미래창조과학부 민간전문가(CP)
2005년 ~ 국민대학교 전자공학부 교수

오디오로 배우는 전자공학

인 쇄: 2024년 1월 10일 초판 1쇄
발 행: 2024년 1월 17일 초판 1쇄

저 자: 장병준
발행인: 송 준
발행처: 도서출판 홍릉
주 소: 01093 서울시 강북구 인수봉로 50길 10
등 록: 1976년 10월 21일 제5-66호

전 화: 02-999-2274~5, 903-7037
팩 스: 02-905-6729
e-mail: hongpub@hongpub.co.kr
http://www.hongpub.co.kr
ISBN: 979-11-5600-147-8(93560)

정 가: 29,000원

낙장 및 파본은 구입처나 본사에서 교환하여 드립니다.
판권 소유에 위배되는 사항(인쇄, 복제, 제본)은 법에 저촉됩니다.

저자와의 협의하에 인지는 생략됩니다.

머리말

전자공학 기술은 오랜 기간 발전을 거듭하여 현재는 충분히 성숙되고 보편화되었다. 또한 전자공학은 타 분야와 융합되면서 공학 분야 종사자라면 누구든지 어느 정도는 알아야만 하는 요소 기술이 되었다. 예를 들어 전기자동차는 말할 것도 없고 건설, 물류, 도시 등 과거 전자공학과 관련이 없는 분야에서조차도 전자공학을 응용하지 않을 수 없게 되었다. 이런 기술의 융합시대에 전자공학 전공자는 본인의 전문 분야 이외에도 전자공학의 다른 분야에 대한 전반적인 지식을 갖출 필요가 있다. 따라서 과거의 전자공학 교육이 전자공학의 여러 분야 중 하나의 분야만 집중 학습하여 해당 분야의 전문가를 양성하는 교육이었다면 미래의 전자공학 교육은 전자공학 전 분야에 대한 이해를 가진 상태에서 한 두 개의 전문분야를 잘 아는 π-형 엔지니어를 양성하는 교육이 되어야 할 것이다. 이러한 취지에 맞춰 대학도 십여 년 전부터 공학인증 기반의 공학교육을 실시하고, 다양한 설계 과목을 통해 다양한 세부기술을 융합하는 공학교육을 실시하고 있다. 하지만 여전히 전자공학과 관련된 교재는 해당 기술 분야에 특화된 교재가 대부분이다. 따라서 특정 서비스를 중심으로 응용 관점에서 관련된 모든 해당 기술들을 한 번에 학습할 수 있는 교재가 앞으로는 많이 필요할 것이라 저자는 생각하고 있다.

또한, 최근 공학인증의 확산에 따라 전기 · 전자계열로 입학한 대학생들은 보통 1학년 시기에 공학설계입문과목을 수강한 후 3학년 공학설계와 4학년 종합설계를 수행하게 된다. 예를 들어 저자가 재직 중인 국민대학교 전자공학부에서는 공학설계입문으로 아두이노(Arduino)를 이용한 작품을 수행한다. 이는 아직 하드웨어와 소프트웨어에 대한 개념이 없는 상태에서도 간단한 아두이노 프로그램을 통해 전자기기를 제어하는 기본 원리를 학습하기 위함이다. 다음으로 공학설계는 공학설계입문을 바탕으로 전자공학 전공 기반의 팀 프로젝트를 수행하도록 되어 있다. 하지만 3학년 시기의 전자공학부 학생들은 전공기

초 과목(전자기학, 회로이론, 논리회로, Python/C/MATLAB 등 기초 프로그래밍)만을 수행하였기에 심화 전공을 바탕으로 공학설계를 진행하기는 쉽지 않다. 이에 저자는 학생들이 관심이 많은 음악을 재생할 수 있는 오디오(Audio)를 기반으로 공학설계를 진행하는 아이디어를 내게 되었다. 오디오 설계는 2학년 전공기초 과목만으로도 충분히 그 원리를 이해할 수 있어 전공지식을 충분히 활용할 수 있다. 예를 들어 회로이론 과목에서 L-C 필터와 OPAMP에 대해 학습하였으므로 이를 오디오용 회로로 만드는 설계과정을 진행할 수 있다. 따라서 이론으로만 배웠던 회로이론이 실제 오디오 기기에서 어떻게 사용되는지 확인할 수 있다. 또한, PC의 MATLAB/Simulink 프로그램 등을 이용하여 음악을 가공하는 디지털 필터나 이퀄라이저를 직접 설계하고 이를 PC나 마이컴으로 구현하도록 함으로써 신호 및 시스템의 기본 이론이 실제 어떻게 적용되는지 알아볼 수 있다. 또한, 오디오는 실시간 처리가 요구되므로 실시간 처리를 위해 MATLAB과 Simulink에서 사용하는 객체지향 특성에 대해서도 학습할 수 있는 장점이 있다.

마지막으로 오디오 기술은 전화기 기술과 함께 초창기 전자공학을 이끌던 핵심 기술이다. 스피커의 주파수 특성을 보완하는 크로스오버 네트워크 필터회로, 진공관과 트랜지스터를 이용한 전력증폭기, 오디오 전압신호를 다루기 위해 특화된 OPAMP 등이 모두 오디오와 직간접적으로 영향을 주고받은 기술로써 현재 전자공학의 첨단 기술은 거슬러 올라가보면 어느 정도는 오디오와 연결되어 있다. 또한, 오디오는 그 신호 특성이 10 옥타브에 이르는 넓은 주파수 범위를 갖고 있을 뿐만 아니라 신호의 크기도 100 dB 가까운 넓은 범위를 가지고 있다. 따라서 오디오 신호의 특성을 잘 이해하고 있다면 전자공학에서 다루는 대부분의 문제를 쉽게 풀 수 있다. 그렇다고 오디오 기술이 과거 기술로 머물러 있는 것도 아니다. 최근 네트워크 오디오, Bluetooth 스피커, 인공지능 스마트 스피커가 대중화된 것처럼 오디오의 디지털화, 무선화, 지능화에 따라 오디오는 지금도 지속적으로 발전하는 기술이다. 따라서 최신오디오를 이해하기 위해서는 간단한 오디오 회로를 넘어 네트워크와 무선통신까지 이해하는 과정이 필요하다. 이 모든 것을 다루기에는 학생들에게 조금 벅찰 수는 있지만 이 또한 공학설계와 비슷한 시기에 수강하는 통신이나 신호처리 관련 수업과 병행한다면 충분히 수행할 수 있다. 또한, 이론을 정확히 몰라도 마이컴(microprocessor)과 연동된 Bluetooth와 Wi-Fi 기능을 활용하는 것은 가능하고, 반대로 나중에 이론 학습에도 큰 도움이 될 것이라 기대한다.

본 교재를 활용해 오디오에 포함되는 전공지식을 이해하고 실제 제작을 통해 학생들은 전자공학 이론이 실제 제품에 어떻게 응용되는지 이해할 뿐만 아니라 자신이 좋아하는 음악을 직접 만든 오디오로 듣게 되는 성취감을 느낄 수 있기를 바란다. 또한, 최근 다양한 전자기기에서 실시간 고품질 디지털 음악에 대해 이해하는 엔지니어에 대한 수요가 지속되고 있으므로 본 교재를 통해 학습한 내용은 졸업 후 실무를 수행하는데 바로 활용될 수 있을 것으로 생각된다. 마지막으로 본 교재에서 학습한 지식을 바탕으로 전공심화 학습에 활용한여 관련 분야의 지식을 습득하는데 큰 도움이 되기를 기대한다.

2023. 12. 31

장병준 씀

목차

CHAPTER 3

오디오 HW – AMP

CHAPTER 4

아날로그 소스기기

CHAPTER 5
디지털 소스 기기

CHAPTER 6
인터넷과 네트워크 오디오(Network Audio)

CHAPTER 7

무선 오디오(Wireless Audio)

CHAPTER 1

오디오 기초

- 오디오의 기본 구성 및 원리를 이해한다.
- 음파의 특성과 음파를 전기적으로 표현한 전파에 대해 이해한다.
- 오디오의 구성을 이해한다.
- 오디오의 최신 동향을 이해할 수 있다.

1.1 오디오 개요

'오디오'는 사람에게 음악을 들려주는 전자기기라고 정의할 수 있다. 오디오의 역사는 150여년 전에 최초로 등장한 에디슨의 '축음기(蓄音機)'에서 시작된다[1]. 축음기에서 시작된 오디오의 역사는 몇 차례 거대한 변화가 있었다. 최초의 오디오인 축음기의 원리는 깡통 모양의 레코드를 손으로 돌리면 레코드 표면에 만들어진 미세한 홈을 따라 가느다란 바늘이 위아래로 진동을 일으키게 되고 이것이 진동판을 통해 소리로 변환되는 것으로 전기 또는 전자기술과는 무관한 기계적 원리를 이용한 제품이었다. 이러한 기계식 축음기가 오디오라는 이름을 달게 된 것은 '전기'를 만났기 때문이다. 축음기와 전기가 합쳐진 의미로 이때의 오디오를 '전축(電蓄)'이라 부르게 되었다. 이제 전축은 레코드판을 전기 모터로 돌리게 됨으로써 음악을 들을 때 사람이 레코드판을 손으로 돌릴 필요가 없어져 오로지 음악만을 집중하여 감상할 수 있게 해주었을 뿐 아니라, 당시 발명된 '진공관(眞空管, vacuum tube)' 등의 증폭소자를 이용하여 더 크고 또렷한 소리를 들려줄 수 있게 되었다. 전기와 진공관을 만난 오디오를 통해 인간은 음악을 감상할 수 있는 본격적인 오디오 감상시대를 맞게 되었다. 하지만 당시의 전축은 매우 가격이 비싼 기기이며, 전력소모와 크기가 크므로 음악감상실에 설치되거나 집 거실에 놓는 값비싼 가구의 형태로 존재하였다. 또한 레코드판 등 음원을 구매하고 보관하는 데 돈이 많이 들게 되어 전축을 소유한다는 것은 당시에는 부의 상징으로 느껴지게 되었다.

오디오의 발전의 역사에서 세 번째 큰 변화는 '트랜지스터(Transistor)'의 등장이다. 진공관보다 값이 저렴할 뿐만 아니라 높은 효율성과 작은 크기, 그리고 진공관에 비해 열이 나지 않는 트랜지스터를 사용하게 됨으로써 오디오의 크기는 작아지게 되었고, 이에 따라 오디오에 디자인 혁명이 일어나게 되었다. 손으로 들고 다닐 수 있는 크기의 오디오가 생겨나기 시작하여 여행갈 때 오디오를 들고 다니는 문화가 생기게 된 것은 물론이고, 아예 주머니에 넣고 다닐 수 있는 소형 제품의 출현까지 이어지게 되었다. 귀에 이어폰을 꽂고 주머니에 넣을 수 있는 일본 소니(SONY)의 '워크맨(Walkman)'이 등장할 수 있게 된 것도 트랜지스터의 출현에 따른 것이다.

오디오의 네 번째 변화는 음원의 디지털화라 할 수 있다. 디지털화된 'CD(Compact Disc)'의 등장으로 많은 음원이 디지털화되었고, 반도체 메모리 기술의 발전으로 작은 반도

---

1) 최초의 축음기(Phonograph)는 1877년 에디슨이 발명하였다. 초기의 축음기는 소리를 기계적 진동으로 바꾸어 기록하고 재생하였다.

체 메모리에 파일 형태로 저장할 수 있게 되면서 손가락만한 MP3 플레이어가 등장하게 되었다. 이후 스마트폰의 등장으로 MP3 플레이어 기능은 스마트폰 속에 삽입되기 시작하였다. 여기에 인터넷과 고속 디지털 무선통신 기술의 발전으로 네트워크 오디오까지 등장하고 되면서 CD나 테이프 등의 음원을 소유할 필요 없이 서버를 통해 스트리밍(streaming)하는 기술이 등장하고 있다. 디지털화의 또 다른 장점으로는 비디오 영상과 오디오가 하나의 파일로 쉽게 결합될 수 있다는 것이다. 유튜브(youtube)로 음악을 들을 때 영상도 같이 보여줄 수 있게 된 것이다.

이와 같이 앞으로도 오디오는 지속적으로 발전할 것이다[2]. 그 이유는 전자기술이 발전함에 따라 오디오 측면으로도 실제 소리를 거의 유사하게 녹음하고 재생하는 기술이 특정 전문가의 영역이 아니라 누구나 쉽게 접근할 수 있게 되었으며, 인간의 음악에 대한 수요와 욕망은 끝이 없기 때문이다.

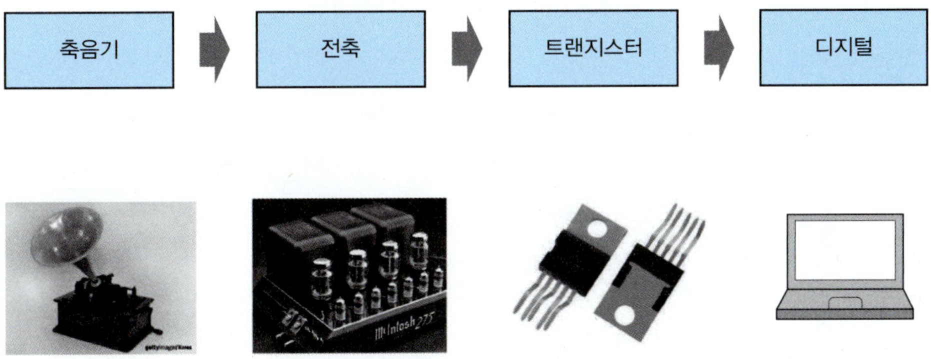

그림 1.1 오디오의 역사

오디오의 구성

오디오는 종류도 많고 그 구성도 다양하지만 [그림 1.2]와 같이 음악을 들을 때 우리 귀에 가까운 쪽부터 보자면 스피커(Speaker)가 먼저 보일 것이다. 다음으로 소리를 키우는 앰프(AMP)가 있을 것이고, 마지막으로 음악이 시작되는 다양한 소스(source) 기기가 보일 것이다. 스피커와 앰프는 누구나 알고 있듯이 오디오의 기본 요소로 원래는 한 몸이었다. 하

2) 오디오의 최근 발전에 대해서는 여러 논의가 있을 수 있지만 인공지능을 이용한 전자비서의 기능과 고품질 입체 음향을 제공하는 공간 음향 오디오가 이끌고 있다고 볼 수 있다.

지만 오디오가 발전되면서 각각으로 나누어지게 된 것이다.[3] 소스기기란 최초의 음이 발생하는 곳으로서 LP 혹은 CD 등의 음반이나 소스를 재생하는 장치 즉, LP플레이어(턴테이블), CD플레이어, FM방송을 들을 수 있는 라디오 튜너, 카세트 데크 등을 떠올리면 된다. 최근에는 인터넷에 연결된 오디오 서버로부터 음원을 스트리밍하여 듣는 경우 PC나 스마트폰도 소스기기의 역할을 수행한다고 볼 수 있다.

이러한 오디오의 구성을 사람의 발성원리 및 발성기관과 일대일로 비교할 수 있다. 예를 들어 최초로 에디슨이 만든 축음기는 사람의 입과 작은 성대 정도를 흉내 낸 최소한의 기능만을 갖추고 있었다. 입에서부터 출발하면 입은 스피커라고 할 수 있으며, 성대에서 입까지의 근육들은 앰프라고 할 수 있고, 성대는 소리를 시작하는 소스기기가 된다. 소스기기는 다양한 아날로그 기기에서 시작하여 첨단 디지털 소스기기까지 이르고 있다. 단, 인간의 발성기관은 만드는 소리에 따라 다양하게 형태를 바꾸어 다양한 소리를 낼 수 있지만 오디오는 그렇지 못하므로 만들어내는 소리의 주파수에 따라 다양한 스피커를 사용하게 되고, 소리의 크기를 조절하기 위하여 앰프의 구성도 이에 따라 달라지게 되었다.

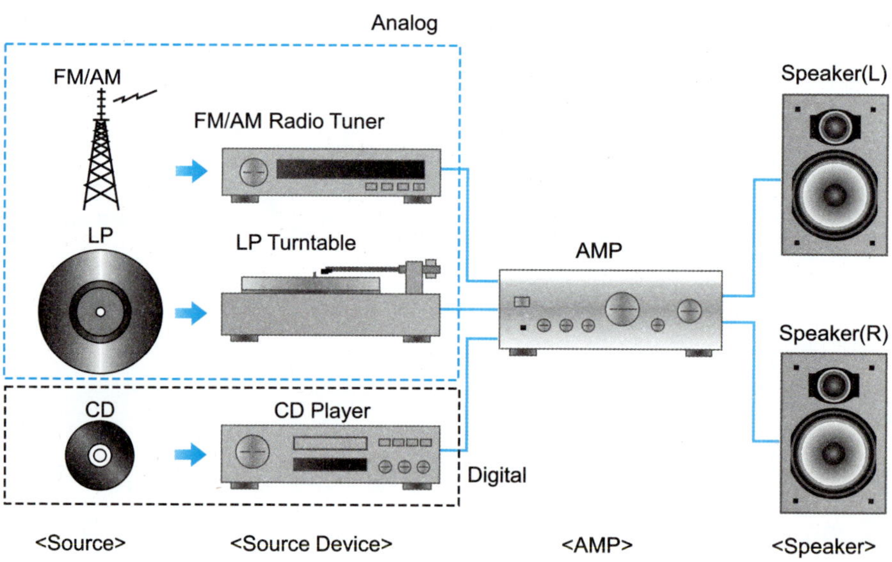

그림 1.2 스피커와 앰프, 소스기기로 구성된 오디오 기기(출처: Naver)

3) 최근에는 앰프의 소형화로 앰프가 내장된 스피커도 다시 등장하고 있으며 이를 액티브 스피커(active speaker)라고 부른다.

예제 1-1

본인이 사용하거나 집에 있는 오디오에서 스피커, 앰프, 소스기기가 어떻게 구성되어 있는지 알아보자.

참고 오디오는 [그림 1.2]와 같은 형태만 있는 것이 아니고 내가 가지고 있는 스마트폰이나 노트북 컴퓨터도 음악을 들을 수 있다면 하나의 오디오라 볼 수 있다.

스테레오 오디오와 입체음향

인간의 귀는 좌우 2개이므로 왼쪽과 오른쪽 귀에 도달하는 음파의 시간차와 강도차를 감지하여 소리가 어느 방향에서 나는지 알 수 있다. 이러한 인간의 청각 능력은 음파가 시작되는 곳의 각도, 높이, 거리를 3차원으로 감지하는 것을 가능하게 한다. 따라서 오디오를 통해서 이러한 입체적인 현장음을 구현하는 기술이 필요한데 이것이 바로 모노(mono)에서 스테레오(stereo), 멀티채널로 이어지는 입체음향 기술이다[4]. 사람은 두 개의 귀를 가지고 있는데, 귀는 사람마다 다르지만 약 15 cm에서 20 cm 떨어져 있으며 다른 방향을 향하고 있다. 이러한 귀의 위치와 방향의 차이를 이용하여 소리의 입체감을 인식하는 것을 Binaural Effect(양귀효과)라고 한다.

축음기가 처음 개발되었을 당시 축음기의 스피커는 당연히 1개였으며 입체음향이라는 것은 아무도 생각하지 못하였다. 이를 모노(mono)라고 하며 [그림 1.3]의 왼쪽과 같은 형태이다. 하지만 1930년대 2개의 스피커(2채널)로 소리를 들려주는 스테레오(stereo) 기술이 도입되었다[5]. 스테레오란 2대의 마이크를 통해 각각 녹음한 음향을 [그림 1.3]의 오른쪽과 같이 2개의 좌우 스피커로 재생하는 방식이다. 인간이 2개의 귀를 가지고도 소리가 발생하는 위치를 알 수 있듯이 두 개의 스피커만으로도 현장감 있는 음향을 제공할 수 있는 것이 스테레오 오디오의 장점이다. 스테레오에서 저음 재생전용인 서브우퍼(Sub-woofer) 스피커를 추가한 형태를 2.1채널이라고 하는데 이는 2채널 스테레오에 0.1채널의 서브우퍼 스피커를 추가하였다는 의미로 2.1채널이라고 부른다[6]. 전방 2채널 외에 후방 양쪽에 2개의 스피커

---

4) 예를 들어 멀티채널 음향의 대표기술 중의 하나인 돌비 디지털은 5.1채널이라 부르는데 스피커가 앞쪽 좌/우/중심, 뒤쪽 좌/우, 그리고 저음을 담당하는 우퍼까지 총 6개로 구성된다.

5) 스테레오를 최초로 도입한 영화는 1940년 공개된 디즈니의 영화 '판타지아'이다.

6) 우퍼(Woofer) 스피커는 저음을 내는데 저음은 파장이 크고 회절이 잘 되어 방향성이 없으므로 입체 음향에서 다른 채널용 스피커와 별도로 취급한다.

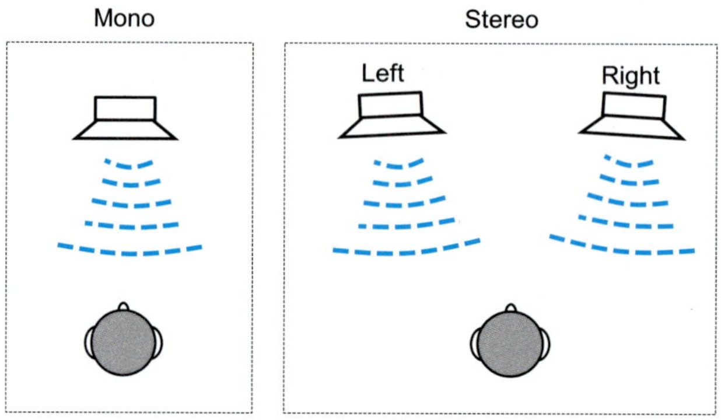

그림 1.3 모노(Mono)와 스테레오(Stereo)

를 추가한 것을 4채널, 전방 2채널과 그 사이에 센터 스피커를 추가한 뒤, 후방 2채널, 그리고 서브우퍼까지 추가한 본격적인 입체음향 시스템을 5.1채널이라고 한다[7]. 보통 가정에서 고음질로 영화를 감상할 때 주로 쓰이는데, 전방 2채널에서는 음악 및 전방의 효과음, 후방 2채널에선 후방의 효과음만을 주로 재생하며, 센터 스피커는 영화 등장인물들의 대사를, 그리고 서브우퍼는 저음을 재생한다. 5.1채널은 가정에서 홈시어터 시스템의 구성 시 가장 많이 사용되는 구조이며, DVD 영화에서 기본으로 지원하는 오디오 시스템이다. 영화관에서는 옆면에 2개의 스피커가 추가되는 7.1채널까지 사용되고 있다. 최근에는 천장에 스피커를 추가하는 3차원 입체음향까지도 출시되고 있다. 예를 들어 [그림 1.4]는 5.1.2채널로 5.1채널에 천장에 2개의 스피커가 추가되어 있는 형태가 된다.

하지만, 입체 음향을 즐기려면 오디오 신호 자체가 입체 음향에 맞게 녹음(레코딩, recoding)되어 있어야 하는데 현재까지의 대부분의 음원이 스테레오로만 녹음된 것이 많으므로 입체음향을 구성하는 것이 쉽지 않다는데 주의할 필요가 있다[8]. 즉, 5.1채널이나, 7.1채널로 스피커를 배치했다 해도 실제 레코딩된 음원이 스테레오로만 녹음되어 있다면 입체음향의 효과를 제대로 알 수가 없다[9].

---

7) 5.1채널은 1970년 돌비사에서 그 개념을 들고 나왔다. 돌비 5.1채널이 적용된 최초의 영화는 1979년에 나온 '지옥의 묵시록'이다. 1992년 돌비 디지털이 발표되면서 돌비 디지털 5.1채널로 상영된 최초의 영화는 '배트맨 2(배트맨 리턴즈)'이다.

8) 예를 들어 현재 FM 방송은 스테레오 신호만을 제공하고 있으며, 과거 영화의 경우 스테레오로 녹음된 것이 대부분이다.

9) 참고로 ASMR(Autonomous Sensory Meridian Response) 마이크는 사람 귀랑 비슷한 위치에 마이크가 두 개가 있다. 이런 마이크로 녹음을 하면 자연스럽게 왼쪽과 오른쪽에 방향성이 들어간 음원을 얻을 수 있다.

[표 1.1] 디지털 입체음향의 종류

명칭	특성
돌비 디지털 (Dolby Digital)	5.1채널, AC3 오디오 코덱(448kbps)[10] 1992년 '배트맨2'에서 처음 사용
DTS (Digital Theater System)	5.1채널, 1.5 Mbps 1993년 '쥬라기공원'에서 처음 사용
돌비 디지털 플러스 (Dolby Digital Plus)	7.1채널, E-AC3 오디오 코덱(1.7Mbps) 돌비 디지털과 호환
Dolby TrueHD	7.1채널, 18 Mbps 블루레이와 HD DVD를 위해 개발
DTS HD Master Audio	7.1채널, 블루레이 24 Mbps, HD DVD 18 Mbps Dolby TrueHD와 경쟁을 위해 개발

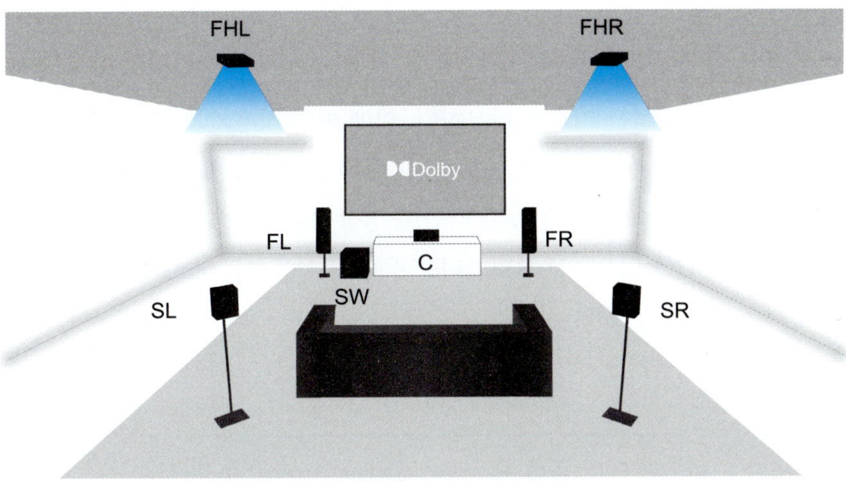

그림 1.4 5.1.2채널 입체음향(출처: Dolby)[11]

10) 돌비(Dolby)사는 입체 음향의 선도적인 기업으로 돌비 회사에서 3번째 만든 코덱이란 뜻의 AC3(Dolby Audio Codec Number 3)란 코덱을 1992년 개발하였다. 돌비 디지털은 초기에는 극장용으로만 쓰였으나 영화 DVD나 지상파 디지털 방송 등의 기본 음향으로 사용되면서 가장 많이 쓰이는 입체음향 규격이다.

11) 5.1.2채널에서 스피커 명칭은 FR(Front Right), FL(Front Left), SR(Surround Right), SL(Surround Left), C(Center), SW(Sub-Woofer), FHL(Front High Left), FHR(Front High Right) 등으로 불린다.

공간상에 스피커를 여러 대 설치하고 그에 맞게 만들어진 영화나 음악을 듣는 것은 상당히 힘들고 돈이 많이 드는 일이므로 최근에는 TV 아래에 설치된 사운드바(Soundbar)를 이용하여 입체음향을 제공하고 있다[12]. 사운드 바 내부에 각도를 달리한 스피커를 여러 개 탑재하여 사용자에게 가상으로 입체음향 효과를 제공하는 것이다. 예를 들어 사운드바 옆쪽에 스피커(side-firing soundbar)를 설치하면 음파가 벽면에 반사된 후 들리게 되는 효과가 있고, 천장을 향한 스피커(up-firing soundbar)는 천장을 맞고 들려오게 하면서 입체음향 효과를 내는 것이다. 이러한 사운드바를 이용할 경우 설치가 복잡하지도 않거니와 세련된 디자인 덕분에 TV 아래의 공간을 꾸미기에도 좋으므로 최근 많이 보급되고 있다.

한편, 스마트폰의 대중화로 무선이어폰이 대세가 된 것을 이용하여 최근에는 이어폰을 이용하여 여러 대의 스피커에서 나오는 효과를 만들어주는 공간음향(Spatial Audio) 기술이 등장하고 있다[13]. 1990년대 Roland사의 RSS 기술로 시작된 공간음향 기술은 최근 애플과 삼성의 스마트폰에서 공간음향을 기본적으로 적용한 제품이 출시되고, 이어폰이나 헤드폰으로 음악을 듣는 음악 청취 문화가 일반화됨에 따라 급격히 발전하고 있다. 최근의 스마트폰의 공간음향 기능은 이어폰에 설치된 자이로스코프와 가속도계 등의 관성 센서를 이용하여 사용자의 머리 음직임을 감지하고 오디오 장치의 방향을 파악하여 사용자의 위치에 따라 소리를 새롭게 매핑하는 기술도 사용한다. 이에 따라 사용자가 움직이면 그에 따라 소리도 바뀌기 때문에 입체적 공간감이 풍부해지며 소리의 방향성도 뚜렷하게 느낄 수 있게 되었다. 최근에는 넷플릭스(Netflix) 등 온라인 동영상 업체들도 공간음향의 상용화에 나서고 있다. 또한, 최근 4D 오디오, 8D 오디오라는 용어도 사용하는데 8D는 8방향에서 소리가 나는 것처럼 느껴지게 하는 방법이다.

예제 1-2

본인이 사용한 스마트폰으로 돌비 애트모스(Dolby Atmos)나 DTS:X 등의 공간음향이 적용된 영화나 음악을 들어보고 주변 친구들과 감상을 얘기해 보자.

참고 스마트폰 기종마다 돌비 애트모스 등 공간음향을 지원하거나 하지 않은 것이 있으니 먼저 확인이 필요하다.

---

12) TV의 디스플레이가 얇아지고 스피터가 후면에 배치됨에 따라 TV에 내장된 스피커만으로는 입체음향에 한계가 있으므로 TV 아래에 별도로 사운드바를 설치하여 음향을 보강한다.

13) 공간음향은 입체음향과는 구분되어야 한다. 입체음향은 스테레오를 넘어 3개 이상의 스피커를 이용하여 소리의 입체감을 주는 것이고, 공간음향은 2개의 스테레오 스피커만으로 입체감을 주는 것을 의미한다. 돌비사에서 출시한 공간음향 기술로 Dolby Atmos가 대표적이다.

참고 Binaural Effect로 사람이 소리의 공간감을 인식하는 방법

- **소리의 크기**: 가까운 쪽의 소리가 크게 들린다.
- **시차**: 소리의 속도는 공기 중에 340 m/s므로, 사람의 귀는 왼쪽과 오른쪽 귀의 거리차이 때문에 생기는 0.0004초 정도의 시간차이를 구분한다.
- **주파수의 회절**: 왼쪽 귀는 왼쪽에서 들어오는 소리를 전부 듣지만, 오른쪽 귀는 얼굴을 돌아서 들어오는 소리를 들어야 한다. 보통 고음은 회절이 되지 않고 저음은 회절이 잘 된다.

1.2 음파란?

사람이 내는 소리는 성대의 진동으로 시작되고 목과 입의 형태에 따라 완성된다. 이렇게 입을 통해 나온 진동은 주변의 공기 분자들을 움직이게 만들고, 이 분자들은 인접한 공기 분자들에게 에너지를 전달하여 음파를 만들어낸다. 이는 연못에 돌을 던졌을 때 파동이 생기는 것과 매우 유사하다. 복잡한 음의 진동, 즉 음파를 해석하기 위해서 가장 간단한 음으로부터 시작하자. 음파를 [그림 1.5]와 같이 음원(sound source)으로부터 방사 방향으로 분자들의 주기적인 압축(Compression)과 팽창(Rarefaction)을 반복하면서 그 영향력이 파동의 형태로 퍼져나가는 것으로 표현할 수 있다. 이러한 분자들의 압축과 팽창이 반복, 즉 진동

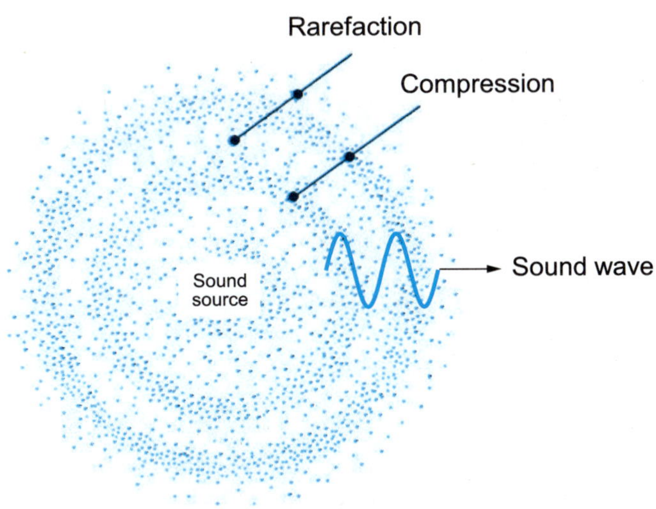

그림 1.5 음파의 발생과 전달

하여 음파가 퍼져나가게 된다. 이 때 주의할 것은 실제 공기분자는 제자리에서 진동만 하는 것이지 공기분자가 음파의 속도인 340 m/sec의 속도를 퍼져나가는 것은 아니라는 것이다[14].

[그림 1.5]를 확대하고 1차원으로 표현하면 [그림 1.6]과 같이 나타낼 수 있다. 즉, 분자가 압축되어 밀도가 높은 부분을 양(+)으로, 분자가 팽창되어 밀도가 낮은 부분을 음(−)으로 표현하면 [그림 1.6]과 같이 정현파(sine wave) 형태로 표시할 수 있다. 이때 분자의 진동의 폭이 큰 것을 음파의 진폭이 크다고 말하고, 진동이 빠르게 이루어지는 것을 주파수가 높다고 말한다. 진동의 한 점(예를 들어 분자의 압축이 가장 큰 점)에서 다음 진동의 같은 점까지의 거리를 파장(wavelength)이라 하고 그리스문자 λ(lambda)로 표시한다. 음파의 진동은 시간에 따라서도 변하므로 하나의 완전한 진동을 만드는 시간을 주기(Period)라고 하고 주기의 역수를 주파수(frequency)라고 한다. 단, 음악이나 사람이 말할 때 발생하는 분자의 진동은 다양한 크기를 갖는 주파수 성분이 혼합되어 존재하게 되므로 간단히 하나의 식으로 표현할 수는 없다.

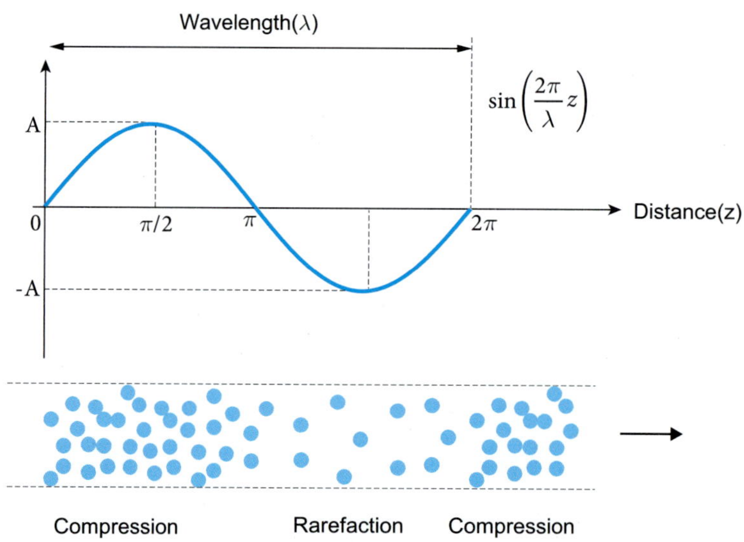

그림 1.6 왼쪽에 있는 음원으로부터 오른쪽으로 진행하는 종파인 음파

---

14) 음파(acoustic wave)는 진행방향(종 방향이라 하여 음파를 종파(longitudinal sound wave)라 부름)으로 진동하는 진동파로 고체, 액체 및 기체 속에서 전달될 수 있다. 따라서 음파는 전자기파와는 다르게 매질의 진동이 필요하므로 진공 중에서는 전달될 수 없다. 또한, 같은 진동이라도 대기의 성분이 다른 지구와 화성에서의 소리는 다르게 들린다.

[그림 1.6]에서 음파를 공간에 대한 함수로 표현하였지만, 실제 음파는 시간과 공간의 함수가 되므로 그림으로 표현하기가 쉽지 않다. 예를 들어 [그림 1.7]은 시간과 1차원 공간에 따라 변하는 음파의 예를 보여준다. 아마도 정현파는 자연계에 존재하는 가장 간단한 파동임에도 불구하고 시간과 공간에 따라 변하므로 이를 표현하기 위해서는 시간과 공간의 각 시점에서 여러 파형을 보여주어야 한다[15]. 예를 들어 시간을 고정하면 고정된 파동을 볼 수 있는데 [그림 1.7]에서는 t_1, t_2, t_3의 3개의 고정된 시간에서의 파동의 변화를 보여주고 있다. 이제 시간에 따른 파동의 변화를 보기 위해서는 공간을 고정하여야 한다. 즉, $z = 0$ 지점에

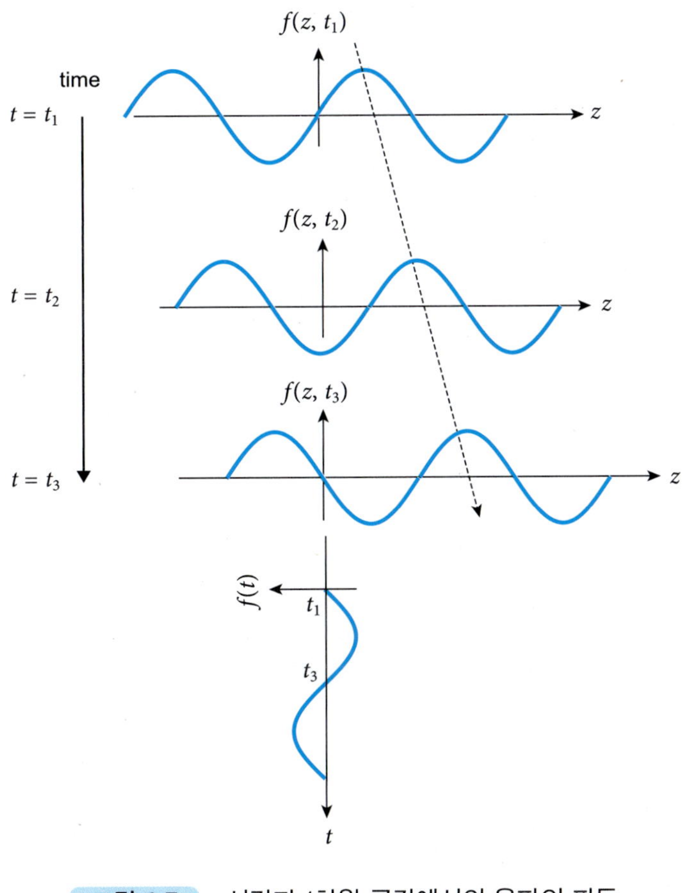

그림 1.7 시간과 1차원 공간에서의 음파의 파동

15) 예를 들어 잔잔한 호수에 돌을 던진 후 물결의 변화를 보자. 물결의 파동은 돌이 떨어진 지점에서 방사방향으로 퍼져 나가는 공간의 변화를 볼 수 있다. 하지만 한 지점의 물의 진동은 시간에 따라 위아래로 출렁일 것이다. 이와 같이 파동은 시간과 공간 모두에 대해 변화가 있다고 볼 수 있다.

서 시간에 따른 파동의 변화를 살피면 시간의 함수로 파동을 볼 수 있다. 즉, 시공간에 대해 변화를 가진 파동은 공간의 변화를 보기 위해서는 시간을 고정할 필요가 있고, 시간의 변화를 보기 위해서는 공간을 고정할 필요가 있다.

이제 음파를 수식으로 표현해 보자. [그림 1.7]과 같이 시공간에서 변하는 sine함수로 음파를 표현하기 위하여 분자의 운동이 하나의 주파수를 갖는 경우를 가정하자[16]. 이렇게 되면 식 (1.1)과 같이 진폭 A, 각속도 ω[rad/sec], 위상상수 β[rad/m], 초기위상 θ_0[rad]인 삼각함수로 표현할 수 있다. 단, 실제 음파는 파동이 진행하면서 크기도 감소하지만 여기서는 크기는 감소하지 않는다고 가정하였다.

$$f(t, z) = A\sin(\omega t - \beta z + \theta_0) \tag{1.1}$$

식 (1,1)에서 ωt항은 시간이 흐름에 따라 파형이 진행되면서 위상이 0에서 360°(2π)까지 변하는 것을 의미하고 βz항은 파동이 $+z$방향으로 진행되면서 위상이 0에서 360°(2π)까지 변하는 것을 의미한다. 마지막으로 θ_0는 $t = 0$과 $z = 0$일 때의 위상을 의미하고 보통 초기위상(initial phase)이라 부른다.

이때 위상은 각도 0에서 360°까지 변하는 것으로 표현할 수도 있지만 공학적으로는 라디안(radian)을 주로 사용한다. 1 radian은 [그림 1.8]과 같이 반지름의 길이와 같은 길이를 갖는 호에 대응하는 중심각의 크기를 말한다. 호도(弧度)라고도 하며 rad로 줄여 쓰기도 한다.

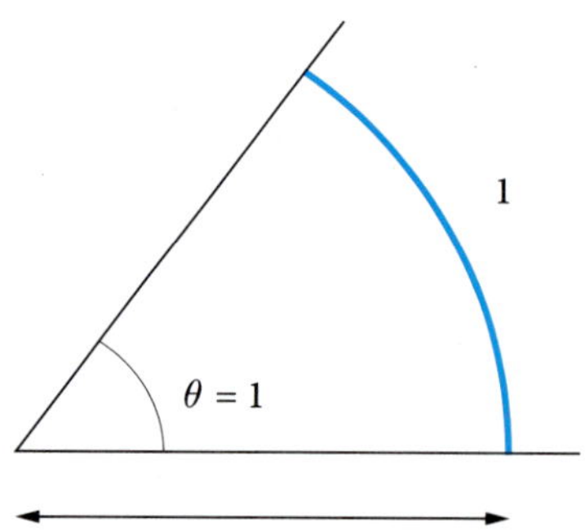

그림 1.8 1라디안의 정의

16) 하나의 주파수를 갖는 경우를 '단일 톤(single tone)'이라고 하며 대표적인 예가 전자기기 등에서 '삐'하고 울리는 경보음으로 사용되는 버저(buzzer 또는 beeper)가 있다.

수식으로 표현하면 라디안 값은 원에서의 호와 반지름의 길이의 비율과 같다. 즉, $\theta = s/\rho$이다. 여기서 θ는 라디안으로 주어진 각도, s는 호의 길이, ρ는 반경이다. 라디안 각도를 표기할 때에는 숫자 뒤에 rad을 붙이거나, 아무것도 표시하지 않으면 rad으로 표현했다고 가정한다[17]. 라디안을 각도로 바꾸거나 각도를 라디안으로 바꿀 때는 식 (1.2)를 이용한다.

$$1[\text{rad}] = \frac{180}{\pi}[\text{deg}] \simeq 57.3^{\circ} \tag{1.2}$$

예제 1-3

각도 30°, 45°, 60°, 90°, 180°를 radian으로 표현하시오.

풀이 식 (1.2)를 이용하면 다음과 같다.

$$30^{\circ} = \frac{30^{\circ}}{180^{\circ}}\pi = \frac{\pi}{6},\ 45^{\circ} = \frac{45^{\circ}}{180^{\circ}}\pi = \frac{\pi}{4},\ 60^{\circ} = \frac{\pi}{3},\ 90^{\circ} = \frac{\pi}{2},\ 180^{\circ} = \pi$$

식 (1.1)과 같이 음파를 sine 함수로 표현하면 주파수를 정의할 수 있다. 시간에 따라 진동의 완전한 위아래 움직임 또는 압축과 팽창을 한 번 거치면 한 주기가 완성되는데, 1초당 진동의 주기가 몇 번인가를 주파수라 하고 단위를 [Hz]로 사용한다. 예를 들어 음파의 진동이 초당 50회이면 주파수는 50 Hz가 되며, 10,000주기를 마치면, 10,000 Hz 혹은 10 kHz라 한다[18]. 주파수와 유사한 개념으로 각주파수(angular frequency)가 있는데 각주파수는 주파수에 2π(360°)를 곱한 값이다. 주파수와 각주파수의 관계는 식 (1.3)과 같고 한 주기 동안 위상이 360°(= 2π) 변화한다는 의미를 갖는다. 따라서 각주파수 ω의 단위는 [radian/sec]가 된다.

$$\omega = 2\pi f = \frac{2\pi}{T} \tag{1.3}$$

식 (1.1)에서 sine 함수의 위상은 시간 t와 공간 z의 함수가 되며, 시간에 대해서는 ω, 공간에 대해서는 β에 따라 위상이 변한다. βz 항은 위치에 따른 위상의 변화를 의미하며, 이때

---

17) rad과 도(degree) 단위가 혼동되지 않도록 도 단위 뒤에 위첨자 °를 붙인다.

18) 사람의 목소리는 보통 수백 Hz에서 수 kHz 사이에 존재하는데 소리를 내면서 손으로 목을 만져보면 낮은 음을 낼 때는 진동수, 즉 주파수가 작고 높은 음을 낼 때는 주파수가 높음을 느낄 수 있다.

β를 전파상수(propagation constant)라 한다[19]. 그림에서 $t=0$에서 sine 파형이 시작되었다고 할 때, 시간 t가 증가하면서 파형이 오른쪽으로 진행하게 된다.

시간에서는 파형의 한 주기에서 $t = T$가 되는데, $\omega t = 2\pi$가 될 때 sine 파형의 한주기가 완성되므로, $T = 2\pi/\omega$가 된다. 공간에서는 파형의 한 주기에서 $z = \lambda$가 되는데, $\beta z = 2\pi$가 될 때 sine 파형이 한주기가 완성되므로, $\lambda = 2\pi/\beta$가 된다. 따라서 시간과 공간의 함수로 표현되는 위상은 식 (1.4)와 식 (1.5)로 주어진다.

$$\theta(z) = \beta z = \frac{2\pi}{\lambda} z \tag{1.4}$$

$$\theta(t) = \omega t = \frac{2\pi}{T} t \tag{1.5}$$

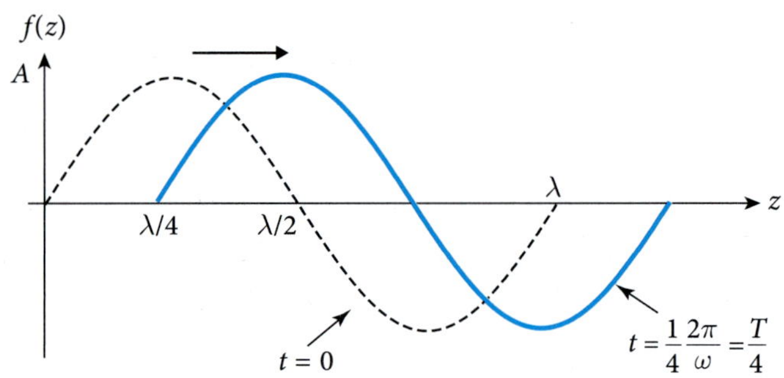

그림 1.9 음파의 전파

다음으로 음파의 속도를 알아보자. 모든 파동의 속도는 m/sec이므로 식 (1.6)과 같이 meter 단위의 파장을 second 단위의 주기로 나누면 된다. 주의할 것은 음파는 소리는 매질이 필요한 파동이므로 매질에 따라 속도가 달라지는데 공기 중에서는 340[m/sec], 물 속에서는 초당 1463[m/sec], 나무에서는 3566[m/sec], 금속에서는 5486[m/sec]의 속도로 매질의 밀도가 높을수록 커지게 된다[20].

19) 음파는 시간으로도 공간으로도 표현될 수 있으며, 각주파수 ω_0와 위상상수 β는 각각 시간에서의 각속도, 공간에서의 각속도를 의미하게 된다.

20) 공기도 고도에 따라 온도에 따라 밀도가 달라지므로 공기 중에서의 소리의 속도는 고도와 온도에 따라 조금씩 변하게 된다.

$$v = \frac{\lambda}{T} = f\lambda \tag{1.6}$$

예제 1-4

음파는 자유공간에서 340 m/sec의 속도를 갖는다. 만약 음파의 주파수가 1 kHz라면 음파의 주기, 파장, 각속도, 위상상수 각각 얼마인가?

풀이 주기는 1 msec, $v = f\lambda$이므로 파장은 340/1000 = 3.4mm로 주어진다.
각속도 $\omega = 2\pi f$이므로 6281[rad/sec]가 되고, 위상상수는 $\beta = 2\pi/\lambda$이므로 1847 [rad/m]가 된다.

[그림 1.9]에서 실선으로 표현한 파형의 최대크기는 음파의 크기(A)를 나타내고 있으며 z축을 향해 전파된다. 음파는 파동이므로 음파의 속도를 v라 하면 β와 ω는 식 (1.7) 및 식 (1.8)과 같이 주어진다. 즉 음파의 ω값이 결정되면, β값은 $\beta = \omega/v$로 결정된다는 의미이다.

$$\lambda = \frac{v}{f} = \frac{2\pi v}{\omega} \ (\omega = 2\pi f) \tag{1.7}$$

$$\beta = \frac{2\pi}{\lambda} = 2\pi \times \frac{\omega}{2\pi v} = \frac{\omega}{v} \tag{1.8}$$

이제 음파에서 위상의 역할을 살펴보자. 식 (1.1)에서 음파는 초기위상 θ_0을 갖는데 이러한 초기위상이 동일한 2개의 음파가 더해지면 소리가 커지게(크기가 2배가) 되는데 이를 보강간섭(constructive interference)이라 한다. 그와 반대의 경우 위상이 180° 차이가 나는 2개의 소리가 더해질 경우에는 크기가 0이 되므로 사라지게 되는데 이를 상쇄간섭(destructive interference)이라 한다[21]. 보강간섭과 상쇄간섭에 대해 예가 [그림 1.10]에 나타나 있고 이를 파동의 중첩(superposition) 현상이라 한다.

21) 이어폰 중에 noise cancelling 기능이 있는 이어폰은 잡음에 대한 반대위상의 신호를 만들어 더하여 없애는 상쇄간섭의 원리를 이용한 것이다.

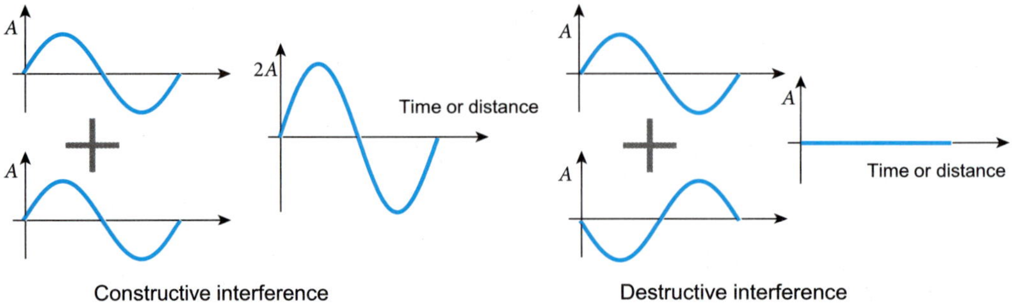

그림 1.10 음파의 보강간섭과 상쇄간섭

1.2.1 음파의 주파수 특성

이제까지 하나의 주파수를 갖는 음파를 수식으로 표현하였다. 그러나 대다수의 악기는 결코 하나의 주파수만을 갖지는 않으며, 다양한 주파수 성분이 혼합되어 있어 복합적인 파형을 만든다. 왜냐하면 고유의 진동 특성이 있는 악기의 여러 부분에서 기본 진동 주파수와 공명(Resonance)하기 때문이다. 공명이 잘되기 위해서는 공명하려는 음이 기본음의 주파수(진동수)의 특정 배수의 주파수를 가진 음이어야 된다. 따라서 악기의 각각의 소리는 기준음과 하모닉 주파수 간에 독특한 조합을 갖게 되는데 이를 음색이라고 한다. 동물의 울음소리 역시 진동수가 특정한 비율로 형성된 음들의 혼합이므로 자연스럽게 들린다. 반면 생활 잡음 등의 소음은 온갖 종류(수천 가지)의 진동수를 갖는 음들의 혼합으로 특별한 규칙성이 없으므로 자연스럽게 들리지 않고 시끄럽고 불쾌하게 들린다.

자연배음을 가장 쉽게 들을 수 있는 악기는 피아노로, 피아노의 댐퍼페달을 밟고 저음을 칠 경우 배음이 잘 들린다. 피아노의 경우는 공기 이외에도 피아노 프레임 몸통에 의해서도 현의 진동이 전해지기 때문에 다른 현들에 진동이 잘 전달되기 때문이다. 실제로 저음 C를 연주할 경우 이러한 배음의 소리들을 들을 수 있다. 보통의 악기 연주자들은 6배음까지, 귀가 좀 더 예민한 경우 9배음까지 듣는다고 한다.

참고 피아노는 12음계(도(C), 도#, 레, 레#, 미, 파, 파#, 솔, 솔#, 라(A), 라#, 시)로 이루어져 있으며, 정수인 라(440 Hz)부터 시작해서 주파수가 2의 1/12제곱만큼 곱해진다. 한 옥타브가 넘어가면 다시 한 옥타브 높은 라(880 Hz) 주파수가 된다.

예제 1-5

[그림 1.11]의 피아노 저음 C의 배음을 나타낸다. 각각의 음계는 무엇이고 주파수비는 어떻게 되는가?

답 1번부터 도/ 도 솔/ 도 미 솔 시♭/ 도 레 미

- 주파수 1:2비 → 완전8도(1:2, 2:4, 4:8)
- 주파수 2:3비 → 완전5도(제2배음:제3배음)[22)]
- 주파수 4:5비 → 장3도(제4배음:제5배음)

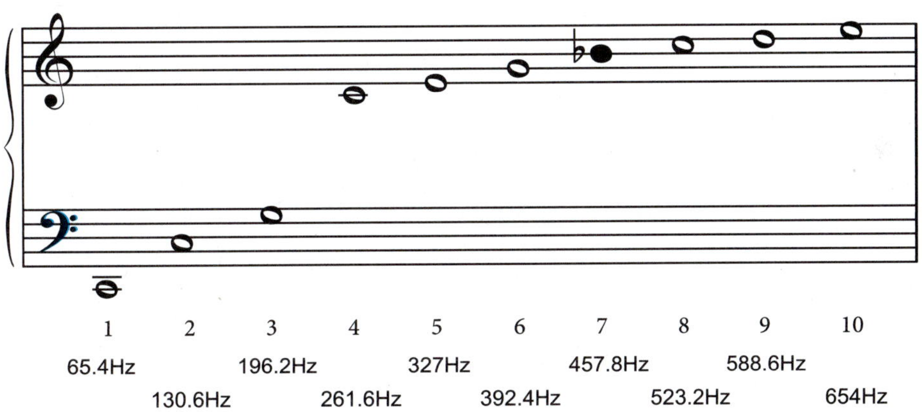

그림 1.11 피아노의 저음 C의 소리

[그림 1.12]에 음색이 다른 2개의 현학기의 파형을 보여준다. 기본음의 주파수(Fundamental frequency)가 같더라도 이의 2배, 3배, 4배의 배음(하모닉스, Harmonics)의 크기가 다르므로 바이올린과 첼로의 음색이 다르게 된다.

이와 같이 오디오를 이해하기 위해서는 배음을 포함한 음파의 주파수에 대해 자세히 살펴볼 필요가 있다. 먼저, 음파의 주파수 범위가 상당히 넓다는 것에 주의할 필요가 있다. 이러한 넓은 음파 중에서 사람의 귀가 소리로 느낄 수 있는 음파의 주파수 영역을 가청주파수(Audio Frequency)라고 하며, 보통 16 Hz에서 20 kHz의 주파수 대역을 의미한다[23)]. 가청주파수 보다 높은 주파수의 음파는 초음파(ultrasound), 이보다 낮은 음파는 초저음파

22) '도미솔' 화음을 으뜸화음이라 부르고 가장 안정적으로 들리는 이유는 음계에서 '도'의 배음 중 '솔'(2:3비)이 가장 많고, 그 다음 '미'(4:5비)가 많기 때문이다.

23) 물론 가청 주파수의 범위는 사람마다 다르고, 같은 사람이라도 연령대 별로 다르게 된다. 성인보다 어린이가 더 높은 주파수음을 잘 듣는다.

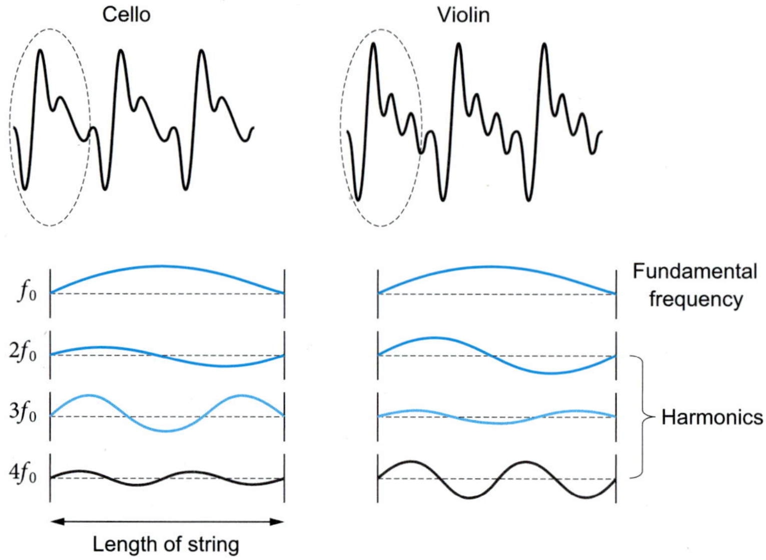

그림 1.12 배음(하모닉)에 의한 음색의 차이

(infrasound)라 한다.

우리가 들을 수 있는 가청주파수 범위는 각각의 독특하고 중요한 특성을 지닌 구역으로 나눌 수 있으며, 서양음악에서는 이러한 통상적인 분할을 옥타브(octave)라고 한다. 옥타브란 음의 비율이 1:2인 두 주파수 사이의 간격이며(즉, 높은 주파수가 낮은 주파수의 2배인 경우), 사람이 들을 수 있는 범위는 대략 10옥타브 정도이다[24]. 인간의 귀는 옥타브 차이가 나는 두 음을 서로 같은 음으로 인식하며, 서양 음계해서는 옥타브를 12음계 음으로 나누게 된다[25].

옥타브의 기준은 4번째 옥타브의 '라(A4)'음을 기준으로 하는데 이 주파수는 440 Hz가 된다. 따라서 5번째 옥타브의 '라(A5)'음은 880 Hz가 된다. 옥타브 사이의 음은 $2^{1/12}$배만큼 차이가 난다 옥타브별 각각의 주파수를 계산하는 식은 다음과 같다.

---

24) 음파의 주파수 범위(옥타브의 범위)는 사람의 눈이 인식하는 가시광선에 비교하면 대단히 큰 범위인데, 시각적으로 보이는 빛의 주파수 범위는 한 옥타브가 채 못 된다. 사람에게 보이는 최대와 최소 광원의 주파수 비율은 2:1이 못 미치는데 반해, 사람의 가청주파수 범위는 1000:1이다. 55 Hz에서 시작하면 첫 번째 옥타브는 110:55 Hz이고, 두 번째는 220:110 Hz, 세 번째는 440:220 Hz, 이렇게 올라가게 된다.

25) 음계는 지역마다 문화마다 다르게 발전되었다. 한국의 전통적인 음계는 5음 음계로 한 옥타브 안에 5음(궁(C), 상(D), 각(E), 치(G), 우(A))을 배열한 것이다.

$$f = (2^{N-1})(55)(2^{(K-10)/12}) \tag{1.9}$$

여기서, 옥타브 N은 1부터 8까지의 정수, 음계 K는 1부터 12까지의 수가 된다. 식 (1.9)를 이용하여 서양음계의 주파수를 표현하면 [표 1.2]와 같다.

[표 1.2] 옥타브와 주파수

7음계	12음계	옥타브1	옥타브2	옥타브3	옥타브4	옥타브5	옥타브6	옥타브7	옥타브8
도	C	32.70	65.41	130.81	261.63	523.25	1046.50	2095.00	4186.01
	C+	34.65	69.30	140.83	277.18	554.37	1108.73	2217.46	4434.92
레	D	36.71	73.42	146.83	293.66	587.33	1174.66	2349.32	4698.64
	D#	38.89	77.78	155.56	311.13	622.25	1244.51	2489.02	4978.03
미	E	41.20	82.41	164.81	329.63	659.26	1244.51	2489.02	4978.03
파	F	45.65	87.31	174.61	349.23	698.46	1296.91	2793.83	5587.65
	F#	46.25	92.50	185.00	369.99	739.99	1479.98	2959.96	7919.91
솔	G	49.00	98.00	196.00	392.00	783.99	1567.98	3135.96	6271.93
	G#	51.91	103.83	207.65	415.30	830.61	1661.22	3322.44	6644.88
라	A	55.00	110.00	220.00	440.00	880.00	1760.00	3520.00	7040.00
	A#	58.27	116.54	233.08	466.16	932.33	1864.66	3729.31	7458.62
시	B	61.74	123.47	246.94	493.88	987.77	1975.53	3951.07	7902.13

예제 1-6

식 (1.9)을 사용하여 옥타브와 음계에 따른 [표 1.2]의 주파수를 계산하시오.

풀이 예를 들어 $N = 3$, $K = 10$인 경우 식 (1.9)에 대입하면 주파수는 옥타브 4의 라음 (440 Hz)이 된다.

보통 악기가 내는 소리는 옥타브에 따라 저음역대, 중음역대, 고음역대로 나누어지고 더 세부적으로 나누면 다음과 같다.

- **낮은 저음**: 첫 번째와 두 번째 옥타브에 해당하며 약 20 Hz에서 80 Hz 사이의 소리를 의미한다. 보통 소리의 저주파 울림(boom)과 연관되는 주파수로 소리의 힘이나 충만

감을 준다. 피아노, 오르간, 튜바, 베이스 등의 낮은 음을 낼 수 있는 악기의 가장 낮은 음이 여기에 속한다. 이 대역의 소리는 충만감을 유지하기 위해서 적당히 포함되어야 하며 너무 자주 혹은 너무 크게 나면 소리가 두껍고 탁하게 느껴진다.

- **높은 저음**: 세 번과 네 번째 옥타브로, 80 Hz에서 320 Hz 사이이다. 대부분의 저음소리가 여기에 속하는데 드럼, 피아노, 베이스, 첼로, 트럼본 등 리듬이나 다른 반주 악기에서 발생하며 음악적 발란스(balance)를 만들어준다. 이 주파수 영역의 소리가 지나치면 소리의 저음이 너무 울리며(boomy), 너무 작으면 소리가 얇아진다. 두 번째, 세 번째, 네 번째 옥타브에서 피치가 알맞게 안배되면, 안정된 저음이나 충만감으로 표현되는 소리의 힘으로 인지되기 때문에 귀를 만족시킨다.
- **중음**: 다섯 번, 여섯 번, 일곱 번째 옥타브로 320 Hz에서 2,560 Hz 사이이다. 소리의 농도(강도)를 주며 기본음과 그 하모닉 주파수가 여기에 포함된다. 그러나 중음 대역이 듣기 편안하고 즐거운 소리만 만드는 것은 아니다. 여섯 번째 옥타브의 주파수가 너무 강조되면 혼(horn) 소리와 같은 음질이 되고, 일곱 번째 옥타브가 너무 강조되면 양철소리 같은 음질로 들린다. 또한 중음대역 소리를 장시간 걸쳐 들으면 불쾌하고 피곤해질 수 있다.
- **중고음**: 여덟 번째 옥타브로, 2560 Hz에서 5120 Hz 사이이고, 사람에게 가장 민감한 주파수이자 복잡 미묘한 소리이다. 이 옥타브의 낮은 부분(2560 Hz에서 3500 Hz)를 적절히 강조하면 스피치나 노래 가사를 명료하게 만들 수 있는 주파수를 포함하는데, 약 3000에서 3500 Hz 사이가 그 대역이다. 그러나 이 주파수를 과도하게 강조하면 소리가 거칠고 불쾌하게 들리는데, 특히 보컬에서 자음을 이해하기 힘들게 만들어 귀에 거슬리거나 또렷하지 못하게 한다. 반면에 이 옥타브의 높은 부분 (3,500 Hz 이상)은 소리를 선명하고 맑고, 현실적으로 만드는 풍부하고 만족스러운 피치를 가진다.
- **고음** : 아홉 번째와 열 번째 옥타브로, 5120 Hz에서 20,000 Hz 사이이다. 이 옥타브는 전체 소리 주파수 출력 범위에서 2% 밖에 안 되지만 매우 중요한 주파수 대역이다. 대부분의 사람이 16,000 Hz 이상은 듣기 힘들다. 하지만 고음은 소리를 찬란하고 빛나게 하여 활기차고 생명력 있게 만든다[26].

마지막으로 가청주파수 이전의 초저음파와 가청주파수 이후의 초음파를 포함한 음파의

---

26) 중고음과 고음 사이에는 보컬에서 치찰음(齒擦音, sibilance)이라 하는 소리의 주파수 대역이 포함된다. 치찰음은 영어로는 'S' 또는 'T(TS)', 한글로는 '스', '쓰', '트(츠, 즈)' 소리로 발음할 때 앞니 부분과 혀가 살짝 만나면서 발음이 되는데 이때 치아 사이에 공기가 빠져나가면서 나는 음으로 잘 못 강조되면 듣기가 불편할 수 있으므로 주의해야 한다.

주파수 스펙트럼이 [그림 1.13]에 나타나 있다. 초저음파의 예로 지진파가 있으며, 초음파는 의료나 산업에서 다양하게 사용된다. 이러한 초저음파나 초음파는 귀로 들리기보다는 진동으로 느껴진다. 가청주파수의 범위는 명확히 고정되어 있지는 않고 나이가 들어감에 따라 자연스럽게 변하게 된다. 특히, 사람이 들을 수 있는 최고주파수는 40세까지는 15 kHz, 50세까지는 12 kHz, 그 이후에는 10 kHz나 그 이하로 떨어진다. 또한 큰 소리에 수시로 노출되었다면 가청주파수 범위는 아주 빠르게 영향을 받아 축소된다.[27]

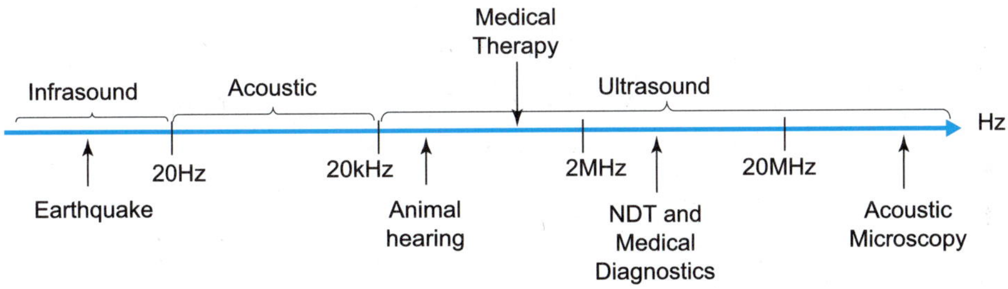

그림 1.13 음파의 주파수 스펙트럼

> **참고** [그림 1.13]과 같이 넓은 주파수 스펙트럼을 표시하기 위하여 kHz(kilo Hz), MHz(Mega Hz), GHz(Giga Hz), THz(Tera Hz) 등의 단위를 사용한다. 다음을 꼭 기억하기 바란다.
>
> 1 kHz = 1,000 Hz = 10^3 Hz
>
> 1 MHz = 1,000,000 Hz = 10^6 Hz
>
> 1 GHz = 1,000,000,000 Hz = 10^9 Hz
>
> 1 THz = 1,000,000,000,000 Hz = 10^{12} Hz

1.2.2 음파의 크기 특성

소리의 주파수를 알아보았으므로 이제는 소리의 크기를 알아보자. 인간의 귀는 매우 작은 소리뿐만 아니라 매우 큰 소리를 들을 수 있는데 그 비율은 1:10,000,000 정도가 된다. 소리의 세기는 소리를 전달하는 매질의 압력과 속도에 영향을 받는데 개별 매질 입자의 속도를 측정하는 것은 어려우므로 매질에 가하는 압력인 음압(Sound Pressure Level, SPL)으로 표현한다. 음압 역시 그 범위가 매우 크므로 log 단위를 이용한다. 먼저, 인간이 들을 수 있

27) 젊었을 때 이어폰으로 음악을 크게, 자주 듣는 것은 청력을 떨어뜨리게 되므로 조심하자.

는 최소한의 소리를 기준음압(0 dB SPL)으로 잡고 기준음압보다 몇 배가 큰지를 dB(데시벨)로 표기한다[28].

데시벨(dB)은 인간의 귀가 음의 강도를 감지하는 방식을 연구한 것을 바탕으로 산출한 단위로 로그 단위를 바탕으로 하고 있다. 데시벨은 식 (1.10)과 같이 정의된다.

$$20\log(P_1/P_2)\,[\text{dB}] \tag{1.10}$$

여기서 P_1은 측정하고자 하는 음압레벨, P_2는 기준이 되는 음압레벨의 값을 의미하며 기준이 20 uPa인 경우 이의 10배의 200 uPa의 음압을 갖는 경우 20 dB가 된다.[29]

예제 1-7

40 dB와 60 dB 음압은 각각 0 dB 음압의 몇 배가 되는가?

답 100배와 1000배

[그림 1.14]에 소리의 데시벨의 사례를 보여준다. 0 dB가 기준으로 10배 증가할 때마다 20 dB씩 커짐을 알 수 있다. 조용한 사무실은 30 dB, 보통 사람들이 대화할 때는 60 dB 정도이며 60 dB 이상이면 소리가 크다고 느끼고, 80 dB 이상이면 매우 크다고 느끼게 된다. 트럭이 지나가거나 공사장을 지나갈 때의 소리의 크기는 90 dB 정도이다. 140 dB 이상의 소리는 인간의 귀에 통증을 유발하게 되므로 주의해야 한다.

보통 스피커의 규격에서 음압(SPL) 표기를 볼 수 있는데 이때의 음압은 '앰프에서 1와트(W)의 출력을 스피커에 보내줄 때 스피커에서 1[m] 떨어진 곳에서 들을 수 있는 평균적인 소리의 크기'라는 의미이다. 따라서 스피커가 내는 음압이 크면 클수록 동일한 앰프의 출력으로도 보다 큰 소리가 재생된다. 예를 들어 스피커의 음압은 90 dB라고 표시되어 있으면 굴착기의 소음을 1미터 떨어진 곳에서 듣는 정도의 매우 큰 소리에 해당하며, 이 스피커로는 1 W의 출력만으로도 충분히 큰 소리를 낼 수 있다는 뜻이다.

앞에서 살펴본 소리의 크기는 소리의 크기가 시간에 따라 변하지 않는 경우이며, 실제

---

28) 0 dB의 기준음압은 20대 성인의 최소가청한계로 1 kHz에서 20[uPa]에 해당한다. 1[Pa]는 1 Pascal(파스칼)이라 부르며 1[N/m^2]의 미는 힘에 해당한다. 인간은 보통 20[uPa]에서 200[Pa]의 소리를 들을 수 있다.

29) 음파와 1대 1로 대응되는 것이 전파에서 전압과 전력이다. 단, 전압은 음파와 같이 20 dB가 10배 이지만, 전력은 전압의 제곱에 해당하므로 음파와 다르게 10배가 10 dB가 되므로 주의해야 한다.

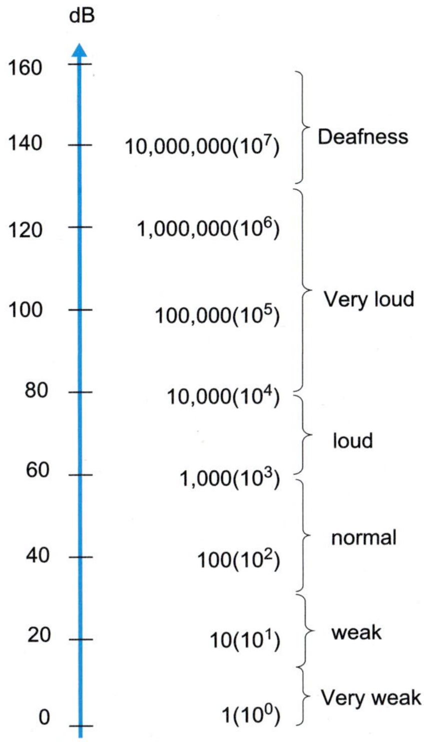

그림 1.14 소리의 크기와 주관적인 느낌

소리는 시간에 따라 크기가 변화하게 되는데 이를 소리의 엔벨로프(Envelope)라고 한다. 예를 들어 피아노 건반을 하나 누르게 되면 소리가 시작된 후 크기가 작아지게 되는데 이를 묘사하면[그림 1.15]와 같이 어택(Attack)-디케이(Decay)-서스테인(Sustain)-릴리스(Release)의 4단계를 거친다고 할 수 있다. 이를 첫 글자만을 따서 ADSR이라고 한다. 어택은 소리의 근원이 진동한 후 소리가 어떻게 시작하였는가를 나타내며, 디케이는 어택의 진폭이 떨어지는 지점이고, 서스테인은 디케이 이후에 소리의 상대적인 다이내믹이 지속되는 기간, 릴리스는 소리가 소멸되어 들리지 않을 때까지의 시간을 의미한다. 주파수와 최고 크기가 동일한 두 개의 음이라도 엔벨로프가 다르면 다른 소리가 만들어진다[30]. 예를 들어 피아노 소리를 녹음한 후 음의 엔벨로프를 편집하면 오르간 소리처럼 들리게 할 수 있다.

음파의 주파수 스펙트럼과 음파의 크기는 그 범위가 매우 크므로 log 스케일로 나타냄을

30) 하나의 바이올린 현을 활로 켜는 경우와 손가락으로 뜯는 경우 소리가 다르게 들리는 것은 소리의 엔벨로프의 차이를 보여주는 대표적인 예이다.

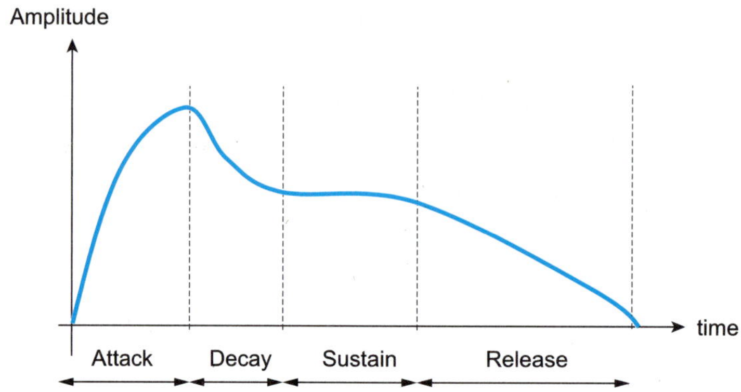

그림 1.15 소리의 엔벨로프

알아보았다. log 스케일로 소리의 특성을 그리려면 주파수가 낮은 경우는 촘촘하게, 주파수가 높은 경우는 주파수 간격을 크게 해서 보아야 한다. 앞으로 우리가 사용할 MATLAB 프로그램에서 소리를 20 Hz에서 20 kHz까지 100개의 간격으로 나누는 방법은 다음과 같다.

```
f_min=20;                           % min. frequency limit
f_max=20E3;                         % max. frequency  limit
N=100;                              % number of points in the graph
f=f_min*((f_max/f_min).^((0:N)/N)); % compute points on log scale
```

예제 1-8

위의 MATLAB 프로그램에서 f_max = 20.48 kHz, N = 10일 때 생성되는 주파수가 배수로 생성됨을 확인하시오.

답 20 Hz, 40 Hz, 80 Hz, 160 Hz, 320 Hz, 640 Hz, 1.28 kHz, 2.56 kHz, 5.12 kHz, 10.24 kHz, 20.48 kHz

MATLAB에서 그림을 그릴 경우 linear 스케일과 log 스케일을 혼용해서 사용할 필요가 있는데 다음 4가지 함수가 가능하므로 이에 친숙해지도록 하자.

▸ plot() → x축과 y축을 linear scale로 그려주는 함수
▸ semilogx() → x축은 log scale, y축은 linear scale로 그려주는 함수
▸ semilogy() → x축은 linear scale, y축은 log scale로 그려주는 함수
▸ loglog() → x축과 y축 모두 log scale로 그려주는 함수

예제 1-9

다음 MATLAB 프로그램은 3개의 그림을 그려준다. 그림의 차이를 설명해보자.

```
f_min=20;                              % min. frequency limit
f_max=20E3;                            % max. frequency  limit
N=100;                                 % number of points in the graph
f=f_min*((f_max/f_min).^((0:N)/N));    % compute points on log scale
w=2*pi*f;

L=1E-3;
y= w*L;
plot(f,y, 'k-');
semilogx(f,20*log10(y), 'k-');
loglog(f,y, 'k-');
```

1.2.3 음파의 전파(傳播)

음파는 시간과 공간에 따라 변하는 파동으로 음압, 매질의 구성 등에 따라 시간과 공간에 따라 변하는 편미분 방정식으로 묘사할 수 있다. 시공간에 따른 음파를 파동함수 $\psi(x, y, z, t)$라 표현하면, 파동에 대한 편미분방정식은 다음과 같이 주어진다.

$$\nabla^2\psi - \frac{1}{v^2}\frac{\partial^2\psi}{\partial t^2} = 0 \tag{1.11}$$

식 (1.11)에서 ∇^2은 라플라시안(Laplacian) 연산자이며, v는 음파의 속도가 된다[31]. 식 (1.11)은 3차원으로 표현되므로 구좌표계(spherical coordinate system)를 적용하고, 음파가

31) 음파와 전파는 모두 파동이므로 음파의 파동방정식은 전파의 파동방정식과 유사하다. 음파의 파동방정식에 대한 정확한 유도는 음향공학이나 음향물리학에 대한 지식이 필요하므로 본 교재에서는 자세한 설명은 제외하도록 한다.

방사방향($+r$ 방향)으로 진행한다고 가정하면 여 식 (1.11)의 해는 다음과 같이 쓸 수 있다.

$$\psi(r,t)=\frac{\psi_0}{r}e^{-\frac{\alpha r}{2}}\cos(\omega t-\beta r) \tag{1.12}$$

여기서 ψ_0는 $r = 0$(구의 원점)에서의 초기 음압이 되고 α는 감쇠상수, $\beta = \omega/v$로 위상상수가 된다. 감쇠상수 α는 매질에 의한 진폭의 감쇠를 나타내며 매질의 성질에 따라 달라지는데 보통 고음일수록 더 심하게 나타난다. 음파가 파동의 방향을 따라 전달된 힘을 음의 강도(Intensity)라고 하고 Watt/m^2의 단위를 사용한다. 음의 강도는 음압의 제곱에 비례하는 관계를 가지기 때문에 감쇠지수에 1/2이 붙게 된다. 감쇠상수는 대략적으로 주파수에 비례하여 커지게 된다[32]. 또한, 음파는 매질에 의한 감쇠가 없더라도 3차원 공간을 전파하는 경우 공간에 퍼져가게 되므로 거리에 반비례하여 진폭이 감소하게 된다(식 (1.12)의 $1/r$ 항). 이는 감쇠가 없는 매질일지라도 공간상으로 음파가 확산하는 과정에서 필연적으로 발생하는 문제이다[33].

음파는 매질에 전달되면서 반사(Reflection), 흡수(Absorption), 산란(Scattering), 굴절(Refraction), 회절(Diffraction), 간섭(Interference) 등 다양한 현상을 겪게 되는데 이 또한 주파수에 따라 달라진다. 이를 대략적으로 살펴보자. 먼저 음파는 반사와 흡수의 성질이 있다. 표면이 딱딱하고 매끈한 재질일 경우 음파는 입사각과 같은 각도로 반사된다. 반면에 부드럽고 요철이 심하면 음파의 에너지는 매질에 열에너지로 변환되며 흡수된다. 이렇게 흡수되는 정도를 흡음율(absorption rate)이라 한다. 보통 오디오 청음실에서는 벽면의 반사각을 조절하고 흡음율을 갖는 매질을 이용하여 공간의 사용목적에 맞도록 음파의 반사방향과 양을 조절하게 된다.

다음으로 소리는 밀도가 다른 매질을 통과하면서 방향을 바꾸는 굴절의 성질을 갖는다. 따라서 낮보다 밤에 소리가 멀리 퍼져 가는데 이는 [그림 1.16]과 같이 지표면의 공기가 밤에 더 차갑기 때문에 고도가 높을수록 소리의 전달이 빨라지고 파면은 지면을 향해 휘어지기 때문이다. 반대로 낮에는 반대의 현상이 생겨 반대로 파면이 희어지고 소리는 공중으로 굴절되게 된다.

---

32) 대포 소리를 가까이서 들으면 음압이 클 뿐만 아니라 고음과 저음이 뒤섞인 여러 주파수 성분의 소리 때문에 날카롭게 들리지만 먼 거리에서는 고음 성분이 감쇠되어 도달하지 못하고 저음 성분만이 전달되므로 음압도 작고 소리도 부드럽게 들린다.

33) 구의 표면적은 원점에서 거리가 r인 경우 $4\pi r^2$이 되므로 파동이 구의 형태로 퍼져나간다면 표면적에 음의 에너지가 퍼지게 되므로 음의 강도는 r^2에 반비례한다. 이는 모든 파동에 적용된다.

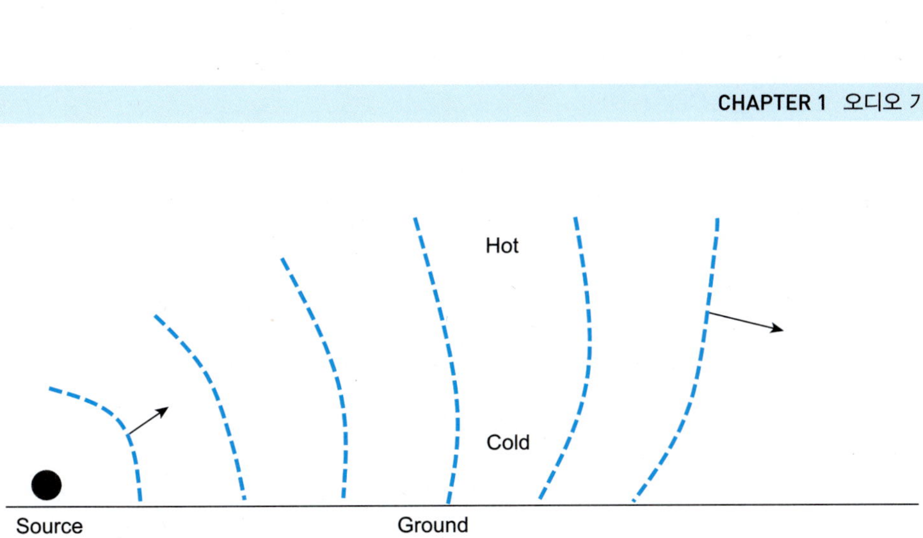

그림 1.16 소리의 굴절(Refraction) 현상

마지막으로 음파는 장애물을 만나면 [그림 1.17]과 같이 진행방향이 휘어지는 성질을 갖는데 이를 회절이라 한다. 회절은 저주파일수록 회절현상이 강하게 일어나고 구멍이 작을수록 소리는 잘 회절하게 된다.

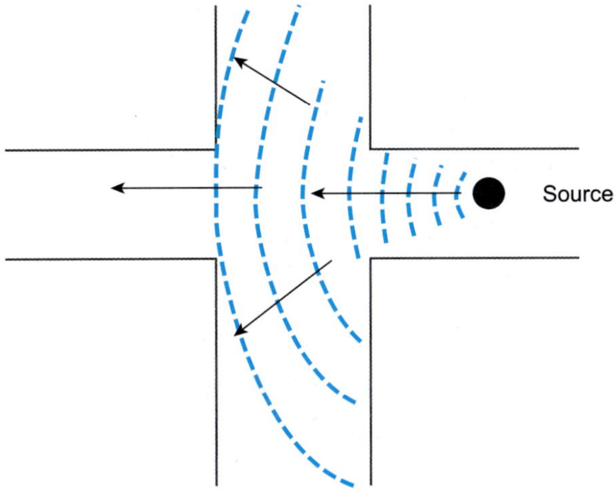

그림 1.17 소리의 회절(Diffraction)현상

참고 공간상에서의 음파의 반사, 굴절, 회절 등의 특성은 음파의 공간상의 특성인 파장과 관련이 깊으며 이는 전자파에서도 마찬가지이다. 동일한 파장을 갖는 음파와 전파는 유사한 성질을 갖게 된다.

스피커에서 우리의 귀로 들리기까지

이제 음파의 특성을 스피커가 놓여 있는 방에 적용해 보자. 스피커가 어디에 위치하던간에 스피커에서 나온 소리는 주변 환경의 영향을 받게 된다. 따라서 좋은 소리를 듣기 위한 가장 큰 조건은 공간이라 할 수 있다. 같은 오디오라 하더라도 공간의 모양, 예를 들어 천정의 높이, 가로 세로의 비율, 바닥과 벽과 천장의 재질에 따라 소리가 달라지게 된다[34]. 음파는 파동이므로 [그림 1.18]과 같이 스피커에서 직접 오는 소리뿐만 아니라 벽면에 맞고 반사 및 산란된 소리가 시간차를 두고 들리게 된다.

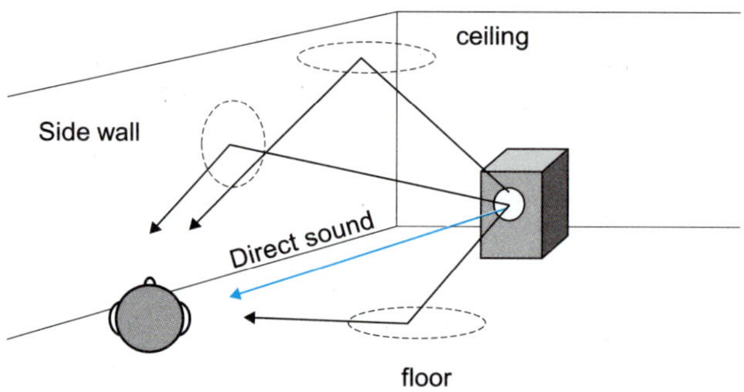

그림 1.18 공간에서 소리의 전파현상

스피커에서 소리가 방사되면 소리가 우리의 귀에 들리는 과정을 시간적으로 묘사하면 [그림 1.19]와 같이 직접음, 초기 반사음, 잔향(reverb 또는 reverberation) 등의 3개의 단계로 나눌 수 있다. 직접음은 실내의 벽면에 닿기 전에 듣는 이에게 먼저 도달하게 된다. 이 소리는 스피커에서 듣는 사람의 거리에 따라 결정되며, 이 거리를 음파의 속도로 나누면 계산된다. 예를 들어 스피커로부터 3.4 m 떨어진 위치에 있다면 스피커에서 나온 소리를 우리는 10 msec 후에 듣게 되는데 이를 직접음이라 한다. 직접음을 통해 소리가 나오는 위치, 소리의 크기, 소리의 음색 등의 정보를 알 수 있다. 다음으로 동일한 음이 실내의 여러 표면에 부딪혀 반사되어 아주 약간 늦게 듣는 이에게 도달하는 간접음은 초기 반사음과 잔향으로 나우어 지는데 초기 반사음은 직접음으로부터 최대 50 msec 이내로 도달하여, 직접음의 일

---

34) 소리의 파동은 단단한 벽면에 부딪히면 손실이 적게 반사가 되고, 부드럽고 쿠션이 있는 면에 부딪히면 흡수되어 반사되는 파동의 크기가 작아진다. 따라서 목욕탕 같이 온 벽이 타일로 되어 있으면 여러 번 반사가 되고 소멸되지 않으며, 커튼, 카페트 등이 있으면 소리가 흡수되어 소리의 지속시간이 작아진다.

부로 들리게 된다. 잔향은 초기 반사음이 점점 더 작아지고 반사음들 사이의 시간차도 줄어들어 서로 합쳐져서 반사음들을 분간할 수 없게 된 결과로 볼 수 있다. 사람은 직접음 위주로 인지하며, 초기 반사음은 원래 소리에 음색에 변화를 주어 소리의 크기와 꽉 찬 느낌을 더해준다. 또한, 방의 크기에 관한 주관적인 느낌을 만들어내는데 도움을 주며 음 전체 에너지의 대부분을 포함한다[35].

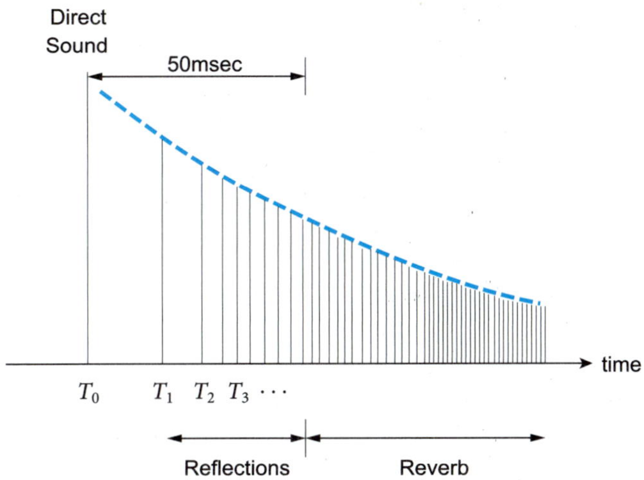

그림 1.19 직접파, 반사파 및 잔향

오디오가 놓여 있는 방의 크기에 영향을 받는 것은 소리의 낮은 주파수 대역 특성이다. 스피커의 성능이 좋아서 낮은 주파수를 만들 수 있다 하더라도 청취공간의 크기에 따라 재생 가능한 주파수 대역이 제한되기 때문이다. 보통 특정 주파수의 소리를 인식하려면 최소한 반파장(λ/2)에 해당되는 거리가 확보되어야 한다. 따라서 일반적인 소재로 된, 직육면체의 텅 빈 시청공간을 기준으로 했을 때, '340 m÷청취공간거리÷2'를 계산하면 제대로 들을 수 있는 가장 낮은 주파수를 알 수 있다. 만일 스피커와의 청취거리가 4미터라면 최저 하한의 주파수는 42.5 Hz가 되며, 이 이하의 주파수는 스피커에서 나오기는 하겠지만 벽에서 반사된 소리와 겹쳐지면서 부정확해진다. 34 Hz의 낮은 주파수라면 파이프 오르간의 최저 주

35) 잔향은 조밀한 반사음들이 다양하게 혼합된 소리로 반사음들 사이의 간격은 감지할 수 없을 만큼 미세하다. 반면에 에코(echo)는 음이 50 msec 이상 지연되면 듣는 이에게 직접음과 간접음이 뚜렷하게 구분되는 별도로 소리인 에코로 인지하게 된다. 50 msec는 자유공간에서 17 m에 해당하므로 벽 간의 거리가 8.5 m 이상인 경우 발생 가능성이 있다.

파수와 비슷한데, 이 소리를 들으려면 최소 5 m~10 m 정도의 공간이 확보되어야 한다는 이야기다. 또한, 사람의 귀는 공진을 매우 민감하게 듣기 때문에 오디오 룸의 공진에 의해 특정 주파수가 커지지 않도록 하는 것이 중요하다.

그럼 사람들이 가장 선호하는 스피커의 주파수 특성에 대해 살펴보자. 음향기기의 대표 회사인 하만그룹이 스피커와 관련된 연구 결과에 따르면 사람이 선호하는 스피커의 주파수 응답(Harmna Targer)은 [그림 1.20]과 같이 적당한 저음이 나면서도 중음과 중고음의 경계인 3 kHz 근방에서 최대가 될수록 선호한다고 한다. 한편, 동일한 스피커를 어떤 공간에 설치하는 것이 가장 좋은지는 [그림 1.21]과 같이 −1 dB/octave 정도의 비율로 주파수 특성을 갖는 공간을 가장 선호한다고 한다. 이제 스피커의 주파수 응답은 2개의 그림을 결합하면 저음부터 중음까지는 평탄하고 중음과 중고음 사이의 특성이 좋은 스피커가가 가장 이상적일 것이다. 결과적으로 2 kHz까지의 주파수까지는 평탄한 주파수특성을 내고, 그 이후는 증가하였다가 감소하는 주파수 특성을 갖는 것이 좋다. 물론 이는 동양인과 서양인의 차이나 시대의 흐름 등을 고려한 것은 아니므로 참고만 하여야 하며, 사람마다 취향이 다르므로 절대적이지는 않다.

결론적으로 오디오 시스템에서는 스피커는 가급적 평탄한 주파수응답을 갖도록 하고 이퀄라이저를 통해 본인이 선호하는 주파수 응답을 갖도록 조정하는 것이 중요하다는 것을 알 수 있다.

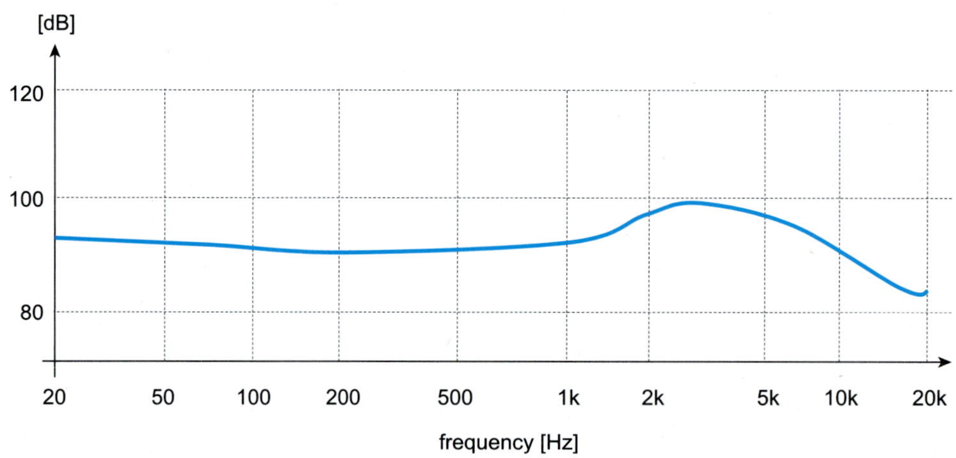

그림 1.20 하만 타킷(Harman Target)

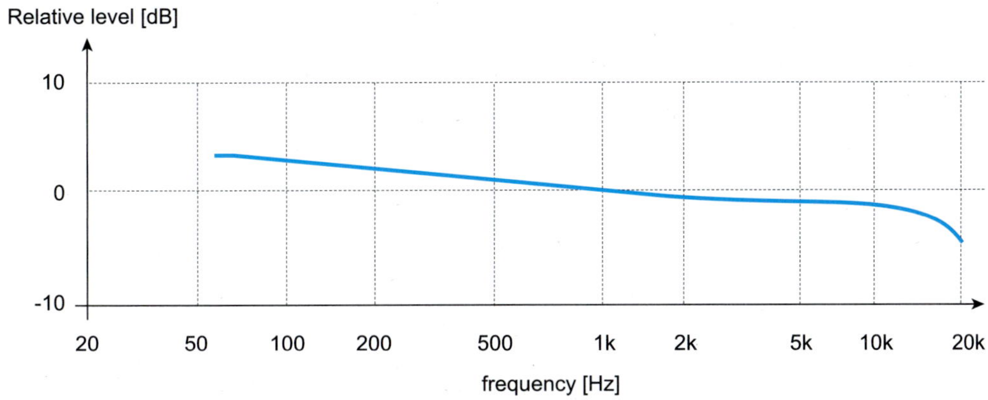

그림 1.21 –1 dB/octave 특성을 갖는 이상적인 오디오 룸

1.3 음파와 전파

오디오는 전자기기이므로 스피커에서 나오는 소리는 비록 음파일지라도 스피커까지의 소리정보는 전자기기 내에서는 전파(전자파 혹은 전자기파, Electro-magnetic wave, 줄여서 EM wave)로 표현된다[36]. 전파와 음파는 모두 파동(wave)이므로 몇 가지 유사한 점이 있다. 예를 들어 파장, 진폭, 주기, 진동수, 파의 반사와 흡수, 도플러 효과 등은 파동이므로 동일하게 나타나는 현상이다. 파동의 관점에서 전파와 음파의 가장 큰 차이점은 음파에 비해 전파는 자유공간에서 빛의 속도(3×10^8 m/sec)로 전파되므로 매우 빠르다는 것이다. 단, 회로 내에서는 회로를 구성하는 PCB(Printed Circuit Board) 기판의 특성으로 인해 빛의 속도보다는 조금 작지만 빛의 속도에 가깝다. 따라서 전파로 오디오 정보가 전송될 경우 전자기기에서의 전파에 의한 지연시간 등은 무시할 수 있다[37].

전파와 음파는 파동이므로 유사한 특성을 가지고 있지만 그 파동이 퍼져나가는 현상에 있어서는 큰 차이가 있다. 음파는 기체, 액체, 고체 등의 매질이 진동을 통해 전달되므로 매

36) 전기기기 내의 전압과 전류에 더 친숙할 테지만 전압과 전류도 전파의 표현 방법 중의 하나라고 보면 된다. 예를 들어, 전기장을 적분하면 전압, 자기장을 적분하면 전류가 된다.

37) 단, 시간지연을 고려할 필요가 없는 아날로그 오디오와 달리 디지털 오디오에서는 신호의 디지털 변환 및 신호처리 과정, 원격 서버에서 디지털 오디오 데이터의 전송하는 과정 등에서 발생하는 시간지연은 존재한다. 하지만 이 또한 반도체 기술의 발달로 우리가 느끼기 어려울 정도로 개선되고 있다.

질이 없는 진공 상에는 전달되지 않지만 전파는 전기장과 자기장이 상호작용에 의해 전달되는 파동이므로 매질이 없는 진공 중에서도 전달될 수 있다. 전파가 매질이 없는 진공에서도 퍼져나가는 원리를 이행하기 위해 [그림 1.22]를 보자.

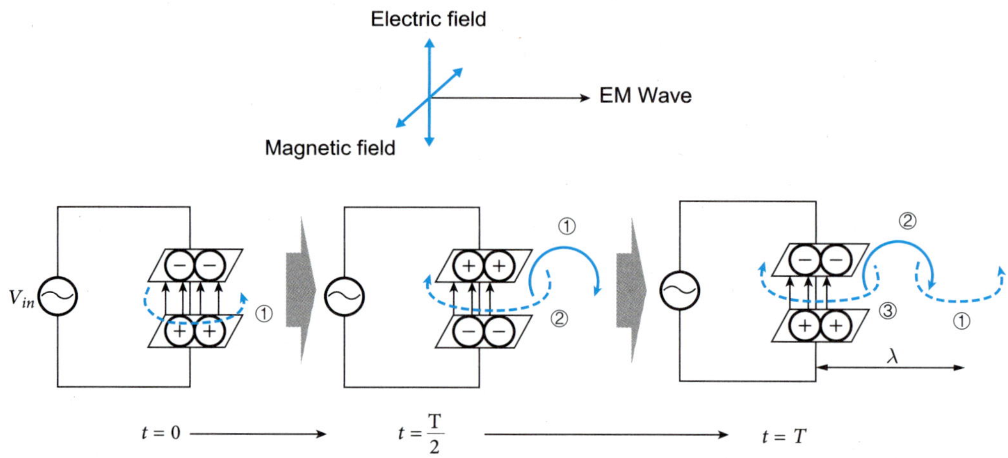

그림 1.22 전파의 생성과 퍼져나감

2개의 도체판으로 이루어진 평행판 캐패시터(parallel plate capacitor)에 교류 전압 V_{in}이 가해지면 교류전압의 주파수에 맞춰서 평행판 캐패시터의 전하의 분포가 변하게 된다. 즉 전압이 '+'일 때와 '−'일 때 전하의 배치가 정반대로 된다. 따라서 캐패시터 면에 수직한 방향으로 발생하는 전기장의 변화가 발생한다. 물리의 전자기이론이나 전자기학에서 나오는 Maxwell 방정식에 의해 전기장의 변화는 전기장의 방향에 수직한 방향으로 자기장의 변화를 발생시킨다. 이렇게 생성된 자기장의 변화는 다시 전기장의 변화를 유도하면서 전기장과 자기장에 모두 수직한 방향으로 전파가 전달하게 된다. 따라서 전파는 전기장과 자기장의 상호작용에 의해 전달되므로 매질에 영향은 받을지언정 매질이 없어도 전파는 전달될 수 있다[38].

이제 이러한 전파를 수식으로 표현해보자. 전파도 파동이므로 파동의 기본 식인 식 (1.1)과 유사하게 표현할 수 있는데, z 방향으로 진행하는 전파를 구성하는 전기장과 자기장은

38) 보통 전기를 사용하기 위해 도체로 만들어진 전선을 사용하므로 도체를 따라 전기가 흐른다고 오해하지만 실제 전기는 두 개의 도체 사이의 공간을 따라 전자기장의 변화의 형태로 전달된다.

각각 식 (1.13)과 식 (1.14)로 표현할 수 있다[39].

$$\overrightarrow{E}(z) = E_0\cos(\omega t - \beta z + \theta_0)\overrightarrow{a_x} \tag{1.13}$$

$$\overrightarrow{H}(z) = H_0\cos(\omega t - \beta z + \theta_0)\overrightarrow{a_y} \tag{1.14}$$

음파에 대한 식 (1.1)과 차이는 음파는 하나의 식으로 표현하였는데, 전파는 전기장과 자기장이라는 2개의 식으로 표현한 것이고, 음파는 보통 진행방향과 진동방향이 동일하므로 방향을 표시하지 않고 크기만으로 표현할 수 있는 스칼라값인데 반하여 전파는 전기장과 자기장 방향이 서로 수직일 뿐만 아니라 전파의 진행방향과도 수직으로 작용하므로 크기와 방향을 갖는 벡터양으로 표시한다는 점이다. 자유공간에서 평면파의 경우 전기장벡터와 자기장벡터는 [그림 1.23]의 형상과 같이 서로 수직을 이루면서 z 방향으로 전파된다[40].

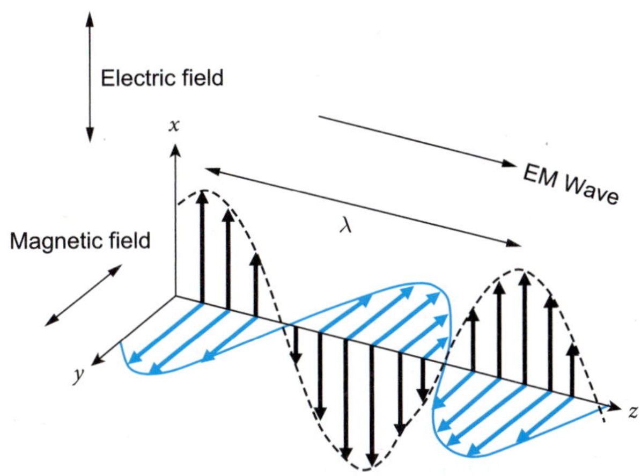

그림 1.23 자유공간에서 전기장벡터, 자기장벡터, 전파의 진행방향

전파를 구성하는 전기장과 자기장은 벡터이므로 다루기 어렵다. 따라서 보통 전자회로에서는 전기장과 자기장을 벡터선적분하여 스칼라값으로 표현하게 되는데, 전기장을 벡터

39) 식 (1.13)과 식 (1.14)를 이해하려면 전기장과 자기장에 대한 학습이 필요하며, 전기장과 자기장은 방향을 가지고 있는 벡터양이므로 기하와 벡터라는 수학에 대한 학습이 필요하다. 보통 전자기학이라는 과목에서 전파를 자세히 다루게 된다.

40) 보통 오른손의 엄지, 검지, 중지를 수직으로 놓았을 경우 전기장벡터 방향은 엄지방향, 자기장벡터 방향은 검지방향, 전파의 진행방향은 중지 방향이 된다.

선적분하면 전압(V)으로, 자기장을 벡터폐선적분하면 전류(I)로 표현된다[41]. 전파를 전압과 전류로 표현하면 전파의 전력은 전압과 전류의 곱으로 표현되는데, 단위는 [Watt]가 된다. (즉, P(전력) = V(전압) × I(전류)). 따라서 전파의 전력을 크게 하려면 전압을 크게 할 수도 있고 전류를 크게 할 수도 있다. 전파와 음파는 동일한 파동이므로 주파수가 같으면 1:1 대응시킬 수 있으므로 음파를 전파로 직접 표현할 수 있다.

> **중요** **음악은 시간에 따른 음파의 변화이고, 음파의 변화와 동일하게 전파를 변화시키면 음파를 전자기기에서 다룰 수 있다. 이 때 전파는 전기장과 자기장의 2가지 성분이 있으므로 전기장 또는 전압으로 전파를 표현하거나, 자기장 또는 전류로 전파를 표현할 수 있다.**

전파는 전기장과 자기장의 두 가지 성분이 있고, 전기장과 자기장의 상호작용에 의해 전파가 전달된다고 하였다. 이제 전기장과 자기장의 크기의 비를 살펴보자. 전기장과 자기장의 크기의 비를 특성임피던스(characteristic impedance, 기호 η로 표현)라고 하는데, 자유공간에서는 특별히 고유임피던스(intrinsic impedance)라고 부르며 식 (1.15)와 같이 주어진다. 즉 자유공간에서 자기장의 크기가 1[A/m]일 때 전기장은 377[V/m]가 되고, 전기장이 최대일 때 자기장이 최대가 되는 동위상을 갖는다[42].

$$\frac{E_0}{H_0} = \sqrt{\frac{\mu_0}{\epsilon_0}} = \eta = 377\Omega \tag{1.15}$$

자유공간에서 전파의 전기장과 자기장의 비는 변하지 않지만 오디오와 같이 전자회로 안으로 들어가면 임피던스를 변화시킬 수가 있다. 만약 전기장 성분을 크게 하고 자기장 성분을 작게 하게 되면 식 (1.13)에 의해 임피던스가 커지게 되는데 이를 하이임피던스(high-impedance)라고 부른다. 하이 임피던스 상태에서는 전류는 거의 흐르지 않고 전압이 주로 존재한다. 반대로 전기장 성분은 일정한데 자기장 성분이 커지면, 즉 전압은 일정한데 전류가 커지면, 이를 로우임피던스(low-impedance)라고 한다. 오디오에서는 소스기기 앞단에서 전력증폭기 전까지의 회로에서는 수백kΩ 이상의 하이임피던스를 이용하여 전기장 성분만

---

41) 벡터선적분과 벡터폐선적분은 대학물리나 전자기학에서 학습한다.

42) 전파를 전송하는 전송선로(Transmission line)에서도 특성임피던스가 존재하며 특성임피던스는 자유공간의 특성임피던스와 다르다. 가장 많이 사용하는 전송선로의 특성임피던스로는 50Ω 선로가 있다.

으로 음파를 표현하는데 이를 전압신호라고 부른다. 우리가 오디오를 구성하는 대부분의 전자회로에서 사용하는 신호이다. 오디오에서 로우임피던스를 사용하는 경우는 보통 8Ω 정도의 임피던스를 갖는 스피커를 구동할 때 전류 공급이 필요하므로 앰프와 스피커 연결에서만 사용된다[43].

예제 1-10

자유공간을 진행하는 자기장 벡터의 크기(H_0)가 0.01[A/m]라고 하자. 이 때 전기장 벡터의 크기(E_0)는 얼마인가?

답 $E_0 = 3.77[\text{V/m}]$

예제 1-11

전기장벡터 $\vec{H} = 50\cos(200\pi t - 2.1\times 10^{-5}z)\vec{a}_x$가 자유공간을 z 방향으로 진행하여 나아간다. 이 때 자기장벡터를 구하라.

답 전기장벡터와 자기장벡터는 동위상으로 전파되므로 크기와 벡터방향만 차이가 있으므로 다음과 같다.

$\vec{H} = 0.13\cos(200\pi t - 2.1\times 10^{-5}z)\vec{a}_y$

1.3.1 전파의 스펙트럼

음파와 전파의 가장 큰 차이점인 전파의 속도를 알아보자. 전파는 음파의 속도보다 약 10^6배 빠른데, 전파는 자유공간에서 3×10^8 m/sec인 빛의 속도로 퍼져나가게 된다[44]. 식 (1.16)과 같이 전파의 속도(c)는 주파수와 파장의 곱으로 주어지며 이는 일정(광속불변의 법칙)하므로 주파수와 파장을 1:1 대응시킬 수 있다.

---

43) 오디오 이외에도 대부분의 전자기기(PC, 가전제품, 전기차 등)는 신호처리에는 하이 임피던스 전압신호를 사용하고, 마지막에 힘을 필요로 하는 모터 구동, 화면재생, 등에서 로우 임피던스 회로를 사용한다.

44) 빛과 전파의 속도(보통 c로 표현)가 같으므로 빛도 전파인 파동이라 할 수 있다. 단, 음파의 속도는 매질에 따라 변하고 진공에서 전달되지 않지만 전파는 진공 중에도 전달되고 그 속도는 상수로 변하지 않는다. 단, 빛은 파장의 너무 작아 파동의 성질과 함께 입자의 성질도 갖는데 이를 빛의 이중성이라 한다.

$$c = f\lambda \tag{1.16}$$

전파는 주파수와 파장에 따라 0.1[Hz]부터 10^{13}[Hz] (파장에서는 10^{9}[m]부터 10^{-5}[m]의 범위)까지 log 스케일로 그리면 그 관계는 [그림 1.24]와 같다. 이렇게 전파를 주파수에 따라 표시한 그림을 보통 주파수 스펙트럼(frequency spectrum)이라 부른다. 일반적으로 300 GHz 이하의 주파수에서는 전파를 주파수의 함수로 나타내는 것이 편리하고, 300 GHz 이상의 주파수 또는 파장이 1 mm 이하인 주파수 대역에서는 파장에 의해 표현하는 것이 편리하다. 주파수가 THz(10^{12} Hz) 이상으로 올라가면 빛의 성질을 가지며, 이를 다루는 학문을 광학(Optics)이라 한다. 그 이하의 주파수는 라디오/TV 방송, 무선통신, 레이다 등에서 주로 사용하며 RF 또는 마이크로파라고 부른다. 반면, 20 kHz 이하의 주파수는 가청주파수와 겹치므로 무선통신에 사용되지는 않으며 아날로그 음성신호를 전파로 표현할 때 주로 사용된다.

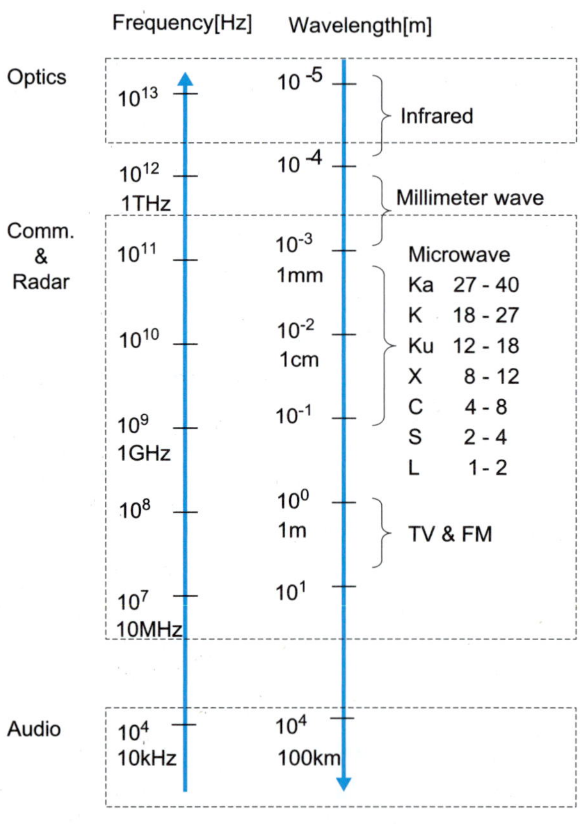

그림 1.24 전파 스펙트럼(Electromagnetic wave spectrum)

전파는 파동이므로 소리와 유사하게 자유공간에서 주파수가 높아질수록 빛을 닮아가기 때문에 직진성이 강해지고, 주파수가 낮아질수록 회절성이 강해진다. 따라서 지구 반대편에 대한 무선통신, 복잡한 지형에서의 무선통신 등에는 낮은 주파수의 전파를 이용하는 것이 좋다. 반면에 주파수가 높아질수록 변조를 통해 전송할 수 있는 신호(대역폭)가 더 증가한다. 예를 들어 1 MHz의 주파수를 이용한 통신보다 1 GHz의 주파수를 이용한 통신에서 단위시간당 주고받을 수 있는 데이터의 양이 훨씬 더 많다[45]. 주파수가 1~60 GHz인 영역(SHF, EHF)의 경우 주파수가 높으므로 단위시간당 많은 데이터를 송수신할 수 있어 무선통신에서 매우 중요한 주파수 대역이다. 특별히 1 GHz에서 30 GHz까지는 마이크로파 대역[46]이라고 부르는데 무선통신이나 레이다에서 가장 많이 쓰는 주파수 대역이다. 30 GHz 이상인 K, Ka, U 밴드 등의 주파수 영역에서는 주파수가 높으므로 단위시간당 송수신할 수 있는 데이터의 양이 많으며, 전파의 직진성이 매우 강하므로 송수신 안테나가 서로 마주보는 조건(Line of sight)에서 주로 통신이 이루어진다. 이 주파수 대역은 주로 위성-지상기지국 간의 통신, 기지국간의 통신 중계 등에 주로 활용된다. 최근에는 직진성 문제에도 불구하고 이동통신 등에서도 사용되고 있다.

예제 1-12

전파의 주파수가 각각 1 kHz, 1 MHz, 1 GHz라면 전파의 파장은 각각 얼마인가?

답 1 kHz의 파장은 300 km, 1 MHz의 파장은 300 m, 1 GHz 파장은 0.3 m

주파수는 유한한 자원이므로 각국에서는 주파수별로 사용 용도를 지정하여 배타적으로 사용하도록 규정한다. 때로는 사용 용도를 지원하지 않는 예외적인 경우도 있는데 대표적으로 ISM(Industrial, Scientific and Medical) 대역이 있다. ISM 대역으로는 6.8/13.56 MHz, 2.4/5.8 GHz, 24/60/122/244 GHz 대역 등이 있다. 이 중 2.4/5.8 GHz 주파수 대역은 허가 신고 없이 사용할 수 있는 대역이나 무선 LAN, 마이크로웨이브 오븐(전자레인지) 등 다양한 전자기기들이 사용하고 있으므로 간섭 성분이 많은 단점이 있다.

---

45) 스마트폰이 등장한 3G 이동통신(2 GHz)의 경우 2G 이동통신(0.8 GHz)에 비해 단위시간당 송수신할 수 있는 데이터의 양이 많다는 장점이 있으나, 전파의 직진성이 강하므로 지하실이나 복잡한 지형에서 통신이 불리하다는 단점이 있다.

46) 마이크로파 대역은 파장 단위로 보면 cm파가 되어야 하지만 오랫동안 마이크로파(초고주파)라는 명칭으로 불리고 있다.

예제 1-13

전 세계적으로 ISM 대역으로 할당된 주파수를 확인하고 ISM 대역으로 지정된 이유와 ISM 대역의 주파수별 특징을 살펴보자.

참고 ISM 대역은 13.56 MHz와 같은 저주파수대역, 2.4 GHz와 5.8 GHz 같은 마이크로파 대역, 24 GHz, 60 GHz와 같은 밀리미터파대역으로 나눌 수 있다.

또한 주파수 대역은 면허대역(Licensed band)과 비면허대역(Unlicensed band)이 있으며, 면허대역은 주파수 경매 등의 과정을 거쳐 통신사업자나 방송사업자가 취득하여 특정 기간 동안 배타적으로 사용할 수 있는 대역을 의미한다. 이동통신 주파수대역이 대표적인 면허대역이다. 비면허대역은 별도의 면허가 필요없는 주파수대역으로 전파인증만 받게 되면 자유롭게 사용할 수 있으며 무선LAN 주파수대역이 대표적인 비면허대역이다. 따라서 무선 오디오(Wireless Audio)에서는 Wi-Fi, 블루투스 주파수로 ISM 대역이면서 비면허대역인 2.4 GHz와 5 GHz을 주로 사용한다.

참고 음파와 전파는 속도의 차이만 있을 뿐 파동이므로 많은 특성을 공유한다. 따라서 공간 상의 소리의 간섭 현상과 다중 경로에 의한 직접파와 반사파 등은 파장이 같은 전파에서도 동일하게 발생한다. 대표적인 예로 터널에 들어가면 라디오 신호가 잡히지 않는 현상이 있다. 또한, 1 GHz에서 전파가 자유공간에서 전달되는 것과 1 kHz 소리가 공간상에 전달되는 것은 파장이 같으므로 유사하다고 볼 수 있다. 또한 전파도 파장이 길면 멀리 전달되고, 파장이 작으면 빨리 감쇄되는 것도 음파와 동일한 특성이다.

1.3.2 전파의 전력(Power)

음파와 달리 전파는 전기장과 자기장이라는 두 가지 성분이 있으므로 이 둘의 벡터곱(외적)으로 전파의 크기와 방향이 결정된다[47]. 전파의 크기와 방향은 식 (1.17)로 주어지며 단위는 단위면적당 전력으로 [Watt/m^2]이 된다($\vec{E}$의 단위는 V/m이며, $\vec{H}$의 단위는 A/m이므로 $\vec{P}$의 단위는 VA/m^2 = Watt/m^{2}가 된다).

$$\vec{P} = \vec{E} \times \vec{H} \tag{1.17}$$

47) 크기와 방향을 갖는 벡터의 곱셈에는 내적과 외적이 있는데 2개의 벡터의 내적의 결과는 스칼라값을 가지면, 외적의 결과는 두 벡터에 수직인 새로운 벡터가 된다.

식 (1.17)의 전력벡터 $\vec{P}$를 포인팅벡터(Poynting vector)라고 한다[48]. $\vec{P}$의 크기는 전자기장의 전력밀도(단위시간 및 단위 면적당 전력)을 의미하며, $\vec{P}$의 방향은 전자파가 진행하는 방향이며 전기장벡터 및 자기장 벡터와 수직의 관계를 갖는다. 한편 $\vec{P}$의 값은 시간적으로 특정한 순간의 순시값을 의미하므로 평균전력밀도벡터는 식 (1.18)과 같이 주기 T에 대해 시평균값을 계산하여야 한다. 보통 정현파인 경우 평균전력밀도벡터의 크기는 식 (1.19)와 같이 전기장의 크기와 자기장의 크기의 곱의 1/2로 주어진다.

$$\vec{P}_{avg} = \frac{1}{T}\int_0^T \vec{P}\,dt \text{ [W/m}^2\text{]} \tag{1.18}$$

$$|\vec{P}_{avg}| = \frac{E_0}{\sqrt{2}} \times \frac{H_0}{\sqrt{2}} = \frac{1}{2}E_0 H_0 \text{ [W/m}^2\text{]} \tag{1.19}$$

이제 스칼라값인 전력은 식 (1.20)과 같이 통과하는 면에 대해 벡터면적분하면 계산할 수 있다.

$$P_{avg} = \int_S \vec{P}_{avg} \cdot d\vec{S} \text{ [W]} \tag{1.20}$$

식 (1.17)부터 식 (1.20)까지의 포인팅 벡터와 관련된 양들은 회로이론에서 전력 개념과 동일하다.

> **중요** 전력을 계산할 때는 전기장과 자기장의 비인 임피던스 개념이 들어가므로 임피던스가 일정해야 계산할 수 있다. 임피던스가 변한다면 변하는 지점에서 전기장과 자기장의 크기의 변화가 발생하므로 주의해야 한다.

예제 1-14

전기장벡터 $\vec{E} = 50\cos(2000\pi t - 2.1\times10^{-5}z)\vec{a}_x$가 자유공간으로 전파된다. 이 때 (a) 포인팅 벡터의 수식을 계산하라. (b) 포인팅벡터의 평균전력밀도벡터의 크기를 계산하라.

풀이 a) $\vec{P}_{avg} = (0.5\times50\times0.13)\cos^2(2000\pi t - 2.1\times10^{-5}z)\vec{a}_z = 3.25\vec{a}_z$

b) $|\vec{P}_{avg}| = 0.5\times50\times0.13 = 3.25\text{[W/m}^2\text{]}$

---

48) 영국의 John Henry Poynting이 1883년에 유도하였다.

예제 1-14에서 알 수 있듯이 포인팅벡터는 전기장과 자기장이 동위상인 경우 시간과 공간에 상관없이 일정한 크기를 갖는 벡터가 된다.

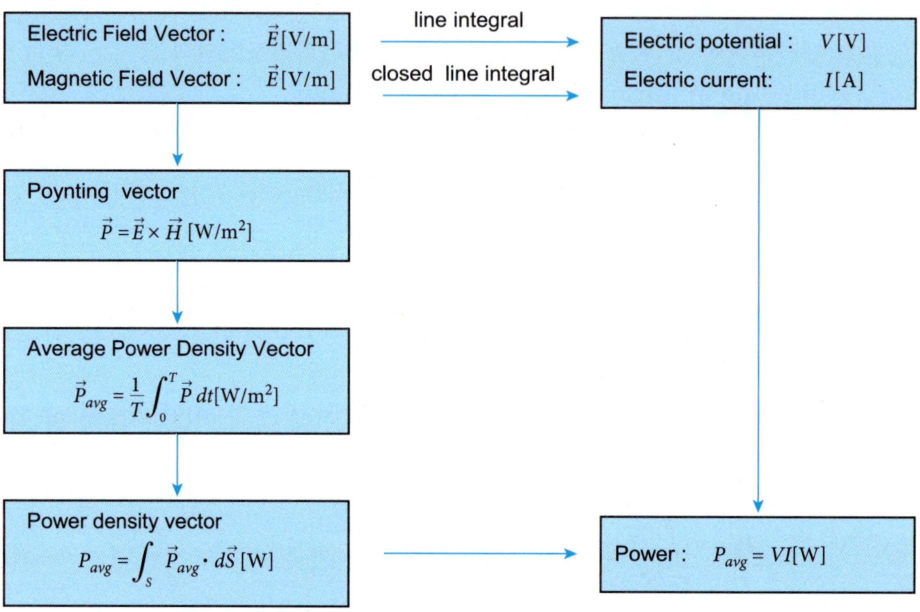

그림 1.25 포인팅벡터와 전력의 관계

예제 1-15

휴대폰의 송신전력이 100[mW]라고 하자. 휴대폰에서 발생하는 전기장벡터의 크기는 얼마일까?

답 $E_0 = \sqrt{0.1 \times 2 \times 377} = 8.68$[V/m]

이러한 전파의 전력은 음파에서 음압과 거의 일대일 대응한다고 볼 수 있다. 예를 들어 전자회로(주로 앰프)가 내보내는 출력이 1 W라고 하면 스피커마다 특성은 다르지만 대략 85 dB에서 90 dB의 음압을 발생한다. 이제 전파의 전력이 2배로 증가하게 되면 음압도 2배로 증가한다. 예를 들어 출력이 1 W에서 2 W로 2배가 되면 음압도 2배(6 dB)가 되어 96 dB가 된다고 생각할 수 있다.

전자공학에서 전력은 크기의 변화가 매우 크므로 보통 log 단위인 데시벨(Decibel[dB])로 표현된다. dB는 같은 주파수를 갖는 전력을 상대적으로 비교하는 것으로서 식 (1.21)과 같이 정의된다[49].

$$10\log(P_2/P_1)\ [\text{dB}] \tag{1.21}$$

여기서 P_1은 입력신호 P_2는 출력신호를 의미한다. 즉 출력신호의 크기가 입력신호보다 얼마나 차이가 있는지를 log 스케일로 표현한다. 한편 식 (1.21)에서 출력신호가 입력신호보다 클 경우에는 전력이득(Power gain)이라는 표현을 사용한다. Decibel은 상대적인 전력을 비교한 것으로 차원이 없게 되므로, 전력이나 전압을 표시할 경우에는 decibel scale로 표시하는데 있어 dB 다음에 관련 첨자를 붙이게 된다. 예를 들어, dB-millimwatt (dBm)의 경우 다음과 같다.

$$\text{dBm} = 10\log\left(\frac{\text{P}}{1\text{mW}}\right) \tag{1.22}$$

따라서 0 dBm의 경우 1 mW를 의미하고, 30 dBm의 경우 1 W(1000 mW)를 나타낸다.

예제 1-16

−10 dBm 및 10 dBm은 각각 power로는 몇 W가 되는가?

답 0.1 mW, 10 mW

유사한 정의로 dBW도 자주 사용되는데, 이것은 power를 1 W와 비교한 것이다.

$$\text{dBW} = 10\log\left(\frac{\text{P}}{1\text{W}}\right) \tag{1.23}$$

데시벨은 전력신호에만 적용되는 것은 아니고 전압신호에도 적용될 수 있다. 이 경우 경우는 전력과 다르게 20log로 표시되며 다음 식 (1.24)와 같다.

$$\text{dBuV} = 20\log\left(\frac{\text{V}}{1\text{uV}}\right) \tag{1.24}$$

49) 음압의 데시벨에서는 20log로 시작하는데 반하여 전력은 전압의 제곱의 의미를 가지므로 10log로 시작함에 주의해야 한다. 대신 전압을 데시벨로 표시할 때는 20log로 시작한다.

이 전압에 걸린 저항값을 알 경우 이 값을 dBm이나 dBW로 환산할 수 있다. 참고로 여기서 V및 uV는 RMS(Root Mean Square) 값을 나타냄에 주의해야 한다.

예제 1-17

−10 dBm의 전력이 50Ω의 저항 양단에 걸렸을 경우 이것을 dBuV로 나타내시오.

답 97 dBuV

[표 1.3] W, dBm, 피크전압의 관계

전력[W]	전력[dBm]	50Ω 임피던스에서 피크전압
10	40	32
1	30	10
0.1	20	3.2
0.001 (1mW)	0	0.32
10^{-6} (1uW)	−30	0.01
10^{-9} (1nW)	−60	0.00032
10^{-12} (1pW)	−90	0.00001

dB 단위의 연산은 곱 또는 나눗셈으로 표시된 것을 합과 차로 표시할 수 있으므로 간단히 표현된다. 삽입손실(Insertion loss)을 예로 들어보자. 삽입손실의 정의는 입력전력을 출력전력으로 나눈 값으로 dB로 표현하면 다음과 같다[50].

$$IL = P_{inp}/P_{out}$$
$$IL\,[\mathrm{dB}] = P_{inp}[\mathrm{dBm}] - P_{out}[\mathrm{dBm}] \tag{1.25}$$

50) 삽입손실이 고려되는 대표적인 예로는 전신주 등에 설치된 이동통신 기지국이나 서울 N 타워의 방송국 송신장치가 있다. 일반적으로 지상에 송신기가 있으며, 동축선로로 전신주나 타워 위에 설치된 안테나가 연결되는데 동축선로의 길이가 길어 삽입손실이 발생한다. 선로의 삽입손실이 크면 손실만큼 더 큰 전력을 생성해야 하므로 송신장치가 비싸진다.

예제 1-18

입력전력이 50 mW(17 dBm)이고 출력전력이 10 mW(10 dBm)인 경우 삽입손실은 얼마인가?

답 7 dB

예제 1-19

[그림 1.26]과 같이 삽입손실이 10 dB인 회로와 13 dB인 회로가 직렬로 연결되어 있다. 입력 전력이 30 dBm인 경우 출력전력은 얼마인가?

답 7 dBm(5 mW)

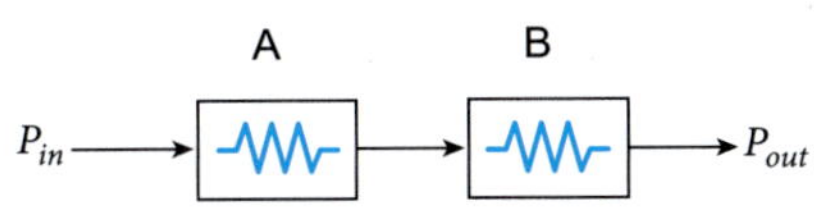

그림 1.26 삽입손실 계산의 예

마찬가지로 이득(Gain)은 다음과 같이 주어지며 삽입손실과 유사하게 계산할 수 있다. 이득은 증폭기 설계에서 주로 사용되는 개념이다.

$$\begin{aligned} &G = P_{out}/P_{inp} \\ &G[\text{dB}] = P_{out}[\text{dBm}] - P_{inp}[\text{dBm}] \end{aligned} \tag{1.26}$$

다양한 dB가 사용되므로 주요 단위 환산은 다음과 같다.

dB 변환식

dBm = 10 log(W) + 30

dBuV = 20 log(V) + 120

dBuA = 20 log(A) + 120

dBuV/m = 20 log(V/m) + 120

요약

Watt 단위와 dBm 단위

무선통신에서는 송신과 수신전력간의 값의 차이가 너무 크므로 [Watt] 표기 보다 [dBm] 표기를 많이 사용한다. [dBm] = 10×log [mW] 로 계산된다.

ex) 10[mW] ···› 10[dBm],
20[mW] ···› 13[dBm]
50[mW] ···› 17[dBm]
1[mW] ···› 0[dBm]
0.1[mW] ···› −10[dBm]
0.01[mW] ···› −20[dBm]

참고 블루투스나 Wi-Fi 오디오의 송신 전력레벨은 보통 10[dBm] 정도, 수신 가능한 전력레벨은 −90[dBm] 정도이다.

1.4 오디오와 전자공학

앞에서 오디오의 간략한 개요와 소리에 해당하는 음파의 물리적인 특성, 오디오에서 음파를 묘사하기 위해 사용되는 전파에 대해 간단히 살펴보았다. 음파와 전파를 학습하였으므로 본 절에서는 앞으로 살펴볼 오디오에 숨어 있는 원리를 전자공학적 관점에서 살펴보자. 전자공학적 관점에서 보자면 [그림 1.27]과 같이 소스기기에서 스피커까지의 음원의 전

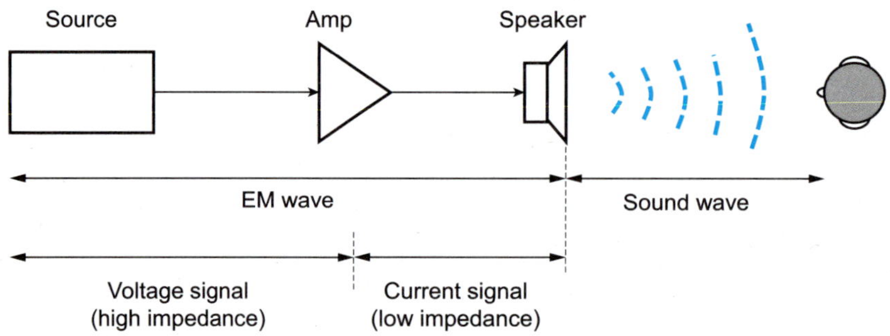

그림 1.27 오디오와 전자공학

달은 전파를 이용하게 되는데, 스피커는 이러한 전파를 음파로 바꾸는 역할을 한다. 전파도 크게 임피던스(Impedance)에 따라 전압(Voltage) 신호와 전류(Current) 신호로 나눌 수 있는데 소스기기는 소리에 해당하는 전압신호를 생성하고, 소스기기에서 앰프까지는 임피던스가 높은 전압신호를 이용하여 전달되고, 앰프는 전압신호를 전류신호로 바꾸는 역할을, 스피커는 소리에 해당하는 전류신호를 음파로 바꾸는 역할을 하게 된다.

오디오에서 스피커는 오디오 콤포넌트 중에서 유일한 수동(passive) 장치로서, 자체적으로 움직이지 않고 앰프에서 흘려주는 전기를 운동에너지로 전환해서 소리의 파동을 발생시키는 장치이다. 스피커는 원래 인체의 공명원리에 따라 폐쇄된 공간을 울려 소리를 내게 만들었다. 점차 더 깊은 음을 얻기 위해 통을 미로처럼 설계하기도 하고, 울림판(스피커 유닛)의 운동을 쉽게 하기 위해 통(인클로저)에 구멍을 뚫기도 했다. 원래는 하나였던 울림판을 음의 높낮이에 대응하도록 떨림의 정도가 다른 여러 개로 분리시켰으며, 좀더 효율적인 울림을 위해 아예 각 유닛들을 개별적인 울림통으로 독립시키기에 이르렀다. 실제음보다 과장된 공명의 문제를 해결하기 위해 박스형의 구조를 해체시켜서 얇은 판을 떨게 만드는 방식(평판형)도 성공을 거둔 바 있다. 스피커와 관련된 공학이론으로는 음파의 진동을 다루는 유체역학, 전류신호를 스피커의 진동으로 바꾸는 전자기학이 있다.

다음으로 앰프는 소스기기로부터 유입된 작은 크기의 신호를 크게 증폭시킴으로써 스피커 유닛을 진동시키도록 만든 전기장치이다. 증폭이란 소리를 더 크고 확장시켜, 또렷하게 들리게 하기 위한 것이다. 원래는 하나의 몸체였던 앰프는 여러 가지 소스(라디오, LP, CD 등)를 동시에 수용할 수 있는 입력 기능과 소스에서 들어온 신호를 증폭하여 출력시키는 기능을 분리하기 시작한다. 이는 사람의 목소리를 넘어 점점 넓어지는 다양한 소리 영역에 대응하기 위한 것이다. 분리의 주된 목적은 증폭하여 커진 전류 신호가 상대적으로 작은 신호가 존재하는 소스기기에 영향을 주지 않도록 하는 데 있다. 그리하여 입력신호를 처리하는 장치(프리앰프)와 전류를 확장시키는 증폭장치(파워앰프)로 분리되기 시작하였다.

소스기기는 음반을 읽어내어 전기신호를 생성하는 장치로서, 소스기기의 대표주자는 LP플레이어였다. 축음기의 원리대로, 회전하는 레코드판의 가느다란 틈새의 모양에 따라 바늘이 움직이면 바늘에 포함된 자석에 자기장의 변화가 발생하여 패러데이(Faraday) 법칙에 의해 기전력(Electro-motive Force) 전압이 발생한다. 틈새의 깊이와 폭에 따라 기전력의 크기가 변하게 되므로 소리와 전기신호가 1:1로 대응하게 된다. 실제 바늘의 미세한 움직임에도 전기적으로 민감하게 반응해서 정밀하고도 다이나믹한 소리를 가능하게 만든다. 이 신호는 매우 작으므로 적절한 전압레벨로 트랜지스터를 이용한 증폭회로를 거치면 앰프로 보내게 된다. 이러한 방식을 아날로그 소스기기라 부른다.

소스기기는 80년대 초반에 개발된 CD를 시작으로 디지털화가 되었다. 모든 신호를 '0'과 '1'의 조합으로 된 비트 단위로 변환시키고 읽어내는 이 획기적인 디지털 방식은 편리성과 더불어 LP보다 훨씬 깨끗한 소리를 만들 수 있다. 디지털 소스기기의 개발 초기에는 음악적인 감흥이 덜하다거나 부자연스러움을 호소하는 사용자들의 지적이 있었지만, 다양한 디지털 기술의 발전으로 아날로그의 자연스러움에 무한히 수렴하고 있는 중이다. 더불어, PC의 확산으로 CD 음악파일이 PC에 저장되고, PC의 사운드카드를 통해 음악을 들을 수 있게 되었다. 또한, 디지털기술과 무선통신기술의 발전으로 서버에 저장된 디지털 음악파일을 스트리밍 방식으로 스마트폰으로 전송받고, 스마트폰에 연결된 이어폰이나 블루투스 스피커로 듣는 방법이 일반화되고 있다.

소리에서 전파로, 다시 전파에서 소리로

소스기기가 아날로그이든 디지털이든 최초에 발생한 신호는 아주 미세한 전압 신호이다. LP플레이어의 경우에는 레코드 판의 미세한 틈을 따라 운동하는 바늘의 움직임이 만들어낸 운동에너지가 패러데이법칙에 의해 전압으로 변환된 아날로그 전압신호이고, CD 플레이어라면 레이저가 레이저 빛의 반사정도에 따라 '0'과 '1'로 구분되어 읽어낸 디지털 신호의 조합인 디지털 전압신호이다. 아날로그 전압신호는 소스기기 내부의 전선(케이블)과 기판의 회로 연결선 등을 거쳐 앰프로 입력되게 된다. 단, 디지털 전압신호는 아날로그 신호로 변환되어 앰프로 입력된다. 소스기기로부터 넘어온 아날로그 전압 신호가 앰프에 도착하면, 사용자가 조정하는 출력(볼륨)을 따라 전압의 크기가 조절된다. 이제 앰프는 다양한 소스기기에서 온 전압 신호를 스피커를 움직일 만한 크기의 전류신호로 변환하여 증폭하는데 이 때 필요한 전자소자가 트랜지스터(혹은 진공관)이다. 이렇게 앰프에서 증폭된 전류 신호가 스피커의 보이스 코일에 도착하면 스피커의 진동판은 그 전류의 변화에 맞추어 앞뒤로 움직이게 된다. 이는 자석을 붙인 진동판에 전류가 흐르면 자기장이 생기는 전자기학의 원리를 이용한 것이다. 스피커의 진동판에서 울림이 생기면 우리 주변의 공기의 변화가 발생하는데 이것이 바로 우리는 듣는 음파가 되는 것이다.

스피커에서 음파를 만들기 전까지는 오디오 내에서 존재하는 모든 신호는 크고 작은 전자의 진동에 의해 만들어지는 전파(전자의 진동의 변화가 일으킨 시간공간의 흔들림)일 뿐이다. 이러한 전파가 스피커까지 전달될 대 잡음이 최소화되면서 왜곡이 없도록 하는 것이 오디오 설계의 핵심이 된다.

오디오의 디지털화/스트리밍화/무선화/지능화

과거 오디오는 오랫동안 아날로그 전자회로로만 구성된 전자기기였다. 하지만 디지털 기술이 발달하면서 오디오기기도 디지털 기술과 만날 수밖에 없게 되었고, 이제는 디지털 오디오란 말이 자연스럽게 사용되고 있다. 그럼에도 불구하고 오디오는 절대 100% 디지털이 될 수는 없다. 그 이유는 크게 다음과 같다. 디지털 회로의 속도가 아무리 빨라져도 디지털 처리에는 아날로그 신호의 디지털화, 디지털화된 오디오 신호의 디지털 신호처리, 디지털 신호처리된 오디오 신호를 다시 아날로그화[51] 하는데 있어 시간지연(time delay)이 발생한다. 이러한 시간지연은 디지털 음원화된 오디오를 청취하는데는 큰 문제가 되지 않는다. 하지만 공연장 등에서 사용되는 마이크와 마이크에 연결된 스피커 시스템과 같이 실시간의 현장감이 매우 중요하여 시간지연이 발생하면 절대 안 되는 상황에서는 여전히 아날로그 오디오 기기를 사용할 필요가 있다[52]. 단, 최근에는 디지털 회로의 속도가 매우 빠르므로 디지털화된 오디오 신호의 속도보다 더 빠르게 신호처리할 수 있게 되어 오디오를 100% 디지털로 처리하는 것이 가능해지고 있다. 예를 들어 youtube live 방송 등에서는 디지털로 음원을 처리하는 것을 볼 수 있다. 단, 인터넷으로 디지털 데이터를 보내기 위해서는 오디오 파일을 특정한 크기의 데이터로 쪼갠 후 전송하고 이를 수신하여 복원하는 작업이 필요하다. 이를 위해 오디오 처리를 위해 SW로 프로그래밍할 때는 오디오 데이터를 특정 크기로 쪼개고 이렇게 쪼개진 데이터를 객체(object)로 처리하는 객체지향(object-oriented) 방식을 사용하는 것이 일반적이다. 이러한 내용은 5장의 디지털 소스기기와 6장의 네트워크 오디오에서 자세히 다룰 예정이다.

또한, 디지털 오디오는 디지털 무선통신기술과 만나 점점 무선화되고 있다. 이에 따라 오디오 시스템을 구축하는데 힘들게 선을 연결하는 어려움과 오디오 기기 뒷면에 먼지가 쌓여 있는 전선다발에서 해방되고 있다. 장기적으로는 마지막 남은 전기선까지도 무선충전기술을 이용하면 사라지게 될 것이다. 마지막으로 디지털 오디오는 스마트폰과 결합되어 점점 더 똑똑해진 스마트 오디오가 등장하고 있다. 예를 들어 인공지능 비서 기능이 있

51) 시간지연이 있다고 하여 실시간으로 음악을 듣지 못하는 것은 아니다. 디지털 음원을 귀로 듣는 과정을 생각해 보면 디지털 음원을 이어폰까지 시간지연이 있다고 해도 모든 음원에 대해 똑같은 신호지연이 있다면 내가 듣는 음악의 시작시간이 조금 지연될 뿐 음악은 시간지연없이 제대로 들리게 된다.

52) 공연장 등에 사용되는 음향 시스템은 아직도 아날로그 방식을 선호한다. 예를 들어 무선 마이크를 사용하더라도 디지털통신을 이용하지 않고 전통적인 FM 방식의 아날로그 통신을 사용하는 마이크를 사용한다.

는 스마트 스피커도 등장하고 있다. 이러한 내용은 7장의 무선 오디오에서 자세히 다룰 예정이다.

참고 오디오는 돈도 많이 들고, 중독성이 있다고 한다. 하지만 낚시든 골프든 사진이든 자전거든 모든 취미생활은 마찬가지 특성을 갖는다. 어떤 취미든 우리를 빠지게 하는 힘이 없다면 이미 그 취미는 생명력을 잃은 것이다. 그리고 일단 빠지게 되면 자신도 모르는 사이에 다소간의 비용이 들게 된다. 무엇보다 오디오의 가장 큰 매력은 그 구현 세계가 음악, 즉 예술의 영역이라는 사실이다. 작곡자나 연주자가 애초에 의도한 대로 음악을 아름답고, 거칠고, 기쁘고, 슬프게 들려주는 것에 오디오의 본질이 있다.

CHAPTER 2

오디오 HW – 스피커와 필터

- 스피커와 크로스오버 네트워크의 기본 구성 및 원리를 이해한다.
- 스피커의 스펙을 이해할 수 있다.
- 크로스오버 네트워크를 구성하는 필터의 설계 방법을 이해하고 설계할 수 있다.

2.1 스피커의 구조 및 특성

오디오의 성능을 좌우하는 가장 중요한 장치는 스피커라 할 수 있다. 이 말은 오디오를 구성하는 소스기기나 앰프 등 다른 장치가 중요하지 않다는 이야기는 아니지만 스피커가 오디오 시스템의 전체 음질을 가장 크게 좌우한다는 의미라고 이해하면 된다. 이를 설명하면 다음과 같다. 스피커 이전까지 오디오 장치는 직접 음파를 다루지 않고 음파에 1:1 대응하는 전파를 다루게 되는데, 이 과정에서 전파는 위치에 따라 변하지 않는다[53]. 하지만, 전파로부터 음파를 직접 만드는 스피커는 그 구조와 스펙, 공간 상의 배치에 따라 음파가 다르게 만들어지므로 음파의 생성에 직접적으로 영향을 미치게 된다. 즉 스피커가 같다면 소스기기나 앰프의 차이에 따라서 소리의 음질이 크게 차이가 나지 않지만 동일한 소스기기나 앰프를 사용하더라도 스피커가 다르면 소리의 음질이 크게 달라진다.

우리가 사용하는 스피커(speaker)는(보통 loudspeaker라고 부른다) 앰프에서 나온 전기신호를 사람이 들을 수 있는 '공기의 진동', 즉 소리로 바꾸어주는 역할을 한다[54]. 인간의 가청 주파수인 20 Hz~20 kHz를 크게 3가지 주파수대역으로 나누면 가장 낮은 소리를 흔히 저주파 대역(low band)이라고 하며, 높은 소리는 고주파 대역(high band), 그리고 중간 소리를 중간 주파수 대역(mid band)라고 할 수 있다. 이를 줄여서 저대역, 고대역, 중대역이라 한다. 좋은 스피커란 저대역, 중대역, 고대역의 모든 주파수 대역에서 소리의 감쇠가 없어야 한다. 하지만 이러한 만능 스피커는 존재할 수 없으므로 각각의 주파수 특성에 적합한 여러 개의 스피커 유닛을 조합하여 인간이 들을 수 있는 소리를 재생해야 하는데 이 조합 및 스피커의 배치에 따라 다양한 소리의 특성이 생기게 된다.

한편, 인간은 감정의 동물이므로 사람의 성향에 따라 저대역의 소리를 잘 내는 스피커가 풍성한 느낌의 소리를 낸다고 좋아하는 사람이 있고, 고대역의 소리를 잘 내는 스피커를 깔끔한 느낌의 소리를 낸다고 좋아하는 사람이 있으므로 어떤 스피커가 무조건 좋다고 말할 수는 없다. 한편, 음악의 종류에 따라서도 주파수 대역별 특성이 있다. 성악의 경우 사람의 소리가 중심이므로 저대역이 중요하다. 반면 악기들은 악기마다 만드는 소리의 주파수 특

53) 오디오 회로 내에 전파는 주파수가 낮기 때문에 파장이 크므로(예를 들어 제일 높은 가청 주파수인 20kHz의 전파라 하더라도 파장이 15,000 km이다), 회로의 어느 부분에 있던 위치에 따른 위상의 변화가 없다. 또한, 앰프의 출력이 아주 큰 경우를 제외하고는 신호의 왜곡이 없어 음질의 변화가 크게 없다.

54) 반대로 마이크(mic)는 음파를 전기신호로 바꾸는 역할을 한다. 따라서 소리의 녹음과정에서 음질을 가장 크게 좌우하는 것은 마이크의 성능과 마이크의 배치가 된다.

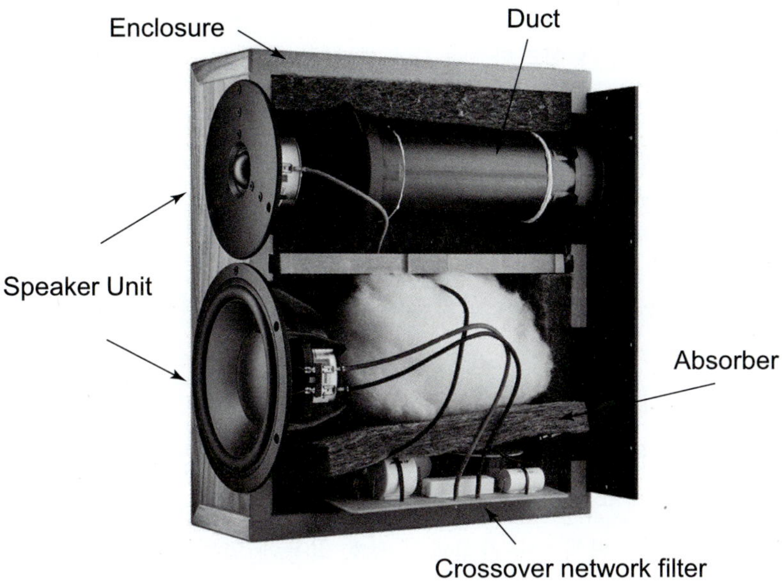

그림 2.1 스피커를 내부 구조 그림(출처: 다인오디오)

성이 다르므로 어떤 악기를 사용하느냐에 따라 중심이 되는 주파수 대역이 다르다. 따라서 어떤 악기를 주로 사용하는 음악이냐에 따라 스피커가 주는 느낌이 달라지게 된다. 따라서 클래식에 좋은 스피커, 대중음악에 좋은 스피커는 있어도 무조건 좋은 스피커란 있을 수 없다.

스피커의 구성은 [그림 2.1]과 같이 크게 인클로저(enclosure), 스피커 유닛(unit), 크로스오버 네트워크(cross-over network)의 3대 요소로 구성된다[55]. 인클로저는 스피커 통(box)을 말한다. 스피커에서 실제 소리가 나오는 부분을 스피커 유닛(Unit)이라 하며, 스피커 유닛은 진동판(diaphragm)을 움직여서 소리를 내는 부품이다. 마지막으로 크로스오버 네트워크(혹은 줄여서 네트워크)는 스피커 내부에 장착되어 있어 보이지 않지만 스피커 유닛이 2개 이상 스피커에는 무조건 있어야 한다. 크로스오버 네트워크는 인덕터와 캐패시터 등으로 구성된 전자회로로 만들어지는데, [그림 2.1]의 아래 부분에 있는 회로가 크로스오버 네트워크 회로이다. 스피커는 음파를 다루는 것이므로 스피커 내부에 공기의 압축과 팽창이 있으며 이를 빼기 위한 공기 구멍인 덕트가 있을 수 있다. 또한, 스피커 인클로저의 내부 표면

55) 홈 오디오에서는 크로스오버네트워크가 수동소자로 구성되고 인클로저 안에 위치하지만 인클로저를 장착할 수 없는 카 오디오에서는 크로스오버 네트워크를 앰프와 함께 설치하게 된다. 이 경우 크로스오버 네트워크는 OPAMP 등을 이용하여 구성되므로 액티브(active) 크로스오버 네트워크라 부른다.

에는 원하지 않는 음파의 반사를 최소화하기 위해 소리를 흡수하는 흡음재 매질이 붙어 있기도 한다. 스피커의 '음질'은 이러한 3대 요소인 인클로저의 재질 및 형태, 스피커 유닛의 성능, 네트워크의 특성에 따라서 결정되게 된다.

스피커 유닛은 진동판이 움직이는 원리에 따라 여러 방식이 있을 수 있지만, 대부분은 자석(영구자석), 보이스코일(voice coil) 그리고 진동판으로 구성된 다이내믹(electrodynamic) 형태를 사용하는 것이 가장 일반적이다. 다이내믹 스피커에서 진동판은 콘(cone)형과 돔(dome)형이 많고, 재질은 종이(pulp), 플라스틱, 섬유(textile), 금속재질 등을 다양하게 사용하고 있다.

다이내믹 스피커는 보이스코일에 흐르는 전류와 영구자석이 만들어내는 자기장 간의 상호작용을 통하여 발생하는 힘인 자기력으로 진동판을 움직이는 원리를 이용한다. 앰프에서 보이스코일로 음악에 따라 크기가 가변되는 전류가 들어오면 보이스코일은 자기장을 띄게 되며, 보이스코일 주변의 영구자석과의 상호 작용에 의해 진동판이 앞뒤로 움직이면서 소리가 나오게 된다.

모든 악기가 특정한 음역대를 갖는 것처럼 스피커 유닛도 유닛 하나가 모든 주파수 소리를 만들어 내지 못한다. 스피커 유닛이 낼 수 있는 주파수 대역은 크기에 반비례하는데 크기가 크면 저대역 신호를, 상대적으로 크기가 작으면 고대역 신호를 생성한다. 스피커 유닛을 대역별로 구분하는 방법은 다양한데, 만약 2개로 나눈다면, 중저대역을 담당하는 유닛을 우퍼(woofer) 혹은 미드우퍼(midwoofer)라 하고, 고대역을 담당하는 것을 트위터(tweeter)라고 부른다. 만일 3종류로 나누면 저대역을 담당하는 것을 우퍼, 중대역을 담당하는 것을 미드레인지(midrange), 그리고 고대역은 트위터가 담당하게 되는 식이다. 이밖에도 아주 낮은 저역을 담당하는 유닛을 사용한 서브우퍼(sub-woofer)도 있으며, 자신의 취향에 따라 초고대역을 담당하는 수퍼 트위터(super-tweeter)라는 유닛을 사용하기도 한다. 유닛의 크기는 당연히 낮은 대역을 담당하는 우퍼가 크고 고역을 담당하는 트위터가 작으며, 우퍼는 주로 콘형을 트위터는 돔형을 사용하는 것이 보편적이다. [그림 2.2]에 3개의 스피커 유닛이 있는 스피커를 보여주는데 앰프는 하나이므로 스피커를 병렬로 연결하고 각각의 주파수 특성을 보완하기 위하여 크로스오버 네트워크를 넣는 것이다. 이러한 크로스오버 네트워크의 역할은 다음과 같다. 먼저, 스피커 유닛이 잘 만들어 내지 못하는 주파수가 입력되는 것을 막는다. 예를 들어 트위터에 고출력의 저대역 신호가 들어오면 신호에 왜곡을 만들게 되고, 심하면 트위터가 손상될 수 있다. 반대로 만약 우퍼에 트위터에 적합한 고역대 신호가 입력되면 이상한 소리가 들린다. 따라서 크로스오버 네트워크를 통하여 음악 신호를 각각의 스피커 유닛에 적합한 신호로 나누게 된다.

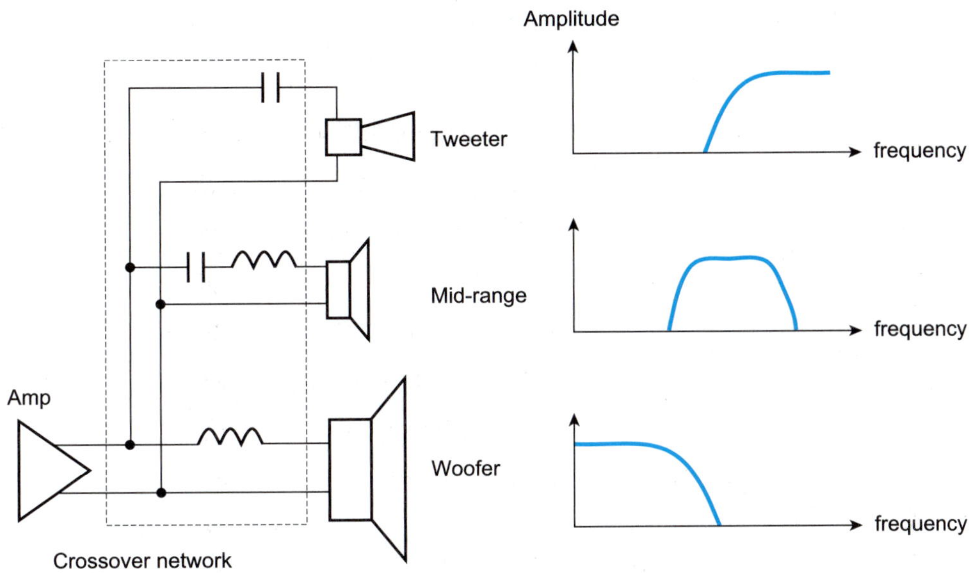

그림 2.2 트위터(위), 미드레인지(중), 우퍼(하)의 3개의 유닛이 달린 스피커

[그림 2.2]를 보면 우퍼와 미드레인지를 나누는 주파수, 트위터와 미드레인지를 나누는 주파수 2개가 있는데 이를 크로스오버 주파수(crossover frequency)라 하고 f_C라 표기한다[56]. f_C는 보통 출력이 −3 dB되는 주파수를 의미하고 이는 전력이 반으로 작아지는 주파수이다. 저역통과필터의 경우 이 주파수까지 출력의 감소가 없다가 주파수가 커짐에 따라 출력이 점점 감소하게 된다[57].

예제 2-1

내가 보유하고 있는 스피커를 분해할 수 있는 한(다시 조립할 수 있는 수준으로) 분해하여 내부의 구성품을 확인해보자.

참고 스피커는 분해할 수 없도록 밀봉된 경우가 많으니 그 경우에는 무리해서 분해하지 말도록 하자.

---

56) 필터회로에서 차단주파수(cutoff frequency)와 같은 개념으로 사용된다.

57) 크로스오버 주파수를 결정하는 방법은 스피커가 왜곡없이 출력할 수 있는 주파수 범위를 고려하여 선정하여야 한다. 만약 2-way 스피커 시스템에서 Midbass/woofer 스피커 유닛이 60 Hz에서 4 kHz까지 동작하고 tweeter가 3.5 kHz에서 25 kHz까지 동작한다면 3.5 kHz에서 4 kHz 사이의 주파수를 크로스오버 주파수로 설정하게 된다.

2.1.1 스피커의 스펙(Specification)

스피커의 규격(스펙이라 부름)은 [표 2.1]과 같이 앞에서 설명한 스피커의 구조와 관련된 특성(인클로저의 특성, 유닛의 종류, 크기, 무게 등)외에 음압, 임피던스, 재생 주파수대역 등의 특성을 갖는데 이에 대해 살펴보도록 하자.

[표 2.1] 스피커 스펙의 사례

규격	설명
형식	3-way 스피커, 베이스 리플렉스 방식
음압, 감도	90 dB SPL(1 W, 1 m 기준)
공칭 임피던스 (Nominal Impedance)	8 Ω(최저 3 Ω)
재생주파수대역	34 Hz～30 kHz(±3 dB)

- 먼저, 음압은 이 스피커가 1 m 떨어진 곳에서 1 W 앰프 출력만으로도 90 dB의 소리를 낸다는 것이다. 실제 스피커가 수십 W의 앰프에 연결하는 것이 가능하다 하더라도 [표 2.1]의 스피커는 1 W만으로도 큰 소리를 낼 수 있음을 알 수 있다. 보통 앰프의 출력전력과 음압의 관계는 비례하는데 전력이 2배로 증가되면 음압도 2배로 증가한다. 예를 들어 출력이 1 W에서 2 W로 2배가 되면 음압도 2배(6 dB)가 되어 96 dB가 된다고 생각할 수 있다.
- 출력과 전압/전류의 관계는 스피커의 임피던스에 의해 주어지는데 8 Ω, 1 W 출력의 경우 전압은 2.83 V에 해당하고, 전류는 353 mA에 해당한다. 만약 스피커가 4 Ω이라면 전압이 같을 때 전류는 2배인 706 mA가 흐르므로 출력이 2 W로 두 배가 된다. 단, 임피던스는 주파수 대역에 대해 조금씩 변하고 그 대표값이 8 Ω이란 뜻이므로 모든 주파수에 대해 전압과 전류가 하나의 값으로 정확하게 계산되지는 않는다. 보통 임피던스가 낮을수록 출력이 커지므로 최저 임피던스를 함께 표시하기도 하는데 [표 2.1]의 스피커는 특정주파수 대역에서 3 Ω까지 낮아질 수 있다. 이러한 특성을 고려하여 8 Ω을 해당 스피커의 공칭임피던스(Nominal Impedance)라고 부르기도 한다.[58)]

---

58) 공칭임피던스의 측정을 위해서는 특정 주파수신호를 저항을 통해 스피커에 흘려 보내면서 저항과 스피커에 걸리는 전압을 측정하면 해당 주파수에서의 임피던스를 구할 수 있다. 테스터기에서 측정하는 직류저항과는 다른 값이 나오므로 주의해야 한다.

- 마지막으로, 재생 주파수 대역(Frequency Response, 주파수응답)의 의미는 스피커가 재생할 수 있는 음역을 표기한 것이다. 인간의 소리에 대한 청취능력이 20 Hz~20 kHz라고 할 때 이 대역을 얼마나 충실히 재생해줄 수 있는가를 따져보는 것이다. 위의 사례는 최저 34 Hz의 저대역부터 최고 30 kHz의 고대역까지를 평균적인 음압으로 재생할 수 있다는 뜻이다[59]. 하지만 아무리 좋은 스피커라 하더라도 모든 주파수 대역에서 일정한 특성을 갖기는 어려우며 주파수에 따라 특성의 변화가 있다. 위 규격에서는 그 변화가 ±3 dB라고 표시되어 있다. 이 뜻은 이 스피커는 표시한 대역(34 Hz~20 kHz) 내의 소리를 완전히 평탄하게 재생하는 것은 아니고 ±3 dB라는 편차 내에서 재생한다는 뜻이다. 스피커마다 차이는 존재하지만 대부분의 스피커가 어느 정도의 편차는 있을 수밖에 없다. 결국 편차의 기준이 같다면 재생 주파수 대역은 넓을수록 좋다는 것은 당연하다. 그러나 편차의 기준이 다르다면 재생주파수 대역이 더 크다고 해서 더 좋다고 말할 수는 없다. 그 외 스피커 스펙에서는 스피커에 장착된 유닛의 특성을 별도로 기재하는 경우도 있다.

예제 2-2

내가 보유하고 있는 스피커의 규격을 살펴보고 [표 2.1]과 어떤 차이가 있는지 비교해 보자.

참고 우리가 듣는 음악의 대부분의 소리는 수백 Hz 근처에 몰려있다. 따라서 스피커의 고음 제생능력에는 크게 신경을 쓰지 않아도 된다. 반면 저음의 경우 강한 비트나 청각 외에 공기의 진동에 의한 촉감과도 관련이 있으므로 스피커에서는 저음 재생능력이 고음 재생능력 보다 중요하다고 할 수 있다.

---

59) 사람의 귀는 나이가 들수록 높은 주파수의 고대역을 듣는 능력이 떨어지는 반면, 스피커는 저음 재생이 어렵다. 저음을 재생하려면 더 큰 스피커 유닛을 구동해 더 많은 면적의 공기를 밀어내야 하기 때문이다.

2.2 스피커 음향학과 인클로저

이제 스피커를 좀 더 자세히 살펴보자. 먼저, 스피커 유닛에서 소리가 날 때 스피커 주변의 공기의 진동을 생각해 보자. 스피커 유닛을 스피커에서 떼어 내어 스피커 유닛만의 소리를 듣게 되면 스피커 유닛이 인클로저에 부착되어 있을 때보다 더 작은 음량의 소리가 날 뿐만 아니라 소리 자체도 뒤틀려 정확히 알아듣기 어렵게 된다. 그 이유는 [그림 2.3]과 같이 소리는 공기의 압력의 변화인데 스피커 앞쪽(전면)의 공기가 압축되어 압력이 높아진다면 반대로 스피커 뒤쪽(후면)의 공기는 팽창되어 압력이 낮아지기 때문이다. sine파로 표현한다면 위상이 180° 차이가 난다고 볼 수 있다. 따라서 스피커 압쪽의 압력과 스피커 뒤쪽의 압력이 서로 영향을 주어 상쇄간섭을 일으키게 된다. 따라서 전면의 소리와 후면의 소리가 서로 상쇄하지 않도록 소리가 통과되지 않는 단단한 재질로 스피커 유닛의 전면과 후면을 차단할 필요가 있는데 이를 배플(baffle)이라 한다[60]. 소리의 주파수가 높다면 음파의 회절성보다는 음파의 직진성이 강해 배플이 작아도 전면의 소리와 후면의 소리를 막을 수 있지만 저음으로 갈수록 배플의 크기가 커야 한다[61]. 하지만 배플의 크기를 무한히 키울 수는 없으므로 네모나 박스 타입의 캐비넷을 만든 것이 스피커에서 인클로저라고 부르는 것이다.

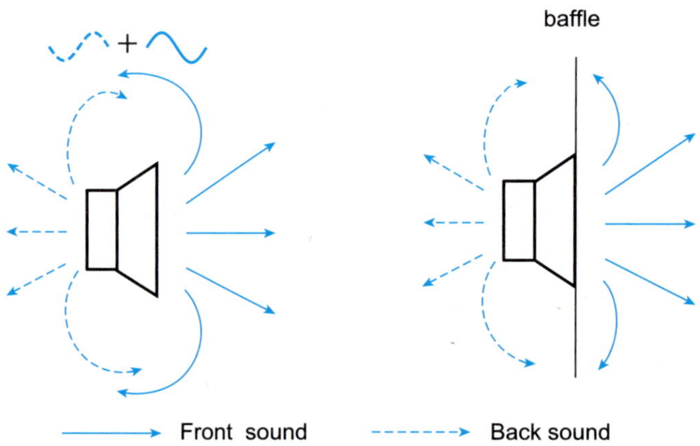

그림 2.3 배플 스피커

60) 스피커 유닛 주변을 커다란 나무 등으로 배플을 만든 스피커를 배플 스피커, 또는 평면 스피커라고 하고 공간의 여유가 많다면 이러한 배플 스피커를 사용하는 경우도 있다.

61) 배플스피커로 동작하려면 가로 세로 1 m 이상의 크기를 갖는 배플이 필요하므로 공간을 많이 차지하는 단점이 있다.

인클로저는 그 구조에 따라 크게 베이스 리플렉스형(Bass Reflex)과 밀폐형(Acoustic Suspension)으로 크게 구분되는데 베이스 리플렉스형은 [그림 2.4]와 같이 스피커 인클로저에 덕트(Duct)라는 구멍을 뚫어 놓은 것이다. 덕트는 그 모습도 위치도 다양하지만 기본적인 목적은 모두 같다. 인클로저 내부의 공기를 덕트를 통해 외부로 내보내는 역할을 하는 것이다[62]. 이때 덕트의 길이를 조정하여 뒷면의 저음 소리의 위상을 180° 반전(역위상)시킨다. 이러한 덕트의 효과로 전면의 소리와 후면의 소리가 결합되어 보강간섭을 만들게 되는 원리를 이용함으로써 비교적 쉽게 음을 보강할 수 있다. 단, 위상이라는 것이 하나의 주파수에서만 존재할 수 있으므로 덕트가 모든 주파수 대역에서 위상을 반전시키는 것은 아니므로 덕트의 효과는 스피커에서 보강하고자 하는 주파수에 맞추는데 보통 스피커에서 문제가 되는 낮은 저음을 보강하게 된다. 즉, 저음을 내는 우퍼 스피커의 진동판이 진동함에 따라 스피커 안의 내부 공기가 덕트를 통해서 이동하게 되고, 덕트에 의해 적절히 공명하여 저음의 소리가 잘 전달되게 만든다[63].

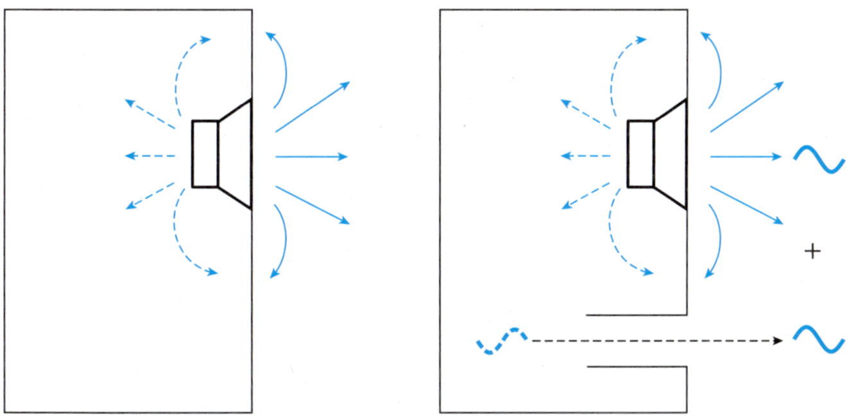

그림 2.4 일체형 스피커와 베이스리플렉스형 스피커

62) 덕트의 구멍이 스피커 앞에 있거나 뒤에 있게 된다. 보통 크기가 큰 스피커의 경우 덕트가 앞에 있고, 크기가 작은 스피커의 경우 덕트가 뒤에 뚫려 있다. 덕트가 앞에 있으면 공기의 흐름에 장애물이 없어 어디에 설치하든 큰 차이가 없지만 덕트가 뒤에 있으면 스피커 뒷면에 반사판 역할을 하는 것(벽면 등)이 존재해야 소리가 제대로 난다. 뒷면에 덕트 구멍이 있는 경우 벽면에서 수십 cm 이상 이격해야 한다.

63) 덕트의 크기와 위치 등의 구체적인 설계는 음향학의 공진특성을 이용하므로 인클로저의 크기와 함께 설계되어야 한다.

베이스 리플렉스형과 달리 구멍이 전혀 없는 밀폐형 스피커가 있다. 밀폐형의 경우 인클로저의 내부에서는 인클로저에 의한 공진을 없애기 위해 흡음재를 채워 넣는다. 베이스리플렉스형과 밀폐형 모두 각각의 장단점이 있어 어느 방식이 더 좋다고 말할 수는 없다. 밀폐형 스피커로 음악을 들어보면 전체적으로 중후한 느낌 혹은 안정된 느낌이 든다. 대신에 밀폐형은 상대적으로 저음에서 큰 소리를 내기가 쉽지 않기 때문에 스피커를 움직이는 앰프의 출력이 커야 되는 경우가 많다. 반면, 베이스 리플렉스형은 앰프의 출력이 낮아도 충분하게 동작이 가능하고 음악을 들어보면 밀폐형에 비해 조금 더 탁 트인 느낌이 든다. 베이스 리플렉스형의 가장 큰 단점은 덕트의 크기가 크기 때문에 스피커를 작게 만들 수 없다는 것이다. 최근에는 밀폐형 스피커에 저음의 장점을 보강한 패시브 라디에이터(passive radiator) 방식이 도입되어 작으면서도 저음이 보강된 스피커가 등장하게 되었다. 특히, 최근에 출시되고 있는 사운드바(Soundbar) 등에서는 크기가 작으면서도 성능이 좋은 스피커를 요구하므로 다양한 스피커 디자인과 결합될 수 있는 패시브 라디에이터가 있는 밀폐형이 대세가 되고 있다.

[그림 2.4]는 Rogers BBC 회사에서 출시한 LS3/5A 스피커의 주파수 특성의 예를 Harman Target과 비교하여 보여준다. 주의할 것은 그림에서 x축과 y축 모두 log 스케일로 표시됨을 알 수 있다. 주파수 특성이 100 Hz에서 20 kHz까지 수 dB 내의 변화는 있지만 일정한 특성

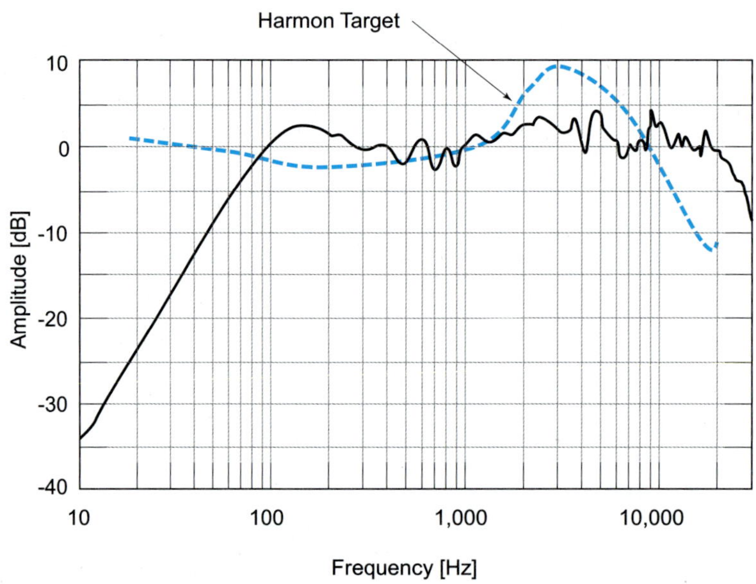

그림 2.5 BBC:LS3/5A 스피커의 주파수 특성(출처: www.stereophile.com)

을 나타내고 있어 좋은 스피커임을 알 수 있다. 대부분의 스피커가 크기의 한계로 100 Hz 이하의 소리를 내기는 쉽지 않으므로 스피커에서 저음 특성이 보강이 매우 중요함을 그림으로부터 알 수 있다[64].

한편, 인클로저는 [그림 2.6]과 같이 크기나 모양, 설치하는 위치에 따라 분류할 수도 있는데 플로어 스탠딩(floor standing), 북쉘프(bookshelf), 톨보이(tall-boy) 등이 대표적이다. 플로어 스탠딩형은 거실에 두고 쓰기에 알맞은 크기의 스피커를 지칭하는 말이다. 북쉘프형은 책꽂이에 들어갈 정도로 작은 크기의 스피커를 말하지만, 작다고 책꽂이에 넣어두고 사용하라는 의미는 아니다. 특별한 경우가 아니라면 북쉘프형 스피커는 바닥의 진동을 최소화하기 위하여 스피커 스탠드에 올려놓고 사용하는 것이 좋다. 톨보이형은 플로어 스탠딩형의 변종으로 최근 라이프스타일이 보다 모던하게 바뀜에 따라 세로로 긴 형태로 바닥 면적을 작게 차지하는 스피커를 말한다. 마지막으로 인클로저를 만드는 재질은 MDF, 나무, 금속 등으로 만들어지는데 가급적 스피커 내부와 외부의 음압의 차이를 구분할 수 있도록 단단한 재질이 좋다.

그림 2.6 왼쪽부터 북쉘프 스피커, 플로어스탠딩 스피커, 톨보이 스피커

64) 1장에서 스피커의 저음이 평탄할수록 사람이 듣기 좋다고 하였지만 대부분의 스피커는 저음 특성이 좋지 않다. 따라서 저음을 보강하기 위해 베이스 리플렉스형 스피커는 덕트의 설계로 저음을 보강한다. 즉, 덕트의 길이는 위상반전을 위해 보강하려는 주파수에서 반파장이 되도록 한다.

패시브 라디에이터

소형 스피커에는 인클로저의 덕트 공간을 만들기 어려우므로 저음에 한계가 존재할 수 밖에 없다. 이에 도입된 기술이 패시브 라디에이터(Passive radiator) 방식의 스피커로, 이 방식을 사용하면 작은 크기의 스피커에서도 덕트가 만드는 저음 보강 효과를 만들 수 있다. 패시브 라디에이터 스피커란 스피커 유닛의 앞면에서는 정상적인 스피커 유닛처럼 보이지만 스피커 유닛의 뒷면에 앰프의 연결이 없고 영구자석도 없이 진동판만 있는 스피커 유닛을 추가하는 것이다. [그림 2.7]과 같이 스피커 유닛이 밀폐된 일체형 스피커에 장착되어 있는 경우 스피커가 물리적인 운동에 의해 인클로저 내부 공기의 압력이 변하게 되는데, 패시브 라디에이터를 동일한 스피커 인클로저에 장착하게 되면 스피커 유닛의 운동에 의한 내부 공기의 압력의 변동으로 인해 패시브 라디에이터가 진동하여 소리를 보강하게 된다. 단, 패시브 라디에이터에서 나오는 소리와 우퍼 스피커에서 나오는 소리의 위상에서 차이가 나지 않도록 인클로저의 크기와, 패시브 라디에이터의 배치 등에 주의하여 설치할 필요가 있다. 또한, 특정 주파수는 동위상으로 패시브 라디에이터가 진동하도록 설계하였다고 하더라도 주파수가 달라지면 동위상으로 진동하지 않을 수도 있으므로 보통 저역에서 동위상이 되도록 설계한다[65]. 이러한 패시브 라디에이터방식은 덕트와 유사한 성능을 내지만 덕트의 위치나 크기에 따라 스피커가 작아질 수 없는 단점을 극복할 수 있어, 최근 블루투스 스피커 등 크기가 작으면서 성능이 좋은 스피커에서 종종 사용되고 있다.

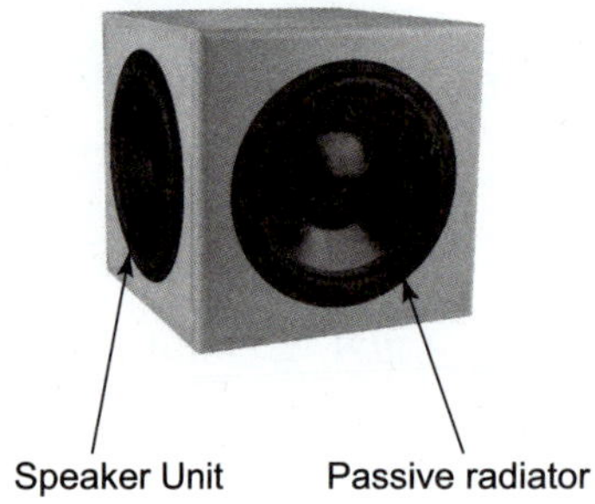

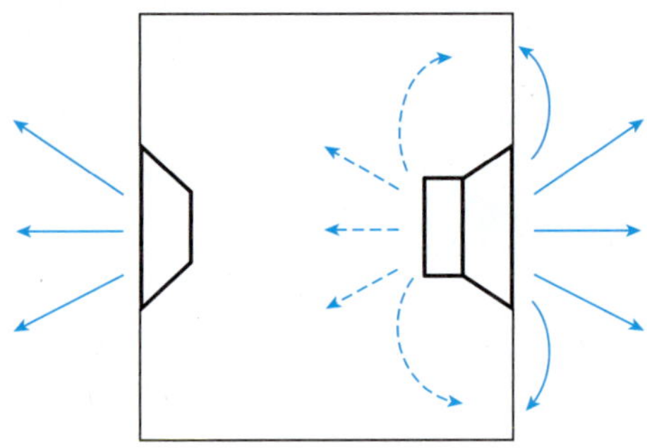

그림 2.7 패시브 라디에이터 방식의 스피커

65) 패시브 라디에이터나 덕트가 있는 인클로저 설계를 위해서는 인클로저의 크기, 덕트나 패시브 라디에이터의 크기, 배치 등에 주의해야 하며, 이때 유체역학에 대한 정확한 지식이 있어야 한다.

참고 1장에서 전파와 음파는 같은 파동이므로 유사한 특성을 가진다는 것을 학습하였다. 음파에서 스피커와 유사한 역할을 하는 것이 전파에서는 안테나가 된다. 안테나에서도 기생 안테나(parasitic antenna) 가 있는데 이는 신호가 방사되는 주(主) 안테나 근처에서 주 안테나와 유사한 공진특성을 이용하여 주 안테나의 방사특성을 보완하는데 사용한다. 이러한 기생 안테나를 활용한 대표적인 안테나로 과거 TV 수신기로 많이 사용되던 야기(Yagi) 안테나가 있다. Yagi 안테나에서 반사판은 안테나에서 나오는 후방전파를 반사되어 앞쪽으로 나오게 하고 Directors들은 안테나에서 나오는 전파를 앞쪽으로 집중되게 만드는 역할을 한다.

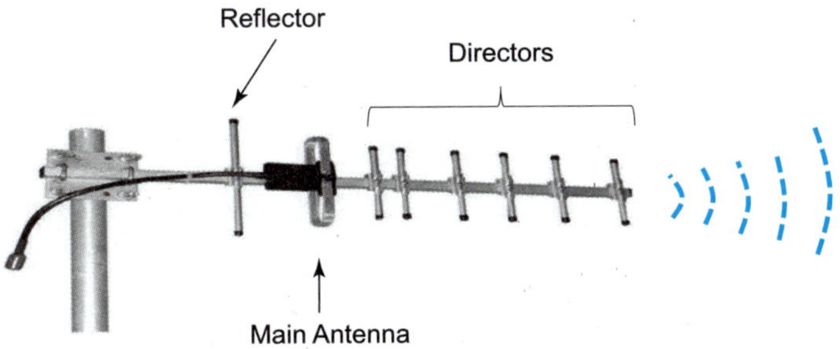

그림 2.8 기생안테나(Reflector와 Director)가 있는 Yagi 안테나의 구조

2.3 스피커 유닛의 전기적 원리

스피커 유닛은 전기신호를 사람이 들을 수 있는 음파로 바꿔주는 기기이다. 스피커 유닛은 [그림 2.9]와 같이 원통형 영구자석, 영구자석을 둘러싼 보이스 코일(voice coil), 보이스 코일과 연결된 진동판 등으로 구성된다. 원통형 영구자석은 안쪽에 N극이 있고 그 바깥쪽을 S극이 둘러싼 구조로 되어 있다. 이 영구자석에는 N극에서 S극 방향으로 자기장이 형성되는데 자기장 벡터($\vec{B}$)의 방향은 방사방향이 된다. 보이스 코일은 N극 주변에 감긴 원형의 금속 도선으로, 소리에 해당하는 전류신호가 이 코일에 입력하게 된다. 자기장에 놓여 있는 코일에 전류가 흐르면 코일은 로렌츠 힘($\vec{F}$)을 받는데, 이 힘이 진동판을 움직여 소리로 변환되는 원리를 사용한다[66].

66) 로렌츠(Lorentz)의 힘이란 자기장 내에 전하가 움직일 때 자기장과 전하의 운동방향에 수직으로 힘이 발생하는데 이 힘을 구하는 방정식을 의미한다.

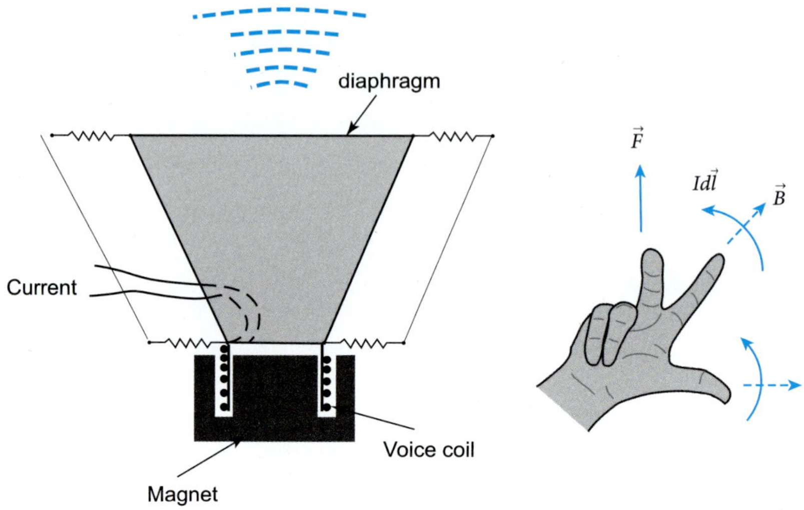

그림 2.9 스피커의 원리

먼저 영구자석에 존재하는 자기장을 다음과 같다고 정의한다. 식 (2.1)은 영구자석의 자기장의 크기가 B_0이고 방향이 방사방향($\vec{a}_\rho$)이 됨을 의미한다.

$$\vec{B} = B_0 \vec{a}_\rho \tag{2.1}$$

다음으로 보이스코일에 흐르는 전류는 주파수 f_0이고 크기가 I_0인 교류전류가 입력된다면 전류벡터의 크기와 방향은 식 (2.2)와 같다.

$$I d\vec{l} = I_0 \cos(\omega_0 t) dl \vec{a}_\phi = I_0 \cos(2\pi f_0 t) dl \vec{a}_\phi \tag{2.2}$$

이제 보이스코일이 받는 힘은 다음과 같이 계산할 수 있다. 이때 l은 코일의 전체길이에 해당한다.

$$\begin{aligned} \vec{F} &= \int_0^l I d\vec{l} \times \vec{B} \\ &= I_0 B_0 l \cos(2\pi f_0 t) \vec{a}_z \end{aligned} \tag{2.3}$$

즉, 스피커 유닛에서 보이스코일이 받는 힘의 방향, 즉, 진동판이 움직이는 방향은 벡터 외적 연산에 의해 z-방향($\vec{a}_\rho \times \vec{a}_\phi = \vec{a}_z$)임을 알 수 있고, 영구자석이 클수록, 전류의 크기가 클수록, 코일의 길이가 길수록 진동판이 받는 힘은 커진다. 코일의 길이(l)는 보이스 코일을 많이 감을수록 커지므로 코일을 매우 촘촘하게 감을 필요가 있다.

이와 같이 스피커 유닛의 원리는 간단하지만 스피커 유닛은 매우 섬세한 장치로 개인이 만들기는 매우 어렵다. 개인이 스피커를 만들고자 하더라도 인클로저, 덕트, 크로스오버네트워크 회로는 제작하지만 스피커 유닛만은 스피커 제조사로부터 적당한 스피커 유닛을 구매하여 사용하는 것이 보통이다.

> **참고** 스피커 유닛은 크기는 직경으로 나타내며 크기가 클수록 저음이 나오다. 보통 6인치에서 15인치의 스피커는 20–200 Hz,대역을, 2인치에서 6인치는 200에서 1 kHz의 대역을, 1인치에서 2인치의 스피커는 1 kHz에서 20 kHz의 대역을 담당한다. 과거에는 12인치(30 cm) 이상의 직경이 큰 우퍼를 사용하는 스피커가 다수 있었으나, 요즘은 10인치 이내의 우퍼를 복수로 사용하여 저음을 확장하고 진동판의 재질을 단단한 것으로 만들어 단단한 저음을 만들어 내고 있다.

2.3.1 스피커에서의 역기전력

스피커에는 보이스코일에 흐르는 전류에 비례하여 진동판이 진동하는 현상만 있는 것은 아니다. 스피커 중에서 가장 큰 유닛인 우퍼를 살펴보자. 우퍼가 크다는 것은 진동판이 크고 무겁다는 것으로 이러한 진동판은 음성 신호가 들어왔을 때 순간적으로 반응하기도 쉽지 않지만, 일단 움직이기 시작하면 멈추기도 어렵다. 만약 보이스코일에 특정 주파수의 전류가 입력되어 진동판이 이에 맞게 진동하고 있는 상태에서 갑자기 전류의 공급이 멈춘 경우를 가정해보자. 식 (2.3)에서 전류가 0이므로 우퍼에 작용하는 힘이 없으므로 멈춰야 하는데 우퍼는 바로 멈추지 못하고 관성에 의해 계속 진동하려고 할 것이다. 따라서 보이스코일에 아무런 전류가 공급되지 않아도 영구자석 내에서 보이스코일이 진동하므로 보이스코일에는 패러데이법칙에 의해 식 (2.4)와 같이 운동 기전력(motional electromotive force, motional EMF) 전압이 발생할 것이다. 여기서 $\vec{u}$는 진동판이 움직이는 속도벡터를 의미한다.

$$V_{emf} = \int_0^l (\vec{u} \times \vec{B}) \cdot \vec{dl} \tag{2.4}$$

식 (2.4)에 의하면 스피커 유닛에 있는 영구자석의 자기장과 보이스코일의 길이는 고정되어 있으므로 진동판의 진동의 크기($|\vec{u}|$)가 클수록 발생하는 전압이 커진다. 이렇게 발생한 전압은 스피커에서 앰프로 거꾸로 전압을 공급하게 되므로 이를 역기전력(Back EMF)이라고 부른다. 역기전력 전압은 앰프에서 스피커로 보내주는 (+)(−)와 반대의 극성을 갖게

된다. 역기전력이 발생하면 일부는 우퍼와 가까운 트위터 쪽으로 흘러 들어가겠지만, 일부는 앰프로 돌아가게 된다[67]. 즉 앰프에서 스피커로 신호를 줄 때에는 앰프가 스피커를 구동했지만, 역기전력이 발생하면 반대로 스피커가 앰프를 구동하게 된다. 이 때 부실한 앰프라면 역기전력의 영향을 받아 음이 불안정해질 수 밖에 없다. 이 때 역기전력의 영향을 덜 받기 위해서는 앰프가 구동하기 어려운 성질을 갖고 있어야 한다. 즉, 앰프의 구동이 어렵다는 말은 앰프의 출력 임피던스가 낮아야 한다는 말과 같다. 출력단의 임피던스가 낮으면 역기전력은 출력단에 바로 흡수되며 열로 사라지게 된다.

2.3.2 스피커의 임피던스

이제까지 스피커의 원리와 전기적 특성에 대해 알아보았으니 이제부터는 스피커와 앰프의 관계에 대해 살펴보자. 이때 스피커의 임피던스가 중요한 역할을 한다. 회로적인 관점에서 앰프와 스피커를 모델링해 보자. 앰프의 출력은 전류원이지만 Thevenin 등가회로를 이용하여 전압원으로 모델링하게 되면 소스 임피던스를 갖는 전압원으로 모델링할 수 있다. 이제 스피커를 부하임피던스 R_L로 모델링하면 앰프와 스피커의 연결은 회로적으로는 [그림 2.10]과 같다. 이제 스피커의 임피던스(즉, 부하임피던스)가 변할 때 부하에 공급되는 전력을 계산하면 식 (2.5)와 같이 주어진다.

$$P = i^2 R = \left(\frac{V}{R_S + R_L} \right)^2 R_L \tag{2.5}$$

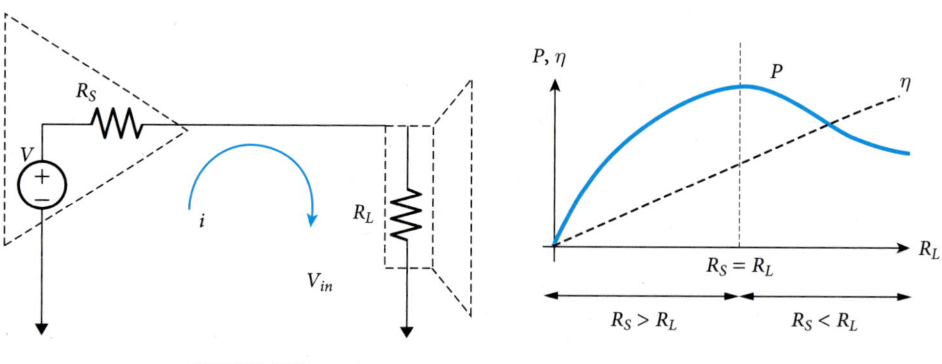

그림 2.10 앰프와 스피커의 임피던스와 전력의 관계

---

67) 스피커 유닛별로 별도의 앰프를 연결하는 바이와이어링 앰프가 도입된 것은 트위터가 우퍼의 역기전력의 영향을 피하기 위함이다.

식 (2.5)의 부하에 공급되는 전력을 R_L의 함수로 그리면 [그림 2.10]의 오른쪽 그림의 실선과 같다. 부하에 최대전력이 공급되는 조건은 식 (2.5)을 R_L에 대해 미분하고 이 값이 영일 때이다.

$$\frac{dP}{dR_L} = V^2 \frac{(R_S + R_L)^2 - 2(R_L R_S + R_L^2)}{(R_S + R_L)^4} \tag{2.6}$$

이를 계산하면 소스 임피던스와 부하 임피던스가 같을 때, 즉 식 (2.7)로 주어질 때 부하에 최대 전력이 전달된다. 이 조건일 때 식 (2.5)는 식 (2.8)로 주어된다.

$$R_L = R_S \tag{2.7}$$

$$P = i^2 R = \frac{V^2}{4R_L} \tag{2.8}$$

하지만 소스임피던스에도 동일한 전압강하가 걸리므로 부하와 동일한 전력이 소비된다. 스피커에 공급되는 전력과 입력전력의 비는 전력효율로 정의되는데 최대전력전달이 되는 경우 전력 효율은 50%가 된다.

$$\eta = \frac{P_{load}}{P_{source}} = \frac{i^2 R_L}{iV} = \frac{R_L}{R_S + R_L} \tag{2.9}$$

즉 앰프의 출력임피던스와 스피커의 임피던스가 같을 때 스피커에 공급되는 전력은 최대가 되지만 효율은 낮다는 의미이다[68].

이제 식 (2.9)로 표현되는 전력효율이 최대가 되려면, 즉 효율이 100% 가까이 되려면 R_S는 작고 R_L은 커야 한다. 예를 들어 스피커의 임피던스가 앰프의 출력임피던스의 10배 (R_L = $10R_S$)라면 식 (2.4)에 의해 약 91%의 효율을 갖게 된다. 오디오에서는 스피커의 임피던스가 고정되어 있으므로 앰프의 임피던스를 스피커 임피던스의 1/10로 작게 만드는 것이 보통이다. 이렇게 되면 최대전력전달조건이 성립되지는 않지만 전력효율이 좋게 된다.

---

68) 전력이 최대인데 효율이 낮다는 의미는 부하에 공급된는 전력은 최대이지만 열로서 낭비되는 전력이 크다는 것으로 오디오에서는 오디오 소리는 크게 울리지만 앰프에서 열이 많이 난다는 의미이다. 반면, 부하 임피던스가 소스 임피던스의 10배가 된다면, 스피커에서 소리는 작게 울리지만 효율은 90%가 되어 앰프에서 열이 적게 난다는 의미이다.

예제 2-3

[그림 2.9]에서 전압의 크기가 1 V이고, 스피커의 임피던스가 8 Ω일 때 소스임피던스가 최대전력전달조건인 경우(소스임피던스가 스피커의 임피던스와 같은 경우)와 소스임피던스가 스피커의 임피던스의 1/10인 경우 입력전력, 스피커(부하)에 공급되는 전력과 효율을 계산하시오.

풀이 최대전력전달의 경우 소스임피던스가 8 Ω이므로,
입력전력은 0.0625 W, 스피커 공급전력은 0.03125 W, 효율은 50%
스피커의 임피던스의 1/10인 경우는 소스임피던스가 0.8 Ω이므로,
입력전력은 0.1136 W, 스피커 공급전력은 0.1033 W, 효율은 91%

예제 2-4

아래 MATLAB 프로그램을 실행하여 [그림 2.10]의 전력과 효율 곡선을 그리시오. 이때 소스임피던스 0.8 Ω으로 고정하고 부하임피던스 0.1 Ω에서 8 Ω까지 변한다고 가정하시오.

```
V=1;                        % input voltage
RS=0.8;                     % source impedance
RL_min=0.1;                 % lower load impedance limit
RL_max=8;                   % upper load impdenace limit
N=100;                      % number of points in the graph
RL=RL_min*((RL_max/RL_min).^((0:N)/N)); % compute points on log scale
P=(V./(RS+RL)).^2.*RL;
eta=RL./(RS+RL);
subplot(211)
semilogx(RL,P, 'k-');
xlabel('Load Impedance, Ohm');
ylabel('Power, W');
subplot(212)
semilogx(RL,eta, 'k-');
xlabel('Load Impedance, Ohm');
ylabel('Efficiency, ');
```

이제 스피커에서 존재하는 역기전력 관점에서 스피커와 앰프의 임피던스를 살펴보자. 스피커에서 역기전력이 존재할 때를 회로적으로 그리면 [그림 2.11]과 같다. 스피커에 역기전력에 의한 전압 V_{emf}가 존재하고 스피커의 임피던스가 소스 임피던스로 앰프의 출력임

피던스가 부하 임피던스가 된다. 만약 최대전력전달조건을 위해서 부하임피던스와 소스임피던스가 같은 경우라면 역기전력이 앰프에 그대로 전달되는 문제가 발생한다. 하지만 스피커의 임피던스가 앰프의 출력임피던스보다 10배 높다면 역기전력이 앰프에 주는 영향을 줄일 수 있다.

따라서 앰프와 스피커를 연결할 때 효율의 관점이나 역기전력 관점에서는 앰프의 출력임피던스는 스피커의 임피던스보다 작게 해야 한다. 보통 스피커 규격에서는 이를 댐핑팩터(Damping Factor, DF)라고 정의하고 식 (2.10)과 같다. 앰프의 출력임피던스가 스피커의 입력임피던스보다 충분히 작으면 역기전력에 의한 소리의 왜곡이 작아지고 앰프의 발열량이 작아지게 된다[69]. 단 최대전력전달 조건은 만족하지 않으므로 앰프와 스피커 사이의 거리가 멀어질 경우나 앰프에 스피커가 여러 개 연결될 경우에 문제가 발생할 수 있다. 이와 관련된 내용은 3.5절에서 학습할 예정이다.

$$DF = \frac{R_L}{R_S} \tag{2.10}$$

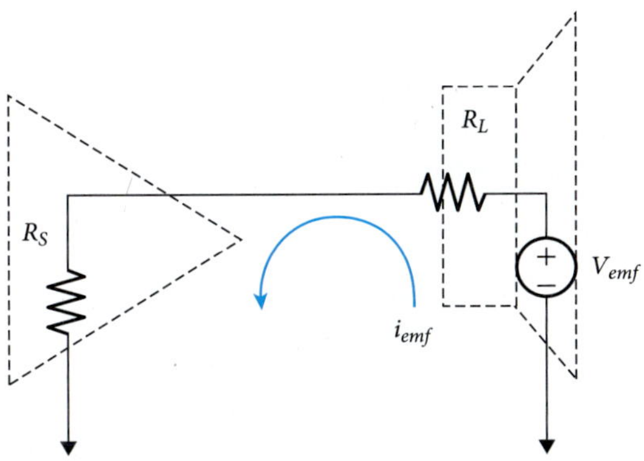

그림 2.11 스피커의 역기전력의 영향

> **중요** 최대전력전달조건과 최대효율조건의 차이를 이해하는 것이 오디오 시스템을 넘어 전자회로의 구성을 이해하는데 매우 중요하다. 보통 통신이나 레이다와 같이 장거리로 신호를 보내는 경우나 발전소에서 가정으로 전력을 보내는 경우는 최대전력전달조건을, 회로가 소모하는 전력을 최소로 할 경우에는 최대효율조건을 사용한다.

69) 댐핑팩터는 10 정도면 충분하다. 그 보다 큰 댐핑팩터를 갖는 앰프도 스피커에 연결할 때 스피커선에 의한 인덕턴스가 추가되므로 소스임피던스가 커져 실제 댐핑벡터는 10 이상으로 커지지 않는다.

2.4 크로스오버 네트워크(crossover network)

앞에서 살펴본 바와 같이 대부분의 스피커에는 주파수 대역별로 여러 개의 스피커 유닛이 장착되어 있다. 이렇게 여러 유닛을 조합해서 쓰는 이유는 하나의 유닛으로는 소리의 모든 대역을 소화하기 힘들기 때문이다. 그래서 각각의 유닛을 주파수 대역별로 나누어 소리를 내게 하는 것이다. 이를 위해서는 앰프에서 들어오는 전류신호를 각 유닛에게 나누어 줄 무엇인가가 필요하게 된다. 스피커 속에는 이런 역할을 하고 있는 회로가 있는데, 이를 네트워크 혹은 크로스오버 네트워크(Crossover Network)라고 부른다[70]. [그림 2.12]에 크로스오버 네트워크의 사진을 보여주는데 두 개의 솔레노이드 인덕터, 하나의 저항(1.2 Ω, 흰색), 하나의 캐패시터(2.2 uF 노란색)로 구성된 것을 볼 수 있다. 소자의 크기 측면에서 크로스오버 네트워크가 동작하는 가청주파수 대역에서 인덕터는 크기가 꽤 큼을 알 수 있다. 따라서 소자의 수를 최소로 하면서 원하는 성능을 얻는 크로스오버 네트워크의 설계가 필요하다.

그림 2.12 스피커 크로스오버 네트워크의 예(출처: AIYAMA)

스피커에서 크로스오버 네트워크는 앰프로부터 들어오는 신호를 소리의 대역별로 구분해주는 일종의 필터(filter)의 역할과 여러개의 스피커 유닛이 앰프 쪽에서 바라볼 때 일정한 임피던스로 보이게 하는 임피던스 정합(impedance matching)의 역할을 한다. 코로스오버 네트워크가 앰프로부터 들어오는 신호 대역을 중저대역과 고대역, 두 가지로 나누면 2

70) 요즘은 네트워크라고 하면 컴퓨터 네트워크를 의미하지만 컴퓨터 네트워크가 존재하지 않았던 과거에는 전기회로가 각종 부품들이 연결되어 있다는 뜻으로 회로망(circuit network)이라고 불렀기 때문에 스피커 내부의 필터회로를 네트워크라고 불렀다. 요즘 용어로는 필터(Filter)가 더 적합하다.

웨이(2-way) 방식이라고 하며, 저대역, 중대역, 고대역 세 가지로 나누면 3웨이(3-way) 방식이라고 한다. 역시 더 세분화가 가능해서 4웨이(4-way), 5웨이(5-way) 등도 가능하다. 한편 네트워크에서 소리의 대역을 나누는 기준이 되는 주파수를 크로스오버 주파수(cross-over frequency)라고 한다. 소리의 대역을 나눌 때는 모든 스피커가 똑같은 기준으로 나누는 것은 아니며 스피커 제조회사마다 조금씩 차이가 있다. 일반적으로 나누어진 대역은 하나의 유닛이 담당을 하지만, 반드시 그렇지는 않다. 즉, 중역을 2개의 유닛이 담당할 수도 있고, 저역을 여러 개의 유닛이 담당할 수도 있다는 뜻이다. 예를 들어 스피커에 아래와 같이 표시되어 있다고 하자.

▸ 3-way speaker, crossover frequency: 2 kHz/8 kHz

여기서 '3-way 스피커'의 뜻은 '소리의 대역을 3가지(저대역, 중대역, 고대역)로 구분하고 그리고 저대역과 중대역을 나누는 기준이 2 kHz이며 중대역과 고대역을 나누는 기준은 8 kHz 주파수라는 의미이다.

단, 유닛이 많다고 해서 좋은 스피커는 아니라는 사실에 주의해야 한다. 실제로 고가의 명품 스피커들 중에서는 가장 보편적인 2개의 스피커 유닛만을 사용하는 2-웨이 스피커가 많다. 물론 유닛이 많이 달려 있으면 비싸 보이기는 하지만 유닛의 가격도 천차만별이라 그 스피커를 만드는 데 반드시 더 많은 원가가 들어갔다고 볼 수 없다. 또한, 같은 유닛과 비슷한 형태의 인클로저를 쓰면서도 전혀 다른 음질을 제공하는 스피커를 보는 경우도 많다 그 이유는 스피커 시스템은 유닛, 네트워크 그리고 인클로저의 3대 요소가 서로 조화를 이루어야 좋은 소리가 나기 때문이다.

크로스오버 네트워크의 구성은 다양한 필터로 구성된다. 필터란 원하는 신호로부터 원하지 않는 신호성분을 제거하기 위해 사용되는 회로이다. 필터는 수동(Passive) 필터와 능동(Active) 필터로 구분되는데 수동 필터는 R-L-C 소자로 구성되며, 능동필터는 인덕터 없이 R-C 소자와 OPAMP를 이용하여 구성된다[71]. 하지만 능동필터는 필터기능과 동시에 증폭기능을 수행할 수 있기 때문에 프리앰프회로에서 각 대역별 신호를 강조하거나 약하게 하기 위하여 많이 사용되어진다. 단, OPAMP를 구동하기 위해 DC 전원이 공급되어져야 한다. 한편 필터를 디지털회로로도 구현할 수도 있다. 디지털 필터의 경우 디지털 소스기기에

71) 수동필터는 R-L-C 수동소자에 의해서 주파수 특성이 결정되므로 적당한 소자만 있다면 주파수에 상관없이 모든 주파수에서 사용될 수 있는데 반하여 능동필터는 OPAMP의 대역폭에 의해 제한되므로 주파수의 한계가 있다. 다행히 오디오 신호는 주파수가 낮으므로 수동필터와 능동필터 모두 사용이 가능하다.

서 많이 사용한다. 가정용 오디오 스피커에 내장되는 크로스오버네트워크에서는 보통 전원이 공급되지 않기 때문에 당연히 R-L-C 소자를 이용한 수동필터를 사용하게 된다.

필터는 대역특성에 따라 저역통과필터(LPF: Low Pass Filter), 고역통과필터(HPF: High Pass Filter), 대역통과필터(BPF: Band Pass Filter), 대역저지필터(Notch filter)로 구분할 수 있다. 각 필터의 주파수 특성이 [그림 2.13]에 나타나 있다. 필터는 차단주파수(cutoff-frequency, f_c)와 출력신호와 입력신호의 전압비(V_{out}/V_{in})로 보통 표현한다. 차단주파수는 V_{out}/V_{in}가 $1/\sqrt{2}$가 되는 지점으로 dB로 표현하면 -3dB가 된다. 따라서 저역통과필터는 차단주파수까지는 입력신호와 출력신호의 크기가 같아 크기의 감소가 없지만, 차단주파수 이후부터는 출력신호가 주파수가 커질수록 작어지게 된다. 이를 dB로 표현하면 차단주파수 까지는 0 dB를 가지다가 차단주파수 이후에서는 마이너스 값으로 서서히 감소하게 된다. 고역통과필터는 저역통과필터와 반대로 차단주파수까지는 신호감쇠가 있으나 차단주파수 이후에서는 신호의 감쇄가 없다. 대역통과필터의 경우 2개의 차단주파수를 갖는데 f_{c1}을 기준으로 고역통과 특성을 갖고 f_{c2}을 기준으로 저역통과 특성을 가지게 된다. 이러한 필터의 주파수특성을 표현할 때 크로스오버 네트워크가 담당하는 가청주파수 대역폭이 넓기 때문에 주파수를 log 단위로 표현하는 것이 일반적이다. 단, 실제 필터를 구현하면 [그림 2.13]과 같은 이상적인 모양을 가지지 않으며 [그림 2.14]와 같은 형태를 갖는다.

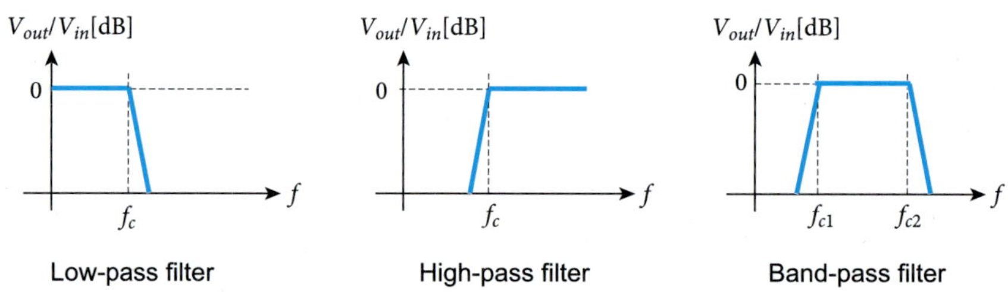

그림 2.13 필터의 종류별 주파수 특성

필터의 주파수 특성을 결정하는 주요 파라미터는 다음과 같다.

필터의 주요 특성 파라미터

1) 통과대역 감쇠량(passband attenuation)과 리플(Passband ripple) 특성
2) 천이대역 특성(skirt 특성)
3) 차단대역 감쇠량(Stopband attenuation)
4) 필터의 군지연(Group delay)

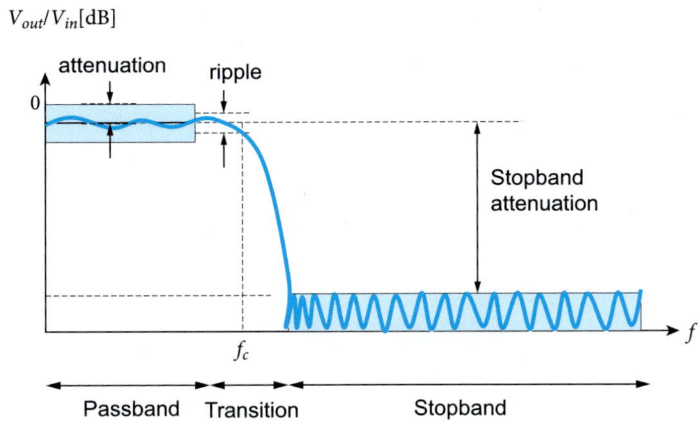

그림 2.14 필터의 특성 파라미터

필터는 특정 주파수 성분만을 통과시키므로 주파수 측면에서 신호가 통과되는 통과대역(Passband)와 신호가 통과되지 않는 저지대역 또는 차단대역(Stopband)으로 나눌 수 있다. 통과대역에서의 주파수 성분은 필터에 의한 영향이 없어야 하지만 약간은 존재하게 되는데 이를 통과대역 감쇠량(passband attenuation)이라 한다[72]. 통과대역 감쇠량은 보통 전압이 얼마나 작아지는지를 표시하며, 그 값은 dB로 표현하게 된다. 감쇠가 없다면 0 dB가 되고, 입력신호의 전압의 1/2만 출력으로 나타난다면 −6 dB로 표기하게 된다. 차단대역에서는 전압이 0이 되면 −∞ dB로 표현되겠지만 그런 경우는 없으며, 출력신호의 전력이 입력신호의 전력의 1/100이면 −40 dB, 1/1000이 된다면 −60 dB로 표기되는데 이를 차단대역 감쇠량이라고 한다. 또한, 필터의 설계 방식에 따라 통과대역의 감쇠량에 약간의 흔들림이 있을 수 있는데 이를 통과대역 리플(passband ripple)이라 한다.

한편, 통과대역과 차단대역이 하나의 주파수에서 바로 나누어질 수는 없으므로 그 중간에 천이대역(Transition band)이 존재하게 된다. 통과대역과 천이대역의 구분은 통과대역의 평균 감쇠량보다 −3 dB 작아지는 주파수를 기준으로 삼는데 이를 차단주파수(cutoff frequency) 또는 크로스오버 주파수(crossover frequency)라고 한다.

마지막으로 필터에 의해 [그림 2.15]와 같이 전파는 어떤 회로를 통과하게 되면 시간지연을 갖게 되는데 주파수별로 신호가 지연되는 상대적인 시간을 군지연(group delay)로 표시한다. 군지연은 각 주파수별로 위상의 변화율을 의미하며 단위는 [sec]이다. 군지연에 대한 식은 식 (2.11)과 같다. 위상이 주파수의 선형함수라면 군지연은 일정한 상수값을 가지

72) 아날로그 필터와 달리 RF 필터와 같이 입출력 임피던스가 50 Ω으로 일정한 회로에서는 필터의 통과대역 감쇠 특성을 전압 대신 전력으로 표현하여 삽입손실(insertion loss)로 표현한다.

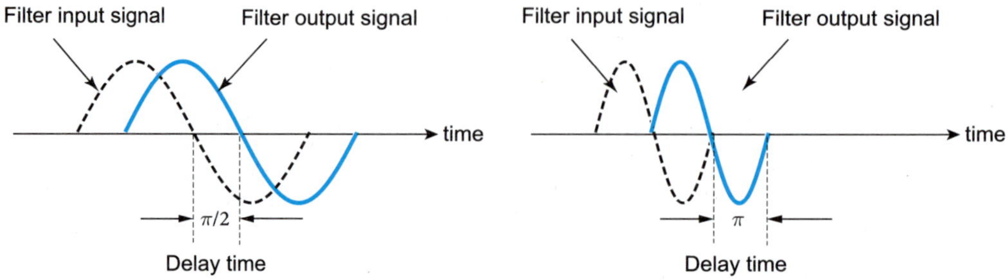

그림 2.15 필터의 지연 특성

게 되는데 이는 모든 주파수에 대해 시간지연이 일정하다는 뜻이다. 만약 군지연이 고주파수에서 크기가 커진다면 고주파수에서 시간지연이 저주파수에서 시간 지연보다 크게 되어 전체적으로 소리가 왜곡된다는 의미가 된다[73].

$$Group\ de\ lay = \frac{\partial\theta}{\partial\omega}[\text{sec}] \tag{2.11}$$

예제 2-5

[그림 2.15]의 왼쪽 그림과 오른쪽 그림은 동일한 시간지연을 갖지만 위상에 차이가 있다. 왼쪽의 신호가 1 kHz, 오른쪽의 신호가 2 kHz라고 한다면 군지연은 얼마인가?

풀이 왼쪽 1 kHz 신호의 경우 $\partial\theta/\partial\omega = \pi/(2 \cdot 2\pi 1E3)[\text{sec}] = 0.25[\text{msec}]$
오른쪽 2kHz 신호의 경우 $\partial\theta/\partial\omega = \pi/(2\pi 2E3)[\text{sec}] = 0.25[\text{msec}]$

이제 필터의 설계나 선택 시 꼭 기억해야 할 사항을 정리해보자. 먼저, 필터는 차수를 결정하는 것이 중요하다. 필터는 기본적으로 인덕턴스와 캐패시턴스 조합에 의한 공진 특성을 이용하는 것으로 L과 C의 숫자에 따라 차수(Order)가 결정된다. 차수가 높아지면 필터의 통과대역 특성은 좋아지지만 통과대역 감쇠량이나 군지연 특성이 나빠지고 필터의 크기도 커지므로 적절한 trade-off가 중요하다. L과 C로 구성된 저역통과필터를 예로 들어보자. [그림 2.16]의 2차 LPF는 통과대역에서 −1 dB의 감쇠량, 저지대역에서 −30 dB의 감쇠량을 갖는다고 하자. 이 필터가 4차로 확장되면 저지대역 특성이 −60 dB로 개선된다. 하지만 통과대역 감쇄량도 −2 dB가 될 것이다. 실제는 이렇게 단순하게 증가되지는 않지만 필터

73) 모든 주파수대역에서 군지연이 같아도 위상은 주파수의 함수이므로 주파수별로 차이가 있게 됨에 주의해야 한다. 단, 군지연이 상수이면 위상은 주파수와 반비례 관계를 갖는다.

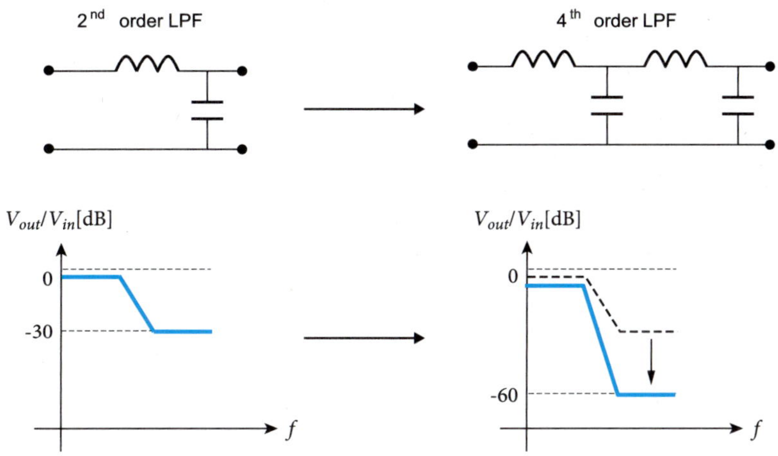

그림 2.16 필터의 차수 증가에 따른 주파수 특성 변화

차수가 증가함에 따라 일부 성능을 개선할 수 있으나 일부 성능이 나빠지므로 필터는 최소한의 차수로 원하는 필터 성능을 만족하도록 설계하는 것이 중요하다.

보통 크로스오버 네트워크에서 사용하는 차수는 인덕터와 캐패시터 소자의 크기 때문에 많은 소자를 넣을 수가 없다. 따라서 1차, 2차, 3차 정도 차수를 갖는 필터를 사용하는 것이 일반적이다. 보통 차수가 하나씩 증가할 때마다 옥타브 당 −6 dB의 감쇠가 생기게 된다. 따라서 1차 저역통과필터의 경우 octave당 −6 dB 감쇠특성을 갖는데 반하여 3차 저역통과필터는 octave당 −18 dB의 감쇠가 생기므로 천이대역은 필터의 차수에 반비례하여 작아지게 된다. [그림 2.17]에 필터의 차수에 따라 천이대역이 작아지고 그 비율이 옥타브에 반비례함을 알 수 있다. 1차 필터는 1 octave당 −6 dB씩 작아져 3 octave가 지나야 −18 dB가 감쇠

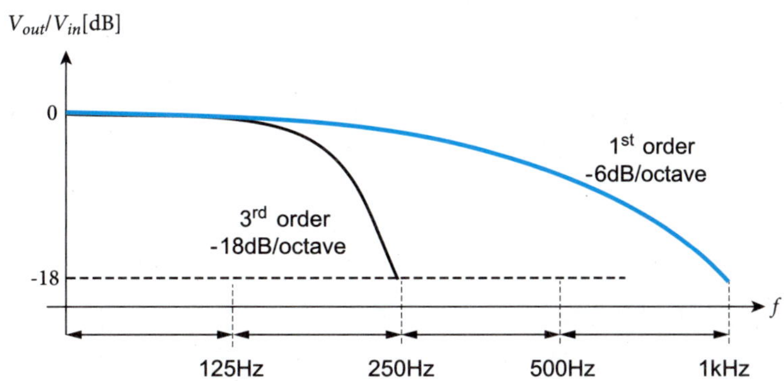

그림 2.17 필터의 차수 증가에 따른 천이대역과 감쇄특성

되는데 반하여 3차 필터는 1 octave만에 −18 dB씩 감쇠가 일어난다.

현재까지 필터의 특성에 대해 살펴보았다. 스피커에서 필터는 2-way 스피커의 경우 우퍼에 저역통과필터가 트위터에 고역통과필터가 각각 붙기 때문에 두 필터의 주파수 응답이 서로 더해지게 된다. [그림 2.18]에 크로스오버 주파수가 250 Hz인 2차 크로스오버필터가 있는 우퍼와 트위터의 주파수 응답을 보여준다.

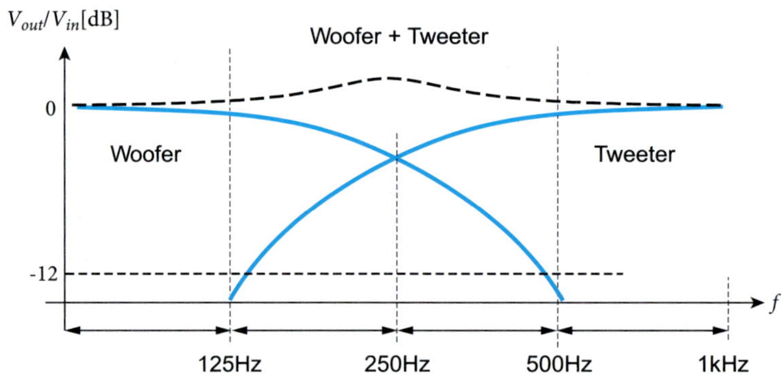

그림 2.18 2차 크로스오버 네트워크 필터의 주파수 특성

크로스오버 주파수가 250 Hz라 하더라도 필터에는 천이대역이 존재하므로 우퍼가 주로 소리가 되는 저역대역, 트위터가 주로 소리를 내는 고역 대역 외에 우퍼와 트위터가 동시에 소리를 내는 주파수 대역이 존재하게 된다. 이 대역을 크로스오버 주파수 대역이라 부르는데 우퍼와 트위터가 스피커 인클로저 안에서 적절히 배치된다면 소리가 잘 더해질 수도 있지만 제대로 배치되지 않는다면 특정 주파수의 소리가 서로 상쇄간섭을 일으켜 소리가 작아질 수도 있다.

예제 2-6

[그림 2.18]의 필터의 특성을 설명하시오.

풀이 우퍼의 저역통과필터는 250 Hz에서 차단주파수를 가지며, 2차 필터이므로 500 Hz에서는 −12 dB가 감소된다. 트위터의 고역통과필터는 250 Hz에서 차단주파수를 가지며, 2차 필터이므로 125 Hz에서는 −12 dB가 감소된다.

따라서 125 Hz에서 500 Hz 사이는 두 개의 스피커 유닛에서 동시에 소리가 나는 주파수 대역으로 두 신호가 정확히 더해진다면(보강간섭) 250 Hz에서 최대 주파수 응답을 갖게 된다.

다음으로 필터의 설계 유형에 따라 필터의 특성이 달라짐에 유의해야 한다. 필터의 종류는 다양하지만 대표적인 필터로 Butterworth 필터와 Chebyshev 필터를 예로 들어 보자. Butterworth 필터는 Maximally flat 필터라고도 하며 이름이 얘기하듯이 통과대역 형태가 가장 평평하게 만들어지는 필터를 의미하며 대신 천이대역의 스커트 특성은 좋지 않다. 반면 Chebyshev 필터는 Equally Ripple 필터라 하며 통과대역에 작은 ripple이 있는 대신 스커트 특성이 좋다[74]. 필터의 종류에는 Butterworth 필터와 Chebyshev 필터가 많이 사용되기는 하지만 이외에도 군지연 특성이 좋은 Bessel/Gaussian 필터, 스커트 특성이 매우 우수한 Elliptic 필터도 존재한다.

또한, 필터의 군지연(Group Delay) 특성에도 주의해야 한다. 필터는 물리적인 L과 C 소자에 의해 지연시간을 가지며 이 지연시간은 필터의 차수에 비례한다. 지연시간은 정현파, 즉 하나의 주파수가 입력될 때는 하나의 위상차를 나타내지만 필터는 하나의 주파수가 아니라 통과대역 내 여러 주파수 신호가 입력될 수 있으므로 신호의 지연시간은 같아도 각각의 위상차는 다르다. 따라서 주파수별로 다른 위상차로 인해 신호의 왜곡이 생긴다. 이러한 왜곡을 군지연이라 하며 필터를 구현할 때 군지연 특성을 고려해야 한다. 예를 들어[그림 2.19]와 같이 Bessel 필터는 통과대역에서 동일한 군지연 특성을 갖는 대신 전체적인 군지연 값은 크다.

참고 필터의 설계는 회로이론, 마이크로파공학, 디지털 신호처리(DSP) 과목에서 각각 아날로그 필터, RF 필터, 디지털 필터를 학습하는데 약간씩 용어에서 차이가 있으므로 주의해야 한다.

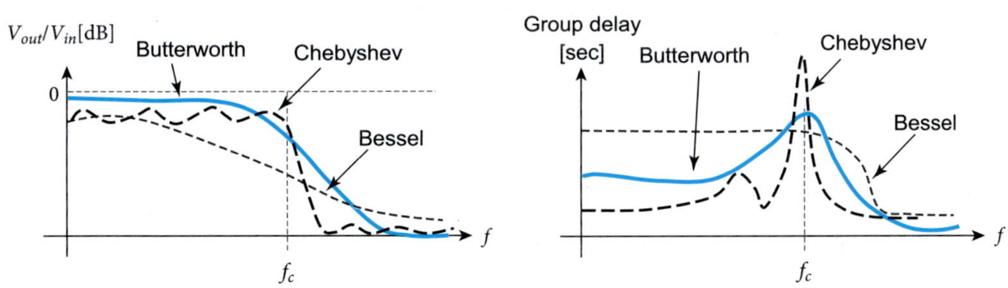

그림 2.19 필터의 진폭특성과 군지연 특성

74) 필터의 종류는 필터의 주파수특성을 다항식으로 보고 이러한 다항식의 수식을 만든 수학자의 이름을 사용한다. 필터는 수학적으로 연속인 함수 특성을 가지므로 스커트 특성을 날카롭게 하려면 ripple이 커질 수밖에 없다.

2.4.1 1차 크로스오버 네트워크 설계

이제 [그림 2.20]과 같이 스피커 유닛이 2개이고 소자가 2개인 가장 간단한 2-way 크로스오버 네트워크를 살펴보자. 먼저 우퍼에 연결되는 직렬 인덕터는 저역통과필터의 역할을 수행해야 하며, 트위터에 연결되는 직렬 캐패시터는 고역통과필터의 역할을 해야한다. LPF와 HPF의 차단주파수는 동일해야 전체적인 주파수 응답이 일정하게 유지될 수 있을 것이다. 다음으로 임피던스 관점에서 살펴보자. 만약, 우퍼와 트위터 유닛의 임피던스가 각각 8 Ω이라고 가정하자. 2개의 스피커 유닛은 병렬로 연결되므로 크로스오버 네트워크가 없다면 4 Ω이 될 것이므로 크로스오버 네트워크를 통해 필터 역할과 함께 스피커 전체가 8 Ω이 되도록 임피던스 정합 역할을 하여야 한다.

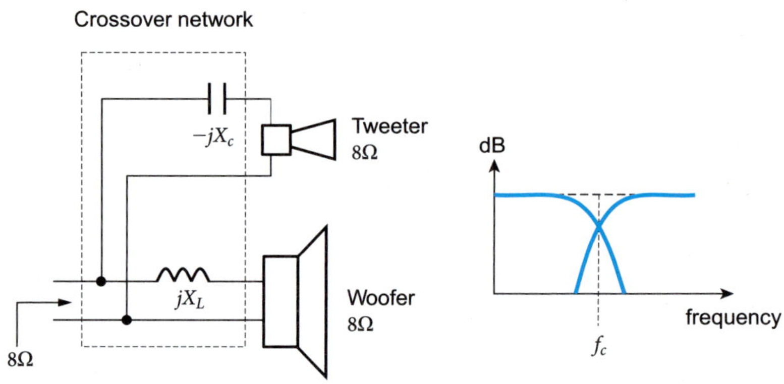

그림 2.20 간단한 2-way 크로스오버 네트워크

이제 이상의 요구사항을 참고하여 크로스오버 네트워크의 캐패시터와 인덕터의 값을 구해보자. 먼저, 크로스오버 네트워크에서 캐패시터와 인덕터의 역할을 학습하기 위하여 [그림 2.21]과 같이 우퍼회로를 모델링한다. 그림에서 AMP를 내부 저항 R_S를 갖는 교류전압원 V_{in}으로 모델링하고 인덕터의 유도성 리액턴스를 X_L, 우퍼의 부하 임피던스를 R_L이 직렬로 연결된 경우로 모델링하자. 교류전압원으로부터 우퍼에 공급될 수 있는 출력전압 V_{out}은 전압분배법칙(voltage divider rule)에 의해 식 (2.12)와 같이 주어진다. 식 (2.12)에 의해 출력전압 V_{out}은 언제나 입력전압 V_{in}보다 작게 된다.

$$V_{out} = \frac{R_L}{(R_S + j\omega L) + R_L} V_{in} \tag{2.12}$$

식 (2.12)에서 X_L은 주파수의 함수이므로 출력전압 역시 주파수의 함수가 된다. 이제 식 (2.12)를 V_{out}/V_{in}으로 표현하고 다음과 같다.

$$\frac{V_{out}}{V_{in}} = 20\log_{10}\left(\frac{R_L}{(R_S + R_L) + j\omega L}\right) \tag{2.13}$$

식 (2.13)을 주파수에 따라 그리면 [그림 2.21]의 오른쪽 특성과 같이 저역통과 특성을 갖는다 주파수가 0일 때는 리액턴스 $j\omega L$이 0이므로 리액턴스가 없는 것과 동일하지만, 주파수가 올라감에 따라 리액턴스 값이 커져 V_{out}/V_{in}은 작아지게 되므로 저역통과필터(Low-pass Filter)가 된다.

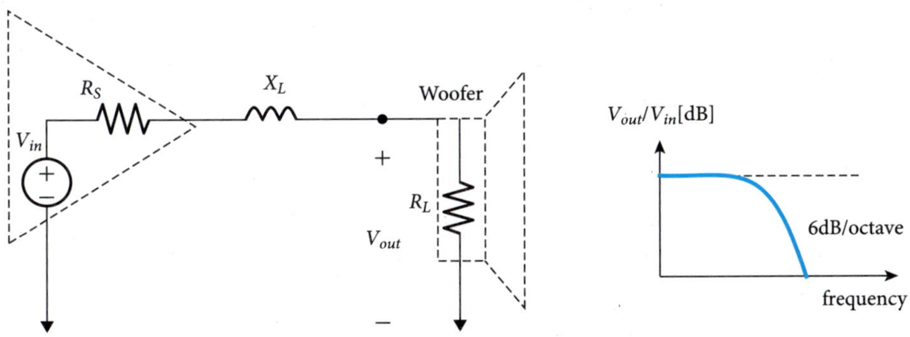

그림 2.21 직렬 인덕터를 이용한 저역통과필터 회로

예제 2-7

[그림 2.21]의 회로에서 소스 저항이 0 Ω이라 가정하고 인덕터가 1.27 mH일 경우 주파수에 따른 필터의 특성을 그리시오. 크기가 1/2배(−3 dB) 작아지는 주파수를 대역폭으로 정의할 때 LPF의 대역폭은 얼마인가?

풀이 인덕터의 리액턴스가 R_L가 같을 때, 즉 $j8\Omega$일 때 식 (2.13)의 실수값이 −3 dB로 작아지며, 그 때의 주파수가 1 kHz가 된다.

다음으로 캐패시터의 용량성 리액턴스를 X_C, 트위터의 부하 임피던스를 R_L이 직렬로 연결된 경우를 보자. 교류전압원으로부터 트위터에 공급될 수 있는 출력전압 V_{out}은 전압분배 법칙(voltage divider rule)에 의해 식 (2.14)와 같이 주어진다. 식 (2.14)에 의해 출력전압 V_{out}

은 언제나 입력전압 V_{in}보다 작게 된다.

$$V_{out} = \frac{R_L}{\left(R_S + \frac{1}{j\omega C}\right) + R_L} V_{in} \tag{2.14}$$

식 (2.14)에서 X_C는 주파수의 함수이므로 출력전압 역시 주파수의 함수가 된다. 이제 식 (2.14)를 V_{out}/V_{in}으로 표현하고 다음과 같다.

$$\frac{V_{out}}{V_{in}} = 20\log_{10}\left(\frac{j\omega R_L C}{1 + j\omega(R_S + R_L)C}\right) \tag{2.15}$$

식 (2.15)의 크기를 그리면 [그림 2.22]와 같다. 주파수가 0일 때는 분자가 0이므로 전압이 최소였다가 주파수가 증가함에 따라 V_{out}/V_{in}은 커지게 되므로 고역통과필터(High-pass Filter)가 되며, 감쇠 정도는 주파수가 2배가 됨에 따라 약 6 dB씩 커지게 된다.

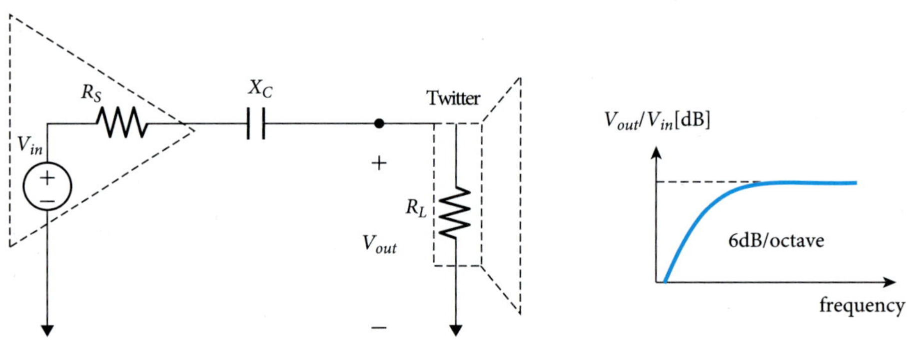

그림 2.22 직렬 캐패시터를 이용한 고역통과필터회로

예제 2-8

[그림 2.22]의 회로에서 소스저항이 0 Ω이라 가정하고 캐캐시터가 19.88 uF일 경우 주파수에 따른 필터의 특성을 그리시오. 크기가 최대값보다 3 dB 작은 주파수를 차단주파수라 정의할 때 HPF의 차단주파수는 얼마인가?

풀이 캐패시터의 리액턴스가 R_L가 같을 때, 즉 $-j8\Omega$일 때 식 (2.15)의 실수값이 −3 dB로 작아지며, 그 때의 주파수는 1 kHz가 된다.

예제 2-7과 예제 2-8에서 V_{out}/V_{in}에는 허수값도 존재하는데 저역통과필터와 고역필터에서 크기는 갖고 부호는 반대이므로 병렬안결할 경우 서로 상쇄된다. 따라서 앰프에서 바라본 전체 임피던스는 8 Ω으로 일정하게 보인다.

예제 2-9

예제 2-7과 예제 2-8의 인덕터와 캐패시터의 값을 가질 때 차단주파수인 1 kHz에서 앰프에서 바라보는 임피던스는 얼마인가?

풀이 1 KHz 차단주파수에서 앰프에서 우퍼를 바라본 임피던스는 8+*j*8 Ω이고 앰프에서 트위터를 바라본 임피던스는 8-j8Ω이므로 병렬연결로 계산하면 (8+*j*8)//(8−*j*8) = 8 Ω이 된다.

최종적으로 예제 2-7에서 예제 2-9까지 결과를 이용해 설계된 1차 크로스오버 네트워크의 설계결과가 [그림 2.23]에 주어진다.

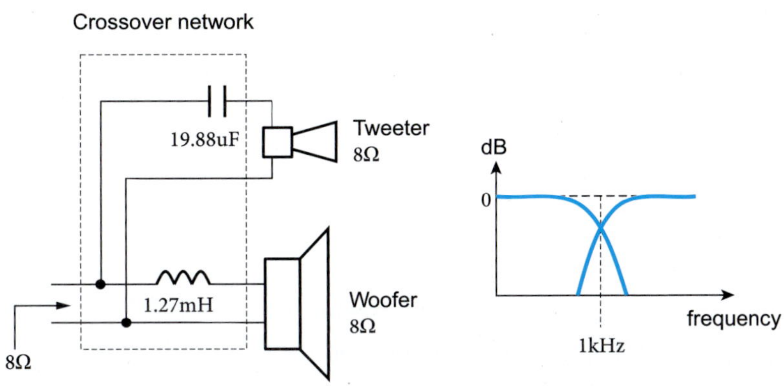

그림 2.23 차단주파수가 1 kHz인 2–way 크로스오버 네트워크 설계 예

현재까지 계산한 2-way 스피커를 크로스오버 네트워크를 확장하여 3-way 스피커의 크로스오버 네트워크를 고려하자. 3-way 스피커에서는 3개의 스피커 유닛이 존재하므로 2개의 크로스오버 주파수인 f_{C1}(우퍼와 미드레인지 구분)과 f_{C2}(미드레인지와 트위터 구분)가 필요하다. 단, 오디오에서 사용하는 가청주파수 대역은 매우 넓으므로 이 2개의 크로스오버 주파수의 비인 f_{C2}/f_{C1}는 보통 8배에서 10배를 사용한다. 예를 들어 f_{C1}를 300 Hz로 잡으면 그 8배인 2.4 kHz나 10배인 3 kHz를 잡게 된다. 이렇게 하면 주파수 차가 크므로 각 주파수별 크

로스오버 네트워크는 [그림 2.24]와 같이 별개로 동작한다고 볼 수 있다. 예를 들어 f_{C1} 주파수에서는 우퍼와 미드레인지가 동작하고, 트위터는 동작하지 않는 것으로 볼 수 있다. 마찬가지로 f_{C2} 주파수에서는 우퍼는 인덕터의 리액턴스가 너무 커서 동작하지 않고 미드레인지와 트위터만이 동작한다고 볼 수 있다. 따라서 2-way 스피커를 설계한 것과 동일하게 3-way 스피커를 2개의 2-way 스피커로 설계할 수 있다.

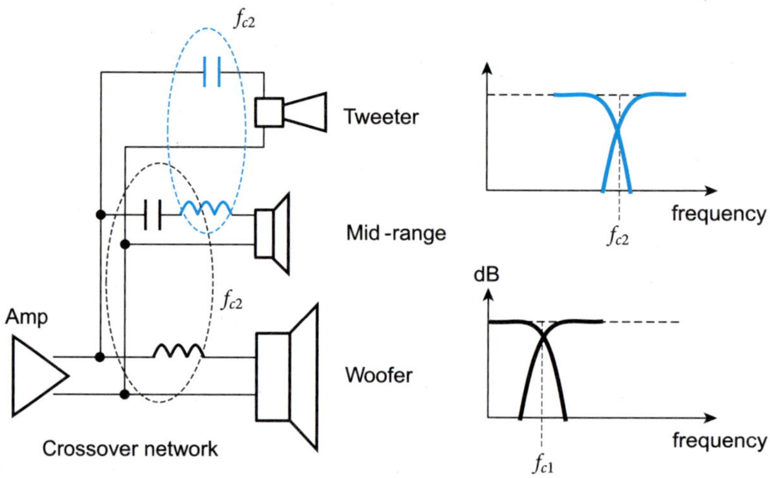

그림 2.24 3–way 스피커의 크로스오버 네트워크

예제 2-10

[그림 2.24]의 회로에서 스피커 유닛은 모두 8Ω이고, f_{C1}과 f_{C2} 주파수가 각각 300 Hz와 2.4 kHz라고 할 때 필터를 구성하는 인덕터와 캐패시터의 값은 얼마인가?

풀이 소자를 별 개로 계산하면 다음과 같다.

– 트위터 캐패시터 : 8.28 uF($-j64\Omega$@300 Hz, $-j8\Omega$@2.4 kHz)

– 미드레인지 인덕터: 0.53 mH($j1\Omega$@300Hz, $j8\Omega$@2.4 kHz)

– 미드레인지 캐패시터: 66.29 uF($-j8\Omega$@300 Hz, $-j1\Omega$@2.4 kHz)

– 우퍼 인덕터 : 4.25 mH($j8\Omega$@300 Hz, $j64\Omega$@2.4 kHz)

단, 실제 설계 시에는 미드레인지의 경우 소자가 2개이므로 소자 간의 상호 작용을 고려해 조절할 필요가 있으나 상세한 내용은 생략한다.

2.4.2 2차 크로스오버 네트워크 설계

앞에서 소자가 1개로 구성된 크로스오버 네트워크에 대해 알아보았다. 본 절에서는 소자가 2개인 2차 크로스오버 네트워크의 설계에 대해 살펴보자. [그림 2.25]는 2차 크로스오버 네트워크의 예를 보여준다. 우퍼에 연결된 L_1과 C_1은 저역통과필터를 트위터에 연결된 L_2와 C_2는 고역통과필터의 역할을 수행한다.

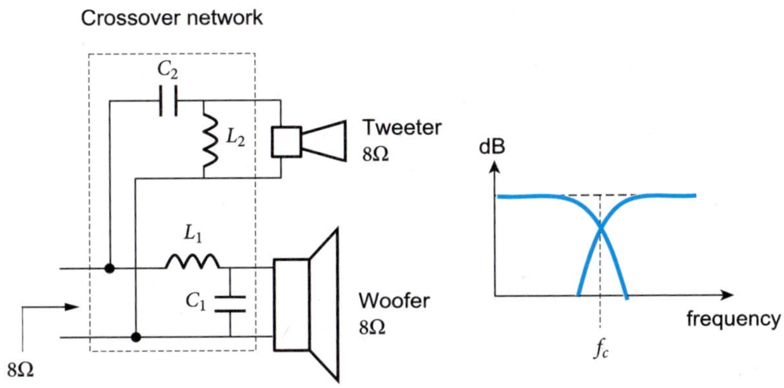

그림 2.25 2-way 스피커의 2차 크로스오버 네트워크

이제 우퍼에서의 출력특성과 트위터에서의 출력특성은 각각 식 (2.16)과 식 (2.18)에 의해 주어진다.

$$V_{out} = \frac{R_L}{(R_S + j\omega L_1) + \dfrac{R_L \dfrac{1}{j\omega C_1}}{R_L + \dfrac{1}{j\omega C_1}}} V_{in} \tag{2.16}$$

$$V_{out} = \frac{R_L}{\left(R_S + \dfrac{1}{j\omega C_2}\right) + \dfrac{R_L(j\omega L_2)}{R_L + j\omega L_2}} V_{in} \tag{2.17}$$

식 (2.16)과 식 (2.17)을 이용하여 크로스오버 네트워크의 주파수응답을 그려보자. 일단, 크로스오버 주파수를 500 Hz로 하고, 스피커의 임피던스를 8 Ω으로 맞추기 위하여 인덕터와 캐패시터의 리액턴스가 스피커 유닛의 임피던스와 같도록 초기값을 정해보자.

▸ $j\omega L = j2\pi fL = j8 \rightarrow L_1 = L_2 = 2.5$ mH

▸ $1/(j\omega C) = 1/(j2\pi fC) = j8 \rightarrow C_1 = C_2 = 39.8$ uH

이렇게 정한 L과 C값에 대해 스피커의 주파수 응답을 구하기 위해 식 (2.16)과 식 (2.17)을 이용하여 그리면 [그림 2.26]과 같다.

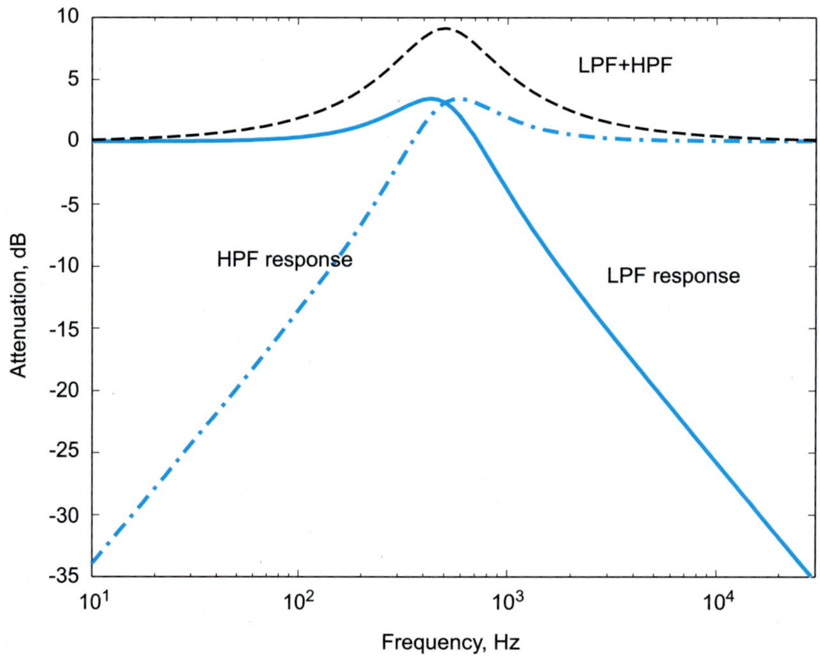

그림 2.26 2-way 스피커의 2차 크로스오버 네트워크

[그림 2.26]에서 알 수 있듯이 각각의 2차 필터는 크로스오버 주파수인 500 Hz를 기준으로 대칭적인 저역통과필터 특성과 고역통과필터의 형태를 가짐을 알 수 있다. 하지만 크로스오버 주파수에서 이득이 조금씩 상승하게 됨으로 전체적으로 보면 크로스오버 주파수에서 필터의 응답의 합이 커짐을 알 수 있다[75].

75) 실제 우퍼와 트위터는 공간상에 분리되어 있어 크로스오버 주파수에서 2개의 음파가 나온다고 하더라도 공간상의 위치에 따라 무조건 더해지지는 않는다. 또한, 필터의 위상특성도 있으므로 이를 고려해야 한다.

이제 크로스오버 주파수에서 필터의 합산 응답이 커지는 현상을 막기 위하여, 즉 주파수 합산 응답을 평탄하게 위하여 인덕터와 캐패시터의 값을 정할 때 특정계수를 곱해주게 된다. 예를 들어 버터워스(Butterworth) 필터에서는 −3 dB($1/\sqrt{2}$ = 0.707배)을 Linkwitz-Riley 필터에서는 −6 dB(0.5배)를 적용하게 된다. Butterworh 필터와 Linkwitz-Riley 필터의 계수를 곱한 후의 인덕터와 캐패시터의 값은 다음과 같다.

- Butterworth 필터

  $L_1 = L_2 = 2.5\ \text{mH}/0.707 = 3.54\ \text{mH},\ C_1 = C_2 = 39.8\ \text{uH} \times 0.707 = 28.1\ \text{uH}$
- Linkwitz-Riley 필터

  $L_1 = L_2 = 2.5\ \text{mH}/0.5 = 5\ \text{mH},\ C_1 = C_2 = 39.8\text{uH} \times 0.5 = 19.9\text{uH}$

이렇게 구한 2차 2-way 스피커의 Butterworth 필터와 Linkwitz-Riley 필터의 주파수 응답은 [그림 2.27]과 같다.

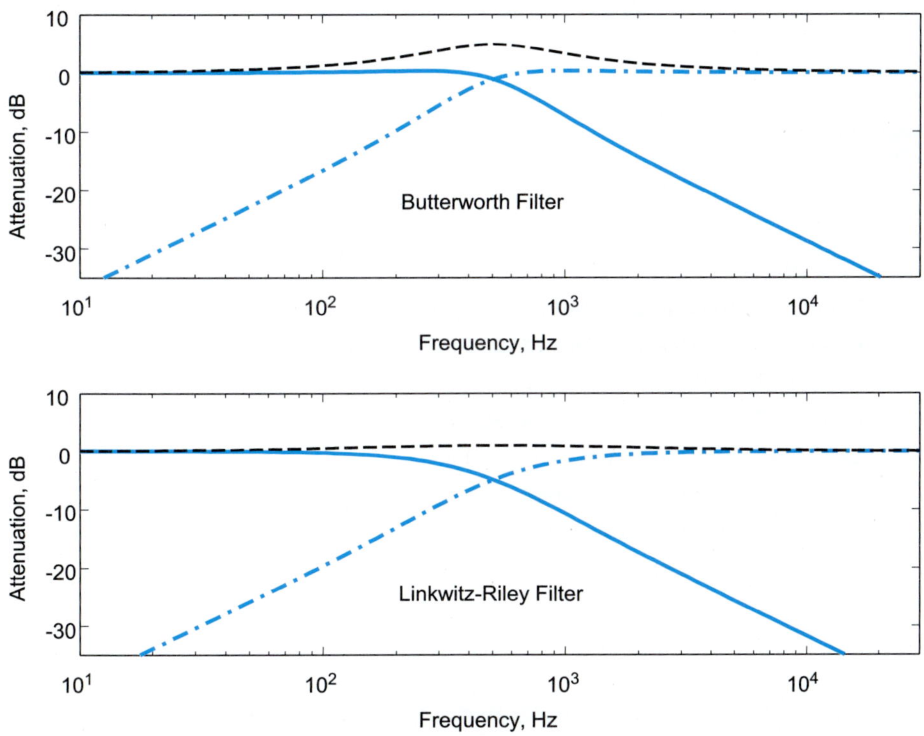

그림 2.27 2차 Butterworth 필터와 Linkwitz–Riley 필터

Butterworth 필터의 경우 주파수응답이 평평한 것이 특징이다. 이에 Butterworth 필터를 Maximally Flat 필터라고 한다. 한편, Linkwitz-Riley 필터는 두 개의 필터의 주파수응답의 합이 일정한 것이 특징이다. 2차 이상의 필터 설계를 위해서는 각각의 필터 타입에 맞는 다양한 계수를 선정하여야 하는데 Butterworth 필터의 경우 Butterworth 다항식을 이용한다.

참고 특정 다항식을 이용하여 필터의 계수를 찾고 이로부터 필터를 설계하는 방법은 수학적으로 완벽하게 정리되어 있다. 이를 필터설계(Filter Design) 이론 네트워크 합성(Network Synthesis) 이론이라 하며 특히, RF 필터 설계 시 사용하게 된다. 여기에 관심 있는 학생은 관련 수업(예: 마이크로파공학 등)에서 추가 학습하기 바란다.

참고 현재까지 크로스오버 네트워크 필터의 설계방법에 대해 살펴보았다. 전공서적에서 어려운 수식과 함께 설명되던 필터 설계이론이 수학자들이 만든 것이 아니라 실제로는 스피커로 좋은 소리를 만들기 위한 엔지니어들의 노력에 의해 시작되었다는 것을 알게 되었다. 복잡한 이론도 처음에는 인간의 필요에 의해 시작되고 이후 이론가들이 이를 이론화(수식화)하는 과정을 거치는 것이라 할 수 있다. 하지만 후대에는 이론을 먼저 공부하다 보니 왜 이 이론이 시작되었는지 종종 잊어먹을 때가 있다는 것은 아이러니한 일이다[76].

예제 2-11

아래 MATLAB 프로그램을 활용하여 현재까지 학습한 필터의 주파수 응답을 구하시오.

풀이 아래 MATLAB 프로그램을 참조하여 그릴 수 있다.

```
% define problem parameters
C=39.8e-6; % filter capacitance
L=2.5e-3; % filter inductance
C=0.5*39.8e-6; % filter capacitance
L=2.5e-3/0.5; % filter inductance
R=0.0; % filter resistance
Zg=0.0; % source impedance
ZL=8; % load imperances
```

76) 저자도 대학시절에 수식과 개념으로 가득찬 필터설계 이론을 배우면서 이렇게 복잡한 것을 어디에 쓰는 것인지 의아하게 생각하고 관련 학습에 흥미를 잃어버린 바가 있다. 이제는 오디오에 취미를 가지다 보니 예전에 회로이론에서 배운 필터 설계 이론이 다시 보이게 되었다.

```
% define frequency range
f_min=1e1; % lower frequency limit
f_max=30e3; % upper frequency limit
N=100;  % number of points in the graph
f=f_min*((f_max/f_min).^((0:N)/N)); % compute frequency points
on log scale
w=2*pi*f;
H1=ZL./( Zg+R+j*w*L+(ZL*1./(j*w*C)./(ZL+1./(j*w*C)) ) );
H2=ZL./( Zg+R+(1./(j*w*C)+(ZL*(j*w*L)./(ZL+(j*w*L)) )) );
output=abs(H1)+abs(H2);
semilogx(f,20*log10(abs(H1)), 'k-');
hold on
semilogx(f,20*log10(abs(H2)), 'k-');
semilogx(f,20*log10(output), 'k-');
%title('Bandpass filter response');
xlabel('Frequency, Hz');
ylabel('Attenuation, dB);
axis([10,30e3,-35,10]);
hold off
```

현재까지 살펴본 크로스오버 네트워크는 역사도 오래되었고, 현재에도 가정용 오디오에서 많이 사용된다. 오디오에 취미가 있는 사람들 중에 크로스오버 필터 설계를 직접 수행하기도 한다[77].

2.4.3 실제 크로스오버 네트워크 설계 시 고려사항

앞에서 1차와 2차 크로스오버 네트워크 설계에 대해 살펴보았다. 실제 크로스오버 네트워크는 더 높은 차수도 존재하고, 스피커 유닛의 밸런스를 맞추기 위하여 저항회로가 포함될 필요가 있기 때문에 좀 더 심화학습이 필요하다. 하지만 실제 크로스오버 네트워크는 소자의 크기의 한계로 대부분 1차와 2차 정도로 구성되는 것이 보통이므로 설계방법에 대한 논의는 여기서 멈추도록 한다. 대신 설계가 끝났다면 고려해야 할 사항 즉, 실제 제작 시 고려해야 할 사항을 논의해 보자.

77) 인터넷 상에는 오디오에 관심이 많은 사람들이 만든 크로스오버 네트워크 필터 설계나 해석 Tool이 존재하므로 검색하여 사용해보기 바란다.

먼저 캐패시터에 대해 살펴보자. 캐패시터의 특성은 캐패시턴스(Capacitance)에 의해 주어지는데 캐패시턴스는 캐패시터에 전압을 가할 경우 얼마나 많은 전하가 축적되는가를 나타내며 식 (2.18)로 주어진다.

$$C = \frac{Q}{V}\ [\mathrm{F}] \tag{2.18}$$

예를 들어 1V 전압을 가할 경우 1[C]의 전하가 축적된다면 1[F]이라고 한다[78]. 1[F]은 매우 큰 양으로 보통 uF, nF, pF의 단위가 주로 사용된다.

▸ 1 milliFarad = 1 mF = 1×10^{-3} Farad
1 microFarad = 1 uF = 1×10^{-6} Farad
1 nanoFarad = 1 nF = 1×10^{-9} Farad
1 picoFarad = 1 pF = 1×10^{-12} Farad

보통 캐패시터는 두 개의 도체판 사이에 유전체를 넣어 만드는데 이 경우 캐패시터의 캐패시턴스는 식 (2.19)와 같다.

$$C = \epsilon_0 \epsilon_r \frac{S}{d} \tag{2.19}$$

여기서 S는 캐패시터의 도체판의 면적, d는 두 도체판 사이의 간격, ϵ_0는 자유공간의 유전율(= 8.854×10^{-12}[F/m]), ϵ_r은 도체판 사이에 존재하는 유전체(절연체)의 비유전율(relative permittivity)를 나타낸다.

비유전율은 물질마다 고유의 값을 갖는데 어떤 유전체를 사용하느냐에 따라 캐패시터의 이름이 달라진다. 일반적으로 많이 사용되는 캐패시터의 종류로 탄탈 캐패시터는 Tantalum이라는 유전체를, 마이카 캐패시터는 운모(Mica)를 사용하게 된다. 캐패시터 중에서 극성이 있는 것이 있는데 전해 캐패시터와 탄탈 캐패시터는 큰 용량을 얻을 수 있지만 극성이 존재함으로 (+)단자를 전위값이 높은 쪽에 (−)단자를 GND에 보통 연결하게 된다. 이렇게 극성이 있는 캐패시터는 DC회로에서 전원쪽에 (+)를 연결하고 (−)를 접지(GND)에 연결

78) 원자를 구성하는 전자 하나의 전하량은 -1.6×10^{-12}[C]이므로 -1[C]은 6.25×10^{18}개의 전자가 모인 경우의 전하량을 의미한다.

하여 고주파 잡음이 GND로 흘러가도록 하는 바이패스(Bypass) 용도로 많이 사용한다. 캐패시터를 직렬로 연결하면 DC 전류가 흘러가지 못하게 할 수 있는데 이를 DC 블록(DC Block)이라 하고 이때는 극성이 없는 캐패시터를 사용해야 한다.

전해(Electrolytic)

탄탈(Tantalum)

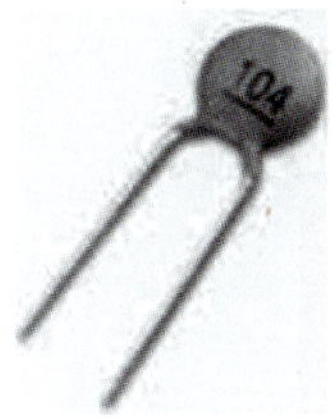

세라믹(Ceramic)

마일러(Mylar)

폴리프로필렌(Polypropylene)

마이카(Mica)

그림 2.28 다양한 캐패시터의 종류

캐패시터를 사용할 경우 주의할 것은 캐패시터는 그 구성방법에 따라 기생성분이 존재하며, 이러한 기생성분에 의해 사용할 수 있는 주파수가 제한된다는 것이다. 실제 캐패시터의 등가모델은 [그림 2.29]과 같다. 여기서 C는 캐패시턴스, R_p는 두 도체판 사이에 있는 유전체 손실, L은 캐패시터를 회로에 연결하기 위해 붙어있는 전선(리드선이라 부름)의 인덕턴스, R_S은 리드선의 저항손실을 의미하게 된다.

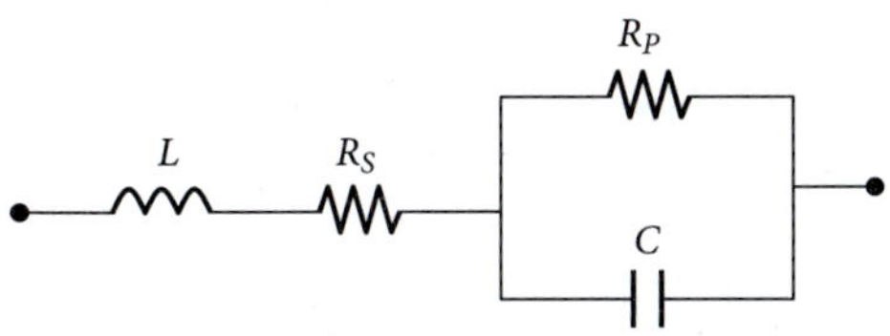

그림 2.29 실제 캐패시터의 등가모델

이러한 기생성분은 주파수가 올라갈수록 영향이 커지게 되는데 주파수의 함수로 표현한 임피던스 특성이 [그림 2.30]과 같다. 이상적인 캐패시터는 주파수가 올라갈수록 임피던스가 반비례하여 작아져야 하는데 특정 주파수에서는 공진을 일으키게 되고 공진주파수를 넘는 주파수에서는 더 이상 캐패시터의 역할을 하지 않고 인덕터와 같은 역할을 하게 된다. 따라서 캐패시터를 사용할 경우에는 공진주파수 이전의 주파수에서 이상적인 캐패시터와 유사한 특성을 갖는 주파수 이내에서만 사용해야 한다.[79]

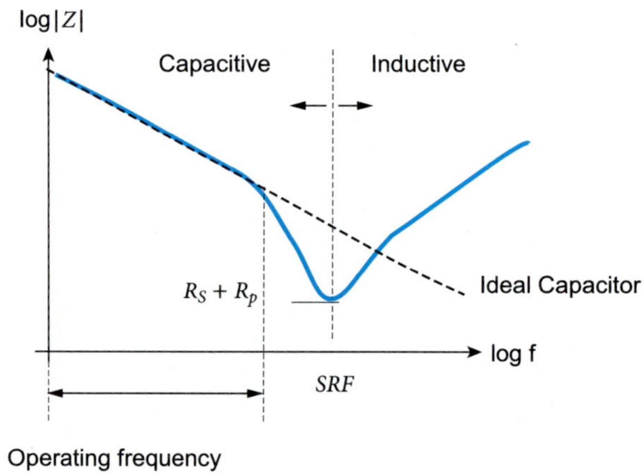

그림 2.30 실제 캐패시터의 주파수특성

캐패시터를 살펴보았으므로 다음으로 크로스오버 네트워크에 사용되는 인덕터에 대해 살펴보자. 전선에 전류가 흐르면 주변에 자기장을 형성하므로 전선은 인덕터가 된다. 하지만 긴 전선을 그대로 사용하기 어려우므로 자성체 코어(core) 주변에 둥글게 만 형태로 인덕터를 만들게 된다. 자성체 코어가 없이 그냥 코일만 둥글게 말았다면 이러한 인덕터는 공심코일이라 부른다.

인덕터를 이해하기 위해 전선의 길이가 길이에 따른 인덕턴스를 구해보자. 전선의 길이가 길면 인덕터 효과가 발생하는데 이러한 인덕터의 인덕턴스 값은 식 (2.20)으로 주어진다.

$$L = 0.002l\left[2.3\log_{10}\left(\frac{2l}{a}\right) - 0.75\right][\mu\text{H}] \tag{2.20}$$

79) 소자의 주파수 특성을 확인하기 위해서는 임피던스 분석기나 네트워크 분석기 등 전자소자의 특성을 측정할 수 있는 계측기를 사용하여 측정할 수 있다. 측정이 어려운 경우에는 구매한 소자의 데이터시트를 참고하면 된다.

여기서 l은 cm 단위의 전선의 길이, a은 cm 단위의 전선의 반경이 된다.

예제 2-12

구리로 만든 원형선로에서 직경이 0.643 mm라고 하자. 길이가 2 m인 선로의 인덕턴스를 계산하시오. 오디오신호가 통과될 경우 이 선로의 리액턴스는 얼마로 보이는가?

풀이 위 선로의 인덕턴스는 다음과 같다.

$$L = 0.002l\left[2.3\log_{10}\left(\frac{2l}{a}\right) - 0.75\right][\mu H]$$
$$= 0.002(200)\left[2.3\log_{10}\left(\frac{2(200)}{0.0643/2}\right) - 0.75\right]$$
$$= 3.19[\mu H]$$

전선의 리액턴스는 $X_L = j\omega L[\Omega]$이므로 20 kHz에서 최대 $j0.4[\Omega]$이 된다.

예제 2-12와 같이 선로의 길이가 2 m가 된다 하더라도 수 uH 밖에 만들 수 없으므로 크로스오버 네트워크에서 요구하는 수 mH의 인덕터를 자성체 코어없이 만들면 크기가 너무 커지게 된다. 따라서 선로의 길이를 줄이기 위해서 자성체 코어를 사용한다. 단, 자성체 코어를 사용하게 되면 전선의 길이가 줄어들어 전선에서 발생하는 저항을 줄일 수 있지만 자성체 코일 자체의 손실이 있을 수 있으므로 주의해야 한다. 또한 마그네틱 코어는 주파수에 따른 특성이 존재하므로 오디오 주파수에서 특성 변화가 없는 코어를 선정해야 한다. 코어의 형태가 직선인 경우를 솔레노이드(solenoid)라고 하고 코어가 둥그런 모양인 경우를 토로이드(Toroid)라고 한다. [그림 2.31]에 솔레노이드와 토로이드 형태의 인덕터가 나타나 있다. 이러한 자성체 코어에 감을 전선은 서로 접촉되지 않도록 에나멜 코팅을 하게 되며 그 굵기는 스피커에 흐르는 전류가 잘 흐를 수 있으면서도 저항이 없는 전선을 선택해야

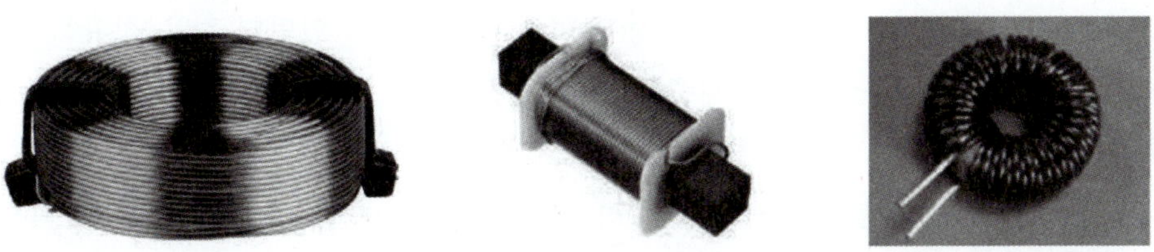

(a) 코어가 없는 경우 (b) 솔레노이드(Solenoid) (c) 토로이드(Toroid)

그림 2.31 인덕터의 종류

한다[80].

캐패시터와 마찬가지로 인덕터를 사용할 경우 인덕터는 그 구성방법에 따라 기생성분이 존재하며, 이러한 기생성분에 의해 사용할 수 있는 주파수가 제한된다는 것에 주의해야 한다. 실제 인덕터는 감은 전선 사이의 캐패시턴스와 선로의 저항손실이 포함되며, 이러한 기생성분은 주파수가 올라갈수록 영향이 커지게 된다. 주파수의 함수로 실제 인덕터의 특성을 표현한 임피던스 특성이 [그림 2.32]와 같다. 이상적인 인덕터는 주파수가 올라갈수록 임피던스가 비례하여 커져야 하는데 특정 주파수에서는 공진을 일으키게 되고 그 이후의 높은 주파수에서는 캐패시턴스와 같은 역할을 하게 된다. 따라서 인덕터를 사용할 경우에는 공진주파수 이전의 주파수에서 이상적인 인덕터와 유사한 특성을 갖는 주파수 이내에서만 사용해야 한다.

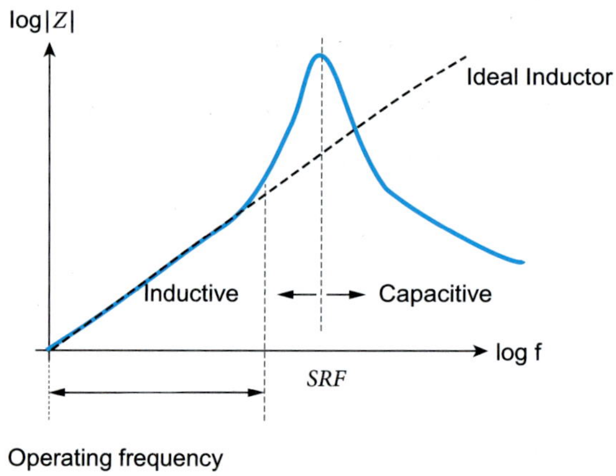

그림 2.32 실제 인덕터의 주파수특성

나에게 맞는 전자 소자 구하기

크로스오버 네트워크 필터의 설계과정에 의해 캐패시터와 인덕터 값을 정확히 계산하였다 하더라도 해당되는 소자값을 시중에서 바로 구할 수는 없다는 것을 기억하자[81]. 또한,

80) 오디오 회사에서는 크로스오버 네트워크의 인덕터를 얇은 테이프 형태의 전선으로 만들기도 한다.

81) 캐패시터나 인덕터를 만드는 회사 입장에서 세상에 존재할 모든 값의 캐패시터나 인덕터를 만들 수는 없으므로 대표적으로 많이 쓰는 몇 개의 소자만을 만들게 되며, 사용자는 이러한 소자들을 직렬이나 병렬로 연결하여 원하는 소자값을 만들게 된다.

소자에 표기된 값과 실제 소자의 캐패시턴스나 인덕턴스에는 오차가 존재할 수밖에 없는데 소자마다 오차 정도가 다르다. 보통 ±1%, ±5% 정도의 오차를 갖는데 오차가 적을수록 소자의 값이 비싸게 된다[82].

먼저, 시중에 판매하는 캐패시터와 인덕터를 읽는 법부터 살펴보자. 소자에 따로 소자의 값이 표시되어 있으면 그 값이 읽으면 된다. 하지만 크기가 작은 소자의 경우 그 소자값을 소자 표면에 숫자로 써넣기에 어렵다. 따라서 약속된 숫자로 소자값을 표시하게 된다. 예를 들어 숫자가 3자리만 써져 있다면 이 숫자로부터 해당 소자의 캐패시턴스와 인덕턴스 값을 계산해야 한다. 캐패시터를 읽는 법은 저항을 읽는 법과 마찬가지로 앞의 두 자리는 십진수이고, 세 번째 자리 숫자는 10의 지수이다. 캐패시터는 기본 단위가 pF이고 인덕터는 uH이므로 이를 고려하여 계산한다.

예제 2-13

캐패시터가 두 개 있다. 각각 숫자가 102와 224가 적혀 있다. 캐패시터의 값은 각각 몇 Farad인가?

답 102 → 10×10^2[pF] → 1[nF]
224 → 22×10^4[pF] → 0.22[uF]

예제 2-14

인덕터가 두 개 있다. 각각 숫자가 102와 473이 적혀 있다. 인덕터의 값은 각각 몇 Henry인가?

답 102 → 10×10^2[uF] → 1[mH]
473 → 47×10^3[uH] → 47[mH]

이제 크로스오버 네트워크에 사용되는 캐패시터를 계산하였는데 521 nF의 값이 나왔다고 가정하자. 시장에서 판매하는 캐패시터를 살펴보면 470 nF과 560 nF은 존재하지만 그 사이의 값은 존재하지 않는다는 것을 알 수 있다. 그럼 521 nF의 캐패시터를 구하려면 어떻게 하여야 하는가? 이를 위해서는 470 nF의 캐패시터와 51 nF의 두 개의 캐패시터를 병렬로 연

82) 전자소자는 도체와 유전체, 자성체 등의 물질을 이용해서 만들게 되는데 가공 오차와 물질의 특성 변화에 따라 정확한 값을 갖는 작은 전자소자를 만드는 것은 매우 어렵다. 따라서 오차가 적은 전자소자는 값이 비싸게 된다.

결하는 방법을 사용하면 된다. 캐패시터를 2개 병렬로 연결하면 그 합이 두 배가 되는 이유는 캐패시터의 캐패시턴스가 [그림 2.33]과 같이 주어지기 때문이다[83]. 그림에서 ϵ는 도체판과 도체판 사이의 유전체 물질의 유전율, d는 도체판 사이의 간격, S는 도체판의 면적을 의미한다. 이제 [그림 2.33]과 같이 두 개의 동일한 물질, 간격, 면적을 갖는 캐패시터를 병렬로 연결하게 되면 캐패시터를 구성하는 도체의 면적이 2배가 되는데 반해 간격은 일정하기 때문에 캐패시턴스의 값은 2배가 된다.

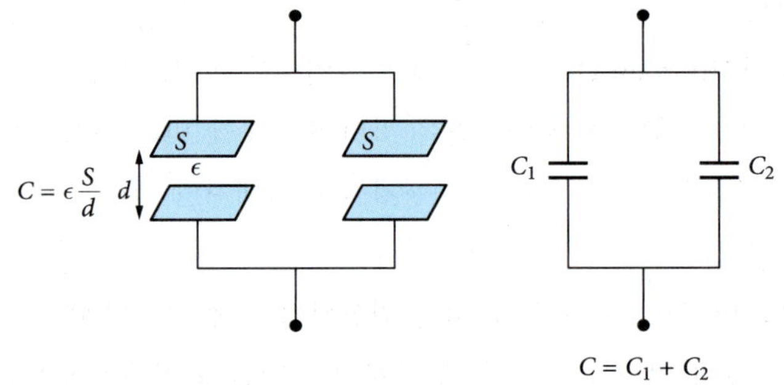

그림 2.33 두 개의 캐패시턴스 값의 합으로 주어지는 캐패시터의 병렬연결

만약 캐패시터가 직렬로 연결된다면 [그림 2.34]와 같이 도체판의 면적은 그대로이지만 간격이 2개가 되는 효과가 발생하므로 캐패시터는 직렬로 연결하는 경우 값이 작아지게 된다.

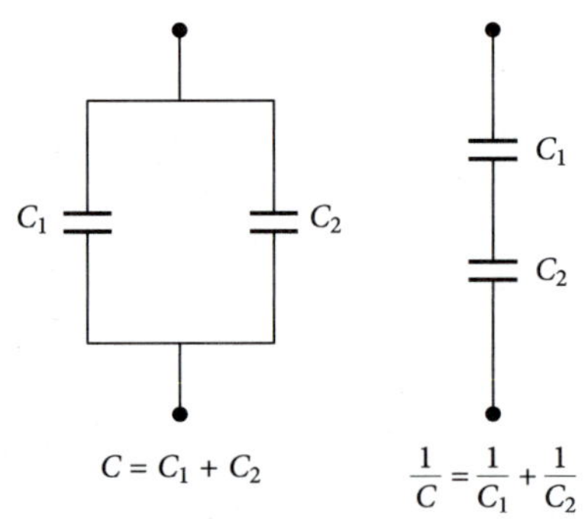

그림 2.34 캐패시터의 병렬연결과 직렬연결

83) [그림 2.33]의 정확한 이해는 전자기학이나 회로이론의 지식이 필요하나 본 교재에서는 생략하였다. 식의 의미를 정확히 알기 위해서는 관련과목의 학습을 진행하기 바란다.

예제 2-15

1[nF]의 값을 갖는 두 캐패시터가 병렬로 연결한 경우 총 캐패시턴스는 얼마인가? 또한 직렬로 연결한 경우는 얼마인가?

답 병렬연결: 1[nF] + 1[nF] = 2[nF]
직렬연결 : 0.5[nF]

예제 2-16

1[nF]의 2[nF]값을 갖는 두 캐패시터가 직렬로 연결한 경우 총 캐패시턴스는 얼마인가?

답 직렬연결

$$C = \frac{C_1 C_2}{C_1 + C_2} = \frac{1 \times 2}{1+2} = 0.66[\text{nF}]$$

반면, 캐패시터와 달리 인덕터는 직렬로 연결하는 경우 두 개의 값이 더해지게 된다. 인덕터는 전선으로 만드는데 직렬로 연결하면 전선의 길이가 2개가 되기 때문이다. 또한, 인덕터는 병렬로 연결되게 되면 값이 작아지게 된다. [그림 2.35]에 인덕터의 병렬연결과 직렬연결 시 등가 인덕턴스를 설명하고 있다.

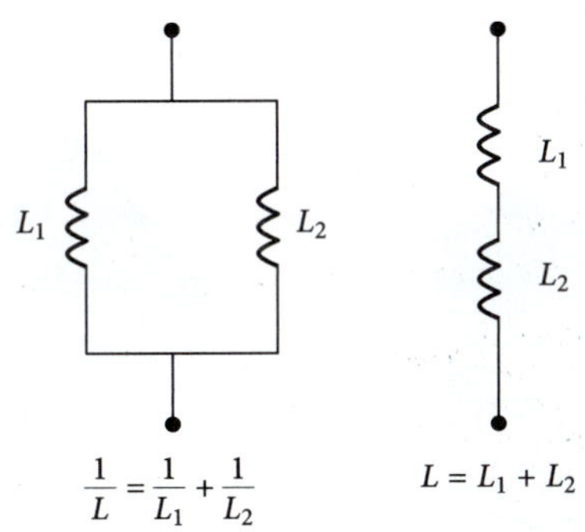

그림 2.35 인덕터의 병렬연결과 직렬연결

예제 2-17

1[uH]의 값을 갖는 두 인덕터가 병렬로 연결한 경우 총 인덕턴스는 얼마인가? 또한 직렬로 연결한 경우는 얼마인가?

답 직렬연결: 1[uH] + 1[uH] = 2[uH]
병렬연결 : 0.5[nF]

2.5 이어폰/헤드폰 스피커

최근에는 오디오를 가정에서 듣기 보다는 헤드폰(Headphone)이나 이어폰(Earphone)을 사용하여 음악을 듣는 경우가 많다. 이러한 소형 스피커는 앞서 학습한 스피커와 어떤 차이가 있는지 살펴보자. 이어폰 스피커라 해서 별도의 원리가 있는 것이 아니고 신체에 밀착해서 사용하는 초소형 스피커라고 보면 된다. 하지만 귓구멍에 넣거나 귀에 밀착하여 사용하므로 귀의 특성을 고려하여 주의 깊게 설계하여야 한다.

이어폰이나 헤드폰은 스피커 유닛이 작아야 하기 때문에 앞에서 살펴본 스피커 유닛과 구조가 다르며 명칭도 드라이버(Driver)라고 부른다. 이어폰용 드라이버에는 [그림 2.36]과 같이 다이나믹 드라이버(Dynamic Driver, DD)와 밸런스드 아마추어(Balanced Armature, BA)[84]로 나눌 수 있다. 다이나믹 드라이버는 얇은 진동판과 같은 면에 코일이 놓여 있는 형태로 제조단가가 싸고, 대역폭이 넓어 하나의 다이나믹 드라이버로 전체 주파수를 커버하게 된다. 보통 수천원에서 수만원 이하의 이어폰은 모두 이 구조를 갖는다고 보면 된다. 다음으로 BA 방식은 DD 방식보다 작게 만들 수 있어 인이어 이어폰의 좁은 공간에도 몇 개

그림 2.36 이어폰용 드라이버; (좌) DD, (우) BA

84) 밸런스드 아마추어(Balanced Armature, BA)는 미국의 웨스톤랩스(Westone)에 의해 보청기용으로 개발되었으며 진동판이 자석에 가까이 붙어 있고 무게도 가볍기 때문에 전기 신호를 소리로 변환하는 효율이 다이나믹 드라이버 방식에 비해 뛰어나 상대적으로 적은 전력으로도 더 큰 소리를 낼 수 있다. 이러한 장점으로 BA 방식의 드라이버는 소형화가 용이하다.

씩 집어넣을 수 있다. 또한, 소리가 선명한 것이 특징이다. 단, 가격이 비싸고 소리 음역대가 DD 방식에 비해 좁아 여러 개의 BA 드라이버를 동시에 사용하여 구성한다.

이어폰이나 헤드폰 스피커를 이해하기 위해서는 다음을 고려해야 한다. 먼저 1장에서 살펴본 바와 같이 일반 스피커의 경우에는 공간의 형태에 따라 음질이 달라진다는 것을 기억해야 한다. 즉, 같은 스피커라 하더라도 모든 사람이 다른 공간에서 음악을 듣기 때문에 조금씩 다르게 들린다는 것이다. 그래서 스피커 자체의 주파수 응답 특성이 일정하게 나오고 왜곡이 없도록 설계하는 것이 보통이다. 즉, 스피커는 원음을 들려주기 위해서 특정 대역의 소리가 강조된 것이 아닌 주파수 응답이 일정한 것이 스피커의 기준이 된다. 하지만 헤드폰과 이어폰의 경우 공간에 의해 발생하는 간접음으로 인한 음색의 변화, 스피커와 청취자의 물리적인 거리에서 오는 무대감, 몸에서 느끼는 저음의 느낌 등은 존재하지 않는다. 즉, 헤드폰이나 이어폰은 벽에 반사된 소리가 없는 대신 사람의 귓구멍의 특성은 강조되므로 큰 차이가 있다[85]. 따라서 헤드폰이나 이어폰에서 소리를 주파수 전체에서 평탄하게 내주면 우리의 뇌는 그 소리를 이상하게 듣기 때문에 보정을 해야 한다. 게다가 이어폰의 경우 귀에 밀착시킴으로 발생하는 폐쇄효과(occlusion effect)가 헤드폰보다 더욱 크게 된다. 폐쇄효과란 이어폰을 착용하고 말을 할 때 자신의 목소리가 울려서 불쾌감을 느끼는 것이다. 또한, 이어폰과 달팽이관 사이의 귀 내부에서의 공명이 발생하므로 이러한 주파수 대역은 보정이 필요하다.

다음으로 이어폰의 출력 레벨에 대해 알아보자. 보통 귀에 밀착하므로 큰 출력은 필요 없으며, 보통 100 dB/mW 정도의 출력을 요구한다. 즉, 1 mW의 전력만 공급되어도 100 dB의 음량을 얻을 수 있다는 말이다. 이어폰/헤드폰의 임피던스는 큰 출력이 필요 없기 때문에 스피커보다 임피던스가 높으며 16 Ω의 임피던스를 기본으로 채택하고 그 이상의 것도 존재한다. [표 2.2]는 BA 구조의 이어폰 스펙의 예를 보여준다. 일반 스피커에 비해 감도는 매우 낮고 공칭 임피던스가 큼을 알 수 있다. 주의할 것은 Driver가 [표 2.2] 사례의 경우 12개의 드라이버를 4개의 주파수 대역으로 나누어 사용하고 주파수를 구분하기 위한 크로스오버 네트워크를 구성하였다는 것이다. 하지만, 이어폰 수준의 소형 회로에서는 사용할 수 있는 부품에 물리적 제한이 크기 때문에 스피커에 쓰이는 것과 같은 성능의 크로스오버 네트워크 회로의 구현이 매우 어렵다[86].

85) 사람의 귀는 귓구멍에서 달팽이관까지 길이가 있기 때문에 이 길이에 해당하는 주파수는 공명에 의해 좀 더 크게 들리므로 이어폰의 주파수 응답은 이를 고려해야 한다.

86) 따라서 실질적으로 시장에서 판매되는 대부분의 이어폰에 들어가있는 크로스오버 네트워크는 저항과 캐패시터로 구성된 회로를 이용하여 크로스오버 회로의 기능을 일부만 구현한 정도이다.

[표 2.2] BA 구조의 이어폰 스펙의 사례

규격	설명
형식	Integrated 4-way passive crossover
음압, 감도	108 dB/mW@1kHz
공칭 임피던스 (Nominal Impedance)	12.6 Ω(+1/-2 Ω)
재생주파수대역	10 Hz~20 kHz(±3 dB)
Driver	1 tia high, 1 high-mid, 6 mid, 4 low

최근에 스마트폰으로 음악을 듣는 추세에 따라 이어폰의 고급화가 이루어졌으며 이를 위해 애플의 경우 2008년부터 BA 드라이버를 사용한 이어폰을 판매하고 있다. [그림 2.37]은 BA 드라이버가 내장된 이어폰의 예를 보여준다.

예제 2-18

내가 보유하고 있는 이어폰 또는 헤드폰의 구성과 규격에 대해 조사하시오.

참고 무선이어폰이나 무선헤드폰의 경우 무선관련 규격이 포함되어 있으며 이는 스피커 고유의 규격과는 무관하며 7장에서 학습할 내용임을 기억하자.

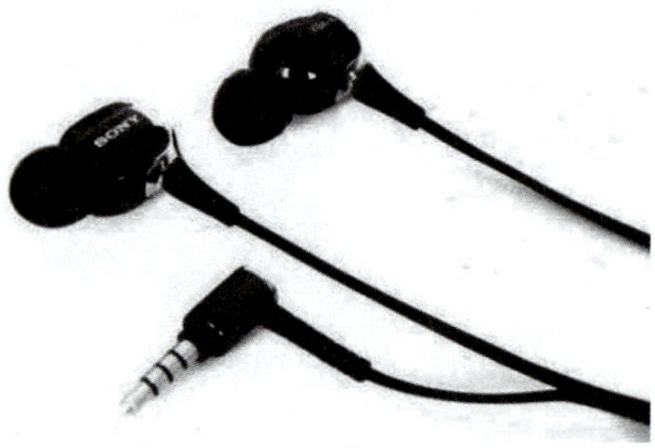

그림 2.37 BA 드라이버가 내장된 고급 이어폰(출처: SONY)

CHAPTER 3

오디오 HW – AMP

- 앰프(AMP)의 기본 구성 및 원리를 이해한다.
- 파워앰프(Power AMP)의 특성과 설계방법을 이해한다.
- 볼륨과 OPAMP 기반 프리앰프의 설계방법을 이해한다.

3.1 오디오 앰프의 구조 및 스펙

오디오에서 앰프란 스피커를 구동하는 역할을 하는데, 스피커는 보이스코일에 전류가 흐르는 양에 따라 동작이 되므로 앰프는 스피커가 요구하는 전류를 공급하는 역할을 하게 된다. 앰프는 앰플리파이어(amplifier)의 약자로서 번역하면 증폭기가 된다. 즉, 소스기기에서 나온 약한 전압신호를 스피커를 구동할만큼 큰 전류신호로 증폭한다는 의미이다. 또한, 앰프는 단순히 증폭만 하는 것이 아니라, [그림 3.1]과 같이 전면에 음량의 크기를 조절하는 볼륨의 역할, 다양한 소스기기를 선택하는 역할, 음색을 조절하는 제어 기능까지도 제공하게 된다. 뒷면 왼쪽에는 다양한 소스기기와 연결할 수 있는 RCA 단자가 있고, 가운데에는 스피커와 연결하기 위한 스피커 단자가 있음을 알 수 있다. 앰프는 신호를 증폭하기 위해 직류(DC: Direct Current) 전원이 필요하므로 가정용 220 V 교류전원을 DC로 변환하기 위한 컨버터(Converter)회로가 포함되어 있다.

이러한 앰프는 전자공학과 음향학이 결합된 스피커와는 달리 100% 전자공학 기술로 만들어지는 장치로 대학교 3학년 이상의 전자회로 지식을 요구하므로 비전문가가 이해하기에는 매우 어려운 장치이다. 이 때문에 지금도 인터넷에는 앰프에 대한 잘못된 지식도 많이 있으며, 아직도 수십 년 전의 진공관 오디오 앰프 회로가 만들어지고 있기도 하다.

오디오 앰프의 기본 구성은 [그림 3.2]와 같다. 그림과 같이 앰프의 기본 역할은 소스기기에서 발생한 작은 전압신호를 스피커를 움직일 수 있는 정도로 큰 전류신호로 만들어 주는 것, 즉 증폭하는 것이다. 앰프는 크게 전기를 공급하는 전원부(Power Supply)와 신호를 받아 증폭하는 증폭부로 구성된다고 할 수 있다. 증폭부는 다시 전압증폭부와 전류증폭

그림 3.1 오디오 앰프(인티앰프)의 사진(출처: Cambridge Audio AXA25)

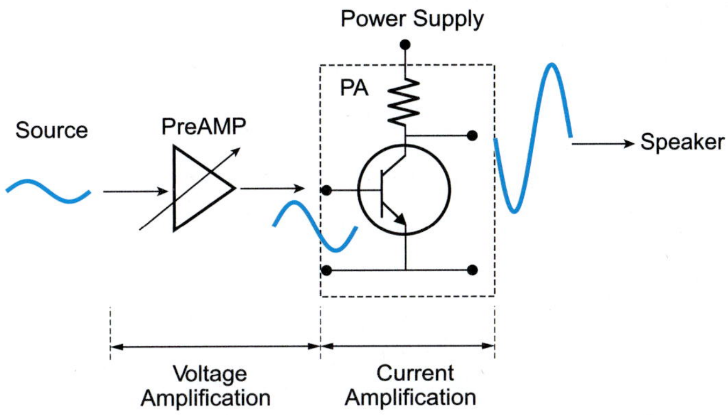

그림 3.2 오디오 앰프의 기본 구성

부를 나누는데 보통 전압증폭부를 프리앰프(PreAMP)라 부르고 전류증폭부를 전력증폭기(Power Amplifier, PA)라 한다.

전원부는 가정에 공급되는 220 V, 60 Hz 교류신호로부터 증폭부가 필요로 하는 DC 전압(12 V, 15 V, 18 V 등)을 만드는 회로를 의미한다. 보통 증폭기라고 해서 입력신호가 요술을 부려 커지는 것이 아니라 전원에서 공급하는 DC 전기의 도움으로 증폭작용을 하게 된다. 따라서 전원부가 없는 앰프는 신호를 증폭할 수 없다. 보통 앰프를 열어보면 커다란 전원 트랜스포머(Transformer)와 원통형 컨덴서(캐패시터)가 보이는데, 이러한 소자들이 전원부를 구성하게 된다[87]. 전원부는 전문 용어로 바이어스(Bias)라고도 부르며 모든 전자기기는 전자부툼을 구동하기 위한 전원부가 대부분 포함되어 있다[88].

다음으로 증폭부는 전원부의 도움으로 신호를 증폭하는 부분으로 그 역할은 잡음의 추가나 왜곡없이 소스기기에서 나온 신호를 스피커가 요구하는 전류신호로 바꾸는 것이다. 앰프에 입력되는 신호는 소스기기에서 출력되는 전압신호인데 이 신호는 그 변화가 소리의 변화와 동일하긴 하지만 크기는 수V 이하의 전압신호가 된다. 이 신호를 갑자기 스피커가 필요로 하는 전류신호로 변환되기는 어려울 뿐만 아니라 왜곡이 발생할 수 있다. 따라서

87) 우리나라의 가정용 전원은 220 V, 60 Hz의 교류(AC: Alternating Current)를 사용한다. 이는 발전소에서 생성되는 전기가 교류인 경우가 많으며, 송전할 때 변압이 용이하여 전력망을 구성하기가 편하기 때문이다. 하지만 오디오를 포함한 대부분의 전자기기는 직류(DC: Direct Current))를 필요로 하므로 교류-직류 변환기(Converter)를 통해 직류전원을 만들게 된다.

88) 노트북 PC를 구매하면 노트북에 전원을 공급하거나 충전기능을 제공하는 전원어댑터가 같이 제공되는데 이러한 전원어댑터가 노트북을 구동하기 위해 필요한 DC 전원을 공급하는 전원부에 해당한다. 노트북의 전원부는 크기가 크므로 보통 외장형으로 제공하게 된다.

몇 단계에 걸쳐 정교하게 보정을 해가며 증폭을 하게 되는데, 먼저 적당한 크기의 전압신호로 만들어주는 프리앰프가 필요로 하며, 마지막으로 진공관(Vacuum tube) 혹은 전력 트랜지스터(Power Transistor)를 이용하여 전류로 변환되게 된다. 프리앰프는 보통 OPAMP로 구성되며 볼륨(Volume)과 함께 소리의 크기를 조절하거나 능동필터로 음색을 변화시키는 기능을 수행한다. 전류증폭의 경우 반도체 기술의 발달로 약 10 W 이내의 출력까지는 IC화가 가능하지만 그 이상의 출력을 원할 때는 발열과 크기의 문제로 집적화하지 못하므로 별도의 진공관이나 전력 트랜지스터를 사용하여야 한다. 트랜지스터로 구성되었건 별도의 IC로 구성되었건 최종 출력을 내는 전력 트랜지스터는 발열을 줄이기 위하여 방열판을 붙이거나 앰프 하우징 측면의 금속면에 붙인다[89].

- **인티**(integrated) **앰프**: [그림 3.1]과 같이 프리앰프와 전력증폭기를 포함하여 앰프와 관련된 모든 기능을 하나의 하우징에 설계한 일체형 앰프를 의미한다. 보통 오디오 앰프라고 말하는 '앰프'가 이에 해당된다. 가정용 일반 오디오에 많이 사용되며 분리형에 비해 가격이 저렴하다.
- **분리형**(separate) **앰프**: 프리앰프와 전력증폭기를 분리한 구성을 의미한다. 오디오 출력이 높을수록 하나의 앰프로 만들기 어려우므로 등장하였다. 프리앰프는 재생소스를 선택하고 볼륨을 통해 음량을 조절하거나 음색을 조절하는 등의 제어 기능을 하고, 전력증폭기는 스피커를 구동할 수 있는 전류 증폭 기능만을 담당한다. 대량의 전류와 높은 전압이 걸리는 파워앰프에서 미세 신호를 제어하는 프리앰프의 입력단을 분리시킴으로써 대출력 증폭기 설계 시 발생하는 발열 등의 어려움에서 벗어날 수 있고, 프리앰프와 전력증폭기간의 다양한 조합을 선택할 수 있다. 오디오 애호가들에게 선호되는 구조이지만 프리앰프와 전력증폭기를 연결시키는 케이블 비용과 별도의 두 개의 앰프를 효율적으로 접속시키기 위한 설계, 그리고 사용자의 적절한 조합의 기기 선정 등이 까다롭다.

앰프는 시대와 용도에 따라, 조금씩 형태와 구조를 달리해왔다. 예를 들어 소스기기와 프리앰프가 같이 있거나 프리앰프와 전력증폭기가 같이 구성되기도 한다. 심지어는 스피커와 앰프가 같이 있기도 하다. 앰프의 회로설계에서도 큰 변화가 있는데 최근에는 전류증폭 시 발생하는 발열을 최소화할 수 있는 디지털 앰프(Digital AMP)의 등장과 전원부의 크기를 줄인 스위칭모드 파워서플라이(SMPS: Switching Mode Power Supply) 등의 기술이 주

89) 이어폰 앰프의 경우 출력이 mW 수준이므로 방열판이 없는 경우가 많다.

류로 등장하면서 직간접적인 변화를 맞이하게 되었다[90].

3.1.1 오디오 앰프의 스펙(Specification)

스피커와 마찬가지로 앰프도 전자장치이므로 이와 관련된 규격(Specification, 스펙)이 있다. 앰프와 관련된 주요 규격을 살펴보면 [표 3.1]과 같다.

[표 3.1] 앰프 스펙의 사례

규격	설명
출력	100 W + 100 W (8 Ω), 200 W + 200 W (4 Ω)
THD	0.03% Max
S/N	115 dB
댐핑팩터	100 (8 Ω)
재생주파수대역	0.5 Hz ~ 180 kHz
임피던스	10 kΩ 입력임피던스, 0.08 Ω 출력 임피던스

1. 앰프의 출력

출력은 앰프가 전력을 만들어 내는 능력을 의미하며 단위는 '와트'(W)로 표기한다[91]. 앞에서 오디오 앰프의 마지막 단에서는 전류신호가 스피커를 구동한다고 했는데 스피커의 임피던스가 8 Ω이고 출력이 100 W라면 전류는 3.536[A], 출력전압은 28.3[V]가 된다. 만약 스피커의 임피던스가 4 Ω으로 바뀌게 되면 전압이 일정할 경우 전류가 7.072[A]로 2배가 된다. 따라서 출력도 2배가 되어 200 W가 된다. 또한, 오디오는 스테레오가 기본이므로 앰프도 2개가 필요하다. 따라서 앰프의 출력은 오른쪽과 왼쪽 이 각각 100 W인 100 W + 100 W (8 Ω)으로 표기한다.

---

90) SMPS와 디지털 앰프는 효율이 높으면서도 크기를 작게 만들 수 있어 최근 많이 사용되고 있다. 하지만 스위칭 노이즈의 발생하는 문제가 있다. 본 교재에서는 이에 대해서는 생략하도록 한다. 관심 있는 학생들은 관련 전자회로 또는 전력전자회로의 학습을 이어가기 바란다.

91) 전력은 단위시간당 할 수 있는 일의 크기를 나타내면 전자공학에서는 전압과 전류의 곱(1 W는 1 V와 1 A의 곱으로 표현된다.)이 된다. 만약, 스피커와 같이 부하의 임피던스가 4 Ω이나 8 Ω으로 일정하면 전압과 전류의 비는 일정하므로 전압, 전류를 따로 표기하지 않고, 전력으로 합쳐서 표기할 수 있어 편리한 개념이다.

> **중요** 전압(Voltage, 기호 V, 단위 [V]), 전류(Current, 기호 I, 단위 [A]), 전력(Power, 기호 P, 단위 [W])에 대한 기본 관계는 P = V×I로 주어진다. 즉, 전압과 전류가 높을수록 증폭기는 전력이 커지고 큰 소리가 출력되게 된다.

이러한 앰프의 출력은 앰프가 계속해서 낼 수 있는 출력의 평균값을 의미하며 앰프의 출력이 높다는 의미는 큰 소리를 지속적으로 낼 수 있다는 의미이다. 출력이 높으려면 트랜지스터나 진공관 같은 증폭소자의 크기가 커야 하는데 이러한 소자를 만들기는 어려우므로 소자의 수를 여러 개 사용하는 것이 필요하다[92].

앰프는 스피커를 구동하여 음압을 만들어 내는 장치이므로 앰프의 출력은 앰프의 성능을 말하는 기본적인 성능지표가 된다. 하지만, 앰프의 출력이 의미를 가지려면 출력 자체 보다는 얼마만큼 왜곡을 최소화할 수 있는지를 나타내는 왜율(THD: Total Harmonic Distortion)도 같이 고려해야 한다. 예를 들어, 트럭에서 물건을 팔거나 집회에서 사용하는 앰프의 경우 출력은 높지만 왜곡이 크기 때문에 음악적인 재생의 의미는 없으며, 오디오에서는 왜율이 적으면서 출력이 높은 앰프가 좋은 앰프이다. 앰프의 출력을 표기할 때 8 Ω의 스피커 임피던스를 기준으로 측정하는 것이 일반적인데 보통 임피던스가 4 Ω으로 절반이 되었을 때 출력이 두 배로 늘어나는 앰프를 선형성(linearity)이 좋다고 할 수 있다. 선형성이 좋으려면, 전원부의 용량이 커야 하며, 전력 반도체의 선형성이 좋아야 한다. 음악을 듣는 실내 공간의 크기가 일정하다고 했을 때, 앰프의 출력에 따른 소리의 크기는 스피커의 음압에 따라 다르게 된다. 만약 스피커의 음압이 동일한 경우에는 앰프가 내는 출력이 높을수록 큰 소리가 날 수 있다. 특별히 정해진 법칙은 아니지만, 보통 스피커의 음압이 85 dB 이상이라면 앰프의 출력에 크게 신경 쓰지 않아도 된다. 하지만 그 이하가 되면 음악을 듣기에 음량이 충분하지 않을 수도 있고, 박진감이 떨어진다던가, 저역과 고역의 조화가 깨지는 등의 음향적인 문제가 생길 수도 있다. 이 경우에는 스피커에 맞는 적절한 앰프를 선정할 필요가 있다.

2. THD(왜율)

신호가 클 경우 선형성이 깨지게 되는데 이를 비선형(Non-linearity) 현상이라 한다. 비선

92) 보통 앰프의 출력을 높이기 위해 트랜지스터를 여러 개 사용할 경우 트랜지스터를 병렬로 연결한 후 출력을 동위상으로 결합(Combining)하는 방법을 사용한다.

형 현상에 의해 원하지 않는 주파수 성분인 하모닉이 발생하는데 왜율은 이를 나타내는 지표가 된다. 왜율은 전체 고조파 왜곡율(Total Harmonic Distortion, THD)이라고 보통 표기한다. 앰프의 왜율은 앰프의 증폭과정에서 생성되는 모든 '고조파' 성분의 전력을 기본신호의 전력으로 나눈 값을 RMS(Root Mean Square)로 표현한 후 %로 나타낸 수치이다. 1%의 왜율이라면 출력의 99%는 입력신호를 충실하게 재생한 신호이지만 1%의 전력은 하모닉 성분으로 왜곡된 전력이라 보면 된다. 모든 앰프는 이상적으로 왜곡율이 0%일 수는 없기 때문에 앰프의 증폭 척도가 되는 '출력'과 더불어 '왜곡율'을 반드시 표시하고 있다. 앰프의 왜곡으로서 나타나는 대표적인 현상들은 고대역 끝이 거칠게 들리거나, 큰 음량이 출력되는 순간 음이 찌그러지거나, 저역이 잘 들리지 않는 등으로 나타난다[93].

증폭기의 비선형성에 의해 THD가 발생하는 것을 [그림 3.3]과 같이 주파수에 따른 출력신호의 변화로 볼 수 있다. 증폭기에 기본 주파수 f_0를 갖는 정현파가 입력되면 증폭기의 비선형성에 의해 기본주파수의 2배인 $2f_0$, 3배인 $3f_0$, 4배인 $4f_0$의 주파수에서도 신호가 발생하게 된다. 이러한 원하지 않는 주파수의 신호를 하모닉스(Harmonics)라고 부른다. 출력에서 기본주파수의 전압신호의 RMS 크기를 V_1이라 하고 2번째 하모닉 이후의 전압신호의 RMS 크기를 V_2, V_3, …라 할 때 THD는 다음과 같이 정의된다.

$$\% \text{ THD} = \left(\sqrt{\frac{V_2^2 + V_3^2 + V_4^2 + \cdots}{V_1^2}} \right) \times 100 \tag{3.1}$$

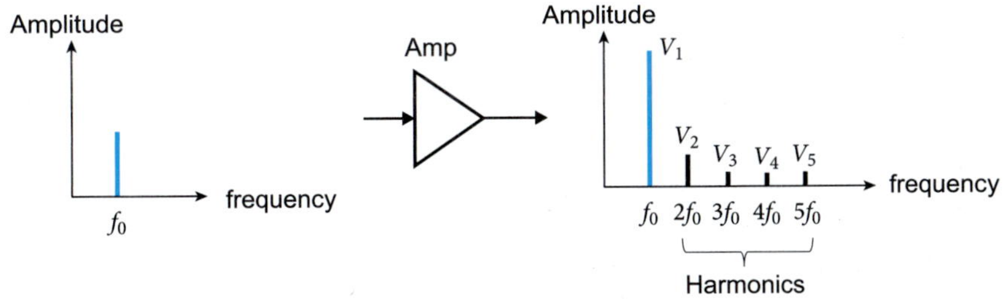

그림 3.3 증폭기의 비선형 특성

93) 다행히 일반인의 경우 THD가 5% 정도에 이르기 이전까지는 청각적으로 음이 변질되었다던가 하는 점을 잘 느끼기는 어렵다.

이러한 하모닉스가 어떻게 생기는지 알기 위해서 증폭기 입력신호를 식 (3.2)와 같이 하나의 각주파수 ω_0를 갖는 정현파로 정의하고 증폭기를 식 (3.3)의 3차 다항식으로 모델링해 보자[94].

$$v_i(t) = V_0 \cos\omega_0 t \tag{3.2}$$

$$v_{out} = a_1 v_i + a_2 v_i^2 + a_3 v_i^3 \tag{3.3}$$

식 (3.2)를 식 (3.3)에 대입하면 다음과 같다.

$$\begin{aligned} v_{out} &= a_1 V_0 \cos\omega_0 t + a_2 V_0^2 \cos^2\omega_0 t + a_3 V_0^3 \cos^3\omega_0 t \\ &= \frac{1}{2} a_2 V_0^2 + \left(a_1 V_0 + \frac{3}{4} a_3 V_0^3\right)\cos\omega_0 t + \frac{1}{2} a_2 V_0^2 \cos 2\omega_0 t \\ &\quad + \frac{1}{4} a_3 V_0^3 \cos 3\omega_0 t \end{aligned} \tag{3.4}$$

식 (3.4)를 보면 식 (3.3)의 제곱성분에 의해 DC 성분과 $2\omega_0$에 원하지 않는 신호가 생성되고, 3제곱 성분에 의해 $3\omega_0$에 원하지 않는 신호가 생성됨을 알 수 있다. 여기서 DC 성분은 소리로 들리지 않아 소리에 영향을 주지 않지만 전자회로에는 영향을 주므로 적절히 제거되어야 한다. 2제곱 성분과 3제곱 성분은 직접적으로 소리의 배음으로 존재하므로 소리에 영향을 주게 되는데 이를 각각 2차 하모닉과 3차 하모닉이라 부른다[95].

앰프에서 3차 하모닉 성분의 효과는 불협화음의 원인이 되는 3차 고주파 주파수 성분을 만들 뿐만 아니라 기본파에도 영향을 준다. 식 (3.4)에서 입력주파수와 출력주파수가 같은 기본파에서 이득은 다음과 같다.

$$\text{Gain}\,\Big|_{f_0} = \frac{v_{out}}{v_{in}} = a_1 + \frac{3}{4} a_3 V_0^3 \tag{3.5}$$

3차 비선형 계수 a_3는 보통 마이너스이므로 입력신호가 커짐에 따라 이득이 작아지게 된다. 이러한 현상을 신호의 압축(Compression) 또는 포화(Saturation)라 하며 입력신호가 작

94) 증폭기와 같은 전자회로를 모델링할 때 다항식을 이용하게 되면 다항식의 계수가 어떤 역할을 하는지 수학적으로 표시할 수 있으므로 편리하다.

95) 첫 번째 2차 하모닉은 기본음의 배음이므로 오디오 관점에서 큰 무리가 없지만 3차 하모닉은 불협화음이므로 최소화되어야 한다. 보통 진공관은 짝수의 하모닉을 트랜지스터는 홀수의 하모닉을 생성한다.

을 때는 출력신호가 비례하여 커지다가 입력신호가 한계치 이상으로 커지면 더 이상 출력이 커지지 않게 된다. 예를 들어 입력전압의 10배로 전력을 출력하는 전력증폭기가 있다고 하자. [그림 3.4]와 같이 *x*축에 증폭기의 입력전압의 크기를, *y*축에는 스피커에 공급되는 출력전력의 크기로 표현하게 되면 입력전압이 작을 때는 입력전압의 크기 변화가 출력전력의 변화로 선형적으로 변환되지만 입력전압이 어느 이상 커지게 되면 입력전압의 큰 부분에서 3차 비선형성에 의해 신호가 압축(Compression)되어 더 이상 출력이 커지지 않게 된다[96]. 이를 포화전력(Saturated Power)이라 부르게 된다. [그림 3.4]에서 10 V가 입력되면 선형성이 좋은 전력증폭기는 출력이 10 W가 되어야 하지만 8 W에서 포화되어 더 이상 출력전력이 증가하지 않는다[97].

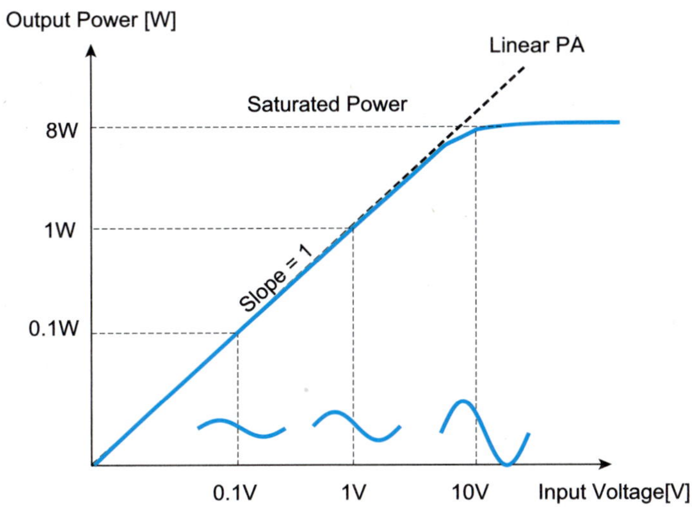

그림 3.4 증폭기의 3차 비선형성에 의한 신호의 압축(Compression)

3. 신호대잡음비(Signal to Noise Ratio, S/N)

신호대잡음비는 출력신호의 크기를 플리커(1/*f*) 잡음이나 백색 잡음(White Noise, 또는

---

96) 증폭기의 비선형성을 그리는 방법은 *x*축과 *y*축 모두 전압으로 표현하거나 전력으로 표현하는 것이 일반적이다. 본 교재에서는 특별히 오디오 전력증폭기를 표현하기 위하여 *x*축에 입력전압을 *y*축에 스피커에 공급되는 전력을 표시하였다.

97) 전자기타 등에서는 신호를 고의로 압축하여 찌그러진 소리를 내는 경우가 있는데 이러한 효과를 내는 음향기기를 컴프레서(Compressor)라고 부른다.

열잡음(Thermal noise)) 등 전체 잡음의 크기로 나눈값을 데시벨(dB)로 표기한 수치이다. 이 수치가 크면 잡음전력이 비하여 출력전력이 큰 깨끗한 음악의 재생이 가능하다는 것을 의미한다. 또는 동일 출력 하에서 잡음의 유입이 적다는 의미도 된다. [그림 3.5]에 신호와 잡음 전력이 100배(= 20 dB) 차이가 나는 2개의 신호가 더해져서 S/N이 20 dB 차이가 나는 경우를 보여준다. S/N비가 좋은 앰프는 깨끗한 소리가 나며, S/N비는 신호가 클수록, 잡음전력이 낮을수록 좋아진다.

> **참고** S/N 특성은 앰프의 소리가 클 경우 상대적으로 잡음이 들리지 않으므로 소리가 없는 상태에서 잡음 신호가 얼마나 발생하는지 살펴보아야 한다. 즉, 입력신호가 없을 때 볼륨을 최대로 하여 잡음소리만 얼마나 나오는지 들어보면 S/N 특성이 좋은 앰프인지 아닌지 알 수 있다.

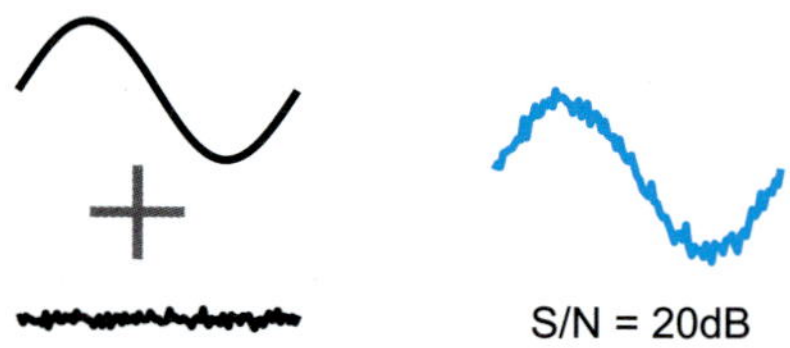

그림 3.5 S/N비의 의미

예제 3-1

아래 MATLAB 프로그램을 이용하여 주파수가 1 Hz인 정현파에 20 dB 작은 잡음이 더해져 S/N비가 20 dB인 신호를 만들어보자.

```
t=[0.01:0.01:1];
N=length(t);
fc=1;
x=sin(2*pi*fc.*t);
signal_power=norm(x(1:N))^2/N;
noise_power=signal_power/100;
noise_std=sqrt(noise_power);
noise=noise_std*randn(1,length(x));
y=x+noise;
```

4. 댐핑팩터(Damping Factor)

스피커에서도 살펴보았듯이 앰프가 스피커를 제어하는(정지시키는) 정도를 나타낸 수치로서 '스피커의 임피던스 ÷ 앰프의 출력 임피던스'로 표시한다. 스피커의 임피던스가 보통 8 Ω 정도이므로 댐핑팩터가 크려면 앰프의 출력 임피던스는 1 Ω 이하로 매우 작아야 한다. 댐핑팩터가 크면 역기전력의 효과를 최소화하여 입력 신호의 전압변화와 동일하게 스피커를 제어할 수 있게 되므로 음악을 충실하게 재생할 수 있다[98].

5. 재생주파수 대역

앰프가 재생할 수 있는 주파수 대역을 의미하며, 스피커에서는 대단히 중요한 지표가 되지만 가청 주파수 대역을 훨씬 넘는 주파수 대역 범위에서 동작하는 앰프에서는 그다지 큰 의미를 갖지 않는다. 웬만한 음악재생용 트랜지스터 앰프라면 소스기기에서 전송되는 음원의 전 대역 이상을 커버할 수 있기 때문이다.

6. 앰프의 임피던스

앰프는 입력과 출력이 있는 2단자(port) 회로이므로 입력임피던스와 출력임피던스를 모두 고려해야 한다[99]. 간단한 예로 마이크와 스피커 사이에 전압이득이 10인 증폭기가 달려 있다고 가정하자. 이때 [그림 3.6]과 같이 마이크의 출력임피던스는 200 Ω, 스피커의 입력임피던스는 8 Ω이라 하자[100].

증폭기의 입력임피던스 R_{IN}과 출력임피던스 R_{OUT}은 [그림 3.7]과 같이 각각 모델링될 수 있다. 증폭기의 입력임피던스를 R_{IN}이 큰 값이라면 마이크의 전압신호(V_{in})은 모두 R_{in}에 걸리게 된다($V_{in} = V_{IN}$). 따라서 증폭기의 입력임피던스는 마이크의 출력임피던스인 200 Ω보다 매우 큰 값을 가져야 한다. 따라서 수십kΩ 이상의 값을 가지면 좋다. 반대로 앰프의 출

---

98) 오디오로 음악을 들을 때 보통 댐핑팩터가 커야 저역대의 벙벙거리는 소리가 적어지고 소리가 깔끔하게 들린다고 보면 이해가 빠를 것이다. 물론 이는 주관적인 느낌이므로 절대적이지는 않다.

99) 단자는 포트(port)라고 하며 입력과 출력이 각각 하나씩 있으면 2단자 회로라고 한다. 2단자 회로의 대표적인 예가 증폭기와 필터가 있다. 반면 마이크는 출력단자만, 스피커는 입력단자만 있으므로 1단자 회로가 된다.

100) 마이크는 패러데이법칙에 의해 기전력 전압을 생성하는 것으로 수백Ω의 임피던스를 가지고, 스피커는 2장에서 살펴보았듯이 8 Ω을 갖는 것이 일반적이다.

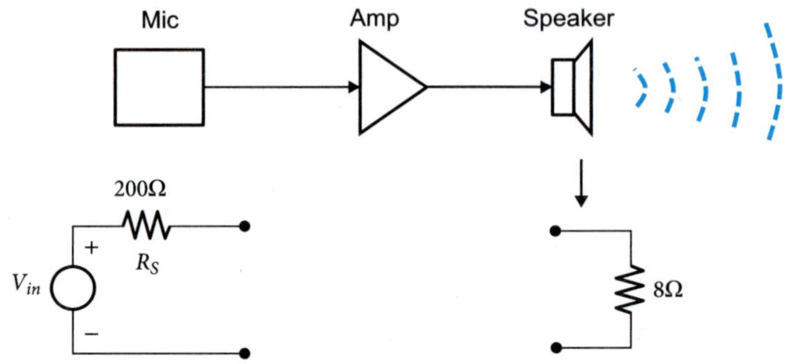

그림 3.6 증폭기 연결 사례

력부분을 살펴보면 그림의 오른쪽과 같다. AMP의 출력신호(V_{AMP})가 부하 저항에 모두 걸리기 위해서는, 즉 $V_{AMP} = V_{out}$이 되기 위해서 R_{OUT}은 스피커의 임피던스 8 Ω보다 작아야 한다. 따라서 R_{OUT}은 0 Ω에 가까워야 하므로 증폭기의 출력임피던스는 매우 작은 값을 가져야 한다. 또한 앰프의 출력임피던스가 낮으면 스피커와의 관계에서 댐핑팩터도 높아지게 된다.

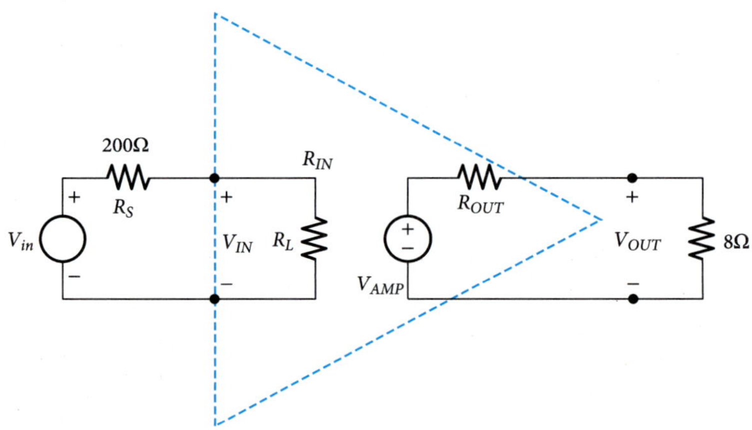

그림 3.7 증폭기의 입력 임피던스와 출력임피던스

7. 앰프의 효율(Efficiency)

앰프는 전원회로로부터 DC 전력(P_{DC})을 받아서 오디오 출력인 AC 전력(P_{OUT})을 만드는 소자이므로 효율이 매우 중요하다. 효율은 식 (3.6)과 같다.

$$\eta = \frac{P_{out}}{P_{DC}} \tag{3.6}$$

효율은 보통 AMP의 스펙(오디오 관점에서 쓰여진 규격)에서는 제공하지 않는 것이 보통이지만 실제 AMP를 설계할 때는 전자공학 관점에서 매우 중요한 특성이고, 앞으로 학습할 앰프의 클래스와 밀접한 관련을 가지고 있다. 실제 앰프의 효율에서 AC 전력은 전력증폭기에 들어오는 입력전력(P_{in})과 출력전력(P_{out})으로 나눌 수 있으므로 이를 고려한 앰프의 효율을 PAE(Power Added Efficiency)라고 하며 이는 식 (3.7)과 같이 주어진다[101]. 마지막으로 앰프의 효율이 높으면 비선형성이 나빠지고, 효율이 낮으면 비선형성이 높아지는 경향이 있으므로 적절한 트레이드오프가 중요하다.

$$\mathrm{PAE}[\%] = \frac{P_{out} - P_{in}}{P_{DC}} \tag{3.7}$$

8. 앰프의 슬루 레이트(Slew Rate)

앰프가 입력신호에 따라 얼마나 빨리 응답하는지를 나타내는 지표로서 사용된다. 슬루 레이트가 크면 클수록 고주파 신호가 입력될 때 응답특성이 좋다는 의미가 되므로 가능하면 큰 편이 유리하지만 그렇다고 해서 반드시 앰프의 성능이 좋다고 볼 수는 없다. 이 슬루 레이트는 앰프의 신호경로 내에 커플링 콘덴서나 위상 보정용 콘덴서가 들어 있거나 출력 트랜스포머를 사용할 경우에는 그 값이 상당히 떨어지게 된다. 따라서 트랜스포머를 사용하는 진공관식 파워앰프의 경우 슬루 레이트는 상당히 작다. 슬루 레이트와 비슷한 개념으로 '상승시간(라이즈 타임, rise time)' 또는 '하강시간(폴타임, fall time)'이라는 용어가 있는데, 이는 임펄스 입력에 대해 출력파형이 10% 상승한 데서 90%까지 상승한 데 소요된 시간으로 나타내며, 보통 μs의 단위로 표시한다. 하강시간은 이와는 반대로 입력이 떨어졌을 때 출력이 90%에서 10%로 떨어지기까지 소요된 시간을 말하며 보통 두 값이 비슷하기는 하지만 일치하지는 않는다. 이 용어는 슬루 레이트보다 더 정확하게 임펄스 입력에 대한 반응을 나타내기 때문에 반도체 소자의 특성을 표시하는 데 자주 사용된다[102].

---

101) 식 (3.6)의 효율보다 식 (3.7)의 PAE 효율의 값이 조금 작다. AMP 제조사는 식 (3.6)을 선호하지만 실제 AMP의 효율은 식 (3.7)로 표현하는게 더 정확하다.

102) MHz나 GHz 단위에서 동작하는 고속 디지털 회로에서는 중요한 개념이지만 오디오에서 아날로그 신호는 kHz 단위이므로 진공관이 아닌 이상 크게 고려하지는 않는다.

예제 3-2

본인이 가지고 있는 오디오 앰프의 스펙을 주변 친구들과 비교하여 각각의 장단점을 논의해보자.

3.1.2 오디오 스펙트럼의 이해

앞에서 오디오 앰프의 규격에 대해 살펴보았다. 오디오 앰프의 특성을 이해하기 위해서는 오디오 신호를 주파수 측면에서 살펴볼 필요가 있다. [그림 3.8]은 오디오 신호의 스펙트럼의 한 예로 392 Hz의 주파수를 갖는 4옥타브 G음의 신호를 주파수축으로 나타낸 것이다.

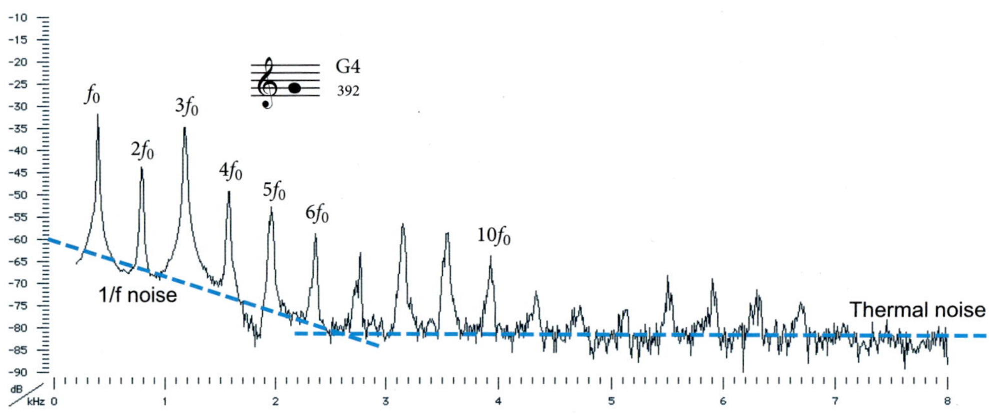

그림 3.8 오디오 신호의 스펙트럼의 예(392 Hz의 4옥타브 G음의 경우)

먼저 가청주파수대역에서 392Hz의 기본음(f_0)과 기본음의 주파수의 배수인 하모닉 성분($2f_0$, $3f_0$, $4f_0$, …)들을 볼 수 있고, 모든 주파수대역에서 깔려있는 잡음을 볼 수 있다. 이중에서 잡음을 자세히 보면 [그림 3.9]와 같이 2종류의 잡음으로 구분할 수 있다. 낮은 주파수 대역에선 상당히 큰 잡음이 존재하는데 이 잡음은 주파수가 커질수록 작아지는 특성이 있어 1/*f* 잡음(Flicker 잡음)이라고 부른다. 높은 주파수대역에서는 1/*f* 잡음과 달리 크기가 일정한 잡음이 존재하는데 이를 열잡음(thermal noise)이라 한다. 1/*f* 잡음은 주파수에 반비례하여 작아지므로 열잡음 이하가 되는 주파수가 있는데 이를 코너 주파수(F_c)라고 한다. 코너 주파수는 1/*f* 잡음의 종류에 따라서 달라질 수 있는데 보통 수십 Hz에서 수백 Hz 사이의 값을 갖게 된다. 열잡음은 모든 주파수에 걸쳐 자연계에 존재하며 주파수에 무관하여 백색잡음(white noise)이라고도 부른다. 잡음은 기본음이나 하모닉 성분이 있는 주파수에서는 소리에 비해 상대적으로 작으므로 보이지 않으나 하모닉이 존재하지 않은 상대적으로 높은 주파수 대역에서 보임을 알 수 있다. 즉 잡음은 신호와 잡음간의 상대적인 지표인 신호대잡음비의 관점에서 살펴보아야 한다.

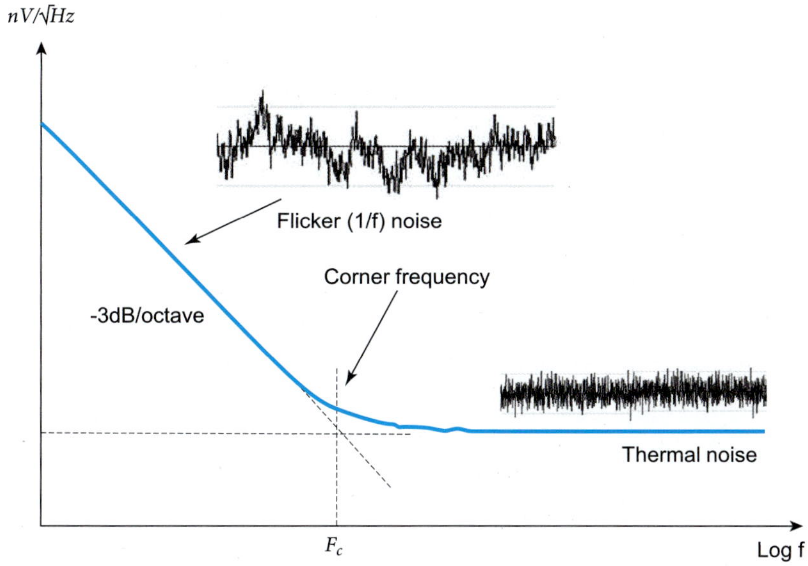

그림 3.9 잡음의 분류[103)]

잡음 중에서 가장 기본이 되는 열잡음에 대해 자세히 알아보자. [그림 3.10]은 열잡음의 예를 보여주는 것으로 저항 양단을 오실로스코프(oscilloscope)로 연결한 후 미세한 전압을 측정하면 크기는 매우 작으면서 랜덤한 특성을 갖는 파형을 볼 수 있다. 이러한 저항 양단에서 발생하는 열잡음은 AWGN 잡음(Additive Whit Gaussian Noise)이라고 부르며 [그림 3.10]과 같이 온도 T를 갖는 저항으로 모델링할 수 있다[104)].

103) 잡음을 전압이나 전력으로 표현하는데 잡음을 전압으로 표현할 경우 잡음전압은 대역폭에 root에 반비례하므로 잡음전압을 $\sqrt{\text{Hz}}$로 나누어 표현한다.

104) 저항은 저항을 구성하는 물질에서 자유전자가 무작위로 움직이는데 온도가 올라가면 더 활발하게 움직이게 된다. 즉 온도가 올라가면 잡음 전압이 커지게 된다.

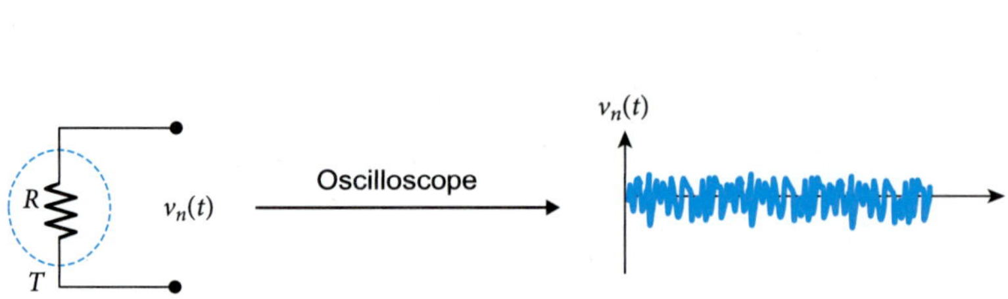

그림 3.10 열잡음의 특성

열잡음은 [그림 3.11]과 같이 Thevenin 등가회로 개념을 이용하여 잡음이 없는 저항(절대온도가 0인 저항)과 잡음을 발생하는 전압원으로 모델링할 수 있으며, 이 때 잡음 전압은 식 (3.8)과 같이 주어진다.

$$V_n = \sqrt{4kTB} \tag{3.8}$$

여기서 k는 볼츠만 상수로 1.380×10^{-23}[J/K]이다. T는 Kelvin 단위로 측정되는 절대온도이며, B는 대역폭[Hz]이고 R은 저항[Ω]이 된다.

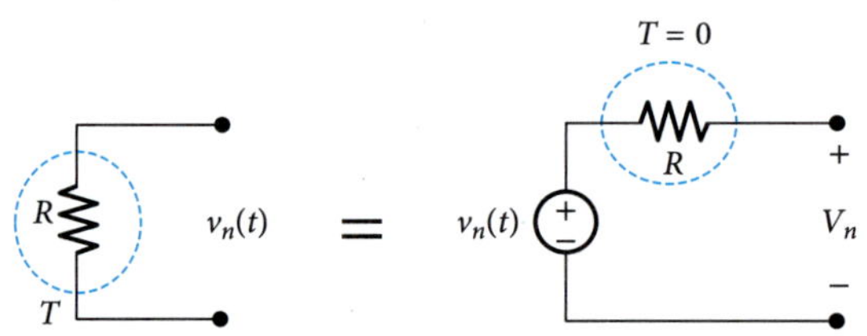

그림 3.11 열잡음을 잡음전압으로 모델링

이제 열잡음원만 존재할 때 최대전력전달조건에서 부하에 공급되는 잡음전력을 구해보자. 부하의 저항이 R과 같다면 잡음전압은 1/2이 되므로 부하에 공급되는 잡음전력은 식 (3.9)와 같이 저항이 제거되고 온도와 대역폭의 함수가 된다.

$$P_n = \left(\frac{V_n}{2}\right)^2 \frac{1}{R} = \frac{V_n^2}{4R} = kTB \tag{3.9}$$

식 (3.9)를 계산하면 상온에서는 −174 dBm/Hz의 값을 갖는다. 식 (3.9)에서 열잡음은 온도가 높을수록, 대역폭이 넓을수록 늘어나다[105]. 만약 오디오 주파수가 대역폭이 20 kHz이므로 대역폭이 1Hz인 경우의 비교하면 잡음전력에 비해 43 dB가 커지게 된다[106].

예제 3-3

상온(25°C)에서 대역폭이 20 kHz인 오디오신호의 잡음전압과 잡음전력을 구하시오. (이때 저항은 10 kΩ이라고 가정하시오.)

풀이 잡음전압은 $V_n = \sqrt{4kTBR}$에 대입하면 1.814 uVRMS (= −114.826 dBV)이 된다. 잡음전력의 경우 $P_n = kTB$에 대입하면 −130.85 dBm이 된다.

마지막으로, 오디오에서는 전원부에서도 잡음이 발생할 수 있다[107]. 전원부에 사용되는 변압기 등에서 특정 주파수의 잡음이 발생할 수 있는데 대표적인 잡음으로 험노이즈(Hum Noise)가 있다. 험 노이즈는 변압기에서 전류가 흐르는 도선 사이의 자기력 때문에 발생하는 잡음으로 120 Hz의 주파수를 갖게 된다[108]. 오디오에서 아무 신호도 인가되지 않을 때 볼륨을 최대로 해서 들어보는 'Hum~~' 소리가 들리는데 이 잡음을 의미한다. 비오는 날 전봇대의 주상변압기에서 나오는 소리가 험 노이즈가 된다[109]. 이외에도 최근 오디오 소스기기의 디지털화에 따라 전자회로에서 발생하는 다양한 잡음(클럭회로, 스위칭 회로 등)이 전원이나 오디오 앰프의 입력단으로 입력되어 증폭되어 잡음이 크게 들리는 경우가 많으므로 이 경우에는 앰프가 원인이라기보다는 소스기기나 전원 불량인 경우가 많다.

---

105) 통신에서 고속신호는 주파수 측면에서 광대역신호가 되고 광대역신호는 주파수 대역폭에 비례하여 잡음전력이 커지므로 먼 거리를 송신할 수 없다. 예를 들어 화성탐사선이 지구로 신호를 전송할 때는 매우 느린 속도로 데이터를 전송해야 겨우 지구에서 신호를 수신할 수 있다.

106) 저잡음 증폭기 회사에서는 잡음이 작다는 것을 강조하기 위하여 1 Hz, 1 Ω을 기준으로 잡음 전압을 표현하곤 하므로 실제 오디오 회로에서는 저항이 존재하고 대여폭이 크므로 잡음은 더 커짐에 주의해야 한다.

107) 오디오 앰프의 성능은 전원부의 잡음을 얼마나 작게 조절할 수 있느냐가 좌우한다. 아무리 오디오 앰프의 트랜지스터가 좋아도 전원부에서 잡음이 발생하면 우리 귀에 잡음이 크게 들려 나쁜 앰프로 느껴진다.

108) 여러 가닥의 전선에서 전류가 같은 방향으로 흐를 때 자기장의 방향과 전하의 속도에 수직으로 로렌츠의 힘이 발생하여 도선 사이에 척력이 작용한다.

109) 비오는 날 주상변압기의 험노이즈가 잘 들리는 이유는 비올 때 공기 중에 수분이 많아 소리의 전달속도가 빠르고 소리가 아래로 굴절하여 소리의 전달이 더 잘되기 때문이다. 오디오를 들을 때도 습도가 높으면 공기의 밀도가 커져서 소리가 커진다. 따라서 비가 올 때는 음악이 더 풍부하게 들린다.

예제 3-4

220 V를 110 V로 변환하는 변압기는 1차 코일과 2차 코일이 감겨져 있다. 이런 변압기에서 발생하는 잡음(Hum noise)의 가청주파수는 얼마인가? 이러한 잡음을 없애려면 어떻게 하는가?

풀이 변압기 코어를 감고 있는 코일은 같은 방향의 전류가 흐르므로 인력이 작용한다. 가정용 전압은 60 Hz 교류신호를 사용하므로 초당 120번씩 코일의 전류방향이 바뀐다. 따라서 인력이 커졌다 작아졌다를 반복하면서 120 Hz의 잡음이 발생한다. 이 잡음을 없애기 위해서는 코일을 감을 때 코일 사이의 여백이 없도록 감아서 움직임이 최소가 되도록 하여야 한다.

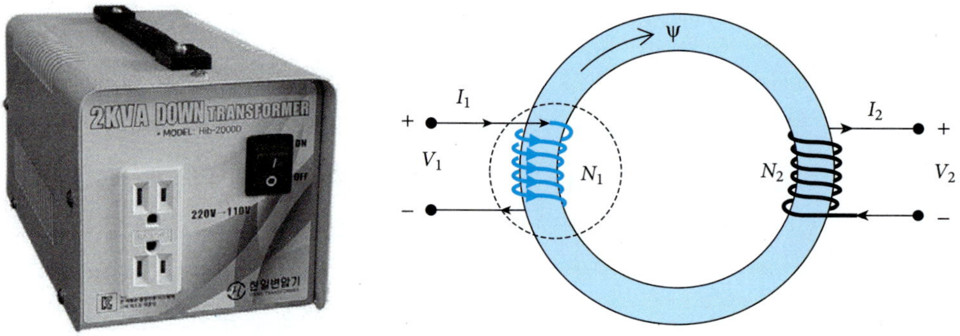

그림 3.12 변압기와 Hum noise(출처: 한일변압기)

3.2 전력증폭기

본 교재에서는 오디오를 스피커부터 시작하여 소스기기 방향으로 설명하고 있으므로 오디오 앰프의 마지막 단에 위치한 전력증폭기부터 살펴보자. 출력이 수십 W 이상을 내는 오디오 앰프이거나 고가의 앰프의 경우 프리앰프와 전력증폭기가 분리된 경우가 많으며, 이때 전력증폭 소자로 진공관이나 전력 트랜지스터(Power TR)를 사용하게 된다. 진공관은 구세대의 증폭소자임에도 불구하고 트랜지스터가 일반화된 현재에도 증폭소자로서 여전히 사용되고 있다. 진공관의 경우 스피커와 임피던스를 맞추기 위해서는 트랜지스터에서는 필요 없는 트랜스포머 등이 존재하므로 크기가 크고, 왜곡도 있고 효율도 낮지만 트랜지스터가 구현하지 못하는 청감상의 장점을 갖기 때문이다. 즉, 하모닉 관점에서 살펴보면 진공관은 2차 하모닉이 트랜지스터보다 많이 발생하는데 이는 음악적으로 옥타브가 2배가 되는 화음으로 작용하므로 소리의 왜곡이 일어나더라도 큰 무리가 없다는 장점이 있다. 반면에 전력 트랜지스터는 그 구조 상 2차 하모닉보다는 3차 하모닉이 주로 발생하는데 이는 음악적으로 불협화음이 된다. 하지만 아무리 진공관 애호가가 많다고 하더라도 오디오 앰프의 대부분은 트랜지스터를 사용한다. 트랜지스터에는 바이폴라 트랜지스터(BJT: Bipolar Junction Transistor)와 전계효과 트랜지스터(FET: Field Effect Transistor)로 구분되는데 최신 반도체 기술이 FET를 주로 사용되는데 반하여 아직도 오디오 앰프용으로는 바이폴라 트랜지스터도 많이 사용한다. BJT와 FET의 주요 차이점은 이름 그대로 BJT는 반도체 물질 사이에 결합(Junction)을 이용하는 반면에 FET는 없다는 것이다. 대신에 FET는 게이트(Gate) 단자에서 전기장의 변화를 만들어 트랜지스터의 동작을 제어한다. 따라서 일단 게이트에 전기장의 변화가 만들어지면 게이트의 전류의 흐름이 없이 FET의 동작이 유지되는 전압제어(voltage-controlled) 소자가 된다. 반면 BJT는 전류제어(current-controlled) 소자로 트랜지스터의 동작을 유지하기 위해서 베이스(Base) 단자에 전류가 작지만 지속적으로 흘러야 한다.

그림 3.13 진공관 앰프(좌)와 트랜지스터 앰프(우)

특별히 오디오 앰프용 트랜지스터는 수 W 이상의 출력을 만들 수 있어야 하므로 트랜지스터에서 발생하는 열을 방출하기 위해 방열판에 부착할 수 있는 구조를 가지고 있다. 이러한 트랜지스터 구조를 패키지(package)라 하며, [그림 3.14]에 오디오 전력증폭기용 트랜지스터로 사용되는 다양한 반도체 패키지의 종류를 보여주고 있다[110].

110) 트랜지스터는 잡음 수준의 낮은 전력을 증폭하는 저잡음 증폭기, 일반적으로 전압증폭용으로 많이 사용되는 이득증폭기, 전력을 증폭하는 전력증폭기 등 사용 목적에 따라 그에 맞는 특성 및 패키지를 가지게 된다.

그림 3.14 오디오 앰프용 트랜지스터의 종류

앰프를 구성하는 마지막 단계인 전력증폭기는 그 구성에 따라 아날로그 전력증폭기인 경우 A급, AB급, B급, C급으로 구분하고, 디지털 전력증폭기의 경우 D급 이하로 표현된다[111]. 트랜지스터의 구조나 자세한 동작원리는 광범위한 반도체 지식과 전자회로 지식이 필요하지만 본 교재에서는 오디오 전력증폭기에 필요한 기본적인 내용만을 다루려고 한다. 전력증폭기를 이해하기 위해서는 먼저 전력증폭기가 동작하기 위해서는 DC 전원을 공급해야 하는데 이 DC전원을 DC 바이어스(DC Bias)라고 한다. DC 바이어스의 공급과 이에 따른 동작의 해석을 DC 해석(DC Analysis)이라 한다. DC 바이어스 회로는 다양하게 존재하는데 [그림 3.15]의 회로는 가장 간단한 전력증폭기의 DC 바이어스 회로라 할 수 있다.

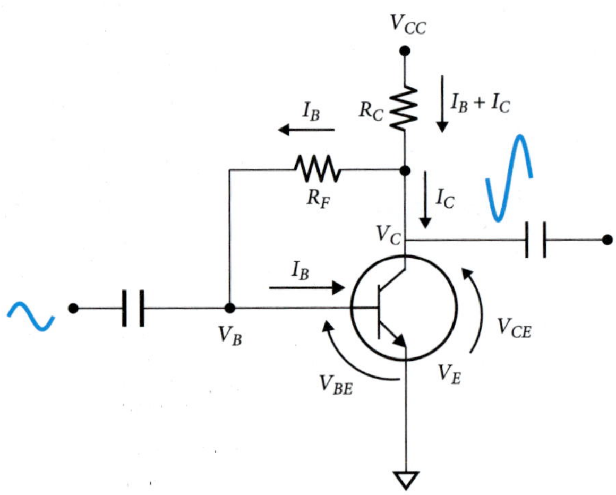

그림 3.15 전력증폭기의 기본 동작

111) 전력증폭기의 클래스가 알파벳 순이라 해서 A급이 B급보다 좋다고 생각하면 안된다. 전력증폭기의 클래스는 동작 상태를 분류하기 위한 방법일 뿐이다. 또한, A급 증폭기라도 다 똑같지 않으며 바이어스가 가변되는 변형 방식을 사용하는 경우도 있다.

BJT 트랜지스터는 3단자 회로로 베이스(Base), 에미터(Emitter), 콜렉터(Collector)의 3개의 단자가 있으며 [그림 3.15]에서 에미터가 접지에 연결되어 있으므로 공통 에미터 증폭기(Common-Emitter Amplifier)라 부른다. 공통 에미터 증폭기에서 입력은 베이스가 되고 출력은 콜렉터가 된다. 증폭 동작은 적당한 DC 바이어스 상태에서 에미터 전류(I_B)가 증폭되어 콜렉터 전류(I_C)로 출력된다. 이를 전류증폭율 β로 표현하고 β = I_C/I_B로 주어진다. 보통 BJT 증폭기의 동작은 다음과 같다고 하고 DC 바이어스 회로를 설계해보자.

> ▸ 공통 에미터 증폭기의 DC 바이어스: V_C = 10 V, I_C =10 mA
> 전류 증폭율: β = 50
> 공급전압: V_{CC} =20 V

오디오 입력신호와 출력신호는 DC 해석에서는 고려하지 않으며 입력과 출력에 있는 DC Block 캐패시터에 의해 DC는 입력과 출력신호에 영향을 주지 않는다. 회로 설계과정은 다음과 같다.

DC 바이어스 회로 설계 과정

1) I_C와 β를 알고 있으므로 I_B는 다음과 같다.

$$I_B = \frac{I_C}{\beta} = \frac{0.01}{50} = 0.2\text{mA}$$

2) V_C를 알고, 베이스 전압은 V_B = V_{BB}(다이오드 순방향 turn-on 전압 0.7 V)이므로 R_F가 계산된다.

$$R_F = \frac{V_C - V_B}{I_B} = \frac{10-0.7}{0.2E-3} = 46.5\text{k}\Omega$$

3) 이제 컬렉터 저항 R_C 값을 구할 수 있다.

$$R_C = \frac{V_{CC} - V_C}{I_B + I_C} = \frac{20-10}{10.2E-3} = 980\Omega$$

예제 3-5

트랜지스터의 바이어스를 $I_C = 5\text{ mA}$, $V_C = 5\text{ V}$, $V_{CC} = 10\text{ V}$, $\beta = 50$로 하는 경우 [그림 3.15]의 구조를 갖는 회로를 설계하시오.

풀이

1) $$I_B = \frac{I_C}{\beta} = \frac{0.005}{50} = 0.1\text{mA}$$

2) $$R_F = \frac{V_C - V_B}{I_B} = \frac{5-0.7}{0.1E-3} = 43\text{k}\Omega$$

3) $$R_C = \frac{V_{CC} - V_C}{I_B + I_C} = \frac{10-5}{5.1E-3} = 980\Omega$$

이와 같이 DC 해석을 통해 전력증폭기의 DC 바이어스 회로를 설계하고 트랜지스터에 전원을 인가하면 트랜지스터에는 오디오 신호의 유무와 상관없이 언제나 전류가 흐르는 되는데 이때의 전압과 전류($V_C = 10\text{ V}$, $I_C = 10\text{ mA}$, $I_B = 0.2\text{ mA}$)값을 동작점(Operating point)이라 하고 보통 Q라 표시한다. [그림 3.16]에 트랜지스터의 전압-전류 특성과 동작점을 보여준다. 동작점은 트랜지스터에 입력신호가 인가되지 않을 때의 트랜지스터에 걸리

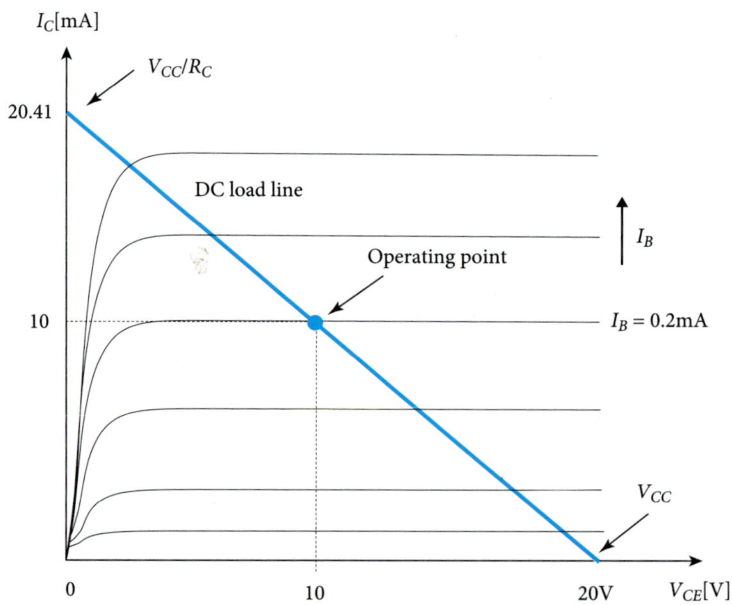

그림 3.16 전력증폭기의 전류–전압 특성과 동작점

는 전압과 전류의 값을 말할 수도 있고, 입력신호가 가해진 때의 평균값이라 이해해도 된다. 동작점에서의 V_{CE} 전압과 I_C 전류를 중심으로 전압과 전류 달라지면 동작점이 이동하게 되는데 이때 궤적은 직선이 되는데 이를 DC 부하선(DC load line)이라 부른다. 먼저 [그림 3.15]회로에서 V_{CE} 전압이 0 V가 된다면 I_C 전류는 콜렉터 저항 R_C에만 흐르게 되므로 이때 I_C 전류의 최대값은 V_{CC}/R_C로 주어진다. 이제 I_C 전류가 영이 된 경우에는 I_B 전류도 영이 되고, 콜렉터에 전압강하가 없으므로 $V_{CE} = V_{CC}$가 된다. I_C 전류가 최소값인 경우와 최대값인 경우를 서로 연결하면 V_{CE} 전압과 I_C 전류는 그 직선 상에만 존재하게 된다. 동작점이 입력신호가 가해진 때의 평균값이므로 입력신호가 정현파라면 출력신호는 동작점을 중심으로 DC 부하선을 따라 왕복하는 형태의 파형을 가지게 될 것이다.

이제 트랜지스터에 소스임피던스 R_S를 가지는 오디오 신호가 전압신호의 형태로 인가된다고 하자. 이 전압신호는 소스임피던스에 의해 전류신호 $i_{in}(t) = i_B(t)$를 생성할 것이고 트랜지스터를 통과하면 전류증폭되어 출력은 $i_{out}(t) = i_C(t)$가 될 것이다. 트랜지스터의 출력은 스피커에 연결되어 있는데 스피커를 부하임피던스 R_L이라 하자. DC가 아닌 오디오 신호 관점에서 트랜지스터의 회로는 [그림 3.17]과 같이 보일 것이다. 소스임피던스 R_S와 부하임피던스 R_L은 DC 해석에서는 DC 블럭 캐패시터 때문에는 보이지 않다가 오디오 신호인 교류신호에서는 나타나게 된다. 반면, 오디오 신호 관점에서는 DC 동작점으로 선정한 저항값들은 소스임피던스(R_S)와 부하임피던스(R_L)에 비해 매우 크므로 영향을 주지 않게 된다. 이제 전력증폭기의 오디오 입력신호는 동작점 주위에서 전류의 흔들림($i_{in}(t)$)이 되어 베이스 전류(I_B)를 조금씩 변화시키게 되고, 트랜지스터를 통과하면 콜렉터 전류(I_C) 근방에서의 증폭율 β만큼 커진 $i_{out}(t)$를 생성하게 되며 $i_{out}(t)$은 부하 (즉, 스피커)로 흘러가게 될 것이다.

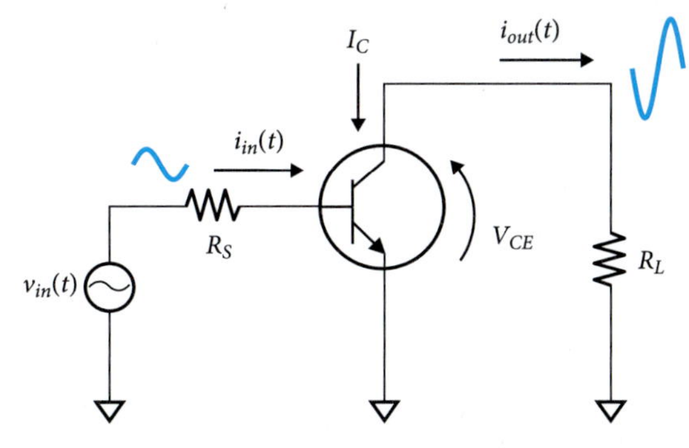

그림 3.17 오디오 신호에 대한 전력증폭기의 동작

다음으로 동작점의 위치에 따라 파형이 어떻게 변하는지 살펴보자. [그림 3.18]과 같이 DC 저항들에 의해 Q점이 DC 부하선의 가운데가 아니라 왼쪽 위에 있다고 가정하면 다음과 같이 동작될 것이다. 입력신호의 파형이 커지면 파형의 상단부가 V_{CE}가 적어서 전압이 걸리지 않는 트랜지스터의 포화영역(Saturated region)에 들어가게 되고 그러면 파형의 위쪽이 찌그러지는 형태가 발생한다. 반면 [그림 3.19]와 같이 DC 저항들에 의해 Q점이 부하선의 오른쪽 아래에 있다고 가정하면 다음과 같이 동작될 것이다. 입력신호의 파형이 아래쪽으로 커지면 파형의 하단부가 콜렉터 전류 I_C가 거의 흐르지 않는 트랜지스터의 차단영역(Cutoff region)에 들어가게 되고 그러면 파형의 아래쪽이 찌그러지는 형태가 발생한다. 이러한 파형의 왜곡은 비선형성을 발생하므로 오디오 신호의 충실한 재생이 어렵다. 따라서 동작점을 적절히 잡는 것이 증폭기를 선형 동작시키는데 매우 중요하다. 오디오 전력증폭기는 동작점의 위치에 따라 A급, AB급, B급, C급으로 분류되며 각각의 특성은 다음과 같다[112].

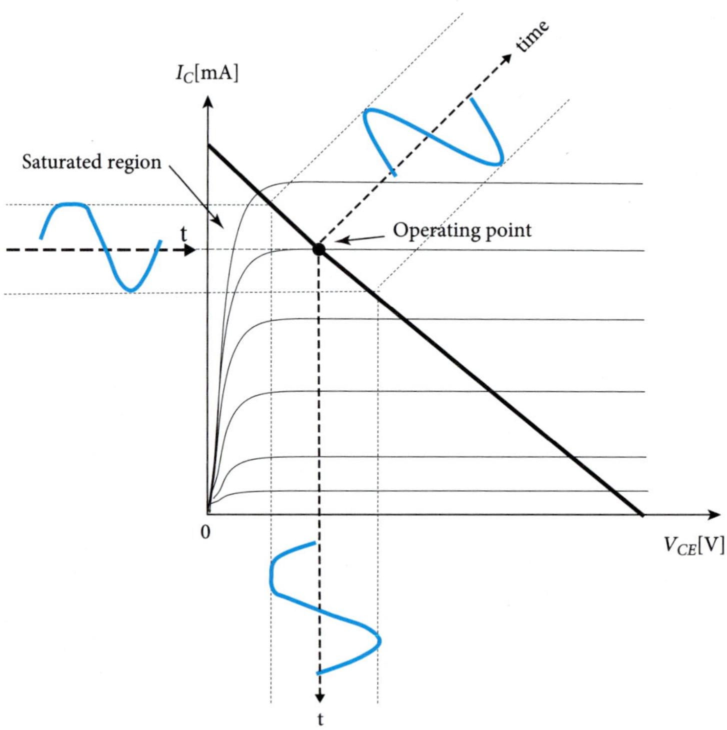

그림 3.18 포화영역(Saturated region)에 의한 파형의 왜곡

112) 전력증폭기의 클래스 중 D급 이상도 존재하는데 D급 이상은 바이어스의 위치에 따라 결정된다기 보다는 디지털 전력증폭기로 D급, E급, F급, S급 등 다양한 구조를 갖는다.

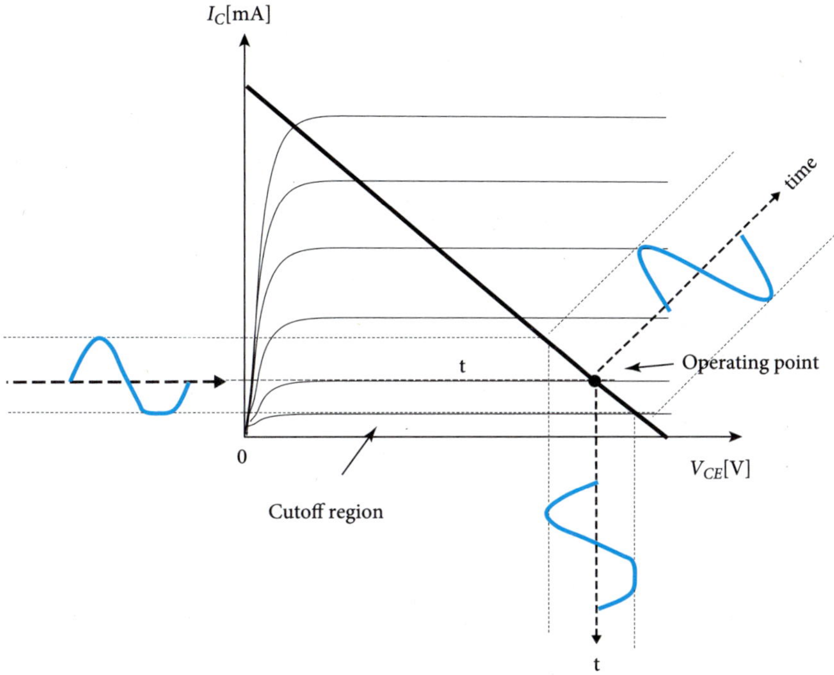

그림 3.19 차단영역(Cutoff region)에 의한 파형의 왜곡

1. A급 전력증폭기

앞에서 설명한 바와 같이 트랜지스터의 DC 해석을 통해 최대로 선형동작할 수 있도록 동작점을 DC 부하선의 중간지점으로 선정한 전력증폭기를 A클래스(A급) 증폭기라 하며, 이 경우 트랜지스터는 포화영역과 차단영역의 중간지점인 Active 영역에서 동작된다고 볼 수 있다. A급(클래스) 증폭은 동작점이 직류 부하선의 중간에 위치하여 입력신호가 없는 경우에도 트랜지스터에 전류가 계속 흐르기 때문에 50% 이하의 효율을 갖는다. A급 전력증폭기는 열로 소모되는 전력이 많아서 방열판이 있어야 하며 트랜지스터도 열에 견딜 수 있을 만큼 견고해야 한다.

2. B급 전력증폭기

A급 증폭기는 선형동작을 하지만 효율이 나쁘므로 [그림 3.20]와 같이 효율을 중시한 보편적인 앰프의 증폭방식이 B급 전력증폭기이다. B급 전력증폭기는 오디오 신호가 양(+)의

크기를 갖는 신호와 음(−)의 크기를 갖는 신호를 구분하여 각각을 별도로 증폭한 다음 합쳐서 출력하는 방식이다. 이러한 동작을 하는 증폭기를 푸시-풀(push-pull) 증폭기라 한다. B급 증폭기의 각각의 트랜지스터는 [그림 3.19]보다도 동작점이 아래의 차단영역에 위치하므로 입력신호 없는 경우 전류가 흐르지 않으며 신호가 유입되었을 때만 작동한다. 하지만, 오디오 신호가 DC를 중심으로 양(+)과 음(−) 신호의 변화하는 순간마다 2개의 트랜지스터가 교대로 동작하는 방식이므로 변화하는 순간에서의 신호의 왜곡(스위칭 왜곡이라 함)이 일부 있으며 2개의 트랜지스터의 차이에 따라 합친 파형에서 미묘한 차이가 있을 수 있다. 따라서 A급 전력증폭기 방식에 비해 유연한 느낌이 떨어진다. 하지만 설계를 잘하면 이러한 스위칭 왜곡을 크게 의식하지 못하게 설계할 수 있다.

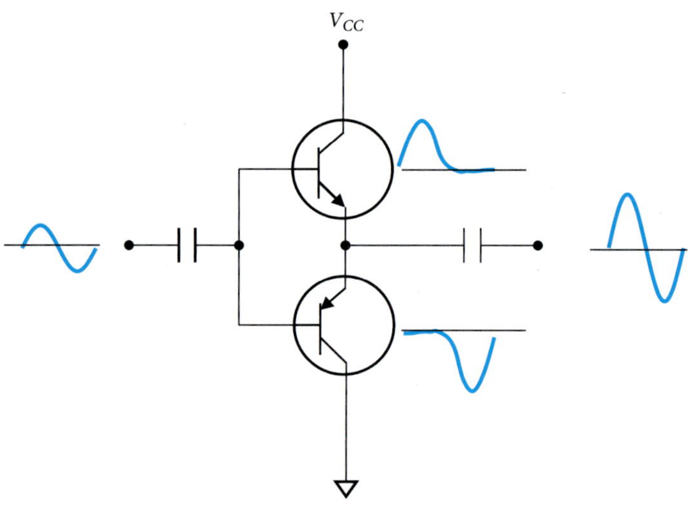

그림 3.20 B급 Push–Pull 증폭기의 작동원리

3. AB급 전력증폭기

문자 그대로 A급 전력증폭기와 B급 전력증폭기의 장점을 절충한 방식이다. 기본적으로는 +, − 신호를 별도로 증폭하는 push-pull 방식의 B급 증폭기 방식이지만, 바이어스 전압을 조금 걸어서 특정 출력까지는 A급 증폭기처럼 작동하도록 한다. 시간이 갈수록 상당수의 앰프들이 이 방식을 채택하고 있어서 고성능 하이파이 앰프에서 가장 흔한 방식이다. 보통 A급 전력증폭기라고 부르는 앰프도 실제 그 회로를 살펴보면 AB급 증폭기인 경우가 많이 있다.

4. D급 전력증폭기

앞에서 설명한 A급, AB급, B급 증폭기와 달리 트랜지스터와 포화영역과 차단영역을 함께 사용하는 방식이다[113]. 디지털소스가 일반화되면서 부각되기 시작한 방식으로 고주파특성이 매끄럽지 못해서 원래는 산업용에만 한정되어 사용되던 방식이었으나, 끊임없는 기술개발의 시도를 통해서 이미 하이엔드 오디오 앰프들에서 채택되었다. 작고 가벼우며 거의 열이 발생하지 않는 방식이다. D급 전력증폭기는 PWM(Pulse-Width-Modulation) 증폭기라고도 한다. PWM이란 아날로그 신호를 1과 0의 펄스로 바꿀 때 소리가 큰 곳은 펄스폭을 넓게 하고, 소리가 작은 곳은 펄스폭을 작게 해서 만든 파형을 의미한다. D급 증폭기의 가장 큰 이점은 약 90%에 달하는 높은 효율로서 아날로그 증폭기인 AB급 증폭기의 최대효율인 50~70%보다 높은 효율을 갖는다. 따라서 물리적으로 오디오 앰프의 크기를 줄일 수 있으며, 방열판 및 냉각 팬도 제거할 수 있다. 따라서 휴대용 장치에 적용할 때는 효율이 높으면 배터리 수명이 길어지게 되어 현재 포터블용 오디오 앰프의 대부분은 D급 전력증폭기를 사용한다. [그림 3.21]에 D급 전력증폭기의 블럭도를 보여준다.

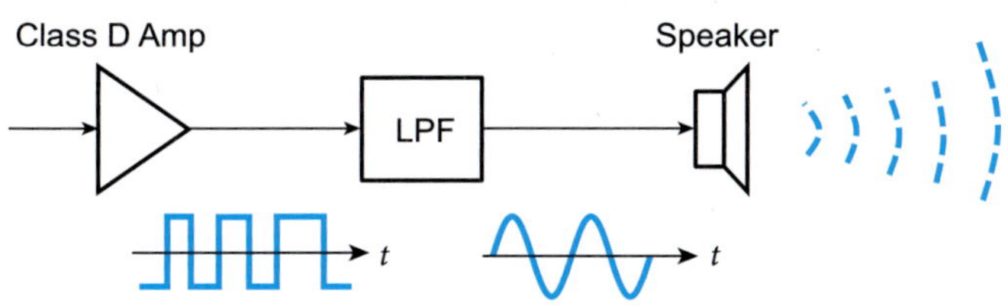

그림 3.21 D 클래스 앰프의 블록도

> **참고** 스위칭 앰프에선 효율이 중요하므로 BJT보다는 MOSFET을 사용하는 경우가 많다. 스위칭 AMP를 동작하기 위해 앞단에 위치한 회로를 드라이버(Driver)라고 부르는 회로가 필요하며, 출력단에는 PWM 신호를 오디오 신호로 변환하기 위하여 출력단에 저역통과필터가 포함된다. 이러한 스위칭 앰프는 전력변환 회로에 많이 사용되는데 동작을 정확히 이해하기 위해서는 전자회로나 전력전자에 대한 추가적인 학습이 필요하다.

113) 디지털 파형을 증폭하므로 신호가 클 때와 작을 때 두 부분만 존재하므로 각각을 전압이 걸리지 않는 포화영역 또는 전류가 흐르지 않는 차단영역의 두 영역에서만 동작시켜 DC 바이어스 전류의 흐름을 최소로 만들게 된다.

3.3 프리앰프

앞에서 전력증폭기를 살펴보았다. 이제 전력증폭 앞단에 있는 프리앰프(Pre-AMP)를 살펴보자. 프리앰프의 경우 전력증폭기가 요구하는 전압의 크기만큼 전압증폭을 제공해야 할 뿐만 아니라 볼륨조절, 음색의 조절을 위한 이퀄라이저 등의 기능을 수행한다. 좁은 의미에서 프리앰프는 전력증폭기가 요구하는 레벨로 전압을 올리는 드라이버(Driver) 역할을 하는 것을 의미하지만 넓은 의미에서는 소스기기 이후와 전력증폭기 사이의 모든 기능을 포함하기도 하며, 이 경우 이퀄라이저까지 포함된다. [그림 3.22]에 프리앰프의 위치와 주요 구성을 보여주고 있다.

프리앰프는 개별 트랜지스터로 구성되기 보다는 연산증폭기(operational amplifier, OPAMP)를 이용하여 구성된다. OPAMP는 한마디로 내부에 수많은 트랜지스터, 저항, 캐패시터 등으로 이루어진 집적회로(Integrated Circuit, IC)로서 다양한 용도로 사용될 수 있는 증폭기를 말한다. OPAMP는 외부의 다른 소자들과 결합하여 다양한 기능을 갖는 회로로 만들어질 수 있다[114]. 특히, 연산증폭기를 사용하면 프리앰프에서 필요로 하는 증폭기능 외에 이퀄라이저에 필요한 필터기능을 구현하기에 편리하다.

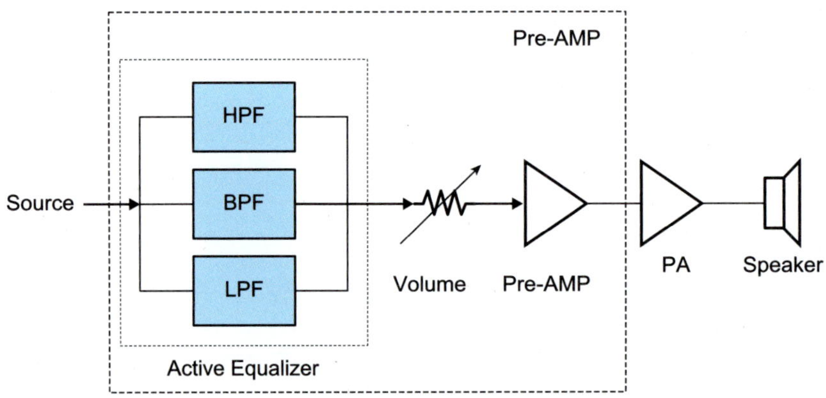

그림 3.22 프리앰프의 구조

114) 이퀄라이저(Equalizer)는 프리앰프에 포함될 수도 있고 프리앰프 전단에 별도로 위치할 수도 있으므로 4장에서 자세히 다룰 예정이다. 본 장에서는 신호의 크기를 조절하거나 증폭하는 경우만 집중해서 다루게 된다.

중요 OPAMP를 사용하는 이유는 특정 회로를 일렬(cascade)로 연결할 때 상호 작용(부하효과(load effect)라 한다)을 최소화할 수 있기 때문이다. OPAMP는 입력임피던스가 무한대이고 출력임피던스가 0에 가까워 전압신호를 연결할 때 부하효과가 발생하지 않는다.

3.3.1 볼륨(Volume)

오디오 프리앰프에 있는 볼륨(Volume)은 사람의 손으로 돌려서 음량조절 기능을 하는 회로로 보통 가변저항으로 구성된다. [그림 3.19]에 볼륨의 기호와 시중에 판매되는 볼륨의 사진을 보여주고 있다.

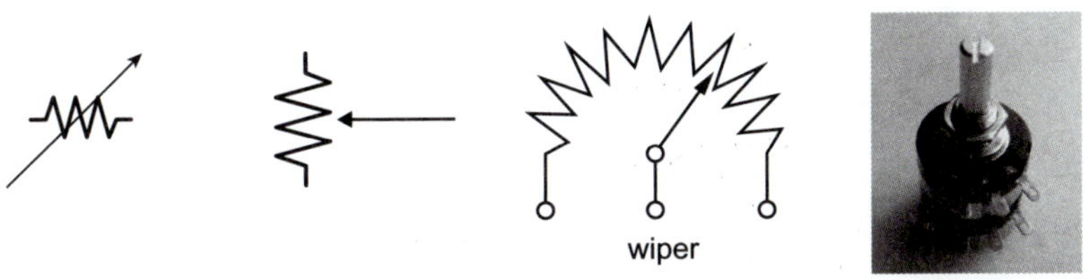

그림 3.23 볼륨의 기호 및 볼륨의 예(스테레오 볼륨)

볼륨은 3단자 회로로 입력단자, 출력단자, GND로 구성된다[115]. 볼륨의 회로 동작은 [그림 3.24]와 같다. 볼륨의 저항 범위가 10 kΩ에서 50 kΩ까지 변한다고 했을 때 입력단자와 GND 사이의 저항값은 50 kΩ이 되고, 출력단자와 GND 사이의 저항값은 축의 회전각도에 따라 10 kΩ에서 50 kΩ으로 변화하게 된다. 볼륨의 입력에 오디오 신호의 크기가 V_{in}이라고 하면 볼륨의 출력단의 오디오 신호의 크기 V_{out}은 식 (3.5)와 같이 저항의 비만큼 줄어들게 됨으로써 오디오 전압신호의 크기를 조절할 수 있다.

$$V_{out} = \frac{R_2}{R_1 + R_2} V_{in} \tag{3.10}$$

115) 오디오 회로에서는 볼륨 하나로 왼쪽과 오른쪽 스테레오 신호의 크기를 동일하게 제어하기 위해서 6개의 pin을 갖는 볼륨을 사용하는 것이 보통이다.

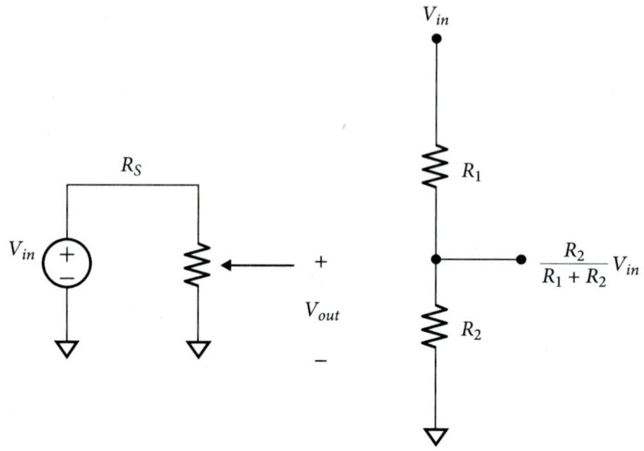

그림 3.24 볼륨과 전압분배회로

즉, 프리앰프에 존재하는 오디오 신호는 하이 임피던스 전압신호이므로 가변저항을 이용한 전압분배기 회로로 볼륨을 구성하여 전압을 조정할 수 있기 때문에 가변저항을 전위치계(Potentiometer)라고 부른다.

볼륨의 종류는 회전각도에 따른 저항값의 변화 정도에 따라 3종류로 나누어진다. A-커브형(A Type) 볼륨은 조절단자를 시계방향으로 회전시키면 처음에는 [그림 3.21]과 같이 저항이 서서히 변화하다고 2/3 지점부터 급격히 변화하는 방식이다. A형은 인간의 귀의 소리 청취 능력이 Log 특성을 갖기 때문에 오디오용으로 적합하다[116]. B-커브형(B Type)은 전위차계의 회전과 저항값이 직선적으로 변화는 것으로 전자회로에서 많이 사용되며, C-커

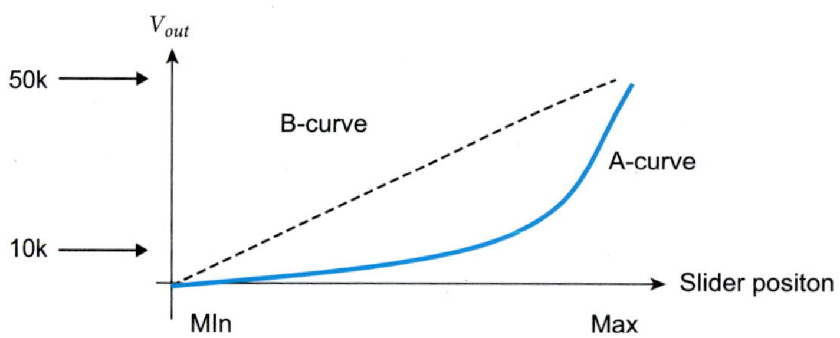

그림 3.25 볼륨의 종류

116) 사람의 귀로 듣는 음량은 작은 소리의 변화는 잘 알지만 큰 소리의 변화는 둔감하다.

브형(C Type)은 A-커브형과 반대로 전위차계를 시계방향으로 회전시키면 처음에는 저항이 급격히 변화하다고 2/3 지점부터 완만히 변화하는 방식이다. C-커브형은 특수용도로 사용되고 오디오용으로는 거의 사용되지 않는다.

예제 3-6

B-curve Volume의 저항이 10 kΩ에서 50 KΩ까지 변할 경우 병렬저항 5 KΩ을 사용할 경우 출력전압의 특성을 시뮬레이션하여 [그림 3.25]의 A-커브형 곡선이 나옴을 확인하시오.

```
x=10E3:100:50E3;            % Volume resistor
V1=x/50E3;                  % Output voltage with no parallel resistor
R=5E3;                      % parallel resistor
x2=x*R./(x+R);              % Volume//parallel resistor
V2=R./(50E3-x+R);           % Output voltage with no parallel resistor
plot(x,V1,x,V2)
xlabel('Volume position');
ylabel('Output voltage');
```

3.3.2 OPAMP 증폭기

OPAMP를 이해하기 위해 이상적인 OPAMP 특성을 보자. [그림 3.26]은 이상적인 OPAMP의 기호와 각 단자의 명칭을 보여주고 있다. 이상적인 OPAMP는 차동입력(differential input)과 단일 출력을 가지며 이득값이 무한대인 증폭기라 할 수 있다. 두개의 입력은 각각 '–' 기호를 가진 반전입력(inverting input)과 '+' 기호를 가진 비반전입력(non-inverting input)으로 구성되어 있다. 전원은 보통 +15V와 –15V의 양전원이 필요하다.

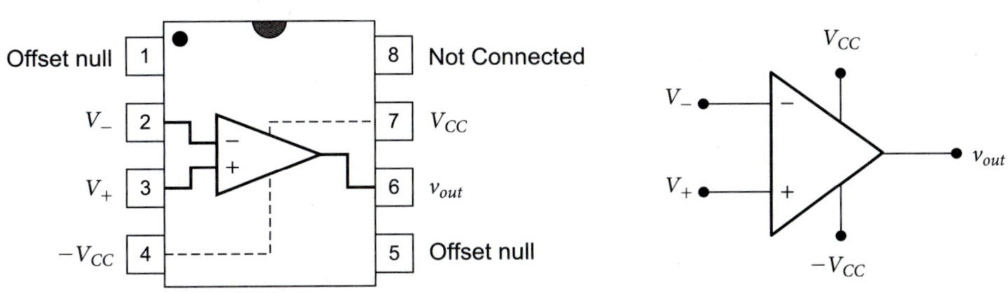

그림 3.26 OPAMP의 기호와 명칭

IC에 OPAMP가 하나만 들어있는 경우 보통 8핀 형태의 IC chip으로 구성되어 있으며 [그림 3.26]의 왼쪽 IC는 741 시리즈 OPAMP의 핀 배치를 보여주고 있다. IC의 핀번호는 IC의 한쪽 끝에 파인 자국의 왼쪽의 조금만 구멍이 있는 핀이 1번이 되며 반시계 방향으로 번호가 매겨진다. 따라서 741 OPAMP에서 2번 핀은 반전 입력, 3번 핀은 비반전 입력, 6번 핀은 출력이고, 4번과 7번 핀은 외부 전원 공급을 위해 사용된다. 1번, 5번은 전압의 정밀 보정을 위한 미세 조정을 위해 사용되나 보통은 연결하지 않으며 8번 핀은 연결하지 않는다.

일반적으로 OPAMP 회로는 출력에서 반전입력 또는 비반전 입력 쪽으로 피드백(feedback)을 포함하고 있으며, feedback은 폐루프(closed loop)를 통해 OPAMP를 안정화시키고 이득을 조절하는데 사용된다. OPAMP에 feedback이 존재하지 않으면 open loop 형상이라 하는데, 이 경우 무한대의 이득을 가지므로 상당한 불안정성을 유발하기 때문에 비교기 등의 특수한 경우를 제외하고는 사용되지 않는다.

OPAMP는 응용에 따라서도 분류되지만 OPAMP가 가지고 있는 고유의 특성에 따라

[표 3.2] OPAMP의 분류

종류	특성
General-purpose OPAMPs	• 일반적으로 많이 사용됨 • 제한된 대역폭을 가지나 안정도가 우수(주파수 보상) • 주파수 보상되지 않으면 발진가능성 높음
Voltage comparators	• feedback 회로가 없음(작은 입력도 큰 출력 생성) • 입력신호를 비교할 때 사용
Low input current OPAMPs	• 일반적인 OPAMP는 uA 또는 mA 입력전류 필요 • 이 OPAMP는 pA단위의 입력전류만 존재
Low noise OPAMPs	• 내부잡음을 최소화 • 오디오에서 주로 사용
Low power OPAMPs	• 전력소모 최소화된 설계 • +/− 1.5V 정도에서도 동작 가능
Low drift OPAMPs	• 온도에 따른 drift 최소화된 OPAMP • 계측용으로 사용
Wide bandwidth OPAMPs	• 100 MHz 정도의 대역폭 가능(참고로 일반적인 OPAMP는 1 MHz 정도에 불과함) • 광대역인 video 증폭용으로 사용됨
Single DC supply OPAMPs	• 단일 DC 전원으로 동작

[표 3.2]와 같이 분류한다[117]. 보통 오디오용으로 파는 OPAMP는 잡음이 적은 Low noise OPAMP를 말한다[118].

전자공학에서 많이 사용되는 OPAMP의 응용회로로는 다음과 같은 회로가 있다.

- 비교기(Comparator)
- 증폭기(Amplifier)
- 합산기(Summer)
- 적분기(Integrator) 또는 미분기(Differentiator)
- 능동필터(Active filter)
- 샘플-홀드 증폭기(Sample-and-hold amplifier)

OPAMP를 이용한 회로를 해석하기 위해서는 아래의 OPAMP의 특성을 이해해야 한다. 이러한 특성은 트랜지스터 등의 전자소자 가지고 있는 특성이 아니라 여러개의 트랜지스터의 조합으로 아래의 특성이 나오도록 회로를 설계한 것이라고 이해하면 된다.

- 반전입력과 비반전 입력의 전압차는 없다. ($V_+ = V_-$)
- 반전입력과 비반전 입력으로 들어가는 전류는 영이다. ($I_+ = I_- = 0$)

이러한 OPAMP의 특성과 전자회로의 기본 법칙인 Kirchhoff의 법칙과 Ohm의 법칙을 바탕으로 OPAMP 회로를 해석하게 된다. 이제 OPAMP를 이용한 다양한 회로를 살펴보고 그 특성을 해석해보자.

먼저, [그림 3.27]은 OPAMP를 이용한 비교기(comparator) 회로이다. 비교기는 입력 신호가 기준신호보다 큰지 작은지를 판단할 때 사용되며, OPAMP에 feedback이 없는 경우 OPAMP가 무한대의 이득을 갖는다는 특징을 이용한 것이다. feedback이 없기 때문에 OPAMP는 작은 입력의 변화에도 무한대의 출력을 갖는다. 단, 전압이 무한대로 커질 수는 없으며 공급전압보다는 클 수 없으므로 공급전압으로 포화(saturation)된다. 포화란 출력이

117) OPAMP는 오디오용으로만 사용하는게 아니라 각종 센서회로, 신호계측 회로, 비디오 신호 처리 회로 등 많은 응용분야에서 사용되므로 매우 중요한 회로이다.

118) 오디오용 OPAMP로 유명한 회사로는 Analog Device와 TI(TI는 과거 오디오용 OPAMP로 유명한 Burr-Brown사를 인수하여 판매하고 있음) 등이 있으며, OPA627, OPA2604, OPA2134, OPA2132, AD825, AD797 등이 대표적인 오디오용 OPAMP 부품이다.

양의 최대값이나 음의 최소값을 유지하는 것을 의미한다. 비교기로 설계된 OPAMP의 출력은 다음과 같이 정의된다.

$$v_{out}(t) = \begin{cases} +\ V_{CC} & v_{in}(t) > V_{ref} \\ -\ V_{CC} & v_{in}(t) > V_{ref} \end{cases} \tag{3.11}$$

여기서 V_{ref} 전압은 입력전압 $v_{in}(t)$을 비교하는 기준전압으로 보통 0 V가 된다. 실제 출력전압은 바이어스 전압 V_{CC}와 같지는 않고 조금 작게 되는데 이 전압차이를 headroom voltage라 한다.

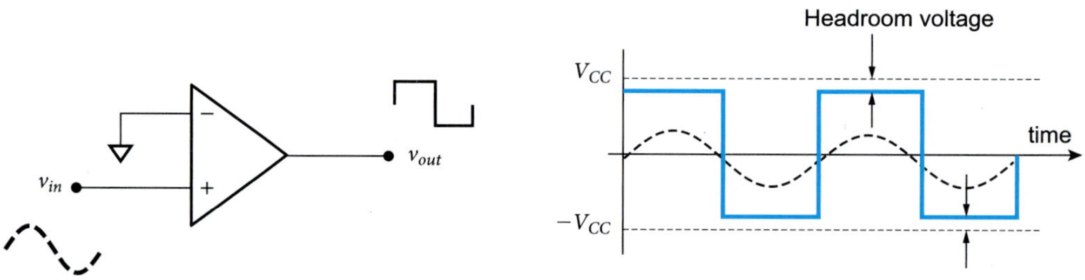

그림 3.27 비교기의 구성

[그림 3.28]은 비반전 증폭기(non-inverting amplifier)의 구성을 보여준다. 비반전이라는 이름이 의미하듯이 이 회로는 입력전압의 부호를 바꾸지 않고 증폭한다. 여기서 증폭기의 전압이득을 구하기 위하여 Kirchhoff의 법칙과 Ohm의 법칙이 사용된다. [그림 3.28]에서 알 수 있듯이 비반전증폭기는 1보다 큰 양의 이득을 가진다. 비반전증폭기는 회로의 한 부분을 다른 부분과 격리시키기 위해, 즉 전류를 크게 흘려보내지 않으면서도 전압을 전달하는데 유용하게 사용된다.

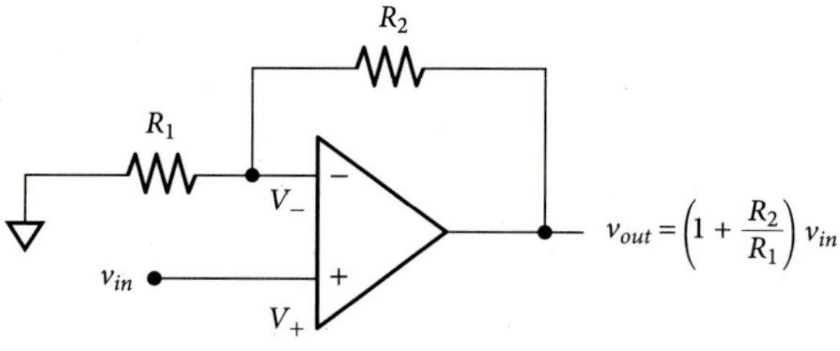

그림 3.28 비반전 증폭기의 구성

예제 3-7

비반전 증폭기의 전압이득을 Kirchhoff와 Ohm의 법칙을 이용하여 구하시오.

TIP $I_+ = I_- = 0$과 $V_+ = V_-$인 특성을 이용하시오.

풀이 $V_+ = V_-$이므로 $v_{in}(t) = V_+ = V_-$

$I_- = 0$이므로 2개의 저항에 흐르는 전류는 $\dfrac{0 - v_{in}(t)}{R_1} = \dfrac{v_{in}(t) - v_{out}(t)}{R_2}$

식을 정리하면 $v_{out}(t) = \left(1 + \dfrac{R_2}{R_1}\right)v_{in}(t)$

비반전증폭기에서 R_1이 무한대가 되고 R_2가 0이 되면 이득은 1이 된다. 이 회로가 [그림 3.29]에 나타나 있는데 이 회로의 이름은 (전압) 버퍼(Buffer) 또는 voltage follower라 불린다. 버퍼는 이득은 1이지만 높은 입력임피던스와 낮은 출력임피던스를 가진다. 따라서 전압입력단자를 회로의 다른 부분과 효과적으로 격리시킬 수 있으므로 전압원에 특정한 부하효과(load effect)를 주지 않으면서 전압신호를 안전하게 전달하는데 사용된다.

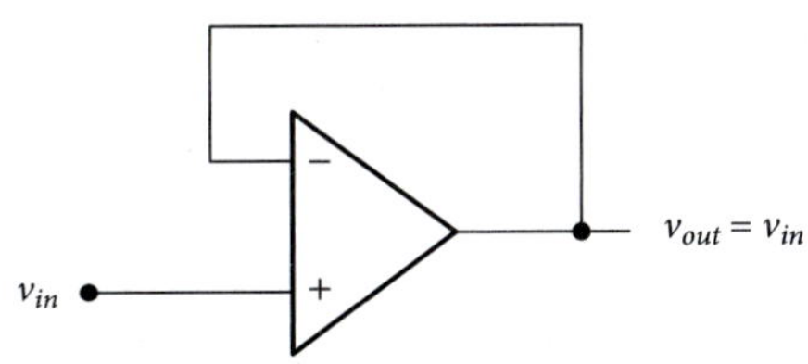

그림 3.29 voltage follower의 구성

> **중요** Voltage follower는 회로의 기능을 분리하는 버퍼(Buffer)의 역할을 한다. voltage follower없이 특정회로를 바로 연결하면 회로 간에 상호 작용을 하여 원하지 않는 기능을 하게 된다.

비반전증폭기와는 달리 [그림 3.30]에 나타난 반전증폭기(inverting amplifier)는 입력신호의 극성을 바꾸고 (즉 반전하고) 증폭한다. 입력신호의 극성을 바꿈으로써 주기신호의 경우에는 180°의 위상차를 유발한다. 반전증폭기는 증폭률을 1 이하로 만들 수 있으므로 비반전

증폭기보다 편리하다[119]. 만약 0.5의 이득을 갖는 증폭기를 구현하려면 이득이 언제나 1보다 큰 비반전증폭기로는 설계할 수 없으므로 이득이 −0.5와 −1인 반전증폭기 2개를 직렬로 연결하면 된다[120].

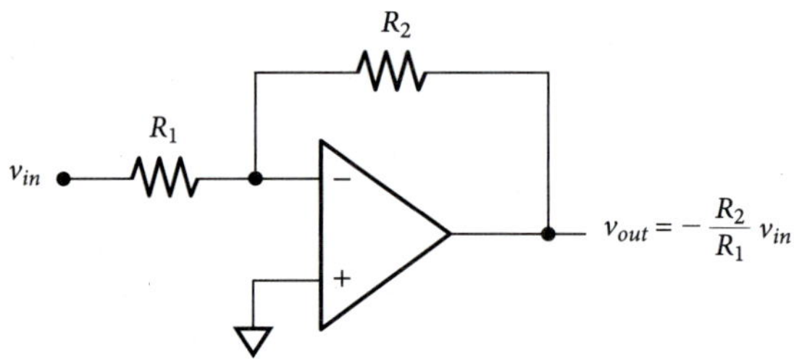

그림 3.30 반전 증폭기의 구성

예제 3-8

[그림 3.30]의 반전 증폭기의 전압이득을 Kirchhoff와 Ohm의 법칙을 이용하여 구하시오.

TIP $I_+ = I_- = 0$과 $V_+ = V_-$인 특성을 이용하시오.

풀이 $V_+ = V_-$이므로 $V_+ = V_- = 0$

$I_- = 0$이므로 2개의 저항에 흐르는 전류는 $\frac{v_{in}(t)}{R_1} = \frac{0 - v_{out}(t)}{R_2}$

식을 정리하면 $v_{out}(t) = -\frac{R_2}{R_1} v_{in}(t)$

반전증폭기와 가변 저항을 결합하면 전압이득을 조절하는 반전 증폭기를 만들 수가 있는데 이는 [그림 3.31]과 같다. 그림의 회로에서 R_v는 가변저항이므로 슬라이드를 조절하면 저항값에 변화하게 된다. 따라서 반전증폭기의 저항비가 변하게 되므로 이득을 조절할 수 있다.

119) 증폭기라고 출력이 꼭 입력보다 클 필요는 없다.

120) 이득이 1보다 작은 경우에 저항 2개를 이용한 전압분배기 회로를 사용할 수 있으나 이 경우 다른 회로와 연결할 때 부하효과가 발생하므로 OPAMP를 사용하는 것이 보통이다.

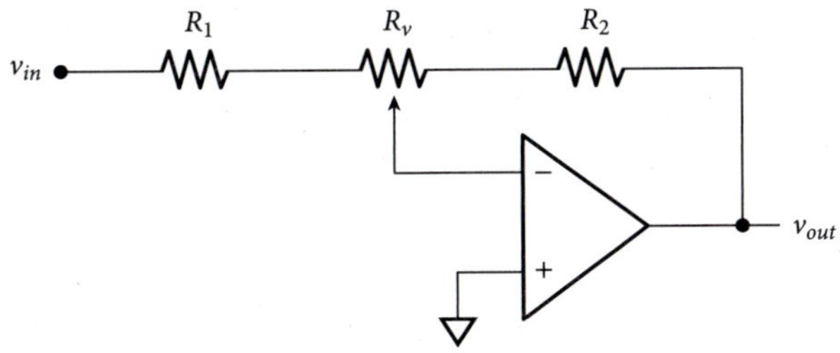

그림 3.31 반전 증폭기 이용 가변이득 증폭기

예제 3-9

[그림 3.31]의 회로에서 $R_1 = R_2 = 10\ \mathrm{k\Omega}$이고, R_v가 10 kΩ에서 50 kΩ까지 가변된다고 가정할 경우 최소 이득과 최대 이득은 각각 얼마인가?

풀이 R_v가 10 kΩ인 경우 R_1에 10 kΩ이 더해지고 R_2에 40 kΩ이 더해지므로 2.5배 전압 이득을, R_v가 50 kΩ인 경우 R_1에 50 kΩ이 더해지고 R_2에 0 Ω이 더해지므로 1/6배의 전압 이득을 갖는다. R_v 조정단자가 가운데 위치할 때 즉 25 kΩ의 2개로 나누어질 대 전압이득은 1이 된다.

[그림 3.32]는 합산기(Summer)의 구성이다. 합산기는 아날로그 신호를 더할 때 사용되며, 비반전 증폭기에서 입력이 여러 개인 구조를 갖는다. 이러한 합산기는 오디오기기 중 다양한 악기 신호와 사람의 목소리를 더하는 믹싱(Mixing) 장치에서 주로 사용된다[121]. 예를 들어 $v_1(t)$는 사람의 소리, $v_2(t)$는 악기 1의 소리, $v_3(t)$는 악기 2의 소리라면 출력은 사람의 소리와 두 개의 악기가 더해진 소리가 출력된다.

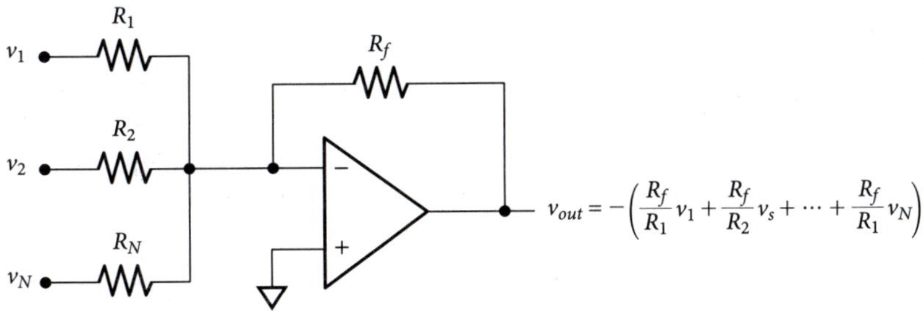

그림 3.32 합산기의 구성

121) 전자회로에서 믹서(Mixer) 회로는 두 개의 주파수가 다른 신호를 곱하는 곱셈기 회로를 의미하는데 오디오회로에서는 다수의 오디오 신호를 더하는 개념으로 사용되므로 용어에 주의해야 한다.

예제 3-10

합산기의 전압이득을 Kirchhoff와 Ohm의 법칙을 이용하여 구하시오.

TIP 반전증폭기의 특성을 이용하시오.

참고 반전증폭기 계산과정과 동일하며 반전단자에서 전압이 더해짐을 이용한다.

다음으로 [그림 3.33]과 같은 차동증폭기(differential amplifier)가 있다. 이 회로는 두 아날로그 신호의 차를 구할 때 쓰인다. 오디오 기기에서는 신호를 더하는 경우는 많아도 빼는 경우는 별로 없으므로 차동증폭기가 자주 사용되지는 않지만 계측기 회로나 센서회로에서는 원하는 신호만을 얻기 위해 불필요한 신호를 뺄 필요가 있어 많이 사용되는 중요한 회로이다.

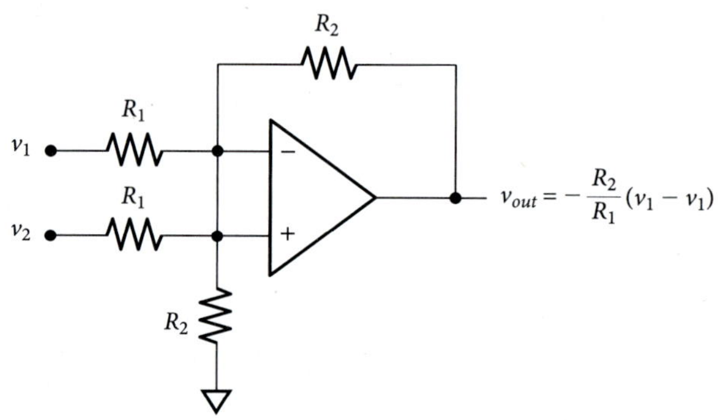

그림 3.33 차동증폭기의 구성

예제 3-11

차동증폭기의 전압이득을 Kirchhoff와 Ohm의 법칙을 이용하여 구하시오.

TIP $I_+ = I_- = 0$과 $V_+ = V_-$인 특성을 이용하시오.

풀이 비반전 입력단 전압 $V_+ = V_- = \frac{R_2}{R_1 + R_2} v_2$이다.

반전입력에서 Kirchhoff의 법칙을 쓰면 $\frac{v_1 - V_-}{R_1} = \frac{V_- - v_{out}}{R_2}$

두 식을 연합하면 $v_{out} = -\frac{R_2}{R_1}(v_2 - v_1)$이 된다.

OPAMP는 사칙연산 이외에 미분기와 적분기로도 사용될 수 있다. 먼저 반전증폭기의 feedback 저항을 캐패시터로 교체하면 [그림 3.34]와 같은 적분기(integrator)를 만들 수 있다. 적분기는 저역통과필터와 유사한 역할을 하므로 필터회로라고 볼 수 있다. 적분기의 해석은 반전 증폭기에서 저항 하나가 캐패시터로 바뀐 경우로 해석할 수 있다.

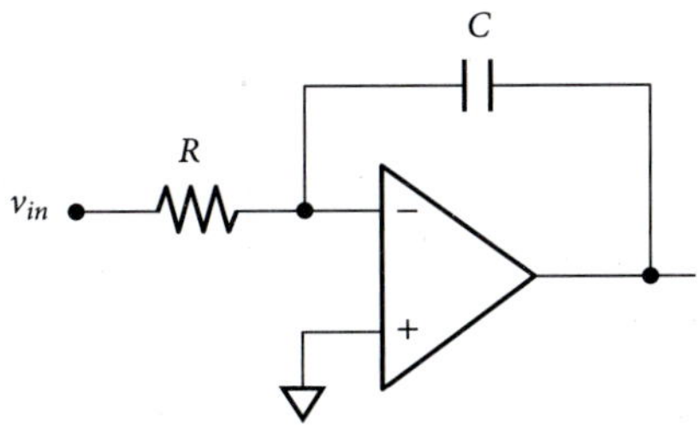

$$v_{out} = -\frac{1}{j\omega RC} v_{in} = -\frac{1}{RC}\int v_{in}\, dt$$

그림 3.34 적분기의 구성

반면에, 반전증폭기의 입력저항을 캐패시터로 교체하면 [그림 3.35]와 같은 미분기(differentiating amplifier)를 만들 수 있다. 미분은 노이즈의 영향을 확대하는 경향이 있는 반면 적분은 시간에 따라 노이즈를 평활하게 하는 경향이 있다. 또한 미분기는 고역통과필터와 유사한 역할을 하므로 필터회로라고 볼 수 있다.

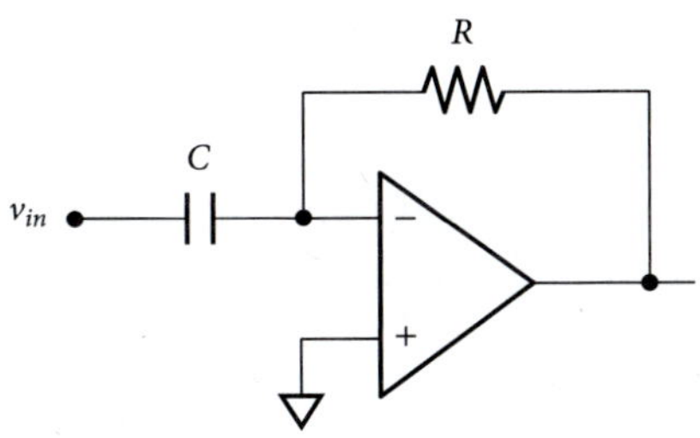

$$v_{out} = -j\omega RC\, v_{in} = -RC\frac{dv_{in}}{dt}$$

그림 3.35 미분기의 구성

예제 3-12

미분기와 적분기의 입출력 관계식을 Kirchhoff와 Ohm의 법칙을 이용하여 구하시오.

앞에서 설명한 다양한 OPAMP 회로를 이용하면 아날로그 컴퓨터를 구현할 수 있다[122]. 아날로그 컴퓨터는 어떤 물리량을 주어진 미분방정식으로 표현하여 그 결과를 측정함으로써 방정식의 해를 얻는 장치를 의미한다. 다시 말해 전자식 미분방정식 계산기라 할 수 있다. 일반적으로 아날로그 컴퓨터로 계산할 수 있는 예는 진동해석, 운동방정식, 자동제어 등에 사용되며, 그 크기는 회로의 크기가 되는 OPAMP의 개수에 따른다. 소형의 계산기에는 10여개에서 수십 개, 대형인 것은 수 백개 정도의 OPAMP가 보통 사용된다.

예제 3-13

미분기와 적분기가 어디에서 사용될 수 있는지 토론해보자.

TIP 미분방적식을 어떻게 아날로그 컴퓨터로 풀 수 있는지 고려해 보아라. 또한 톱니파신호를 어떻게 사각파 신호로 변화하는지, 또한 위치센서 신호와 속도센서신호를 어떻게 처리하는지 고려해 보아라.

풀이 구형파 신호를 적분하면 톱니파 모양이 나오므로 적분기의 입력에 구형파 신호를 입력하면 출력은 톱니파 모양의 파형이 나온다. 실제 디지털 컴퓨터에서는 구형파를 일일이 생성하고 이를 적분하는 프로그램을 통과시켜 톱니파를 만들어야 하는 것에 비하면 매우 간단하게 결과를 얻을 수 있다.

3.4 오디오 AMP 설계 예

현재까지 트랜지스터로 구성되는 전력증폭기와 OPAMP 기반의 프리앰프를 살펴보았다[123]. 트랜지스터로 전력증폭기를 구성하게 되면 트랜지스터와 저항, 캐패시터로 구성된 회로를 설계해야 하는데 많은 소자를 연결하는 회로 구성이 쉽지는 않다. 다행히 최근 반도체 기술의 발달로 수십 W의 출력을 내는 전력증폭기도 하나의 IC로 구현할 수 있게 되어 개별 트랜지스터로 전력증폭기를 구현하는 것보다 간단히 전력증폭기를 구현할 수 있게 되었다. 본 절에서 살펴볼 LM1875는 National Semiconductor사의 IC로, 외부에 최소의

122) 지금은 디지털 컴퓨터에 밀려 더 이상 아날로그 컴퓨터는 사용되지 않는다. 단, 최근 양자 컴퓨터에 대한 관심이 높은데 양자 컴퓨터도 고성능 디지털 컴퓨터라기 보다는 그 동작원리는 아날로그 컴퓨터와 유사할 수 있다.

123) 프리앰프 중 이퀄라이저, 믹서 등의 구체적인 회로는 4장에서 살펴볼 예정이다.

부품만을 추가하여 우수한 성능의 오디오 AMP를 제작할 수 있다. 출력은 공급전원에 따라 변동되지만, 권장 전압인 +/−25V에서 20W/8Ω의 출력을 만들어 낼 수 있어, PC의 sound card 출력이나 MP3 플레이어, CD 플레이어 같은 기기를 소스기기로 하고 북쉘프형 스피커로 출력하는 가정용 스테레오 오디오 AMP에 적합하다.

LM1875 IC의 주요, 특성

- 공급전압 : 16 V(또는 +/−8 V)에서 60 V(또는 +/−30 V)
- 최대출력 : 30 W
- 최대허용전류 : 4 A
- 보호회로 내장 : 출력 쇼트나 온도 과열 보호회로
- THD : 1 kHz, 20 W 출력 시 0.015%
- 출력단 Offset 전압 : 표준 +/−1 mV

[그림 3.36]에 LM1875 IC의 사진과 National Semiconductor사에서 권장하는 기준 회로를 보여주고 있다. 기본적으로 전력증폭기는 열이 많이 나므로 TO-220 패키지로 만들어 패키지의 뒷면에 Heat Sink를 부착하여 열을 밖으로 뺄 수 있도록 되어 있다. LM1875를 이용한 오디오 앰프의 설계는 데이터시트(datasheet)를 참조하면 된다[124]. 데이터시트의 표준적인 회로는 [그림 3.36]과 같다. 기본적인 구성은 전력증폭기 앞단에 전압증폭을 위한 비반전 OPAMP와 유사한 형태의 회로를 가지며, 전류증폭을 위해 OPAMP 출력단에 별도의 전력 트랜지스터를 삽입했을 것으로 보인다. 입력은 non-inverting 단자로 들어가며, DC의 입력을 막기 위해 입력 단자에 직렬 캐패시터를 달았다. 이득은 (1+R4/R3)로 조정이 가능하며, [그림 3.36]의 저항값을 사용한다면 21배의 이득을 갖는 것으로 나와 있다. 물론 입력신호 전압 레벨에 따라 R3와 R4의 비율을 조정하여 이득을 조정할 수 있다. 출력은 바로 8 Ω 또는 4 Ω의 스피커를 직접 연결할 수 있도록 하였으며 R5와 C5는 출력의 주파수응답을 조절하기 위한 권장회로이다. 전원단에는 전해 캐패시터(100 uF 이상)와 세라믹 캐패시터(0.1 uF)를 병렬로 달아서 전원 노이즈를 없애도록 하였다. 전해 캐패시터는 저주파 잡음을 세라믹 캐패시터는 고주파 잡음을 제거하는 것이며, 바이어스에 전해캐패시터와 같은 극성 캐패시터를 달 경우 전원이 +인지 −인지 극성에 주의해야 한다.

---

124) 반도체 IC를 제공하는 회사는 IC와 관련된 모든 정보를 데이터시트(datasheet)로 제공하며 대부분 인터넷에 공개되고 있으므로 검색바란다.

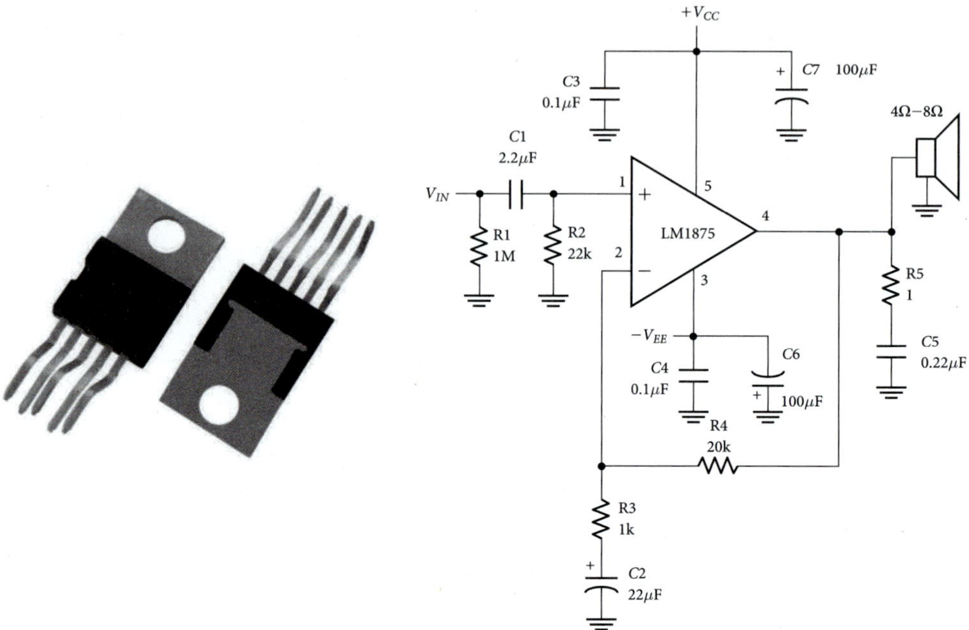

그림 3.36 LM1875의 사진과 참조회로(출처: National Semiconductors)

3.4.1 오디오 AMP 전원회로

오디오 AMP를 구성하기 전에 먼저 오디오 AMP에 전원을 공급할 전원회로가 필요하다[125]. 오디오 전원회로로는 가정용 220 V 교류전원의 전압을 낮추기 위한 변압기(Transformer)와 AC 신호를 DC로 변환하기 위해 다이오드를 이용한 정류기 회로로 구성된다. 단, 전원회로에 사용되는 변압기와 정류기에 들어가는 캐패시터의 크기가 크므로 만약 전원회로의 크기를 작게 하기 위해서는 소형 AC-DC 변압기를 구매하여 전원회로로 사용할 수도 있다.

일반적으로 오디오 회로에서 많이 사용하는 전통적인 전원회로의 구성은 [그림 3.37]과 같다. +전압과 −전원을 만들기 위해 변압기는 중간에 접지가 있는 6 pin 변압기를 선택하면 된다. 변압기 선택 시 원하는 DC전원(예: +/− 18 V)이 얼마인지, 공급하는 전류는 얼마인지에 따라 트랜스포머의 크기가 결정된다. [그림 3.38]에서 오른쪽 상단의 노란색 전선 2

125) 전원회로에 대한 이해를 위해서는 전자회로에서 학습하는 디이오드의 특성과 정류기(Rectifier) 회로에 대한 학습이 필요하다. 만약 전원회로의 크기를 줄이기 위해서는 스위칭 방식의 전원회로를 사용할 경우 SMPS(Switching Mode Power Supply) 회로에 대한 학습도 필요하다.

개는 220 V 교류 전원에 연결하면 되고 왼쪽 상단의 4개의 전선을 극성에 주의하여 다이오드에 연결한다. 4개의 전선 중 2개를 접지로 하고 하나는 +, 하나는 −가 되도록 한다. 회로에서 다이오드는 전원이 발생함을 알려주는 LED이며 LED가 켜지면 전원이 공급됨을 나타낸다. 또한, 전원의 안정적인 동작을 위해 전원 스위치와 퓨즈(Fuse)도 필요하다.

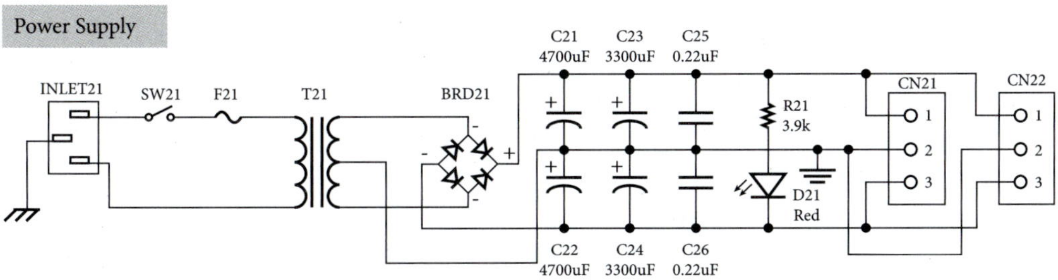

그림 3.37 전원회로(Linear Power Supply)의 구성

그림 3.38 변압기의 예(출처: 아세아전원)

전원회로에 대한 설명을 끝마치기 전에 변압기의 동작원리에 대해 알아보자. 변압기는 [그림 3.39]와 같이 강자성체에 코어에 1차 코일과 2차 코일을 감은 형태로 모델링할 수 있다. 1차 코일의 감은 회수를 N_1이라 하고 2차 코일의 감은 회수를 N_2라 하면 1차 코일의 전류(I_1)에 교류전류가 흐를 경우 Faraday 법칙에 의해 2차 코일에 기전력(V_2)가 발생한다. 기전력은 코일의 감은 수에 비례하여 커지게 되므로 1차 코일과 2차 코일의 전압과 전류비는 권선비에 의해 다음과 같은 관계를 갖게 된다.

$$\frac{V_2}{V_1} = \frac{N_2}{N_1} \tag{3.12}$$

$$\frac{I_2}{I_1} = \frac{N_1}{N_2} \tag{3.13}$$

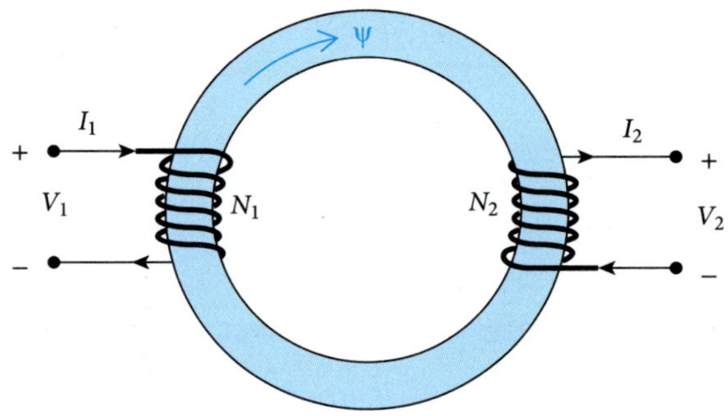

그림 3.39 변압기의 동작원리

예제 3-14

주상변압기는 3,300[V] 교류전압을 220[V] 교류전압으로 낮추어 가정에 공급하는 역할을 한다. 주상변압기의 권선비가 1차 코일의 권선수 N_1 = 3300이라 할 때 2차 코일의 권선수는 얼마인가?

풀이 식 (3.12)에 의해 220회가 된다.

$$\frac{V_2}{V_1} = \frac{N_2}{N_1} = \frac{220}{3300} = \frac{N_2}{3300}$$

주의 전원회로에서 각 DC 전원과 GND 사이에 3개의 캐패시터가 병렬로 연결되어 있는데 3개의 값이 모두 더해진다고 생각하면 안 된다. 3개의 캐패시터 중 전해 캐패시터 4700 uF과 3300 uF은 더해져서 8000 uF(= 8 mF)은 낮은 주파수에서 잡음을 없애주는 역할을 하고, 0.22 uF 8 mF에 비해서는 값의 차이가 매우 크므로 더해지는 것이 아니라 높은 주파수의 잡음을 없애주는 역할을 하게 된다.

3.4.2 증폭기 회로

증폭기는 스테레오인 경우 2개가 필요하며, 볼륨회로의 추가가 필요하다. [그림 3.36]의 권장회로에 가변저항을 이용한 볼륨회로를 추가하고 스테레오를 위해 2개의 AMP를 설계한 결과가 [그림 3.40]에 나와 있다. 회로에서는 증폭기별로 별도의 볼륨을 단 것으로 보이나 6핀 짜리 스테레오 볼륨을 구입하면 하나의 볼륨으로 좌우 AMP의 소리를 동시에 동일하게 제어할 수 있다. 전력증폭기에 DC 신호가 입력되지 않기 위해서 2.2 uF(C1과 C11)

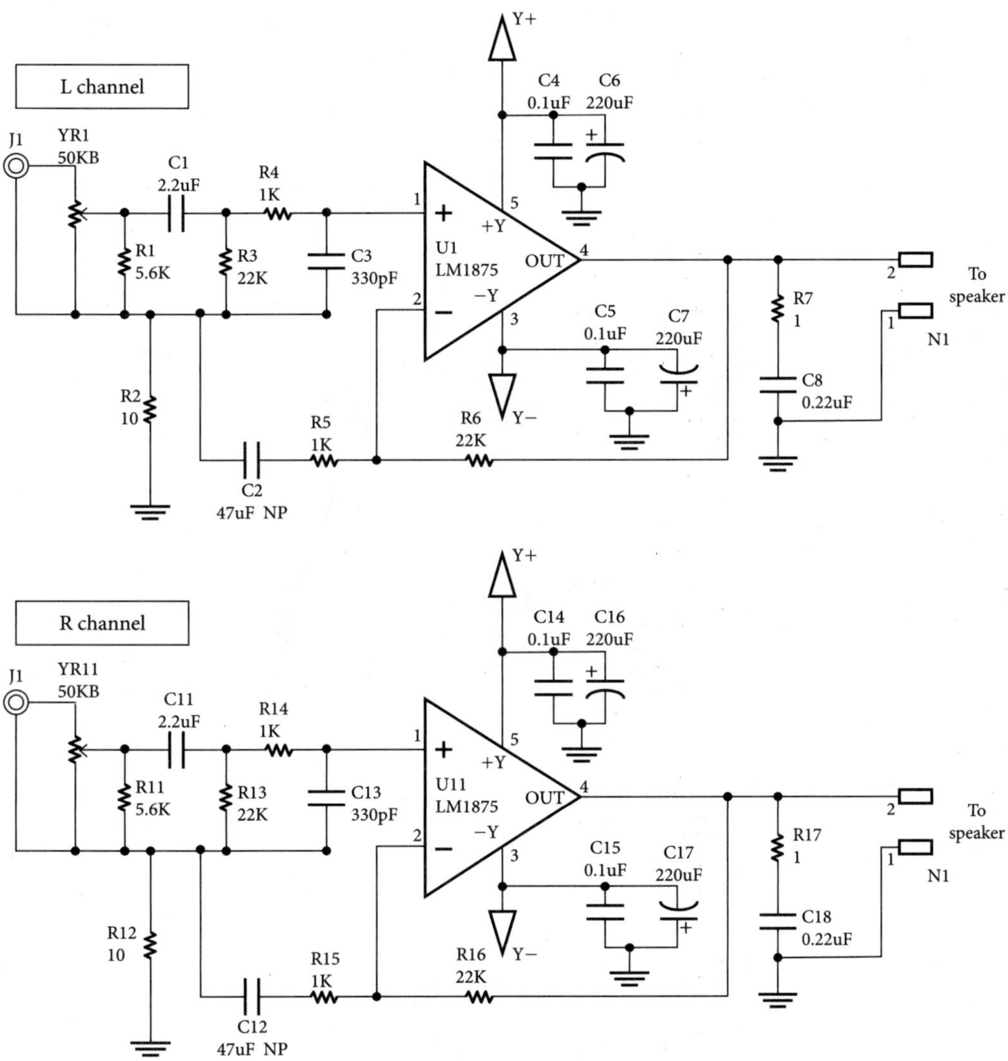

그림 3.40 오디오 AMP 회로도

의 캐패시터와 22 kΩ의 저항(R3, R13)으로 수 Hz 이하의 DC 신호를 제거하고, 1 kΩ(R4와 R14)의 저항과 330 pF(C3과 C13)을 이용하여 수십 kHz 이상의 잡음신호를 제거하고 있음을 알 수 있다. 그 외 회로들은 LM1875 datasheet에 나와 있는 기준회로를 이용하여 설계하고 있다.

최종적으로 스테레오로 2채널을 구성하고 220 V 상용전원을 이용한 전원부까지 포함하여 제작된 오디오 앰프의 사진은 [그림 3.41]과 같다. 실제 제작 시 AMP의 방열을 위해 방열판을 사용하였음을 알 수 있다. 스테레오를 위해 왼쪽과 오른쪽 2개의 앰프를 제작된 것을 볼 수 있으며 전원공급을 위한 전원회로가 제작된 것을 볼 수 있다. 단, 트랜스포머는 크기가 크므로 PCB에 연결하지 않고 케이스에 고정시킨다. 이때 트랜스포머에서 험노이즈가 발생하지 않도록 단단히 고정시켜야 한다. 만약 전원회로가 없다면 +/−8 V를 제공할 수 있는 어댑터를 이용할 수도 있다. 보통은 16 V 이상의 노트북 어댑터를 이용하여 +/−8 V 이상의 전압을 생성하면 된다. 이를 위해 GND는 케이스에 연결하여 안정된 GND가 나오도록 주의한다.

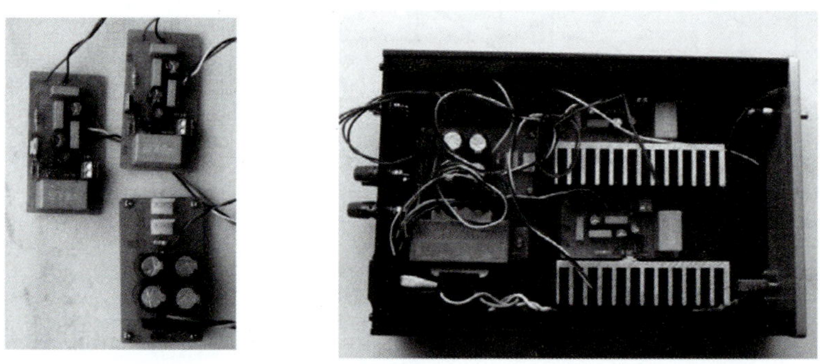

그림 3.41 조립 후의 모습과 제작 완료 사진(인터넷 참고)[126)]

참고 오디오용 A커브 볼륨은 저항값이 10 KΩ에서 50 KΩ까지 가변되는 볼륨을 사용한다. 만약 B–커브형을 사용하게 되면 볼륨의 가운데 핀과 접지핀 사이에 볼륨 최대 저항값의 약 1/10 정도의 저항을 연결하면 A형 커브로 변환된다.

126) 만약 오디오 AMP를 제작하게 된다면 관련 자료를 인터넷 상에서 찾아 유의사항을 잘 참고하여 제작하기 바란다. 오디오 AMP 제작이 완료되면 성능이 나오는지 검사를 해야 하는데 전원공급 이상 유무부터 체크하면 된다. 전원 공급은 전원부와 앰프를 연결하기 전에 전원부 단독으로 정상적인 전압이 생성되는지를 점검한다. 다음으로 볼륨을 제일 작게 한 상태에서 테스트하여야 갑작스런 큰 소리가 나오지 않는다.

3.5 오디오 AMP와 스피커 연결

본 절에서는 앰프에 대한 설명의 마지막으로 오디오 앰프와 스피커의 연결을 위한 전선에 대해 살펴보자. 오디오 기기에는 다양한 전선을 통한 전기적인 연결이 필요하다. 예를 들어 소스기기들과 앰프를 연결하여야 하고, 앰프 내에서도 프리앰프와 전력증폭기를 연결할 때도 전선이 필요하다. 이러한 기기들을 전선으로 연결할 때는 전선을 통해 어떤 특성의 신호가 전달되는지 먼저 살펴보아야 한다. 보통 전력증폭기와 스피커 연결을 제외한 나머지 오디오 기기들 간의 신호를 연결할 때 그 신호는 전압신호가 된다. 전압신호는 신호의 전압의 크기에 따라 마이크레벨(mic level)과 라인레벨(line level)로 나눈다. 마이크레벨은 마이크에서 나온 전압신호가 매우 미약하기 때문에 그 이름이 붙었으며 보통 별도의 전압 증폭기를 거쳐 라인레벨로 전압을 키운 후 연결하게 된다. 라인레벨로 기기들의 연결을 표준화하면 케이블과 커넥터를 통일하기 쉽고, 레베이 다른 기기를 연결할 때 발생할 수 있는 기기의 오동작을 피하기 쉽다. 이러한 라인레벨에 대해서는 4장에서 좀 더 자세히 학습할 예정이고 본 절에서는 앰프와 스피커 연결에 대해서만 다루도록 한다.

앰프와 스피커를 연결한 전선에 존재하는 신호는 전압신호가 아니라 높은 전류가 흐르는 신호(또는 고전력 신호)이고, 가정에서 앰프와 스피커의 배치가 어떻게 될지 사전에 알 수 없으므로 연결선의 길이를 표준화하기가 어렵다. 따라서 보통 앰프와 스피커를 연결하는 전선이나 단자는 설치자가 쉽게 잘라서 연결할 수 있도록 만들게 된다. 또한 스피커선이라고도 부르는 이러한 전선은 특별한 것이 아니라 구리 단선이나 여러 가닥의 구리선이 감긴 것에 불과하다[127]. 특히, 우퍼에 있는 보이스코일에 감긴 구리선의 길이가 수십m까지 길다는 것을 고려한다면 스피커선의 길이에 따른 오디오 성능의 영향은 크게 없다는 것을 유추할 수 있다.

스피커선에 사용되는 전선은 모통 AWG(American Wire Gauge)로 표시한다. AWG 전선은 직경으로 구분하는데 AWG50의 경우 직격이 1.0 mil(0.001 inch)가 되고, 숫자가 6씩 증가할 때마다 2배로 커진다.

127) 오디오 전문가들 사이에 값비싼 스피커선을 사용해야 한다는 주장을 하기도 하지만 전자공학 관점에서는 전선에 의해 스피커 임피던스가 5~10% 이상 변할 정도가 아니면 큰 차이가 없다는 것이 정설이다. 예외적으로 전선의 길이가 매우 긴 PA(Public Address) 경우는 전선의 영향이 있으므로 고려할 필요가 있으나 PA의 경우에는 일반적인 가정용 오디오와 다르게 최대전력전달조건을 사용하므로 논외로 한다.

예제 3-15

AWG14 전선의 직경은 얼마인가?

답 AWG50 → 1 mil, AWG44 → 2 mil
AWG38 → 4 mil, AWG32 → 8 mil
AWG26 → 16 mil, AWG20 → 32 mil
AWG14 → 64 mil(= 0.064 inch = 1.6256 mm)

전선은 오디오 신호와 같이 시간에 따라 변하는 교류신호가 존재할 때 표피효과(skin effect)가 존재하게 되는데, 표피효과란 시간에 따라 변하는 교류 전류가 흐를 때 도체 내에서 전하의 움직임이 표면에만 집중되는 현상을 말한다. 패러데이 법칙에 의해 도체를 구성하는 전하는 도체 물질의 내부에서는 패러데이 법칙에 의해 전류의 흐름을 방해하는 자기장이 형성이 되어 전하의 움직임이 없고 주로 표면 근처에 있는 전하들만이 이동하는 경향이 있다. 따라서 주파수가 올라갈수록 전류는 [그림 3.42]와 같이 도체의 매우 얇은 층(표피)에 국한되어 전류가 흐른다고 볼 수 있다[128]. 즉, 그림에서 도체의 반경이 아무리 큰 도선이라도 주파수가 높아지면 모든 전류는 두께 δ인 원형 고리 내부로만 흐른다고 가정할 수 있다. 이러한 표피효과에 의해 주파수가 높을 경우 원통모양의 구리선 하나로 전류를 통과시키기 보다는 반경이 작은 구리선 여러 개로 전류를 흘려보내는 것이 낫다. 이러한 전선을

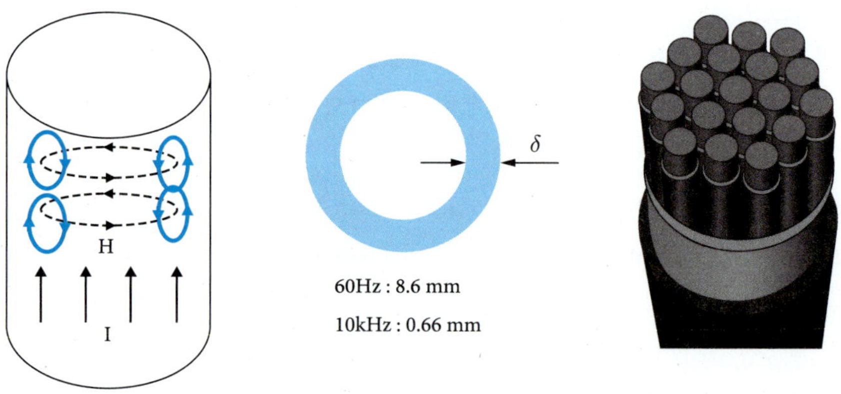

그림 3.42 표피깊이와 Litz 선로

128) 교류전류와 달리 DC 전류가 흐르는 경우에는 도체 전체에 걸쳐 전하가 존재하므로 표피효과가 존재하지 않는다.

리츠선(Litz wire)라고 부른다. 리츠선의 개별 전선은 에나멜 등 절연체로 코팅이 되어 있어 서로 접촉이 되지 않도록 한다.

표피깊이(skin depth) δ는 전선을 따라 흐르는 전파의 최 외곽의 크기보다 진폭이 e^{-1}만큼 (초기값의 약 37%) 감쇠하는 거리로 정의한다. 표피깊이는 전자기파가 매질 내부로 침투할 수 있는 깊이의 정도를 나타내는 것으로 식 (3.7)과 같이 주어진다.

$$\delta = \frac{1}{\sqrt{\pi f \mu \sigma}} \tag{3.14}$$

표피깊이를 계산할 때 구리의 비투자율은 보통 1이므로 주파수와 도전율만의 함수가 된다. 예를 들어 구리(Cu)의 경우 표피깊이는 [표 3.3]과 같이 주파수가 증가함에 따라 작아지게 된다.

[표 3.3] 주파수에 따른 구리의 표피깊이

주파수	10 Hz	60 Hz	1 kHz	10 kHz	10 MHz	1 GHz
표피깊이[mm]	20.9 mm	8.5 mm	2.09 mm	0.66 mm	21 um	2.1 um

표피깊이는 표피효과에 의한 교류저항을 계산하는데 유용하다. 직류저항의 경우는 다음과 같이 주어지는 것을 학습하였다.

$$R_{DC} = \frac{V_{ab}}{I} = \frac{1}{\sigma}\frac{L}{S} \tag{3.15}$$

이제 시간에 따라 변하는 교류의 경우 교류저항은 직류저항보다 단면적이 작아지므로 다음과 같이 식이 바뀌게 된다.

$$R_{AC} = \frac{1}{\sigma}\frac{L}{\delta} \tag{3.16}$$

예제 3-16

구리로 만든 원형선로에서 반경이 2 mm라고 하자. 직류일 때와 10 kHz일 때 길이가 2 m인 선로의 저항을 계산하시오. 참고로 구리의 도전율은 5.8×10^7[S/m]로 주어진다.

풀이 DC에서의 선로저항 : $R = \frac{l}{\sigma S} = \frac{l}{\sigma \pi a^2} = 2.744[\mathrm{m}\Omega]$

10 kHz에서의 선로저항 : $R = \frac{l}{\sigma 2\pi \alpha \delta} = 0.0042[\Omega]$

2장에서 살펴 본 바와 같이 스피커선의 선로의 길이가 길어지면 인덕터 효과가 발생하므로 이를 살펴보자.

예제 3-17

구리로 만든 원형선로에서 직경이 0.643 mm라고 하자. 길이가 2 m인 선로의 인덕턴스를 계산하시오. 오디오신호가 통과될 경우 이 선로의 리액턴스는 얼마로 보이는가?

풀이 위 선로의 인덕턴스는 다음과 같다.

$$\begin{aligned} L &= 0.002l\left[2.3\log_{10}\left(\frac{2l}{a}\right) - 0.75\right][\mu\mathrm{H}] \\ &= 0.002(200)\left[2.3\log_{10}\left(\frac{2(200)}{0.0643/2}\right) - 0.75\right] \\ &= 3.21[\mu\mathrm{H}] \end{aligned}$$

전선의 리액턴스는 $X_L = j\omega L[\Omega]$이므로 20 kHz에서 최대 $j0.4[\Omega]$이 된다.

예제 3-16과 3-17에서 살펴본 바와 같이 스피커선의 경우 수 m 이하로 짧은 경우 내부저항이나 리액턴스가 매우 작으므로 오디오 시스템의 성능에 큰 영향을 주지 않는다고 볼 수 있다.

3.5.1 PA 음향의 경우

앰프와 스피커 사이의 거리가 가까운 가정용 오디오와는 다르게 건물 내 안내방송(보통 전관방송이라 한다) 등에 사용되는 PA(Public Address) 음향의 경우에는 앰프에서 스피커까지의 전선의 길이가 수백 m까지 길어질 수 있으므로 전선의 저항(~전력손실) 및 인덕턴스를 반드시 고려해야 한다[129]. 또한, 앰프와 스피커가 일대일로 대응되는 것이 아니라 앰프 하나로 여러 개의 스피커를 구동시켜야 하는데 스피커의 수가 변경될 수 있으므로 전선의

129) PA 음향의 스피커연결선은 앰프와 스피커가 매우 멀리 떨어져 있게 되므로 송전선로와 같은 고전압 전송선로 개념을 사용하며 특성 임피던스가 600 Ω인 선로를 사용하는 것이 보통이다.

연결에 세심한 고려가 필요하다. 예를 들어 [그림 3.43]과 같이 PA 방송용 스피커를 4개 연결한다면 부하 임피던스는 스피커의 수에 비례하여 감소하게 된다. 만약 이 스피커가 앰프의 출력임피던스가 8 Ω인 앰프에 연결된다면 스피커가 8 Ω이 아니라 2 Ω이므로 앰프의 출력이 커지게 되어 앰프가 손상될 수 있다[130).

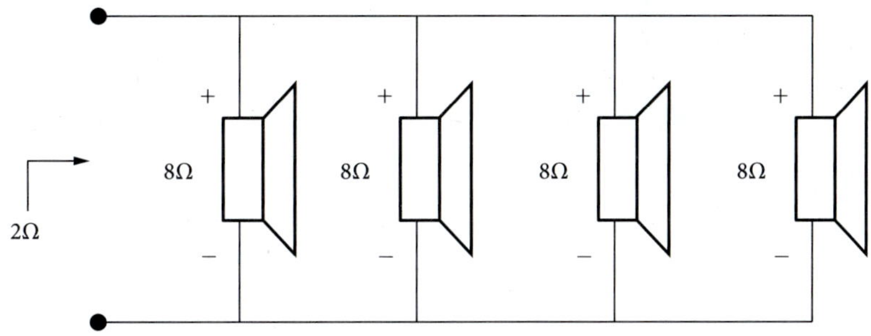

그림 3.43 스피커의 병렬연결에 따른 부하 임피던스의 감소

예제 3-18

구리로 만든 원형선로에서 직경이 2 mm라고 하자. 20 kHz일 때 길이가 200 m인 선로의 저항과 인덕턴스를 계산하시오. 참고로 구리의 도전율은 5.8×10^7[S/m]로 주어진다.

풀이 20 kHz에서의 선로저항 : $R = \dfrac{l}{\sigma 2\pi \alpha \delta} = 0.84[\Omega]$

인덕턴스 $L = 460[\mu H] \rightarrow$ 20 kHz에서 최대 $j57.8[\Omega]$

따라서 PA 음향에서는 효과적인 오디오 신호가 복수개의 스피커로 분배되기 위해서 정전압 방식을 사용한다. 정전압 방식이란 앰프가 최대 출력으로 동작하고 있을 때 증폭기의 정격 출력과 관계없이 일정한 전압을 출력하는 방식을 말한다. 정전압 스피커 시스템에서는 8 Ω 또는 4 Ω의 임피던스 값을 가지는 일반적인 가정용 스피커와 다르게 정격 출력에 따라 수백에서 수천 Ω 정도의 높은 임피던스를 가지는 하이 임피던스 스피커를 사용한다. 하지만 스피커 유닛을 별도로 만들 수는 없으므로 일반적인 오디오용 스피커와 차이가 없이 4 Ω 또는 8 Ω을 사용하게 된다. 따라서 스피커에 임피던스 변환을 위한 변압기(Transformer)가 연결되어 있어 높은 임피던스로 변환시킬 필요가 있다. [그림 3.44]에서 1

---

130) 반대로 앰프의 출력임피던스보다 스피커의 임피던스가 높다면 앰프는 안정적으로 동작하지만 스피커의 출력은 약해진다.

차 코일의 수가 2차 코일의 수 보다 클 경우 1차 코일에서 보이는 전압은 커지고 전류는 작아지므로 높은 임피던스 상태가 된다.

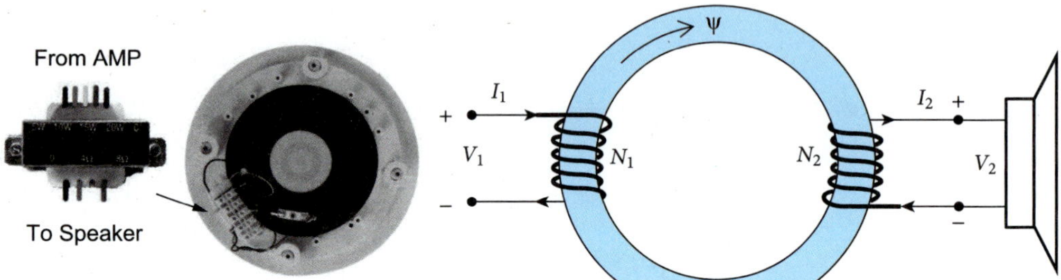

그림 3.44 PA 스피커와 앰프 연결

앰프의 출력에도 변압기가 내장되어 있어 시스템이 최대 음량으로 작동할 때 증폭기의 출력 전압이 100 V나 70 V가 되도록 전압을 조절하여 출력한다. 국내에서는 100 V와 70 V의 두 가지 모드로 나뉘어 사용되는데 대다수의 PA용 앰프에서는 두 가지를 모두 지원한다. 이 방식은 하나의 앰프에 많은 스피커를 병렬로 연결하거나 장거리로 연결을 할 때에 편리하다. 일반 가정용 오디오 시스템에서 스피커를 장거리로 연결하면 전선의 저항과 리액턴스 효과로 손실이 생기고, 스피커를 병렬로 연결할 때마다 임피던스가 변화하게 되어 문제가 발생한다. 따라서 이를 줄이기 위해 높은 임피던스 상태가 되도록 전압을 승압시켜 전송함으로써 장거리 전송 시 손실을 적게 할 수 있다[131]. 또한 증폭기의 출력에 따라 스피커에 인가되는 전압이 바뀌지 않는 정전압 시스템이기 때문에 연결된 스피커의 합산 출력이 증폭기의 출력 한계를 넘지만 않는 선에서 스피커 수를 추가할 수 있으므로 편리하다.

예제 3-19

본인이 속한 단체, 교회, 학교 등에서 PA 음향을 사용하고 있다면 PA 앰프와 스피커가 어떻게 연결되어있는지 알아보자.

131) 발전소에서 손실을 줄이기 위해 송전선에서는 고압으로 승압하여 보내고 전봇대에 설치된 주상 변압기를 이용하여 가정용 220 V로 승압하여 사용하는 것과 같은 원리이다.

3.5.2 바이와이이링의 경우

전력증폭기와 스피커 사이에 크로스오버 네트워크를 사용하지 않고 전력증폭기 앞에서 크로스오버 네트워크를 구성할 수도 있다. 이렇게 되면 각각의 대역이 제한된 신호가 각각의 전력증폭기에서 증폭되고 바로 스피커에 연결되게 되는데 그 구성은 [그림 3.45]와 같다. 이 경우 각 주파수대역별로 OPAMP로 구성되는 액티브 크로스오버 네트워크가 구성된다. 2장에서 살펴본 크로스오버네트워크와 다른 점은 전력증폭기가 한 개가 아니라 각 주파수별로 사용되어[그림 3.45]의 경우는 3개가 사용된다는 점이다. 스피커 관점에서 한 쌍 이상의 선이 연결되므로 이를 바이와어이링(bi-wiring)이라고도 부른다[132].

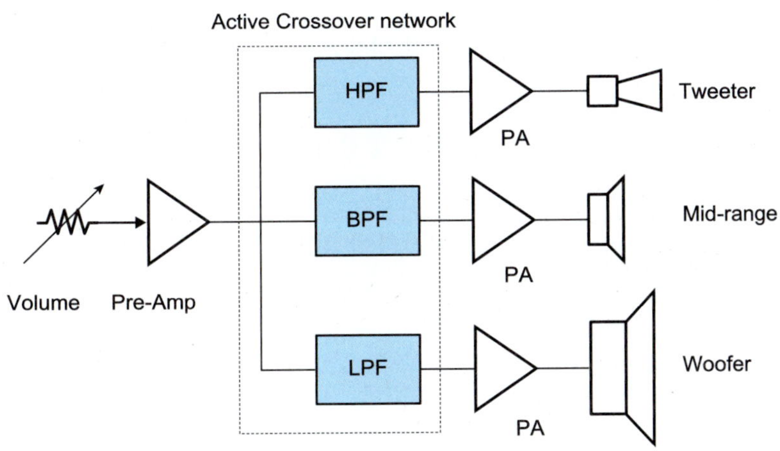

그림 3.45 액티브 크로스오버 네트워크

이러한 액티브 크로스오버 네트워크를 사용하는 경우 각 스피커별로 전력증폭기가 사용되므로 비용이 많이 든다. 하지만, 다음의 장점으로 인해 최신 오디오 시스템에서 많이 사용된다.

- 수동방식의 크로스오버 네트워크는 스피커에 있는 보이스 코일의 온도가 올라가게 되면 임피던스가 변하여 필터의 특성의 변하게 되는데, 액티브 크로스오버 네트워크는 이러한 소자의 변화에 독립적인 주파수 응답을 가질 수 있다.
- 하이 임피던스에서 OPAMP를 이용한 능동필터 설계가 가능하므로 필터 설계에 자유

132) 가정용 오디오에서도 바이와이어링을 사용하는 스피커가 있다.

도를 가질 수 있다.

- 전력증폭기가 협대역에서 동작하게 되므로 각각의 주파수 대역에 최적으로 동작할 수 있다. 따라서 전력증폭기에서 발생하는 상호 변조 왜곡이나 너무 큰 신호의 입력을 막을 수 있다.
- 전력증폭기가 스피커 유닛에 직접 연결되어 스피커의 보이스 코일에서 발생하는 역기전력을 흡수할 수 있고, 스피커의 특성 변화를 최소화할 수 있다.
- 전체 주파수 대역의 신호를 증폭하지 않고 각각의 협대역 신호만을 증폭하므로 전력증폭기의 출력 요구사항을 최적화할 수 있다. 예를 들어 트위터용은 30 W 전력증폭기를 사용하고 우퍼용은 100 W 전력증폭기를 사용할 수 있다. 또한, 패시브 크로스오버 네트워크에서 발생하는 전력손실이 없기 때문에 전력증폭기 구현 비용이 작아질 수 있다.
- 액티브 크로스오버 네트워크는 디지털 방식으로 구현할 수 있다. 이에 대한 설명은 4장과 5장에서 다룰 예정이다.
- 차량용 오디오에서는 차량이라는 설치 공간상의 문제로 각각의 스피커 유닛을 차량 내 여러 위치에 설치해야 하는데, 각각의 스피커 유닛과 청취자 사이의 거리가 일정하지 않아 음파가 귀에 도달하는 시간차에 의한 간섭에 취약하다. 또한 스피커마다 음량의 차이가 있다. 따라서 액티브 크로스오버 네트워크로 주파수 대역을 나누고 각각의 유닛마다 이득 조절 및 오디오 시간 지연을 걸어서 운전자에게 최적으로 소리가 나도록 조정하는 방식의 튜닝을 할 수 있다[133].

그림 3.46 액티브 크로스오버 네트워크를 갖는 오디오 앰프의 예[134]

133) 자동차 스피커를 살펴보면 차문의 아래쪽에 우퍼 스피커 유닛이 있고, 차의 사이드 미러 가까이에 트위터 스피커 유닛이 있는 것을 볼 수 있다. 전기자동차가 보급되면서 엔진소리에 작아지면서 오디오의 성능이 중요해지고 있으며 자동차 회사에서 음향전문가가 중요한 역할을 한다.

134) 3-way 스테레오 방식으로 구성하게 된다면 총 6개의 전력증폭기가 필요하다. 사진에서 방열판을 부착할 수 있게 세워져 있는 트랜지스터가 전력증폭용 트랜지스터이다.

CHAPTER

4

아날로그 소스기기

- ▶ 오디오 HW 중 아날로그 소스기기의 종류와 그 원리를 이해한다.
- ▶ OPAMP를 이용하여 능동필터와 믹서/EQ 회로를 설계할 수 있다.
- ▶ 아날로그 신호의 시간영역과 주파수영역에서의 해석방법을 이해한다.

4.1 아날로그 소스 기기

전파가 음파로 바뀌는 스피커에서부터 거꾸로 가다 보면 음악이 최초로 시작되는 소스 기기(Source Device)를 만나게 된다. 소스 또는 소스기기는 단어 뜻 그대로 음원, 즉 LP 플레이어나 마이크 등 음이 처음 시작되는 장치를 말한다[135]. 대부분의 오디오 기기에는 한 개 이상의 소스기기가 포함되게 마련이다. 소스기기는 LP 플레이어에서부터 현재의 스마트폰까지 그 종류가 무궁구진하게 많고, 기술의 발전에 따라 현재에는 거의 사용하지 않는 것도 있다(예를 들어 카세트 데크가 대표적이다). 이렇게 수많은 소스기기를 다루기 위해 우리는 전자공학의 관점에서 크게 음파와 1대 1로 대응되는 아날로그 전압신호를 이용한 아날로그 소스기기를 설명하고, 아날로그 음원을 디지털로 변환시킨 디지털 소스기기는 5장에서 다루게 될 것이다.

먼저 아날로그 소스기기를 살펴보자. 아날로그 소스기기는 음파와 이를 표현하는 전파와의 관계에서 기저대역 신호(baseband signal)와 통과대역신호(passband signal)로 구분하여 이해하고자 한다. 기저대역 신호란 음파와 1대 1로 대응되는 아날로그 전압신호를 의미한다. 즉, 음파는 주파수가 같은 전파로 직접 변환될 수 있다. 반면 통과대역 신호는 음파와 1대 1로 대응되는 기저대역 신호를 주파수가 높은 반송파 주파수로 주파수 천이한 것으로 볼 수 있다. 통과대역 신호를 사용하는 이유는 음파를 전파로 1대 1로 대응시키면 전파관점에서는 파장이 크기 때문에 장거리로, 특히 무선으로 보내기 어렵기 때문이다. 따라서 높은 주파수로 신호를 변환해서 전송하는 방식을 사용하게 되는데 이렇게 소리의 정보가 주파수가 높은 신호로 변환된 것을 통과대역 신호라 한다[136].

한편, 아날로그 소스기기의 신호를 해석하기 위해 4장 후반부에서는 오디오 신호의 특성을 다루는 신호 및 시스템 이론에 대해서도 살펴볼 것이다. 신호 및 시스템 이론은 크게 시간영역과 주파수 영역으로 나눌 수 있고 그 둘의 개념을 이어주는 것이 푸리에(Fourier) 변환이므로 이에 대해 살펴보도록 한다.

4.1.1 LP 플레이어

아날로그 소스기기 중에서 한 때 사양길로 들어섰다가 현재 다시 관심이 높아지고 있

---

135) 보통 소스라고 하면 음원 그 자체를 소스 기기는 해당 음원을 재생하는 장치를 의미한다. 예를 들어 LP판이나 카세트 테이프는 소스, LP 플레이어나 카세트 플레이어는 소스 기기에 해당한다.

136) 7장에서 다룰 FM 라디오, Bluetooth 스피커, Wi-Fi 오디오가 이러한 통과대역 신호를 사용한다.

는 LP 레코드 플레이어가 있다. LP 레코드 플레이어, 줄여서 LP 플레이어는 둥그런 모양의 레코드판(LP판)을 재생할 수 있는 아날로그 소스기기를 의미하며. 흔히 '턴테이블'이라고 부른다[137]. LP음반은 Long Playing Record의 의미로 초창기 SP(Standard Playing Record)와 EP(Extended Playing Record) 등에 비해 훨씬 긴 재생 시간을 가지고 있어서 LP라는 이름이 붙게 되었다. 디지털 소스기기인 CD 플레이어의 편리성에 밀려 사라지는 듯 보였으나 아날로그적 감성을 근거로 애호가들에 의해 보전되어 최근 제 2의 전성기를 맞고 있다. 사라져가던 국내산 LP 플레이어가 다시 제작되기 시작했고 LP를 파는 매장이 다시 늘어가는 복고현상이 생기고 있다.

LP 플레이어는 모터의 회전 이외에도 원심력, 마찰력, 미세한 상하좌우 운동 등 물리적 제어에 의존하는 기계장치이다. 따라서 설치에서부터 운용에 이르기까지 상당 부분 손의 감각에 의존하게 되며 익숙한 사용자에게는 즐거움이 되지만, 초심자의 경우 다루기 어렵다. LP 플레이어는 모터의 회전력을 턴테이블에 전달하는 방식에 따라 벨트 드라이브(모터의 구동력을 고무벨트로 전달) 방식과 다이렉트 드라이브(회전축과 모터가 직결) 방식으로 구분된다. 가정에서의 음악감상용으로는 벨트 드라이브 방식이 일반적으로 사용되며, 방송국이나 DJ 등의 프로용으로는 다이렉트 드라이브가 선호된다. 다이렉트 드라이브 방식이 LP판을 손으로 역회전(스크래칭, scratching)을 시키거나 장시간 사용이 가능하기 때문이다.

LP 플레이어에서 음반의 신호를 읽어내는 부분을 카트리지(cartridge)라고 하는데 바늘의 구동방식에 따라 크게 MM(Moving Magnet)과 MC(Moving Coil)의 두 가지로 크게 나

그림 4.1 LP 플레이어, 벨트 드라이브 방식(좌), 다이렉트 드라이브 방식(우)

137) 턴테이블은 정확히 LP플레이어(레코드 플레이어)의 회전판만을 의미한다.

뉜다. 기본 원리는 영구자석과 코일 상호 간의 상대적 위치변화가 코일에 기전력(Electromagnetic Force)을 유도시키는 패러데이(Faraday) 법칙을 이용한 것이다. [그림 4.2]에 MM 방식의 LP 카트리지의 원리를 보여준다. LP 카트리지 끝단에 가느다란 바늘(Diamond Tip)이 붙어있고 이 바늘이 레코드판의 홈을 지나게 되면 홈의 파인 깊이에 따라 맞은편에 영구자석이 있는 Cantilever가 진동하게 된다. 이러한 진동은 코일관점에서 자석이 움직임에 따라 발생하는 자기장의 변화에 반대방향으로 기전력(Electromagnetic Force) 전압을 발생하게 된다. 기전력은 식 (4.1)과 같고 코일의 감긴 수에 비례하고 코일에서의 자속(Magnetic Flux)의 변화 정도에 비례하게 된다.

$$V_{emf} = -N\frac{\partial \Psi}{\partial t}[V] \qquad (4.1)$$

LP 카트리지에서 발생하는 기전력은 수 mV 이하로 매우 작으므로 포노앰프-프리앰프-파워앰프를 거쳐 스피커에 도달하기 까지 1,000배에서 10,000배까지 신호를 증폭하게 된다. 보통 턴테이블에는 잡음을 최소화하기 위해 저잡음 증폭기(Low Noise Amplifier)로 만드는 포노앰프가 포함되어 있으며, 포노앰프는 잡음은 최소화하면서 출력을 프리앰프에서 다룰 수 있는 라인레벨의 전압으로 증폭하게 된다. 라인레벨의 전압신호가 된 후에는 보통 AUX 단자를 통해 외부 앰프에 연결할 수 있다. 초창기 LP판은 모노방식이었으나 이제는 스테레오로 바뀌었다. 하지만 바늘을 2개 사용하지는 않고 바늘이 지나갈 때마다 파인 홈을 따라 좌우로 진동하게 만들어 각각 왼쪽신호와 오른쪽 신호가 되도록 하여 스테레오를 구현한다. 레코드판에 파인 홈은 좌우로 45° 기울어져 있어 LP 카드리지는 좌우로 한 번씩 음성신호를 얻게 된다.

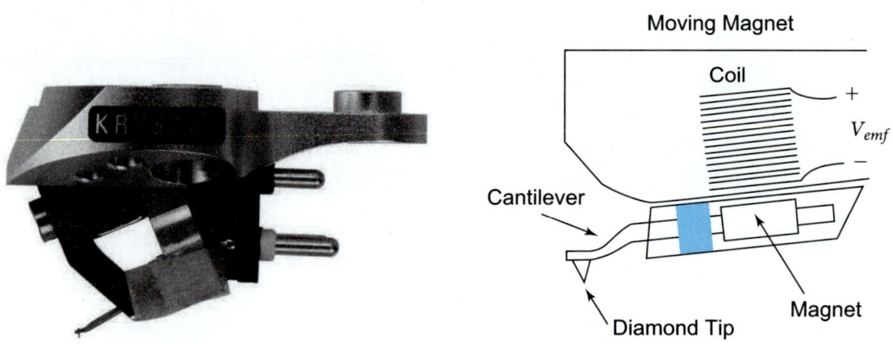

그림 4.2 MM 방식의 LP 카트리지의 원리(출처: Linn Krystal)

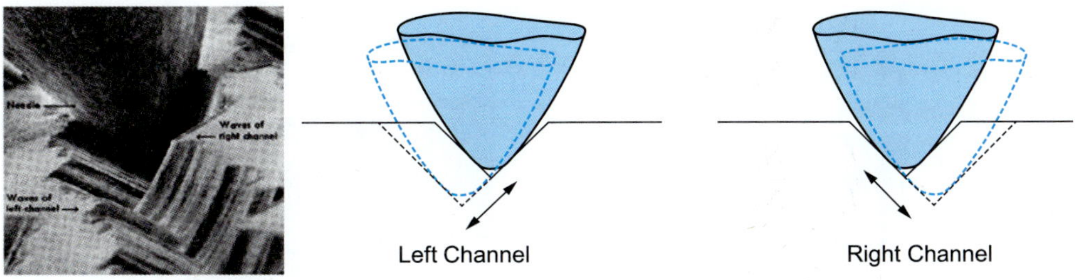

그림 4.3 LP 카트리지의 스테레오 신호 픽업

예제 4-1

LP 플레이어를 작동시켜 LP판의 소리를 들어보자. 아날로그 오디오 소스기기와 디지털 오디오 소스 기기의 소리 차이는 무엇인가?

참고 음악 전문 카페나 음악감상실에 배치된 LP 플레이어를 이용하거나 구할 수 없다면 youtube 동영상을 참조하여 들어보자.

4.1.2 카세트 플레이어

과거 아날로그 소스기기로 많이 사용되던 카세트 플레이어(cassette player)와 카세트 테이프(casette tape)를 살펴보자[138]. 80년대에는 크기가 큰 LP와 차별화되어 소형화가 가능한 소스기기로 많이 사용되었으며, 소스기기 중 유일하게 재생 및 기록(recording)을 할 수 있어 당시에는 매우 획기적인 오디오 소스기기였다[139]. 카세트 플레이어는 라디오 튜너와 LP가 주요 재생장치이던 시절에 음악소스를 개인 사용자가 녹음할 수 있도록 개발되었다. 편리성과 흥미성을 겸비했지만 태생적인 고주파 노이즈가 단점으로 지적되어 영국의 '돌비' 등의 잡음감소(Noise Reduction) 시스템이 채용되기도 하였다[140]. 저장매체인 카세트 테이

---

138) 카세트 플레이어는 카세트 데크(deck)라고도 부른다.

139) 80년대에는 라디오에서 나오는 음악을 카세트 테이프에 저장하였다가 휴대용 카세트 플레이어로 듣는 문화가 유행한 바 있다.

140) 돌비는 1965년 Ray Dolby 박사가 설립했으며 카세트 테이프에 생기는 노이즈를 제거하는 기술로 시작하여 현재는 다양한 음향전문회사가 되었다. 카세트 테이프의 노이즈란 아무소리도 녹음되어 있지 않은 카세트 테이프를 재생하면 "쉬--" 하는 낮은 잡음이 들리는데 이를 제거하는 것을 의미한다. 돌비 회로를 ON 시키고 녹음을 하면 고음의 소리가 입력될 때 원래의 소리보다 더 크게 녹음을 하고 재생할 때 크게 녹음한 만큼 감소시켜 주는데 이렇게 하면 테이프의 잡음도 감소시킬 수가 있다.

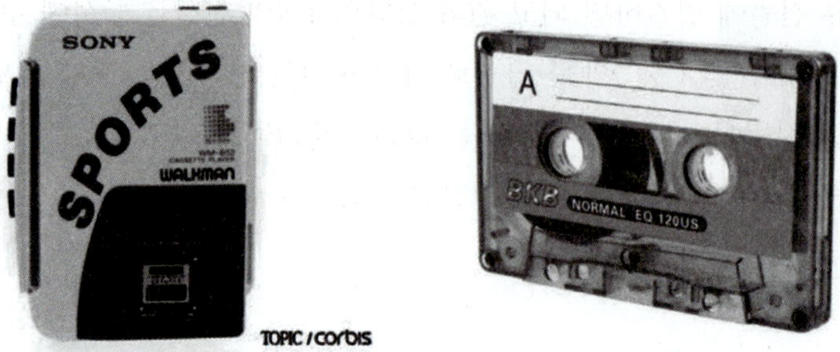

그림 4.4 휴대용 카세트 플레이어(SONY 워크맨)과 카세트 테이프

프는 작은 크기로 보관과 사용이 편리한 반면, LP에 비해 장기간의 보존이 어렵다는 단점도 있다. 편리성과 더불어 이동 중에도 음악을 들을 수 있어 사랑받았지만, MP3 플레이어와 스마트폰과 같은 디지털 소스기기가 등장하면서 빠른 속도로 사라져 가고 있다.

카세트 테이프는 음악을 저장하기 위하여 자성물질을 사용한다. 자성물질 중에는 철, 니켈, 코발트와 같은 강자성체(ferromagnetic)가 있는데 이러한 강자성체는 개개의 원자의 궤도모멘트가 스핀모멘트보다 매우 커서 외부자기장이 인가되면 자기장을 축적할 수 있다. 따라서 음원을 자기장 형태로 저장할 수 있는데 이를 잔류자기(Remanent Magnetization)라 한다. 이러한 잔류자기는 외부 자기장을 인가하면 저장된 내용이 사라지는데 이를 강자성체의 비선형성이라 한다. 강자성체의 비선형성은 [그림 4.5]와 같은 자화 곡선(magnetization curve)을 이용하여 설명할 수 있다. 초기에 아무런 외부자기장이 없어 자성을 갖지 않은 상태에서 강자성체에 자기장 $\vec{H}$를 가하고, 그에 따른 자속 밀도 $\vec{B}$를 측정한다. 처음에는 $\vec{H}$의 크기에 비례하여 $\vec{B}$의 크기도 증가하며, 이에 따라 $\vec{B}$는 처음 지점 a에서 b로 이동한다. 그러나 외부자기장을 더 크게 인가하여도 $\vec{B}$의 증가는 점점 어려워지고 마침내 c지점에서 멈추게 된다. 이 지점을 자기포화(magnetic saturation)라고 하고, H_S, B_S로 표현한다. 이와 같이 외부 자기장을 걸어주면 강자성체는 영구자석이 된다. 여기서 다시 외부자기장을 0으로 감소시키면 그래프는 c지점에서 d지점으로 이동한다. d지점에서는 외부에 자기장이 0임에도 불구하고 잔류자속(residual flux density) B_r이 남게 된다. 카세트 테이프에 음성을 녹음시키고 재생시키는 것은 강자성체가 가지고 있는 이러한 잔류 자속을 이용한 것이다. 카세트 테이프 표면에는 이산화제이철이나 이산화크롬 등의 비투자율이 매우 높은 강자성체 분말을 입혀 만들게 되는데 이 테이프 위에 일종의 전자석인 카세트의 헤드에 음성신호에 맞춘 전류를 흐르게 하여 자기적인 정보를 카세트 테이프에 잔류자기의 형태로 음성신호를 기록한다.

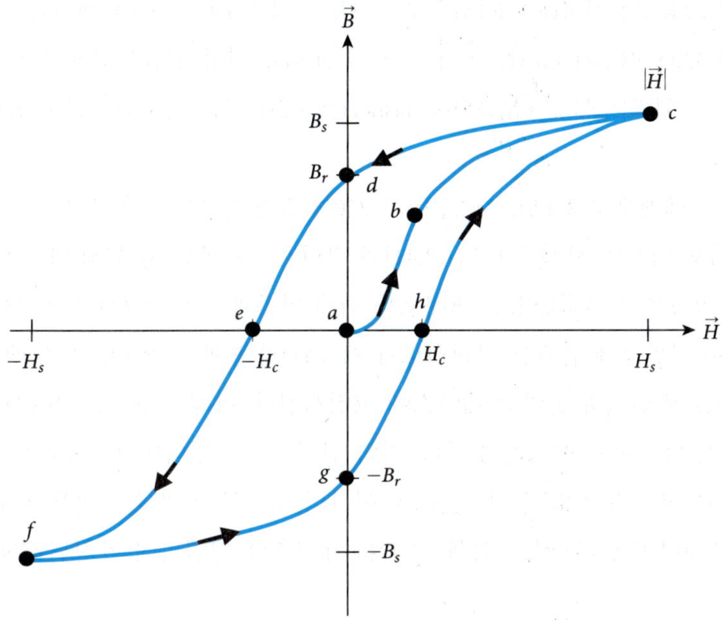

그림 4.5 자성체의 히스테리시스 곡선

자성물질인 테이프에 음원을 재생하는 방법은 [그림 4.6]과 같다. 먼저 카세트 테이프에 잔류자기가 남아 있으면 재생을 위한 카세트테이프 헤드(Playback head)를 통과할 때 자속의 변화가 발생하고 이러한 자속의 변화에 의해 미세한 전압신호가 패러데이 법칙에 의해 생성되게 된다. 따라서 카세트 테이프에 저장된 잔류자기의 형태 그대로 아날로그 음악이 나오게 된다. 다음으로 카세트 테이프의 잔류자기를 제거하기 위해서는 제거용 카세트테이프 헤드(Erase head)에 연결된 코일에 녹음이나 재생에 필요한 상대적으로 큰 크기의 일

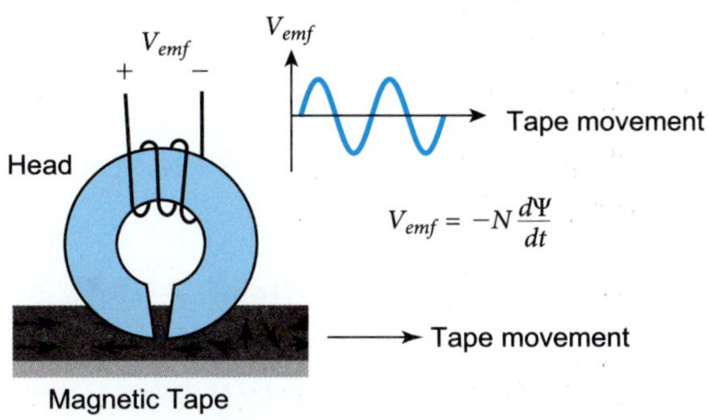

그림 4.6 카세트 테이프의 재생 방법

정한 정현파 전류를 걸어준다. 이렇게 되면 [그림 4.5]의 자성체의 히스테리시스 곡선에 의해 테이프에 형성된 잔류자기가 없어지게 된다. 마지막으로 음악을 카세트 테이프에 녹음하기 위해서는 녹음용 카세트테이프 헤드(Record head)에 연결된 코일에 음악신호에 해당하는 전류신호를 정현파 교류신호로 진폭 변조시킨 신호를 입력하게 되면 이러한 신호의 형태에 맞도록 잔류자기가 카세트 테이프에 저장되게 된다.

예제 4-2

카세트 데크를 작동시켜보자. 재생만 할 수 있는 LP 플레이어와 다르게 녹음까지 할 수 있으므로 본인의 목소리를 녹음하고 그 소리를 들어 보자.

참고 음악 전문 카페나 음악감상실에 배치된 카세트 데크를 이용하거나 이를 구할 수 없다면 youtube 동영상을 참조하자.

4.1.3 마이크(Mic)

아날로그 소스기기로 소리를 직접 생성하는 소자인 마이크(Mic), 혹은 마이크로폰(Microphone)을 빼놓을 수 없다. 마이크는 기계적인 진동을 전기신호로 바꾸어주는 장치로서 다양한 종류의 마이크가 존재한다[141]. 다양한 형태와 성능을 갖는 수많은 마이크가 있으나 동작 원리에 따라 분류해 보면 [그림 4.7]과 같이 패러데이 법칙인 자기유도를 이용하는 방식과 가변 캐패시터를 이용하는 방식으로 분류될 수 있다.

자기유도를 이용하는 경우 고정된 영구자석과 작고 가벼운 코일이 부착되어 있는 움직이는 진동판 (다이어프램: diaphragm)으로 되어 있다. 코일은 자기장 안에 위치하며 소리가 얇은 진동판인 다이어프램을 자극할 때마다 움직이고, 코일이 움직일 때 패러데이 법칙에 의해 기전력(V_{emf}[V])인 전압신호가 발생한다. 이렇게 자기유도 원리를 이용하는 마이크로폰을 다이나믹 마이크로폰(Dynamic microphone)이라 한다. 반면, 가변 캐패시터를 이용하는 마이크는 전압(또는 정전기)의 변화를 이용하여 것으로 캐패시터 또는 콘덴서 마이크로폰이라 부른다. 이 마이크는 작은 공간을 사이에 두고 분리되어 있는 두 개의 마주 보는 진동판(Diaphragm과 Back plate)으로 구성되어 있으며 전면의 진동판은 얇고, 금속성을 띠는 플라스틱 다이어프램으로 마이크 헤드 안에 유일하게 움직이는 부분이며, 뒷면의 플레

141) 마이크는 오디오 청취 단계에는 사용되지 않으나 오디오를 생성하는 단계에서는 가장 중요한 오디오 소스기기이다. 오디오 청취 시 스피커가 제일 중요한 기기이듯이 오디오 녹음 시는 음파를 전파로 변환하는 마이크가 가장 중요한 역할을 한다고 볼 수 있다.

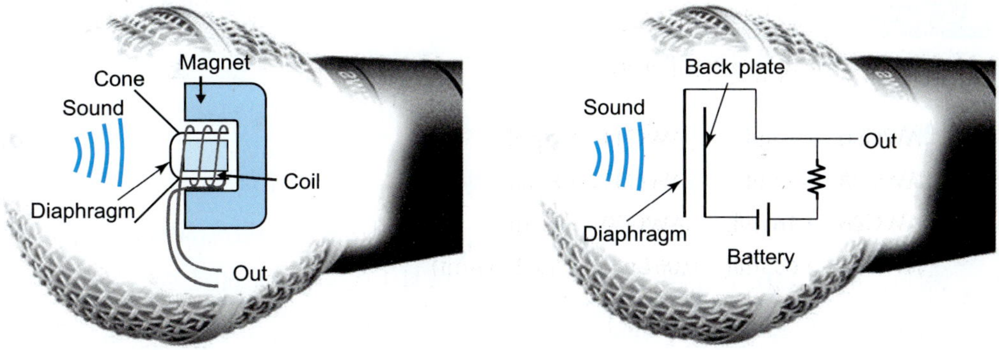

(a) 다이나믹 마이크의 구조 (b) 캐패시터(용량성) 마이크의 구조

그림 4.7 마이크의 구조

이트는 고정되어 있다. 이 두 개의 플레이트는 전기적으로 캐패시터를 구성하게 된다. 실제 콘덴서 마이크로폰의 출력 신호는 실제 매우 미약하고, 임피던스가 매우 높아 출력전압의 크기가 매우 작다. 따라서 반드시 저잡음증폭기가 필요하다[142]. 이 마이크로폰은 진동판이 얇기 때문에 소리의 세밀한 변화에도 신속하게 반응하며 넓은 주파수 대역을 갖지만 일반적으로 높은 가격대를 형성하며 내부에 별도의 배터리가 필요하게 된다.

마이크도 전자장치이므로 이와 관련된 규격이 있다. 마이크와 관련된 주요 규격을 살펴보면 [표 4.1]과 같다.

[표 4.1] 유선 마이크의 규격 사례(KANALS BKD–401N)

규격	설명
트랜스듀서 타입	Dynamic Moving Coil
Polar Pattern	단일지향성(Hyper Cardioid)
민감도	–49 dB (0 dB = 1 V/1 Pa, 1 kHz)
(출력) 임피던스	400 Ω ± 20%
커넥터	3 PIN XLR

142) 다이나믹 마이크는 200~800 Ω까지 다양한 임피던스를 가지고 있는데, 이는 코일과 자석의 형상에 의해 결정된다. 반면 콘덴서 마이크의 자기장을 키우는 자석이 없기 때문에 전기장 성분만 존재하므로 내부의 임피던스가 매우 높다. 따라서 별도의 임피던스 변환회로를 이용하여 200 Ω 정도로 낮추게 된다. 이렇게 하는 이유는 음원장치의 임피던스(보통 200 Ω)에 맞추기 위해서이다.

먼저 이 마이크는 다이나믹 마이크임을 알 수 있으며 커넥터 규격에 대한 자세한 설명은 4.3절에서 살펴볼 예정이다. 참고로 해당 마이크는 전문가용으로 매우 고가의 마이크이다.

- **민감도**(Sensitivity): 마이크는 음파를 전기신호로 바꾸는 것이므로 1 Pascal의 압력을 갖는 음파가 들어갈 때 1 V가 출력되는 것을 기준(0 dB)으로 하여 얼마나 작은 공기 중의 압력의 변화를 전압으로 바꿀 수 있는지를 마이크의 민감도(Sensitivity)로 표현한다. 보통 1 kHz의 정현파 소리를 1 m 지점에서 1 Pa(= 94 dBspl)로 발생시키고 측정할 마이크의 출력에서 전압의 크기를 측정하여 표현한다. [표 4.1]의 유선 마이크는 −49 dB이므로 3.5 mV($20\log_{10}(0.0035/1) = -49$)가 출력된다. 보통 마이크는 입에 가까이 되고 말하므로 이 경우 실제 출력값은 커지게 된다.
- **지향성**(Directivity): 마이크의 규격 중 중요한 파라미터로 지향성이 있다. 지향성은 방위각과 앙각으로 표현하는 구좌표계에서 특정 각도의 소리를 잘 수신한다는 것을 의미한다[143]. 마이크는 [그림 4.8]과 같이 종류별로 다양한 지향특성을 갖는데 보통 3가지 특성으로 분류할 수 있다. 먼저 모든 방향의 음을 동일하게 픽업할 수 있는 무지향성(Omni-directional) 특성을 가질 수 있다. 이런 마이크는 녹음 시 스튜디오 공간에서 발생하는 모든 방향의 음향을 픽업할 수 있으므로 일반적으로 선호된다. 다음으로 양지향성(Bi-directional) 마이크가 있는데 이는 정면과 뒷면에서 좋은 감도 특성을 가지고 측면 음에는 반응하지 않는 것으로 주로 토크 프로그램에서 마주보고 대화하는 상황에서 사용하기 편리하다. 마지막으로 단일지향성(Cardioid 또는 Unidirectional) 마

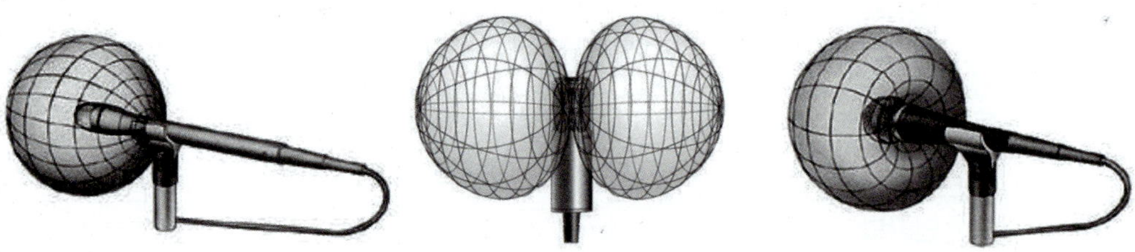

(a) 무지향 특성 (b) 쌍방향 지향특성 (c) 단일 지향성 특성

그림 4.8 마이크의 지향성 특성

143) 지향성은 이득(Gain)이라고도 부르며 지향성 또는 이득을 갖는다는 것은 특정방향의 음을 잘 수신한다는 의미지만 다른 말로는 특정 방향의 소리는 잘 받지 못한다는 것과 같은 의미이다. 이는 안테나에서도 동일한 의미로 사용된다. 따라서 마이크나 안테나가 지향성이나 이득이 있다고 해서 무조건 좋은 것은 아니다.

이크는 특정 방향의 음에만 반응하게 된다. 지향성 마이크는 0도에서 최대, 180도에서는 최소의 특성을 가지며 마이크 사용법에 따라 음색이 바뀌므로 효과적으로 잘 사용하면 마이크 음향 효과를 넣을 수 있다. 단일지향성 마이크 중에서 전면 감도를 더욱 높이고 측면 감도를 낮춘 것을 Super Cardioid 또는 Hyper Cardioid라고 부른다.

지향성에서 주의할 것은 동일한 마이크라고 하더라도 주파수가 높을수록 음파의 특성 상 지향특성이 달라진다는 것이다. 따라서 보통은 1 kHz의 주파수에서의 지향성 모양을 기준으로 하게 된다. [그림 4.9]와 같이 동일한 마이크에서도 주파수가 낮을 경우에는 마이크 앞 쪽의 소리뿐만 아니라 좌우의 넓은 범위에 있는 소리도 마이크로 들어가지만 주파수가 높아지면 마이크 바로 앞쪽의 소리만 마이크에 입력됨을 알 수 있다. 따라서 공연장 등에서 현장음악을 증폭하는 마이크는 악기의 배치나 보컬의 위치에 따라 다양한 종류의 마이크를 여러 대 사용해야 한다. [그림 4.9]는 Sennheiser의 MKH416 마이크의 주파수에 따른 지향 특성으로 가운데 원이 1 kHz 신호이고 1 kHz 이하일 때는 지향각이 넓어지고 1 kHz 이상일 때는 지향각이 좁아짐을 알 수 있다.

- **출력 임피던스**(Output Impedance): 유선마이크는 출력을 외부에 연결하기 위해서는 전선이 필요한데 이 전선을 연결하는 커넥터의 종류와 커넥터에서 바라본 마이크의 출력 임피던스도 중요한 규격이 된다. 이 중에서 출력임피던스는 외부 연결을 위해 작을수록 좋지만 마이크 회로 구성 자체의 임피던스가 높기 때문에 낮추는 데는 한계가 있다.

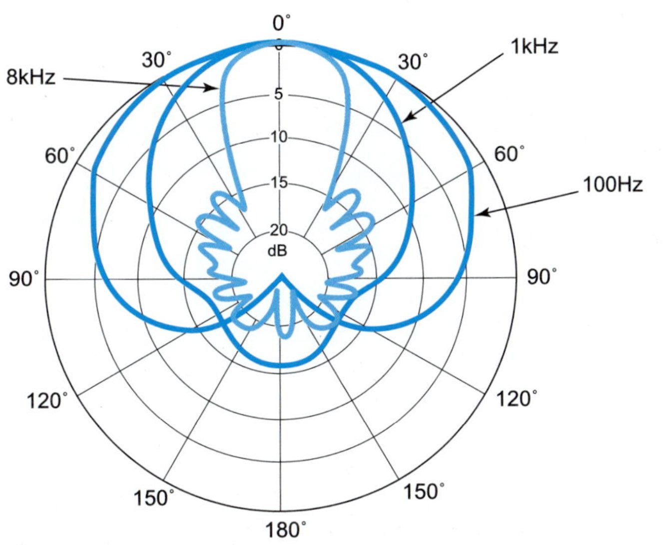

그림 4.9 MKH416 마이크의 주파수에 따른 지향 특성(출처: Sennheiser)

예제 4-3

마이크를 구매할 때 임피던스가 높은 마이크(10 kΩ 이상) 보다 임피던스가 낮은 마이크(200~600 Ω)를 선호하는 이유에 대해 토론하시오.

답 높은 임피던스의 마이크는 케이블의 거리에 따라 주파수특성이 변하여 증폭기와 마이크 사이의 길이가 매우 짧은 경우에만 사용된다.

무선 마이크(Wireless Mic)

공연장 등에서는 가수가 무대를 이동하거나 안무를 할 때 유선마이크의 전선이 발에 걸리는 경우가 발생하여 문제가 된다. 이 때 무선 마이크(Wireless Mic)를 사용하면 이런 문제가 해결될 수 있어 크기가 큰 공연장이나 움직임이 많은 무대에서는 무선마이크를 사용하는 것이 일반화되었다[144]. 무선 마이크는 [그림 4.10]과 같이 마이크에 포함된 송신기 안테나에서 무선 신호를 방사하면 보통 외부 안테나가 연결된 무선 마이크 수신기가 신호를 받는 형식으로 되어 있으며, 보통 수십 MHz에서 수백 MHz의 주파수를 사용한다. 공연장이 넓은 경우 무선 성능이 떨어질 수 있으므로 수신기 안테나와 수신기 사이에 케이블이 길 경우 신호를 증폭시켜주는 중계기(Repeater) 등이 포함될 수 있다. 최근에는 무선 인이어(Wireless In Ear)도 많이 사용하는데 공연자가 허리춤에 착용한 수신기에 연결된 이어폰으로 잔신의 목소리를 청취하면서 박자, 음정 등의 상태를 실시간으로 확인하기 위해 사용된다[145]. 이러한 무선 마이크와 무선 인이어에 대한 이해는 무선통신, 특히 아날로그 FM 통신에 대한 이해가 필요하므로 7장에서 자세히 다루도록 한다.

---

144) 무선마이크의 편리성으로 인해 이제는 공연장이 아니어도 노래방이나 학원, 교회 등에서도 무선마이크를 사용하는 것이 일반화되고 있다.

145) TV를 시청하다보면 가수가 귀에 이어폰을 꼽고 있는 것을 볼 수 있다. 또한 노래를 잘 부르다가 중간에 인이어를 빼기도 한다. 가수들은 무대에서 자신의 목소리와 반주를 들으면서 노래를 해야 하는데, 그것을 무대에 놓인 스피커가 아닌 무선으로 귀에 꽂은 이어폰으로 듣는 것이 무선 인이어이다. 보통 무대의 스피커는 관객을 향하고 있어 실제 가수들에게는 잘 들리지 않고 큰 공연장의 경우 메아리처럼 들리게 된다. 인이어는 스테레오 형식과 모노 형식이 존재하며 스테레오 형식은 MR과 가사가 나오고 모노 형식은 MR이 나온다. 이 인이어가 없다면 가수들은 음정이나 박자를 제대로 잡기가 힘들기 때문에 대부분의 가수들은 인이어를 착용한다. 심지어 립싱크를 하더라도 박자에 맞춰 춤을 춰야하기 때문에 인이어는 필수적으로 필요하다. 무대 중간에 인이어를 빼는 모습도 많이 볼 수 있는데 그 이유는 여러가지이다. 보통은 자신의 목소리를 듣기 위해서 빼거나 인이어를 끼면 관객들과의 호응이 어렵기 때문에 빼기도 한다.

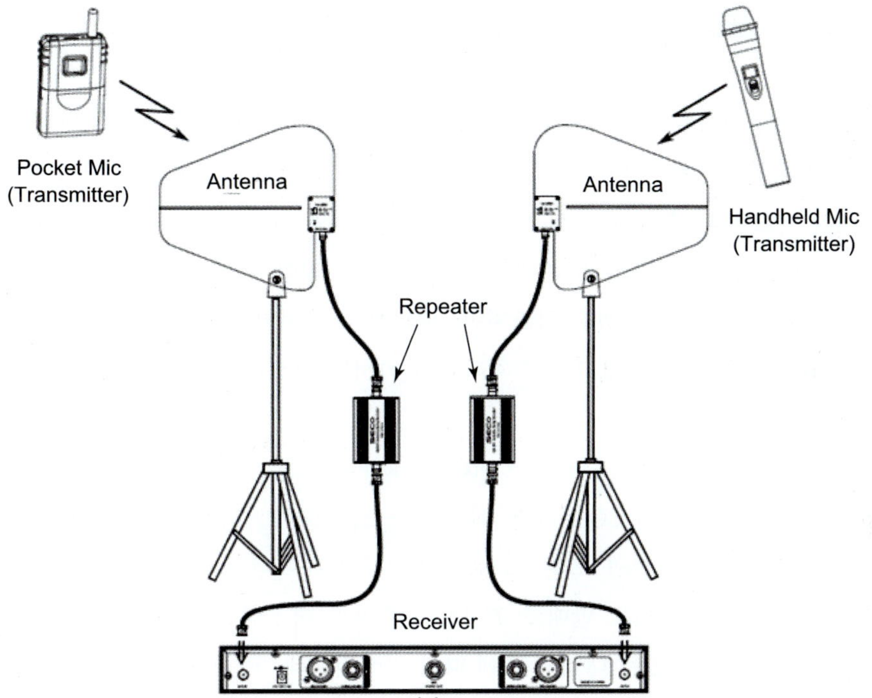

그림 4.10 무선마이크 시스템 구성도(출처: 새한음향)

예제 4-4

주변에 있는 공연장이나 학교 등에서 무선마이크와 유선마이크를 어떻게 배치하여 사용하고 있는지 알아보자.

참고 대규모 야외 공연장에 가면 오디오 시스템을 설치하는 광경을 볼 수 있다. 이때 무선 마이크 수신용 안테나 등은 모양을 보면 알 수 있다.

참고 정부에서 실시하는 국가자격 검정 시험을 통해 무대 기계, 무대 조명, 무대 음향 분야에서 전문인력을 양성한다. 무대음향 분야에서는 3급에서 1급까지 3단계로 발급되는데 이 자격증을 취득하기 위해서는 실무경력이 있어야 한다.

4.2 아날로그 신호처리기

앞에서 다양한 아날로그 소스기기를 살펴보았다. 이러한 아날로그 소스기기 별로 가격이 비싼 앰프나 스피커를 달면 비합리적이므로 다수의 아날로그 신호를 묶어서 앰프로 보내는 믹서가 필요하다. 또한 아날로그 소스기기와 프리앰프 사이에는 음색을 조절하는 이퀄라이저(Equalizer, 줄여서 EQ)가 존재할 수 있다[146]. 이러한 오디오 기기들은 신호의 크기를 조절하는 프리앰프와는 기능은 다르지만 OPAMP로 구성한다는 것은 동일하다. 본 절에서는 OPAMP를 이용한 아날로그 신호처리기인 믹서와 이퀄라이저(Equalizer, EQ)에 대해 살펴보도록 하자.

이퀄라이저의 종류는 크게 그래픽 EQ(Graphic Equalizer), 파라메트릭 EQ(Parametric Equalizer)로 나뉜다. 그래픽 EQ는 보통 회전형 노브나 슬라이더로 각 주파수대역의 크기를 조절한다. 예를 들어 노브를 오른쪽으로 돌리거나 슬라이더를 위로 움직이면 해당 주파수대역의 소리를 키울 수 있고 반대로 조정하면 주파수 대역의 소리를 줄일 수 있다. 그래픽 EQ는 보통 조절할 수 있는 대역의 수에 따라 결정되는데, 고음(Treble), 중음(Mids), 저음(Bass)만 제어하는 3-밴드 타입[147], 10개의 옥타브로 분리하는 10-밴드 타입, 2/3옥타브로 하는 15-밴드, 1/3옥타브로 하는 31-밴드 등이 있다. [그림 4.11]에 3-밴드와 10-밴드 그래픽 이퀄라이저의 예를 보여준다. 그래픽 EQ는 주로 청취하는 공간에서 들리는 소리가 공간의 특성에 의하여 왜곡되는 경우에 왜곡을 보정하기 위한 용도로 개발되었다. 즉, 스피커의 소리를 최대한 원음에 가깝게 만들기 위한 목적으로 개발되었다. 그래픽 EQ의 사용 의도 및 목적은 오디오가 설치된 공간의 특성으로 인하여 발생하는 특정 주파수 성분의 왜곡에 의해 원래 음원과 달라진 주파수 응답을 주파수 대역으로 분해하고 각각을 증폭 또는 감쇠시켜 주파수 균형을 최대한 일정하게 만드는 역할을 한다. 하지만 최근 스마트폰 등에 사용되는 EQ는 일반적으로 음색의 불균형을 더 강조해서 자신에게 보다 듣기 좋은 음색을 내기 위해 사용된다.

---

146) 이퀄라이저의 역사는 전화기가 막 보급되던 20세기 초에 전화 기술로 시작되었다. 당시 전화기는 아날로그 방식으로 전화선의 길이가 길어질수록 외부에서 잡음이 추가되고, 고음은 점차 감쇠되어 통화 품질이 떨어지는 문제가 발생하였다. 이 문제를 해결하기 위해 전화기용 패시브 이퀄라이저(passive equalizer)라 할 수 있는 일종인 대역통과필터를 개발하면서 이퀄라이저의 역사가 시작되었다. 이후 진공관이 등장함에 따라 증폭기능이 추가된 액티브 이퀄라이저(active equalizer)가 등장하게 되었다.

147) 2-밴드 EQ의 경우는 3-밴드 EQ에서 중음대역의 이득이 고정되어 있는 것으로 볼 수 있다.

그림 4.11 노브타입 3-밴드(좌)와 슬라이드 타입 10-밴드(우) 그래픽 이퀄라이저

파라메트릭 EQ의 경우, 고정형 EQ인 그래픽 EQ와는 다르게 조정할 주파수 대역의 범위를 임의로 정할 수 있는 것이 특징이다. 중심 주파수 대역을 정하는 기능과 선택한 주파수 대역의 증폭과 감쇠 기능까지 있다면 세미 파라메트릭 EQ라고 하며, 필터의 Q값(~대역폭의 조절)을 제어하는 옵션까지 탑재하면 풀 파라메트릭 EQ라고 한다. 파라메트릭 EQ는 사용이 까다롭기 때문에 보통 전문가용으로 사용되며 일반인이 사용하기는 어렵다. 그 이유는 그래픽 EQ는 고정형 EQ이기 때문에 주파수 포인트들이 정해져 있어 특정 주파수 대역을 증폭하거나 감쇠만 하는 기능밖에 없지만, 파라메크릭 EQ는 주파수 포인트를 직접 조정해야 하기 때문이다. 보통 하드웨어 방식의 파라메트릭 EQ의 경우 슬라이더가 2~4개 정도에 불과하므로 주파수 대역 전체를 빠르게 세팅하기 어렵다[148]. 최근에는 음원이 디지털화됨에 따라 [그림 4.12]와 같이 파라메트릭 EQ 기능을 하는 전문가용 소프트웨어도 많이 출시되고 있다. 이러한 소프트웨어 기반 파라메트릭 이퀄라이저들은 슬라이더의 개수에 제한이 없어 일반인이 사용하기에는 매우 어렵다.

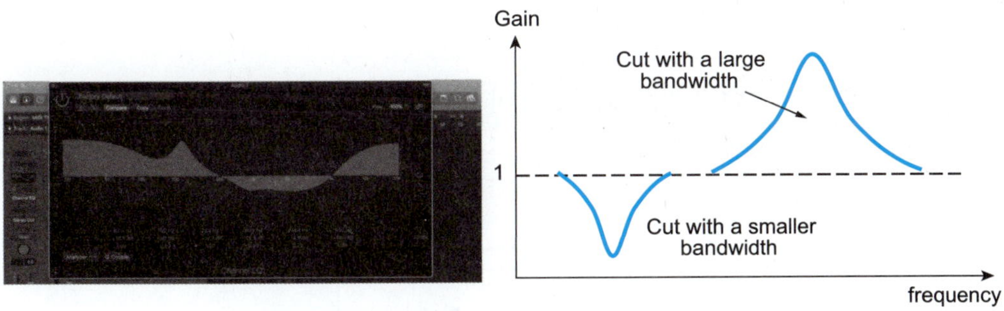

그림 4.12 파라메트릭 이퀄라이저 소프트웨어의 예

148) 대부분의 파라메트릭 EQ는 아날로그/디지털 믹서나 기타 앰프에 기본 장착 되어 있으며, 고급형 아날로그 믹서들의 경우는 중역대의 주파수 범위 중 어느 주파수를 선택해 조정할 것인지 결정할 수 있는 EQ를 장착한 경우도 있다.

4.2.1 능동필터의 이해

이퀄라이저를 구성하는 필터 회로를 캐패시터와 인덕터로 구성한다면 동일한 회로라도 입출력 임피던스에 따라 그 특성이 달라지는 문제가 있다. 또한, 인덕터 소자의 크기 때문에 필터 회로의 크기도 커지게 된다. 따라서 현재의 대부분의 이퀄라이저 회로는 OPAMP를 이용한 능동필터(Active)로 구현하게 된다. 따라서 본 절에서는 OPAMP를 이용한 능동필터에 대해 살펴보자.

필터는 수동(Passive) 필터와 능동(Active) 필터로 구분되는데 수동 필터는 RLC 소자만으로 구성되며, 수동 필터로 구성된 크로스오버 네트워크의 설계는 2장에서 살펴보았다. 이제 능동필터를 학습해 보자. [그림 4.13]에 OPAMP를 이용한 저역통과필터와 고역통과필터의 대표적인 구성을 보여준다. 능동필터는 수동필터와 다르게 증폭기능을 가질 뿐만 아니라 인덕터 없이 캐패시터만으로도 다양한 필터를 구성할 수 있는 것이 큰 장점이다. 따라서 오디오 필터 회로를 소형화할 수 있어 이퀄라이저 회로에 필수적으로 사용된다.

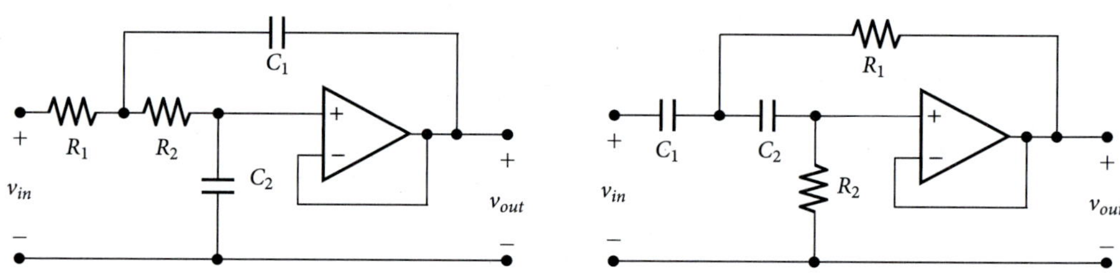

그림 4.13 능동형 저역통과필터(왼쪽)와 고역통과필터(오른쪽)

이제 일반적으로 OPAMP 기반 필터로 많이 사용되는 Sallen-Key 필터의 구성방법에 대해 알아보자. [그림 4.14]에서 Sallen-Key 필터의 일반적인 구성이 나와 있다.

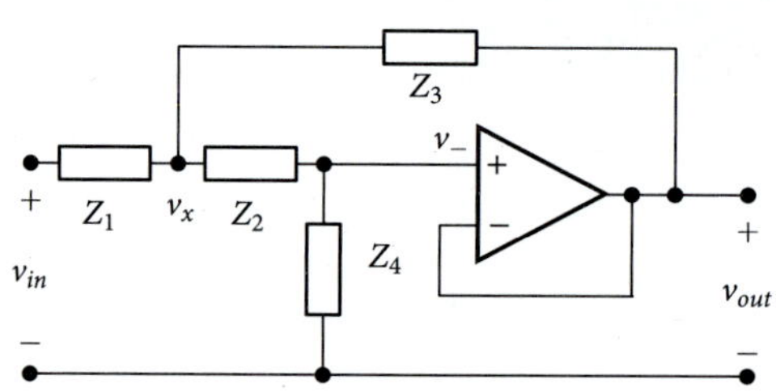

그림 4.14 Sallen–Key 필터의 구성

Sallen-Key 필터를 해석하기 위해 v_x 노드에서 Kirchhoff의 법칙을 적용하면 다음과 같다.

$$\frac{v_{in}-v_x}{Z_1}=\frac{v_x-v_{out}}{Z_3}+\frac{v_x-v_-}{Z_2} \tag{4.2}$$

OPAMP의 특성에 의해 $v_+ = v_- = v_{out}$이므로 다음 식도 유도할 수 있다.

$$\frac{v_x-v_{out}}{Z_2}=\frac{v_{out}}{Z_4} \tag{4.3}$$

이제 식 (4.2)와 식 (4.3)을 다시 정리하면 다음과 같다.

$$\frac{v_{in}-v_x}{Z_1}=\frac{v_x-v_{out}}{Z_3}+\frac{v_x-v_{out}}{Z_2} \tag{4.4}$$

$$v_x=v_{out}\left(\frac{Z_2}{Z_4}+1\right) \tag{4.5}$$

식 (4.4)와 식 (4.5)를 연합하면 다음과 같이 입출력 관계식을 쓸 수 있다.

$$\frac{v_{in}-v_{out}\left(\frac{Z_2}{Z_4}+1\right)}{Z_1}=\frac{v_{out}\left(\frac{Z_2}{Z_4}+1\right)-v_{out}}{Z_3}+\frac{v_{out}\left(\frac{Z_2}{Z_4}+1\right)-v_{out}}{Z_2} \tag{4.6}$$

식 (4.6)을 정리하면 최종 입출력 관계식은 다음과 같다.

$$\frac{v_{out}}{v_{in}}=\frac{Z_3Z_4}{Z_1Z_2+Z_3(Z_1+Z_2)+Z_3Z_4} \tag{4.7}$$

식 (4.6)의 Sallen-Key Filter의 일반식을 이용하여 [그림 4.15]와 같은 Sallen-Key 저역통과 필터(LPF)에 적용하면 다음과 같다.

$$Z_1=R_1,\ Z_2=R_2,\ Z_3=\frac{1}{sC_1},\ Z_4=\frac{1}{sC_2} \tag{4.8}$$

이제 주파수 영역에서 전달함수는 다음과 같다.

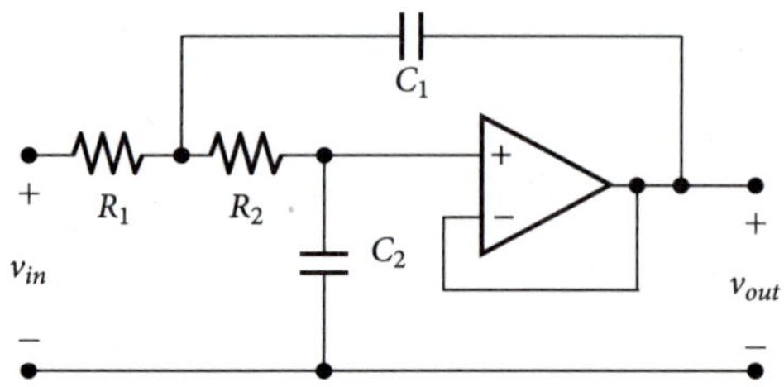

그림 4.15 Sallen-Key LPF의 예

$$H(s)=\frac{\frac{1}{R_1C_1R_2C_2}}{s^2+s\left(\frac{1}{R_2C_1}+\frac{1}{R_1C_1}\right)+\frac{1}{R_1C_1R_2C_2}} \tag{4.9}$$

필터의 차단주파수는 식 (4.10)으로 주어진다.

$$f_0=\frac{1}{2\pi\sqrt{R_1R_2C_1C_2}} \tag{4.10}$$

이번에는 식 (4.7)의 Sallen-Key Filter의 일반식을 이용하여 [그림 4.16]과 같은 Sallen-Key 고역통과필터(HPF)에 적용하면 다음과 같다.

$$Z_1=\frac{1}{sC_1},\quad Z_2=\frac{1}{sC_2},\ Z_3=R_1,\ Z_4=R_2 \tag{4.11}$$

이제 주파수 영역에서 전달함수는 다음과 같이 주어진다.

$$H(s)=\frac{s^2}{s^2+s\left(\frac{1}{R_2C_1}+\frac{1}{R_2C_2}\right)+\frac{1}{R_1C_1R_2C_2}} \tag{4.12}$$

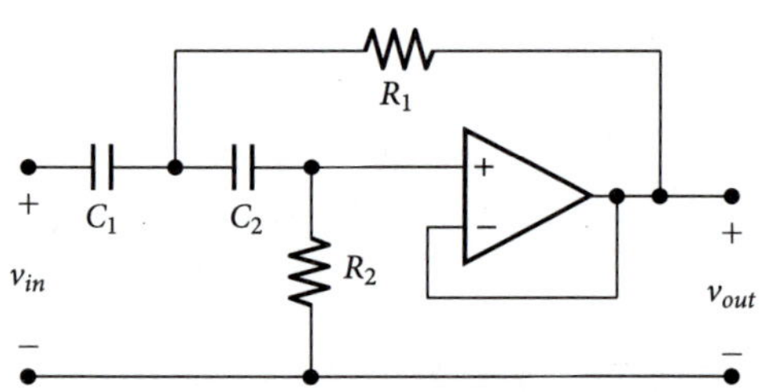

그림 4.16 Sallen-Key HPF의 실 예

필터의 차단주파수는 식 (4.13)으로 주어진다. 식 (4.10)과 식 (4.13)은 동일하다.

$$f_0 = \frac{1}{2\pi\sqrt{R_1R_2C_1C_2}} \tag{4.13}$$

이제까지 OPAMP를 이용한 Sallen-Key LPF와 Sallen-Key HPF에 대해 살펴보았다. 이외에도 좀 더 복잡한 능동필터 설계 방법이 있으나 본 절에서는 생략하도록 한다[149]. 한편, OPAMP 제조사에서도 자기 회사의 OPAMP를 판매하기 위하여 능동필터를 설계하는 소프트웨어를 무료로 제공하고 있다. 예를 들어 Analog Device사에서 제시하는 설계 Tool은 다음의 홈페이지에 접속하면 된다. 접속하게 되면 복잡한 수식 계산 없이 본인이 원하는 필터를 필터의 규격을 입력하는 것만으로도 설계할 수 있다[150].

▸ https://tools.analog.com/en/filterwizard/

예제 4-5

OPAMP를 이용한 능동필터 설계 Tool을 이용하여 차단주파수가 10 kHz이고 40 kHz에서 −20dB 감쇠를 갖는 1단 저역통과필터를 설계하고 주파수 응답을 구하시오.

예제 4-6

[그림 4.17]의 설계 결과를 식 (4.9)의 Sallen-Key LPF 계산식과 비교하시오.

풀이 [그림 4.17]의 소자값(R_1 = 11.9 kΩ, R_2 = 213 kΩ, C_1 = 1 nF, C_2 = 100 pF)을 식 (4.8)에 대입하시오. 이때 $s = j\omega$이다.

149) Sallen-Key 필터보다 더 복잡한 OPAMP 필터회로의 경우 손으로 해석하기 어렵기 때문에 보통 Spice 등의 전자회로 설계 프로그램을 사용한다.

150) 인터넷 상에 설계 프로그램도 설계 이론을 바탕으로 프로그래밍화한 결과이므로 그 원리를 이해한 후 사용하는 것이 중요하다. 원리를 이해하지 않고 사용할 경우 프로그램의 오류가 있거나 입력파라미터가 틀려 발생한 결과를 검증할 수 없다.

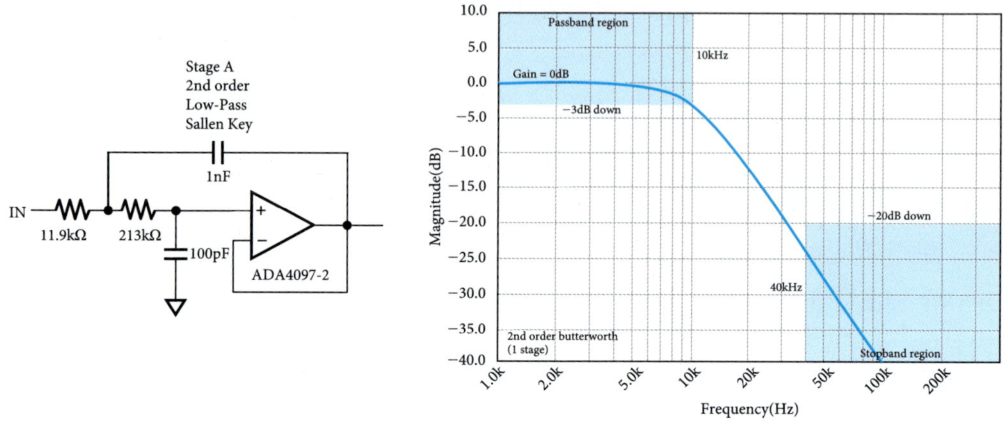

그림 4.17 예제 4-5의 능동필터의 설계 예

참고 인터넷 상에 Sallen-Key LPF와 Sallen-Key HPF에 대한 해석 프로그램이 많이 있으므로 이를 검색하여 사용할 수 있다. Sallen-Key Low-pass Filter Design Tool로 검색하여 사용해보기 바란다.

http://sim.okawa-denshi.jp > Tools > Filters ⋮

Sallen-Key Low-pass Filter Design Tool

This page is a web application that design a **Sallen-Key low-pass filter**. Use this utility to simulate the Transfer Function for filters at a given frequency...

예제 4-7

Sallen-Key 설계 수식을 이용하여 필터를 설계하고 주파수응답을 그리시오. 또한 그 결과가 예제 4-6과 같음을 확인하시오.

풀이 아래 MATLAB 프로그램을 이용하여 주파수 특성을 볼 수 있으며, 인터넷 tool과 동일한 결과를 얻을 수 있다.

```
R1=11.9E3;      R2=213E3;      C1=1E-9;      C2=100E-12;
f0=1/(2*pi*sqrt(R1*R2*C1*C2));      w0=2*pi*f0;
Q=sqrt(R1*R2*C1*C2)/(C2*(R1+R2));
f_min=1E3;      f_max=400E3;                N=100;
f=f_min*((f_max/f_min).^((0:N)/N));         w=2*pi*f;
H=w0.^2./(-w.^2+j*w*(2*pi*f0./Q)+w0^2);
semilogx(f,20*log10(abs(H)), 'k-');
xlabel('Frequency, Hz');      ylabel('Attenuation, dB');
axis([1E3,400E3,-40,10]);     grid
```

현재까지 OPAMP를 이용한 저역통과필터와 고역통과필터를 Sallen-Key 필터로 살펴보았다. 이제 대역통과필터에 대해 살펴보자. 대역통과필터는 차단주파수가 다른 LPF와 HPF를 직렬로 연결하고, 그 중간에 회로의 격리를 이용하여 buffer를 추가하여 구성할 수 있는데, 보통 HPF가 먼저 나오게 된다. 이때 HPF의 차단주파수는 LPF의 차단주파수보다는 낮아야 한다. [그림 4.18]에 대역통과필터의 구성 방법이 나와 있다.

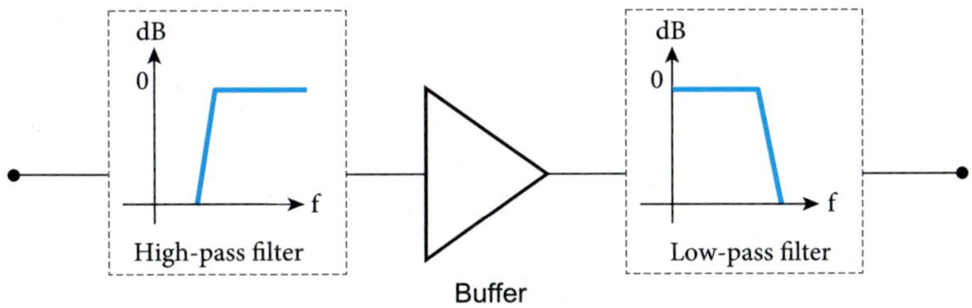

그림 4.18 대역통과필터의 구성방법

대역통과필터과 직렬로 구성되는데 반하여 대역저지필터는 LPF와 HPF를 병렬로 연결한 후 합산기 회로를 이용하여 더해주면 구성된다. 이 때 LPF의 차단주파수는 HPF의 차단주파수보다는 낮아야 한다. [그림 4.19]에 대역저지필터의 구성 방법이 나와 있다.

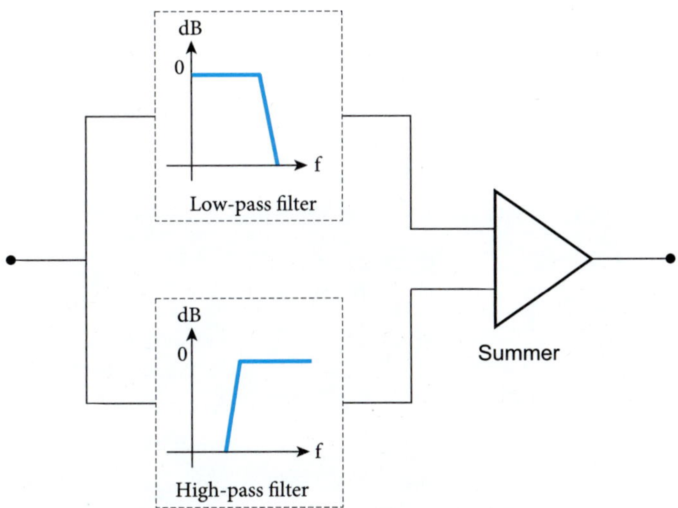

그림 4.19 대역저지필터의 구성방법

예제 4-8

400 Hz의 차단주파수를 갖는 저역통과필터(LPF), 4 kHz의 차단주파수를 갖는 고역통과필터(HPF)와 400 Hz와 4 kHz의 신호를 통과하는 대역통과필터(BPF) 3개로 구성된 3-band EQ 회로를 Sallen-Key 필터 구조로 설계하시오.

풀이 LPF와 HPF는 각각 [그림 4.15]와 [그림 4.16]의 구조를 갖도록 하고 BPF는 [그림 4.18]과 같이 3개의 OPAMP로 구성할 수 있다.

예제 4-9

[그림 4.18]의 대역통과필터와 [그림 4.19]의 대역저지필터 필터의 차이점은 무엇인가?

풀이 대역저지필터는 LPF와 HPF를 병렬로 연결한 후 합산기 회로를 이용하여 더해주면 구성된다. 이 때 LPF의 차단주파수는 HPF의 차단주파수보다는 낮아야 한다.

4.2.2 믹서/이퀄라이저 회로 사례

3장에서 기본적인 OPAMP 이론을 학습하고 앞에서 OPAMP를 이용한 능동필터 설계 방법까지 학습하였다. 이제 실제 이러한 능동필터가 오디오 기기에서 실제로 어떻게 사용되는지 알아보자. [그림 4.20]은 믹서/이퀄라이저 제품의 사진을 보여준다. 보통 콘솔이라고 하며 입력신호를 받아 증폭하거나, 이퀄아이저로 밸런스를 맞추고, 다양한 신호를 합쳐서 출력을 만드는 장치이다. [표 4.2]에 믹서/이퀄라이저 스펙의 사례를 보여주고 있는데 입력의 종류 및 개수, 입력신호의 임피던스가 나와 있다. 또한, 믹서와 이퀄라이저가 같이 있는

그림 4.20 오디오 믹서출처: Soundcraft)

[표 4.2] 믹서/이퀄라이저 스펙의 사례

규격	설명
입력	12 mono + 2 stereo input – Mic 입력(2.4 kΩ), +17 dBu Max – Line input (11 kΩ), +30 dBu Max – Stereo input (100 kΩ), +30 dBu Max
이퀄라이저	3-밴드 EQ, 중역대 주파수 설정 HF: 12 kHz, ±15 dB shelving[151)] Mid: 150 Hz~3.5 kHz, ±15 dB, Q = 1.5 LF: 60 Hz, ±15 dB shelving

경우 이퀄라이저의 성능을 나타낸다. 규격에 포함된 이퀄라이저의 경우 저역, 중역, 고역의 3-밴드 이퀄라이저 회로가 포함되어 있는 것을 알 수 있다.

먼저, 오디오 콘솔 회로에서 믹서 회로를 살펴보자. 믹서 회로는 복잡한 것이 아니라 [그림 4.21]과 같이 OPAMP를 이용한 덧셈기(Summer)로 구성할 수 있다. 그림은 인터넷 상에 검색할 수 있는 4채널 오디오 믹서 회로를 보여준다. 각 채널은 증폭기 이득이 −1이므로 여러개의 신호를 동일한 전압레벨로 더하는 역할을 한다[152)]. 만약 채널을 4채널 이상 추가하고자 한다면 OPAMP의 입력단에 저항과 캐패시터를 이용해 입력을 추가하기만 하면 된다. 각 채널의 입력단에 10 kΩ의 오디오용 볼륨을 추가하면 각각의 크기를 조절할 수 있는 4채널 오디오 믹서를 간단히 만들 수도 있다. 참고로 덧셈기 앞단에 있는 캐패시터는 직류 유입을 막기 위한 DC 블로킹 캐패시터이다.

다음으로 이퀄라이저 회로를 보자. [그림 4.22]는 중심주파수가 32 Hz의 저음을 통과시키는 대역통과필터에서부터 16 KHz의 고음을 통과시키는 대역통과필터에 이르기까지 전 오디오 대역을 10개의 대역으로 나누어 12 dB씩 세밀하게 증감시킬 수 있는 그래픽 이퀄라이저 회로이다. 이는 10개의 좁은 대역의 주파수를 선택적으로 통과하면서 각각의 대역을 가변저항을 이용하여 이득을 조절하는 역할을 담당하는 필터 회로이다[153)]. 10-band EQ회

---

151) LPF, HFP와 같은 필터는 특정 주파수 대역 외의 신호를 제거하는 필터라면 Shelving 필터는 저음/고음을 증폭할 수 있는 필터를 의미한다.

152) [그림 4.21]의 회로는 이득이 −1이므로 위상이 180도 반전되므로 위상을 맞추기 위해서는 이득이 −1인 반전증폭기가 출력단에 연결되어야 한다.

153) [그림 4.21]의 이퀄라이저 회로에 대한 자세한 해석은 제외하도록 한다. 관심이 있는 학생은 Spice로 각각의 회로의 특성을 시뮬레이션해보기 바란다. 이 경우 가변저항에 따른 특성의 변화를 주의하여 관찰하기 바란다.

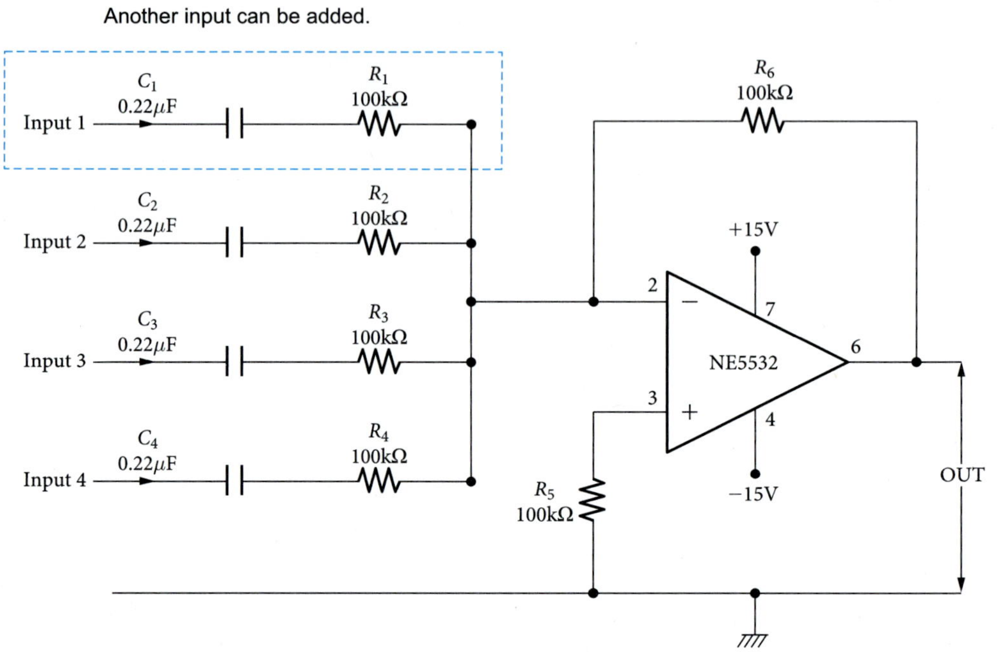

그림 4.21 오디오 믹서의 예(출처: 월간 오디오)

로이므로 대역통과필터된 10개의 신호가 덧셈기에 의해 더해지고 맨 아랫단에 Gain이 9인 반전증폭기가 있다. 10개의 필터회로는 동일한 회로 구성을 가지며 중심주파수의 차이에 따라 캐패시터의 값만 다르다.

중심주파수 32 Hz인 첫 번째 필터회로만 살펴보면 C_1은 18 nF, C_2는 1.8 nF으로 10배 차이가 난다. 마찬가지로 64 Hz의 주파수를 갖는 두 번째 필터회로 저항값은 동일하고 C_1은 100 nF, C_2는 10 nF으로 역시 10배 차이가 난다. [그림 4.22]의 각각의 필터회로의 해석은 손으로 풀기는 어려우므로 Spice 등의 회로설계 시뮬레이션을 이용하여 계산하는 것이 일반적이다.

참고 이퀄라이저 회로를 만들 때는 주파수 구분을 옥타브별로 구분하여 나누는 것이 보통이다. [그림 4.22] 회로의 경우 1 kHz를 중심으로 위로는 2 kHz / 4 kHz / 8 kHz / 16 kHz 대역통과필터가 있으며, 아래로는 500 Hz / 250 Hz / 125 Hz / 64 Hz / 32 Hz로 옥타브별로 작아지고 있음을 볼 수 있다.

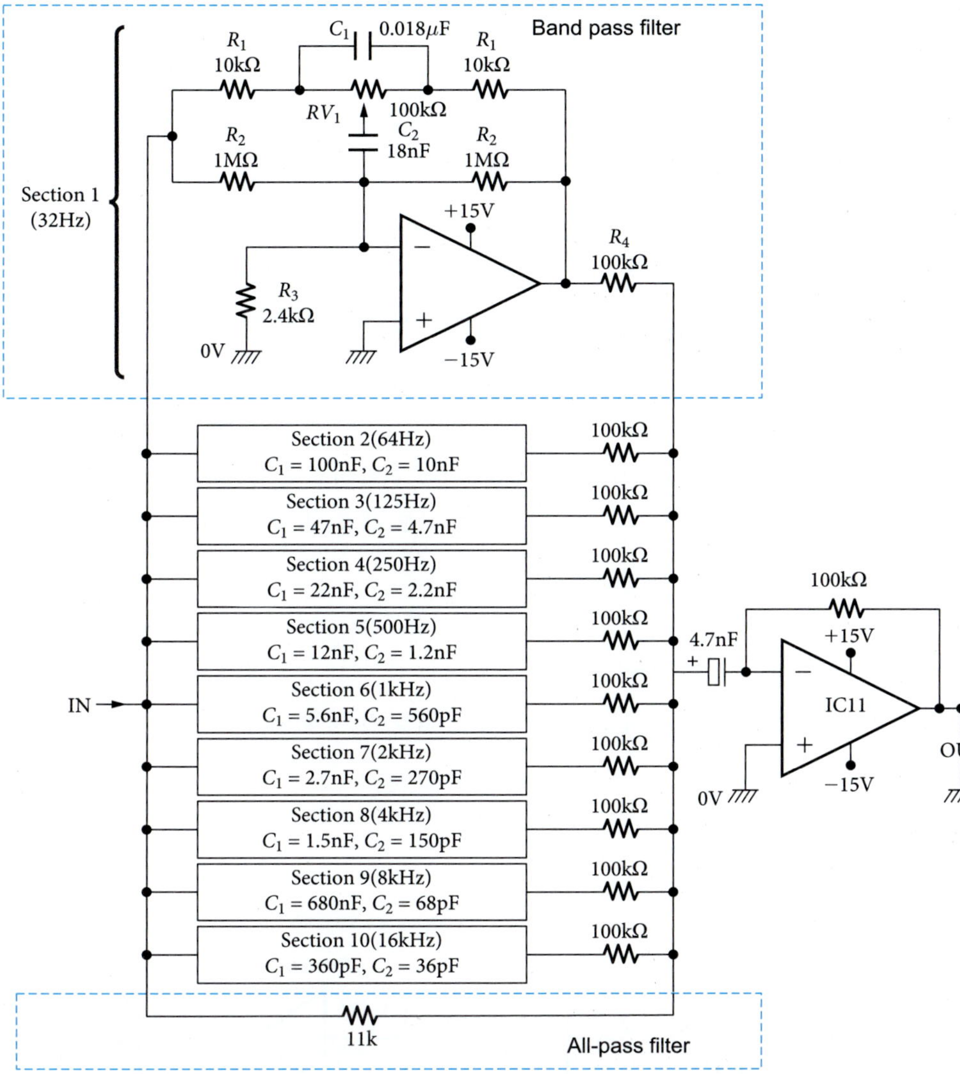

그림 4.22 그래픽 EQ의 예(출처: 월간 오디오)

4.3 아날로그 신호의 연결

앞에서 아날로그 소스기기에서 나오는 오디오 신호는 시간에 따라 변하는 아날로그 전압신호라는 것을 학습하였다. 이제 실제 이러한 아날로그 전압신호의 크기는 얼마인지, 또 아날로그 소스기기를 연결할 때 어떻게 해야 하는지 학습하자.

3.5절에서 앰프와 스피커를 연결하는 전선에 대해 학습했는데 이를 스피커 레벨(Speaker Level)이라 한다. 스피커 레벨을 제외한 오디오 기기를 연결할 때의 오디오 신호는 하이 임피던스 특성을 갖는 전압신호의 연결이고, 이러한 전압이 작을 때는 마이크 레벨(Mic level), 전압이 클 때는 라인 레벨(line level)을 사용한다. 대부분의 아날로그 소스기기가 앰프 등 오디오 기기를 상호 연결할 때는 적당한 크기의 전압신호로 연결되어야 하는데 이때의 전압레벨을 라인레벨이라 한다. [그림 4.23]에 마이크 레벨, 라인 레벨, 스피커 레벨을 구분하여 보여준다.

라인 레벨은 대부분의 오디오 장비들에 전달되는 신호 크기의 기준을 말한다. 만약 라인 레벨 이하의 전압 크기를 갖는 마이크 레벨의 오디오 기기들(예를 들어 마이크, LP 플레이어)은 다른 오디오 장비로 오디오 신호를 보내기 전에 장비 내에 내장된 저잡음증폭기(Low

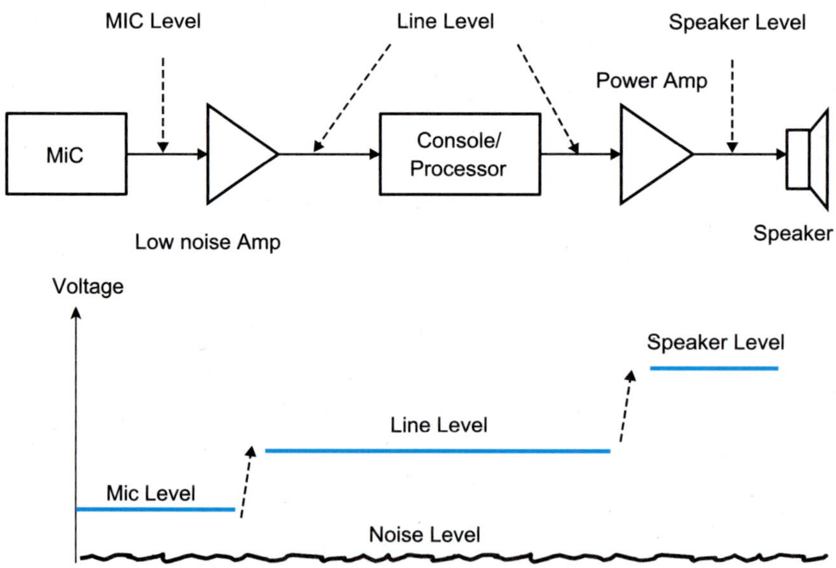

그림 4.23 마이크레벨, 전압레벨, 스피커 레벨

Noise Amplifier, LNA)[154]를 통해서 라인 레벨까지 전압을 증폭해주어야 한다. 일단 라인 레벨이 된 신호를 처리하는 장비들은 신호의 크기가 일정하므로 별도의 증폭이나 감쇠없이도 쉽게 기기 간에 연결이 가능하다.

이러한 라인 레벨의 크기는 2개가 있는데 프로페셔널 오디오 전문 장비의 라인 레벨과 일반 가정용 오디오 기기에 맞는 라인 레벨로 나눌 수 있다. 라인 레벨을 2개로 분류하는 것은 프로페셔널 오디오 장비에서는 오디오 기기 간에 케이블 길이가 100 m 정도까지 갈 수 있도록 한 것이고 가정용 오디오에서는 보통 오디오 기기들이 한 장소에 모여 있으며 케이블 길이가 상대적으로 짧아 케이블에 의한 전압강하 등이 특별히 문제가 되지 않기 때문이다.

라인 레벨의 2가지 기준[155]

– 프로페셔널 오디오 장비에 맞는 +4 dBV(= 1.228 V)
– 컨슈머 장비에 맞는 −10 dBu(= 0.316 V)

오디오 신호 연결을 위한 2가지 라인레벨의 차이는 전압신호가 연결될 때 접지(GND)의 전송방법이 다르기 때문이다. 아날로그 전압신호는 상호 연결 시 GND를 어떻게 전송하느냐에 따라 단일종단신호(Single-ended signal)과 차동신호(Differential signal)로 구분된다. 이를 이해하기 위해 먼저 오디오 기기의 GND의 구조를 살펴보자. 오디오 기기는 외부 금속박스('함체' 또는 '샤시'라고 부름)가 존재하는데 전자회로가 외부금속박스에 어떻게 연결되어 있느냐에 따라 [그림 4.24]와 같이 2개의 형태로 구분할 수 있다. 먼저 전압신호의 GND와 샤시의 GND가 서로 연결되어 있으면 Grounded 신호가 되고, 연결되어 있지 않으면 Floating 신호가 된다. Floating 신호는 Non-referenced signal이라고도 부른다.

이렇게 2개의 신호를 구분하는 이유는 신호를 상호 연결할 때 다양한 상황이 발생하기 때문이다. 예를 들어 [그림 4.25]와 같이 Grounded 신호로 두 개의 오디오기기가 연결되었다고 하자. 이 경우 Ground Loop current가 발생할 수 있다. Ground Loop란 시스템 안에 두 개의 Ground가 있을 경우, 두 개의 Ground 사이의 미세한 전위차에 의하여 Ground

154) 저잡음증폭기는 신호의 크기가 큰 신호를 증폭하는 전력증폭기와 달리 신호는 매우 작지만 잡음에 민감한 신호를 증폭하는 증폭기이다. 증폭기는 신호를 증폭할 때 잡음도 함께 증폭하게 되는데 증폭기 내부의 잡음이 있는 경우 잡음이 너무 크게 출력되는 문제가 있다. 저잡음증폭기 설계는 전력증폭기와 설계 방법이 다르니 별도의 학습이 필요하다.

155) 0 dBu는 0.775 V이고, 0 dBV는 1 V가 된다. 0.775 V는 600 Ω일 때 1 mW를 출력할 수 있는 전압값을 의미한다.

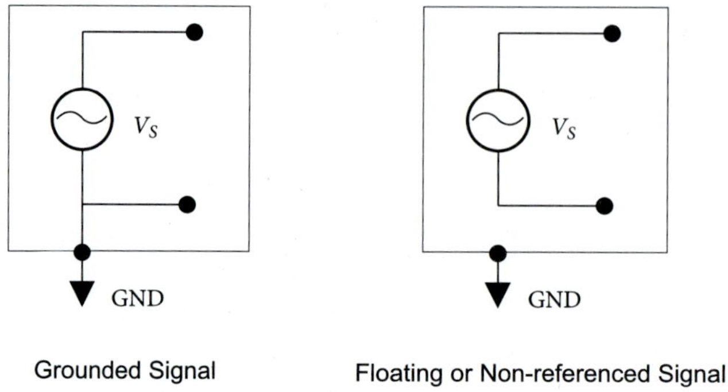

그림 4.24 Grounded signal vs. floating signal

에서 전류가 흐르는 Loop가 생성되는 것을 의미한다. Ground Loop current는 Noise의 발생(Common-mode 잡음이라고 부름)의 문제이지만, 만약 외부에서 번개 등의 의한 서지(Surge)가 유입될 경우에는 Ground loop로 큰 전류가 흐를 수 있기 때문에 시스템 파손의 직접적인 원인이 되기도 한다[156].

거리가 떨어진 오디오 전압신호를 전송할 때 차동신호 또는 발란스드 모드(Balanced mode)를 사용하면 이러한 GND의 문제를 제거할 수 있다. 차동모드는 신호를 동일하지만 극성만 반대인 두 개의 '+' 신호와 '−' 신호로 만들어(단일 주파수의 경우 위상을 180° 차이를 만들어서) 보내는 방식으로 두 신호를 더하면 언제나 '0', 즉 GND가 되므로 따로 GND

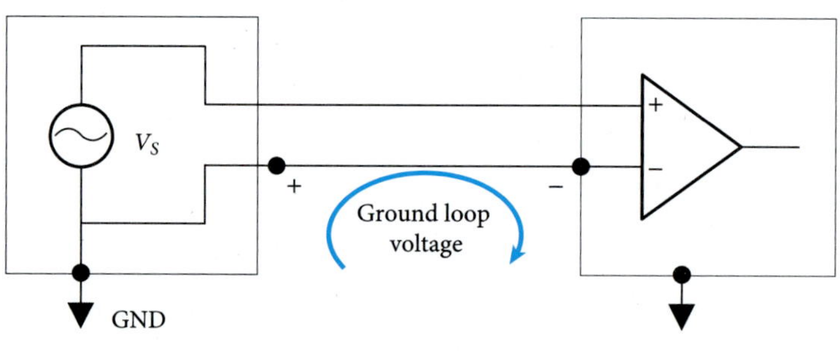

그림 4.25 Grounded 신호 연결 시 Ground 루프 전압 발생

156) 보통 접지가 많으면 좋을 것 같아 잡지를 많이 연결하는 경우가 있는데 접지 사이에 전압의 미세한 차가 있다면 문제가 된다. 따라서 접지에 민감한 공장 등에서는 보통 땅에 굵은 전선을 박아 접지를 만들고 여기에 모든 접지가 연결되도록 하는 접지공사가 필요하다.

신호를 전송하거나 오디오 기기 간에 GND 전압을 맞춰줄 필요가 없다[157]. 그러나 두 개의 전송선로가 반드시 있어야 하므로 선이 복잡하지는 단점이 있다. 따라서 가정용 오디오에 비해 오디오기기 간에 거리가 상대적으로 먼 프로페셔널 오디오기기 간에 전압신호 연결에서는 차동 모드를 우선적으로 사용하는 것이 좋다. 물론 차동 모드 신호에서도 기준이 되는 GND 신호 또한 보내주기도 한다.

차동신호를 선로로 전송하기 위해서는 [그림 4.26]과 같은 라인 드라이버(Line Driver) 회로가 필요하다. 송신기에서는 차동증폭기 구조를 이용하여 극성이 반대인 두 개의 신호를 생성하고, 출력단에서 이 신호를 빼면 서로 더해지므로 복원이 가능하게 된다[158].

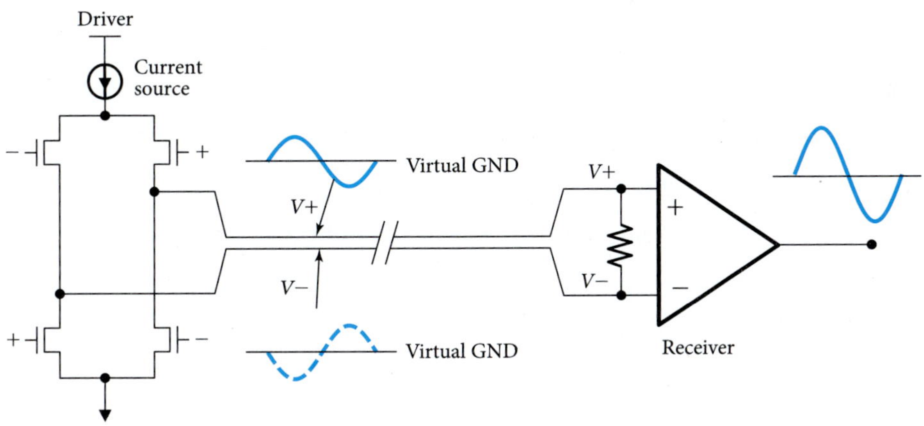

그림 4.26 Line Driver를 이용한 차동신호 전송

이러한 차동신호를 사용하는 라인레벨의 연결을 위해 프로페셔널 오디오 장비에는 XLR 커넥터[159]가 주로 사용된다. 3개의 핀 중에 1번은 접지 및 차폐 역할을, 2번과 3번은 각각 차동신호의 +신호와 −신호를 의미한다. [그림 4.27]에 XLR 케이블의 사진을 보여준다.

가정용 오디오 장비에서는 보통 오디오 기기들이 가까이 위치할 뿐만 아니라 동일한 전원을 사용하므로 굳이 가격이 비싼 차동신호 연결을 사용할 필요가 없다[160]. 그냥 신호

157) 반도체 IC에서도 크기가 작기 때문에 GND를 만드는 것이 어려워 차동신호를 많이 사용한다.

158) 컴퓨터 인터페이스 중 차동모드의 대표적인 사용 예가 컴퓨터나 스마트폰에서 많이 사용되는 USB (Universal Serial Bus) 연결이 있다.

159) XLR 커넥터는 캐논(cannon)사가 만들어서 캐논 잭이라고도 부른다.

160) 선이 3개인 전선보다 선이 2개인 전선이 만들기도 쉽고 구리도 적게 들어가므로 당연히 가격이 저렴하다.

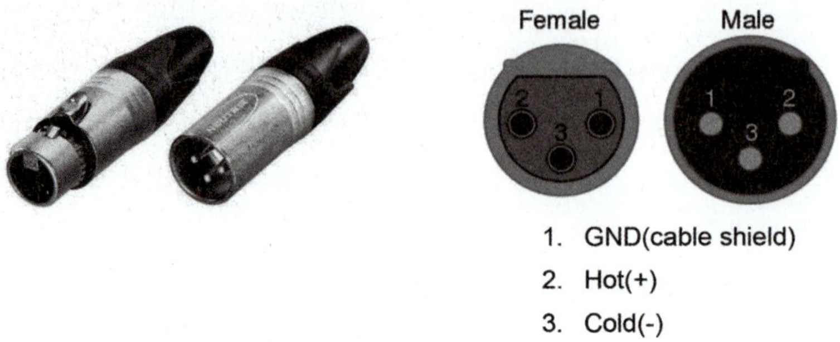

그림 4.27 +4 dBV의 XLR 커넥터

원 하나의 공통 GND만으로 구성되는 Single-ended 신호를 이용하는데 대표적인 커넥터가 가정용 오디오기기 간의 상호 연결을 위한 RCA 케이블과 휴대용 기기를 연결하기 위한 3.5 mm 케이블이 있다[161]. [그림 4.28]에 RCA 케이블과 3.5 mm 케이블의 사진을 보여준다. RCA 케이블은 동축선로를 이용한 것으로 스테레오 오디오 신호 연결 시 2개의 선(빨간색과 하얀색)을 색깔로 구분하고 있으므로 색깔에 맞춰 연결하면 된다. 주의할 것은 노란색 RCA 케이블이 있는데 이는 아날로그 케이블이 아니라 디지털 동축 케이블이므로 주의해서 사용해야 한다.

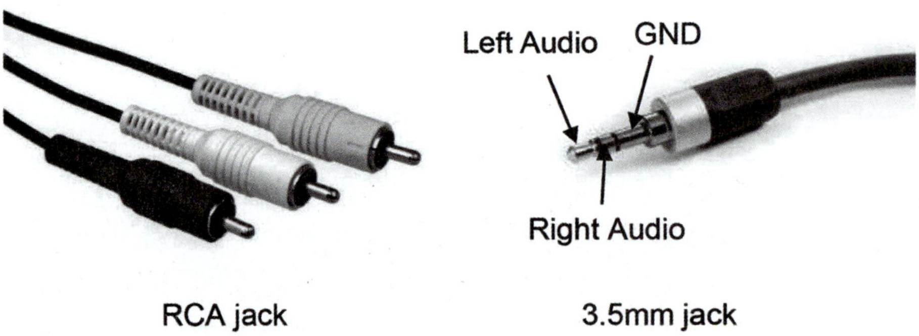

그림 4.28 −10 dBu의 RCA 커넥터와 3.5 mm 커넥터

161) RCA 케이블은 RCA 회사가 고안하여 실용화한데서 그 유래가 있다. RCA 케이블은 전화의 수동 교환기 시절 교환수가 선을 쉽게 뺏다 꼽을 수 있도록 하기 위해 고안된 것이라고 한다. RCA 케이블은 3 m 이내의 오디오 기기를 연결할 때 사용한다.

참고 케이블의 전선과 단자가 3개 있는 경우는 차동모드 케이블인 경우도 있지만 3.5 mm 커넥터와 같이 하나의 전선으로 스테레오신호를 전송하기 위해 Left 신호, Right 신호, GND 신호 3개를 사용하는 경우도 있으므로 주의해야 한다. 이 경우 Left 신호와 GND, Right 신호와 GND가 각각 single-ended 신호를 만들게 된다.

아날로그 신호 연결에 차동신호와 single-ended 신호 2개가 있으므로 가끔 이를 변환할 필요가 있다. 이를 위해서는 변압기(Transformer)나 트랜지스터를 이용할 수도 있지만 오디오 기기에서는 보통 차동증폭기 구조의 OPAMP로 변환회로를 구성하게 된다.

예제 4-10

본인이 사용하고 있는 PC, 오디오 기기, TV 등에 사용하고 있는 오디오용 아날로그 입출력 커넥터와 케이블에 대해 조사해보자. 조사된 케이블을 single-ended signal과 differential signal로 분류해보자.

4.4 아날로그 오디오 신호의 해석(이론)

이제까지 아날로그 방식의 스피커-앰프-소스기기에 대한 전반적인 내용을 모두 살펴보았다. 이제 5장의 디지털 소스기기로 설명을 진행하기 전에 이러한 아날로그 신호를 다루는 기본 이론과 아날로그 신호의 해석 방법에 대해 살펴보고자 한다. 아날로그 오디오 신호의 해석방법을 설명하는 이유는 다음과 같다.

첫째, 지금까지 디지털 방식을 제외한 전통적인 오디오 시스템에 대한 설명이 일단락되었다. 따라서 이러한 오디오 시스템을 전자공학 관점에서 어떻게 이론적으로 해석하는지 살펴볼 단계가 되었다. 또 다른 이유는 디지털 신호는 음파의 주파수 특성과 1대 1로 대응되는 아날로그 신호의 달리 파형이 전혀 다른 모양을 가질 뿐만 아니라 대역폭이 넓어지게 되는데 이를 이해하기 위해서는 먼저 음파와 1:1 대응되는 아날로그 오디오 신호의 주파수 특성의 정확한 이해가 선행되어야 하기 때문이다.

신호의 해석을 위한 이론으로 깊이 들어가기 전에 반드시 기억해야 할 것은 현재까지 다룬 신호는 시간에 따라서만 변하는 아날로그 전압신호라는 것이다[162]. 이러한 전압신호는 시간과 공간에 따라 표현해야 하는 음파와 달리 회로의 크기가 파장에 비해 매우 작다. 예를 들어 오디오 전압신호 중에서 가장 높은 주파수인 20 kHz의 경우 파장은 자유공간에서 1,500 km가 된다. 회로에서는 약간 작아지지만 그 파장은 여전히 회로에 비해 매우 크다. 따라서 회로 내의 어느 위치에서건 파형의 변화는 공간에 따른 변화는 없고 시간에 따른 변화만 있다고 볼 수 있으므로 공간의 변화는 빼고 시간의 함수인 $f(t)$로만 표현할 수 있다[163]. 즉, 원래 음파나 전파와 같은 파동은 $f(x, y, z, t)$로 공간과 시간이 함수이지만 시간의 함수로만 표현할 수 있다는 의미가 된다.

[그림 4.29]에 시간의 함수로 표현한 아날로그 전압신호가 존재하는 범위를 표시하였다. 한편, 이러한 아날로그 신호를 주파수 측면에서 살펴보면 주파수가 0인 DC를 중심으로 하는 대칭분포를 갖는 기저대역신호(Baseband signal)로 표현할 수 있다. 물론, DC란 시간에 따른 변화가 없음을 의미하므로 우리 귀에는 들리지 않는다. 이제 소리의 주파수가 증가하여 가청주파수(20 Hz~20 kHz)가 되면, 우리의 귀는 다양한 소리를 들을 수 있게 된다.

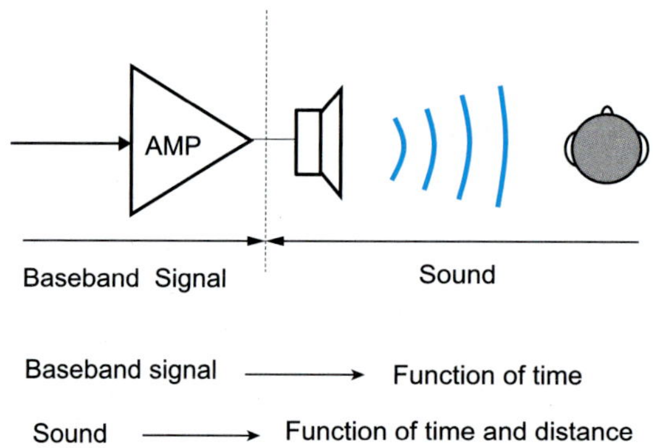

그림 4.29 시간의 함수로 표현되는 기저대역 신호

---

162) 신호는 그 구성 방법에 따라 전압신호, 전류신호, 전력신호로 구분된다. 전압신호는 전자회로 내에서 존재하는 대부분의 high impedance 회로에서, 전류신호는 부하임피던스가 가변되어 공급하는 전류가 변하는 DC 파워서플라이나 부하임피던스가 작아 전류가 많이 흐르는 오디오 전력증폭기에서 사용된다. 전력신호는 임피던스가 고정된 경우로 전력망을 통한 전력전송이나 통신 신호를 전송하는데 사용하는 fixed impedance 회로에서 주로 사용되며, 오디오 시스템에서는 PA 음향 등에서만 일부 사용된다.

163) 전자공학에서는 이를 집중회로 추상화(Lumped-Circuit abstraction)라고 하고 회로이론의 기본 전제가 된다. 물론 주파수가 올라가서 수 GHz 정도의 통신과 레이다 주파수가 되면 이러한 가정이 깨지게 되는데 이 경우를 분포회로(Distributed-Circuit)라고 하며, 분포회로는 마이크로파공학(초고주파 공학) 등에서 다루게 된다.

예제 4-11

가청주파수의 최고 주파수인 20 kHz를 전압신호로 표현할 경우 파장은 얼마인가? 이는 20 kHz 음파의 파장에 비해 얼마나 큰가?

답 15 km, 약 10^6배 크다.

소리를 시간의 함수로 표현할 때 가장 간단한 소리는 주파수가 하나인 정현파이다. 하지만 정현파로 표시할 수 있는 주파수가 하나인 소리는 귀에는 들리긴 하지만 듣기에 거북할 것이다. 이제 귀에 듣기 편한 소리 중 하나로 완전5도[164] 화음을 살펴보자. [그림 4.30]의 왼쪽 그림은 주파수비가 2:3인 완전5도 화음의 시간영역 파형의 변화를 보여주고 있다. 또한, 이 신호는 2개의 주파수의 크기가 각각 3과 2이므로 주파수와 크기로 그리면 [그림 4.30]의 오른쪽 그림과 같이 그릴 수 있는데 이를 주파수영역 표현이라고 한다[165]. 이와 같이 우리가 오디오에서 다루는 아날로그 신호는 여러 주파수가 혼합된 신호이고, 시간영역과 주파수영역 양쪽에서 표현할 수 있다. 시간영역 파형을 주파수영역으로 표기한 그림을 스펙트럼이라 하며 진폭을 그렸으므로 진폭스펙트럼(Amplitude spectrum)이라고 부른다.

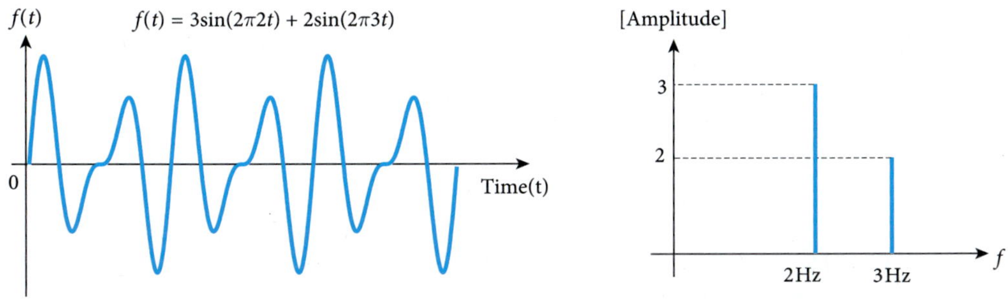

그림 4.30 완전 5도 신호의 시간영역과 주파수영역 표현

164) 화음(또는 코드)이란 주파수가 다른 2개 이상의 음이 동시에 울렸을 때의 합성음으로 완전5도란 주파수의 비율이 2:3인 두 음을 합성한 것을 의미하며, 예로 '도'와 '솔'의 주파수 비는 2:3이다.

165) 주파수 영역 표현 시 주파수에 따른 진폭의 변화만을 그렸으므로 이를 진폭 스펙트럼이라 한다. 만약 각각의 정현파들의 초기 위상이 다르다면 진폭스펙트럼(Amplitude spectrum) 외에 위상스펙트럼(Phase spectrum)도 그려야 한다. 또한 각각의 정현파들의 전력을 그릴 수 있는데 이를 전력 스펙트럼(Power spectrum)이라고 한다.

예제 4-12

주파수가 2 Hz인 신호와 3 Hz인 신호를 이용하여 [그림 4.30]과 같이 완전 5도 신호의 파형을 시간영역과 주파수영역에서 각각 그려보시오. 주파수 영역에서는 진폭스펙트럼과 위상스펙트럼을 그리시오.

$$f(t) = 3\sin(2\pi 2t) + 2\sin(2\pi 3t)$$

풀이 시간영역 파형 및 진폭스펙트럼은 [그림 4.30]과 같고, 위상스펙트럼은 2 Hz와 3 Hz에서 크기아 0인 위상값을 갖는 그림을 그리면 된다.

시간영역 파형을 주파수영역으로 변환할 때 진폭스펙트럼 외에도 위상스펙트럼(phase spectrum)이 필요하다. 예제 4-13과 같이 초기위상이 있는 신호는 초기위상에 의해 시간영역의 파형 자체가 달라지므로 더해진 파형의 모양도 달라지게 된다. 하지만 진폭스펙트럼은 예제 4-12와 동일하다. 반면 위상스펙트럼은 예제 4-12와 다르므로 기저대역 신호를 주파수영역으로 표현할 경우 위상스펙트럼도 반드시 그려야 한다. [그림 4.30]과 [그림 4.31]을 비교하면 진폭스펙트럼은 동일하나 위상스펙트럼은 차이가 남을 알 수 있다.

예제 4-13

예제 4-12에서 2 Hz 신호의 초기위상이 90°이고, 3 Hz 신호의 초기위상이 180°인 경우 신호의 파형을 그려보시오. 또한, 이 경우 주파수 영역 표현에서 진폭스펙트럼과 위상스펙트럼을 각각 그리시오.

$$f(t) = 3\sin(2\pi 2t + \pi/2) + 2\sin(2\pi 3t + \pi)$$

```
t=[0:0.05:3];
y1=3*sin(2*pi*2*t)+2*sin(2*pi*3*t);;
subplot(211); plot(t,y1)
y2=3*sin(2*pi*2*t+pi/2)+2*sin(2*pi*3*t+pi);;
subplot(212); plot(t,y2)
```

실제 오디오 신호와 같은 기저대역 신호는 파형이 복잡하여 시간영역 해석을 하기 보다는 주파수와 크기가 다른 여러 개의 정현파(Sinusoidal wave)로 기저대역 신호를 표현하는 주파수 영역 해석이 필요하게 된다. 물론 정현파 하나로도 소리를 표현할 수 있지만 이는 기계가 만드는 음으로 자연계에는 존재하지 않는다. 음악을 구성하는 소리는 정현파들의 합성에 의해 임의의 신호로 표현되는데, 이 사실을 뒤집어 말하면 어떤 모양의 신호파형이

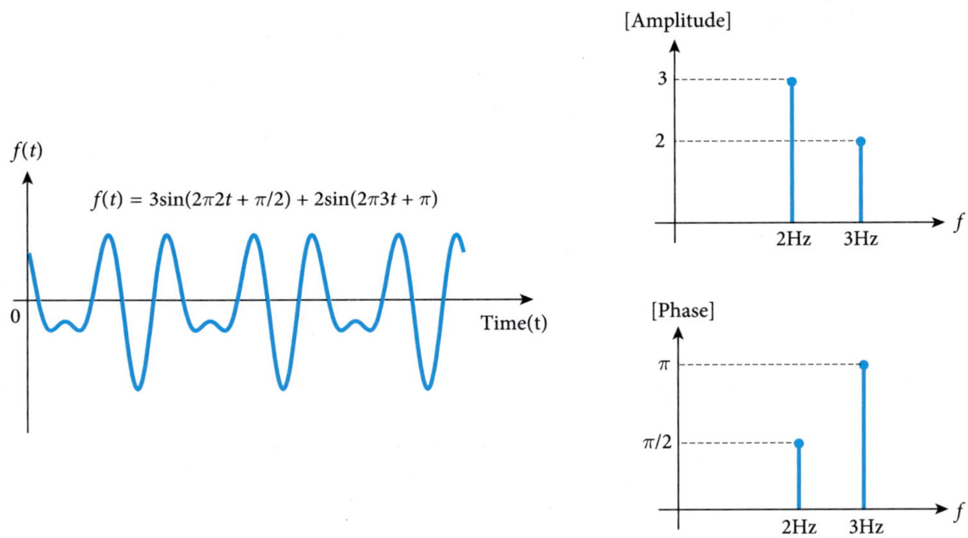

그림 4.31 초기위상이 있는 경우 파형, 진폭과 위상 스펙트럼

든 서로 다른 진폭, 주파수, 위상을 가진 정현파들로 분해될 수 있다는 의미가 된다.

예제 4-14

아래의 MATLAB 프로그램에서 차수를 올리면서 실행시킨 결과를 확인하여 사인함수의 조합으로 펄스열이 만들어짐을 확인하시오.

$$f(x) = \frac{4k}{\pi}\left(\sin x + \frac{1}{3}\sin 3x + \frac{1}{5}\sin 5x + \cdots\right)$$

```
k=1;
x=[-100:1:100];
t=pi*x/100;
f=(4/pi)*sin(t);
subplot(411); plot(t,f); grid; axis([-pi, pi, -1.5, 1.5]);
f=(4/pi)*(sin(t)+1/3*sin(3*t));
subplot(412); plot(t,f); grid; axis([-pi, pi, -1.5, 1.5]);
f=(4/pi)*(sin(t)+1/3*sin(3*t)+1/5*sin(5*t));
subplot(413); plot(t,f); grid; axis([-pi, pi, -1.5, 1.5]);
f=(4/pi)*(sin(t)+1/3*sin(3*t)+1/5*sin(5*t)+1/7*sin(7*t));
subplot(414); plot(t,f); grid; axis([-pi, pi, -1.5, 1.5]);
```

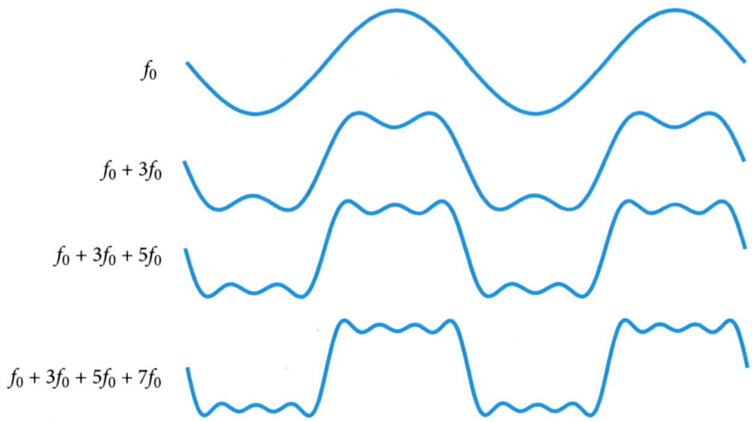

그림 4.32 예제 4-14의 결과

예제 4-14와 같이 코사인함수와 사인함수의 조합으로 임의의 파형을 생성할 수 있는데 이를 Fourier 해석이라고 한다. 특히 삼각함수를 이용한 Fourier 해석을 삼각함수형 Fourier 해석이라 부른다. 단, 특정 주파수의 신호를 주파수 영역에서 선으로 표시할 수 있음을 보았는데 주의할 것은 이 신호는 주기신호(periodic signal)를 가정한다는 것이다. 주기신호는 신호 $x(t)$가 식 (4.14)의 조건을 만족하면 주기 신호라고 하며 이 때 T를 주기(period)라 하며 주기는 양의 값을 갖는다.

$$x(t) = (t + T) \tag{4.14}$$

어떤 신호가 주기 T를 가진 주기 신호라면 이 신호는 또한 주기 mT를 가진 주기 신호가 된다. 따라서 식 (4.12)의 조건을 만족시키는 주기 중에서 가장 작은 주기 T_0를 기본주기(fundamental period)라 한다. 인 신호는 1초 동안에 동일한 파형이 $1/T_0$ 만큼 반도되는데 이 값 $f_0 = 1/T_0$을 기본주파수(fundamental frequency)라 한다.

> **중요** 기저대역 신호는 파형이 복잡하여 수식 하나로는 나타낼 수 있는 함수는 없지만 주파수와 크기가 다른 여러 개의 정현파로 기저대역 신호를 만들 수 있다. 즉, 정현파들의 합성에 의해 임의의 신호들을 생성할 수 있다는 것이다. 이 사실을 뒤집어 말하면 어떤 모양의 신호파형이든 서로 다른 진폭, 주파수, 위상을 가진 정현파들로 분해될 수 있다는 의미가 된다. 이는 Fourier 해석의 기본 개념이 된다.

4.4.1 아날로그 신호의 시간영역 표현

라인 레벨의 오디오 신호는 전압신호이다[166]. 아날로그 오디오 전압신호를 신호 $x(t)$로 표현한 후 이 신호의 시평균(DC값)과 전력을 구하면 식 (4.15)와 식 (4.16)으로 주어진다[167].

$$x_{DC} = <x(t)> = \lim_{T\to\infty}\frac{1}{T}\int_{-T/2}^{T/2} x(t)dt \tag{4.15}$$

$$P = <|x(t)|^2> = \lim_{T\to\infty}\frac{1}{T}\int_{-T/2}^{T/2} |x(t)|^2 dt \tag{4.16}$$

이 때, 식 (4.16)에서 신호가 실수값만을 갖는 실수함수라면 $|x(t)|^2 = x^2(t)$가 된다. 이렇게 신호를 시평균과 전력의 두 개로 표현한 이유는 시평균 하나만으로는 0을 기준으로 진동하는 크기가 다른 두 개의 신호를 구분할 수 없기 때문이다[168].

이제 오디오 신호를 분류해보자. 오디오 신호는 그 특성에 따라 다양하게 분류할 수 있다. 먼저 [그림 4.33]과 같이 아날로그(Analog) 신호와 디지털(Digital) 신호로 분류할 수 있고, 연속(Continuous) 신호와 이산(Discrete) 신호로 분류할 수 있다. 그림에서 왼쪽 위부터 시계방향으로 아날로그 연속신호, 디지털 연속신호, 디지털 이산신호, 아날로그 이산신호의 대표적인 예를 보여준다. 아날로그 연속신호를 샘플링(Sampling), 즉, 이산화하면 아날로그 이산신호가 되고 이를 양자화(Quantization)하면 디지털 이산신호를 만들 수 있다. 그림에서 디지털이산신호를 제외한 나머지 신호들은 시간의 함수인 $f(t)$로만 표현할 수 있으나 디지털이산신호는 샘플의 함수인 $f[n]$으로도 표현이 가능하다. 보통 샘플의 함수로 표현된 디지털 이산신호를 시간의 함수로 표현하거나 외부에 회로를 통해 전송할 때는 연속시간 디지털신호로 변환하여 표현하게 되는데 이를 라인코딩(line coding)이라고 한다.

참고 D급 앰프에서 사용하는 PWM(Pulse Width Modulation) 신호는 연속시간 디지털 신호의 대표적인 예이다.

---

166) 신호를 해석할 때는 수식을 간단히 하기 위해 1 Ω이라 가정하지만, 실제 회로에서 해당 신호를 만들기 위해서는 임피던스가 존재하므로 해당 임피던스를 고려해야 한다.

167) 실제 라인레벨에서의 오디오 기기는 수십 kΩ의 높은 임피던스를 사용하므로 전류가 거의 흐르지 않아 전력의 크기는 매우 작다.

168) 예를 들어 $\sin(2\pi t)$와 $2\sin(2\pi t)$는 신호의 크기가 다른데 시평균값은 모두 0이다. 하지만 식 (4.16)의 전력은 0.5와 2가 되므로 구별할 수 있다.

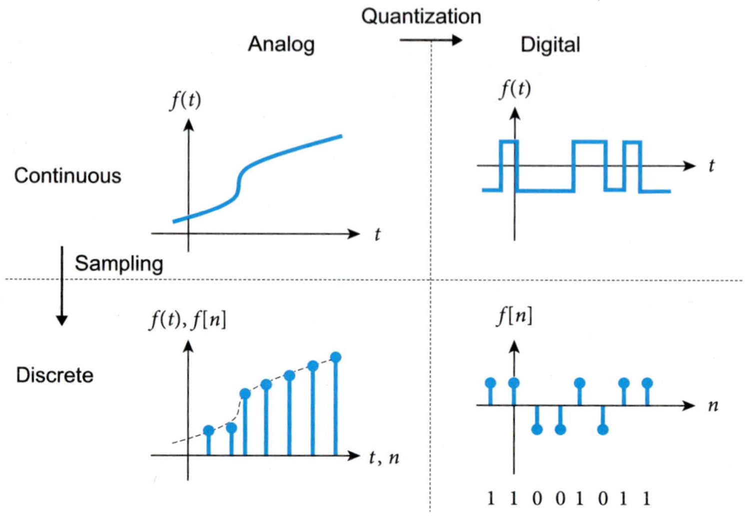

그림 4.33 신호의 분류

오디오 신호를 해석할 때는 신호의 주기성이 매우 중요하다. 시간 함수로 표현된 신호는 주기신호(periodic signal)와 비주기신호(nonperiodic 또는 aperiodic signal)로 구분할 수 있는데, 주기신호의 경우 일정한 시간 간격을 가지고 신호의 형태가 동일하게 반복되는 경우 주기신호(periodic signal)라 한다. 주기신호의 대표적인 사례로 특정 주파수에서만 진동하는 정현파 신호가 있으며, 주기신호의 시평균과 전력은 주기 T_0에 대해서만 시평균과 전력을 구한 것과 같다.

마지막으로 신호는 에너지신호와 전력신호로 구분할 수 있다. 신호가 0이 아닌 유한한 에너지를 갖는다면 이 신호를 에너지 신호라 하며, 0이 아닌 유한한 전력을 갖는다면 이 신호를 전력 신호라 한다.

- 에너지 신호 : $0 < E = \int_{-\infty}^{\infty} |x(t)|^2 dt < \infty$
- 전력 신호 : $0 < P = \lim_{T \to \infty} \frac{1}{T} \int_{-T/2}^{T/2} |x(t)|^2 dt < \infty$

에너지신호와 전력신호의 정의에 따라 에너지 신호의 전력은 0이며, 전력신호의 에너지는 무한대이다. 또한 주기신호는 전력은 유한하지만 에너지는 무한대의 값을 갖는 전력신호이다. 보통 오디오 신호를 해석할 때는 전력신호가 편리하기 때문에 전력신호라고 가정한다[169].

에너지 신호와 전력 신호는 다음의 성질이 있다.

1) 에너지 신호의 전력은 0이다.
2) 전력 신호의 에너지는 무한대 값을 갖는다.
3) 주기신호는 전력신호이다.

예제 4-15

[그림 4.34]와 같은 주기신호의 에너지와 전력을 구하고 에너지신호인지 전력신호인지 판단하시오.

풀이 정현파 신호의 경우 전력신호이므로 에너지는 무한대 값을 가지므로 전력만 구할 수 있다.

정현파신호의 경우: $x(t) = A\sin(2\pi t/T_0)$

$$P = \frac{1}{T_0}\int_{-T_0/2}^{T_0/2} A^2\sin^2\left(\frac{2\pi t}{T_0}\right)dt = \frac{1}{T_0}\int_{-T_0/2}^{T_0/2}\frac{A^2}{2}\left\{1-\cos\left(\frac{4\pi t}{T_0}\right)\right\}dt = \frac{A^2}{2}$$

구형파 신호의 경우

$$P = \frac{1}{T_0}\int_{0}^{T_0/2} A^2 dt + \frac{1}{T_0}\int_{T_0/2}^{T_0}(-A)^2 dt = \frac{A^2}{2} + \frac{A^2}{2} = A^2$$

마지막으로 신호의 분류방법으로 결정신호와 랜덤 신호가 있다[170]. 어떤 시간에서 신호의 값을 예측할 수 있으면 결정신호(deterministic signal)이라 부르고, 신호의 정확한 값을 예측할 수는 없으나 신호크기의 평균값, 분산 등과 같은 통계적인 특성을 알 수 있다면 이는 랜덤신호(random signal)이라고 부른다.

---

169) 에너지와 전력의 관계는 전기에서도 유사하게 사용된다. 전기의 사용료를 계산할 때 전기의 사용이 간헐적이어도 전력량을 검침한다고 하지 에너지량을 검침한다고 말하지 않는다.

170) 오디오에서 소리는 랜덤 신호이지만 짧은 시간구간에서는 일정한 특성을 갖는 소리라고 표시할 수 있으므로 결정신호라 볼 수 있다. 오디오에서 랜덤 신호는 잡음이 대표적이다. 랜덤 신호의 해석을 위해서는 확률과 통계(또는 확률이론)의 선행학습이 필요하다.

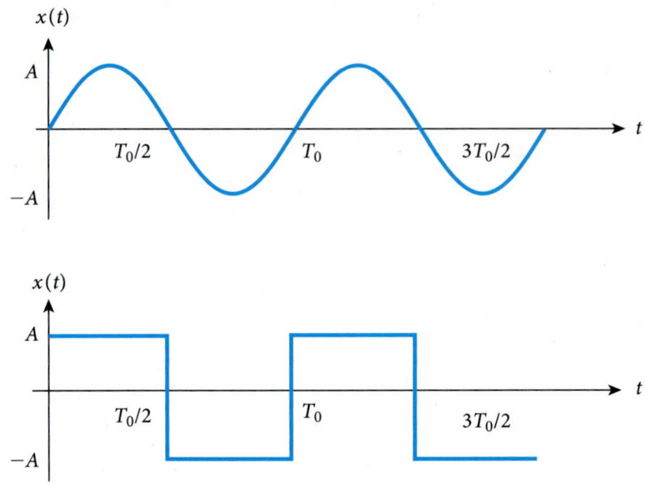

그림 4.34 정현파 주기신호와 구형파 주기신호

> **중요** 진폭이 A인 정현파 신호의 전력은 $P = A^2/2$이고, RMS(Root Mean Squre) 전압은 전력에 root를 취하면 $V_{rms} = A/\sqrt{2}$가 된다. 예를 들어 220V 교류전기의 경우 V_{rms}가 220V이고 최대값은 ±311V가 된다.

오디오 신호의 S/N 특성

3장에서 살펴본 바와 같이 아날로그 오디오 신호에는 보통 잡음이 섞여 있다. 잡음대비 오디오 신호의 품질은 *S/N*으로 표현하는데 이때 S는 오디오 신호의 전력을 의미하고 *N*은 잡음 신호의 전력을 의미한다. 따라서 10 dB *S/N*은 잡음전력이 신호의 전력보다 1/10이라는 것을 의미하고, 20 dB *S/N*은 잡음전력이 신호의 전력보다 1/100이라는 것을 의미한다. [그림 4.35]에 10 dB, 20 dB, 30 dB의 *S/N*비를 갖는 오디오 신호의 예를 보여준다.

(a) S/N = 10dB (b) S/N = 20dB (c) S/N = 30dB

그림 4.35 오디오 신호의 S/N 특성

예제 4-16

아래 MATLAB 프로그램은 S/N비가 20 dB인 신호의 예이다. 이를 바탕으로 [그림 4.35]를 그려보자.

```
t=[0.01:0.01:1];
N=length(t);
fc=1;
x=sin(2*pi*fc.*t);
signal_power=norm(x(1:N))^2/N;
noise_power=signal_power/100;
noise_std=sqrt(noise_power);
noise=noise_std*randn(1,length(x));
y=x+noise;
```

기본신호의 종류

오디오 신호는 다양한 형태를 가지므로 시간영역에서 다양한 오디오 신호를 일일이 정의하는 것은 비합리적이다. 보통은, 대표적인 기본신호 몇 가지를 정하고 이 신호들의 각종 시간영역에서의 연산(시간천이, 시간반전, 시간압축/확장)으로 표현하는 방법을 사용한다. 일반적으로 시간영역 신호해석에서 많이 사용하는 기본신호로는 정현파신호 외에 [그림 4.36]과 같이 단위계단함수, 단위임펄스함수, 사각펄스(구형파) 등이 필요하다.

첫 번째 기본함수인 단위계단함수(unit step function)는 전자회로에서 스위치 동작 등을 모델링하기 위해 사용되며 식 (4.17)과 같이 주어진다. 임의의 신호 $x(t)$가 $t = 0$에서 시작되기를 원한다면 $x(t)u(t)$와 같이 단위계단함수를 곱해주면 된다.

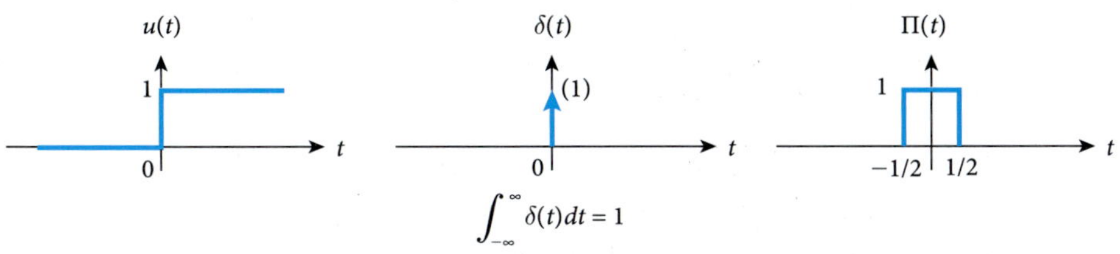

(a) 단위계단함수 (b) 임펄스함수 (c) 사각펄스(구형파)

그림 4.36 기본신호의 종류

$$u(t) = \begin{cases} 1 & t > 0 \\ 0 & t < 0 \end{cases} \tag{4.17}$$

두 번째 기본함수인 단위임펄스함수(unit impulse function)는 오디오 신호해석에 있어 가장 중요한 함수로 Dirac[171] delta 함수라 하며, 식 (4.18)을 만족시키는 함수 $\delta(t)$를 의미한다.

$$\int_{t_1}^{t_2} x(t)\delta(t)dt = x(0), \quad t_1 < 0 < t_2 \tag{4.18}$$

델타함수는 단위계단함수를 미분하면 얻어지며, 반대로 델타함수를 적분하면 단위계단함수가 된다. 델타함수는 $t = 0$에서는 ∞의 값을 가지지만 다른 시간구간에서는 0인 값을 갖고, 적분하면 1의 값을 갖는다. 델타함수의 특징을 정리하면 다음과 같다.

- $\delta(t) = 0$ fot $t \neq 0$
- $\delta(0) = \infty$
- $\int_{-\epsilon}^{\epsilon} \delta(t)dt = 1$, for any $\epsilon > 0$
- $\delta(t) = \delta(-t)$[172]
- $x(t)\delta(t) = x(0)$

예제 4-17

다음 적분의 결과를 delta 함수의 특성을 이용하여 구하시오.

a) $\int_{-\infty}^{\infty} e^{\cos t}\delta(t-\pi)dt$ b) $\int_{1}^{\infty} e^{-x^2}\delta(x)dx$

답 a) e^{-1} (b) 0 (적분구간이 델타함수가 존재하는 $x = 0$을 포함하지 않으므로)

---

171) 폴 디랙(Pual Adrien Maurice Dirac, 1902~1984)은 영국의 이론물리학자로 양자역학의 초기 개발에 기여를 하였고 1933년 슈뢰딩거와 함께 노벨 물리학상을 수상했다.

172) cosine 함수처럼 $x = 0$을 기준으로 좌우대칭인 함수를 우함수(even function)이라 하는데 delta 함수는 우함수가 된다. sine 함수는 좌우대칭이 아니라 부호가 반대가 되는데 이러한 함수를 기함수(odd function)이라 한다.

세 번째 기본함수로 크기가 1이고 펄스폭이 1인 사각펄스(rectangular pulse)는 식 (4.19)와 같이 정의되며, 0과 1의 디지털 오디오 신호를 표현할 때 유용하게 사용된다. 사각펄스는 구형파라고도 부른다.

$$\Pi(t) = \begin{cases} 1 & \text{for } -\frac{1}{2} < t < \frac{1}{2} \\ 0 & \text{otherwise} \end{cases} \tag{4.19}$$

기본신호와 그 연산

앞에서 살펴본 기본함수들로부터 좀 더 다양한 함수를 만들기 위해 시간천이(time shift), 시간 반전(time reversal), 시간 스케일링(time scaling)과 같은 시간영역에서의 연산이 필요하다. 먼저, 시간천이는 임의의 신호 $x(t)$가 $t = t_0$만큼 오른쪽으로 이동하는 것이고, 시간반전은 신호를 세로축을 중심으로 한 거울 영상(mirror image)로 변환시키는 것을 나타낸다. 마지막으로 시간스케일링은 시간축 상에 압축시킨 것으로 예를 들어 음악을 빠르게 재생시키거나 느리게 재생하는 것을 의미한다. [그림 4.37]에 카세트 데크의 버튼을 보여준다. 여기서 F.FWD(또는 FF, Fast Forward) 버튼은 시간스케일링을 REW(Rewind) 버튼은 시간반전과 시간스케일링을 합친 동작을 의미한다.

- 시간천이: $x(t-t_0)$
- 시간반전: $x(-t)$
- 시간스케일링: $x(at)$

그림 4.37 카세트 데크의 다양한 시간 연산 버튼

[그림 4.38]부터 [그림 4.40]의 그림은 각각 시간천이, 시간반전, 및 시간스케일링의 예를 보여주고 있다.

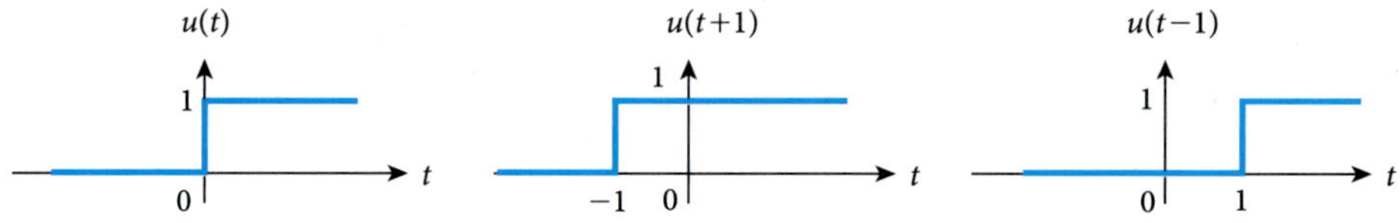

(a) 시간앞섬 (advance) (b) 시간지연 (delay)

그림 4.38 단위계단함수의 시간천이

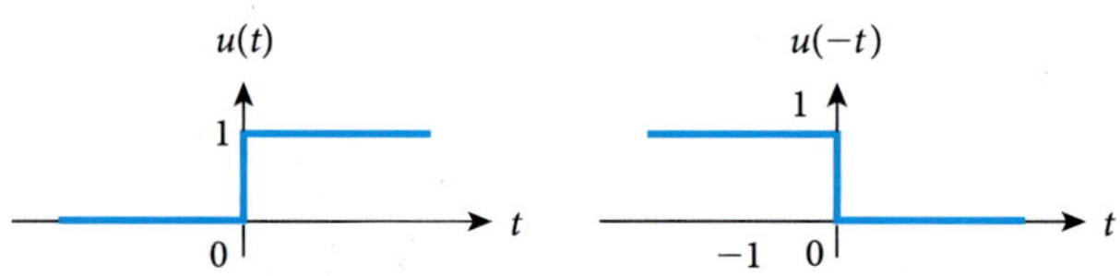

그림 4.39 단위계단함수의 시간반전

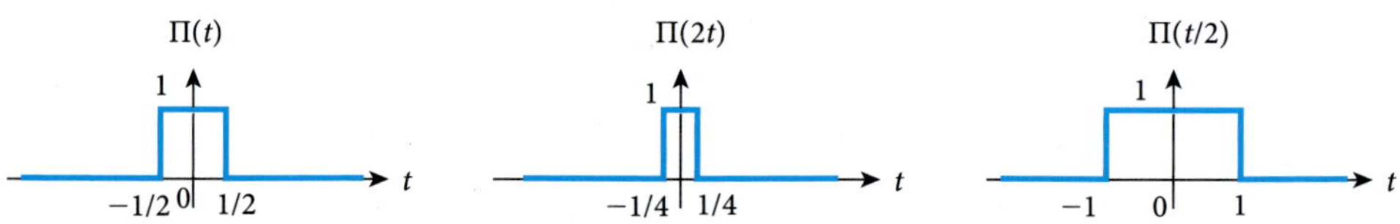

(a) 시간압축(contraction) (b) 시간확장(expansion)

그림 4.40 사각펄스 시간스케일링

예제 4-18

기본함수의 특성을 이용하여 다음 함수를 그리시오.

a) $x(t) = 4\Pi(2t-1)$ b) $x(t) = u(t)u(t-2)$

4.4.2 시간영역 시스템 해석: 임펄스응답과 컨볼루션

앞에서 오디오 신호의 시간영역 표현에 대해 살펴보았다. 다음으로 오디오 시스템의 시간영역 표현을 살펴보자. 오디오 시스템의 기능을 전자공학 관점에서 보면 신호 및 시스템으로 모델링할 수 있다. 신호 및 시스템으로 모델링된다는 것은 오디오를 구성하는 시스템(예를 들어 앰프나 필터 등)을 [그림 4.41]과 같이 네모난 블랙박스로 표현하고 블랙박스에 입력되는 오디오 입력을 입력신호(input signal) $x(t)$로, 블랙박스에서 출력되는 오디오 신호를 출력신호(output signal) $y(t)$로 표현하는 것이다. 이렇게 시스템을 모델링하는 것은 오디오 시스템을 회로 레벨이 아닌 시스템 레벨에서 이해하는데 큰 도움을 준다[173].

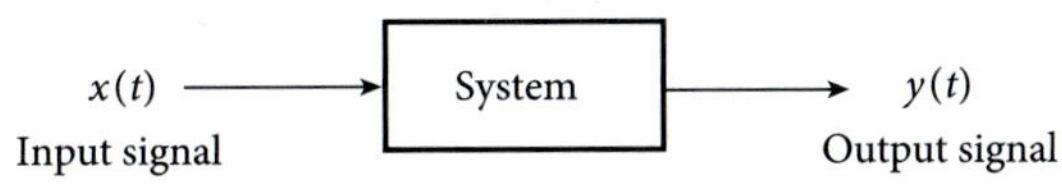

그림 4.41 시간영역 시스템 모델링

먼저, 시간영역 시스템 모델의 하나의 사례로 시스템을 입력과 출력간의 미분방정식으로 표현하는 방법이 있다. 하지만 미분방정식은 풀기가 어려우므로 이를 간단히 임펄스응답과 컨볼루션으로 표현할 수 있다. 먼저, 시간영역 시스템의 사례로 [그림 4.42]의 RC 회로를 예로 들어보자. 회로이론에서 학습한 키르히호프의 전류법칙을 적용하면 식 (4.18)과 같다.

$$i(t) = \frac{v_c(t)}{R} + C\frac{dv_c(t)}{dt} \tag{4.20}$$

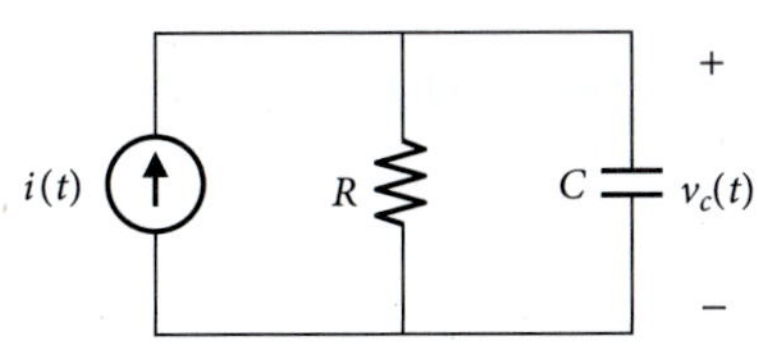

그림 4.42 R–C 회로의 예

173) 예를 들어 AMP를 신호 및 시스템으로 모델링하면 AMP의 실제 제작 과정은 모르지만 AMP가 어떻게 동작되는지 그 특성을 이해하기 쉽다. AMP의 이득이 2라는 것은 AMP의 출력신호가 입력신호 보다 2배 크다는 것을 의미한다. 단 AMP를 신호 및 시스템으로 모델링할 수 있는 것은 선형시불변 시스템(LTI, Linear Time-Invariant System)인 경우에만 가능하고 비선형 시스템에는 제한적으로만 적용할 수 있음에 주의해야 한다.

이제 입력신호와 출력신호를 각각 $i(t) = x(t)$, $v_c(t) = y(t)$라고 정의하고 식을 정리하면 식 (4.21)의 1차 미분방정식으로 표현된다.

$$\frac{dy(t)}{dt} + \frac{1}{RC}y(t) = \frac{1}{C}x(t) \tag{4.21}$$

위의 미분방정식은 전류원(current source) 하나와 수동소자가 2개만 있어 간단해 보이지만 미분방정식이므로 해가 복잡하다. 게다가 소자가 많아질수록 미분방정식의 차수가 올라가므로 해를 구하는 것이 더욱 어려워진다. 따라서 미분방정식으로 표현되는 시스템의 해석을 간단히 할 필요가 있다. 이를 위해 [그림 4.43]과 같이 입력 $x(t)$ 대신에 임펄스 함수 $\delta(t)$를 시스템의 입력으로 가했을 때의 출력 $h(t)$를 구한다. 이를 임펄스 응답(impulse response)이라 표현하며 식 (4.22)와 같다.

$$h(t) = P[\delta(t)] \tag{4.22}$$

앞에서 살펴본 기본함수인 임펄스 함수의 특성을 이용해보자. 먼저 임펄스 함수는 $t = 0$인 순간에만 값이 존재하므로 연속신호 $x(t)$와 임펄스 함수를 곱해도 역시 $t = 0$인 순간에만 값이 존재하여 결과는 임펄스 함수가 된다. 이제 시간 위치를 바꾸어 $t = t_0$의 위치에 있는 임펄스를 곱하면 $t = t_0$에서의 신호 값 $x(t_0)$를 얻을 수 있다. 이는 아날로그 오디오 신호를 디지털화하는 샘플링과정에서 사용된다.

$$\int_{-\infty}^{\infty} x(t)\delta(t-t_0)dt = x(t_0) \tag{4.23}$$

이제 식 (4.23)을 두 번 변수 치환하고 delta 함수가 우함수라는 특성을 이용하여 정리하면 다음과 같다.

$$\begin{aligned}\int_{-\infty}^{\infty} x(\tau)\delta(\tau-t_0)d\tau &= \int_{-\infty}^{\infty} x(\tau)\delta(t_0-\tau)d\tau \\ &= \int_{-\infty}^{\infty} x(\tau)\delta(t-\tau)d\tau = x(t)\end{aligned} \tag{4.24}$$

식 (4.24)를 이용하여 출력 $y(t)$를 입력 $x(t)$가 변환된 $T[x(t)]$로 표현하면 다음과 같다.

$$
\begin{aligned}
y(t) &= T[x(t)] = T\left[\int_{-\infty}^{\infty} x(\tau)\delta(t-\tau)d\tau\right] \\
&= \int_{-\infty}^{\infty} x(\tau)T[\delta(t-\tau)]d\tau = \int_{-}^{\infty} x(\tau)h(t-\tau)d\tau
\end{aligned}
\tag{4.25}
$$

이제 출력 $y(t)$를 입력 $x(t)$와 임펄스 응답 $h(t)$의 컨벌루션(convolution) 적분이라 부르며 식 (4.26)과 같이 표현할 수 있다.

$$
x(t) * h(t) = \int_{-\infty}^{\infty} x(\tau)h(t-\tau)d\tau \tag{4.26}
$$

오디오 시스템의 시간영역에서 특성을 알기 위해서는 입력에 특정함수를 가하는 대신 이상적인 임펄스 신호를 가하여 임펄스 응답 $h(t)$을 구하고 임펄스 응답과 입력신호의 컨볼루션 적분으로부터 시스템의 응답을 구하게 된다[174].

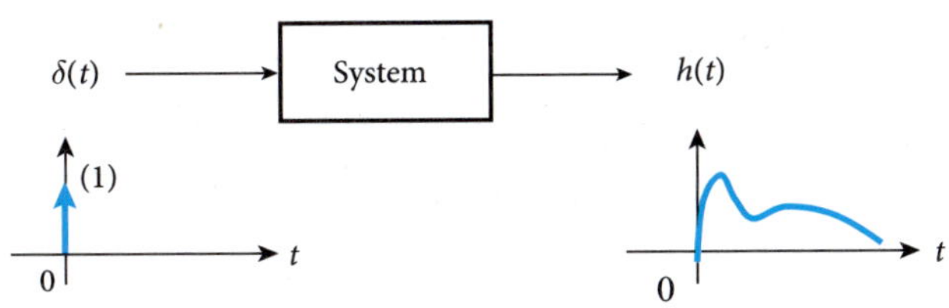

그림 4.43 임펄스 응답

예제 4-19

입력신호가 지수함수 $x(t) = e^{-at}u(t)$, $a > 0$이고 임펄스응답이 단위계단함수 $u(t)$일 때 두함수의 컨볼루션을 수식과 그림으로 구하시오.

풀이 [그림 4.44]와 같이 두 함수의 변수를 τ로 변환한 후 시간구간을 나누어 풀게 된다.

1) $t < 0$인 경우는 $x(\tau)$와 $h(t-\tau)$가 겹치는 구간이 없으므로 $y(t) = 0$이다.

2) $t \geq 0$인 경우 겹치는 구간인 0에서 t까지만 적분이 되므로 출력은 다음과 같다.

$$
y(t) = \int_{-\infty}^{\infty} x(\tau)\delta(t-\tau)d\tau = \int_{0}^{t} e^{-a\tau}d\tau = \frac{1}{a}(1-e^{at})
$$

174) 보통 단위계단함수도 기본함수로 사용할 수 있지만 임펄스 응답을 적분하면 단위계단함수를 구할 수 있으며, 임펄스 함수를 생성하는 다른 함수는 없으므로 임펄스 함수가 가장 기본함수가 된다.

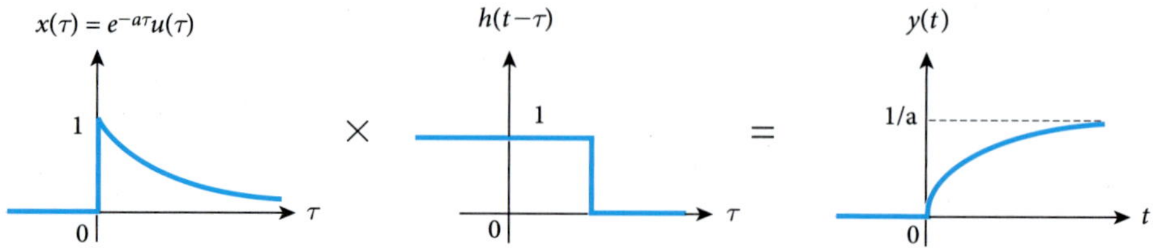

그림 4.44 예제 4-19의 풀이과정

컨볼루션에서 입력 $x(t)$와 임펄스 응답 $h(t)$의 순서를 바꾸어도 식 (4.27)과 같이 동일한 결과가 나오게 된다. 즉 교환법칙이 성립한다. 또한, 컨볼루션은 선형연산자이므로 결합법칙과 배분법칙도 성립한다.

$$\begin{aligned} x(t) * h(t) &= \int_{-\infty}^{\infty} x(\tau)h(t-\tau)d\tau \\ &= \int_{-\infty}^{\infty} h(\tau)x(t-\tau)d\tau = h(t) * x(t) \end{aligned} \tag{4.27}$$

식 (4.26)은 연속시간 시간함수에 대한 컨볼루션 식이므로 이를 이산시간 수열로 변환하면 식 (4.28)과 같다. 식 (4.28)을 유한한 컨볼루션 합(finite convolution sum)이라 부르며 이러한 형태의 전달함수를 갖는 필터를 FIR(Finite Impulse Response) 필터라 부르며 5장의 디지털 필터에서 자세히 학습하기로 한다.

$$y[n] = \sum_{k=0}^{M} h[k]x[n-k] \tag{4.28}$$

참고 임펄스 응답을 이해하기 위해서 우리가 교회 철탑의 종을 친다고 생각하자. 종을 한 번 치게 되면 그 소리가 치는 순간만 나는 것이 아니라 치는 순간에 소리가 크게 났다가 점점 소리가 감쇠되면 작아지게 되는데 이를 임펄스 응답이라 할 수 있다.

다음으로 종을 한번 치고 다시 치면 어떻게 될까? 처음 종을 친 소리와 두 번째 친 종 소리가 더해져서 나타나게 되는데 이를 두 개의 임펄스 응답이 시간차를 두고 더해지는(중첩되는) 형태가 될 것이고 이러한 연산을 컨벌루션 적분이라고 부른다. 즉, 컨벌루션 적분은 중첩의 원리를 이용한 것이다.

4.4.2 아날로그 신호의 주파수영역 표현

앞에서 아날로그 오디오 전압신호를 시간영역에서 표현하고 오디오 시스템을 시간영역에서 해석하는 방법을 살펴보았다. 오디오 시스템을 시간영역에서 해석하려면 보통 임펄스 응답과 컨벌루션(convolution)을 통해 해석해야 하는데, 이는 복잡한 적분과정을 필요로 할 뿐만 아니라 임펄스 신호를 실제로 만들기가 매우 어려우므로 실험을 통해 임펄스 응답을 구하기도 어렵다[175]. 따라서 오디오 시스템을 좀 더 편리하게 해석할 수 있으면서도 실험과정도 간단한 방법이 필요하다. 다행히 오디오 신호를 포함한 모든 신호는 시간영역에서 다루는 것보다 Fourier 변환을 통해 주파수영역에서 해석하는 것이 가능하다. 특히, 주파수 영역에서 오디오 신호를 해석하면 시간영역의 컨벌루션 연산이 주파수영역에서는 곱하기로 표현할 수 있어 편리하다[176].

오디오 신호의 주파수영역 해석이란 주파수 응답(Frequency Response) 또는 전달함수(Transfer Function)를 이용하는 것으로 특정 주파수 성분이 시스템에 입력될 때 크기와 위상이 어떻게 변화되어 출력되는지를 주파수 별로 나타내는 것이다. 오디오 신호는 여러 주파수 성분을 갖는 정현파의 합으로 볼 수 있기 때문에, 만일 오디오 시스템의 주파수 응답을 알고 있다면, 출력은 오디오 시스템의 주파수 응답에 의하여 변화된 크기와 위상을 갖는 정현파들의 합이 될 것이다. 특정 주파수 성분을 갖는 정현파는 트랜지스터를 이용한 발진기(Oscillator) 회로가 내장된 신호생성기(Single Generator)로 쉽게 만들 수 있고, 크기와 위상 변화는 오실로스코프(Oscilloscope)로 측정할 수 있으므로 실험과정이 시간영역에 비해 간단하다.

---

175) 임펄스 신호란 펄스폭이 매우 좁고 크기가 매우 큰 신호인데 이러한 신호를 전자회로로 만들기는 매우 어렵다.

176) 특정 주파수를 갖는 정현파를 만드는 발진기는 트랜지스터를 이용하여 만들 수 있으며, 오디오 시스템을 통과한 후 이 정현파의 크기와 위상의 변화는 오실로스코프로 측정할 수 있다. 단, 여러 주파수에 대해 실험을 반복해야 하므로 20 Hz에서 20 kHz까지 주파수를 바꿔가면서 측정하게 되는데 보통 log 스케일로 주파수를 증가시키면서 측정한다. 이러한 주파수 영역에서의 측정결과를 보드(Bode) plot이라 부른다.

> **중요** 주파수영역 신호 분석 방법으로 주기 신호의 경우 푸리에 급수(Fourier Series)를 이용하고, 비주기 신호의 경우에는 퓨리에 변환(Fourier Transform)을 사용한다. 비주기 신호는 주기 신호가 무한대의 주기를 갖는 것으로 볼 수 있으므로, 모든 주파수에 대해 연속적인 스펙트럼이 만들어지게 된다. 이러한 방법을 퓨리에 변환이라 한다. Fourier Transform은 줄여서 FT라고 표현하며, FT를 컴퓨터가 수행하게 되면 DFT(Discrete Fourier Transform)라고 부른다. 또한, DFT는 연산시간이 많이 걸리므로 이를 좀 더 빠르게 계산하는 방법을 FFT(Fast Fourier Transform)이라 한다.

함수공간의 이해

전자기학에서 벡터(vector)를 표현하기 위해서는 좌표계(coordinate system)를 도입하고 크기가 1인 상호 직교하는 축방향의 단위벡터(unit vector)를 도입한 후 벡터를 이러한 단위벡터의 선형조합으로 표현할 수 있었다. [그림 4.45]에 x-y 좌표계에서 임의의 벡터 $\vec{A}$를 축방향의 단위벡터로 표현한 결과를 보여준다.

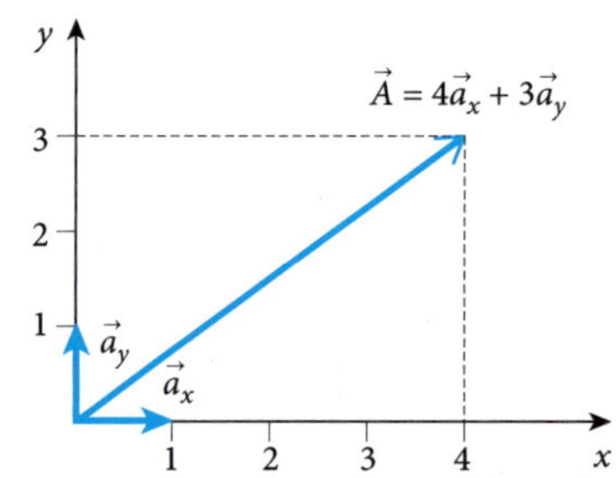

그림 4.45 좌표계에서 벡터를 단위벡터로 표현

축방향의 단위벡터는 크기가 1이고 서로 수직인(직교하는) 특성을 갖는다. 각 축방향의 성분은 [그림 4.46]과 같이 임의의 벡터 $\vec{A}$를 축방향의 단위벡터벡터와 내적하면 구할 수 있다. 이를 투영(Projection)이라 한다. 정리하면 벡터공간(vector space)에서 임의의 벡터는 직교벡터들의 선형조합(linear combination)으로 표현할 수 있다고 말할 수 있다.

이제 이러한 벡터공간의 개념을 함수공간(function space)으로 확장하자. 함수공간으로 확장하면 함수공간에서 임의의 함수를 직교함수들의 선형조합으로 표현하는 것이 가능하다. 이때 두 함수의 직교성을 정의하기 위해 함수공간에서 내적(inner product)을 정의할 필

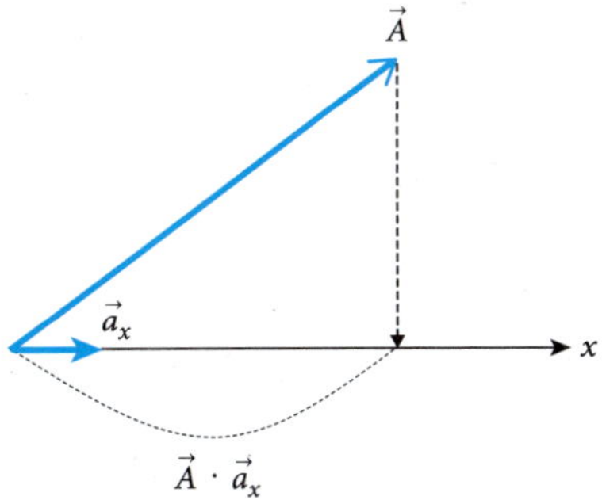

그림 4.46 축방향의 크기를 내적으로 계산

요가 있다. 구간 $[t_1, t_2]$에서 두 함수 $f_1(t)$와 $f_2(t)$가 있을 때 두 함수간의 내적은 식 (4.29)와 같이 주어진다[177].

$$<f_1(t),\ f_2(t)> \equiv \int_{t_1}^{t_2} f_1(t),\ f_2^*(t)dt \tag{4.29}$$

식 (4.29)에서 함수 두 개가 같다면 동일함수를 내적하는 것으로 그 결과는 해당 신호의 에너지값이 된다.

$$<f_1(t),\ f_1(t)> = \|f_1(t)\|^2 = \int_{t_1}^{t_2} |f_1(t)|^2\,dt = E \tag{4.30}$$

이제 구간 $[t_1, t_2]$에서 직교함수집합(orthogonal function set)을 다음과 같이 정의하자.

$$<\phi_i(t),\ \phi_j(t)> = \begin{cases} 0 & i \neq j \\ E_\phi & i = j \end{cases} \tag{4.31}$$

여기서 모든 함수들의 에너지가 1인 경우는 특별히 정규직교함수(ortho-normal function set)라고 부른다. 이제 구간 $[t_1, t_2]$에서 식 (4.32)와 같이 임의의 함수 $x(t)$를 N개의 직교함수들의 선형조합으로 표현하는 것이 가능하다.

$$x(t) = \sum_{n=1}^{N} c_n \phi_n(t) \tag{4.32}$$

---

177) 함수가 복소함수라면 함수의 내적을 구할 때 공액복소수를 사용함에 주의한다.

식 (4.32)는 일반화된 Fourier 급수의 원리이다. 이제 선형조합의 계수는 함수의 내적의 특성을 이용하여 계산할 수 있다. 식 (4.32)와 임의의 직교함수 $\phi_n(t)$와의 내적을 취하면 식 (4.33)과 같이 다른 직교함수는 영이 되고 해당 직교함수만이 영이 아니다. 따라서 식 (4.32)와 같이 해당 직교함수의 계수를 구할 수 있다.

$$<x(t),\ \phi_n(t)> = <\sum_{n=1}^{N} c_n\phi_n(t),\ \phi_n(t)> = c_nE_\phi \tag{4.33}$$

$$c_n = \frac{<x(t),\ \phi_n(t)>}{E_\phi} \tag{4.34}$$

만약 각 함수가 정규직교함수라면 각 함수의 에너지가 1이므로 선형조합의 계수는 다음과 같이 간단하게 표현될 수 있다. 이는 벡터공간에서 투영과정과 개념적으로 동일하다.

$$c_n = <x(t),\ \phi_n(t)>$$

이와 같이 계수가 결정되면 함수는 정규직교함수의 조합으로 표현할 수 있다.

예제 4-20

[그림 4.47]과 같이 [0,4]의 구간에서 정의된 4개의 함수가 있다. 이 함수를 이용하여 $x(t) = t[u(t) - u(t-4)]$로 표현하고자 한다. 선형조합의 계수 $c_1 \sim c_4$를 구하시오.

$$x(t) = c_1\phi_1(t) + c_2\phi_2(t) + c_3\phi_3(t) + c_4\phi_4(t)$$

풀이 먼저 정규직교함수인지 확인한다.

$$\|\phi_1(t)\| = \int_0^4 (0.5)^2\,dt = 1,\ \|\phi_2(t)\| = \int_0^2 (0.5)^2\,dt + \int_2^4 (-0.5)^2\,dt = 1$$

같은 방법으로 $\|\phi_3(t)\| = \|\phi_4(t)\| = 1$이 된다.
직교함수 사이에는 $<\phi_1(t), \phi_2(t)> = 0$이 되므로 정규직교함수이다.
다음으로 각각의 계수를 구하면 다음과 같다.

$$c_1 = <x(t),\ \phi_1(t)> = \int_0^4 t(0.5)dt = 4$$

$$c_2 = <x(t),\ \phi_2(t)> = \int_0^2 t(0.5)dt + \int_2^4 t(-0.5)dt = -2$$

$$c_3 = <x(t),\ \phi_3(t)> = 0,\ c_4 = <x(t),\ \phi_4(t)> = -1$$

함수는 다음과 같이 표현되며 [그림 4.48]과 같이 근사화된다.

$$x(t) = 4\phi_1(t) - 2\phi_2(t) - \phi_4(t)$$

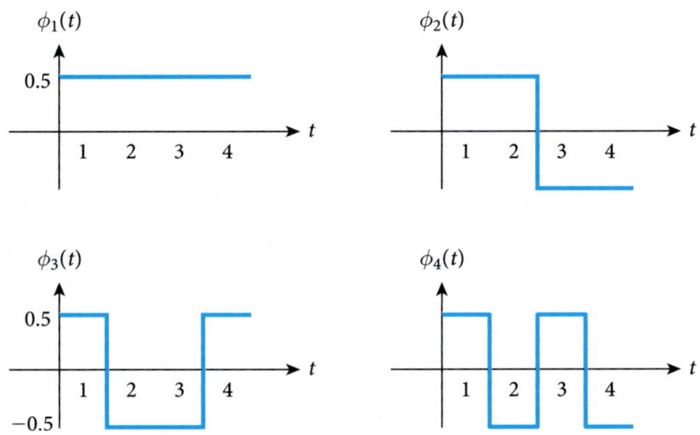

그림 4.47 예제 4-20의 정규직교 함수

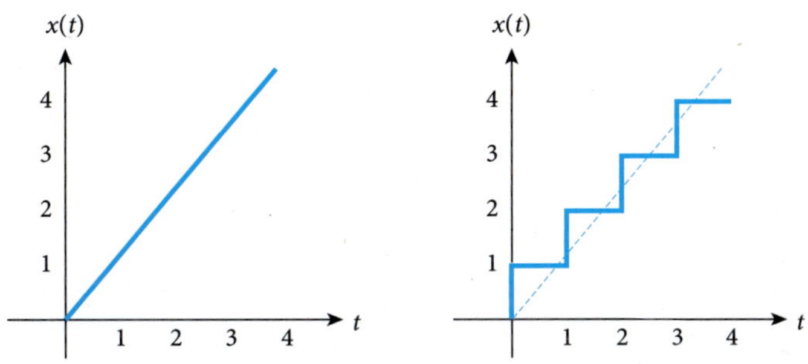

그림 4.48 예제 4-20의 원래함수와 선형조합으로 표현된 함수

예제 4-20에서 임의의 함수 $x(t)$를 4개의 직교함수들의 선형조합으로 표현한 결과가 [그림 4.48]이다. 현재는 4개의 함수만으로 표현하였으므로 똑 같지는 않지만 어느 정도 함수의 모양을 따라가는 것을 알 수 있다. 만약 직교함수 개수를 더 늘린다면 함수는 원래 함수와 같아질 것이다. 직교함수는 정해진 것이 아니고 상호 직교하는 특성만 가지다면 어떤 함수든지 가능하다. 다음의 예제를 살펴보자.

예제 4-21

[그림 4.49]와 같이 [0,4]의 구간에서 정의된 4개의 함수가 있다. 이 함수를 이용하여 $x(t) = t[u(t) - u(t-4)]$로 표현하고자 한다. 선형조합의 계수 $c_1 \sim c_4$를 구하시오.

풀이 먼저 정규직교함수인지 확인한다.

$$\| \phi_1(t) \| = \int_0^1 (1)^2 dt = 1, \ \| \phi_2(t) \| = \int_0^2 (1)^2 dt = 1$$

같은 방법으로 $\| \phi_3(t) \| = \| \phi_4(t) \| = 1$이 된다.
직교함수 사이에는 $< \phi_1(t), \phi_2(t) > = 0$이 되므로 정규직교함수이다.
다음으로 각각의 계수를 구하면 다음과 같다.

$$c_1 = <x(t),\ \phi_1(t)> = \int_0^1 tdt = 0.5, \quad c_2 = <x(t),\ \phi_2(t)> = \int_0^2 tdt = 1.5$$

$$c_3 = <x(t),\ \phi_3(t)> = 2.5, \ c_4 = <x(t),\ \phi_4(t)> = 3.5$$

함수는 다음과 같이 표현되며 [그림 4.48]과 동일하게 근사화된다.

$$x(t) = 0.5\phi_1(t) + 1.5\phi_2(t) + 2.5\phi_3(t) + 3.5\phi_4(t)$$

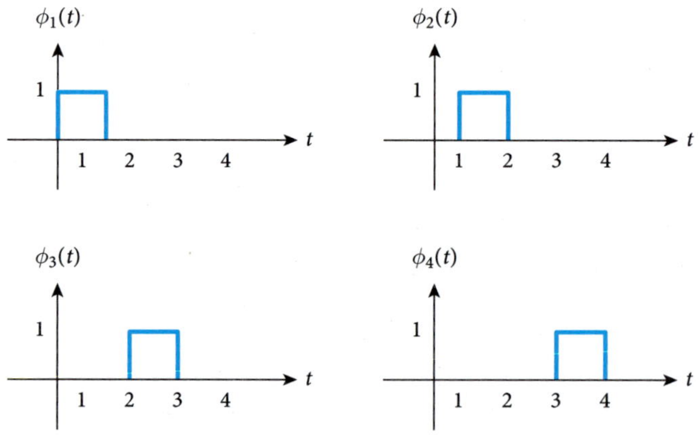

그림 4.49 예제 4–21의 정규직교 함수

예제 4-22

삼각함수 중 cos 함수들은 임의의 t_0에 대해 $t_0 \le t \le t_0 + T$ 구간에서 직교함수집합을 이루는 것을 보여라.

$$\{\cos(n\omega_0 t),\ n=1, 2, ..., \infty\},\ \omega_0 = 2\pi/T$$

풀이 $\int_{-T/2}^{T/2} \cos(n\omega_0 t)\cos(n\omega_0 t)dt$를 구하자. 삼각함수 공식을 적용하며,

$$= \frac{1}{2}\int_{-T/2}^{T/2} \cos((m-n)\omega_0 t)dt + \frac{1}{2}\int_{-T/2}^{T/2} \cos((m+n)\omega_0 t)dt$$

이 결과는 $m = n$인 경우 $T/2$가 되고 $m \ne n$인 경우 0이 되므로 cos함수는 직교함수집합을 이루게 된다.

참고 마찬가지로 sin 함수들도 임의의 t_0에 대해 $t_0 \le t \le t_0 + T$ 구간에서 직교함수집합을 이룬다.

예제 4-23

다음의 복소지수함수들이 임의의 t_0에 대해 $t_0 \le t \le t_0 + T$ 구간에서 직교함수집합을 이루는 것을 보여라.

$$\{\exp(jn\omega_0 t),\ n=0, \pm 1, \pm 2, ..., \pm\infty\},\ \omega_0 = 2\pi/T$$

풀이 $\int_{-T/2}^{T/2} e^{jm\omega_0 t}e^{-jn\omega_0 t}dt$를 구하자.

이 결과는 $m = n$인 경우 T가 되고 $m \ne n$인 경우 0이 되므로 복소지수함수는 직교함수집합을 이루게 된다.

요약

정규직교함수는 직교성만 가지면 어떤 함수도 될 수 있다. 정규직교함수를 주파수가 배수인 sine파나 복소지수함수로 사용하는 것이 일반적이나 영상처리나 음성처리에서는 직교함수의 수를 줄이기 위해 wavelet 함수 등을 사용하기도 한다.

주기함수의 Fourier 급수

앞에서 살펴본 다양한 직교함수 중에 복소지수함수를 사용하여 임의의 신호를 표현하는 것을 복소지수형 Fourier 급수라고 부른다. 복소지수형 Fourier 급수의 계수와 함수표현은 식 (4.35)와 식 (4.36)과 같다.

$$\phi_n(t) = \exp(jn\omega_0 t), \ n = 0, \pm1, \pm2, \ldots, \pm\infty, \ \omega_0 = 2\pi/T \tag{4.35}$$

$$x(t) = \sum_{n=-\infty}^{\infty} c_n \exp(jn\omega_0 t) \tag{4.36}$$

이제 복소지수형 Fourier 급수의 계수 c_n은 예제 (4.23)과 식 (4.34)로부터 다음과 같이 계산된다.

$$c_n = \frac{<x(t),\ \phi_n(t)>}{\int_t^{t+T_0} |\phi_n(t)|^2 dt} = \frac{1}{T_0}\int_t^{t+T_0} x(t)e^{-jn\omega_0 t}dt \tag{4.37}$$

Fourier 급수의 계수 c_n의 의미는 신호 $x(t)$를 복소지수함수들의 선형조합으로 표현할 때 n번째 고조파(nth harmonic) 성분의 가중치를 의미한다. 따라서 c_n의 크기 분포를 보면 신호가 어떤 주파수 성분을 많이 가지고 있는지 파악할 수 있다. 특별히 c_0는 단순히 신호의 평균이 되므로 직류성분(DC 성분)의 값이 된다. c_n의 값은 보통 복소수로 주어지며 극좌표 형식으로 표현하면 $|c_n|e^{j\theta_n}$의 형태로 주어진다. 따라서 주파수에 따른 $|c_n|$의 분포를 진폭 스펙트럼(amplitude spectrum)이라 부르며, θ_n의 분포를 위상 스펙트럼(phase spectrum)이라 부른다.

예제 4-24

신호의 주기가 T_0이고, 펄스폭 τ인 구형파 펄스열의 복소지수형 Fourier 계수를 구하라.

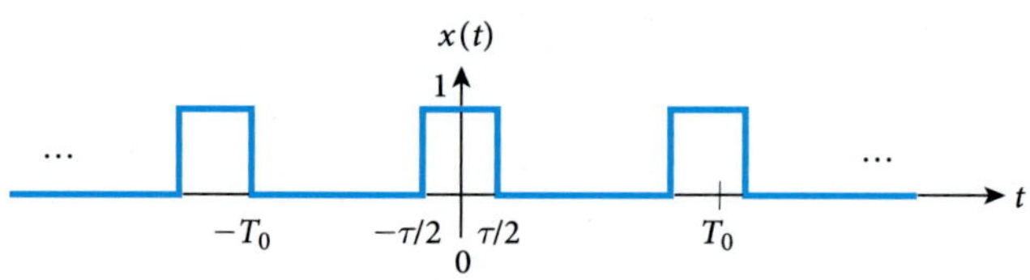

풀이

$$c_n = \frac{1}{T_0}\int_t^{t+T_0} x(t)e^{-jn\omega_0 t}dt = \frac{1}{T_0}\int_{-\tau/2}^{\tau/2}(1)e^{-jn\omega_0 t}dt$$

$$c_n = \frac{1}{-jn\omega_0 T_0}\left[e^{-jn\omega_0 t}\right]_{-\tau/2}^{\tau/2} = \frac{1}{-jn\omega_0 T_0}\left[e^{-jn\omega_0\tau/2} - e^{jn\omega_0\tau/2}\right]$$

$$= \frac{\sin(n\pi f_0\tau)}{n\pi} = f_0\tau \text{sinc}(nf_0\tau) = \frac{\tau}{T_0}\text{sinc}(nf_0\tau)$$

참고 주파수영역해석해서 다음과 같은 $f = 0$에서 1의 값을 가지며 주파수가 커질수록 진동하면서 0으로 작아지는 형태가 나오는데 이러한 함수를 싱크(sinc)함수를 사용하여 표현한다.

$$\text{sinc}(f) = \frac{\sin(\pi f)}{\pi f}$$

예제 4.24의 결과는 다음과 같다. 만약 τ가 $T_0/4$라면 [그림 4.50]과 같이 주어진다.[178] 이 예제에서 주어진 신호 $x(t)$가 실수함수이며 우함수이므로 Fourier 급수의 계수 c_n은 실수값을 가지게 된다. c_n은 기본 주파수 f_0와 그 하모닉 주파수 성분($2f_0$, $3f_0$, …)에서만 값을 가지며 그 크기를 점선으로 연결하면 (τ/T_0) sinc$(f\tau)$의 모양이 된다. 주파수가 0인 경우의 크기는 τ/T_0가 되며, 처음으로 0을 교차하는 주파수는 $f = 1/\tau$가 된다. 따라서 구형파 펄스의 폭 τ가 작을수록 주파수 영역에서 0f를 처음 교차하는 주파수가 커지는 것을 알 수 있다.

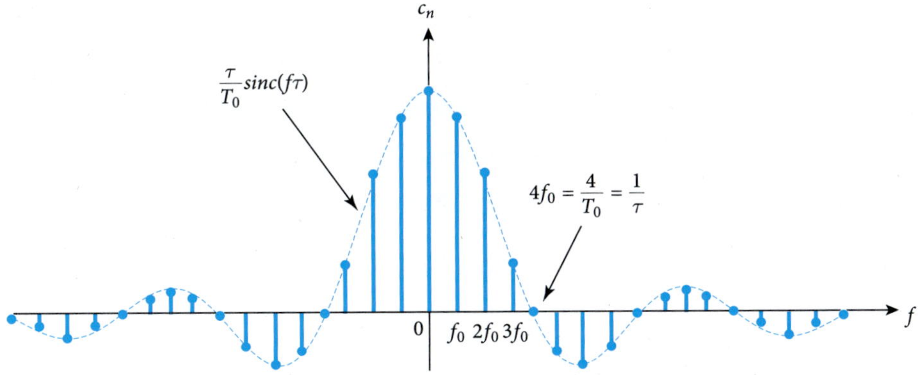

그림 4.50 예제 4-24의 계수로 표현된 구형파 펄스의 스펙트럼

178) 만일 진폭스펙트럼과 위상스펙트럼을 별도로 그리고자 한다면 c_n이 0보다 큰 영역에서는 위상이 0이고 0보다 작은 영역에서는 위상이 π가 되도록 그리면 된다.

예제 4-25

신호의 주기가 T_0인 임펄스열의 Fourier 계수를 구하라.

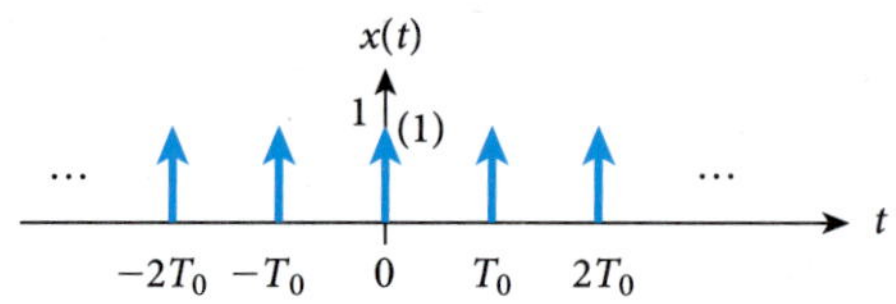

풀이 Fourier 급수의 계수는 다음과 같다.

$$c_n = \frac{1}{T_0}\int_t^{t+T_0} \delta(t) e^{-jn\omega_0 t} dt = \frac{1}{T_0}$$

이를 그림으로 그리면 [그림 4.51]과 같이 기본주파수와 그 하모닉에서 균일하게 $1/T_0$인 크기를 갖는 임펄스열이 된다.

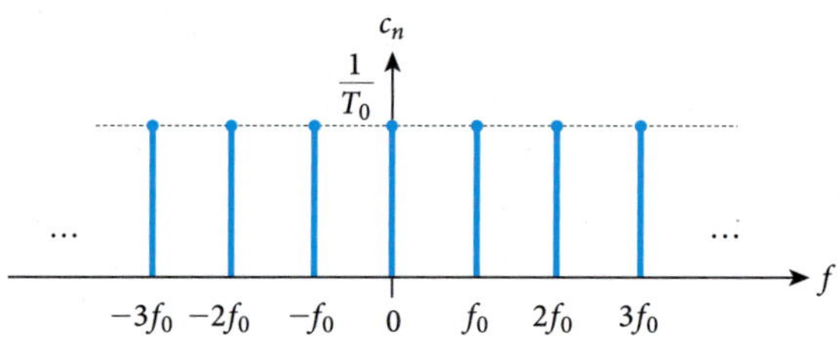

그림 4.51 임펄스열의 스펙트럼

주기신호는 전력신호이며, 평균전력은 시간영역에서는 신호 크기의 제곱에 대한 시평균으로 정의된다. 주파수영역에서 주기신호의 평균전력은 식 (4.38)과 같이 모든 Fourier 계수의 크기의 제곱을 더한 것과 같으며 이를 Parseval의 정리라고 한다. 주파수에 따른 $|c_n|^2$의 분포를 전력스펙트럼(power spectrum)이라 부르며 전력이 주파수별로 어떻게 분포되는지를 보여준다.

$$P = \frac{1}{T_0}\int_{T_0} |x(t)|^2 dt = \sum_{n=-\infty}^{\infty} |c_n|^2 \tag{4.38}$$

참고 임펄스열은 오디오 신호를 디지털화한 디지털 오디오 신호를 표현할 때 유용하게 사용될 뿐만 아니라 통신이론에서도 중요한 역할을 하게 된다.

비주기 함수의 Fourier 변환

앞에서 주파수 영역 신호 분석 방법으로 주기 신호를 Fourier 급수로 표현하는 방법을 살펴보았다. 주기 신호의 Fourier 급수 표현은 주기 신호를 기본주파수와 그 하모닉 주파수에서 정현파 또는 복소 지수 함수들의 합으로 나타내는 것으로 모든 주파수 성분이 존재하지는 않는다. 따라서 스펙트럼은 특정 주파수에서 값을 갖는 선스펙트럼(line spectrum)의 형태를 갖는다. 그렇다면 주기신호가 아닌 경우에는 어떻게 되는지 알아보자.

주기함수를 함수공간에서 직교함수로 표현하는 Fourier 계수의 개념을 확장하여 비주기함수에 적용한 것이 연속시간 Fourier 변환(Continuous Time Fourier Transform)이다. Fourier 변환은 Fourier 계수에서 주기를 무한대로 수렴시키는 과정에서 유도되며 이때 스펙트럼의 모양은 모든 주파수 성분을 갖는 연속 스펙트럼(Continuous Spectrum)이 만들어지게 된다[179]. 연속시간 Fourier 변환은 비주기함수로 표현되는 신호의 주파수 성분을 해석하는데 사용되며, 임의의 시간함수 $x(t)$의 주파수영역의 Fourier 변환은 다음과 같다.

$$X(f) = \int_{-\infty}^{\infty} x(t)e^{-j2\pi ft}dt \tag{4.39}$$

이제 식 (4.39)와 반대로 주파수영역으로부터 시간영역함수로 변환하는 식 (4.40)을 Fourier 역변환(Inverse Fourier Transform)이라고 한다.

$$x(t) = \int_{-\infty}^{\infty} X(f)e^{j2\pi ft}df \tag{4.40}$$

예제 4-26

펄스폭 τ인 구형파 신호 $x(t) = \Pi(t/\tau)$의 Fourier 변환을 구하고 [그림 4.47]의 특성을 해석하시오.

풀이

$$\begin{aligned} X(f) &= \int_{-\infty}^{\infty} x(t)e^{-j2\pi ft}dt = \int_{-\tau/2}^{\tau/2} e^{-j2\pi ft}dt \\ &= \frac{\sin(\pi f\tau)}{\pi f} \end{aligned}$$

---

179) 주기 T_0가 무한대가 되면 주파수 f_0는 0에 가까워 진다. 따라서 스펙트럼이 촘촘해져서 모든 주파수성분을 가지게 된다.

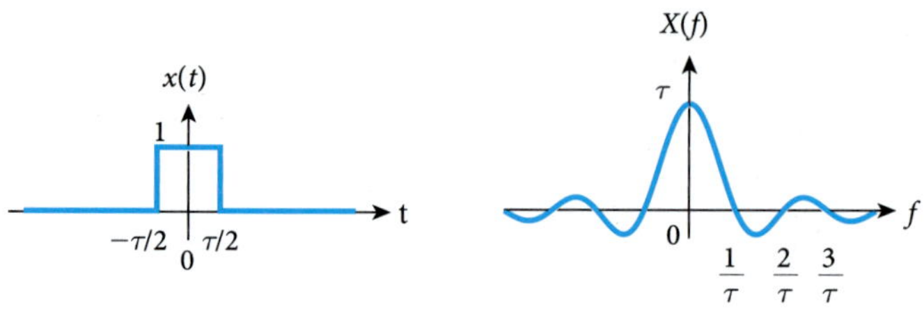

그림 4.52 비주기 구형파 신호의 파형과 그 스펙트럼

예제 4-24를 간단히 하기 위해 식 (4.41)과 같이 sinc 함수를 정의한다.

$$\mathrm{sinc}(f) = \frac{\sin(\pi f)}{\pi f} \tag{4.41}$$

sinc(f) 함수를 이용하여 펄스폭 τ인 구형파 신호 $x(t) = \Pi(t/\tau)$와 Fourier 변환 $X(f)$은 식 (4.42)와 같이 주어지며, [그림 4.52]과 같다. $X(f)$는 시간영역에서 펄스폭이 좁을수록 주파수영역에서 스펙트럼이 넓어지게 된다[180].

$$X(f) = \tau\, \mathrm{sinc}(f\tau) \tag{4.42}$$

예제 4-27

단위 임펄스 함수 $\delta(t)$의 Fourier 변환을 구하라.

풀이 $X(f) = \int_{-\infty}^{\infty} \delta(t) e^{-j2\pi ft} dt = 1$

[그림 4.53]과 같이 모든 주파수에 대해 크기가 1인(모든 주파수성분이 동일한) 스펙트럼을 갖는다.

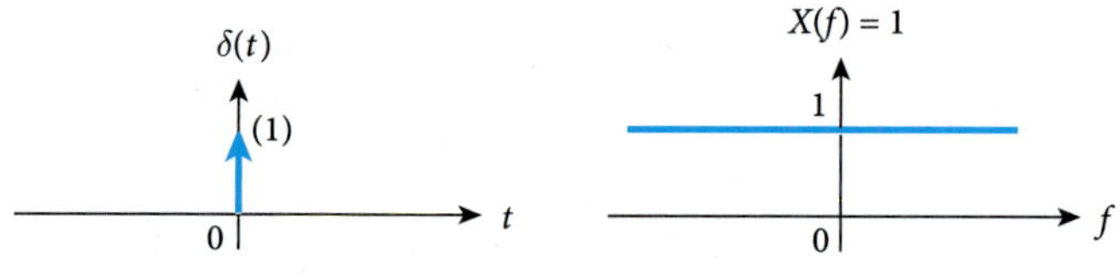

그림 4.53 델타 신호의 파형과 그 스펙트럼[181]

180) 통신관점에서 펄스폭이 좁으면 초당 보낼 수 있는 펄스가 많아지므로 고속이 되고 주파수영역에서는 대역폭이 넓어지므로 광대역(wide bandwidth)이 된다.

181) 시간영역 임펄스 신호에는 직류성분에서부터 무한대 주파수까지의 모든 주파수 성분들이 균일한 크기로 포함되어 있다.

예제 4-28

주파수영역에서의 단위 임펄스 함수 $\delta(f)$로 표현되는 직류신호의 Fourier 역변환을 구하라.

답 직류신호는 주파수가 0 Hz에서만 값을 가지므로 0 Hz에서 피크값을 갖는 델타함수로 표현되고 식 (4.40)에 의해 시간영역에서는 상수값, 즉 DC 신호가 된다.

예제 4-29

지수함수 $x(t) = e^{-at}u(t)$, $a > 0$의 Fourier 변환을 구하라.

풀이 $$X(f) = \int_0^\infty e^{-at} e^{-j2\pi ft} dt = \int_0^\infty e^{-(a+j2\pi f)t} dt = \frac{1}{a+j2\pi f}$$

이 함수의 진폭스펙트럼과 위상스펙트럼을 그리면 [그림 4.54]와 같다.

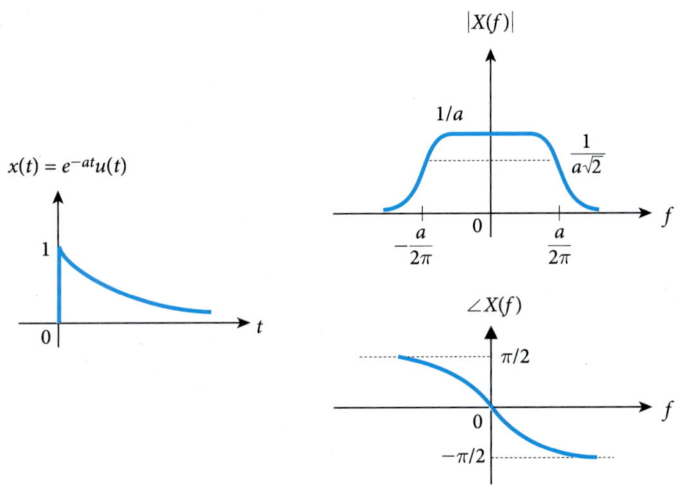

그림 4.54 지수함수의 시간특성과 주파수 특성

요약

신호 $x(t)$의 Fourier 변환 $X(f)$는 주파수가 f인 신호 성분의 크기의 분포를 의미한다 따라서 주파수에 따른 $X(f)$의 분포 모양을 살펴봄으로써 신호가 가진 주파수 성분의 상대적인 크기 분포를 알 수 있다. Fourier 변환 $X(f)$는 일반적으로 복소수이므로 극좌표 형식으로 표현하면 다음과 같다.

$$X(f) = |X(f)|e^{j\theta(f)}$$

여기서 $|X(f)|$와 $\theta(f)$는 각각 진폭 스펙트럼과 위상 스펙트럼을 의미한다.

4.4.4 주파수영역 시스템 해석: 주파수응답

앞에서 기저대역으로 표현될 수 있는 시스템을 시간영영에서 해석하는 방법을 살펴보았다. 출력신호를 입력신호 $x(t)$와 임펄스 응답 $h(t)$와 컨볼루션으로 표현된 식 (4.26)을 Fourier 변환하면 식 (4.43)과 같이 주어진다.

$$y(t) = x(t) * h(t) \Leftrightarrow Y(f) = X(f)H(f) \tag{4.43}$$

식 (4.43)에서 임펄스응답 $h(t)$의 Fourier 변환 $H(f)$를 시스템의 전달함수(transfer function) 또는 주파수 응답(frequency response)라고 한다. 일반적으로 전달함수 $H(f)$는 복소수로 표현되며 다음과 같이 주어진다.

$$H(f) = |H(f)|e^{j\angle H(f)} \tag{4.44}$$

여기서 $|H(f)|$는 시스템의 진폭응답이며 $\angle H(f)$는 시스템의 위상응답으로 각각 식 (4.45)과 식 (4.46)으로 주어진다.

$$|Y(f)| = |X(f)||H(f)| \tag{4.45}$$

$$\angle Y(f) = \angle X(f) + \angle H(f) \tag{4.46}$$

즉, 주파수가 f인 신호성분이 시스템을 통과하게 되면 [그림 4.55]와 같이 주파수의 변화는 없이 출력신호의 진폭은 입력신호의 진폭에 $|H(f)|$가 곱해져서 증폭 또는 감쇠된다. 출력신호의 위상은 입력신호의 위상에 $\angle H(f)$의 위상이 더해져서 위상천이가 발생한다. 이

와 같이 시스템을 통과하게 되면 어떤 주파수성분은 커지거나 작아지게 되고 위상은 주파수별로 지연에 차이가 발생한다. 이렇게 해석할 수 있는 시스템을 선형시불변(Linear Time-Invariant, LTI) 시스템이라 부른다. LTI 시스템을 주파수 영역에서 표현한다는 것은 시스템의 전달함수를 이해하는 것이다.

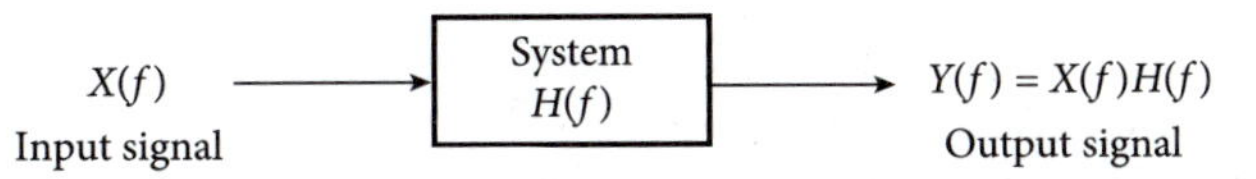

그림 4.55 시스템의 주파수영역 모델링

저역통과필터의 예

이제 시간영역에서 살펴본 [그림 4.42]의 RC 회로의 주파수 응답을 구하고 이를 시간영역에서 임펄스 응답과 비교해 보자. 저항에 걸린 전압 $Ri(t)$를 입력 $x(t)$로 놓고, $v_e(t)$를 출력 $y(t)$라 하면 식 (4.47)과 같다.

$$x(t) = RC\frac{dy(t)}{dt} + y(t) \tag{4.47}$$

양변에 Fourier 변환을 취하면

$$X(f) = RC(j2\pi f)Y(f) + Y(f) \tag{4.48}$$

가 된다[182]. (예제 4-29)에서 푼 것과 같이 이제 주파수영역에서 기저대역 시스템의 주파수 응답은 다음과 같다.

$$H(f) = \frac{Y(f)}{X(f)} = \frac{1}{1 + j2\pi fRC} \tag{4.49}$$

식 (4.49)는 복소수로 표현되므로 진폭응답과 위상응답을 구하면 다음과 같다.

$$|H(f)| = \frac{1}{\sqrt{1 + (2\pi RC)^2 f^2}} = \frac{1}{\sqrt{1 + \left(\frac{f}{f_0}\right)^2}} \tag{4.50}$$

182) 미분 연산자의 Fourier변환은 $j2\pi f$가 된다.

$$\angle H(f) = \tan^{-1}(2\pi RCf) = \tan^{-1}\left(\frac{f}{f_0}\right) \tag{4.51}$$

여기서, $f_0 = 1/(2\pi RC)$로 3 dB 대역폭이라 하며, 주파수 $f = f_0$일 때 진폭응답의 크기가 $1/\sqrt{2}$이 된다. 이렇게 저주파 대역은 통과시키지만 특정주파수 이상에서는 크기가 작아 통과가 되지 않는 시스템을 저역통과필터(Low pass filter)라 한다.

이제 시간영역에서 임펄스 응답을 구하기 위해 식 (4.47)를 역 Fourier 변환하면 시스템의 임펄스 응답은 식 (4.52)와 같다.

$$h(t) = \frac{1}{RC} e^{-t/RC} u(t) \tag{4.52}$$

보통 식 (4.52)에서 RC는 RC 회로의 시정수(time constant)가 된다. 임펄스 응답은 지수함수 $x(t) = e^{-at}u(t)$, $a > 0$의 Fourier 변환과 유사하다. 지수함수의 임펄스응답과 이의 주파수 응답은 [그림 4.54]와 같이 주어진다.

예제 4-30

[그림 4.54]를 이용하여 지수함수 $(t) = e^{-at}u(t)$, $a > 0$의 3 dB 대역폭은 얼마인가? 3 dB 대역폭에서의 크기와 위상을 구하시오.

풀이 크기가 $1/\sqrt{2}$이 되는 주파수가 3 dB 대역폭이 된다.

4.4.5 오디오 시스템 해석 예

앞에서 오디오 시스템을 시간영역과 주파수영역에서 해석하는 방법을 학습하였으므로 이제 오디오 신호의 예로 크기가 1이고 주파수가 1 kHz인 정현파 신호를 MATLAB으로 표현해보고 이 신호의 전력을 시간영역과 주파수영역에서 MATLAB 프로그램으로 계산해보자. 시간영역에서 전력은 수식 계산에 의해 0.5이다. 이제 디지털 신호로 표현하기 위하여 샘플링 주파수를 10,240 Hz로 하고, 시간은 0.1초의 시간구간 동안 디지털신호를 만든다[183]. 따라서 데이터의 개수는 1,024개의 시간 데이터가 된다. 이 중에 0초에서 3 msec까지 시간

183) 오디오 신호를 컴퓨터로 표현하기 위해서는 이산화(샘플링)에 대한 학습이 필요한데 이는 5장에서 자세히 학습할 예정이다.

영역 데이터를 그리면 [그림 4.56]과 같다. 시간영역 데이터 간에 시간 간격(T_s)은 샘플링 주파수의 역수($T_s = 1/f_s$)로 주어진다.

```
fc=1e3;                       fs=10240;
Ts=1/fs;                      T_max=0.1;
t=0:1/fs:(T_max-1/fs);        %1024 time data
x=sin(2*pi*fc*t);
subplot(211)
stem(t(1:31), x(1:31));
hold on
plot(t(1:31), x(1:31));
xlabel('time [msec]');
ylabel('Amplitude');
```

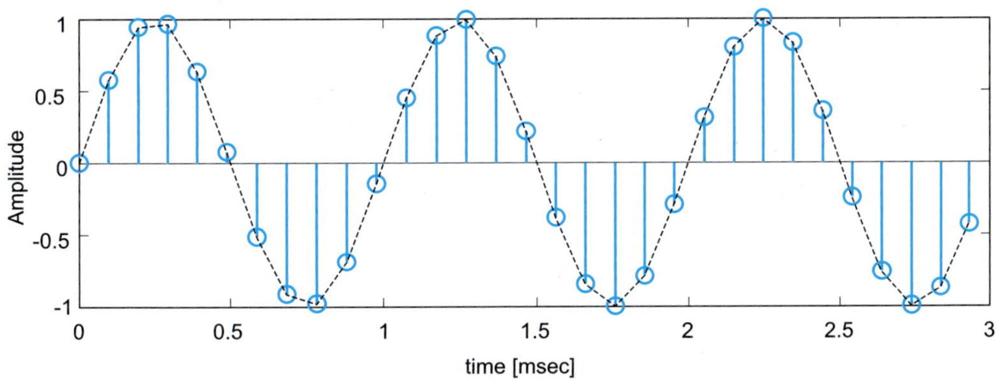

그림 4.56 오디오 신호의 시간영역 표현

예제 4-31

샘플링이 10,000 Hz일 때 [그림 4.56]를 그리시오. 샘플링이 달라질 경우 그림의 차이가 발생하는 이유는 무엇인가?

참고 샘플링 주기를 계산하고 이에 따라 그림의 차이가 발생한다. 샘플링 주기는 해석하고자 하는 신호의 배수인 경우가 좋다.

이제 주파수영역으로 해석해보자. 먼저, 데이터 개수가 1,024개이므로 최대 1024 point

FFT를 취할 수 있다[184]. 이산화된 시간영역 데이터를 MATLAB의 fft 함수로 주파수 변환하면 주파수축에서 $[-f_s/2, f_s/2]$의 구간에서의 주파수성분을 볼 수 있다. 이때 한 번에 처리할 데이터의 수는 주파수 분해능(frequency resolution)을 나타내는데 해석하려는 신호가 원하는 주파수 분해능의 배수가 되어야 한다.

> **중요** 시간영역에서 샘플링 주파수가 시간분해능을 나타내는 것처럼 FFT에서의 주파수 분해능(frequency resolution)은 샘플링 주파수를 한 번에 FFT하는 데이터수로 나눈 값($\Delta f = f_s/N$)으로 주어진다.

[그림 4.57]은 한번에 FFT하는 데이터 수가 128인 경우와 256인 경우의 전력값을 보여준다. 샘플링 주파수가 10,240이므로 FFT 수가 128이면 주파수 분해능은 80 Hz가 되고 결과는 80 Hz의 주파수 간격을 갖는 파형이 된다. 1 kHz의 경우는 80 Hz로 나누어지지 않으므로 하나의 주파수에서 정확한 전력값을 출력할 수 없다. 반면 FFT 수가 256이면 40 Hz의 주파수 간격을 갖으며, 1 kHz의 경우는 40 Hz로 나누어지므로 1 kHz에 해당하는 신호의 출력이 0.5의 값을 보여줌을 알 수 있다. 이를 통해 컴퓨터로 시간영역과 주파수영역의 데이터를 구할 경우 시간영역과 주파수 영역에서 샘플링과 FFT 개수에 따라 신호가 정확히 시뮬레이션할 수 있는지를 확인할 필요가 있음을 알 수 있다.

```
Nfft=128;
X=(1/Nfft)*fftshift(fft(x,Nfft));
f=((-Nfft/2):(Nfft/2)-1)/Nfft*fs;
stem(f,(abs(X)));
xlabel('Frequency [Hz]');
ylabel('Amplitude');
```

184) MATLAB에서 fft 함수를 사용하면 $-f_s/2$에서 $f_s/2$의 값이 나오는데 이를 정렬하기 위해서 fftshit 함수를 같이 사용해야 하며, fft 함수는 결과가 어떤 주파수를 나타내는지 제공하지 않기 때문에 주파수 벡터를 만들어서 그림을 그려야 한다.

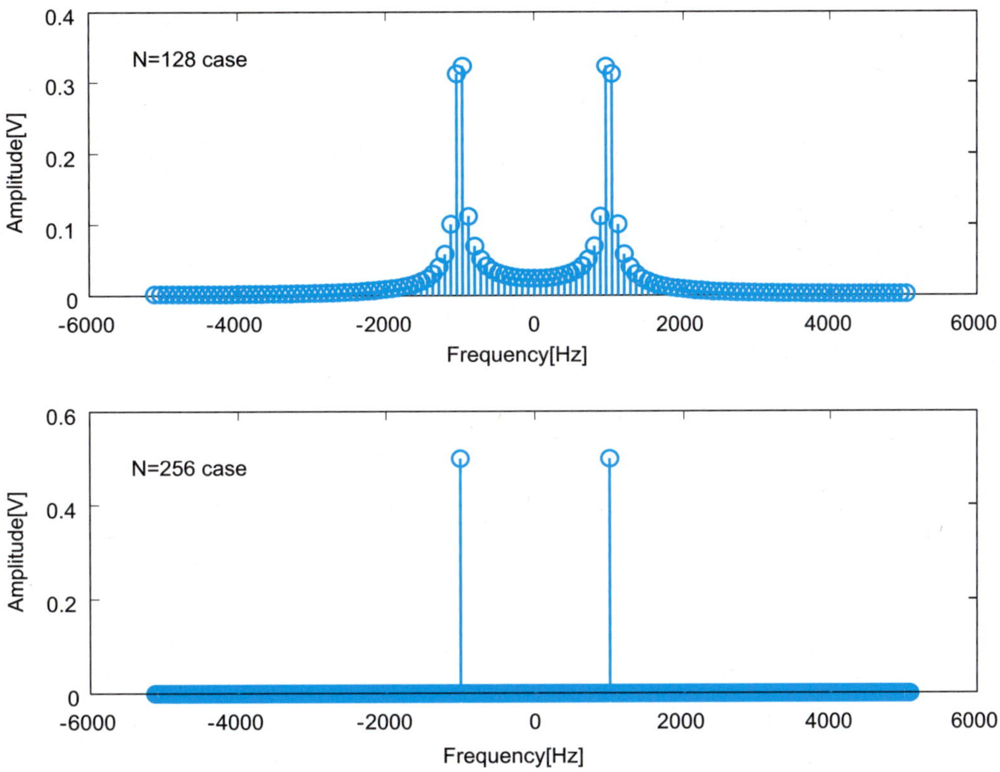

그림 4.57 데이터 개수에 따른 FFT 결과

예제 4-32

샘플링이 10,000 Hz일 때 [그림 4.57]을 그리시오. 샘플링이 달라질 경우 그림의 차이가 발생하는 이유는 무엇인가?

풀이 샘플링값이 달라졌으므로 정확한 1 kHz 지점에서 값이 인접 point로 옮겨지게 된다.

이제 오디오 시스템이 다음과 같은 3차 비선형성을 갖는 경우를 예로 들어보자.

$$y(t) = a_1 x(t) + a_3 x^3(t)$$

이 오디오 시스템에 특정한 계수를 가정하여 MATLAB으로 해석하면 시간영역 결과는 [그림 4.58]과 같고 주파수영역 결과는 [그림 4.59]와 같이 주어진다. 시간영역 데이터는 크기가 1까지 진행되지 않고 압축됨을 알 수 있으며, 압축된 결과는 주파수영역에서 기본 주파수 성분의 크기는 미소하게 작아지며 3차 하모닉 성분이 생성됨을 알 수 있다.

```
a1=1;
a3=-0.2;
y=a1*x+a3*x.^3;
stem(t(1:31), y(1:31));
```

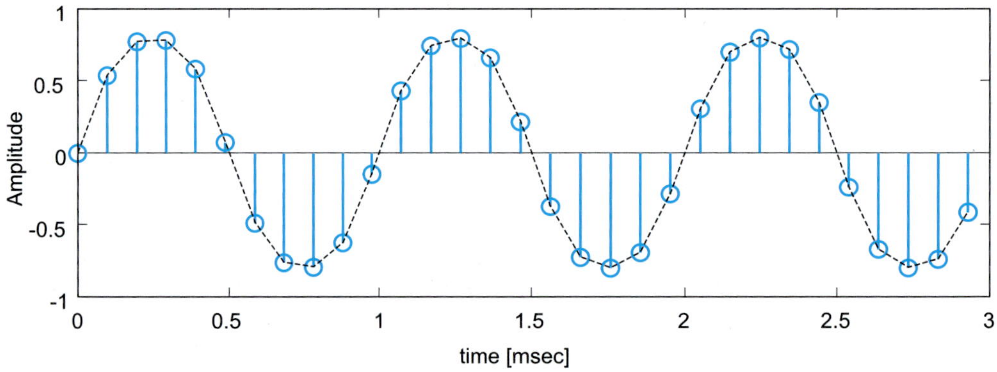

그림 4.58 비선형성이 있는 경우 오디오 신호의 시간영역 표현

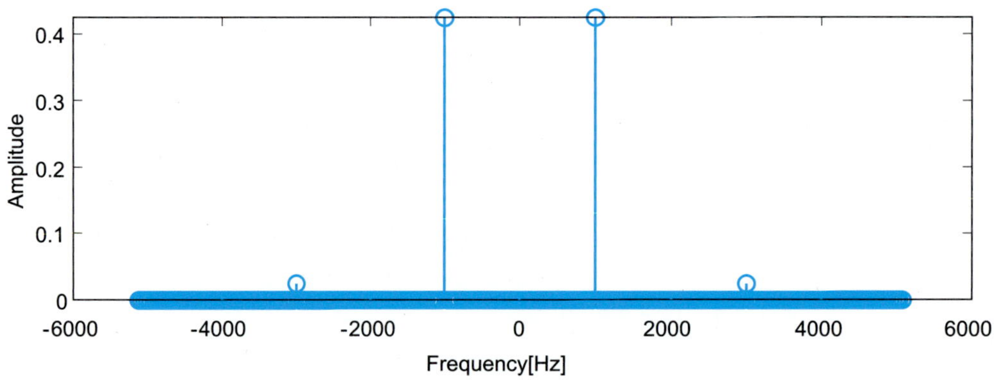

그림 4.59 비선형성이 있는 경우 오디오 신호의 주파수영역 표현

예제 4-33

3차 비선형성의 계수가 2배로 커짐(앞에 예제에서 a3를 −0.4로 하는 경우)에 따라 신호의 시간영역 파형과 주파수영역 파형이 어떻게 되는지 확인하시오.

참고 MATLAB 외에 아두이노 환경에서도 FFT를 수행할 수 있다. 생체신호를 인식하는 센서를 개발하고 센서에서 나오는 시간영역 파형을 FFT하여 심박수 등을 출력하는 작품을 아두이노 만으로도 만들 수 있다. 관심있는 학생은 관련 자료를 찾아보기 바란다.

관련 자료: ArduinoFTT : http://wiki.openmusiclabs.com/wiki/ArduinoFFT

16 FFT부터 256FFT까지를 실시간 FFT 수행

요약

현재까지 아날로그 방식의 오디오 시스템에 대해 살펴보았다. 또한, 아날로그 방식의 오디오 시스템을 해석하는 이론도 학습하였다. 5장부터는 이러한 지식을 이용하여 디지털 방식의 오디오 시스템에 대해 살펴보자. 단, 아날로그 방식을 100% 이해해야지만 디지털 방식의 오디오 시스템도 이해할 수 있으므로 부족한 부분이 있으면 복습하여 4장까지의 내용을 확실히 이해하자.

CHAPTER

5

디지털 소스 기기

- 오디오 HW 중 디지털 소스 기기의 기본 구성 및 원리를 이해한다.
- 아날로그 신호를 디지털 신호로 변환하거나 반대로 디지털신호로부터 아날로그 신호를 복원하는 과정을 이해할 수 있다.
- 다양한 디지털 필터를 설계할 수 있다.
- 디지털신호처리 과정을 MATLAB 배치 프로세싱으로 시뮬레이션 할 수 있다.

5.1 디지털 소스기기 개요

4장에서 오디오 컴포넌트 중 아날로그 소스기기를 살펴보았고, 아날로그 신호를 시간영역과 주파수영역에서 수식으로 표현하는 해석 방법을 학습하였다. 본 장에서는 오디오에서 사용되는 디지털 신호의 특성과 디지털 신호를 다루는 디지털 소스기기를 살펴볼 것이다. 이러한 디지털 데이터는 0과 1의 조합일 뿐이므로 우리가 바로 이해하거나 소리를 들을 수 없다. 소리는 원래 아날로그이므로 최종 신호도 당연히 아날로그여야 한다. 특히, [그림 5.1]과 같이 소리의 시작부분인 마이크에서 출력되는 신호와 전력증폭기와 스피커에서 사용되는 신호는 아날로그 신호이어야 한다. 따라서 디지털화가 가능한 부분은 라인레벨로 연결되는 오디오 기기들이며 [그림 5.1]에 네모 박스 친 부분에 해당된다. 즉, 모든 오디오 기기가 디지털화되는 것은 아니고 라인레벨로 연결되는 기기만이 디지털화가 가능하다[185]. 아날로그 오디오 신호를 디지털신호로 변환하는 것을 ADC(Analog-to-Digital Converter)라고 하고 반대로 디지털 신호를 아날로그 신호로 변환하는 것을 DAC(Digital-to-Analog Converter)라고 한다. DAC의 입력과 ADC의 출력은 0과 1의 조합인 디지털 신호가 된다.

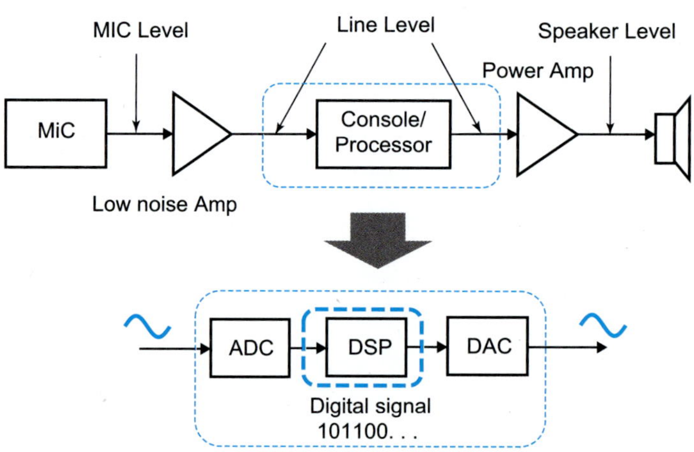

그림 5.1 오디오 회로에서 디지털화가 가능한 부분

185) 아날로그 오디오 신호는 그 크기의 범위가 매우 넓다. 따라서 아주 작은 아날로그 신호와 아주 큰 아날로그 신호를 동일하게 양자화한다면 비트가 많이 필요하거나 양자화 오차가 커지므로 디지털화하기 어렵다. 따라서 보통 라인레벨 크기의 하이 임피던스 전압신호만을 디지털화하게 된다.

실제로 오디오에서 사용하는 아날로그 신호와 디지털 신호를 상호 변환할 때 ADC 회로와 DAC 회로만 있는 것이 아니라 파일의 크기를 줄이기 위한 압축과정, 에러(Error) 정정과정, 음원의 제목 등 정보를 추가하는 MUX 과정이 포함되는데 이를 코딩(Coding)이라 한다. 반대로 디지털신호를 아날로그 신호로 변환할 때도 정보를 추출하는 DeMUX 과정, 에러가 있을 시 복원하는 과정, 압축한 경우 해제과정이 포함되어야 하는데 이를 디코딩(Decoding)이라 한다. 보통 코딩과 디코딩을 합쳐서 코덱(Codec)이라 부르며, 오디오 코덱의 구조는 [그림 5.2]와 같다.

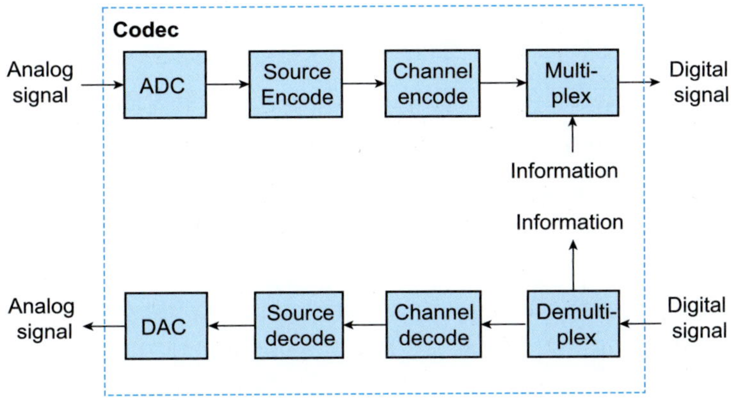

그림 5.2 오디오 코덱의 역할

먼저, ADC부터 살펴보자. 아날로그 신호를 샘플링과 양자화를 거쳐 디지털신호로 만드는 것을 ADC회로라 하며 하드웨어로 구성된다. ADC로 만들어진 디지털 신호를 PCM(Pulse Code Modulation) 신호라고 부른다. ADC 회로로 만든 PCM 신호는 양자화된 디지털신호가 되므로 이후 과정은 모두 디지털 과정이라 할 수 있다. ADC된 PCM 신호의 데이터가 너무 많으면 보통 압축하게 되는데 이를 소스코딩(Source Coding)이라 한다. 소스코딩된 디지털 신호는 정보의 양이 처음보다 줄어들게 된다. 반면, 디지털 신호에 비트를 추가하면 오류가 발생했을 경우 이를 탐지하거나 수정할 수 있는데 이를 채널코딩(Channel Coding)이라 한다. 마지막으로 소스코딩과 채널코딩된 디지털 정보는 음원의 제목과 같은 부가 정보가 추가할 수 있는데 이를 멀티플렉싱(Multiplexing)이라 한다. 이러한 신호를 다시 아날로그 오디오 신호로 변환하는 디코딩 과정은 코딩과정과 반대 과정을 역순으로 거치면 된다.

샘플링과 양자화를 거친 이산 디지털 신호는 샘플링을 얼마나 빨리 했는지, 또 양자화를 얼마나 촘촘하게 했는지에 따라 다양하게 분류될 수 있다. 샘플링과 양자화에 따라 다양한 디지털 신호가 만들어질 수 있는데 이를 구분하기 위해서는 기준이 필요하다. 보통 전화기에서 사용하는 64 kbps PCM과 CD 오디오에서 사용하는 1.4112 Mbps를 그 기준으로 사용한다. 이렇게 2개의 기준을 사용하는 건 전화기의 경우 음악을 전달하기 보다는 주로 주파수 범위가 상대적으로 좁은 사람의 목소리를 전달하므로 대화하는 목소리 전달에 맞는 샘플링과 양자화를 하는 것이고, 오디오의 경우 사람의 목소리 외에도 다양한 악기음들을 포함하므로 주파수 범위가 넓고 신호의 진폭의 변화가 크기 때문이다[186]. CD 오디오보다 더 고속으로 샘플링하거나 양자화한 것, 또는 스테레오를 뛰어넘는 입체음향을 지원하는 디지털 오디오를 고음질(또는 고품질) 오디오라고 부른다. 예를 들어 192 kHz/24 bit 등을 지원하는 디지털 오디오 플레이어도 시판되고 있다. 반면, CD 음질보다 낮은 속도의 디지털 오디오 신호를 사용하려면 CD 오디오 데이터를 압축하여야 하는데 이러한 방식을 사용하는 대표적인 장치가 MP3 플레이어와 Bluetooth 스피커이다.

중요 아날로그 전압신호는 음파와 1:1로 대응되는데 반하여 디지털 신호는 동일한 음파라도 샘플링과 양자화에 따라 다양한 신호가 만들어진다. 따라서 기준이 필요한데 전화기의 경우는 64 kbps, 오디오의 경우는 CD를 기준으로 한다. 오디오의 경우 CD 품질보다 높으면 고품질 오디오라고 부른다.

1) 전화기 : 8 kHz 샘플링, 8 bit 양자화 → 64 kbps (8000 Hz × 8 bit) PCM
2) 오디오 : 44.1 kHz 샘플링, 16 bit 양자화, 스테레오
   44,100 Hz × 16 bit × 2채널 → 1,4112 Mbps PCM

CD 플레이어

CD(Compact Disc)는 아날로그 음원 시대를 끝내고 디지털 음원시대를 연 최초의 디지털 소스기기라 할 수 있다[187]. CD는 파장이 780 nm인 적외선 레이저를 이용하여 데이터를

186) 일반 가정용 전화기로 음악을 보내고 들어보자. 이 경우 음질이 좋지 않게 들리는데 이는 전화기에서 사용하는 샘플링과 양자화가 오디오에서 사용하는 값보다 작기 때문이다.

187) CD의 시작은 지휘자 카라얀과 소니와 필립스가 공동 개발하였다. 플라스틱으로 만들어진 손바닥 정도 크기의 도넛 모양 원판으로 음악은 약 74분 정도를 담을 수 있다. 기본 LP보다 가볍고 작기 때문에 작은 디스크란 이름의 'Compact Disc'라 불리게 되었다.

읽는 광학 저장매체이다[188]. CD는 LP에 비해 크기가 작으면서도 우수한 음질을 제공함으로써 등장과 함께 빠른 속도로 LP를 잠식하였다. 이에 따라 LP 플레이어가 CD 플레이어로 대체되게 되었다.

CD 플레이어는 아날로그 신호를 디지털로 변환하는데 1초를 44.1 kHz의 샘플링을 하고, 크기는 16비트, 즉 2의 16제곱(= 65536단계) 단계로 음의 세기를 구분하는 규격을 만들어냈는데 이것이 디지털 음원의 기준이 되었다. [그림 5.3]은 CD 플레이어의 데이터 포맷을 보여준다. 74분 가량의 CD에는 둥그런 원판을 따라 333,000개의 섹터(sector)로 구분되며 하나의 섹터에는 98개의 프레임(frame)이 포함되어 있다. 한 개의 프레임은 데이터 저장의 기본 단위로써 12 bytes의 스테레오 오디오 데이터 외에 데이터의 제어를 위한 synch code와 control display가 있으며, 오류탐지 및 정정을 의한 채널코딩 데이터가 추가되어 있다. 즉 [그림 5.2]의 오디오 코덱 블럭도에서 데이터 압축을 위한 소스 코딩만 빼고 기본적인 디지털 데이터 처리를 위한 코덱이 포함되어 있음을 알 수 있다.

참고로 CD는 디지털 저장매체로도 사용될 수 있는데 음악 정보 대신에 데이터를 기록하는 경우 CD-ROM이라 부른다. CD-ROM은 읽기만 가능했지만 이후 기록이 가능한 CD-R, CD-RW가 등장하였다. 하지만 USB 메모리나 SD카드의 등장으로 CD도 점점 사라지고 있다.

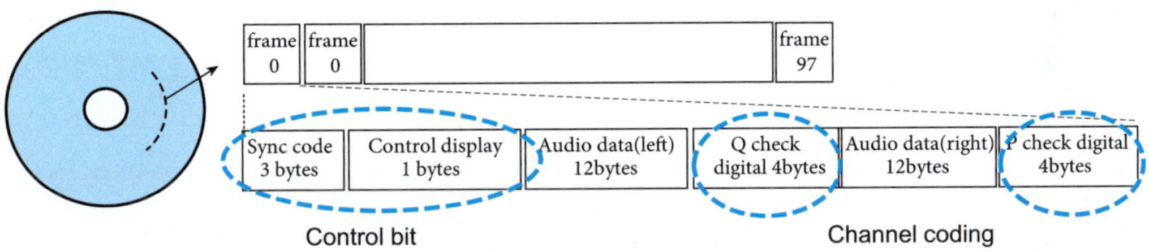

그림 5.3 CD 플레이어의 데이터 포맷

MP3 플레이어

CD 플레이어가 등장했어도 CD 자체의 크기가 컸으므로 휴대용 CD 플레이어가 대중화

188) 광학저장매체는 디지털 기술의 등장과 함께 초기에 많이 사용되었으나 광학기기와 모터 등이 필요하므로 크기를 줄이는데 한계가 있다. 따라서 최근에는 반도체메모리 기반의 저장매체로 대체되면서 점점 사라지고 있다.

되지는 않았다. 따라서 80년대와 90년대를 대표하던 카세트 플레이어가 그대로 사용되고 있었다. 하지만 2000년대 초반 휴대용 MP3 플레이어가 등장하게 되면서 새로운 시장이 열리게 되었다. [그림 5.4]에 CD 플레이어와 MP3 플레이어를 비교하여 보여주고 있다. CD 플레이어의 크기에 비해 MP3 플레이어가 매우 소형임을 알 수 있다. MP3 플레이어가 소형이 가능하게 된 원인은 CD 플레이어가 크기가 큰 광학용 저장장치를 사용하는데 반하여 MP3 플레이어는 반도체 메모리를 사용하기 때문이다. 따라서 MP3 플레이어는 반도체 메모리 기술의 집적도의 향상과 함께 등장한 제품이라 할 수 있다[189].

MP3란 용어는 일종의 파일 포맷의 한 종류로서 'MPEG Audio Layer 3'의 줄임말이다. MPEG은 Motion Pictures Expert Group을 뜻하는 말로 디지털 동영상과 관련된 표준규격을 협의하는 국제협회인 MPEG에서 만들어내 다양한 동영상 표준의 규격을 의미한다. MPEG이 처음 만든 규격은 비디오 CD를 제작할 때 사용하는 MPEG1이다. 이 MPEG 1에서 오디오 압축 기술만을 분리한 것이 MPEG Audio Layer인데 압축률과 데이터 구조에 따라 3가지로 나뉜다. Layer 1은 1대 4 정도의 압축률을 갖고, Layer 2는 1대 6에서 1대 8 정도, Layer 3는 1대 10에서 1대 12의 가장 높은 압축률을 갖는다. 따라서 가능한 한 최대로 오디오 디지털 파일의 용량을 줄이기 위해서는 Layer 3가 가장 많이 사용되는데 이 Layer 3의 오디오 파일 포맷이 MP3이다.[190] 이러한 MP3 디지털 오디오 데이터 압축 기술을 이용해 CD 포맷의 음원을 반도체 메모리에 저장시키고 이를 압축해제 및 DAC를 이용하여 아날로그 신호로 변환하고 이를 이어폰으로 들을 수 있게 만든 오디오기기가 바로 MP3 플레이어이다. MP3는 데이터를 압축할 때 손실 압축이란 방식을 이용하여 압축율을 높인 것으로 인간의 귀로는 들을 수 없거나 듣지 않아도 되는 부분을 버리고 가청주파수 영역만을 디지털화함으로써 전체적인 데이터 양을 크게 줄이는 방식을 사용한다. 따라서 음질면에서 오디오 CD와 비교한다면 MP3는 CD보다는 음질이 떨어진다고 할 수 있다. 하지만 일반인들은 이를 구분하기는 쉽지 않다.

한편, Digital Audio Player라는 기기도 있다. 이는 MP3 플레이어 중 고급형 기기를 따로 구분하여 이르는 말로 줄여서 DAP라고 부른다. DAP는 대중화되지는 못하고 기존 MP3 플레이어들과 차별화하기 위해 스포츠카나 슈퍼카처럼 차별화 전략의 일환으로 만들어진 일

---

189) MP3 플레이어는 디지털 기술과 메모리 기술이 발달한 우리나라와 관련이 깊다. MP3 플레이어는 1997년 세계 최초로 한국에서 개발되었다.

190) 예를 들어 한 장의 CD에 수록된 음원을 일반적으로 40 MB 정도가 되는데 MP3는 이를 1/10 이하 크기인 3~4 MB 정도로 압축시킬 수 있다.

CD & CD player　　　　MP3 player

그림 5.4 CD 플레이어의와 MP3 플레이어

종의 마케팅용 단어라 볼 수 있다[191].

PC-Fi

오디오의 디지털화는 휴대관점에서 MP3 플레이어가 등장함과 더불어 PC에 음원을 저장하고 이를 앰프 및 스피커에 연결하는 트렌드를 만들었다. 이를 PC-Fi라고 하며 PC는 메모리에 여유가 있으므로 압축하지 않은 CD 품질이나 CD 품질 이상의 고품질 음악을 직접 플레이하는 것이 가능하다. 하지만 데스크탑 PC의 경우 소음이 커서 음악을 듣기에는 불편하므로 노트북을 주로 사용한다. 특히, 디스플레이 기술, 메모리 기술, 전자기술의 발달로 노트북이 소형화되었고, 작업하면서 음악을 듣는 사람이 많으므로 많이 사용되고 있다. PC-Fi의 구성은 [그림 5.5]와 같이 노트북 PC, DAC, 오디오 AMP, 스피커로 구성될 수 있다. 물론 Speaker에 AMP가 내장된 액티브 스피커도 가능하다.

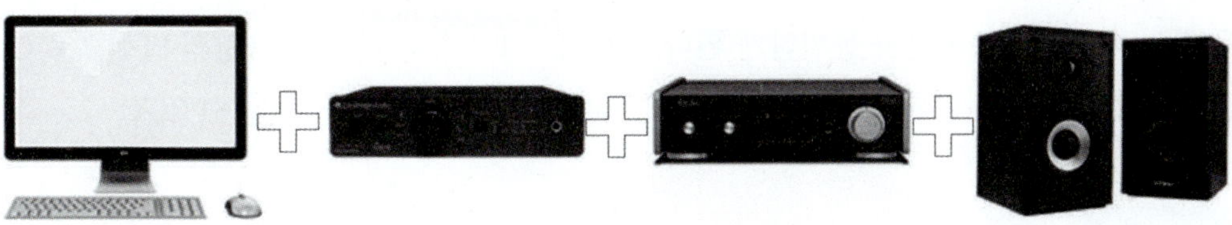

PC　　DAC　　AMP　　Speaker

그림 5.5 PC로 고음질 음악을 듣자는 PC-Fi의 구성

191) MP3 플레이어의 대표회사인 아이리버가 AK100이라는 DAP을 출시하면서 명맥을 이어가고 있다. 하지만 시장에는 스마트폰에 밀려 대중화되지는 못하고 있다.

PC-Fi로 음악을 듣기 위한 방법은 크게 다음의 4가지로 분류할 수 있다. ①에서 ④로 갈수록 데이터양은 많아지지만 오디오 품질은 좋아진다. 단 오디오 품질은 사람의 주관적인 판단이므로 절대적인 기준은 아니다.

① MP3 파일을 PC에 저장하고 플레이한다.
② 무손실 압축 방법으로 파일을 저장하고 플레이한다.
③ CD 품질의 wav 파일을 압축없이 저장하고 플레이한다.
④ CD 품질 이상의 고품질 디지털오디오 파일을 저장하고 플레이한다.

일반적으로 CD를 그대로 PC로 옮기면 WAV(Window PC의 경우)나 AIFF(Mac PC의 경우) 파일의 형태가 된다. 비압축 파일인 WAV나 AIFF는 CD 기반의 샘플링과 양자화를 하므로 1.4112 Mbps의 초당 전송률을 가지게 되는 데 반해 MP3의 경우 최대 320 kbps만을 갖는다. 따라서 음질적으로 다이나믹 레인지가 줄어들고 주파수 대역의 일부가 잘려나가게 된다. 이러한 압축을 손실 압축이라 하며 손실압축된 MP3 파일을 CD에서 사용하는 WAV 파일로 복원을 한다고 해도 파일의 용량만 커질 뿐 음질은 원래대로 회복되지 않는다. 압축을 하면서도 MP3의 약점인 '음질'을 해결해줄 수 있는 새로운 디지털 파일 포맷이 있는데 이 경우 무손실 압축(lossless compression)이라 부르는 파일들이 이러한 파일 포맷을 사용한다. 무손실 압축 음원 파일의 종류는 매우 많은데, 대표적인 것으로 공개 포맷인 FLAC (Free Lossless Audio Codec)과 애플이 만든 ALAC(Apple Lossless Audio Codec)이 있다. 이러한 무손실 압축 음원은 이론적으로 최소한 CD와 비슷한 음질을 가지면서도 파일의 크기를 원본의 절반 정도의 크기로 줄일 수 있다. 또한, 무손실 압축 방식이라 '압축'한 것을 '복원'을 하면 이론적으로 원본과 동일하게 된다. 최근에는 PC 속도 및 저장 용량의 발전으로 CD 품질 이상의 고품질 원본파일을 그대로 재생하는 PC-Fi도 손쉽게 구현할 수 있다.

예제 5-1

본인이 가지고 있는 디지털 음원의 종류와 파일 형식에 대해 알아보자. 또한, 음원의 종류에 따라 음질의 차이가 있는지도 살펴보자.

참고 음악의 비전문가인 대부분의 사람들은 샘플링과 양자화에 따른 디지털 음원의 음질의 차이를 알기는 쉽지 않다.

디지털 소스기기의 미래

PC-Fi나 MP3 플레이어를 통한 새로운 디지털 오디오가 보급되던 2000년대 초반이 되면 더 이상 LP나 CD로 음악을 듣는 것은 옛날이야기가 되어 버렸다. 이러한 시대적 흐름의 변화에 따라 LP판이나 CD 음반을 파는 가게는 찾아보기 힘들게 되었고 CD 플레이어나 턴테이블 같은 오디오 장비는 가치가 떨어지게 되었다. 그래도 MP3 플레이어 시대만 해도 MP3 음원을 인터넷에서 다운로드 받아 MP3 플레이어의 메모리에 저장하는 등의 수고는 필요하였다. 그 이유는 인터넷 속도가 느렸기 때문에 디지털 음원을 실시간으로 처리할 수 없기 때문이다. 또한, 스마트폰이 등장하기 이전이므로 디지털 소스기기라는 별도의 시장이 존재할 수 있었다. 따라서 MP3 플레이어는 전용 오디오기기라는 생각과 MP3 플레이어와 이어폰을 연결하는 등의 기본적인 음악을 듣기 위한 작업은 필요하였다. 하지만 스마트폰이 등장하면서 오디오 시장의 급격한 변화가 발생하였다. 이 이야기는 6장 이후에서 다시 하기로 하자[192].

> **중요** 디지털 소스기기는 현대 오디오에서 필수불가결한 것이 되었다. 그 이유는 현재 파일로 소장하는 오디오 음원이나 스트리밍하는 오디오 음원 대부분이 아날로그 신호가 아닌 디지털 변환된 디지털 신호이기 때문이다. 디지털 오디오 신호는 대역폭이 20 kHz인 아날로그신호보다 대역폭이 훨씬 넓어진 전혀 다른 신호가 된다. 물론 디지털 신호에 오디오 정보가 내포되어 있으므로 넓은 의미에는 같은 신호라 볼 수 있다.

192) 스마트폰이 등장하기 전까지의 핸드폰으로 음악을 듣기는 쉽지 않았다. 먼저, 무선통신 속도가 늦어 음원을 스마트폰에 다운로드 받기 어려웠을 뿐만 아니라 초창기의 핸드폰 메모리 용량은 수십MB 정도의 메모리 공간 밖에 없었기 때문이다. 하지만 스마트폰의 등장으로 이제는 32 GB부터 수백 GB에 이르는 저장 공간을 가지게 되어 많은 음원을 저장할 수 있게 되었고, 여기에 무선통신 속도가 LTE, 5G 등으로 빨라짐에 따라 스트리밍 서비스가 대세가 되어 굳이 음원을 PC나 MP3 플레이어에 저장하지 않더라도 다양한 음원을 감상할 수 있는 상황이 되었다.

5.2 기저대역 오디오 신호의 디지털 표현

디지털 소스기기를 학습하기 위해서는 디지털 신호에 대해 먼저 학습해야 한다. 4장에서 살펴본 라인레벨 크기 정도의 기저대역 아날로그 오디오 전압신호를 디지털로 변환한 것이 디지털 오디오 신호이다[193]. 디지털 오디오 신호란 아날로그 신호를 샘플링과정과 양자화 과정에 의해 0과 1로 변환한 것이어서 아날로그 신호의 특성을 포함하고는 있으나 신호의 파형이나 신호의 특성은 완전히 달라지게 된다. 본 절에서는 기저대역 오디오 신호의 디지털 표현과정을 샘플링화, 양자화, 코딩화의 과정으로 나누어 살펴본 후 이렇게 디지털화된 오디오 신호가 원래 아날로그 오디오 신호와는 어떤 차이를 갖는지 자세히 살펴보도록 하자.

5.2.1 샘플링(Sampling) 과정

아날로그 오디오 신호를 디지털로 바꾸는 첫 번째 과정인 샘플링과정을 살펴보자. Nyquist의 샘플링이론(Sampling theory)에 의하면 어떤 조건 하에서 아날로그 신호를 일정한 주기로 샘플링하여도 원래의 신호가 가지고 있는 정보에 손실이 일어나지 않게 할 수 있다. 다시 말해서 이산 시간의 표본값들을 가지고 모든 시간 구간에서 원래의 아날로그 신호를 복원시키는 것이 가능하다. 이러한 샘플링이론이 적용되기 위해서는 샘플링할 신호의 대역폭이 한정되어 있어야 하며, 샘플링 주파수를 신호가 가진 최고 주파수 성분의 2배 이상으로 해야 한다.

먼저, 임의의 신호 $x(t)$가 최대 주파수 대역폭이 B[Hz]라고 가정하자. 이 신호를 일정한 시간 간격으로 표본화하는데, 샘플링 속도(즉 주파수)를 $2B$ 이상(예를 들어 100 Hz라면, 초당 200번 샘플링)으로 한다면 그 표본 값들로부터 원래 신호 $x(t)$를 왜곡 없이 복원시킬 수 있다. 이 주파수, 즉 최대 주파수의 두 배 주파수를 나이퀴스트율(Nyquist rate)이라고 한다. 만일 Nyquist율보다 낮은 주파수로 샘플링하면 주파수 상에서 에일리어싱(Aliasing)이라고 하는 현상이 발생하여 신호를 복구할 때 왜곡이 생기게 된다. 다음[그림 5.6]은 에일리어싱이 발생하여 신호가 왜곡되는 예를 보여준다. 그림에서 점선으로 표현된 sine 신호가 실제

193) 가정에서 전기사용량을 알려주는 디지털 적산전력계에서는 전류의 크기도 디지털로 변환되기도 하지만 오디오에서 디지털 신호로 변환될 수 있는 신호는 오로지 임피던스가 높은 전압신호이지 전류신호가 아님을 기억해야 한다.

신호이지만 샘플링에 따라 주파수가 훨씬 낮은 정현파로 보이게 됨을 알 수 있다[194]. 그림에서 원래 신호의 주파수는 샘플링 주파수보다 높지만 복원된 신호는 원래 신호의 주파수보다 낮은 저주파 신호로 잘못 복구됨을 확인할 수 있다.

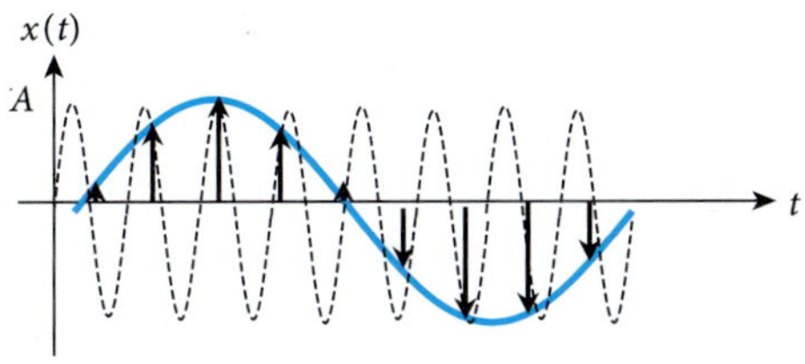

그림 5.6 시간영역에서 살펴본 Aliasing의 사례

요약

영화를 볼 때 자동차 바퀴나 헬리콥터의 프로펠러가 아주 느리게 반대로 가는 것처럼 보이는 경우가 있는데 이 현상이 Aliasing의 대표적인 예이다. 헬리콥터의 프로펠러 속도가 영화의 화면 샘플링 속도인 초당 24프레임보다 빠르게 돌아가기 때문에 생긴다.

위에서 언급한 샘플링 이론을 주파수 측면에서 살펴보면 다음과 같다. [그림 5.7]의 왼쪽에 있는 3개의 신호는 각각 25 Hz, 70 Hz, 160 Hz의 3가지 주파수를 갖는 정현파를 나타낸다. 그런데 샘플링 주파수를 100 Hz로 한다면, 25 Hz의 경우는 샘플링 주파수의 1/2인 50 Hz

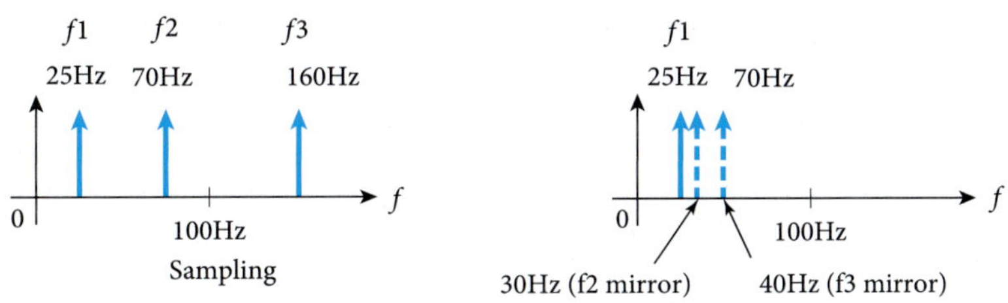

그림 5.7 Aliasing의 주파수 측면의 사례

194) 사람의 눈도 처리속도의 한계가 있으므로 고속으로 회전하는 물체(헬리콥터 날개, 자동차 바퀴 등)를 볼 때 거꾸로 회전하거나 멈춰 보이는 현상인 Aliasing 현상이 발생하는 것을 볼 수 있다.

보다 작아서 그대로 표현될 수 있으나, 70 Hz 성분은 30 Hz에, 160 Hz 성분은 40 Hz에 aliasing되어 나타남을 알 수 있다. 즉, Nyquist 샘플링 주파수의 1/2보다 큰 주파수 성분은 원래의 주파수와는 다른 주파수 성분으로 변환되므로, 즉 Aliasing 현상이 발생하므로 반드시 피해야 한다.

Aliasing은 신호를 전혀 다른 주파수로 변환시키게 되므로 이를 막아야 한다. 이를 위해서는 두 가지 방법이 있는데 샘플링 주파수를 충분히 높게 하거나, 샘플링할 아날로그 신호를 대역 제한(bandwidth-limited)시키는 방법이 있다. 오디오의 경우 사람의 귀가 20 kHz 이상의 소리를 듣지 못하므로 20 kHz 이상의 신호는 없애도 영향이 없게 된다. 따라서 20 kHz에서 차단주파수를 갖는 anti-aliasing 필터를 ADC 앞 단에 삽입하게 된다. anti-aliasing 필터는 기본적으로 저역통과필터이며 샘플링 주파수보다 높은 주파수 성분을 제거하는 역할을 한다. 기본적으로 anti-aliasing 필터는 통과대역에서는 일정한 주파수 응답을, 차단주파수 대역에서는 급격한 cut-off 특성을 갖도록 설계하여야 한다. Anti-aliasing 필터는 아날로그 회로이고 라인레벨의 전압신호이므로 당연히 OPAMP를 이용하여 설계하게 된다.

예제 5-2

[그림 5.7]에서 샘플링 주파수가 200 Hz로 바뀐다면 3개의 신호(25 Hz, 70 Hz, 160 Hz)는 어떻게 되는가?

답 25 Hz와 70 Hz는 aliasing이 발생하지 않지만 160 Hz는 40 Hz로 바뀌게 된다.

샘플링(Sampling)의 수식 표현

오디오 신호 $x(t)$의 샘플링된 신호를 $x_s(t)$라 하자. $x_s(t)$를 표현하는 방법은 $t = nT_s$(여기서 T_s는 샘플링 주기)에서의 신호값 $x(nT_s)$을 가중치로 갖는 임펄스열로 표현하는 것이다. 이때 기본함수인 delta 함수의 특성을 이용하여 표현하면 식 (5.1)과 같이 쓸 수 있다.

$$x_s(t) = \sum_{n=-\infty}^{\infty} x(nT_s)\delta(t - nT_s) \tag{5.1}$$

식 (5.1)의 다른 표현으로는 식 (5.2)와 같이 신호 $x(t)$와 주기가 T_s인 무한대의 임펄스열 ($\sum_{n=-\infty}^{\infty} \delta(t-nT_s)$)의 곱으로 표현할 수 있다.

$$x_s(t) = x(t) \sum_{n=-\infty}^{\infty} \delta(t - nT_s) \tag{5.2}$$

이제 식 (5.2)를 Fourier 변환하여 주파수영역에서 살펴보자. 시간영역에서 곱셈은 주파수영역에서 컨벌루션이 되므로 식 (5.2)는 식 (5.3)으로 변환된다.

$$X_s(f) = X(f) * f_s \sum_{n=-\infty}^{\infty} \delta(f - nf_s) \tag{5.3}$$

식 (5.2)와 식 (5.3)을 그림으로 표현하면 각각 [그림 5.8]과 [그림 5.9]와 같다. 그림에서 신호 $x(t)$의 최대대역폭이 B[Hz]인 실수 신호라고 가정한다. 이 신호를 주파수영역에서 표현하면 대칭모양을 갖는 $X(f)$가 된다 만약 $f_s = 1/T_s$ 주파수로 샘플링하고, $f_s > 2B$이 조건을 만족한다면 샘플링된 신호의 시간영역 표현은 신호와 임펄스열의 곱이므로 이산신호가 된다. 주파수영역에서는 시간영역에서의 곱셈이 주파수 영역에서는 컨볼루션이 되므로 스펙

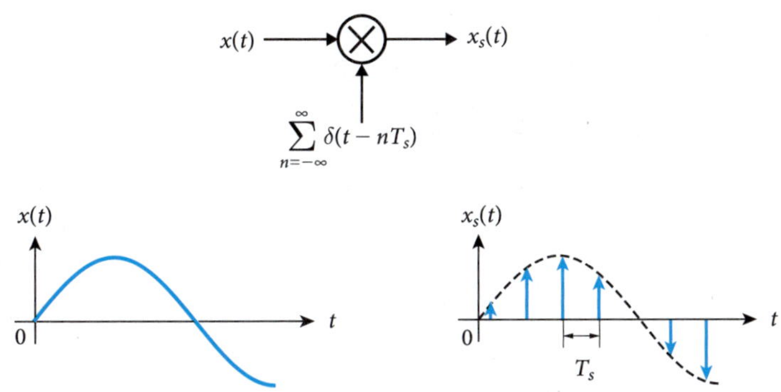

그림 5.8 샘플링의 시간영역 표현

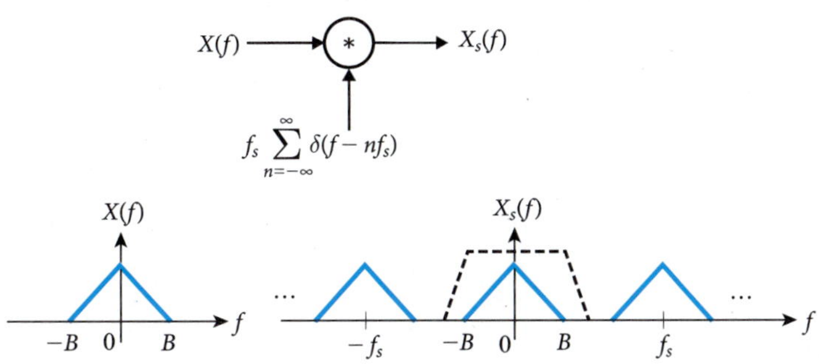

그림 5.9 샘플링의 주파수영역 표현

트럼 $X_s(f)$는 주파수영역에서 주기를 갖는 연속함수가 된다. 따라서 앞에서 학습한 Nyquist 샘플링 이론에 의하면 신호의 최대주파수의 2배 이상으로 샘플링하면 아날로그 신호를 이산신호로 Aliasing 없이 변환할 수 있음을 알 수 있다.

요약

기저대역 전압신호로 변환된 음파는 최대 주파수가 20 kHz 이하이므로 40 kHz 이상의 샘플링 주파수로 샘플링하면 디지털 오디오 신호로 왜곡 없이 표현할 수 있다. 하지만 인간이 들을 수는 없지만 좀 더 정밀한 신호의 복원을 위해서 고품질 음원에서는 40 kHz 이상의 샘플링을 사용한다.

5.2.2 양자화(Quantization) 과정

샘플링 과정 다음에 필요한 양자화 과정을 알아보자. ADC 회로에 의해 샘플링된 아날로그 신호가 디지털로 변환되는 과정을 양자화(Quantization)라고 부르는데 양자화 과정에는 무조건 양자화 잡음(quantization noise) 또는 양자화 에러(quantization error)가 발생하게 된다. [그림 5.10]과 같이 3비트 양자화할 경우를 살펴보자. 아날로그 전압신호의 최대 전압이 −2V에서 +2V 사이라고 하면, 3 bit 양자화를 통해 하나의 양자화 간격을 4 V를 8(= 2^3) 개의 구간으로 나누므로 이 값은 0.5[V]가 된다. 만약 8비트 ADC인 경우 비트 간 간격은 4/128이며, 이 값은 0.03125[V]이다. [그림 5.10]과 같은 3비트 양자화에서 아날로그 신호 전압이 0.3 V인 경우 가장 가까운 3비트 표현 값은 100이고 100의 중앙점은 0.25 V를 나타내므로 0.05 V의 양자화 에러가 발생한다. 이러한 양자화는 샘플링된 순간의 아날로그 신호의 값이 −2V에서 +2V 사이의 랜덤한 값이므로 매 순간마다 조금씩 달라지는 랜덤 신호가 된다. 따라서 결론적으로 아날로그 신호는 디지털 신호로 변환하는 과정에서 랜덤 신호인 양자화 에러 또는 양자화 잡음가 발생하며 그 양자화 잡음은 신호의 평균전력과 양자화 잡음의 평균전력의 비인 SNR로 정의된다.

양자화된 신호의 SNR을 구하기 위해 양자화기에 입력되는 신호 $x(t)$의 최대값을 V_p라 하면 신호의 크기는 $+V_p$에서 $-V_p$의 범위를 갖고 N개의 균일한 간격으로 나눈다고 가정하자. 이 경우 각 구간의 폭은 식 (5.4) 같다.

$$\Delta v = 2V_p/N \tag{5.4}$$

양자화된 신호를 $g(t)$라 정의하면 $g(t)$는 양자화 레벨 구간의 중앙점에 근사화되므로 양자화 잡음의 최대값은 $\pm\Delta v/2$가 된다. 따라서 양자화 잡음 $g(t)$는 평균은 0이 되며 잡음의 전력만 구할 수 있다. 확률이론에서 $f(q)$를 양자화 잡음의 확률밀도함수라 하면 양자화 잡음의 평균전력은 식 (5.5)와 같이 주어진다[195].

$$N_0 = \int_{-\Delta v/2}^{\Delta v/2} q^2 f(q)\,dq = \frac{\Delta v^2}{12} = \frac{V_p^2}{3N^2} \tag{5.5}$$

식 (5.5)에서 ADC의 변환 비트가 하나 증가할 때마다 N이 2배 커지므로 S/N은 6 dB ($1/2^2$) 개선된다는 것을 알 수 있다. 그러므로 사용 용도에 맞게 ADC의 비트 수를 정하고 그에 따라 적절한 ADC를 선정해야 한다.

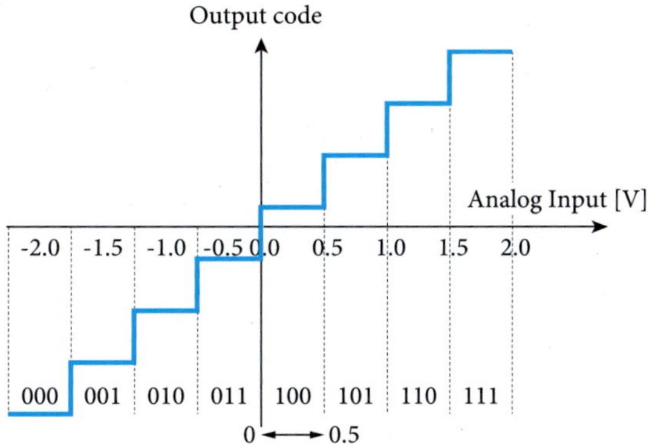

그림 5.10 3-bit 양자화의 경우

예제 5-3

다음 주기신호에 대해 10 bit 양자화를 할 경우 신호의 SNR은 얼마인가?

$$x(t) = 3\cos(500t)$$

풀이 신호의 최대값은 ±3 V이며, 이 신호의 평균전력은 다음과 같다.

195) 랜덤신호의 평균전력을 구하는 과정의 정확한 이해를 위해서는 확률과 통계 또는 랜덤신호처리라는 과목을 수강할 필요가 있다.

$$P=\frac{1}{T}\int_{-T/2}^{T/2} 9\cos^2(500t)dt=\frac{9}{2}=4.5[\mathrm{W}]$$

샘플당 10 bit로 양자화하므로 양자화레벨의 수는 2^{10}이며 양자화레벨의 간격은 은 다음과 같다.

$$\Delta v=\frac{6V}{2^{10}}=5.86[\mathrm{mV}]$$

신호의 평균전력과 양자화 잡음의 평균전력의 비는 다음과 같다.

$$\frac{S_0}{N_0}=\frac{12\cdot 45}{(5.86\times 10^{-3})^2}=1.57\times 10^6$$

이를 dB로 표현하면 62 dB가 된다.

참고

- 샘플링 주파수가 높을수록 고주파 신호의 손실이 없어지므로 샘플링 주파수가 높을수록 오디오 신호의 품질은 좋아진다. 따라서 전화음성의 양자화에서는 8 kHz를, CD오디오에서는 44.1 kHz를, 고품질 음원에서는 96 kHz 이상을 사용한다.
- 양자화 간격이 적을수록 즉, 레벨수가 많아질수록 양자화잡음은 작아지므로 양자화 비트 수가 높을수록 오디오 신호의 품질은 좋아진다. 따라서 전화음성의 양자화에서는 8 bit를, CD 오디오에서는 16 bit를, 고품질 음원에서는 24 bit 이상을 사용한다.

5.2.3 아날로그 오디오 신호와 디지털 오디오 신호의 차이

앞에서 아날로그 오디오 신호를 디지털로 변환하는 방법을 살펴보았다. 이때 샘플링 과정과 양자화 과정이 필요하며 샘플링 주파수가 높을수록, 양자화 비트가 많을수록 오디오의 품질이 좋아진다는 것을 살펴보았다. 또한 원래의 아날로그 오디오 신호와 이를 디지털로 변환한 오디오 신호는 그 형태나 주파수 특성에서 큰 차이가 발생한다. [그림 5.11]은 아날로그 신호와 샘플링된 아날로그 신호, 그리고 양자화까지 거친 디지털 신호를 비교하여 나타내었다. 1 kHz 아날로그 신호를 10 kHz로 샘플링한다고 가정하였다. 따라서 한 주기 당 10개 샘플링된 신호가 나타나며, 각각의 샘플링 순간에서의 아날로그 값만이 기록된다. 이를 3비트로 양자화하면 1과 0의 조합으로 나타나게 된다.

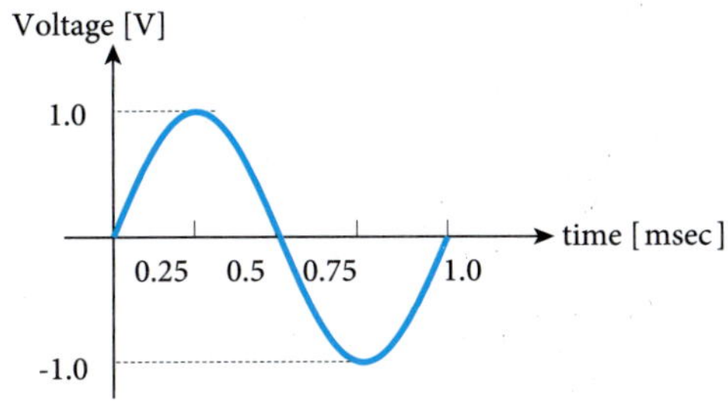

(a) 아날로그 신호(1Vp–p, 1 kHz)

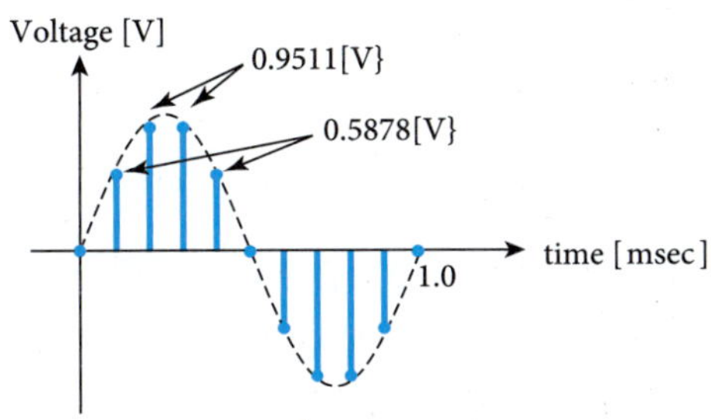

(b) 샘플링된 신호(10 kHz 샘플링)

(c) 양자화된 신호(3 bit 양자화)와 NRZ 등가신호의 파형

그림 5.11 아날로그 신호와 디지털 신호의 비교

예제 5-4

아래 프로그램을 참조하여 [그림 5.11]을 MATLAB으로 그려보자.

```
fc=1e3;         fs=10000;
Ts=1/fs;        T_max=0.1;
t=0:1/fs:(T_max-1/fs);    %1024 time data
x=sin(2*pi*fc*t);
stem(x(1:11))
y=[1 0 0 1 1 0 1 1 1 1 1 1 1 1 0 1 0 0 0 1 0 0 0 0 0 0 0 0 0 1 0 0 1 1];
plot(y)
```

주의 stem 함수와 plot 함수가 데이터를 그리는 방법에 차이가 있으므로 주의해야 한다.

[그림 5.11(c)]에 나타난 디지털 신호는 1과 0의 조합이므로 연속시간의 함수로 그리거나 수식으로 표현할 수는 없다. 먼저 [그림 5.11(a)]의 아날로그 신호가 주파수 f_0이고 크기가 A, 초기위상이 ϕ인 정현파신호라고 하면 신호 $x(t)$는 식 (5.6)과 같이 쓸 수 있다.

$$x(t) = A\cos(2\pi f_0 t + \phi) \tag{5.6}$$

다음으로 [그림 5.11(b)]와 같이 신호 $x(t)$를 샘플링한 신호는 샘플링 주기 T_s의 배수인 nT_s(여기서 n은 임의의 정수)에서만 값을 가지므로 다음과 같이 쓸 수 있다.

$$x[n] = x(nT_s) = A\cos(2\pi f_0 n T_s + \phi) \tag{5.7}$$

마지막으로 디지털 신호는 0과 1의 이진수로 구성된 행렬(또는 벡터)이므로 수식으로 표현하거나 회로에서 직접 다루기가 어렵다[196]. 수식으로 표현하거나 회로에서 다루려면 0과 1을 적절한 전압값으로 변환하고 기본 펄스를 곱해서 전압파형의 형태로 만들어야 한다. 이러한 과정을 라인 코딩(Line coding)이라 하는데 대표적인 코딩방식으로 polar NRZ(Non Return to Zero) 코딩 방식이 있다. polar NRZ란 [그림 5.11(c)]와 같이 하나의 이진수를 하나의 bit로 표현하기 위하여 이진수 '1'을 +A volt의 일정한 전압으로, 이진수 '0'은 −A volt의 일정한 전압으로 표현하는 방식이다. 디지털 신호를 표현하는 라인코딩 방식에는 polar NRZ 이외에도 [그림 5.12]와 같이 다양한 방식이 있다. 이때 RZ(Returen to Zero)는 중간에 전압파형이 0으로 가도록 하는 것을 의미하며, Unipolar는 전압값을 +와 GND로 사용하여 +값만을 갖는 것을 의미한다.

디지털 오디오 신호의 대역폭

라인코딩된 디지털 오디오 신호는 수식으로 표현이 가능하므로 Fourier 변환을 통해 주파수 영역에서 수식으로 표현하면 대역폭을 계산할 수 있다. 하지만 디지털 신호는 랜덤신호이므로 랜덤신호의 스펙트럼을 구하는 과정은 디지털통신이론과 랜덤 프로세스 지식이 필요하므로 생략하고 여기서는 결과만을 제시한다. 랜덤신호는 전력신호이므로 진폭스펙트럼이나 위상스펙트럼을 구하지는 않고 전력밀도스펙트럼(PSD: Power Spectral Density)을

196) 0과 1로 표현된 디지털신호는 SW 프로그래밍에서 행렬이나 벡터로 표현할 수 있으므로 쉽게 다룰 수 있다. 하지만 회로에서는 전압값의 변화로 나타나야 하므로 직접 다룰 수는 없고 라인 코딩이 되어야만 표현할 수 있다.

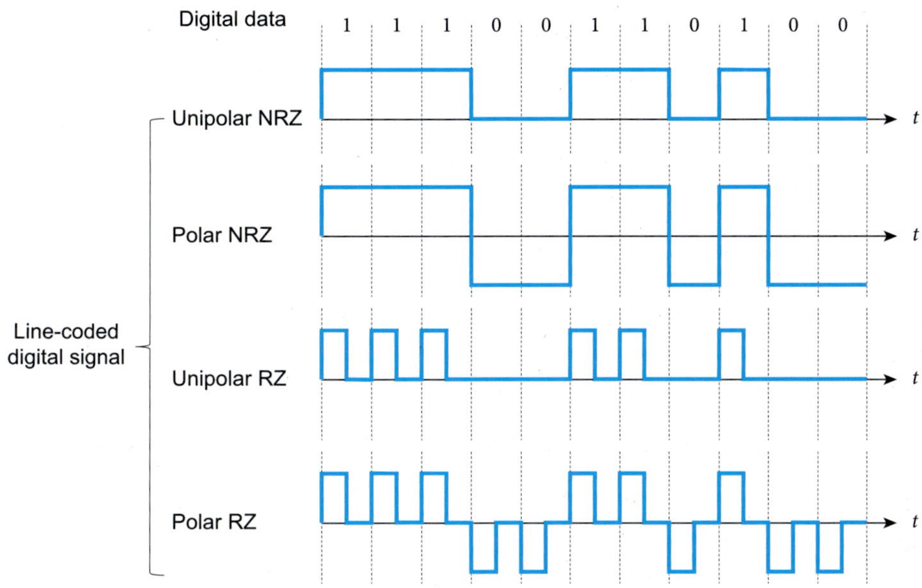

그림 5.12 디지털 신호를 전압파형으로 표현하는 다양한 라인코딩 방법

구하게 된다[197]. Polar NRZ 신호의 PSD는 식 (5.8)과 같이 주어진다.

$$PSD(f) = T_b \mathrm{sinc}^2(fT_b) \tag{5.8}$$

여기서 T_b는 하나의 비트의 시간을 의미한다. sinc 함수는 $1/T_b$ 시간에 영점(null point)를 가지므로 이 지점을 보통 대역폭으로 정의한다[198]. 예를 들어 10 kHz 샘플링과 3 bit 양자화의 경우 디지털 데이터에서 1 bit를 펄스폭을 1 msec의 구형파 하나로 표현하는 NRZ 방식을 사용하다면 하나의 샘플링 당 3개의 bit이므로 한 주기를 표현하는데 아날로그에서는 1 msec의 시간이 필요했다면 디지털에서는 총 30 msec의 시간이 필요하다. 만약 이를 아날로그 신호와 동일하게 1 msec 안에 30개의 파형을 전송한다면 펄스폭은 1/30 msec로 작아져야 하며 이를 주파수변환하면 30 kHz의 대역폭이 필요하다. 즉 10배의 샘플링과 3 bit의 양자화에 의해 1 kHz의 신호를 표현하는데 30배의 대역폭이 필요하게 된다. 물론 양자화를 8 bit로 바꾼다면 80배의 대역폭이 필요하다.

197) 전력밀도스펙트럼은 간단히 진폭스펙트럼의 제곱이라고 보면 된다. 전력밀도스펙트럼을 구하기 위해서는 전력신호의 상관(Correlation)을 구하고 이를 Fourier 변환하는 방법을 사용한다.

198) 실제로는 첫 번째 영점 이후에도 전력밀도 성분이 있어 대역폭이 더 넓지만 크기가 작아지고 전송과정에서 필터 등으로 제거할 수 있으므로 첫 번째 영점을 디지털 신호의 대역폭으로 정한다.

[그림 5.13]은 아날로그 오디오 신호의 대역폭과 디지털 신호의 대역폭의 차이를 보여준다. 실수신호로 표현된 하나의 아날로그 신호는 최대주파수 20 kHz의 대역폭을 갖는다. 이를 64 kbps PCM 신호로 변환한 후 NRZ 라인코딩된 신호로 표현하면 64 kHz의 대역폭을 가지게 되며, 44.1 kHz와 16 bit 양자화를 하면 1.4112 MHz의 대역폭을 가지게 된다.

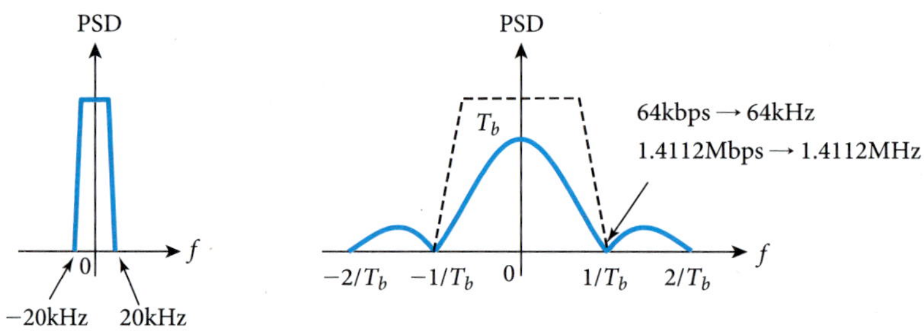

그림 5.13 아날로그 오디오 신호의 대역폭과 디지털 신호의 대역폭 차이

예제 5-5

DVD 음원과 같은 고품질 음원은 192 kHz 샘플링과 24 bit 양자화를 한다. 이 신호가 5.1 채널을 사용할 경우 대역폭은 얼마인가? 원래 아날로그 신호일 때와 비교하여 대역폭이 몇 배가 되는가?

답 192 kHz × 24 bit × 6 = 27.648 MHz이므로 원래 신호의 대역폭인 20 kHz에 비해 1382배 대역폭이 커진다.

요약

디지털화된 신호의 양이 많을수록, 속도가 높을수록, 주파수 영역에서 데이터가 넓어진다. 즉 고속과 광대역은 같은 의미이며 고속은 시간영역에서, 광대역은 주파수 영역에서의 각각 의미를 갖는다.

중요 아날로그 신호를 디지털 변환하면 그 특성은 내재되어 있으나 신호파형이 전혀 다른 형태를 가지며 대역폭이 샘플링과 양자화의 정도에 따라 증가하게 된다. 또한, 라인 코딩 방식에 따라서도 대역폭이 달라지게 된다. 예를 들어 NRZ 신호의 대역폭보다 RZ 신호의 대역폭이 2배가 된다.

5.3 아날로그 신호와 디지털 신호의 변환회로

이제 아날로그 오디오 신호를 디지털로 변환하는 구체적인 회로에 대해 살펴보자. 이때 중요한 역할을 하는 회로가 ADC 회로이다. 먼저, ADC 회로를 알아보기 전에 샘플링 과정에서 발생할 수 있는 Aliasing을 피하기 위해서는 ADC 앞 단에 anti-aliasing 필터를 삽입할 필요가 있다. Anti-aliasing 필터는 기본적으로 저역통과필터이며 샘플링 주파수보다 높은 주파수 성분을 제거하는 역할을 한다. 기본적으로 anti-aliasing 필터는 통과대역에서는 일정한 주파수 응답을, 차단주파수 대역에서는 급격한 cut-off 특성을 갖도록 설계하여야 한다. 일반적으로 Butterworth 필터, Chebyshev 필터, Bessel 필터 등을 사용하여 설계한다. 필터설계는 아날로그 신호에 작용하는 것이므로 OPAMP를 이용하여 능동필터로 설계하는 것이 보통이다.

예제 5-6

아날로그 신호를 44.1 kHz로 샘플링하려고 한다. 차단주파수가 20 kHz이고, 44.1 kHz에서 −40 dB 이상의 차단특성을 갖는 Anti-aliasing 필터를 설계하시오.

풀이 Butterworth 방정식을 갖는 Sallen-key LPF 3개를 이용하여 구성할 수 있다. Analog Device 회사에서 제공하는 Analog Filter Wizard를 이용하면 설계할 수 있다. 다음의 홈페이지를 접속하여 필터 설계를 진행하기 바란다.
https://tools.analog.com/en/filterwizard/

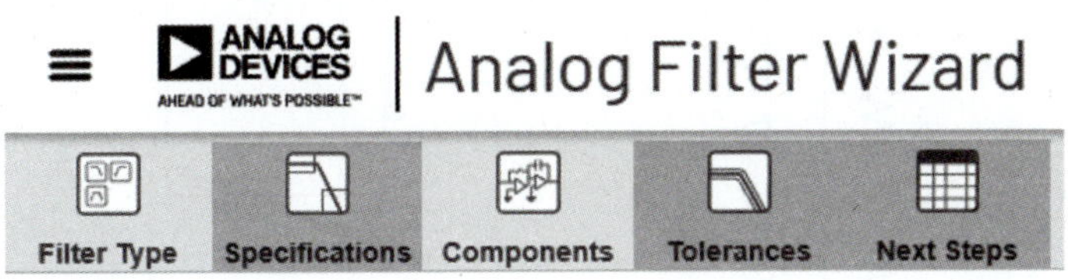

그림 5.14 Analog Filter Wizard 화면(출처: Analog device)

5.3.1 ADC 회로와 I²S

OPAMP를 이용한 능동필터로 최대주파수 대역을 제한한 아날로그 신호는 ADC 회로를 거치게 된다. 이제 ADC 회로가 어떻게 구성되는지 살펴보자. 고전적인 ADC 회로의 구성은[그림 5.15]와 같이 여러 개의 OPAMP를 이용한 비교기(Comparator)를 조합하여 입력 신호가 비교기를 거쳐 엔코더에 입력되고, 엔코더(encoder)는 각각의 이산화된 아날로그 전압을 양자화한다. 양자화된 디지털신호는 보통 I^2S와 같은 시리얼 통신 형식으로 출력하게 된다. [그림 5.15]은 3 bit ADC 회로로 V_{ref} 전압은 저항분배기에 의해 위에서부터(V_{ref}, $6/7V_{ref}$, $5/7V_{ref}$, $4/7V_{ref}$, $3/7V_{ref}$, $2/7V_{ref}$, $1/7V_{ref}$, 0)의 8개의 전압으로 나누어지게 된다. 만약 입력된 아날로그 신호 V_{in}이 0에서 $1/7V_{ref}$ 사이의 전압이라면 모든 비교기는 0의 값을 출력

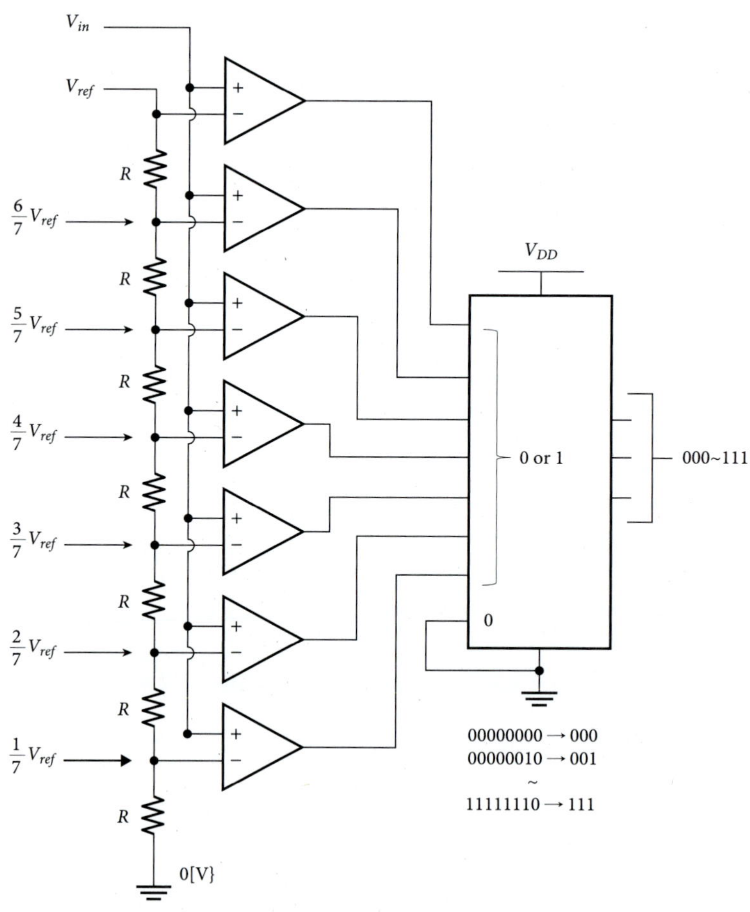

그림 5.15 고전적인 ADC 회로(3 bit의 경우)

하게 된다. 이제 V_{in}이 0V에서 $1/7V_{ref}$ 사이의 전압값이 들어온다면 모든 OPAMP는 0을 출력할 것이다. 다음으로 $1/7V_{ref}$에서 $2/7V_{ref}$ 사이의 전압이 들어오면 맨 아래쪽 OPAMP는 1을 출력하고 나머지 OPAMP는 0을 출력할 것이다. 이러한 방식으로 입력신호의 전압 크기에 따라 인코더 입력이 (0000000, 00000010, 000000110, ... 11111110)의 8가지 경우가 되고, 이러한 8개의 디지털 신호 조합은 엔코더에 의해 (000, 001, ..., 111)의 3비트의 디지털 신호 중의 하나로 출력될 것이다.

이러한 고전적인 ADC 회로 구현 방식의 장점은 회로의 구조가 간단하고 샘플링주파수를 얼마든지 빠르게 할 수 있다. 하지만 비트가 커질수록 비교기 회로가 많아지게 되어 크기가 커지고 가격이 비싸진다는 것이다. 또한, 저항의 미세한 차이가 있는 경우 예측하지 못한 전압의 오차를 만들 수 있으므로 현재는 잘 사용되지 않는다.

예제 5-7

[그림 5.15]의 V_{ref} 전압이 1.75V인 경우 전압이 0V에서 2V 사이에 입력될 때 [그림 5.17]과 같이 3-bit 양자화의 경우 입력전압과 출력 비트의 관계를 그리시오.

최근에는 위의 비교기를 사용하는 ADC 방식보다는 시그마-델타(Sigma-Delta) 방식의 ADC 회로를 주로 사용한다. 시그마-델타 방식은 [그림 5.16]과 같이 1 bit의 ADC와 DAC로 구성되며 ADC와 DAC의 차이를 피드백을 통해 계속 보상하여 오차를 줄이는 방식이다[199].

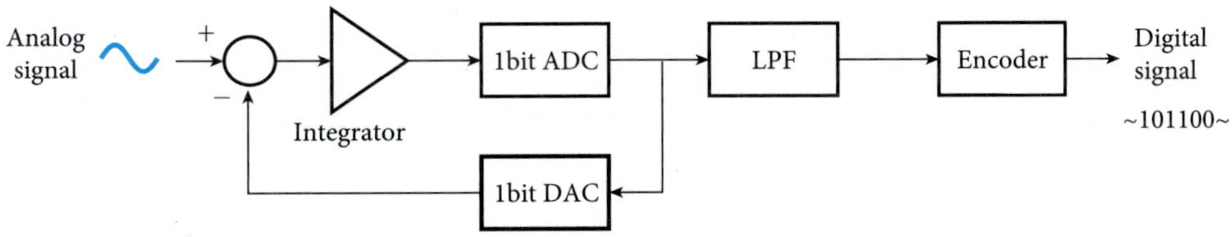

그림 5.16 시스마-델타 방식의 ADC 회로

199) 현재 ADC 기술의 발전으로 다양한 ADC 회로가 구현되고 있다. 단, ADC 회로에 대한 자세한 설명은 본 교재의 범위를 벗어나므로 제외한다. 관심있는 학생은 아날로그 집적회로 등의 수업에서 추가 학습하기 바란다.

이 방법은 샘플링 주파수보다 더 높은 주파수로 샘플링하는 오버 샘플링(over sampling) 방식으로 디지털 신호를 구하는 것에서부터 시작한다. 적분기를 통과한 신호는 1 bit ADC (비교기로 구성)를 통과하여 기준값보다 높으면 High('1'), 기준값보다 낮으면 Low('0') 신호를 출력한다. 이 신호는 DAC를 통해 다시 아날로그 전압으로 변환된 후 원래 신호와 뺄셈을 하여 오차신호를 생성한다. 궤환회로 내의 적분기는 최초로 얻어진 샘플 1개에 대해 오차를 보정하기 위해 샘플을 수차례 얻은 후 그것들을 누적하기 위한 회로이다. 피드백 효과로 궤환회로는 오차가 0이 되도록 동작한다. 이렇게 오차가 최소화된 오버샘플링된 신호는 고주파 잡음을 제거한 후 Encoder에 의해 원하는 샘플링 주파수에 맞는 신호를 생성하게 된다.

어떠한 방식의 ADC 회로이든지 ADC 회로를 거친 디지털 신호는 보통 I^2S(Inter-Integrated Sound)로 전송되어 컴퓨터에 저장되므로 다음으로 I^2S에 대해 알아보자. I^2S는 마이컴의 직렬 통신에 사용되는 I^2C와 여러모로 유사하다. 두 방식의 유사점은 다음과 같다.

I^2S는 I^2C의 유사점

1) 반도체 IC 소자 사이의 통신을 위해서 만들어진 규격
2) 버스 시스템을 기반으로 직렬 통신을 사용(시리얼 버스)
3) 1986년 필립스에서 만들어진 규격
4) 별도의 전송선로를 사용하지 않고 high impedance 전압신호를 전달하는 open collector 회로를 이용

하지만, 두 방식은 다음과 같은 차이가 있다.

- 먼저, I^2C는 범용 데이터 전송을 위해서 만들어진 규격이라면 I^2S는 디지털 오디오 데이터를 전송하기 위해서 만들어진 규격이다. 따라서 I^2S 사용자는 샘플링 주파수와 양자화 비트를 자유롭게 선택할 수 있다. 예를 들어 8 kHz에서 192 kHz까지의 샘플링 주파수와 8 bit에서 32 bit의 양자화가 가능하다. 따라서 전화기 음질부터 고품질 오디오 음질까지 가능하다.
- I^2C는 데이터 전송을 위해서 단 2개의 라인이 필요한데, I^2S는 3개의 라인이 필요하다. 각각은 SCK, WS, SD라고 한다. 추가로 Master clock이나 up SD 라인을 옵션으로 가질 수 있다. [그림 5.17]에 I^2S 인터페이스의 timing diagram이 나와 있다. 스테레오 오디오 데이터가 클럭 당 하나의 비트씩 전송됨을 알 수 있다.

▸ (필수) SCK(Continuous Serial Clock) : 하나의 클럭 당 오디오 신호 1bit 해당
(필수) WS(Word Select): 왼쪽과 오른쪽 스테레오 선택
(필수) SD(Serial Audio Data) : 송신기에서 수신기로 오디오 데이터 전송
▸ (옵션) MCLK(Master Clock) : 사운드 칩의 각종 동작을 위한 기준 클럭
(옵션) up SD(up Serial Data): 마이컴으로 제공되는 Serial Data

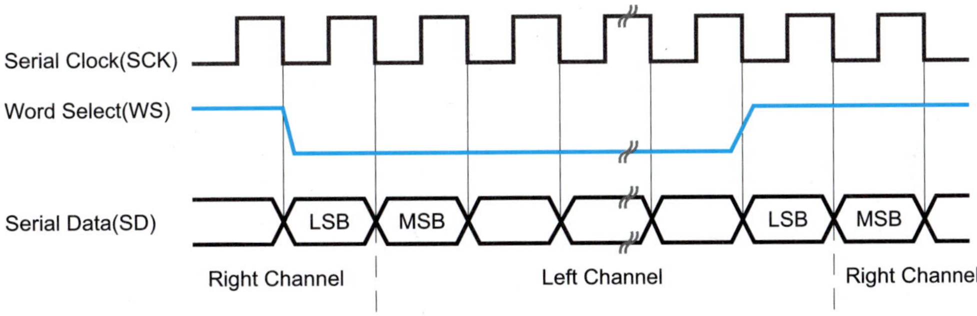

그림 5.17 I²S 인터페이스의 timing diagram(출처: Philips)

- I²C에서는 데이터 전송을 시작할 수 있으면 마스터라고 부르지만, I²S에서는 클럭을 내보내는 역할을 담당하는 기기를 마스터라고 부른다. 따라서 [그림 5.18]과 같이 마스터는 송신기, 수신기, 별도의 제어기가 될 수 있다. 또한, I²S에서는 슬레이브라는 개념은 없으며, 데이터를 보내는 트랜스미터(Transmitter)와 데이터를 받는 리시버(receiver)가 존재한다.
- I²C는 독자적으로 사용이 될 수 있지만, I²S의 경우 환경 설정을 해 줄 별도의 통신방식이 필요하고, 일반적으로 I²C가 그 역할을 담당한다. 따라서 일반적으로 오디오 데이터를 전송하는 I²S와 일반 데이터를 전송하는 I²C가 쌍을 이루어서 제품에서 사용이 되는 경우가 많다.
- I²C는 데이터가 양방향으로 이동할 수 있는 반이중모드(half duplex)가 가능하지만, I²S는 단방향(simplex) 통신만 가능하다. 따라서 송신과 수신을 모두 하려면 2개의 I²S가 필요하다. 보통 마이컴 중에서 디지털 오디오 기능이 있는 마이컴들이 있는데 예를 들어 ESP32 마이컴 모듈의 경우에는 2개의 I²S(I2S0와 I2S1)를 가지고 있으며, 각각은 송신기와 수신기로 사용될 수 있다.

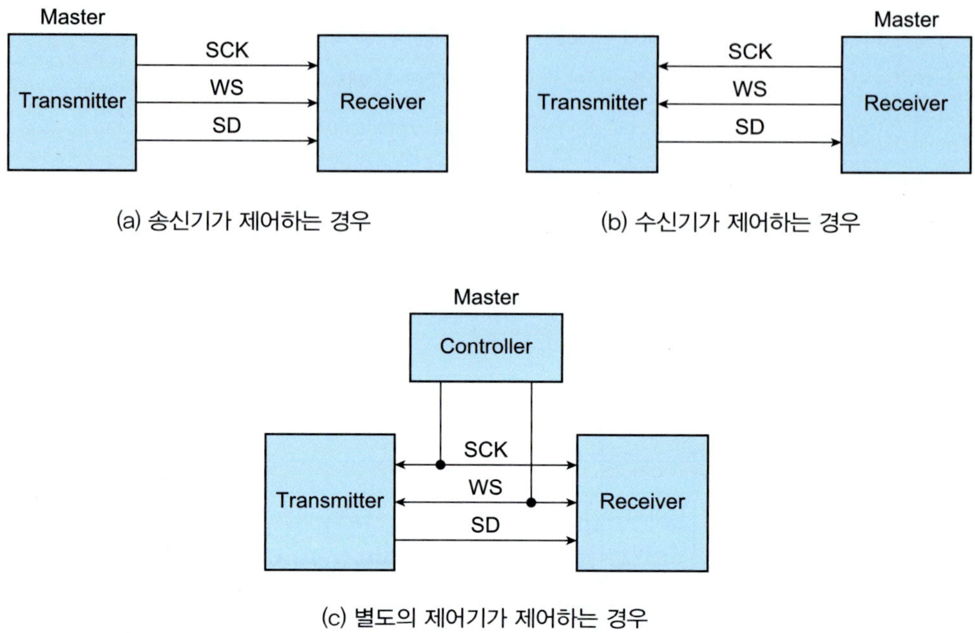

그림 5.18 I²S의 3가지 사용 예

이제 I²S가 내장되어 있는 마이컴인 ESP32 마이컴의 ADC를 이용한 디지털 오디오 신호를 생성하는 과정을 살펴보자. 단, 마이컴만으로 오디오 신호를 처리할 수 없으므로 오디오 아날로그 전압신호를 생성하여 ADC로 제공할 수 있는 I²S 지원 마이크 보드가 필요하다. 예를 들어 TDK사의 INMP441 마이크 모듈이 있으며 [그림 5.19]에 이 마이크 모듈의 블록 다이어그램이 나와 있다. 마이크 내부에 ADC와 디지털 대역통과필터가 있으며 출력은 I²S로 내보낼 수 있다. 참고로 만약 스테레오로 음성을 녹음하기 위해서는 2개의 INMP441이 필요하다. 마이크가 하나인 경우 L/R 핀을 GND에 연결하면 왼쪽채널, VDD에 연결하면 오른쪽 채널이 된다.

이제 전원을 포함하여 다음과 같이 연결하고 인터넷 상의 ESP32 마이컴 자료를 이용하여 오디오 신호를 입력받는 open source를 사용하여 구동시키면 ESP32는 I²S로 하나의 오디오 신호를 입력받을 수 있다. 이를 ESP32의 제어 프로그램인 Serial Plotter로 파형을 그려서 확인하면 된다.

▸ INMP441 마이크 모듈의 특성
– 주파수 응답: 60 Hz~15 kHz
– 24-bit I²S 인터페이스
▸ INMP441과 ESP32 I2S0와 연결하는 예
– SD ↔ GPIO32
– SCK ↔ GPIO33
– WS ↔ GPIO25

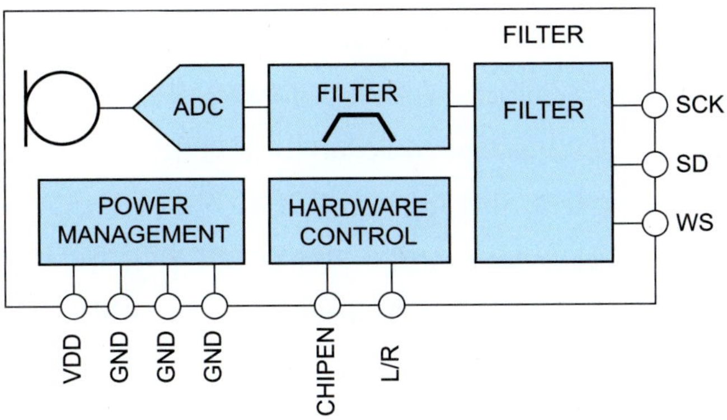

그림 5.19 INMP441 마이크 모듈 블록 다이어그램(출처: TDK)

예제 1-1

인터넷 상에 ESP32 마이크로프로세서의 I²S 사용을 이용한 오디오 신호 입력 사례를 찾아보시오.

참고 youtube에 ESP32 I²S 등으로 검색하면 다양한 예제가 많이 있으므로 찾아보고 시청하기 바란다. 또한, 디지털 오디오에 관심있는 있는 학생은 제작까지 진행하기를 희망한다.

[참고] Open Collector의 이해

I²S나 I²C 등은 마이컴과 주변 회로를 연결하기 위한 직렬통신 방식으로 특별한 전송선로를 사용하지 않고 open collector 회로를 사용한다. Open collector 회로는 FET 계열로

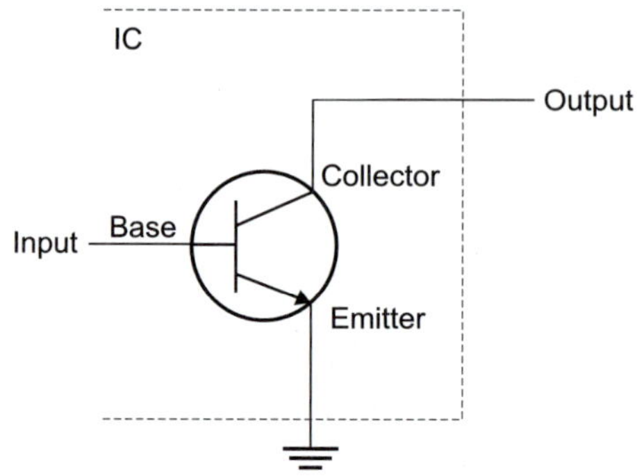

그림 5.20 Open Collector 회로

구현할 경우 open drain 회로라고 부른다. Open Collector 회로는 [그림 5.20]과 같이 BJT (Bipolar Junction Transistor)의 Collector 핀이 아무것과도 연결되어 있지 않은 상태를 의미하며, 콜렉터가 open 되어 있으므로 Open collector라고 불린다.

트랜지스터의 스위칭 동작에 의해 Input 단자로 '0' 신호가 들어오면 트랜지스터의 Collector와 Base는 역방향 PN 다이오드 상태가 되어 'OFF'가 된다. 따라서 트랜지스터의 출력은 아무런 곳과 연결되어 있지 않으므로 'Hi-impedance' 상태가 된다. 보통은 [그림 5.21]과 같이 전원(V_{CC})과 출력 핀 사이에 Pull-up 저항을 달아 Output을 'High' 상태로 만들어 전압을 당기는 역할을 해서 BJT가 'OFF'시 '1' 상태를 유지하게 만든다. 반대로 Input 단자로 '1' 신호가 들어오면 트랜지스터의 Collector와 Base는 순방향 상태가 되어 'ON'이 되므로 출

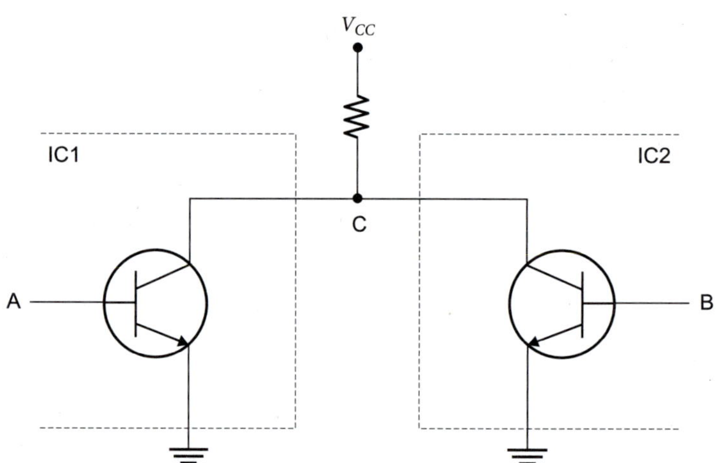

A	B	C
0	0	1
0	1	0
1	0	0
1	1	0

그림 5.21 Open Collector 동작원리

력은 GND에 연결되어 0 V가 된다.

이제 [그림 5.21]과 같이 두 개의 IC가 연결된 경우를 보자. 만약 Output에 달려 있는 장치들 중에 하나라도 트랜지스터 Input에 '1' 신호가 들어오면 트랜지스터는 ON이 되면서 Output 전압은 GND, 즉 '0'인 상태가 된다. 이러한 상태를 Digital Logic 개념으로 OR 상태(하나라도 ON 되면 신호가 바뀐다는 의미)가 되므로 wired-OR라고 부른다. Open collector의 경우 두 개의 IC의 Input이 모두 '0'일 경우에만 Pull up 저항 때문에 High가 되며 트랜지스터에 의해 연결이 끊어진 상태가 된다.

이러한 open collector 회로를 이용한 I²C 인터페이스의 동작을 [그림 5.22]를 참고하여 살펴보자. 예를 들어 I²C 인터페이스에서는 2가닥의 선로를 사용하는데 각각의 이름은 SDA와 SCL이다. 이중 SCL은 동기화를 위한 클럭을 출력하고 SDA는 비트 단위로 데이터를 출력한다. I²C 인터페이스는 SDA와 SCL을 이용하여 다수의 Slave가 Master와 통신할 수 있다. 데이터 전송의 시작과 종료는 마스터만이 할 수 있는데 Master는 통신이 진행되지 않는 상황에서는 SDA와 SCL의 상태가 모두 '1' 즉 'High'이므로 데이터 전송을 시작할 수 있다. 만약 '1'이 아니라면 현재 통신이 진행되고 있는 상태이므로 대기하게 된다. 따라서 여러 개의 IC가 연결되어 있어도 통신이 가능한지 여부를 Master가 파악할 수 있다[200].

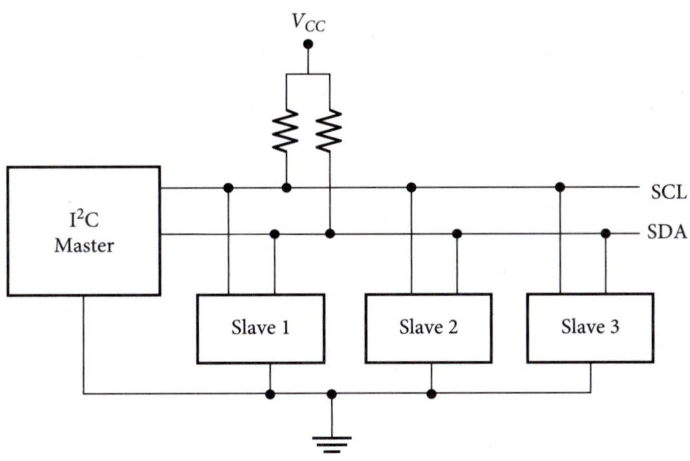

그림 5.22 I²C 인터페이스에서 Open Collector 이용한 연결

200) Open collector는 통신 외에도 다양한 분야에서 사용한다. 터치스크린 센서는 터치센서가 스크린 전체에 퍼져있는데 스크린이 눌려지지 않았을 때에는 모든 센서의 출력이 floating 상태에 있다가 스크린이 눌려진 부부만 1이 되도록 하여 센서가 눌려진 정보를 알리게 된다.

예제 5-9

I^2C와 I^2S와 유사한 Open Collector 방식을 사용하는 유선인터페이스로는 무엇이 있는지 조사해보자.

풀이 UART, SPI 등 특별한 전송선로를 사용하지 않는 통신방식은 대부분 Open collector 방식이라 보면 된다.

5.3.2 DAC 회로

앞에서 ADC를 확인하였으므로 이제 DAC를 확인해보자. DAC는 ADC와 반대로 I^2S 시리얼 통신 형식으로 전송되는 PCM 오디오 신호를 아날로그 신호로 변환하는 장치이다. 가장 기본적인 DAC의 형태는 [그림 5.23]과 같다. 기본 동작원리는 I^2S로 입력된 디지털 신호의 각각의 비트를 이용하여 스위치 중의 하나가 동작되며 이 경우 0에서 $(7/8)V_{ref}$ 사이의 전압값 중에 하나가 출력되게 된다. 이러한 아날로그 전압은 버퍼와 저역 통과 필터(LPF)를 거쳐 고주파 잡음이 제거된 후 아날로그 전압 신호 형태로 출력하는 역할을 한다. 이러한 고전적인 DAC 회로는 비트가 올라갈수록 저항의 수가 2배씩 증가하므로 실제 구현은 어렵다.

예제 5-10

[그림 5.23]과 같은 고전적인 DAC 3 bit DAC에서는 8개의 저항이 필요하였다. 4 bit DAC와 5 bit DAC에는 몇 개의 저항이 필요한가?

답 4 bit DAC의 경우 16개, 5 bit DAC의 경우 32개의 저항이 필요하다.

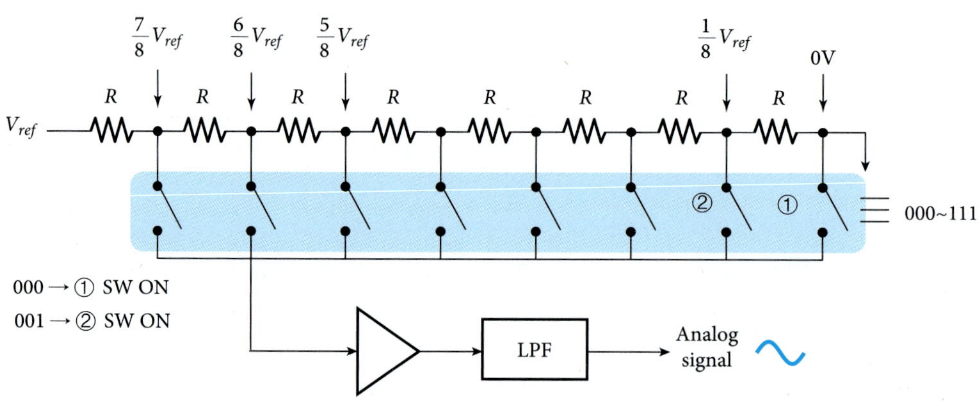

그림 5.23 고전적인 DAC 회로

ADC에서도 시그마-델타 변환 방법(Sigma-Delta)를 사용하는 것처럼 DAC에서도 시그마-델타 변환방법을 사용하여 아날로그 신호를 복원할 수 있다[201].

DAC의 실제 응용 예로서 [그림 5.24]와 같이 ESP32 내부 RAM에 저장된 디지털 오디오 파일을 ESP32 마이컴의 도움으로 스피커로 출력하는 경우를 생각해보자[202]. 먼저 마이컴의 DAC로부터 바로 스피커를 구동할 수 없으므로 앰프가 있어야 한다. 이를 위해 DAC와 D급 증폭기가 내장된 별도의 IC가 하나 필요하다. 예를 들어 MAX98357은 디지털 PCM 입력을 받아 스피커를 구동할 수 있다. 이제 ESP32의 I^2S 인터페이스를 이용하여 MAX98357을 거쳐 스피커를 구동할 수 있다.

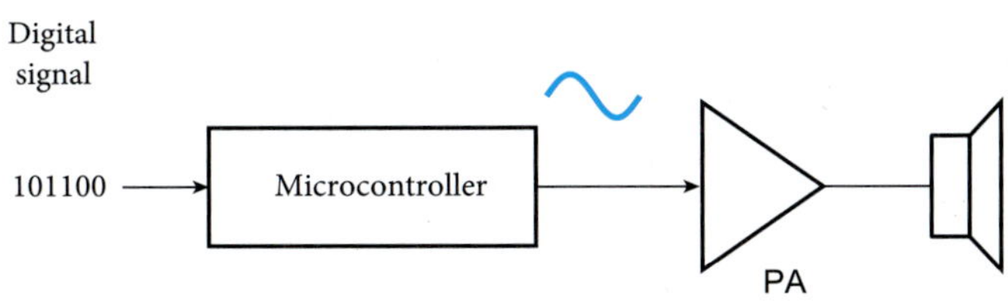

그림 5.24 마이컴의 I^2S를 이용한 오디오 출력

- ▸ MAX98357A 증폭기 모듈의 특성
  - – 3 W, 4 Ω 스피커 구동
  - – D급 증폭기
- ▸ MAX98357A과 ESP32 I2S0 연결하는 예
  - – SD ↔ GPIO32
  - – SCK ↔ GPIO33
  - – WS ↔ GPIO25

---

201) 시그마-델타 방식의 DAC 역시 현재 전자회로와 반도체 등에서 중요한 회로이지만 이에 대한 구체적인 설명은 본 교재의 범위를 벗어나므로 제외한다.

202) 단, wav 파일은 16 bit 양자화인데 반하 ESP32의 내부 DAC는 8 bit 양자화만을 지원하므로 16 bit CD 음원의 경우 약간의 음원 손실은 있을 수 있다.

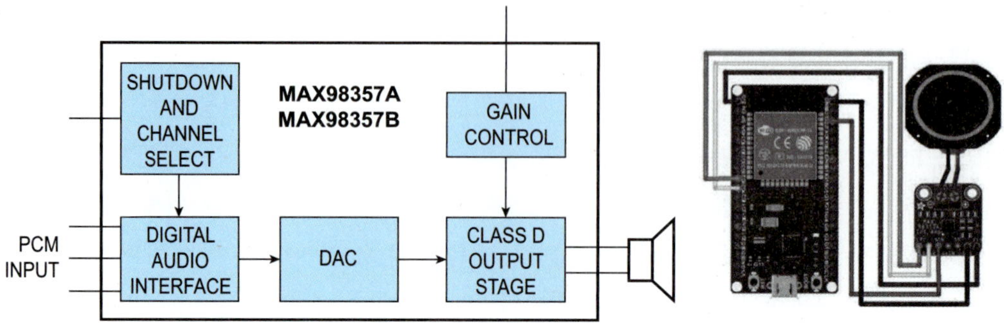

그림 5.25 MAX98357 블록도와 ESP32와 스피커 연결 예

예제 5-11

인터넷 상에 ESP32 마이크로프로세서의 I^2S 사용을 이용한 오디오 신호 출력 사례를 찾아서 확인하시오.

참고 youtube에 ESP32 I^2S 등으로 검색하면 다양한 예제가 많이 있으므로 찾아보고 시청하기 바란다. 또한, 디지털 오디오에 관심있는 있는 학생은 제작까지 진행하기를 희망한다.

5.4 오디오 파일(wav)의 생성

앞에서 디지털 음원을 만드는 방법을 살펴보았다. 디지털 음원이 만들어진다면 이제는 컴퓨터에서 소프트웨어 프로그래밍으로 다룰 수 있게 된다. 본 절에서는 디지털 음원이 어떻게 파일로 저장되는지 알아보자. 먼저, 44.1 kHz 샘플링과 16 bit 양자화를 통해 CD 품질로 디지털화된 파일에 대해 알아보자. 이러한 CD 품질의 음원을 윈도우 PC에 맞게 파일 형태로 만든 것을 wav 파일이라 한다. WAV 또는 WAVE는 웨이브폼 오디오 포맷(웨이브 오디오 포맷, Waveform audio file format)의 준말로 개인용 컴퓨터에서 오디오를 재생하는 마이크로소프트와 IBM 오디오 파일 포맷 표준이다. WAV 파일은 확장자가 .wav이기 때문에 흔히들 'wave' 라고 부르는 것이다. 단, wav 파일에 있는 오디오와 관련된 데이터는 PCM 데이터이지만, [그림 5.26]과 같이 wav 파일의 헤더에는 해당 오디오 파일의 정보가 포함되어 있다. 즉, wav 파일은 실제 소리에 대한 디지털 데이터인 PCM에다가 Header를 붙인 것이다. 따라서 반대로 PCM 정보를 이용해서 wav를 만들 수도 있다. 이를 위해서는 샘플링주파수, 샘플 당 양자화 비트수, 채널 같은 정보가 필요한 데 이런 정보들이 wav 파일의 Header에

endian	Filed name	Filed Size (bytes)
big	Chunk ID	4
little	Chunk Size	4
big	Format	4
big	Subchunk1 ID	4
little	Subchunk1 Size	4
little	Audio Format	4
little	Num Channels	4
little	SampleRate	4
little	ByteRate	4
little	BlockAlign	2
little	BitsPerSample	2
big	Subchunk2 ID	4
big	Subchunk2 Size	4
big	Data	

그림 5.26 wav 파일의 구조

들어가게 된다. 이 정보들은 wav 파일로 음악을 재생하는데 필요한 정보들이다.

wav 파일은 0~44 Byte까지가 header이고 가장 밑에 실제 데이터가 붙어있다. wav 파일의 경우 Chunk라는 몇 개의 덩어리가 있는데 맨 처음 부분이 RIFF Chunk로 이 부분은 wav 파일이 RIFF 파일 형식이라는 것을 의미한다. Resource InterChange File Format으로 avi나 wav 같은 파일 형식을 나타내기 위해서 사용한다.

① Chunk ID : 여기에는 'RIFF'가 들어가게 된다(0x52494646 Big-Endian이라 순서대로 RIFF이다).[203]

② Chunk Size: 파일 크기에서 Chunk ID와 Chunk Size(8) 만큼 뺀 값으로, 파일 크기 −8

203) 엔디언(Endianness)은 컴퓨터의 메모리와 같은 1차원 공간에 여러 개의 연속된 대상을 배열하는 방법을 뜻하며, 바이트를 배열하는 방법을 특히 바이트 순서(Byte order)라고 한다. 엔디언은 보통 큰 단위가 앞에 나오는 빅 엔디언(Big-endian)과 작은 단위가 앞에 나오는 리틀 엔디언(little endian)으로 나눌 수 있다.

이다. Little-Endian이기 때문에 0x24080000으로 되어 있으면 거꾸로 0x00000824로 되어 파일 크기는 2084가 된다.

③ Format: 파일의 포맷을 나타낸다. wav 파일의 경우는 대문자로 'WAVE'가 들어간다. Big-Endian으로 기록되기 때문에 그냥 'WAVE'로 저장된다.

④ Subchunk1 ID: 여기는 첫 번째 Sub chunk로 재생에 필요한 해당 PCM의 형식을 저장하는 chunk의 시작부분이다. 여기에는 'fmt'가 들어가는데 fmt 뒤에 공백이 있다. 즉, 0x666d7420가 Big-Endian으로 기록된다.

⑤ Subchunk1 Size: Subchunk1 Size는 실제 기록되는 데이터 포맷의 크기로 이 영역 밑에 기록된 Subchunk1의 크기를 나타내며 16사이즈를 갖는다. Little-Endian으로 0x10000000이다.

⑥ AudioFormat: PCM의 경우 1이 된다. 주의할 것은 이 부분은 크기가 2바이트이다. Little-Endian으로 0x0100이다.

⑦ NumChannels: 채널 수를 나타낸다. Mono는 1, Stereo는 2이다. 이 부분도 2바이트로 구성되어 있으며, Stereo의 경우 0x0200이다.

⑧ SampleRate: Sample Rate로 4바이트로 구성되며, 22050의 경우에는 0x00005622인데 Little-Endian으로 0x22560000이 된다.

⑨ ByteRate: 이것은 SampleRate × NumChannels × BitsPerSample/8로 구해진다. BitsPerSample은 각 샘플을 몇 개의 비트로 표현하는가를 나타낸다. 즉, ByteRate는 1초의 소리가 차지하는 바이트 수이다. SampleRate가 22050이며, Stereo(2)이며, 한 샘플을 16 bit로 표현하면 22050 × 2 × 16/8 = 88280이 된다. 4바이트 Little-Endian으로 되어 있기 때문에 0x88580100이 된다.

⑩ BlockAlign: 전체 채널을 포함하는 한 샘플의 크기이다. 채널이 2개(Stereo)면서, BitPerSample(샘플당 비트수)가 16 bit이면 2 × 16/8(byte로 변환하기 위해서)이다. 즉, 크기는 4가 되고 Little-Endian 방식으로 2바이트로 표현되므로 0x0400이 된다.

⑪ BitsPerSample: 샘플당 비트수이다. 2바이트 Little-Endian 방식으로 표현되므로 16 bit의 경우에는 0x1000이 된다.

⑫ Subchunk2 ID: 'data'가 들어가며, 모든 문자열과 같이, Big-Endian으로 들어간다. 즉, 0x64617461이 들어간다.

⑬ Subchunk2 Size: Subchunk2의 사이즈이다. 즉 실제 PCM 데이터의 사이즈가 들어간다. (BitsPerSample/8) × NumChannels × 실제 샘플수)로 계산된다.

⑭ Data : 이하는 실제 PCM 데이터가 나온다.

5.5 디지털 오디오 신호처리(배치 프로세싱)

앞에서 아날로그 신호를 디지털로 변환한 후 디지털 wav 파일로 생성하는 것을 학습하였다. 이제 오디오 신호는 디지털 신호로 표시할 수 있으므로 디지털 영역에서 다양한 신호처리나 프로그래밍이 가능하다. 오디오 신호처리는 다양한 기술이 포함되고 실제 하드웨어로 구현하기 위해서는 FPGA 구현까지 학습이 필요하지만 본 절에서는 MATLAB으로 오디오 신호를 처리하는 몇 가지 사례만을 보여주게 될 것이다[204]. 단, 본 절에서는 배치 프로세싱(batch processing)의 예를 보여준다. 배치 프로세싱이란 한 번에 모든 오디오 데이터를 데이터로 입력받아 저장한 후 이를 처리하는 것이다. 이러한 배치 프로세싱은 오디오를 신호처리하는 다양한 이론을 이해하는데 기본이 되며, 인터넷 속도가 느리던 디지털 오디오 초창기에 많이 사용하는 방식이다. 최근에는 오디오 스트리밍처럼 오디오 데이터를 쪼개어 순차적으로 입력받고, 모든 데이터를 다 받기 전에 오디오 신호를 처리하는 방식으로까지 발전하였다. 이러한 과정은 객체기반의 SW 프로그래밍이 필요하므로 이에 대해서는 6장에서 학습하도록 한다.

5.5.1 디지털 오디오 데이터 다루기

마이크로 생성하거나 인터넷 상에서 디지털 음원을 구하던 상관없이 wav 파일이 PC에 저장되어 있다면 4장에서 아날로그 회로로 구현했던 믹싱이나 필터링 같은 아날로그 오디오 신호처리 작업을 소프트웨어 프로그램으로 수행할 수 있다. 여기서는 수십초 정도 길이의 music.wav라는 파일이 생성되었다고 가정하고 이를 MATLAB으로 다루는 법을 살펴보자[205]. 먼저, 음원 파일을 본인의 PC의 하드디스크 내부 원하는 directory에 copy하고 MATLAB 상에서 Set Path 메뉴를 이용하여 이 파일에 자유롭게 access할 수 있도록 환경을 꾸민다. MATLAB상에서 wav 파일을 읽는 법은 다음과 같다.

```
[music, fs]= audioread('music.wav');
```

204) 오디오 신호처리는 보통 실시간처리를 위해 하드웨어로 구현하는 것이 보통이지만 이를 이해하기 위해서는 SW로 오디오 신호를 처리하는 과정을 학습할 필요가 있다.

205) music.wav가 아닌 어떤 파일이라도 가능하다. 하지만 데이터가 너무 크면 MATLAB에서 시간이 많이 걸리므로 수십초 정도의 wav 파일을 사용하자.

여기서 music이 실제 음원 데이터이고, 변수 fs는 이 음악의 샘플링 주파수를 나타낸다. fs는 44.1 kHz라고 가정한다. 음원 데이터인 music 변수는 배열 형식으로 되어 있으며 이 배열의 크기를 알려면 다음 명령어로 확인할 수 있다.

```
size(music)
```

만약 wav 파일은 스테레오라면 이를 분리하기 위해서 다음의 명령어를 사용한다.

```
left=music(:,1);
right=music(:,2);
```

이제 plot 명령어를 이용하여 [그림 5.27]과 같이 시간에 따른 왼쪽 소리를 그려보자. 데이터가 많으므로 세세한 모습은 볼 수 없으나 시간에 따른 소리의 크기의 변화를 대략적으로 볼 수 있다. 시간축을 잡을 때는 샘플링 주파수를 고려해서 각각의 오디오 데이터에 해당하는 정확한 시간을 표시할 수 있도록 주의한다.

```
time=(1/fs)*length(left);
t=linspace(0,time,length(left));
plot(t,left)
xlabel('time (sec)');
ylabel('Amplitude')
```

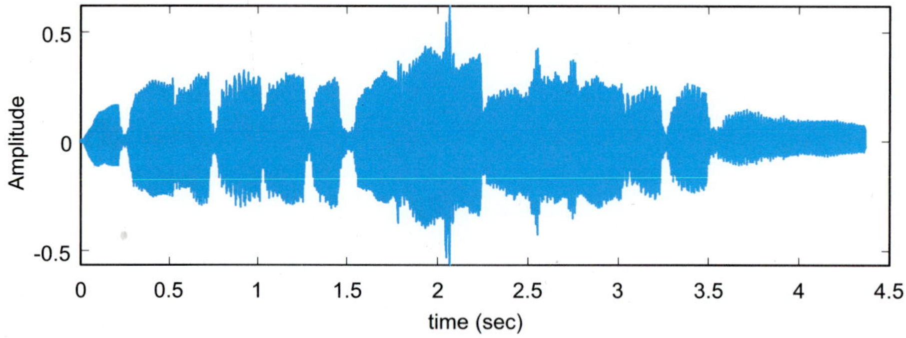

그림 5.27 오디오 파일 그리기 실습의 결과

이제, 특정한 부분을 자세히 보기 위해서는 데이터의 일부분만을 plot 해야 한다. 다음의 명령어를 사용해 보자. 만약 0.5초의 데이터만을 보도록 하자. 데이터 수가 1초에 f_s개가 되므로 $f_s/2$초개의 데이터를 그리면 0.5초의 데이터가 된다.

```
time=(1/fs)*fs/2;
t=linspace(0,time,fs/2);
plot(t,left(1:fs/2))
xlabel('time (sec)');
ylabel('Amplitude')
```

예제 5-12

2000개의 데이터는 몇 초의 음악데이터인지 확인해보자.

답 만약 44.1 kHz 샘플링이므로 44,100개의 데이터가 1초의 데이터가 되므로 2000/44100초의 데이터가 된다.

이제 음악을 들어보자. 음악을 듣기 위해서 왼쪽 소리, 오른쪽 소리, 두 개의 stereo 소리를 순서대로 들을 수 있다. 가급적 헤드폰을 이용하여 왼쪽 소리와 오른쪽 소리를 구분해 보자.

```
soundsc(left,fs)   % plays left channel as mono
soundsc(right,fs)  % plays right channel mono (sound nearly the same)
soundsc(musci,fs)  % plays stereo
```

wav 파일 형식이 아닌 au 파일형식의 파일을 듣기 위해서는 다음의 명령어를 사용하면 된다. 만약 lunch.au라는 음악파일이 있다면 다음을 실행할 수 있다.

```
[lunch,fs2]=audioread('lunch.au');
soundsc(lunch,fs2);
```

배열을 wav 파일로 저장하기 위해서는 `audiowrite()` 명령어를 사용하면 된다. 이제 wav 파일을 만들어볼 수도 있다. 먼저 크기가 1이고 주파수가 523.23 Hz인(C음에 해당)을 만들어보자. 이 신호는 0초에서 0.5초 사이에 0.000125초 간격으로 단일 신호를 생성한다. 이 주기는 8 kHz의 샘플링주파수를 의미한다.

```
fs=8000;
cnote = sin(2*pi*523.25*(0:1/fs:0.5));
audiowrite('c.wav', cnote, fs);
[Do,fs]=audioread('c.wav');
soundsc(Do)
```

오디오 신호의 시간영역 처리

먼저, 시간연산 중의 하나인 시간반전(time reversal)을 이용하여 소리를 거꾸로 나오게 하자. 이는 간단히 배열의 순서를 뒤집으면 된다. 먼저 명령창에 다음을 입력해보자.

```
y=[1;2;3;4;5]
y2=flipud(y)
```

flipud 명령어는 배열 y를 뒤집어서 y2라는 새로운 배열에 저장하는 것을 의미한다. 소리 파일에 대해서 이 명령어를 사용하고 소리를 들어보기 위해서는 다음의 명령어를 사용하면 된다.

```
left2=flipud(left);
soundsc(left2,fs)
```

다음으로 소리에 에코(echo)를 더하는 법을 알아보자. 이를 위해서는 각각의 소리를 더하면 된다. 이 때 한 소리를 약 1/4초 간격으로 지연시키면 에코가 된다.

```
leftout=left; % set up a new array, same size as old one
N=10000; % delay amount N/44100 seconds
for n=N+1:length(left)
    leftout(n)=left(n)+left(n-N); % approximately ¼ second echo
end
```

배열이 커지는 것을 확인할 수 있다. 이제 다음의 명령어를 입력하여 두 소리를 비교해 보자. 또한, delay를 가변시켜 가면서 소리의 변화를 확인해보자.

```
soundsc(left,fs) % original
% Wait until the sound stops before moving to next sound
soundsc(leftout,fs) % signal with new echo
```

위의 에코 효과 프로그램을 stereo 소리에 대해 적용하면 다음과 같다.

```
out=road; % set up a new array, same size as old one
N=10000;  % delay amount N/44100 seconds
for n=N+1:length(road)
    out(n,1)=road(n,1)+road(n-N,2); % echo right-to-left!
    out(n,2)=road(n,2)+road(n-N,1); % echo left-to-right!
end
soundsc(road,fs) % original
   soundsc(out,fs) % echo
```

예제 5-13

다음은 delay를 주는 또 다른 프로그램이다. 이 프로그램을 실행한 후 동작원리를 설명하자.

```
[lunch,fs2]=auread('lunch.au');
out=lunch; % set up a new array, same size as old one
N=1000; % delay amount N/8192 seconds
for n=N+1:length(lunch)
    out(n)=.8*out(n-N)+lunch(n); % recursive echo
end
soundsc(out,fs2) % echo
```

이제 간단히 필터링의 예를 보고자 한다. 먼저 저역통과필터(LPF: Low Pass Filter)를 살펴보자. 저역통과필터는 고주파 소리를 제거하고 저주파 소리만을 남기는 과정이다. 다음과 같이 더하기를 이용하여 프로그래밍하면 저역통과필터를 구성할 수 있다. 이 프로그램을 실행한 후 동작원리를 설명하자.

```
[hootie,fs]=wavread('hootie.wav'); % loads Hootie
out=hootie;
for n=2:length(hootie)
    out(n,1)=.9*out(n-1,1)+hootie(n,1); % left
    out(n,2)=.9*out(n-1,2)+hootie(n,2); % right
end
soundsc(hootie,fs)      % original
soundsc(out,fs)         % low pass filtered
```

예제 5-14

위에서 실습한 저역통과필터의 전달함수를 구하시오.

답 $H(z) = 1 + 0.9z^{-1}$

$y[n] = x[n] + 0.9x[n-1]$

예제 5-14에서 $x[n-1]$은 $x[n]$의 한 샘플 지연한 것으로 z^{-1}로 표현한다. 이제 저역통과필터를 더하기로 구성한 것과 유사하게 빼기 연산을 이용하여 프로그래밍하면 고역통과필터(HPF: High Pass Filter)를 구성할 수 있다. 이 프로그램을 실행한 후 동작원리를 설명하자.

```
[hootie,fs]=wavread('hootie.wav'); % loads Hootie
out=hootie;
for n=2:length(hootie)
    out(n,1)=hootie(n,1)-hootie(n-1,1); % left
    out(n,2)=hootie(n,2)-hootie(n-1,2); % right
end
soundsc(hootie,fs)      % original
soundsc(out,fs)         % high pass filtered
```

예제 5-15

위의 실습한 고역통과필터의 전달함수를 구하시오.

답 $H(z) = 1 - 1z^{-1}$

$y[n] = x[n] - x[n-1]$

다음으로 샘플링 주파수를 바꾸게 되면 어떻게 되는지 살펴보자. 이 프로그램을 실행한 후 동작원리를 설명하자[206]. 샘플링 주파수를 올리는 것을 upsampling(업샘플링), 샘플링 주파수를 내리는 것을 downsampling(다운샘플링)이라 한다.

```
soundsc(hootie,fs/1.5) % How slow can you go?
soundsc(hootie,fs*1.5) % How fast can you go?
```

이제 소리에서 음성신호를 제거하는 실습을 해보자. 일반적으로 음반 제작 시 vocal track은 stereo 채널 모두에 동일하게 기록된다. 하지만 세션 악기들은 위치에 따라 두 채널에 다르게 기록된다. 따라서 한 채널에서 다른 채널을 빼게 되면 음성신호가 제거되는 효과를 볼 수 있다. 물론 약간의 음성신호가 잔향효과에 의해 남아있게 된다.

```
ssoundsc(left,fs);         % Original left channel
soundsc(left-right,fs);    % Long and winding road, virtually no vocal
% Notice the voice is virtually eliminated…
% Try it with Hootie…
soundsc(hootie(:,1),fs);                 % Original left channel
soundsc(hootie(:,1)-hootie(:,2),fs);     % Hootie, reduced vocal
```

예제 5-16

OPAMP로 구성되는 Mixer를 SW로는 더하기 연산으로 구성하였다. 그렇다면 OPAMP로 구성되는 Equalizer는 SW로 어떻게 구성될지 생각해보자.

풀이 아날로그 회로이건 디지털 회로이건 상관없이 신호의 Mixing이나 크기 조절이 간단한 사칙연산으로 설명되는 것과는 달리 필터는 설계 방법이 필요하다. 예를 들어 크로스오버 네트워크 회로에서도 필터 설계이론이 있었던 것처럼 디지털 필터의 경우에도 필터 설계이론이 필요하다. 자세한 내용은 다음 절에서 다루게 된다.

206) 샘플링 주파수를 올리는 것을 upsampling(업샘플링), 샘플링 주파수를 내리는 것을 downsampling (다운샘플링)이라 한다.

예제 5-17

마지막으로 아래 MATLAB 명령어를 참조하여 다양한 신호의 주파수를 갖는 신호를 합성해보기 바란다. 어떤 결과가 나오는가, 이를 바탕으로 자신의 음악을 만들어 보자.

```
fs=8000;
a = sin(2*pi*220*(0:1/fs:0.5));
b = sin(2*pi*246.94*(0:1/fs:0.5));
c = sin(2*pi*523.25*(0:1/fs:0.5));
d = sin(2*pi*587.33*(0:1/fs:0.5));
e = sin(2*pi*659.25*(0:1/fs:0.5));
f = sin(2*pi*698.45*(0:1/fs:0.5));
g = sin(2*pi*783.99*(0:1/fs:0.5));
line1 = [a,b,c,d,e,f,g];
line2 = [a,b,c,d,e,f,g];
song = [line1, line2];
audiowrite('rhythm.wav', song, fs);
[temp,fs]=audioread('rhythm.wav');
soundsc(temp)
f=440.*2.^([-9:3]/12);                    fs=10000;
t=1;                                      n=1/fs:1/fs:t;
A=linspace(0,0.6,0.2*fs*t);               % piano ADSR
D=linspace(0.6,0.5,0.05*fs*t);
S=linspace(0.5,0.5,0.4*fs*t);
R=linspace(0.5,0,0.35*fs*t);
ADSR=[A D S R];
for i=1:13
    x(i,:) = ADSR.*sin(2*pi*f(i)*n);
end
    while (1)
    k=menu('Piono scale', 'C4', 'C4#', 'D4', 'D4#','E4', 'F4', 'F4#',
           'G4', 'G4#','A4',  'A4#', 'B4', 'C5', 'Exit');
    if (k == 14)
        break;
    else
        sound(x(k,:),fs);
    end
    plot(n(1:10000), x(k,[1:10000]));
    title('Piano scale'); xlabel('Time [sec]'); ylabel('Amplitude');
    end
```

5.5.2 디지털 필터링

2장에서는 수동소자로 구성된 아날로그 필터를 다루었고, 4장에서는 OPAMP로 구성된 아날로그 능동 필터를 살펴보았다[207]. 큰 전류가 흐르는 크로스오버 네트워크 필터를 제외하고 전압신호를 주로 다루는 아날로그 오디오 필터는 모두 디지털 회로로 구현할 수 있다. 이러한 디지털화의 장점 중에 하나는 아날로그 필터의 경우 차수를 올리는 것이 비용과 직결되므로 최소한으로 수행되어야 하지만 디지털 필터는 디지털 로직회로나 소프트웨어로 구성되므로 차수가 올라감에 따라 발생하는 하드웨어 비용을 고려하지 않고 차단특성이 좋은 고성능 필터를 구성할 수 있다는 것이다. 단, 디지털필터는 아날로그 수동필터나 능동필터와 달리 샘플링 주파수에 따라 필터의 특성이 달라지는 것에 주의해야 한다.

디지털 필터의 구조는 [그림 5.28]과 같다. 디지털 필터는 아날로그 필터가 시간에 따라 변하는 입력전압신호 $x(t)$를 필터의 임펄스 전달함수 $h(t)$를 거쳐 출력전압신호 $y(t)$를 출력하는 과정을 디지털회로로 구현한 것이다. 입력신호는 ADC를 거치면 특정 시간에서의 이산화된 신호 샘플인 $x[n]$이 만들어지고 디지털 필터를 통과하면 $y[n]$이 만들어진다. 이 신호를 DAC를 거치면 아날로그 출력전압신호 $y(t)$가 생성되게 된다.

그림 5.28 디지털 필터의 입출력신호

디지털 필터의 가장 간단한 예로 이동평균필터(Moving average filter)를 보자.[208] 이동평균필터는 현재값을 이전에 몇 개의 데이터의 평균으로 바꾸는 것으로 예를 들어 현재 입력된 데이터($x[n]$)와 직전에 입력된 3개의 데이터($x[n-1]$, $x[n-2]$, $x[n-3]$)를 이용하여 이동평균을 구한다고 하자. 이를 식으로 표현하면 식 (5.8)과 같으며 그림으로 표현하면 [그림 5.29]와 같이 주어진다.

---

207) 오디오에 사용된 아날로그 필터로는 스피커에 내장된 수동 크로스오버 네트워크 필터, 프리앰프에 존재하는 능동 크로스오버 필터, 소스기기에서 설명한 그래픽 이퀄라이저와 파라메트릭 이퀄라이저 등이 대표적이다.

208) 이동평균이란 순차적으로 데이터가 입력되면 현재의 데이터 이전 몇 개의 값의 평균을 갖는 새로운 데이터를 만드는 것을 의미한다.

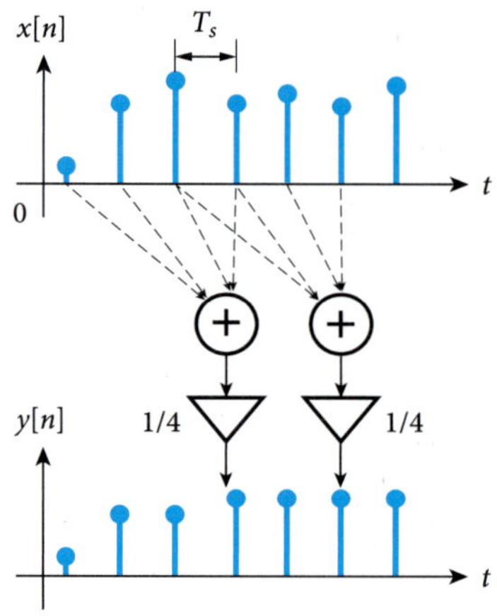

그림 5.29 현재 샘플과 이전 3개의 샘플을 이용한 이동평균 연산과정

$$\begin{aligned} y[n] &= \frac{1}{4}(x[n]+x[n-1]+x[n-2]+x[n-3]) \\ &= \frac{1}{4}\sum_{k=0}^{3} x[n-k] \end{aligned} \tag{5.9}$$

이동평균필터에서 입력데이터 4개는 1/4씩 출력에 영향을 준다. 이제 각각의 필터의 계수에 가중치를 다르게 주게 된다면 다양한 특성을 갖는 필터를 설계할 수 있다. 이를 식으로 쓰게 되면 식 (5.10)과 같다. 식 (5.10)과 식 (5.9)를 비교하면 이동평균 필터는 필터의 계수의 값의 크기가 동일한 FIR 필터임을 알 수 있다. 식 (5.10)은 4장에서 학습한 컨볼루션의 디지털 표현이 된다.

$$y[n] = \sum_{k=0}^{N} h[k]\,x[n-k] = \sum_{k=0}^{N} b_k x[n-k] \tag{5.10}$$

식 (5.10)은 [그림 5.30]과 같은 구조로 만들 수 있는데 이를 FIR(Finite Impulse Response) 필터라 한다[209]. FIR 필터를 다른 말로 탭지연선 필터(tapped delay line filter) 혹은 횡단 필터(transversal filter)라고 부른다.

---

209) FIR 필터의 이름은 4장에서 학습한 임펄스 응답(impulse response)에서 나온 의미로 한 샘플을 impulse 하나로 보고 그 영향(response)을 보았을 때 그 영향을 받는 샘플이 유한하다는 의미를 갖는다.

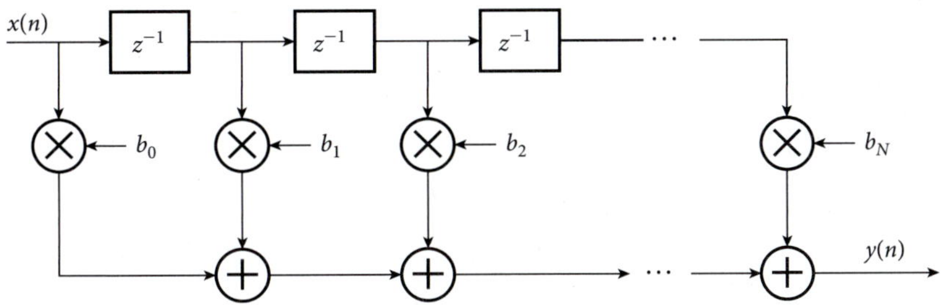

그림 5.30 FIR 필터의 구조

FIR 필터는 피드백이 없는 구조인데 피드백까지 포함하는 구조의 디지털 필터를 만들 수 있다. 이러한 디지털 필터를 IIR(Infinite Impulse Response) 필터라 부르며, [그림 5.31]에 일반적인 IIR 필터의 구조를 보여준다[210]. IIR 필터의 구조는 FIR 필터의 구조에 출력신호가 피드백되는 부분이 추가된 것이다.

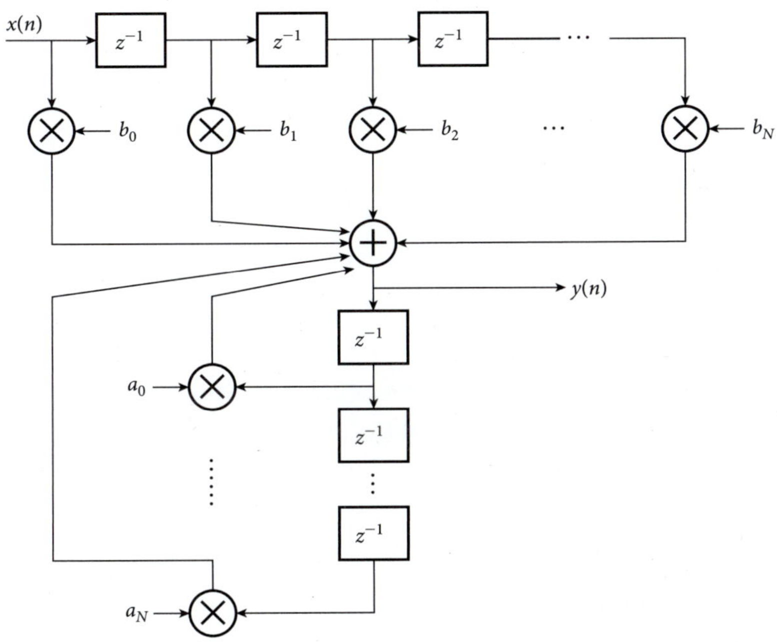

그림 5.31 디지털 필터(IIR)의 일반적인 구조

210) IIR 필터는 피드백 효과에 의해 한 샘플을 impulse 하나로 보고 그 영향(response)을 보았을 때 그 영향을 받는 샘플이 피드백 효과에 의해 무한하다는 의미를 갖는다. 피드백 효과가 시간이 지날수록 작아지는 IIR 필터는 안정적(stable)하다고 하고 피드백 효과가 시간이 지날수록 커지는 것을 비안정적(unstable)하다고 한다.

[그림 5.31]의 IIR 필터의 전달함수는 식 (5.11)과 같다.

$$H(z) = \frac{b_0 + b_1 z^{-1} + b_2 z^{-2} \ldots}{1 - a_1 z^{-1} - a_2 z^{-2} \ldots} \tag{5.11}$$

식 (5.11)의 하드웨어로 구성할 때 [그림 5.29]와 동일하게 구성하는 경우 이를 직접형(Direct Form) 필터라고 부른다. 이제 디지털필터의 설계는 IIR 필터의 경우 분자의 계수인 (b_0, b_1, b_2, …)와 분모의 계수인 (a_1, a_2, …)를 구하는 것이고, FIR 필터의 경우 분자의 계수인 (b_0, b_1, b_2, …) 만을 결정하는 과정임을 알 수 있다.

요약

디지털 필터는 필터 계수를 어떻게 사용하는지에 따라 FIR(Finite Impulse Response) 필터와 IIR(Infinite Impulse Response) 필터 두 가지 형태로 나눌 수 있으며, 각각의 장단점이 있으니 적절히 선택해 사용해야 한다.

1) FIR 필터
   - 피드백을 사용하지 않음
   - 안정적이며 선형 위상 특성을 가짐
   - 연산량과 메모리가 많이 소모되어 시간지연이 큼

2) IIR 필터
   - 피드백을 사용함
   - 연산량이 작고 메모리도 작게 소모하여 시간지연이 작음
   - 잘못하면 발산할 수 있고 비선형 위상특성을 가짐

디지털 필터에서 꼭 기억할 것은 디지털 필터가 다루는 주파수 범위는 0 Hz에서 시작하여 샘플링 주파수의 반(= f_s/2)에서 끝난다는 것이다. 이러한 디지털 필터의 정확한 이해와 설계 방법의 학습은 디지털 신호처리에 대한 학습이 필요하므로 본 절에서는 간단한 LPF의 경우를 예를 들어 설명하도록 하자. 먼저 오디오 신호로 2 Hz의 신호와 50 Hz의 신호가 식 (5.12)와 같이 입력된다고 가정하자. 여기서 50 Hz 신호를 제거하는 저역통과필터를 디지털 필터로 설계하자.

$$y(t) = \sin(2\pi(2)t) + 0.2\sin(2\pi(50)t) \tag{5.12}$$

이제 식 (5.12)와 같이 다음과 같은 전달함수를 갖는 저역통과필터를 사용한다고 하자.

$$H(s) = \frac{\omega_0}{s+\omega_0} \tag{5.13}$$

여기서 ω_0는 rad/sec 단위로 표시한 차단주파수가 된다. 만약 차단주파수가 5 Hz라면 식 (5.13)의 진폭응답은 [그림 5.32]와 같다.

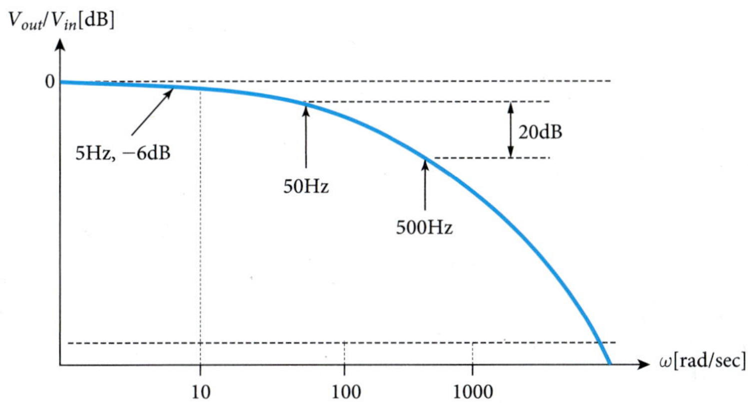

그림 5.32 차단주파수 5 Hz인 경우 필터의 진폭 응답

이제 식 (5.12)에 대한 디지털 필터의 전달함수는 다음과 같다[211]. 샘플링 주파수가 1 kHz 이고, ω_0를 5 Hz라 한다면 식 (5.12)는 다음과 같이 디지털 필터로 변환된다.

$$y[n] = 0.969 * y[n-1] + 0.0155 * x[n] + 0.0155 * x[n-1] \tag{5.14}$$

수식에 의해 (5.14)를 구할 수도 있지만 이때 디지털 필터 설계이론이 필요하므로 보통은 MATLAB/Simulink와 같은 프로그램에 포함되어 있는 Filter Design 설계 툴을 사용하면 된다. [그림 5.33]은 MATLAB/Simulink의 대역통과필터를 설계하는 화면을 보여준다. MATLAB을 실행하여 아래와 같이 입력하면 디지털필터 설계 프로그램을 구동할 수 있다.

---

211) 아날로그 필터의 전달함수나 필터의 응답으로부터 디지털필터의 전달함수를 구하는 구체적인 방법은 디지털 신호처리 심화학습하기 바란다.

```
filterDesigner
```

예제 5-18

샘플링 주파수가 1 kHz인 경우의 5 Hz 이하의 주파수만을 통과하는 IIR 저역통과 특성의 디지털 저역통과 필터를 설계하고 식 (5.13)과 동일한 결과가 나옴을 확인하시오.

풀이 [그림 5.33]과 같이 저역통과, IIR, 버터워스, 차수 1, 1 kHz 샘플링 주파수, 차단 주파수 5 Hz로 설계하면 계수값을 구할 수 있다. 해당 계수값이 식 (5.14)와 동일함을 알 수 있다.

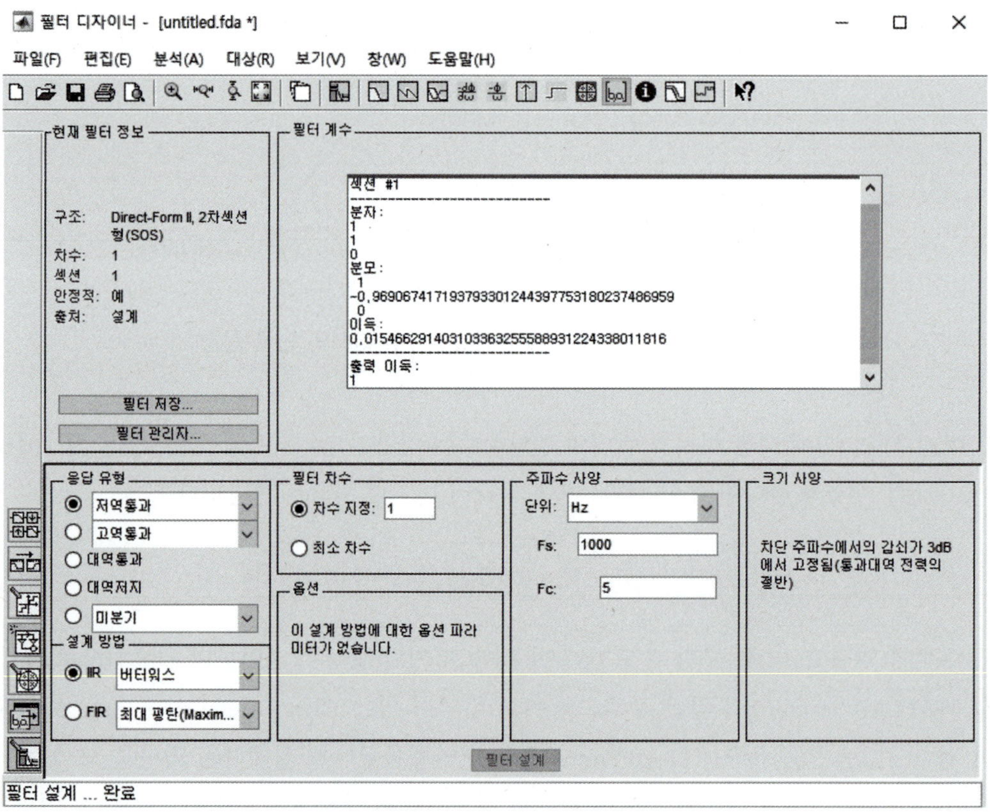

그림 5.33 디지털 필터의 설계 예

이제 필터 계수가 구해졌으므로 이 계수를 이용하면 음원을 필터링할 수 있다. 이때 filter 함수를 이용한다. [212)]

예제 5-19

샘플링 주파수가 8 kHz인 lunch.au 음원을 위의 필터 계수로 필터링한 결과를 들어보시오.[212)]

```
[lunch,fs2]=audioread('lunch.au');
soundsc(lunch)
a = [1 -0.969];
b = [0.0156 0.0156];
lunch1=filter(b,a,lunch);
soundsc(lunch1,fs2);
```

필터링은 MATLAB과 같은 PC 환경에서만 사용되는 것이 아니라 마이컴 환경에서도 사용될 수 있다. 만약 식 (5.13)을 이용하여 아두이노 마이컴에서 돌아갈 수 있도록 프로그래밍한다면 다음과 같다[213)].

```
float xn1 = 0;
float yn1 = 0;
int k = 0;

void setup() {
    Serial.begin(115200);
}
void loop() {
    float t = micros()/1.0e6;
    float xn = sin(2*PI*2*t) + 0.2*sin(2*PI*50*t); //raw signal
```

212) 예제 5-18과 예제 5-19에서 샘플링 주파수가 8배 차이가 있다. 따라서 1 kHz 샘플링에서 차단주파수 5 Hz로 설계한 필터는 8 kHz 샘플링이라면 차단주파수를 5 Hz가 아니라 40 Hz로 해야 위의 계수를 설계할 수 있다. 즉, 필터의 계수는 필터의 곡선의 모양에 따라 결정된다.

213) 마이컴으로 센서 데이터를 온도센서, 습도 센서 등 환경센서의 데이터를 ADC를 통해 디지털로 입력받을 경우 고주파 잡음을 제거하기 위하여 디지털 필터가 필요할 때가 많이 있다. 이 경우 MATLAB으로 디지털 필터의 계수를 구한 후 이 계수를 이용하여 마이컴 프로그래밍하면 잡음을 제거할 수 있다.

```
    float yn = 0.969*yn1 + 0.0155*xn + 0.0155*xn1; //filtered signal

    delay(1); //1ms delay
    xn1 = xn;
    yn1 = yn;
    if (k % 3 == 0) {
        Serial.print(2*xn);
        Serial.print(" ");
        Serial.println(2*yn);
    :
    k = k + 1;
;
```

요약

디지털 필터 설계 방법은 다양하게 존재하며 2장의 Crossover network filter 설계처럼 필터 설계이론에 대한 학습이 필요하다. 관심있는 학생들은 디지털신호처리 과목의 필터 설계 부분을 참조하기 바란다.

5.5.3 데이터 압축

오디오 신호의 디지털 필터에 대한 학습은 마무리하기로 하고 마지막으로 오디오 데이터 압축에 대해 좀 더 살펴보자. 오디오 신호를 디지털로 표현한 wav 파일과 같은 비압축 포맷은 데이터가 매우 크므로 보통 압축을 하는데 이를 소스코딩(source coding)이라 한다.

예제 5-20

CD 품질의 디지털화한 4분 길이의 스테레오 음악 한 곡의 크기는 얼마인가? 음악이 100개이면 필요한 메모리의 용량은?

풀이 $44100(\text{Hz}) \times 16\text{ bit} \times 2(\text{stereo}) \times 4(\text{min}) \times 60(\text{sec}) = 338688000\text{ bit} \sim 40\text{ MB}$
100곡을 저장하려면 40 GB의 메모리 필요

소스 코딩은 크게 비손실 압축 포맷과 손실 압축 포맷으로 나눌 수 있다. 먼저 무손실 압축부터 살펴보자. 무손실 오디오 압축에는 여러 알고리즘이 있지만 그 원리는 원본 파일의 데이터 중 중복되는 부분들을 짧게 줄이는 것을 의미한다. 예를 들어서 1이 연속으로 10개가 나열된 '1111111111'이란 디지털 데이터가 있다면 이를 기호화하여 '1-10'이라고 표현하는 것이다. 따라서 무손실 압축 방식으로 기록된 오디오 파일을 다시 wav 파일로 변환하면 완벽하게 원본과 동일한 wav 파일이 된다[214]. 오디오 파일은 중간 중간 음악이 없는 시간 구간이 있으므로 무손실 압축만으로도 데이터의 크기를 줄일 수 있다. 무손실 압축의 경우 최대 3:1 정도의 압축비를 가질 수 있다.

반면에 손실 압축은 100% 원본 데이터로는 복구는 못하지만 압축률이 수십:1에서 수백:1로 매우 높다 손실 압축의 방식은 시간압축과 주파수 역역 압축으로 나눌 수 있는데 DPCM(Differential PCM), DM(Delta Modulation) 등은 시간영역에서 압축하는 방식이고 FFT를 이용하여 주파수 영역에서 압축하면 좀 더 높은 데이터 압축율을 얻을 수 있다.

[표 5.2] 압축 여부에 따른 파일 포맷

압축 종류	파일 포맷
비압축 포맷	wav(윈도우), aiff(애플), au(선마이크로시스템즈)
무손실 압축 포맷	flac, Monkey's Audio, WavPack, TTA, M4A
손실 압축 포맷	MP3, ACC, ATRAC

먼저 시간영역에서 손실압축의 대표적인 방법인 차동 PCM(DPCM: Differential PCM)을 보자. DPCM은 양자화된 표본 값을 그대로 저장하지 않고, 기준 표본값과 예측값의 차이값을 저장하는 방식의 압축 알고리즘이다. [표 5.3]에 DPCM의 예를 보여준다. 일반적으로 오디오 신호는 변화가 심하지 않기 때문에, 연속된 샘플간의 차이가 크기 않다. 따라서 양자화된 bit값의 차이만 저장하게 되면, 보다 적은 bit를 할당하여 용량을 압축할 수 있다.

[표 5.3] DPCM의 예

Sample #	1	2	3	4	5	6	7	8	9
PCM	80	84	81	77	79	83	85	88	86
DPCM	80	4	−3	−4	2	4	2	3	−2

214) 무손실 압축은 파일을 ZIP 파일로 압축하는 것과 유사한 방식이다. 워드 문서를 Zip 파일로 압축했다가 다시 해체하면 문서가 100% 복구되는 것처럼 오디오도 100% 복원된다.

하지만 DPCM의 경우 인접한 샘플의 변화가 크다면 값을 제대로 저장할 수 없게 되며 복원 시 원본 데이터와의 차이도 커지게 된다. 이를 해결하기 위해 ADPCM(Adaptive PCM) 방식이 고안되었다. DPCM에서는 표본 값의 차이 값을 상수로 사용했다면, ADPCM에서는 이를 다시 부호화하여 정해진 표본 중 근사치를 예측값으로 사용된다[215].

데이터 손실 압축(주파수영역)

다음으로 주파수영역에서 손실 압축에 대해 살펴보자. 주파수영역에서 오디오 파일의 손실압축 포맷은 사람이 소리를 듣는 특징을 이용한다. 사람은 보통 작은 소리와 함께 큰 소리가 들리면 자연스럽게 큰 소리에 집중하게 된다. [그림 5.34]에서 소리가 없을 때 작은 소리가 들리면 인간은 이를 들을 수 있지만 큰소리와 함께 들어오거나 큰소리 이후의 작은 소리는 들을 수 없다. 이를 음향 마스킹(Masking) 현상이라 한다.

이러한 원리를 이용하여 먼저 소리를 Fourier 변환할 때 주파수 범위를 몇 십 개 정도의 더 좁은 대역으로 분할한다. 각각의 주파수 대역을 분석하여 인간이 어떤 주파수 대역을 인지할 수 있고 어떤 주파수 대역은 인지할 수 없는지를 결정한다. 이러한 판단의 기준은 가장 큰 주파수 구성요소를 중심으로 분석되며 해당 주파수 대역에 대한 기준 마스킹 값이

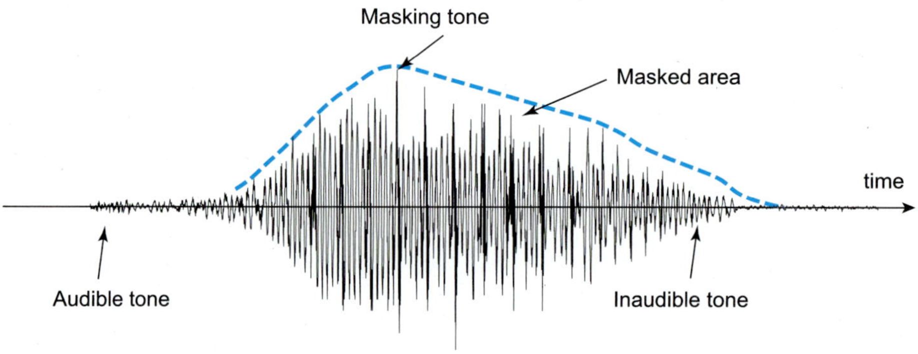

그림 5.34 시간영역으로 표현된 사람의 청각 특성

215) ADPCM을 사용하는 오디오 압축 표준에는 대표적으로 G.721, G.726가 있으며, G.726 표준의 경우 장거리 국제전화에 가장 보편적으로 사용된다.
- G.721 : 64 Kbps PCM을 32 Kbps로 압축하는 ADPCM 기법(양자화 bit : 4 bit)
- G.726 : 64 Kbps PCM을 40/32/24/16 Kbps로 가변 하여 압축하는 ADPCM 기법

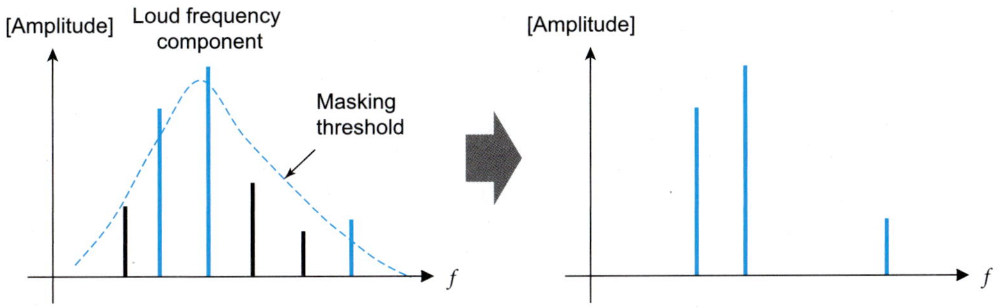

그림 5.35 주파수영역에서 표현된 손실 압축 원리

계산된다. 그런 다음 마스킹 임계값(Masking threshold) 이상의 진폭을 가진 주파수 성분만 인코딩되고 마스킹 임계값 미만의 모든 주파수 대역은 [그림 5.35]와 같이 삭제된다. 따라서 압축된 신호는 원래 입력 신호와 약간의 차이를 낳게 된다.

따라서 비압축 포맷인 wav 파일이 저장하는 PCM 데이터는 압축이 되지 않은 파일인 반면 손실압축 포맷인 MP3는 사람의 가청주파수대만을 남기고 나머지는 압축을 한다. 이때 MP3는 일반 wav 파일보다 약 12% 이하의 크기가 된다. 기본적으로 MP3는 잘라내어 버린 부분이 있기에 음질을 100%까지 재생 수는 없다. 보통 MP3에서는 20 Hz에서 20 kHz의 주파수를 32단계로 주파수대역으로 분해하고 각 분해된 주파수대역을 다시 18단계로 분해하여 총 576개의 주파수 대역으로 쪼갠다. 이 데이터 중에 중요하지 않은 주파수 성분은 제외하고 다시 합성하게 된다.

참고 음성신호의 데이터 압축과 함께 정지영상과 동영상의 데이터 압축 등은 디지털 신호처리의 중요한 학습내용이다. 디지털 기술이 도입된 초창기에 압축방법에 대한 많은 연구가 이루어졌으며 대부분 표준화되어 현재는 쉽게 사용할 수 있다.

5.6 디지털 오디오 구현 이슈

5.5절에서 아날로그 오디오 신호의 디지털화와 디지털화된 오디오 신호의 다양한 신호처리 과정을 살펴보았다. 이제 실제 디지털 오디오를 구현할 경우 발생하는 다양한 이슈들을 살펴보자. 아날로그 오디오는 구현된 오디오 회로를 살펴보면 어떤 소자가 OPAMP 인

지, 전력트랜지스터인지 눈으로 보일 뿐만 아니라 회로에서 전압파형을 찍으면 전압 파형이 바로 소리와 1:1 대응되어 분석이 용이하다. 반면, 디지털 오디오 회로는 0과 1을 다루는 논리회로로 구현되므로 회로도만을 보고서는 그 동작원리를 이해하기 어렵고 디지털 파형을 본다고 하더라도 어떤 오디오 신호인지 알기가 어렵다. 따라서 디지털 오디오를 다루기에는 좀 더 추상적인 레벨에서 오디오 회로와 시스템을 볼 수 있는 능력이 필요하다. 본 절에서는 이러한 디지털 오디오 회로의 동작을 이해하기 위해 반드시 이해해야 하는 기초적인 지식과 구현 방법을 질문에 대한 답을 제시하는 형식으로 알아보자.

5.6.1 마이컴으로 디지털 오디오 구현은 가능한가?

아날로그 신호를 디지털로 변환하는데 근간이 되는 Nyquist sampling 이론에 의하면 샘플링 주파수는 아날로그 신호의 최대주파수의 2배 이상이면 가능하다. 하지만 이는 기본적인 이론일 뿐 실제 응용에서는 다양한 측면을 고려하여 샘플링 주파수를 결정해야 한다. 먼저[그림 5.36]과 같이 정현파를 Nyquist 기준으로 샘플링하는 경우를 가정해보자. 왼쪽과 같이 얼핏 보면 Nyquist 기준의 샘플링이 신호를 적절히 샘플링한 것으로 보이나, 만약 샘플링 시간이 정현파 신호의 최대값과 최소값이 아니라 위상이 90° 앞서게 된다면 디지털 표현된 신호는 크기가 0인 신호로 보일 것이다. 또한, 위상이 90°가 아니라 조금만 달라도 크기가 작게 나타난다.

따라서 디지털 오디오에서 원음을 충실히 재생하기 위해서는 Nyquist 샘플링 이상으로 샘플링할 필요가 있다. 예를 들어 [그림 5.37]과 같이 Nyquist 기준의 2배로 샘플링하는 경

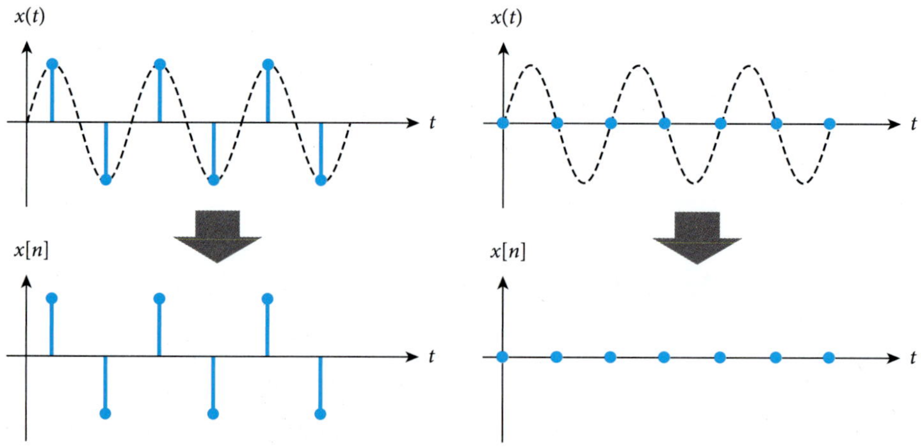

그림 5.36 Nyquist 샘플링의 문제점

우를 살펴보자. Nyquist 기준보다는 원래 파형에 가까워졌지만 이 경우에도 정현파와 삼각파를 구분할 수 없는 문제가 있다. 어느 정도 신호 파형을 유지하기 위해서는[그림 5.38]과 같이 Nyquist 기준의 4배 이상 샘플링하여야 한다. 즉, 디지털 오디오에서 샘플링의 결정은 Nyquist 기준을 따르는 것이 아니라 아날로그 신호의 파형을 어느 정도까지 정확히 모델링할 필요가 있느냐에 따라 샘플링 주파수를 결정하여야 한다[216].

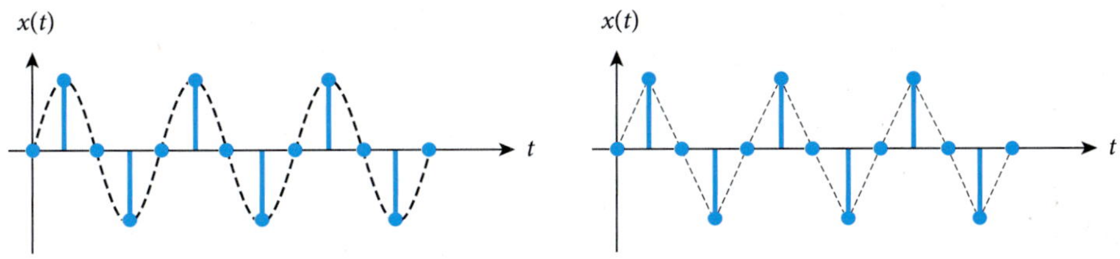

그림 5.37 Nyquist 샘플링의 2배로 한 경우

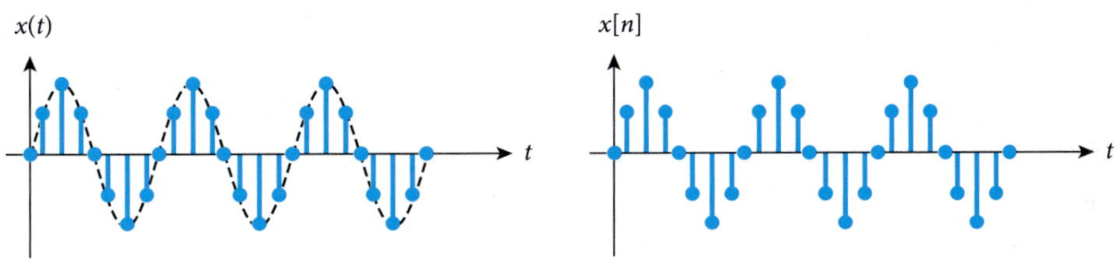

그림 5.38 Nyquist 샘플링의 4배로 한 경우

다음으로 일반적으로 마이컴에 포함된 ADC로 오디오 신호를 디지털로 변환할 수 있는지 살펴보자. 학생들에게 친숙한 마이컴 보드인 [그림 5.39]의 아두이노 우노(Arduino Uno) 보드를 예로 들어보자. Arduino UNO는 10 bit ADC를 내장하고 있는데, 이 ADC의 샘플링을 위해서 16 MHz 클럭을 1/128로 분주해서 사용하고 13개의 clock 마다 하나씩 샘플링한다. 그러면 최대 샘플링은 16 MHz/128/13 = 9600 Hz가 된다.

216) 샘플링 이론은 정현파를 가정한 것이다. 보통 정현파 이외의 파형은 기본주파수의 하모닉이 섞여 있는 것으로 볼 수 있으므로 모든 하모닉을 포함하여 신호를 충실하게 재생하려면 어느 정도 오버샘플링이 필요하다. 단, 인간의 귀는 20 kHz 이상을 들을 수 없으므로 40 kHz 이상의 오버 샘플링은 필요없다는 의견도 있다.

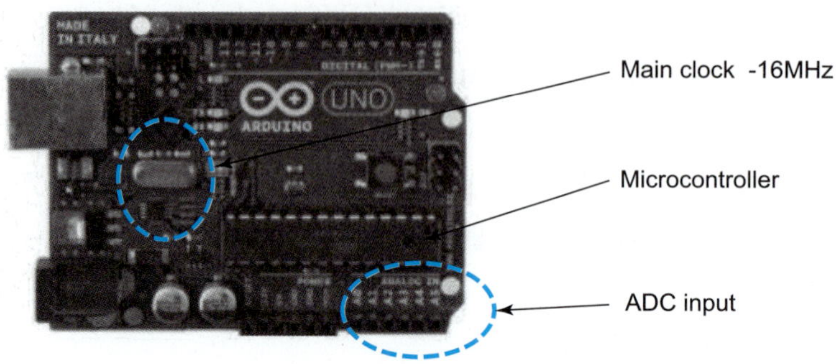

그림 5.39 아두이노 우노 보드의 최대 샘플링 속도

따라서 아두이노 UNO 보드가 9600 Hz의 샘플링이 가능하므로 사람이 전화기에서 사용되는 음성의 샘플링 속도[217]인 8 kHz를 넘고, 양자화 비트도 10 bit이므로 전화기의 8 bit보다 크다. 따라서 아두이노 UNO 보드로 전화음성 품직을 갖는 디지털 오디오 구현이 가능하다고 생각할 수 있다. 하지만 마이컴 보드로 디지털 오디오를 처리하기 위해서는 다음의 문제들이 먼저 해결되어야 한다. 첫째, 사람의 음성을 전기신호로 만들 수 있는 마이크(mic) 회로가 필요하다. 마이크의 출력신호는 매우 작으므로 신호의 크기를 키울 증폭기가 필요하며, 또한 ADC의 포화를 막기 위해 DC 성분을 제거해야 한다. 둘째로, 음성데이터를 저장할 메모리 공간이 있어야 한다. 만약 8 kHz 샘플링, 16 bit 양자화하여 1분 동안 음성신호를 입력받는다면, 최소 960 kByte의 내장 메모리가 필요하다. 보통 마이컴의 내장 메모리는 프로그램을 저장하고 위해 사용되므로 여유가 없다. 마지막으로 음성신호가 제대로 입력되었는지 확인할 수 있도록 DAC 회로와 스피커가 필요하다. 스피커는 전류신호를 받아 동작하므로 전류가 많이 흐르는 앰프 회로가 필요한데 일반적인 마이컴 보드는 메모리가 작고 마이크 및 앰프와 관련된 회로들을 가지고 있지 않다. 또한, ADC는 내장되어 있으나 DAC는 없는 마이컴이 대부분이므로 일반적인 마이컴으로는 디지털 오디오 신호를 처리하기 어렵다는 것을 알 수 있다. 따라서 보통 마이컴으로 디지털 오디오를 다루려면 별도의 디지털 오디오 신호만을 다루는 별도의 보드를 사용하게 된다.

[그림 5.40]은 오디오 관련 보드에 포함된 마이크를 이용하여 사람의 목소리를 최대 10초간 녹음하고 이를 플래시 메모리에 저장하는 ISD1820 보드와 마이컴 보드를 연결하는 것을 보여준다. 스피커는 포함되지 않고 외부에 연결하는 인터페이스만을 제공한다. 아두이

217) 전화기나 무선기의 음성샘플링 속도는 8 kHz, 오디오 CD나 MPEG-1의 샘플링속도는 44.1 kHz, DVD 오디오는 192 kHz의 샘플링 속도를 갖는다.

노 마이컴은 음향전문 보드에 전원(VCC와 GND)을 제공하고, 음성을 녹음하거나 재생하는 명령어만을 아두이노 프로그램으로 제어할 뿐 모든 디지털 오디오 신호처리는 별도의 음향전문 보드에서 구현되는 것을 알 수 있다[218].

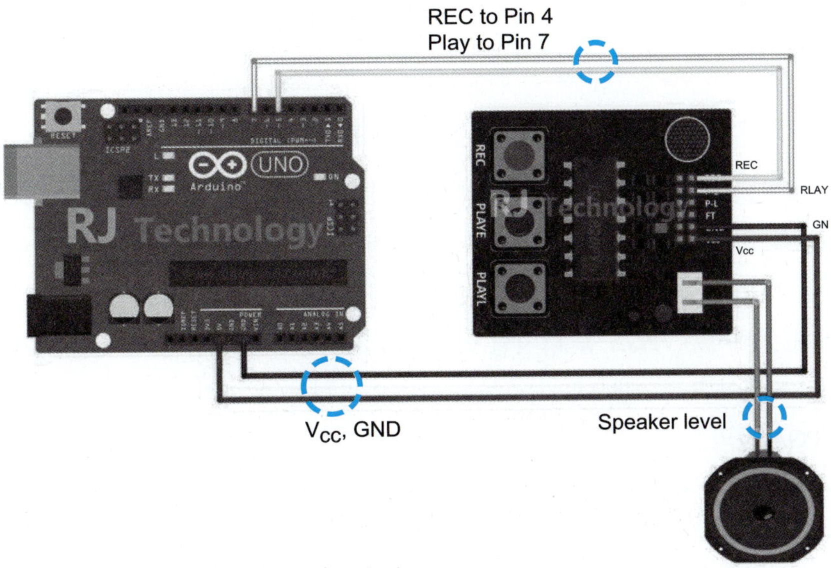

그림 5.40 마이컴과 음향전문 보드의 연결

마지막으로 음향관련 하드웨어를 선정할 때 고려해야 하는 것들을 살펴보자. 샘플링주파수는 낮을수록 좋고, 신호의 충실한 복원을 위해서는 샘플링 주파수가 높을수록 좋으므로 적절한 트레이드오프가 필요하다. 만약 신호의 고주파 성분이 일부 있지만 그 신호의 영향이 미미할 경우 샘플링 주파수를 낮추기 위해선 입력신호의 주파수 성분이 샘플링 주파수를 최대주파수를 넘어 Aliasing이 되지 않도록 Anti-Aliasing 필터를 포함할 필요가 있다[219].

218) 아두이노에 포함된 ADC는 음성신호를 디지털화하는데 사용하는 것이 아니라 온도센서, 습도센서 등 속도가 매우 느린 센서신호를 디지털로 변환하기 위한 회로라고 생각하면 된다.

219) 필터는 동작영역과 주파수에 따라 RF 필터, 아날로그 필터, 그리고 디지털 필터로 나눌 수 있는데 이러한 필터는 각각 장단점을 가지고 있으므로 적절한 역할 분담이 필요하다.

샘플링 주파수 선정 시 고려사항

1) 사용하는 신호의 특성에 따라 oversampling할 필요가 있다.
2) 사용하는 ADC의 샘플링 속도를 넘을 수 없다.
3) 실시간 데이터를 저장할 메모리 공간과 주변 회로가 필요하다.
4) Anti-aliasing 필터를 이용하여 Aliasing을 최소화할 수 있다.

5.6.2 디지털 오디오의 실시간 신호처리는 어디까지?

앞에서 디지털 오디오 데이터를 하드웨어적으로 실시간 처리하기 위한 ADC와 DAC에 대해서 살펴보았다. 또한 오디오 데이터를 필터링하거나 압축하여 오디오 신호에 다양한 효과를 주는 방법 등을 학습하였다. 이러한 디지털 오디오 신호처리 과정을 실제 하드웨어로 구현하기 위해서는 FPGA 등 디지털 논리회로로 구현하는 방법과 CPU 등의 범용 프로세서에 소프트웨어 프로그램으로 처리하는 방법으로 나눌 수 있다.

먼저 FPGA 등의 로직 회로를 이용하여 디지털 오디오 데이터를 처리할 경우는 시간영역에서 보통 샘플 단위(실제는 비트 단위)로 처리하게 된다. 따라서 사용하는 하드웨어의 클럭(clock) 속도가 허용하는 한 실시간으로 디지털 오디오 데이터를 처리하는 것이 가능하다. 단, 한번 구현된 하드웨어는 다시 프로그래밍하기 어려운 단점이 있다.

다음으로 CPU 등의 범용 프로세서에 소프트웨어 프로그램으로 처리하는 방법은 상황에 따라 다양한 신호처리가 가능하다는 장점이 있어 선호되지만 실시간 처리 시 주의가 필요하다. 이를 구체적으로 살펴보기 전에 실시간(Real-time) 처리에 대해 정확히 이해할 필요가 있다. 먼저 실시간과 고성능(High performance)을 구분할 필요가 있다. PC를 예를 들어 만약 1초마다 끝마쳐야 하는 SW 작업(보통 타스크(task)라고 부른다.)이 있다고 하자. PC가 고성능 컴퓨터라면 웬만한 SW 작업은 매우 빠른 시간에 (예를 들어 0.1초라 하자) 그 작업을 끝낼 수 있다. 하지만 PC는 여러 가지 task를 동시에 수행(멀티타스킹(multi-tasking))해야 하므로 다른 타스크를 처리하느라 막히면 2초, 심하면 10초도 걸릴 수 있다. PC를 사용하다보면 알겠지만 평소보다 느려질 때가 있는데 이 경우 다른 프로그램이 돌아가고 있기 때문인 경우가 많다. 따라서 사운드카드와 같이 오디오 신호의 실시간을 처리하는 장치 내부에는 실시간 운영체제(RTOS: Real Time Operating System)를 탑재한 마이컴이 포함되어 있다. 이러한 RTOS를 탑재한 마이컴 기기는 정해진 시간 내에서 작업이 끝날 수 있도록 한다. 이해의 편의를 위해 여기서는 초 단위를 예로 들었지만, RTOS는 대체로 수 밀리초(1000분의 1초), 심지어는 마이크로초(100만 분의 1초) 단위로 컨트롤하기 위해 쓰인다[220].

[그림 5.41]에 MP3 플레이어에서 오디오 신호를 처리하는 과정을 나타내고 있다. MP3 플레이어에 내장된 마이컴은 내장된 프로그램을 이용하여 디스플레이, 디지털 오디오 음원이 저장된 플래시 메모리, 오디오 신호의 압축을 풀기위한 디지털신호처리기(DSP) 기반 코덱 등을 제어하게 되며, 실제 음원은 실시간처리를 위해 플레시 메모리에서 DSP를 거처 DAC까지 연결된다. 이때 마이컴은 오디오 신호의 실시간 처리에 영향을 주지 않고 단지 음원이 시작, 제목 디스플레이 등 제어 역할만을 수행하게 된다.

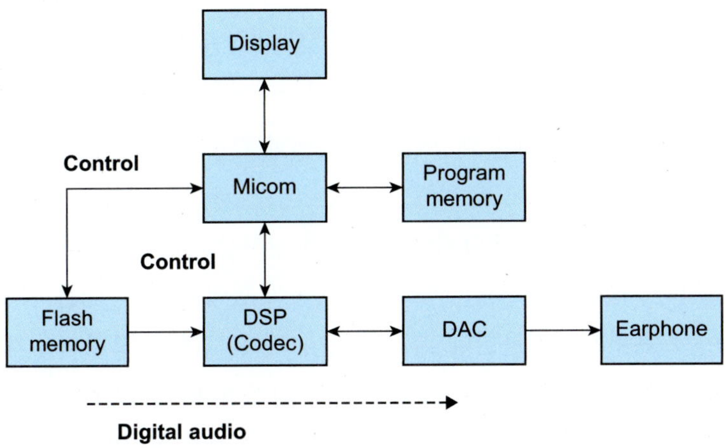

그림 5.41 MP3 플레이어에서 오디오신호 처리과정

다음으로 디지털 오디오 신호처리 시 데이터가 어떻게 입력되는지에 대해 살펴보자. 디지털 데이터는 기본적으로 비트단위이므로 로직회로에서는 비트단위로 처리해야 한다. 하지만 비트단위로 프로그램을 구현하기는 쉽지 않으므로 보통 샘플 단위로 프로그램을 수행하고 하드웨어에서 이를 비트단위로 변환하게 된다. 또한, 주파수영역에서 신호처리를 하려면 오디오 데이터 전체에 대해서 Fourier 변환하기는 어려우므로 적절한 크기의 프레임 단위로 데이터를 입력받을 필요가 있다[221]. [그림 5.42]는 샘플 단위로 오디오 데이터를 처리하는 경우와 샘플을 적당한 크기로 묶어서 프레임단위로 처리하는 방법을 비교하였

220) 멀티타스킹을 위한 운영체제인 리눅스나 윈도우는 아무리 빠르더라도 실시간 처리를 정교하게 프로그래밍하기 매우 힘들다.

221) 프레임의 수는 고정된 것은 아니지만 주파수영역에서 FFT할 때 1024 FFT를 사용한다면 1024개의 샘플로 하나의 프레임으로 만들어 사용하게 된다.

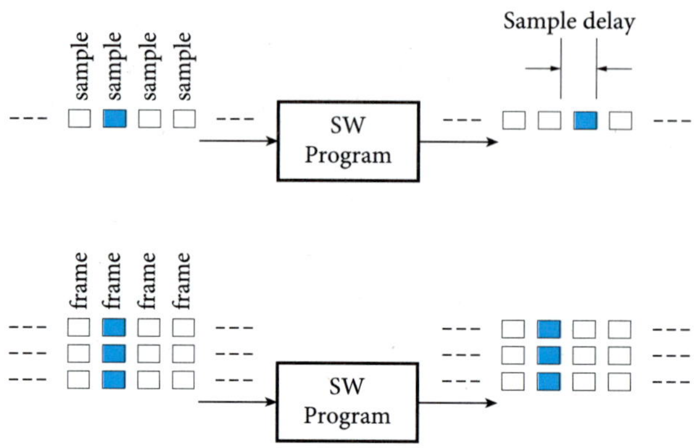

그림 5.42 샘플단위처리와 프레임단위처리의 차이

다. 프레임 단위로 처리하는 것은 대중화된 인터넷과 같은 패킷망과도 유사하다고 볼 수 있다.

샘플단위로 처리하던 프레임의 단위로 처리하던 실시간 처리를 위해서는 프로세서의 출력데이터가 실시간 처리 속도보다는 빠르게 준비되어 있어야 한다. 이를 위해서 OS는 [그림 5.43]과 같이 보통 버퍼를 사용한다. 따라서 오디오 버퍼링이란 오디오를 재생할 수 있을 때까지 데이터를 모으는 동작을 의미한다. 오디오 신호처리하는 프로세서가 DAC와 같은 오디오 출력기기가 요구하는 속도 이상으로 버퍼에 데이터를 저장할 수 있다면 실시간 처리가 가능하다고 볼 수 있다. 데이터 처리가 너무 느리면 소리를 내보내기까지 최소한의 데이터를 모아야 하고, 오디오 데이터가 재생 속도보다 빠르게 전송되어도 미리 전송받은 데이터를 저장할 공간이 필요하기 때문이다.

참고 앞에서 MATLAB 프로그램을 이용하여 오디오 신호를 처리하는 몇 가지 사례를 살펴보았다. 배치 처리 방식의 MATLAB 프로그램을 통하여 오디오 신호를 디지털적으로 처리하는 알고리즘을 구현하였다면 이를 실제 하드웨어나 소프트웨어로 구현하도록 하여야 한다[222]. 이를 위해 먼저 MATLAB 프로그램을 C 프로그램으로 변환하여 실시간 처리가 되도록 해야 한다. 또한, MATLAB 프로그램을 하드웨어가 인식하는 HDL 언어로 바꾸어야 한다. 이렇게 변환된 C프로그램이나 HDL 하드웨어는 오디오 신호를 보통 샘플단위로 처리한다.

222) MATLAB 코드로 구현된 프로그램은 C로 변환하거나 FPGA 코드로 변환하는 기능이 MATLAB에 포함되어 있다.

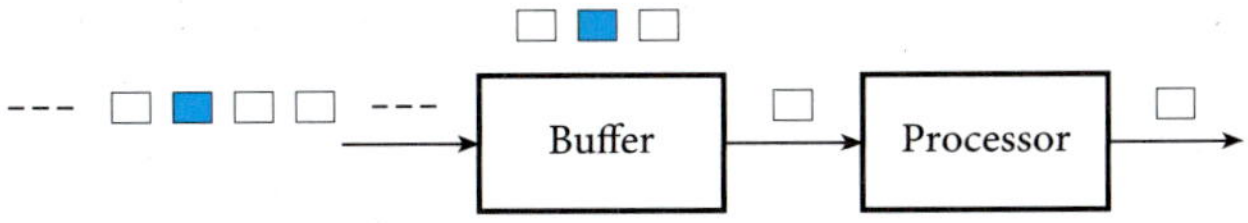

그림 5.43 실시간 오디오 처리를 위한 버퍼링의 역할

5.6.3 디지털 오디오 신호의 연결은?

디지털 오디오의 학습을 마치기 전에 마지막으로 디지털 오디오 신호를 연결하는 전선과 커넥터에 대해 먼저 살펴보자. 아날로그 소스기기를 연결할 때 RCA나 3.5 mm 케이블을 사용한 것처럼 디지털 신호를 연결할 때도 규격에 맞는 커넥터를 이용해야 한다. 디지털 신호를 연결하는 케이블에는 디지털 오디오 전용 케이블도 있지만, 일반적인 디지털 신호를 보낼 수 있는 케이블도 속도만 문제되지 않는다면 디지털 오디오 신호를 전송할 수 있다.

먼저, 디지털 오디오 전용 케이블을 보자. 디지털 오디오용 케이블에는 스테레오인지 3 채널 이상인지에 따라 구분된다. 스테레오 디지털 오디오 전송을 위한 대표적인 케이블로는 [그림 5.44]와 같은 AES/EBU와 S/PDIF가 있고, 멀티채널을 위해서는 각 채널별 디지털 오디용 케이블로 연결하거나 디지털 오디오 전용은 아니지만 USB와 이더넷 등 고속 직렬 케이블로 연결할 수도 있다. S/PDIF는 소니와 필립스가 개발한 디지털 오디오 연결 규격으로 단자로는 동축 케이블을 사용하는 RCA 단자와 광케이블을 사용하는 TOSLINK 단자를 사용한다. S/PDIF는 2채널 무압축 PCM 신호나 손실 압축된 멀티채널을 전송할 수 있다. 단, 무손실 멀티 채널은 대역폭의 한계로 전송할 수 없다. TOSlINK는 Toshiba Link라고도 부르는데 일본의 도시바(Toshiba)가 개발하였다. 전송 매체는 플라스틱 멀티모드 광케이블이며 단방향 전송이다. 전송 속도는 최대 3.1 Mbit/sec. 광원은 적색 LED이며 수광소자는 포토 트랜지스터(Photo Transistor)를 사용한다. 최대 10 m 정도의 케이블에서 사용할 수 있다. 외형상 특징은 입/출력 단자의 구멍이나 슬리브의 단면은 4각형이고 보호용 여닫이 뚜껑이 달려 있다.

그림 5.44 S/PDIF 동축단자(왼쪽)와 TOSLINK 단자(오른쪽)

앞에서 디지털 오디오 전용 케이블에 대해 알아보았다. 오디오 신호가 디지털화가 되고 패킷화가 됨에 따라 디지털 신호를 연결하는 다양한 연결선인 USB(Universal Serial Bus), HDMI(High-Definition Multimedia Interface), 인터넷선 등도 디지털 오디오 신호 전송에 사용할 수 있다. 예를 들어 컴퓨터나 스마트폰에서 많이 사용되는 USB를 보자. USB는 디지털 오디오 연결선이라기 보다는 보통 USB 연결선은 4개가 있는데 5 V 전원선과 GND, 그리고 두 개의 차동모드 신호선(D+와 D−)로 구분된다[223]. [그림 5.45]는 USB 신호를 연결하는 방법을 보여주는데 공통모드(common mode) 잡음을 없애기 위한 common mode choke가 사용되는 것을 볼 수 있다. 신호선에 병렬로 놓여있는 캐패시터는 고주파 잡음을 제거하기 위한 캐패시터이다

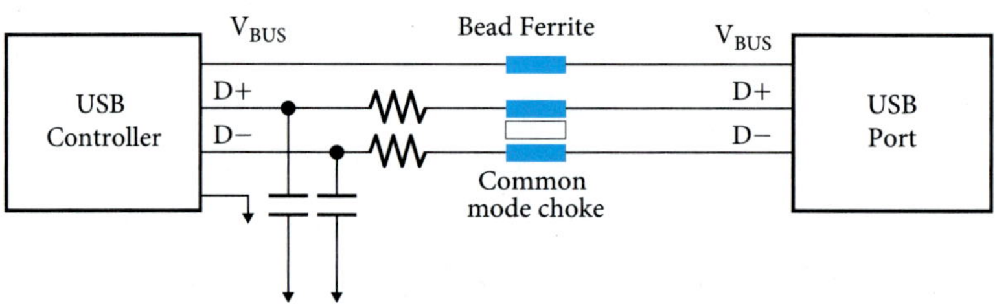

그림 5.45 USB에서의 차동모드 사용 예

최근에는 USB도 USB Type-C로 진화하고 있다. 2015년부터 대부분의 모바일 기기의 표준으로 사용되고 있으며 영상신호, 오디오 신호의 전송이 가능하게 되었다. 참고로 최근에 출시한 USB Type-C는 아날로그 출력도 가능하다.

> **참고** USB 연결부터는 디지털 오디오에 네트워크와 통신 개념이 들어가게 된다. 이에 대해서는 6장에서 자세히 다루도록 한다.

223) single-ended 신호의 경우 송신기와 수신기 사이에 GND가 동일하다면 신호선 하나만으로 연결될 수 있다. 예를 들어 여러 개의 신호를 병렬로 전송하는 경우 신호의 수에 해당하는 선로와 GND 하나를 이용하면 되므로 선로의 수를 줄일 수 있다. 과거 기저대역 신호가 저속일 경우 병렬로 신를 전송하는 방법이 많이 사용되었으며, 이 경우 single-ended 방식으로 신호를 전송하였다. 하지만 차동신호를 이용한 신호전송 기술의 발전으로 최근에는 직렬신호를 고속으로 전송하는 방법을 주로 사용한다.

CHAPTER
6

인터넷과 네트워크 오디오 (Network Audio)

- 최근 디지털 소스기기로 새롭게 등장하고 있는 네트워크 플레이어의 원리를 이해한다.*
- 디지털 오디오 신호를 전송할 때 고려사항과 인터넷의 동작원리를 이해하고 오디오에서 인터넷이 어떻게 활용되는지 이해한다.
- 음원 스트리밍 서비스에 대해 이해하고, 스트리밍 오디오를 즐기기 위한 네트워크 오디오 구성을 이해한다.
- MATLAB/Simulink를 이용하여 프레임 단위로 디지털 오디오 신호를 프로그래밍할 수 있다.

---

* 네트워크 오디오란 네트워크 플레이어를 이용하여 원격서버에 있는 음원을 인터넷을 통해 바로 스트리밍하여 듣는 것을 의미한다.

6.1 네트워크 오디오의 개요

5장에서 살펴본 바와 같이 음원이 디지털화됨에 따라 수많은 LP판이나 CD를 보관할 필요가 없어졌다. 음원이 디지털화되면서 하드디스크에 저장이 가능해지면서 CD 플레이어와 같은 전통적인 소스기기들은 사라지고 대신 PC가 그 역할을 하게 되었다. 이러한 시대적 흐름의 변화에 따라 LP판이나 CD 음반을 파는 가게는 찾아보기 힘들게 되었고 CD 플레이어나 턴테이블 같은 오디오 기기의 가치가 떨어지게 되었다.[224] 그럼에도 불구하고 PC가 오디오 기기를 완전히 대체한 것은 아니었다. 그 이유는 초창기 PC는 속도가 늦은 전화기 모뎀 등을 통해 인터넷에 연결하였기 때문이다. 모뎀 시절 인터넷 속도는 매우 늦어 실시간으로 오디오 파일을 전송받는 것은 거의 불가능하였다. 따라서 음원을 다운로드 받아 PC의 하드디스크에 저장한 후 PC의 사운드카드나 PC에 USB 등으로 연결된 외장형 DAC를 이용하여 저장된 음원을 재생하는 방식이 주로 사용되었다. 혹은 PC에 저장된 MP3 파일을 MP3 플레이어에 저장하는데 PC를 사용하곤 하였다.

하지만 인터넷 기술의 발전으로 가정에 기가급의 속도를 갖는 인터넷이 도입됨에 따라 모든 것이 바뀌게 되었다. 인터넷 속도가 빨라지게 되면서 원격 서버의 음원을 실시간으로 스트리밍하는 기술이 등장하게 된 것이다. 이에 전 세계적으로 원격서버를 갖추고 저장된 음원을 스트리밍으로 제공하는 회사가 등장하게 되었고, PC는 음원을 스트리밍하는 역할로 바뀌게 되었다. 하지만 여전히 PC는 사무용기기라는 인식이 있고 사용하기 불편하였으므로 최근에는 PC의 기능에서 인터넷과 오디오 기능만을 사용하는 네트워크 플레이어(Network Player)가 등장하게 되었다. [그림 6.1]에 네트워크 플레이 중 하나의 사진을 보여주고 있다.

네트워크 플레이어는 고속 이더넷 케이블로 스트리밍 받은 디지털 스트리밍 음원만을 전문적으로 재생하는 오디오용 PC라 할 수 있다. 네트워크 플레이어가 등장하게 된 배경은 PC가 스트리밍 오디오를 재생하는데 적합하지 않기 때문이다. PC 내부에는 다양한 부품이 들어 있어 서로 간에 전자파 간섭(EMI: Electro-Magnetic Interference)이 발생할 수 있을 뿐만 아니라 전자회로에서 발생하는 열을 식히기 위한 팬이 돌아가고 있으므로 진동이나 소음이 발생한다. 따라서 PC 내부에 아무리 좋은 사운드카드를 장착하더라도 오디오기기로 PC를 사용하기에는 음질 측면에서 적합하지 않다. 또한, 거실에 오디오를 설치할 경우 PC

224) 더 이상 LP나 CD로 음악을 듣는 것은 옛날이야기가 되어 버렸다. 하지만 복고 열풍으로 아날로그 LP의 명맥이 이어지고 있다.

그림 6.1 네트워크 플레이어(출처: 린데만 뮤직북 20)[225]

는 모니터와 본체, 키보드와 마우스 등 많은 공간을 차지하고 매번 PC를 켜야 하는 불편함도 생긴다. 따라서 스트리밍 오디오에 특화된 PC인 네트워크 플레이어가가 필요하게 되었다. 오디오에서 사용하는 네트워크 플레이어를 포함한 네트워크 오디오와 관련된 용어를 정리하면 다음과 같다.

- **서버(Server)**: 컴퓨터나 LAN으로 연결된 NAS(네트워크 결합 스토리지, Network Attached Storage), 모바일 기기처럼 음원 파일을 갖고 있는 장치
- **랜더러(Renderer)**: 음원 파일을 받아 앰프로 보내주는 장치, 보통 네트워크 플레이어가 이에 해당함
- **컨트롤 포인트(Control point)**: 랜더러를 조작해서 음악을 들을 수 있게 제어하는 장치로 패드나 스마트폰 등 모바일 기기로 구성

여기서 랜더러에 서버의 기능이 포함될 수도 있고 별도로 구성할 수도 있으나 보통은 음악에 특화된 전문적인 원격 서버의 이용권을 구매하여 이용하는 것이 보통이다. 국내 스트리밍 서비스로는 벅스/멜론/지니뮤직 등이 있고, 해외 스트리밍 서비스로는 타이달(Tidal)/스포티파이(Spotify)/코부즈(Qobuz)/룬(Roon)/애플 뮤직(Apple Music)/아마존 뮤직(Amazon Music)/유튜브 뮤직(Youtube Music) 등이 있다.

225) 네트워크 플레이어는 스트리밍 디지털 오디오를 처리할 수 있는 특화된 무소음 PC라 볼 수 있다. PC가 고성능화 되면서 발열이 커지고, 냉각을 위해 설치된 팬에서 소음이 발생한다. 따라서 오디오 용으로 전력소모가 낮은 ARM 코어 등을 사용하여 발열이 적게 나도록 하고 방열판 등을 사용하여 팬이 없는 방식으로 동작시키게 된다. 최근 Apple에서 나온 PC들은 팬이 없어 소음이 적어 별도의 네트워크 플레이어 없이도 네트워크 플레이어 역할을 할 수 있는 제품이 등장하고 있다.

네트워크 오디오 서버를 집에서 구축하기 위해서는 음원을 네트워크 플레이어에 보내줄 수 있는 서버 프로그램이 필요한데, 예를 들어 윈도우 PC의 윈도우즈 미디어 플레이어가 그 역할을 할 수도 있다. 또한, 서버와 네트워크 플레이어는 유선이건 무선이건 인터넷에 연결되어 있어야 한다. 보통 PC를 오디오나 비디오 소스를 저장하기 위한 서버로 사용하기 위해서 UPnP(Universal Plug and Play)와 DLNA(Digital Living Network Alliance) 프로토콜을 사용한다. UPnP[226]는 인터넷에 연결된 전자기기들이 별다른 설정 없이도 서로 인식할 수 있도록 하는 기술이며 DLNA[227]는 인터넷에 상호 인식된 홈 네트워크 기기들이 LAN 케이블이나 Wi-Fi를 이용해 데이터를 주고받을 수 있도록 하는 가이드라인(일종의 프로토콜)이다. 네트워크 플레이어는 UPnP 기술과 DLNA 가이드라인을 통해 가정에 있는 컴퓨터나 나스(NAS), 음원 서버로부터 음원을 인터넷을 통해 불러와 재생할 수 있다[228].

예제 6-1

윈도우 10 PC에서는 DLNA 미디어 서버 기능이 있다. 본인의 PC를 서버로 설정하고 PC에 저장된 동영상을 스마트 TV에서 시청해보자 (이때 스마트 TV는 랜더러가 된다).

풀이 윈도우 PC에서 제어판-네트워크 및 공유센터 - 미디어스트리밍옵션을 선택하여 미디어 스트리밍을 활성화할 수 있다.

[그림 6.2]는 네트워크 오디오의 하나의 예를 보여준다. 고품질 네트워크 음원 서비스의 대표적인 예인 Roon Ready 서비스를 위하여 qobuz나 TIDAL과 같은 외부 오디오 서버에 연결하기 위한 모뎀과 인터넷 공유기가 있으며 공유기에는 본인이 소장한 음원을 저장하는 음원 서버 역할을 하는 내부 NAS가 연결되어 있다. 여기서 모뎀과 Router는 인터넷을 제공하는 통신사에 따라 구성이 달라질 수 있으며 모뎀과 Router가 하나로 구현될 수도 있다. 그림에서 랜더러인 네트워크 플레이어(Roon Ready Streamer)에는 외장 DAC와 앰프가 내장되어 있으며 앰프 출력이 스피커에 연결된다. 스마트폰과 테블릿은 Wi-Fi로 연결되어

226) UPnP는 사용자가 어떤 장치를 네트워크에 추가하면 그 장치는 스스로 구성을 완료하며, TCP/IP 주소를 받고 다른 장치들에게 자신의 존재를 알리기 위해 인터넷 HTTP 기술을 사용한다.

227) DLNA는 TCP/IP, HTTP, UPnP, Wi-Fi 등의 표준을 이용하여 홈 네트워크 업체가 준수할 가이드라인을 도입하고 있으며, DLNA 가이드라인에 따라 설계된 제품들은 오디오, 사진, 비디오 등의 미디어 콘텐츠를 홈 네트워크를 통해 서로 자유롭게 공유할 수 있다.

228) 윈도우즈 미디어 플레이어에는 MP3나 WAV 파일을 스트리밍할 수 있는 기능을 가지고 있으나, 무손실 음원인 ALAC이나 FLAC는 지원하지 않으므로 오디오 전용이라 하기 어렵다.

컨트롤 포인트의 역할을 하게 된다[229]. 스피커도 Wi-Fi로 연결될 수 있으나 무선의 경우 가정 내 놓이는 위치에 따라 Wi-Fi 연결이 불안정할 수 있으므로 보통은 네트워크 플레이어의 출력이 앰프가 내장된 DAC를 통해 유선으로 연결되는 것이 보통이다[230]. [그림 6.2]외에도 네트워크 오디오는 다양한 구조를 가질 수 있다.

예제 6-2

인터넷 상에 다양한 네트워크 오디오 구성 예를 살펴보고 친구들과 얘기해보자.

네트워크 오디오의 등장으로 오디오 기술은 한 단계 더 도약하게 되었다. 특히, 디지털 오디오 파일을 한 번에 다루는 것이 아니라 오디오 파일을 패킷 단위로 쪼개고, 인터넷 속도가 변하는 통신 환경에서 쪼개진 패킷을 전송하고, 수신기에서 쪼개진 패킷을 다시 합쳐서 실시간으로 지연없이 플레이하기 위해서는 유무선 통신기술 측면과 소프트웨어 측면에

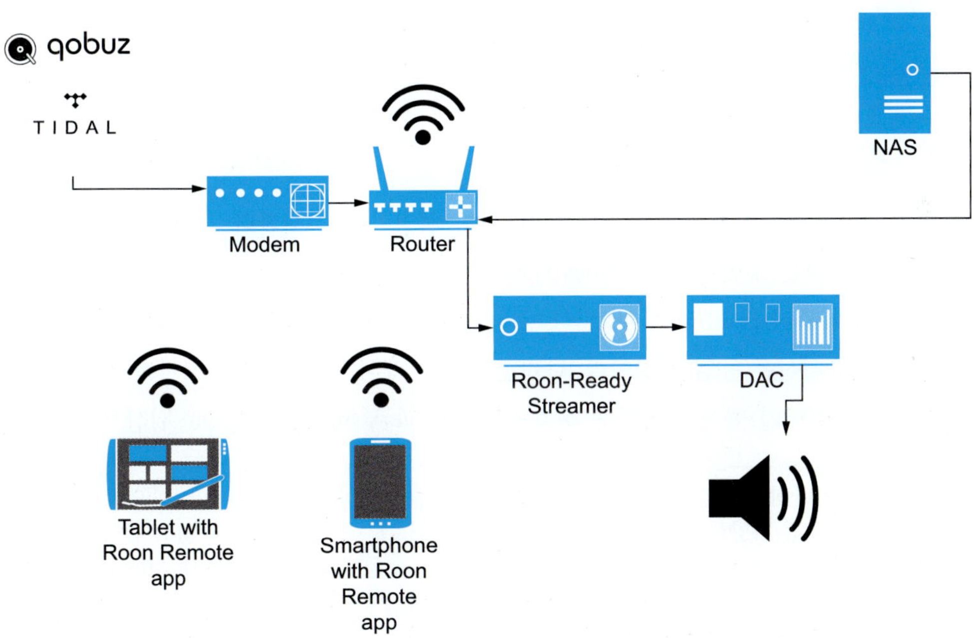

그림 6.2 네트워크 오디오의 연결 예(출처: Roon)

229) 네트워크 오디오에서 사용하는 Wi-Fi에 대해서는 무선통신 기술에 대한 학습이 필요하므로 7장에서 학습하도록 한다.

230) 구글 등에서 Wi-Fi 스피커를 출시한 바 있으나 대중화되지는 못하고 있다.

서 발전이 필요하다. 특히, 많은 사람이 접속하는 인터넷의 특성 상 패킷을 수신할 때마다 전송품질이 달라지므로 이러한 상황을 능동적으로 극복할 필요가 있다. 본 교재에서는 현대의 오디오 기술을 모두 다룰 수는 없으므로 디지털 유선통신과 무선통신의 관점 및 객체 지향 기반의 동적 실시간 프로그래밍 측면에서만 다루고자 한다. 먼저, 6장에서는 인터넷 유선통신과 패킷 기반의 소프트웨어를 다루고, 7장에서는 무선통신 환경에 대해 다루고자 한다.[231)]

6.2 디지털 오디오 신호의 전송

5장 마지막에서 디지털 오디오 신호를 짧은 거리에서 연결하는 방법을 살펴보았다. 아날로그 오디오 신호이던 디지털 오디오 신호이던 대역폭이 수 MHz 이하라면 수 m 이하의 짧은 거리에서는 전송선로(transmission line)의 특성이 중요하지 않다. 하지만 네트워크 오디오에서는 수 km 이상 떨어진 원격 서버에서 디지털 오디오 신호가 인터넷선을 따라 고속으로 전송되어야 하므로 특별한 전송선로가 필요하다[232)]. 본 절에서는 기저대역 신호인 디지털 오디오 신호를 전송선로를 따라 전송하는 기본 원리를 살펴본다.

6.2.1 전송선로의 필요성

오디오 신호를 멀리 보내는 경우 케이블 길이의 영향이 존재한다. [그림 6.3]과 같이 하나의 주파수를 갖는 정현파(Continuous Wave) 전압을 송신하는 송신기와 수신기가 각각 신호원(Source)와 부하(Load)라 하자. 만약 송신기와 수신기 사이의 거리가 짧다면 전압원의 위상과 부하의 위상은 동일할 것이다. 하지만 송신기와 수신기 사이의 전기적 길이가 신호원 파장의 $\lambda/4$ 길이가 떨어져 있다면 신호원의 위상과 부하의 위상은 90° 위상차가 발생할

231) 스트리밍 기반의 디지털 오디오 기술은 오디오 기술뿐만 아니라 실시간 비디오 스트리밍, 원격 화상 회의 등 다양한 분야의 발전과 연계되어 있어 그 기술범위가 매우 넓고 삼성전자, Apple 등의 글로벌 스마트폰 제조사, Qualcomm, Broadcomm 등의 통신 칩 제조사, Microsoft, Google, Netflix, Meta 등의 글로벌 SW 및 플랫폼 회사, 국내의 경우 SKT, KT, LGU+ 등의 유무선 인터넷 통신회사 등이 참여하는 매우 복잡한 기술 생태계이다. 본 교재의 내용이 이러한 복잡한 기술 생태계를 이해하는 첫 단추가 되기를 기대한다.

232) 선로의 길이가 짧을 때는 오디오 품질에 미치는 선로의 영향이 작다. 즉, 선로에 의해 발생하는 인덕턴스가 약간 증가하는 효과만이 존재한다. 하지만 선로의 길이가 파장의 길이만큼 길어지면 선로의 임피던스, 선로에 의한 감쇠, 시간지연 등을 고려해야 하며 선로를 통해 신호가 최적으로 전송되기 위해서 최대전력전달 조건(소스 임피던스=부하임피던스=선로의 임피던스)을 만족시키도록 해야 한다. 전자공학에서 이러한 현상을 다루는 학문이 마이크로파공학이라 할 수 있다.

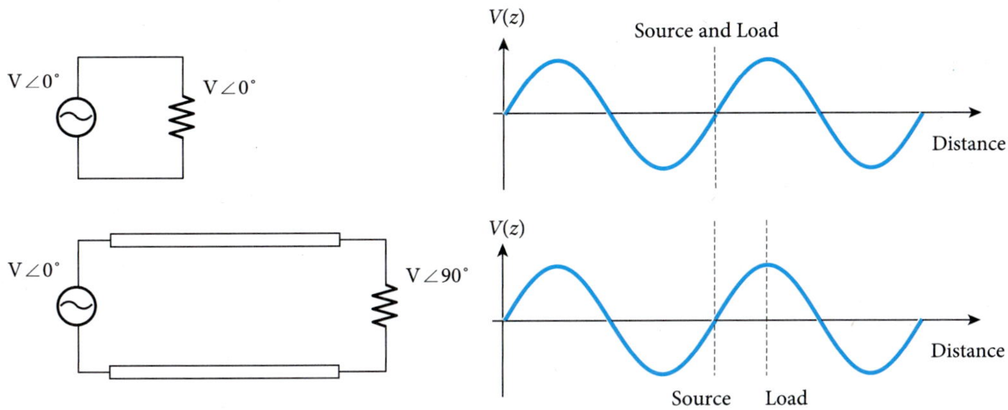

그림 6.3 전송선로에 따른 아날로그 신호의 위상의 변화

것이다. 즉, 신호원의 위상이 0도인 경우 전압의 크기가 0[V]이지만 부하에서의 위상은 90° 이므로 전압의 크기가 V[V]가 됨을 알 수 있다. 이와 같이 기저대역 아날로그 신호를 전송할 때 선로의 전기적 길이에 따른 위상의 변화가 있는지가 매우 중요하며, 위상의 변화가 있는 경우 신호원과 부하를 연결할 때 선로의 효과를 고려할 필요가 있다. 앞에서 선로의 효과를 고려해야만 하는 판단기준은 선로의 길이가 최대주파수의 λ/10(위상으로 환산하는 경우 0.2π(= 36°) 이내) 이상인 경우라 할 수 있다. 디지털 오디오 신호인 경우 최대속도에 해당하는 주파수의 파장을 계산하여 λ/10 이상인 경우를 가정하면 된다. 이때 선로의 길이는 물리적인 길이가 아니라 전기적인 길이임에 주의하여야 한다.

예제 6-3

아날로그 오디오 신호와 CD 품질의 디지털 오디오 신호 전송 시 선로의 효과를 고려해야만 하는 선로의 길이는 각각 얼마 이상인가?

풀이 아날로그 오디오 신호의 경우
: 최대주파수 20 kHz 파장은 15 km이므로 1.5 km 이상인 경우
CD 품질의 디지털 오디오 신호의 경우
: 최대주파수 1.4112 Mbps 파장은 약 200 m이므로 20 m 이상인 경우

전송선로의 길이에 따른 신호의 위상 변화는 디지털신호를 전송할 때는 더 큰 문제인 시간지연으로 나타난다. 아날로그 오디오 신호에서는 위상지연은 약간의 시간지연이므로 msec 이하의 지연이라면 음악에 큰 영향을 주지 않지만 디지털 오디오에서는 [그림 6.4]와

같이 1인지 0인지 구분하는 것 자체가 명확하지 않으므로 시간지연을 없애거나 보상하는 작업이 꼭 필요하다[233]. 디지털 오디오 신호에서 시간지연에 따라 timing skew(스큐)가 발생한다고 표현하며 skew를 없애거나 보상하는 과정을 동기(Synchronization)를 맞춘다고 한다[234].

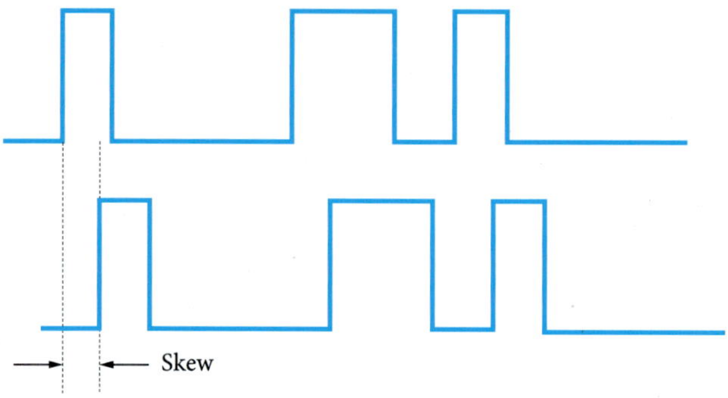

그림 6.4 디지털 오디오 신호 전송에서의 동기의 중요성

참고 참고로 전자공학에서 보통 동기라고 하면 다양한 동기가 있으므로 이를 구별할 수 있어야 한다.

- **반송파동기(주파수동기)**: 수신된 반송파의 정확한 재생을 통해 기저대역으로 변환하는 방식으로 동기검파에서 필수, 통과대역신호에서 중요한 역할[235]
- **비트동기**: 수신 비트열의 클럭을 정확히 재생하는 것
- **심볼동기**: 여러 개의 비트로 구성된 심볼의 시작을 찾는 것
- **프레임동기**: 여러 개의 심볼로 구성된 프레임의 시작점을 파악하는 것[236]

---

233) 일반적으로 사람의 귀는 진폭 왜곡에는 민감하지만 위상 왜곡에 대해서는 둔감하다. 음성신호의 경우 각 음절의 평균 지속시간이 0.01~0.1초인데 비해 위상 지연은 msec보다 작기 때문에 귀로 잘 느끼지 못한다. 하지만 디지털 신호의 경우 시간 지연에 발생하면 아날로그 신호로 복원했을 때 신호자체가 달라지므로 큰 문제가 된다.

234) 디지털 신호에서 지터(Jitter)라는 용어도 사용한다. 지터는 불안해서 떨리는 상태를 말하며 시간축에서 디지털 신호파형이 좌우로 떨리는 현상을 의미한다. 지터를 주파수영역에서는 위상잡음(phase noise)으로 표현한다.

235) 반송파 동기는 7장 무선오디오에서 중요한 역할을 한다.

236) 비트, 심볼, 프레임을 구분할 필요가 있다. 디지털에서 0과 1을 나타내는 기본 단위를 비트(bit)라고 하며 심볼은 비트가 묶여서 하나의 값을 나타낼 때 사용된다. 예를 들어 16 bit로 양자화하였다면 16개의 비트가 하나의 샘플 혹은 심볼을 의미한다. 프레임은 심볼을 묶어서 전송하거나 처리하는 단위이다.

오디오 신호를 장거리로 보내는 경우 시간지연(아날로그 신호의 경우 위상변화)만 있는 것이 아니라 케이블 길이에 따라 신호감쇠가 발생한다. 이러한 신호감쇠는 주파수가 올라갈수록 심해진다. [그림 6.5]는 인터넷선을 예로 들어 전송선로의 길이에 따른 신호감쇠의 영향을 보여주는데 신호 길이가 길수록 주파수가 높을수록 신호의 감쇠가 커지는 것을 볼 수 있다.

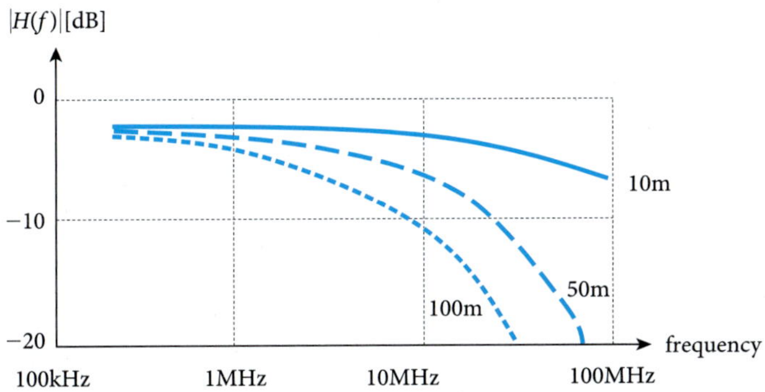

그림 6.5 전송선로의 길이와 주파수에 따른 신호감쇠 영향

마지막으로 신호의 전송 시 잡음이 추가된다. 따라서 디지털 오디오 신호를 장거리로 전송할 때 디지털 신호는 크기가 작아지고 모양이 왜곡되며 잡음이 추가되게 된다. 따라서 라인코딩된 디지털신호를 전송하면 잡음과 선로의 주파수특성에 의해 수신파형은 송신파형과 다른 파형을 가지게 된다. [그림 6.6]은 잡음이 추가되는 경우와 신호의 감쇠에 따라 신호가 왜곡되는 것을 보여준다. 신호의 왜곡 현상은 디지털 신호를 저역통과 필터를 거친 결과와 유사한 형태를 갖는다. 따라서 전송신호의 속도가 빠를수록, 즉 대역폭이 넓을수록 신호의 왜곡은 심해진다.

> **중요** 디지털 오디오 신호를 전송할 때는 신호의 파형 자체가 중요한 것이 아니라 신호로부터 송신한 디지털 오디오 신호를 다시 복원할 수 있는지가 중요하다. 비록 신호가 잡음과 채널의 주파수특성에 의해 왜곡되더라도 복원할 수만 있으면 된다. 반면에 아날로그 오디오 신호를 전송할 경우에는 신호의 파형 자체의 모양이 중요해서 왜곡이나 잡음이 발생하면 신호를 듣기 거북하게 된다.

(a) Transmitted Pulses

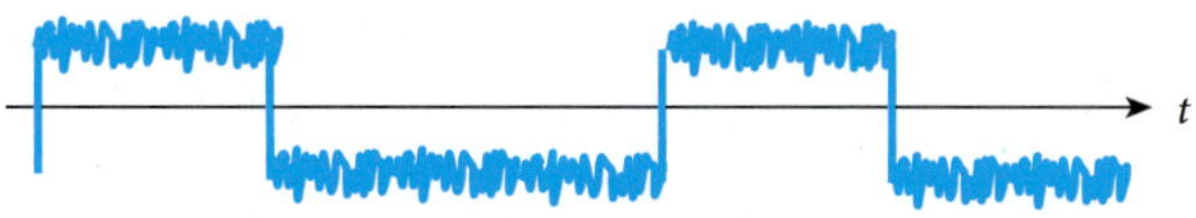

(b) Received Pulses with AWGN noise

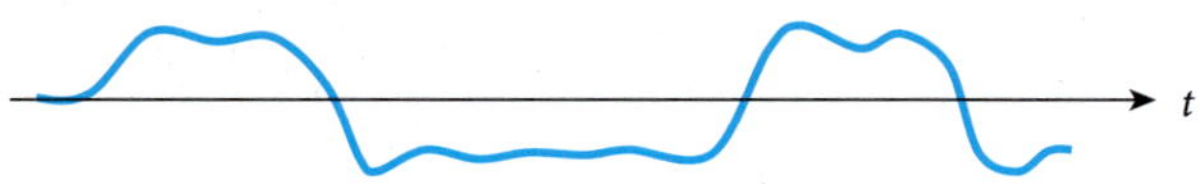

(c) Received Pulses with filtering

그림 6.6 전송선로에 의한 디지털 신호의 왜곡과 잡음의 추가

아날로그 오디오 신호이던 디지털 오디오 신호이던 전송선로를 포함하면 발생하는 문제들을 좀 더 자세히 살펴보자. 먼저 신호와 시스템 이론을 바탕으로 시스템 모델링하면 [그림 6.7]과 같이 모델링할 수 있다. 여기서 $H(f)$는 전송선로의 주파수특성으로 진폭특성 $|H(f)|$와 위상특성 $\sphericalangle H(f)$를 가지게 된다.

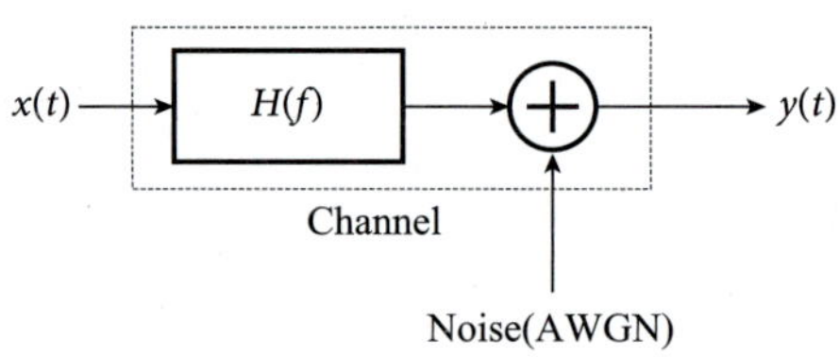

그림 6.7 전송선로의 시스템 모델

예제 6-4

선로의 주파수 특성이 다음과 같을 때 펄스폭이 τ인 구형파 펄스 하나가 통과할 경우 수신펄스의 변화를 보이시오.

$$H(f) = \frac{1}{2}(1 + \cos(2\pi\tau f))$$

풀이 수신 신호의 Fourier 변환은 다음과 같다.

$$
\begin{aligned}
Y(f) &= H(f)X(f) \\
&= 0.5(1+\cos(2\pi\tau f))X(f) \\
&= 0.5X(f)+0.25X(f)\,e^{j2\pi\tau f}+X(f)\,e^{-j2\pi\tau f})
\end{aligned}
$$

Fourier 역변환하면,

$$y(t) = 0.5x(t) + 0.25[x(t+\tau)+x(t-\tau)]$$

[그림 6.8]에 선로의 진폭응답과 펄스폭이 τ인 구형파 펄스 하나가 전송선로를 통과할 경우 수신펄스가 퍼지는 현상을 보여준다. 수신펄스가 인접 비트로 퍼지게 되면 인접 비트에 영향을 주게 되는데 이러한 현상을 인접심볼간섭(ISI: Inter-Symbol Interference)이라고 한다.

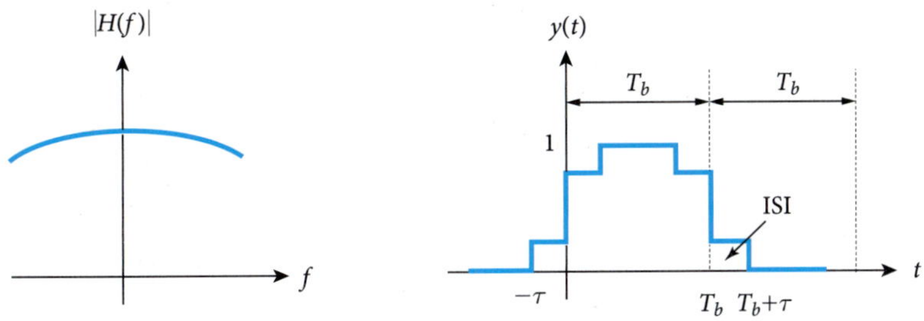

그림 6.8 예제 6-3의 채널의 진폭응답과 펄스가 퍼지는 ISI 현상

전송선로의 주파수 응답에 의한 ISI 현상은 [그림 6.9]와 같이 같은 선로에서도 펄스폭(T_b)이 작을수록 선로의 영향이 커지게 된다. 따라서 고속으로 디지털 데이터를 전송하는

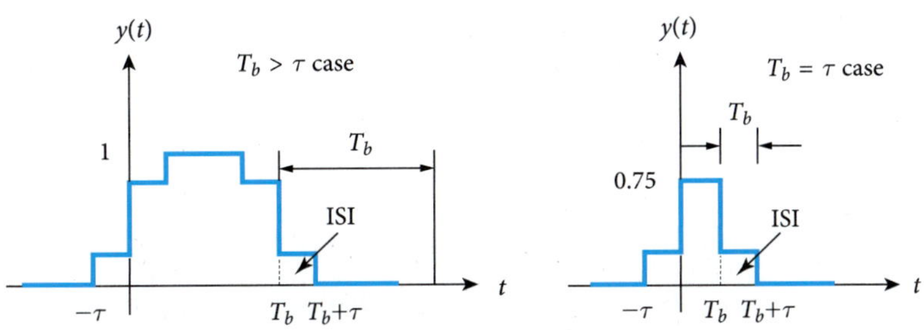

그림 6.9 펄스폭에 따른 채널 영향의 차이

것은 저속으로 전송하는 것보다는 기술적으로는 더욱 어렵다.

무왜곡 전송 조건

선로에 의한 왜곡을 모델링하기 전에 신호의 왜곡을 일으키지 않는 조건을 살펴보면 먼저 수신 신호가 송신 신호의 상수 배(물론 신호의 감쇄가 있으므로 상수는 1보다 작아야 한다)가 되면 두 개의 파형은 크기는 다르지만 동일한 모양을 갖게 되어 메시지를 복원하는데 문제가 되지 않는다. 또한 신호가 일정시간만큼 지연되어도 송신 메시지를 복원하는데 문제가 되지 않는다. 이를 식으로 표현하면 식 (6.1)과 같으며, 식 (6.1)의 조건이 만족되면 무왜곡 전송(distortionless transmission) 되었다고 말한다.

$$y(t) = Kx(t - t_d) \tag{6.1}$$

위의 식을 Fourier 변환하면 다음을 얻는다.

$$Y(f) = KX(f)e^{-j2\pi f t_d} \tag{6.2}$$

무왜곡 전송을 위한 시스템의 조건을 임펄스 응답과 전달함수에 대하여 구하면 다음과 같다.

$$h(t) = K\delta(t - t_d) \tag{6.3}$$

$$H(f) = Ke^{-j2\pi f t_d} \tag{6.4}$$

무왜곡 전송을 위한 시스템 전달함수 조건을 진폭 응답과 위상 응답으로 분리하여 표현하면 다음과 같다.

$$H(f) = K \tag{6.5}$$

$$\theta_h(f) = \angle H(f) = -(2\pi t_d)f \tag{6.6}$$

즉, 진폭 응답이 일정해야 하고 위상 응답은 주파수의 선형함수이어야 한다는 것을 나타낸다. 첫 번째 조건이 만족되면 진폭 왜곡이 없다고 하며, 두 번째 조건이 만족되면 위상왜곡이 없다고 한다. [그림 6.10]에 기저대역 신호의 무왜곡 전송을 위한 이상적인 전달함수의 조건을 보인다. 식 (6.6)은 위상에 대한 특성이므로 시간지연으로 바꿀 수 있다. 전송선로의 시간지연은 특정 주파수 성분이 입력되어 출력될 때까지의 시간차이므로 식 (5.7)과 같다.

$$t_d(f) = \frac{1}{-2\pi f}\theta_h(f) \tag{6.7}$$

식 (6.7)에서 $\theta_h(f)$는 주파수 f에 대한 선형함수이므로 식 (6.7)의 조건은 식 (6.8)과 같이 주어진다.

$$t_d(f) = \text{constant} \tag{6.8}$$

식 (6.8)은 모든 주파수 성분이 동일한 시간 지연을 가지고 출력된다는 것을 의미하며 시간지연이 주파수에 따라 일정하지 않고 변한다면 $\theta_h(f)$도 선형함수가 아니라는 것을 의미하며 이 경우 위상왜곡이 발생하게 된다.

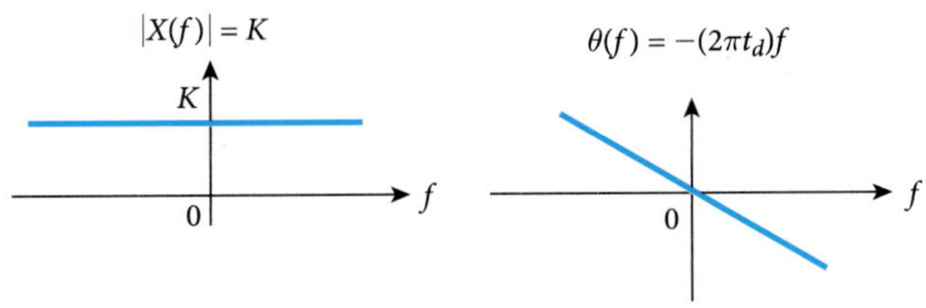

그림 6.10 무왜곡 전송을 위한 조건

위상응답 조건에서 기울기는 $-2\pi t_d$가 되며, t_d는 입력에 대한 출력의 시간지연을 나타낸다. 만일 시간 지연이 일정하지 않으면 두 개의 주파수 성분이 입력되었을 경우 파형이 모양이 변하게 된다. 무왜곡 전송 조건에서 시간지연 t_d는 상수인 반면 위상 $\theta_h(f)$은 주파수에 따라 변하는 선형함수임에 유의해야 한다[237].

전송선로의 진폭왜곡 및 위상왜곡의 보정

기저대역 오디오 신호를 전송할 때 채널의 영향으로 출력신호에 왜곡이 생기게 됨을 학

237) 주파수가 일정한 정현파 신호의 경우 위상 또한 상수가 되어 시간지연과 위상을 동일하게 취급할 수 있으나 주파수가 변하는 경우 위상과 시간지연은 차이가 발생한다.

습하였다. 선로의 영향 중 잡음의 영향은 신호의 크기가 충분히 크다면 큰 문제가 되지 않지만 선로의 대역폭이 신호의 대역폭보다 작다면 출력 신호에 왜곡이 생기는 것은 피할 수 없다. 보통 선로는 저역통과필터 특성을 가지므로 신호의 주파수 성분 중 주파수가 낮은 성분보다 주파수가 높은 신호가 더 크게 감쇄된다. 따라서 수신기에서 선로의 주파수 특성과는 반대로 저주파 신호는 감쇄시키고 고주파 신호는 증폭시킨다면 채널의 왜곡 효과를 제거할 수 있다. 이렇게 선로에서 발생한 왜곡을 수신기에서 보상하는 시스템을 등화기(Equalizer)라고 한다. 등화기의 개념은 [그림 6.11]과 같다.

선로를 통해 왜곡된 신호는 등화기를 거쳐 왜곡이 보상되므로 무왜곡 전송 조건을 만족하게 된다. 등화기 설계의 간단한 개념은 채널응답의 역수로 만들어 $E(f)H(f) = 1$이 되도록 하는 것이다. 이러한 등화기를 inverse filter라고 한다. inverse filter는 개념적으로는 간단하지만 실제로는 잘 사용하지 않는다. 그 이유는 채널에서 감쇄된 주파수 성분을 inverse filter를 통해 증폭시키는 과정에서 잡음도 같이 증폭되기 때문이다. 또한 inverse filter를 구현하기 위해서는 선로의 주파수 응답 특성을 사전에 알고 있어야 하는데, 보통 선로의 주파수 응답은 선로의 설치 환경과 임피던스 정합에 따라 달라지기 때문에 알기 어렵다[238]. 따라서 inverse filter외에 다양한 등화기 설계방법이 존재하며, 채널의 주파수응답을 알기 위한 다양한 방법 또한 존재한다.

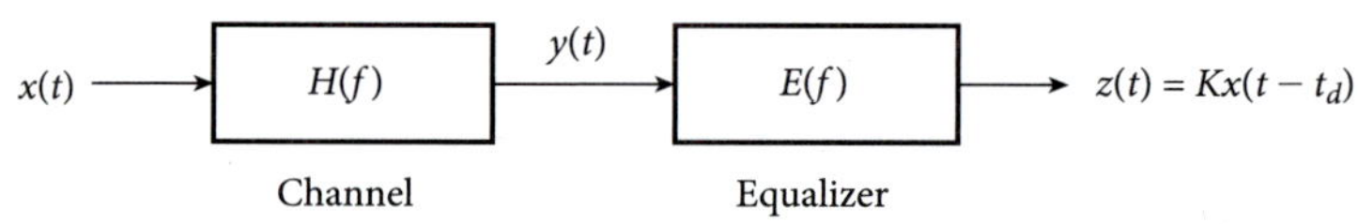

그림 6.11 채널과 등화기

등화기는 그 특성에 따라 Zero-Forcing Equalizer(ZFE), 최소평균자승오차(MMSE: Minimum Mean-Square Error) Equalizer, 적응등화기(Adaptive Equalizer) 등이 있으며 그 구조는 FIR 필터 설계와 유사하다. 즉, FIR 필터의 각각의 계수를 구하는 방법이 등화기를 설계하는 방법이다[239].

238) 특히 이동통신 환경에서는 수신기의 이동이 있거나 내가 이동하지 않더라도 주변의 사물이 이동하기 때문에 통신환경이 시간에 따라 변화하여 등화기의 설계가 매우 복잡하다.

239) 다양한 통신 시스템에서 등화기를 설계하는 것은 고급통신이론에 해당하므로 본 교재에서는 자세한 설명은 제외한다.

참고 선로의 영향으로 ISI가 발생하더라도 송신 정보를 담은 비트 또는 심볼의 주위의 몇 개 비트 또는 심볼에 국한되므로 등화기에 사용되는 FIR 필터의 차수는 그렇게 크기 않고 필터의 계수를 구하는 것도 어렵지 않다. 단, 채널의 영향이 환경(케이블 종류나 길이 등)에 따라 변하므로 이러한 변화에 능동적으로 대응하기 위한 선로의 주파수 응답의 추정 및 필터의 계수의 지속적인 갱신 등의 복잡한 과정이 필요하다.

6.2.2 전송선로와 선로의 임피던스

이제 디지털 오디오를 장거리로 전송하기 위한 전송선로의 구체적인 특성에 대해 알아보자. 전송선로도 두 개의 전선 사이에 전기장과 자기장의 상호작용으로 신호가 전달되므로 선로에도 당연히 임피던스(전기장과 자기장의 크기 비)가 존재한다. 이를 선로의 임피던스라고 하며, 소스임피던스, 부하임피던스와 함께 디지털 오디오 신호를 인터넷선 등을 전송할 때에서 중요한 역할을 한다.

먼저 대표적인 전송선로의 형태는 [그림 6.12]와 같으며 각각의 선로를 간단히 설명하면 아래와 같다.

- **평행판 전송선로**(parallel plate line): 균일한 두께의 유전체 물질에 의해 분리된 두 개의 평행 도체판으로 구성된다. PCB(Printed Circuit Board) 기판에서 주로 구현되며, 윗면이 공기 중으로 개방되어 있는 경우 마이크로스트립(microstrip) 선로라고 부른다. 마이크로스트립 선로에서는 아래 도체판이 GND로 사용되는 경우 single-ended 신호가 주로 전송된다.
- **2선 전송선로**(two-wire line): 일정한 거리로 이격된 한 쌍의 도선으로 이루어져 있다. 옥내배선용 전력선, TV 안테나선, 전화선 등에 주로 사용되고 있다. 우리 주변에서 볼 수 있는 USB의 신호선도 2선 전송선로의 예이다. Single-ended 신호와 Differential 신

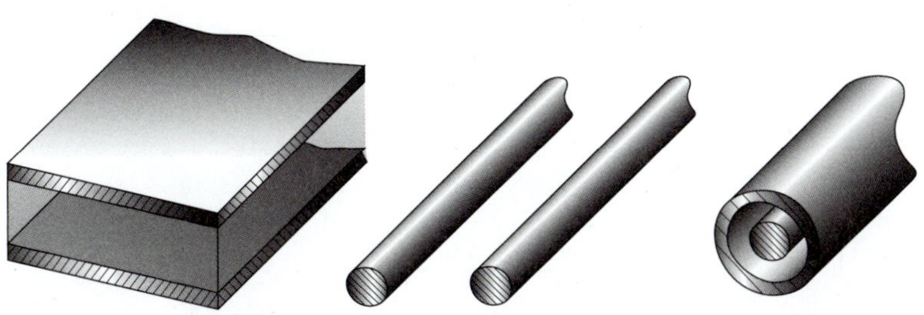

그림 6.12 전송선로의 형태(왼쪽부터 평팽판 전송선로, 2선 전송선로, 동축 전송선로)

호를 모두 전송할 수 있다.

- **동축 전송선로**(coaxial line): 선로의 중심부에 내부도체가 형성되고, 선로의 바깥쪽에 외부도체가 감싸고 있는 형태이다. 두 종류의 도체 사이에는 유전체 물질이 있어 두 도체를 절연시시키게 된다. 동축선로는 차폐효과 특성이 우수하여 TV와 셋톱박스의 연결선, Cable TV 전송선 등에 주로 사용된다. 외부도체는 GND에 연결하므로 Single-ended 신호만 전송할 수 있다.

예제 6-5

인터넷 상에 3가지 전송선로의 사진을 찾아보자.

이러한 전송선로를 전송선로 이론(transmission line theory)으로 해석하는 과정은 다음과 같다. 먼저, 전송선로를 주파수가 높은 경우 길이에 따라 위상이 변하므로 위상의 변화가 없는 미소길이 Δz로 나눈다. 이제 미소길이 Δz를 기준으로 [그림 6.13]과 같이 각각의 미소길이 당 4가지 회로성분으로 모델링한다. 4가지 성분은 선로를 구성하는 도체가 고주파 저항(R)과 인덕턴스(L) 성분을 가지며, 두 도체 사이에 있는 유전체에 의한 캐패시턴스(C), 그리고 유전체에 존재하는 매우 작은 유전체 손실에 의한 컨덕턴스(G)를 갖는다는 것을 모델링한 것이다. 전송선로에 사용되는 유전체는 유전체 손실이 적은 유전물질을 사용하므로 유천체 손실에 의해 발생되는 컨덕턴스(G)는 무시하는 것이 보통이다.

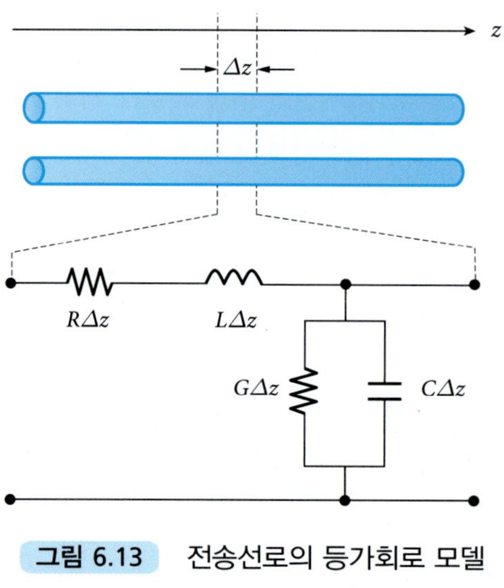

그림 6.13 전송선로의 등가회로 모델

[표 6.1] 전송선로의 종류에 따른 R, L, G, C값

Parameter	parallel plate	two-wire line	coaxial line	Unit
R	$\frac{2}{w\delta\sigma_c}$	$\frac{1}{\pi a\delta\sigma_c}$	$\frac{1}{2\pi\delta\sigma_c}\left(\frac{1}{a}+\frac{1}{b}\right)$	Ω/m
L	$\mu\frac{d}{w}$	$\frac{\mu}{\pi}\cosh^{-1}(D/2a)$	$\frac{\mu}{2\pi}\ln(b/a)$	H/m
G	$\sigma\frac{w}{d}$	$\frac{\pi\sigma}{\cosh^{-1}(D/2a)}$	$\frac{2\pi\sigma}{\ln(b/a)}$	S/m
C	$\epsilon\frac{w}{d}$	$\frac{\pi\epsilon}{\cosh^{-1}(D/2a)}$	$\frac{2\pi\epsilon}{\ln(b/a)}$	F/m

* If $D \gg 2a$, $\cosh^{-1}(D/2a) \simeq \ln(D/2a)$

[표 6.1]에 대표적인 3가지 전송선로의 R, L, G, C의 계산식이 주어져 있다. 이 중에서 도체를 양도체(good conductor)라 가정하면 도체에서의 도전율은 매우 큰 값(구리의 경우 5.8×10^7[S/m])이라 무한대라 가정하면 R은 0이 된다. 또한 유전체에 손실이 없다면, 즉 유전체 손실이 0이 되면 G도 영이 된다. 이러한 선로를 무손실 선로(lossless line)라고 한다. 무손실 선로의 경우 선로의 형태와 도체 사이를 채우고 있는 유전체의 유전율이 선로의 특성을 결정한다[240].

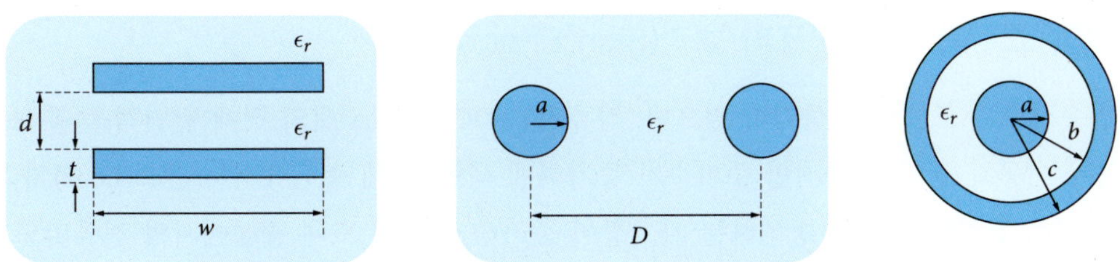

그림 6.14 전송선로의 R, L, G, C 값을 구하기 위한 파라미터

R : 단위길이(1 m) 당 저항 (2선의 성분 합산) [Ω/m]
L : 단위길이(1 m) 당 인덕턴스 (2선의 성분 합산) [H/m]
G : 단위길이(1 m) 당 컨덕턴스 [S/m]
C : 단위길이(1 m) 당 캐패시턴스 [F/m]

240) 통신용 전송선로와 다르게 송전선과 같은 전력선에서는 도체손실이 중요한 파라미터라서 무시하지 못한다. 따라서 도체손실에 의한 저항 R을 줄이기 위해 고압송전 방법을 사용한다.

예제 6-6

무한히 긴 동축선로가 있다. 내부도체의 반경은 1 mm, 내부도체와 외부도체 사이의 간격은 9 mm, 유전체의 특성은 $\epsilon_r = 2.0$, $\mu_r = 1.0$이라고 하자. 이 때 동축선로의 단위길이 당 캐패시턴스값을 구하라.

풀이 $C = \dfrac{2\pi\epsilon}{\ln(b/a)} = \dfrac{2\pi \times 2\times(8.854\times 10^{-12})}{\ln(10)} = 4.\times 10^{-11}[\mathrm{F/m}]$

[표 6.1]에서 단위길이 당 인덕턴스와 캐패시턴스의 곱은 선로에 상관없이 유전율과 투자율의 곱과 같음을 알 수 있다.

$$\mathrm{LC} = \mu\epsilon \tag{6.9}$$

예제 6-7

평행판 전송선로의 등가 L, C 값이 5×10^{-6} H/m, 2×10^{-10} F/m로 각각 계산되었다. 유전체의 비투자율(μ_r)이 1.0이라고 하자. 이 때 유전체의 비유전율(ϵ_r)은 얼마인가?

풀이 $\epsilon_r = \mathrm{LC}/(\mu_0\epsilon_0) = 90$

도체의 고주파 저항과 표피 효과(Skin Effect)

전송선로는 도체로 구성되어 있으며, 직류전류(DC)에서는 선의 전체 단면적을 통해서 전하가 이동하게 된다. 하지만 주파수가 증가하게 되면, 도체 중심에서는 렌츠(Lenz)의 법칙에 의해 전하의 흐름을 방해하는 자기장이 증가하게 되어 도체 중심에서의 전류밀도가 감소하게 된다. 따라서 전류밀도는 전선의 바깥 가장자리에 집중되게 된다. 이러한 현상을 표피효과(Skin effect)라 한다. 표피 효과는 도체가 존재하는 모든 부분에서 발생하게 된다. 표피효과는 보통 skin depth로 나타내는데 전류밀도가 표면에서의 값보다 $1/e(\sim37\%)$ 작아지는 깊이를 skin depth라고 부르며, 이 값은 주파수와 투자율 및 도전율의 함수로 식 (6.10)과 같이 주어진다.

$$\delta = \frac{2}{\sqrt{\pi f \mu \sigma_{cond}}} \tag{6.10}$$

따라서 도체가 달라지면 skin depth 또한 달라진다. 표피효과의 결과로 [그림 6.13]과 같이 도체 내의 유효단면적이 감소되는 효과가 생기는데, 이는 고주파 저항의 증가로 나타난다. 예를 들어 구리의 skin depth의 경우 60 Hz에서는 8.6 mm이지만, 10 kHz에서는 0.66 mm가 된다. 다르게 표현하면 구리선에서 10 kHz의 교류신호가 흐른다면 이 신호의 63%가 선의 바깥쪽 반경으로부터 0.66 mm 이내의 영역에서만 흐른다는 것을 의미한다[241].

예제 6-8

구리의 도전율(σ_{cond})은 5.8×10^7[S/m]이다. 주파가 60 Hz, 100 Hz, 10 kHz, 100 MHz일 때의 skin depth를 구하시오.

풀이 60 Hz인 경우 8.6 mm, 100 Hz의 경우 6.6 mm, 10 kHz의 경우 0.66 mm, 100 MHz의 경우 6.6 um

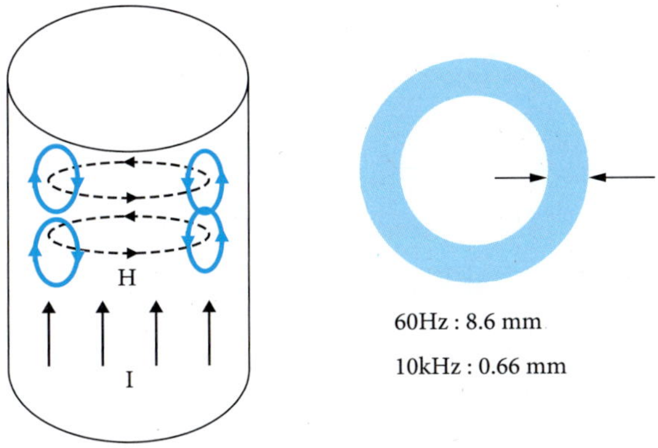

그림 6.15 표피효과와 고주파 저항의 증가

예제 6-9

구리로 만든 동축케이블 전송선로가 a = 2 mm, b = 6 mm, t = 1 mm라 하자. 직류일 때와 100 MHz일 때 AC 동축케이블의 저항을 구하시오.

풀이 DC의 경우 5.587 mΩ, 100 MHz일 때 0.548 Ω

241) 고주파로 올라갈수록 표피효과로 두꺼운 전선은 쓸모가 없어진다. 전기선이 짧다고 안테나선을 전선으로 대체하지 못하고, 안테나선이 짧다고 전기선으로 대체하지 못하는 이유를 생각해보자.

전송선로 이론과 선로의 임피던스

전송선로를 해석하기 위해서 복잡한 전자기이론을 사용하는 것은 매우 어렵다. 만약 전송선로에서 전기장과 자기장이 서로 직교하고, 전파의 진행방향이 전기장과 자기장이 이루는 평면에 수직이라면 전기장과 자기장은 각각 전압 V와 전류 I에 유일하게 관련되어 있어 회로이론을 적용할 수 있다[242]. 이 경우 [그림 6.13]에 Kirchhoff 법칙을 적용하면 식 (6.11)과 같다.

$$v(z,t)-v(z+\Delta z,t)=R\Delta z i(z,t)+L\Delta z\frac{\partial i(z,t)}{\partial t} \tag{6.11}$$

이다. 식 (6.11)의 양변을 Δz로 나누고 Δz가 영에 접근한도록 극한을 취하면 다음을 얻는다.

$$-\frac{v(z,t)}{\partial z}=Ri(z,t)+L\frac{\partial i(z,t)}{\partial t} \tag{6.12}$$

마찬가지로 KCL을 적용하고, 유사하게 극한을 취하면 식 (6.13)을 얻는다.

$$-\frac{\partial i(z,t)}{\partial z}=Gv(z,t)+C\ \frac{\partial v(z,t)}{\partial t} \tag{6.13}$$

이제 식 (6.12)와 식 (6.13)을 결합(미분을 취함)하고 시간미분을 페이저로 해석하여 간략화하면 식 (6.14)과 같다.

$$\frac{d^2V(z)}{dz^2}=\gamma^2V(z),\quad \frac{d^2V(z)}{dz^2}=\gamma^2I(z) \tag{6.14}$$

여기서 γ는 전파상수(propagation constant)로 α와 β로 구성된다. α는 실수부로서 신호의 감쇄와 관련되므로 감쇄상수(attenuation constant)라고 하고, β는 허수부로서 신호의 위상 변화와 관계되므로 위상상수(phase constant)라고 한다.

$$\gamma=\alpha+j\beta\ =\ \sqrt[2]{(R+j\omega L)(G+j\omega C)} \tag{6.15}$$

242) 이러한 전파를 TEM(Transverse Electro-Magnetic) 전파라 부르며, 대부분의 2선식 선로가 이에 해당한다. TEM 선로가 아닌 전송선로로는 도파관(waveguide)와 광섬유(optical fibre)가 있다.

이제 전송선로에서의 식 (6.14)의 해는 다음과 같다.

$$V(z) = V_0^+ e^{-\gamma z} + V_0^- e^{+\gamma z} \tag{6.16}$$

여기서 V_0^+와 V_0^-는 각각 $z = 0$에서 $+z$ 방향과 $-z$ 방향으로 진행하는 전압파동의 크기를 나타낸다. 페이저를 시간과 공간함수로 다시 표현하면 전송선로에서 전압파동에 대한 파동 방정식은 식 (6.17)과 같다.

$$V(z) = V_0^+ e^{-\alpha z}\cos(\omega t - \beta z) + V_0^- e^{+\alpha z}\cos(\omega t + \beta z) \tag{6.17}$$

마찬가지로 전송선로에서 전류파동의 해는 식 (6.18) 및 식 (6.19)과 같다.

$$I(z) = I_0^+ e^{-\gamma z} + I_0^- e^{+\gamma z} \tag{6.18}$$

$$I(z) = I_0^+ e^{-\alpha z}\cos(\omega t - \beta z) + I_0^- e^{+\alpha z}\cos(\omega t + \beta z) \tag{6.19}$$

전송선로에서 전파의 진행특성을 결정하는 것은 전파상수이며, 전파상수는 선로의 구조에 따른 R, L, G, C 값에 의해 주어진다. 전송선로에 흐르는 전압파형과 전류파형 중 양의 방향으로 진행하는 전압과 전류의 비를 특성임피던스 Z_0라 한다[243].

$$Z_0 = \frac{V_0^+}{I_0^+} \tag{6.20}$$

식 (6.20)을 계산하기 위하여 식 (6.12)를 다음과 같이 표현하자.

$$\frac{\partial}{\partial z}\left(V_0^+ e^{-\gamma z} + V_0^- e^{+\gamma z}\right) = -(R + j\omega L)\left(I_0^+ e^{-\gamma z} + I_0^- e^{+\gamma z}\right) \tag{6.21}$$

식 (6.21)의 좌변을 미분하면 식 (6.22)가 된다.

$$-\gamma V_0^+ e^{-\gamma z} + \gamma V_0^- e^{+\gamma z} = -(R + j\omega L)\left(I_0^+ e^{-\gamma z} + I_0^- e^{+\gamma z}\right) \tag{6.22}$$

식 (6.22)로부터 특성임피던스는 식 (6.23)와 같이 주어진다.

---

243) 일반적으로 무선통신과 레이다가 사용하는 마이크로파 대역에서 사용되는 전송선로의 특성 임피던스는 50 Ω이다.

$$Z_0 = \frac{R+j\omega L}{\gamma} = \frac{\gamma}{G+j\omega L} = \sqrt{\frac{R+j\omega L}{G+j\omega L}} \tag{6.23}$$

이제 음의 방향으로 진행하는 전파의 특성임피던스는 다음과 같이 주어진다.

$$Z_0 = \frac{-V_0^-}{I_0^-} \tag{6.24}$$

식 (6.20)와 식 (6.24)을 이용하여 전압과 전류에 대한 전송선로 방정식은 다음과 같이 주어지게 된다.

$$V(z) = V_0^+ e^{-\gamma z} + \gamma V_0^- e^{+\gamma z} \tag{6.25a}$$

$$I(z) = \frac{V_0^+}{Z_0} e^{-\gamma z} - \frac{V_0^-}{Z_0} e^{+\gamma z} \tag{6.25b}$$

전송선로의 특성 임피던스(Z_0)는 선로의 길이에 무관하며 선로의 특성(R, L, G, C)에 의해 결정된다. 또한 전송선로는 넓은 주파수 범위에서 동일한 임피던스를 갖는 것이 바람직하므로 전송선로의 특성 임피던스는 허수부가 없는 실수로만 구성되는 것이 바람직하다[244]. 이렇게 특성임피던스가 실수로만 구성된 경우 특성임피던스는 식 (6.26)과 같이 주어진다.

$$Z_0 = \sqrt{\frac{L}{C}} \tag{6.26}$$

또한, 무손실 선로에서의 파장 및 위상속도는 다음과 같다.

$$\lambda = \frac{2\pi}{\beta} = \frac{2\pi}{\omega\sqrt{LC}} \tag{6.27}$$

$$u_p = \frac{\omega}{\beta} = \frac{1}{\sqrt{LC}} \tag{6.28}$$

참고로 손실없는 전송선로를 만들기 위해서는 구리와 같이 도전율이 높은 금속과 테플론이나 폴리에틸렌과 같이 유전체 손실이 없는 좋은 유전체로 만들어져야 한다. 예를 들어

244) 선로의 특성 임피던스를 고려할 필요가 있는 경우는 전송선로가 길거나, 짧은 전송선로라도 신호의 주파수가 높은 경우이다. 제작이 잘 된 전송선로는 손실이 0에 가깝기 때문에 무한히 L과 C가 연결되어 있는 모델로 볼 수 있다.

PCB는 유전체 손실이 없는 에폭시와 같은 유전체 기판 위에 고주파 저항이 작은 얇은 구리 도체를 이용한다. 참고로 도체에 금도금을 한 PCB를 볼 수 있는데 그 이유는 도전율보다는 부식 방지의 목적이 크다.

예제 6-10

$R = 0$, $G = 0$인 무손실(lossless) 특성을 갖는 동축선로가 있다. 동축선로의 내부도체의 반경은 1 mm, 내부도체와 외부도체 사이의 간격은 9 mm, 유전체의 특성은 $\epsilon_r = 2.0$라고 하자. 사용된 절연체의 비투자율은 1.0, 비유전율은 4.0이다. 이 동축선로의 특성 임피던스는 얼마인가?

풀이 $$Z_0 = \sqrt{\frac{L}{C}} = \sqrt{4700} = 69$$

예제 6-11

어떤 전송선로의 특성이 $R = 50[\Omega]$, $L = 2[H/m]$, $G = 1[S/m]$, $C = 0[F/m]$라고 하자. 이 전송선로의 특성 임피던스는 주파수 $\omega = 100\pi$에서 얼마가 되는가?

풀이 $$Z_0 = \sqrt{\frac{R + j\omega L}{G + j\omega C}} = \sqrt{\frac{50 + j(200\pi)}{1 + j0}} = \sqrt{50 + 628j}$$

예제 6-12

공기로 채워진 선로가 100 MHz에서 특성임피던스가 70 Ω이고, 위상상수가 3 rad/m이다. 선로의 단위길이 당 인덕턴스와 캐패시턴스를 구하라.

풀이 $C = 68.2$ pF/m, $L = 334.2$ nH/m

6.2.3 임피던스 정합과 최대전력전달

전송선로의 특성 임피던스를 구했으므로 이제 선로가 부하와 소스원에 연결된 경우를 보자. [그림 6.14]와 같이 $t = 0$ 순간에 스위치가 닫힘으로써 선로의 한쪽 끝에서 전압이 갑자기 변하는 경우(디지털펄스의 상승구간)를 생각하자. 편의를 위해 이 전송선로는 손실이 없는(lossless) 전송선로를 가정한다.

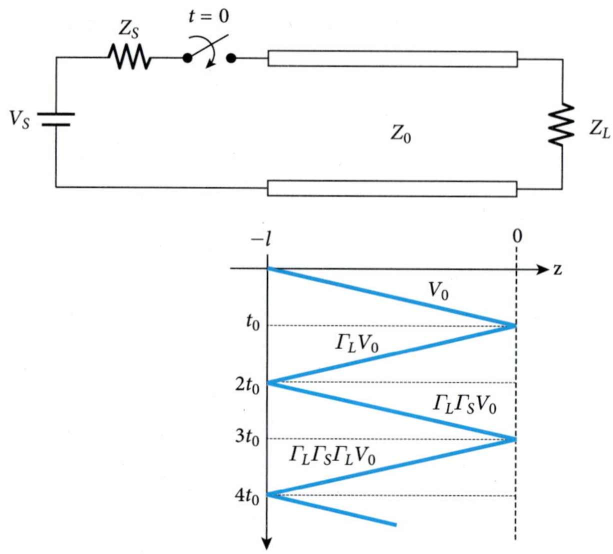

그림 6.16 전송선로에서의 Bounce Diagram

$t = 0$ 순간에서 전송선로에서 입력된 전압은 소스 임피던스와 전송선로의 특성임피던스에 의해 식 (6.29)와 같이 주어진다.

$$V_0 = V_S \frac{Z_0}{Z_0 + Z_S} \tag{6.29}$$

신호가 전송선로의 길이를 통과하는 시간 t_0는 거리를 빛의 속도로 나누면 계산할 수 있다. 시간 t_0에서 신호가 부하 끝에 도달하자마자 일부는 반사한다. 반사계수는 다음과 같이 주어진다.

$$\Gamma_L = \frac{Z_L - Z_0}{Z_L + Z_0} \tag{6.30}$$

이제 반사파의 크기 $\Gamma_L V_0$는 소스쪽으로 진행해서 $2t_0$ 시간에 다음 반사계수에 의해 한번 더 반사하게 된다.

$$\Gamma_S = \frac{Z_S - Z_0}{Z_S + Z_0} \tag{6.31}$$

$2t_0$에서 $-l$ 위치에서의 신호는 다음과 같다.

$$V(-l, 2t_0) = V_0(1+\Gamma_L+\Gamma_L\Gamma_S) \tag{6.32}$$

이렇게 무한히 계속 반사되지만 반사파의 크기는 점점 작아지므로 신호의 크기가 안정되게 된다. 실제 얼마만큼 크기가 변하는지 알기 위하여 전송선로 중앙에서의 전압을 그리면 예제 6-13의 그림과 같이 주어지며 이러한 그림을 바운스 도식(Bounce diagram)이라고 한다.

예제 6-13

입력전압 4 V, 소스저항 25 Ω, 부하저항 125 Ω, 전송선로의 특성임피던스가 75 Ω, 길이가 6 cm, 전파의 속도가 0.1*c*(*c*는 빛의 속도)일 때 0에서 8 nsec까지 선로의 중앙지점에서 전압값의 변화를 그리시오.

풀이 선로에서 전파의 속도는 0.1*c*이므로 1 nsec에 0.03 m(3 cm)이동하므로 t = 1초에 선로의 중앙지점에 도착한다. 이 신호의 전압은 다음과 같다.

$$V_0 = V_S\frac{Z_0}{Z_0+Z_S} = 4\frac{75}{25+75} = 3[\text{V}]$$

이제 2 nsec 후에 부하에 도착하고 부하에서 반사계수가 0.25가 되므로 반사가 되는 전압은 0.75 V가 되며 3 nsec 후에 더해져 3.75 V가 된다. 이 결과를 그리면 [그림 6.17]과 같다.

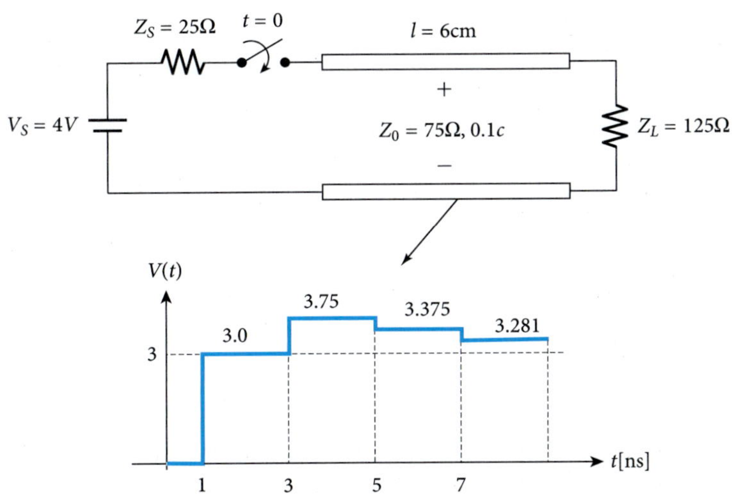

그림 6.17 예제 6-13의 결과

다음으로 사각펄스가 입력될 때를 가정하자. 사각펄스는 전압상승의 경우와 전압하강의 경우가 같이 있는 것으로 모델링할 수 있다. 회로적으로는 사각펄스를 스위치 두개를 이용하여 [그림 6.18]과 같이 구현할 수 있다. 그림에서 $t = 0$ 순간에 하나의 스위치가 닫힘으로써 상승전압이 인가되고, $t = T$ 시간 후에 두 번째 스위치가 닫힘으로서 단락되어 하강전압이 공급되는 것으로 묘사할 수 있다. 이제 사각펄스의 바운스 도식은 상승전압에 대한 바운스 도식과 $t = T$ 시간 후에 하강전압에 대한 바운스 도식을 중복해서 그리면 시간이 지나감에 따라 특정전송선로 위치에서의 전압의 변화를 볼 수 있다.

이와 같이 디지털 펄스 신호는 소스 임피던스, 부하임피던스, 선로의 특성임피던스 차이에 의해 펄스의 왜곡 현상이 발생할 수 있다. 디지털 기저대역신호를 전송하는 과정에서 이러한 펄스의 왜곡은 매우 중요한 문제이다[245].

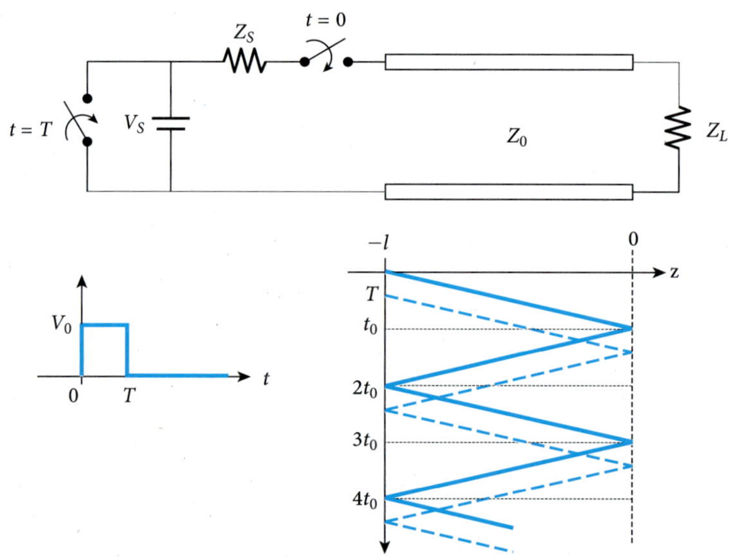

그림 6.18 사각펄스의 경우 Bounce diagram

245) 특히, 고속/고밀도 SoC(System on Chip)이나 SoP(System on Package) 기술이 보편화함에 따라 신호의 왜곡이 더욱 문제가 되고 있다. 기저대역 신호 전송에서는 SI(Signal Integrity, 신호무결성)란 용어가 많이 사용된다. SI란 디지털 신호가 SoC와 같은 복잡한 회로를 통과할 때 수신부에서 측정되는 신호패턴이 잡음에 의한 왜곡없이 원래의 디지털패턴을 보존하는 지를 말한다.

예제 6-14

예제 6-13에서 4 V 계단전압이 3 nsec 동안의 4 V 펄스로 대체되었다고 가정하자. 바운스 도식을 이용하여 선로의 중앙에서의 전압값을 그리시오.

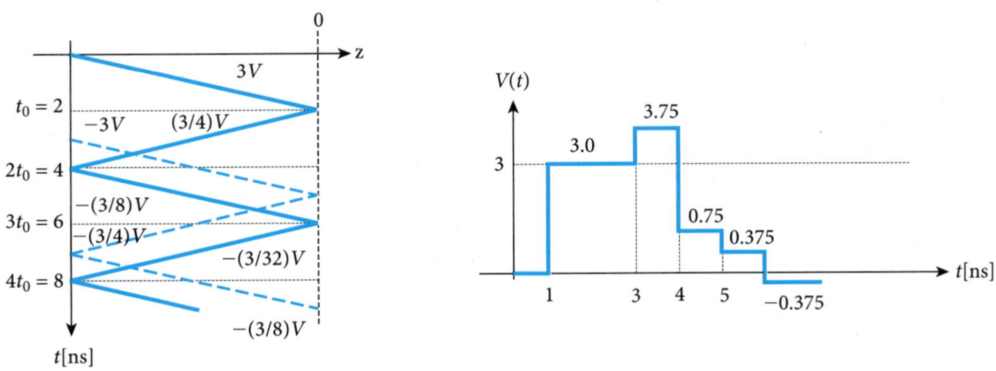

그림 6.19 예제 6–14의 결과

> **중요** 장거리로 오디오 신호를 전송할 경우 소스 임피던스, 부하 임피던스, 선로의 특성임피던스는 모두 일정해야 한다. 이 경우 최대전력전달(Maximum Power Transfer) 조건이 이루어진다. (최대전력전달 조건이란 반사를 최소화하여 소스의 전력이 부하로 전달되도록 하는 것이다.) 오디오 신호를 인터넷이나 무선으로 전송할 때는 최대전력전달이 되도록 모든 임피던스를 일정하게 만든다. 오디오 신호 이외에도 발전소에서 가정까지 전기에너지의 전달, 전화선, 인터넷 선 등 통신신호의 전송을 위해서는 최대전력전달조건이 되도록 한다[246].

246) 앰프와 스피커 연결에서 살펴 본 바와 같이 언제나 최대전력전달 조건이 필요한 것은 아니다. 짧은 거리에서는 하이 임피던스로 전압 신호만 전달하거나 앰프와 스피커처럼 역기전력을 최소로 하고 효율을 최대로 하는 연결법을 사용하므로 각각의 요구사항에 맞는 연결이 필요하다.

6.3 네트워크와 인터넷의 이해

앞에서 디지털 오디오를 장거리로 전송하기 위해선 전송선로가 필요하고 신호원, 전송선로, 및 부하의 임피던스를 통일하는 최대전력전달조건이 필요하다는 것을 학습하였다. 다음으로 이러한 선로가 다양하게 연결된 네트워크에 대해 알아보자. 전자공학 역사 상 수많은 네트워크가 존재하였지만 현재는 대부분의 네트워크가 인터넷(Internet) 기반의 네트워크로 통일되었으므로 네트워크 오디오에서 사용하는 네트워크도 당연히 인터넷 네트워크를 의미한다. 인터넷은 이더넷(Ethernet), 근거리통신망(Local Area Network) 또는 TCP/IP 라고도 불리는데 이러한 다양한 이름을 갖는 이유와 각각의 의미에 대해 학습하도록 하자.

네트워크의 개념을 이해하기 위해 전화기를 연결하는 전화기 네트워크를 먼저 살펴보자. 만약 [그림 6.20]의 왼쪽 그림과 같이 전화기가 2개인 경우에는 두 전화기를 연결하는 선로는 한 쌍이면 된다. 다음으로 전화기가 5대라면 모든 전화기를 연결하기 위해서는 전선 10쌍(20개의 선)이 필요하다.

$$\text{네트워크 연결선의 수} = n(n-1) \tag{6.33}$$

만약 하나의 선을 송신과 수신에 같이 사용한다면 전화기의 수가 n개인 경우 $n(n-1)/2$ 개의 연결선을 필요로 한다[247]. [그림 6.20]에서 전화기가 2개인 경우에는 선로 1쌍으로 연

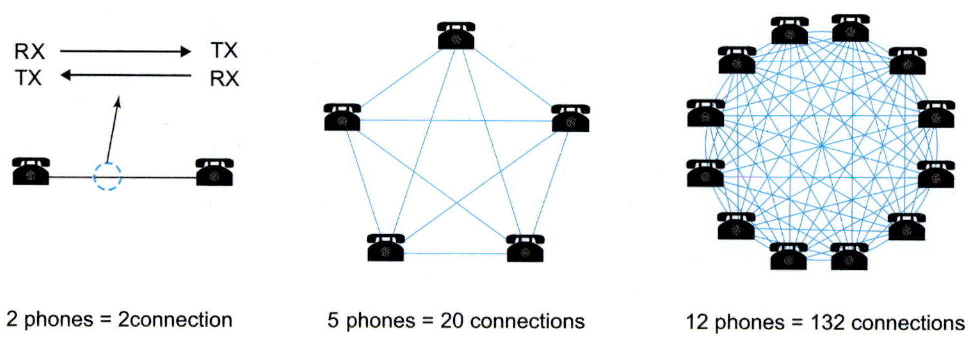

그림 6.20 전화선의 연결과 Metcalfe 법칙[248]

247) 하나의 전선을 이용하여 송신과 수신을 동시에 하는 것을 듀플렉싱(duplexing)이라 한다. 듀플렉싱을 하는 방법은 시간으로 구분하는 경우 시분할 듀플렉싱(Time Division Duplexing: TDD)이라 하고 주파수로 구분하는 것을 주파수분할 듀플렉싱(Frequency Division Duplexing: FDD)라고 한다.

248) Robert M. Metclafe (1946~)는 Ethernet을 개발한 통신학자로 유명하다.

결이 되었으나 전화기가 12개로 증가하게 되면 연결은 66쌍으로 급격히 확대된다. 이러한 전송선로의 급속한 증가는 값비싼 구리전선으로 만들어지는 통신선로의 비용과 선로의 유지보수에 있어 어려움이 발생하여 관련 비용의 증가로 연결된다[249].

예제 6-15

전화기의 수를 x축으로, Metcalfe 법칙에 의한 전화선의 연결 수를 y축으로 해서 그림을 그려보자.

회선망과 패킷망

전화기를 연결할 때 많은 전선을 사용하지 않기 위해 고안된 방법이 교환기(Switch)을 이용하는 것이다. 교환기는 초창기 교환수가 연결해주는 수동식에서 기계식 스위치를 이용하는 기계식 교환기로 발전하였고, 전자기술의 발달에 따라 전자식 교환기를 거쳐 모든 정보가 디지털로 보내지는 전전자식 교환기로 발전하였다. 이러한 교환기를 이용하는 네트워크를 회선망(Circuit switched network)[250]이라고 부른다.

아날로그 방식이든 디지털 방식이든 가정용 음성전화기는 회선망을 사용한다. 회선망이란 [그림 6.21]의 왼쪽 그림과 같이 한 번 연결된 두 통화자 사이의 통신회선이 두 사람의 통화가 완전히 끝나기 전까지는 계속 연결이 된 상태를 유지하는 것을 의미한다. 이를 다른 말로 물리적 채널 혹은 물리적 회선이 연결되었다고 한다. 반면 패킷망(packet switched network)은 데이터 교환 시 기본 단위를 패킷으로 삼는 교환방식이다. 여기서 패킷은 커다란 크기의 디지털 데이터를 인터넷으로 보내기에 적합한 크기로 나누어 일정 형식에 맞추어 만들어진 데이터의 블록을 의미한다[251].

---

249) 보통 전봇대라고 하며 전력만 가설되어 있는 전주, 통신선만 가설되어 있는 통신주, 전력선과 통신선이 같이 가설되어 있는 것을 전신주라 한다.

250) 회선망은 Circuit Network 또는 Circuit Switching이라고 부른다. 회선망을 사용하는 가정용 전화기는 과거 모든 가정이나 직장에 필수적으로 존재하였으나 최근 스마트폰의 보급 및 인터넷을 이용하는 인터넷 전화기의 등장으로 점점 사용빈도가 줄고 있다. 집전화나 공중전화로 전화하는 것은 회선망의 예이고 카카오톡으로 전화하는 것은 패킷망의 대표적인 사례이다. 특히, 인터넷을 통해 전화통화를 하는 것을 VoIP(Voice of Internet Protocol)이라 한다.

251) 인터넷에서 보낼 수 있는 프레임의 최대크기를 MTU(Maximum Transmission Unit)라고 하고 이 값은 1500 byte이다. 대부분의 디지털 오디오 음원의 크기는 이보다 크므로 인터넷으로 전송하기 위해서는 MTU 단위로 쪼개서 전송하여야 한다.

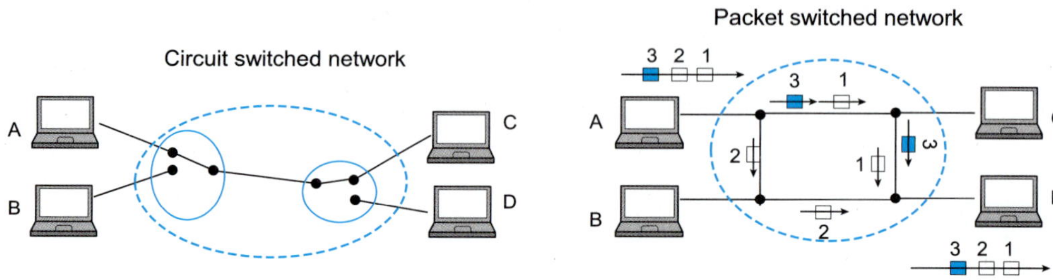

그림 6.21 회선망과 패킷망의 비교

[그림 6.21]은 PC를 연결하는 네트워크에서 회선망과 패킷망을 비교한 결과이다. 회선망에서 PC A에서 PC C까지 회선이 언제나 연결되어 있는 것이 보이며, 패킷망에서는 PC A에서 PC D로 3개의 패킷을 보낼 때 각각의 패킷이 다른 경로로 전달되는 것을 알 수 있다.

패킷망에서는 디지털 오디오와 같이 전송해야 할 메시지가 긴 경우 몇 개의 패킷으로 나누어 전송하게 된다. 패킷의 크기를 말할 때는 Octect 단위를 사용하는데 이는 8 bit로서 1 byte와 같다. 패킷망에서 통신경로의 설정은 네트워크의 상황에 따라 이루어지는데, 발신하는 발신자로부터 수신지까지 몇 개의 패킷 교환기를 경유하여 맺어진 채널을 논리채널(Logical Channel)이라 부른다. 이러한 논리 채널은 가상회선(Virtual Circuit)이라고도 부르는데 회선망에서 두 통신 상대방 사이에 전기적인 연결 관계인 물리 채널이 지속되는 것과는 달리, 패킷망은 논리적으로는 연결이 유지되고는 있으나, 전기적으로는 연결 상태가 지속적으로 이루어지지는 않기 때문이다. 과거 인터넷 속도가 낮을 때는 패킷망으로 디지털 오디오 신호를 전송하면 오디오가 끊어질 수 있어 오디오 연결로는 부적절하였다. 하지만 인터넷 통신망이 고도로 발달하여 수백 Mbps 이상의 속도로 제공되는 현재에 와서는 패킷망의 속도가 매우 빠르므로 패킷망으로 오디오 뿐만 아니라 비디오까지 전송하는 것이 가능하게 되었다[252]. 이에 따라 현재 디지털 오디오는 패킷망을 사용하는 인터넷망을 기반으로 발전할 수 있게 되었다.

ISO의 OSI 7 계층 프로토콜과 인터넷

패킷망을 이해하는데 있어 중요한 개념 중의 하나로 프로토콜(protocol)이란 개념이 있

252) 아직도 HD급 비디오 전송 등 고속을 요구하는 경우나 인터넷 접속이 과도하게 몰릴 경우 네트워크 환경이 나빠져 비디오 전송이 끊어지는 현상을 볼 수 있지만 국내 인터넷 망 환경은 대부분의 경우 오디오 전송에는 큰 문제가 없다.

다. 프로토콜의 원래 의미는 외교에서 말하는 의례 또는 의정서를 말한다. 예를 들어 외교 관계를 맺고 있는 두 나라가 있다고 하자. 한 국가에서 다른 국가의 국가 원수를 초청하는 경우 서로 실례를 범하지 않기 위해서 의전 절차를 사전에 미리 정하는 과정이 필요하다. 우리가 대화하는 언어에서도 비슷한 예를 찾을 수 있다. 만약 서로의 언어를 잘 모르는 사람 간에는 대화가 되지 않는다. 따라서 원활히 대화하기 위해서는 영어처럼 서로 알 수 있는 공용어를 사용하기로 약속하고 의사소통을 해야 한다. 이와 마찬가지로 통신에서도 이러한 절차가 필요한데, 통신 프로토콜은 '통신을 원하는 두 개체 간에 무엇을, 어떻게, 언제 통신할 것인지를 서로 약속한 규정이다. 즉, 컴퓨터와 단말기, 또는 컴퓨터 간에 정보 교환을 하기 위해서는 사전에 약속된 통신 규약이 필요한 것이다.

[그림 6.22]는 컴퓨터 간에 파일을 송수신하는 절차를 설명한 프로토콜을 보여준다. 사람이 대화할 때 먼저 인사(Hi!)를 주고 받은 후에야 용건을 물어보는 것처럼 컴퓨터도 데이터 연결이 가능한지 여부를 상호 교환(TCP connection request와 TCP connection response)이 된 후에 실제 데이터를 주고받게 된다. 만약에 인사도 없이 상대방에게 시간을 물어보면 상대방이 무례하게 생각해 답을 하지 않을 확률이 높은 것처럼 PC도 먼저 상대방이 데이터 교환이 준비되었는지 확인하는 절차가 반드시 필요하다.

프로토콜은 컴퓨터를 이용해 처음 통신을 시작한 1960년대부터 사용되었다. 컴퓨터 초창기를 주도한 IBM사는 자체 프로토콜[253)]을 개발하여 사용하였고, 이후에 많은 다른 컴퓨터 및 통신 관련 제조회사마다 다양한 프로토콜을 개발해 사용하게 되었다. 이렇게 다양한 프로토콜이 등장함에 따라 컴퓨터 사용자들 간에 혼란이 생기게 되었고 1976년에 국제 전신전화 자문위원회(CCITT)에서는 여러 프로토콜을 종합하여 권고하고, 국제 표준화 기구(ISO: International Standards Organization))에서는 OSI 참조 모델(Open Systems Interconnection Reference Model)을 발표하였다. 그 이후에도 여러 가지 표준화된 프로토콜이 개발 및 발표되었지만, 인터넷의 발전에 따라 인터넷의 근간이 된 TCP/IP가 가장 많이 사용하게 되었다.

OSI 참조모델은 국제 표준화기구 ISO에서 개발한 모델로 컴퓨터 네트워크 프로토콜 디자인과 통신을 계층으로 나누어 설명한 것이다. 일반적으로 [표 6.2]와 같이 7계층으로 설명된다. 이와 같이 계층별로 구분되는 것은 각 계층의 역할을 상위계층이나 하위계층에 독립적으로 사용할 수 있도록 할 수 있기 때문이다.

---

253) 당시 IBM에서 개발한 최초의 프로토콜로는 BSC(Binary Synchronous Communication)와 SDLC (Synchronous Data Link Control) 등이 있다.

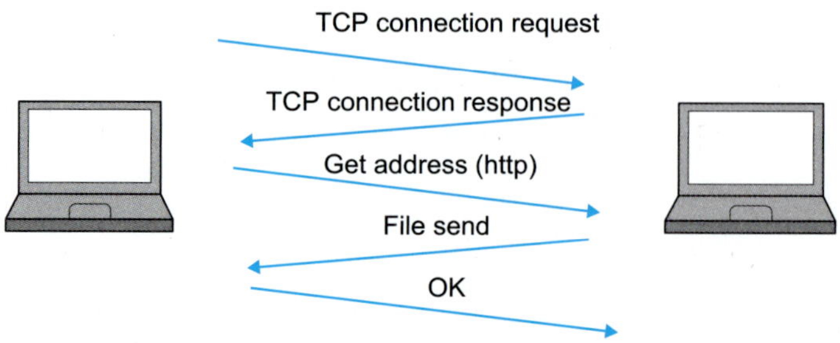

그림 6.22 패킷망에서의 프로토콜의 개념과 적용 예

[표 6.2] 각 계층별 대표 프로토콜

번호	계층	프로토콜
7	Application	HTTP, HTTPS, SMTP, SNMP, FTP, Telnet, DNS,...
6	Presentation	JPEG, MPEG, ASN.1,...
5	Session	TLS, SSH, ISO 8327, RPC, NetBIOS, AppleTalk,...
4	Transport	TCP, UDP, SCTP,...
3	Network(네트워크 계층)	IP, ICMP, IGMP, X.25, CLNP,ARP, RARP,...
2	Data Link	Ethernet, Token Ring, PPP, DHLC, ISDN, ATM,...
1	Physical (물리계층)	UTP케이블, 무선, 광섬유, 동축케이블,...

컴퓨터통신을 체계적으로 다루기 위한 OSI 7 계층은 표준화된 모델이기는 하나 실제적으로 구현되기 보다는 개념으로 존재하는 모델이라고 보면 된다. 이러한 OSI 7 계층을 그 자체로 자세히 이해하기 보다는 인터넷과 연관하여 이해하는 것이 필요하다. [그림 6.23]과 같이 인터넷이라 하면 보통 계층 4의 TCP(Transmission Control Protocol)와 계층 3의 IP(Internet Protocol) 프로토콜을 합친 용어인 TCP/IP를 의미한다[254].

[그림 6.23]과 같이 OSI 7 계층과 인터넷 프로토콜은 정확하게 일치하지는 않으며, 세션(Session)과 표현(Presentation) 계층이 TCP/IP 프로토콜에는 응용계층으로 통합되어 있다는 것에 유의해야 한다. 또한, 현재 가장 많이 사용되는 유선인터넷의 경우 계층 2에서는 Ethernet을, 계층 1에서는 유선 인터넷선을 사용하는 것이 보통이다. 무선에서는 계층 1과 계층 2를 무선기반의 Wi-Fi 기술을 사용한다. 계층 간에는 독립성이 유지되므로 계층 1과

254) TCP/IP 프로토콜은 OSI 7 계층보다도 먼저 개발되었고, 인터넷에 적용되어 신뢰성이 높아 더욱 많이 사용된다.

계층 2가 유선이던 무선이든 TCP/IP 관점에서는 상관없이 연결될 수 있다.

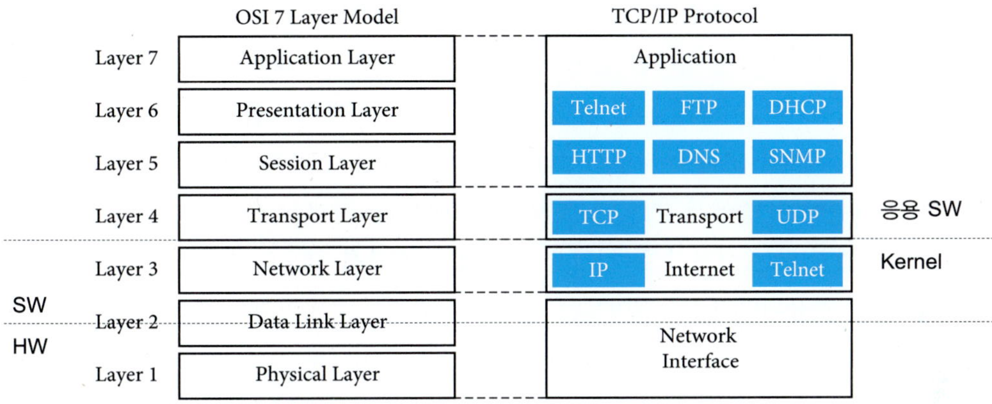

그림 6.23 OSI 7계층과 인터넷(TCP/IP) 프로토콜

참고 인터넷 장비 중에는 repeater(중계기), bridge(브릿지), router(라우터) 등의 용어가 사용되는데 repeater는 계층 1 사이의 연결만이 가능하고, bridge는 계층 1과 계층 2 간의 연결이 가능하다. 계층 2는 MAC 주소로 구분되므로 bridge 장비는 동일한 IP 주소와 서로 다른 MAC 주소를 갖는 기기간의 연결할 때 사용한다. router는 계층 1에서 계층 3을 포함하므로 IP 주소가 다른 여러 기기를 연결할 때 사용한다.

참고 인터넷 장비 중 하나인 게이트웨이(gateway)는 이 기종 네트워크를 연결할 때 사용된다. 예를 들어 IP망 기반의 인터넷 네트워크와 IP망이 아닌 전화망을 연결할 때 사용된다.

참고 보통 하나의 PC를 인터넷에 접속하기 위해서는 자신의 컴퓨터에 TCP/IP 프로그램을 설치하는 것으로 시작한다. PC에 TCP/IP 프로그램이 설치된다면 같은 TCP/IP 프로토콜을 쓰고 있는 다른 컴퓨터 사용자 사이에 메시지나 정보를 주고받을 수 있게 된다. 계층 4의 TCP는 메시지나 파일들을 좀 더 작은 패킷으로 나누어 인터넷을 통해 전송하는 일과, 수신된 패킷들을 원래의 메시지로 재조립하는 일을 담당한다. IP 계층은 각 패킷의 주소 부분을 처리함으로써, 패킷들이 목적지에 정확하게 도달할 수 있게 한다. 네트워크 상의 각 라우터(router)나 게이트웨이(Gateway)는 메시지를 어느 곳으로 전달해야 할지를 알기 위해, 메시지의 헤더에 있는 IP 주소를 확인한다. 메시지가 커서 여러 개의 패킷으로 나누어진 경우 각 패킷들은 서로 다른 경로를 통해 전달될 수 있으며, 최종 목적지에서 재조립된다. TCP/IP는 인터넷 외에 인트라넷이나 엑스트라넷과 같은 사설망에서도 사용될 수 있다.

6.3.1 계층 1: 물리(PHY) 계층

PC를 인터넷에 연결하기 위해서는 LAN 케이블을 사용한다. LAN 케이블은 전송선로 중 가격이 제일 저렴한 2선 전송선로를 사용하는데 현재 사용되는 LAN 케이블의 그림이 [그림 6.25]와 같다[255]. 인터넷 속도를 높이기 위하여 2선 전송선로 4쌍을 묶어서 병렬로 전송하는 방법을 사용한다. 이렇게 되면 한 쌍만 있을 때보다 4배 속도를 높일 수 있다. 이러한 케이블을 LAN 케이블 또는 인터넷선이라 부르는데 [그림 6.24]와 같이 UTP, FTP, STP 등의 종류가 있다[256]. 이 중에서 UTP 케이블은 Unshielded twisted pair cable을 줄인 말로 절연체로 감싸여 있지 않는 선로가 두 가닥씩 꼬여 있는 구조를 갖으며 선로가 가볍고 가격이 저렴하여 많이 사용된다. LAN 케이블은 케이블의 종류가 무엇인지를 뜻하는 문자와 함께 CAT(카테고리)가 표기된다. 아무리 빠른 네트워크가 들어와도 케이블이 받쳐주지 못하면 빠른 전송속도를 사용할 수 없다. UTP 케이블의 특성임피던스는 보통 100 Ω ± 15 Ω이며 AWG 22에서 AWG 24번 전선을 사용한다[257].

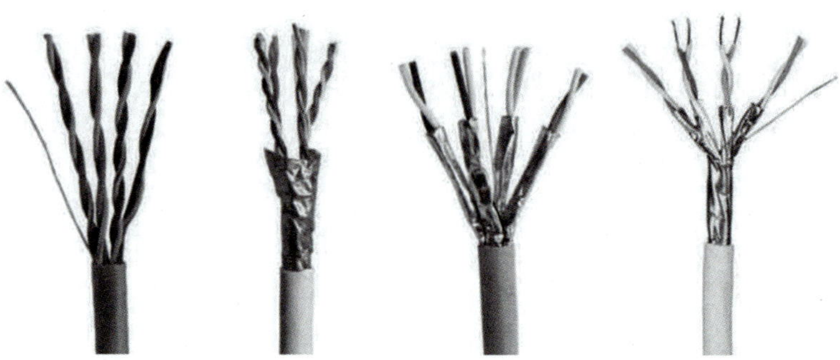

그림 6.24 다양한 인터넷 케이블의 구조

255) 초창기 인터넷 연결로는 가격이 비싸지만 성능이 우수한 동축케이블을 많이 사용했으나 현재는 two-wire line을 많이 사용한다. two-wire line은 성능이 나쁘므로 꼬은 선을 사용하고 전송 선로 간의 차폐를 위해 알루미늄 호일 등을 사용하여 성능 저하를 막는다.

256) 보통 우리나라 인터넷 사업자는 UTP Cat5E를 주로 사용한다. UTP Cat.5와 UTP Cat5E 모드 100 Base-T 방식으로 100 MHz 주파수를 갖고 있지만 UTP5는 4개의 페어 중 2 페어(반이중방식)만을 사용하는 100 Base-T 방식이고, UTP Cat5E는 총 4개의 페어를 모두 사용하여 200 MHz 이상으로 속도를 올린다.

257) 전선의 굵기는 AWG(American Wire Gauge)로 나타내는데 AWG50은 직경이 1 mil이고 AWG44는 직경이 2 mil로 숫자가 6씩 작아질 때마다 2배씩 직경이 커진다.

▸ UTP: 쉴드처리 없이 pair만 되어 있는 케이블
FTP: Pair를 하나의 은박쉴드로 감싸고 있는 케이블
STP: Pair마다 은박쉴드로 차폐한 케이블
SFTP: Pair마다 은박쉴드로 차폐한 후, 다시 은박쉴드로 전체를 감싼 테이블

UTP 케이블은 여러 개 있을 때 각각의 페어에 흐르는 전파는 주변에 전기장과 자기장의 변화를 발생시킨다. 따라서 한 선에 흐르는 전파의 변화는 다른 선에 흐르는 전파신호를 왜곡시키고 파형을 깨지게 만든다. 이를 극복하기 위하여 각 페어를 꼬아서 만들고 각 페어간의 꼬인 간격을 조절함으로써 자기장의 방향이 서로 상쇄되도록 하여 상호간섭을 최소화할 수 있다. [그림 6.25]를 보면 UTP CAT5의 4페어 케이블이 모두 꼬여 있으며 꼬인 간격도 페어마다 다르게 하여 서로 간의 영향을 상쇄하려는 모습을 볼 수 있다.

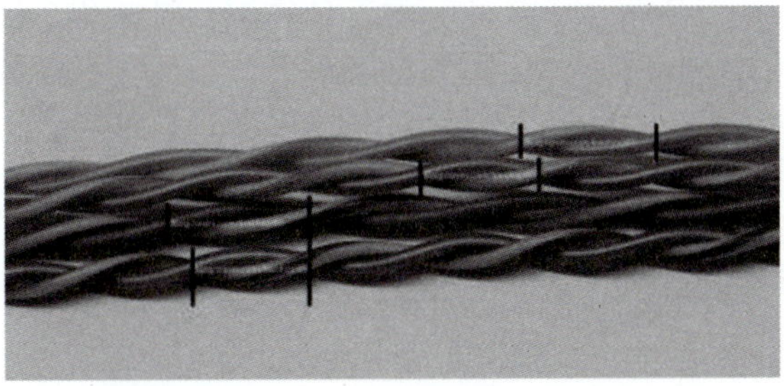

그림 6.25 UTP 케이블에서 노이즈 감소

참고로 LAN 케이블의 성능을 비교한 표가 [표 6.3]에 나타나 있다. 전송속도가 높을수록, 즉 기저대역 신호의 대역폭이 넓을수록 선로간의 잡음을 최소화할 수 있는 구조의 전송선로가 사용됨을 알 수 있다. Ethernet의 물리계층(1계층)은 보통 10BASE-T, 100BASE-F라는 용어를 사용한다. 여기서 BASE는 주파수의 변경 없이 기저대역 신호를 전송선로에 그대로 실어 보내는 것을 의미하며 10이나 100의 숫자는 10 Mbps, 100 Mbps 등 전송속도를 의미한다. 마지막에 붙은 기호는 'T'의 경우 Twisted pair, 'F'인 경우 광섬유, 숫자 '5'가 붙으면 500 m 동축케이블을 의미한다[258].

258) 고속 Ethernet이라 하면 전통적인 Ethernet인 10 BASE-5(10 Mbps, 500 m 동축케이블 사용)에 비해 10배 빠른대신 네트워크의 길이는 100 m로 준 100 BASE-T를 의미하면 기가비트(Gigabit) Ethernet이라하면 1000 BASE-T를 사용한다. 기가비트 Ethernet의 경우 full duplex 방식을 사용한다.

[표 6.3] LAN 케이블 성능 비교

Class	CAT.5	CAT.5E	CAT.6	CAT.6E	CAT.7
전송속도	100 Mbps	1 Gbps	10 Gbps	10 Gbps	10 Gbps
대역폭	100 MHz	100 MHz	250 MHz	500 MHz	600 MHz
규격	100 BAST–TX	1000 BAST–T	1000 BAST–TX	10 G BASE	10 G BASE

맨체스터(Manchester) 코딩

앞에서 디지털 신호를 전송하기 위해서는 라인코딩이 필요하다는 것을 학습하였다. 다양한 라인코딩 중 모든 면에서 우수한 라인코딩이란 있을 수 없으며 모든 라인코딩에는 각각의 장단점이 있다. 먼저 라인코딩이 크게 unipolar와 polar 신호로 구분되는 이유를 알아보자. unipolar 신호와 polar 신호의 가장 큰 차이는 DC 성분이 존재 유무에 있다. 이는 차동신호를 이용하는 기저대역 전송 시스템이 DC 성분을 잘 통과시키지 못하기 때문이다. Line Driver에는 일반적으로 신호를 증폭시키는 증폭기가 있는데 일반적으로 증폭기는 직류성분을 통과하지 못하고 교류신호만 통과시키는 교류결합(ac-coupled) 회로로 구성된다. 또한 트랜스포머로 구성된 Balun 회로가 포함되기도 한다. 따라서 DC에 정보가 있는 신호 성분은 왜곡 현상이 발생한다. [그림 6.26]에 polar NRZ 신호에서 1이 계속될 경우 송신된 펄스파형과 수신된 펄스파형을 보여준다. 유선통신시스템은 교류결합 회로이므로 1이 계속되는 경우 펄스가 변형되거나 에러에 민감해지게 된다.

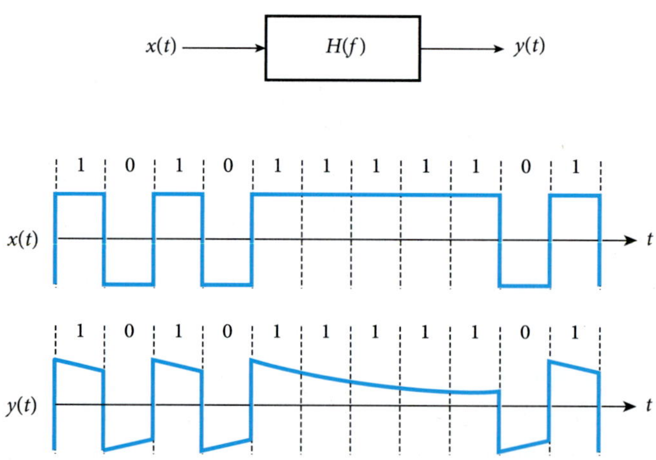

그림 6.26 NRZ 신호의 전송 시 DC 성분의 왜곡

다음으로 RZ 신호가 도입된 이유를 살펴보자. 디지털통신에서 동기는 매우 중요한데 다양한 동기 중 비트를 구분하기 위한 비트동기가 필요하다. 동기를 위해서는 각 비트별로 언제 비트가 시작되는지와 비트가 언제 끝나는지를 알아야 하는데 이를 위해서 비트의 중간에 0으로 바뀌는 변화를 주는 방식이 RZ 방식이다. NRZ 방식의 경우 각 비트에 변화가 없으므로 비트동기가 어려워 별도의 clock 신호를 전송해야 하지만 RZ에서는 매 비트마다 전압 레벨의 변화가 있으므로 clock 신호 없이도 비트 동기가 가능하다. [그림 6.27]에 NRZ 신호의 전송 시 비트 동기의 어려움을 보여준다. 하지만 RZ 신호의 경우 펄스의 간격이 NRZ 신호보다 1/2로 작아지므로 디지털 신호의 대역폭이 NRZ 신호에 비해 두 배 넓어진다는 문제점이 있다.

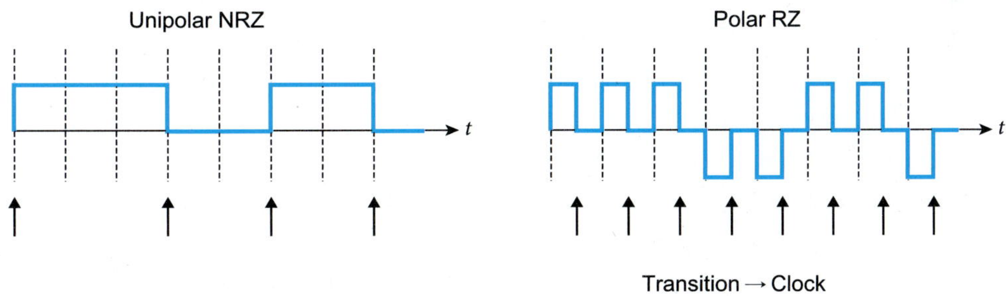

그림 6.27 NRZ 신호의 전송 시 비트 동기의 어려움과 polar 신호의 clock 정보

마지막으로 RZ 신호에서도 1이 계속되는 경우 DC 성분이 존재할 수 있으므로 DC를 원천적으로 차단하는 라인코딩 방식이 있다. 대표적으로 맨체스터 방식이 있는데 이 방식은 펄스의 평균값이 언제나 영이 되도록 하기 위하여 첫 번째 비트의 DC 값과 두 번째 DC 값이 서로 상쇄되도록 하는 방식으로 대표적으로 [그림 6.28]의 맨체스터(Manchester) 코딩 방식이 있다. 맨체스터 코드는 유선인터넷의 물리계층인 이더넷(Ethernet)에 사용되어 유명해졌다[259].

259) 맨체스터 코드는 University of Manchester에서 개발되었으며 Manchester Mark 1 컴퓨터의 자기드럼장치에 데이터를 저장하기 위해 최초로 개발되었으며, 초기 Ethernet에 사용되었고 현재 RFID, NFC 등에서도 사용되고 있다.

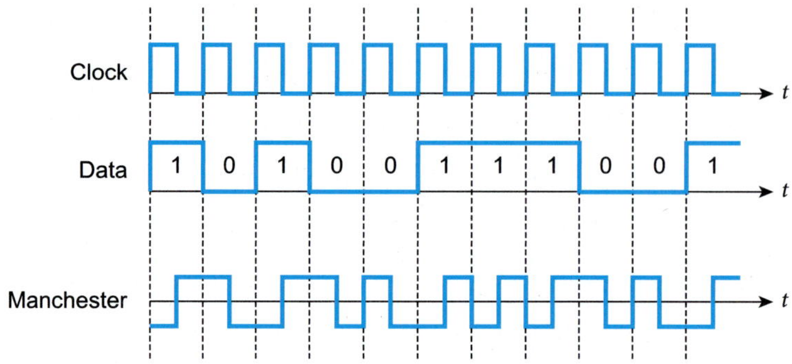

그림 6.28 맨체스터 코드의 원리

> **참고** 라인코딩을 선택하기 위해서는 고려할 사항을 정리하면 다음과 같다.
> - **다중화 여부**: 가드 밴드를 위해 펄스폭이 좁을수록 유리
> - **잡음대책**: 다중화하지 않는 경우는 펄스폭이 클수록 유리
> - **클럭 재생 여부** : 1과 0이 연속되면 클럭 재생이 어려움
> - **점유대역폭**: 전송선로의 대역특성보다 펄스대역폭이 좁을수록 유리
> - **차동부호화 여부**: 비트 자체가 아니라 두 비트의 극성 변화에 정보 있음
> - **직류성분(DC) 포함 여부**: 전송선로의 DC 특성과 관련

> **참고** 인터넷 선 중 한 쌍을 오실로스코프로 찍어보자. 맨체스터 코딩된 신호가 전송되는 것을 볼 수 있다.

6.3.2 계층 2: CSMA/CD와 이더넷

전화기와 같이 다중화를 할 수 있는 교환기가 별도로 있지 않은 패킷망의 경우에는 복수개의 기저대역 신호가 하나의 신호선로를 사용하는 다중접속(multiple access) 방식이 필요하다. 다중접속은 하나의 유선(또는 무선) 채널을 여러 개의 기기의 접속하고자 할 때 발생한다. 만약 다중접속을 관리하는 장치가 별도로 있다면 자원을 분할하는 채널화 프로토콜을 사용하고나, 또한, 적절하게 자원을 관리하는 방법, 예를 들어 전송을 예약하는 방법 등이 가능하다. 이 두 방법이 불가능할 경우에는 랜덤 액세스 방식을 사용하게 되는데, 인터넷 패킷망은 중앙에서 제어하는 장치가 없으므로 기본적으로 랜덤 액세스 방식을 사용한다.

[그림 6.29]는 다양한 다중접속 방법을 보여준다. 우리가 이더넷(Ethernet)이라 할 때 이

는 계층 2의 랜덤 액세스를 의미한다. 이더넷은 1973년 제록스(Xerox)상에서 개발되었으며 기존에 사용되던 ALOHA의 CSMA(Carrier Sense Multiple Access) 방식에 충돌감지(Collision Detection) 기능을 추가한 CSMA-CD를 사용한다[260].

랜덤 액세스는 선로에 연결되어 있는 노드들이 랜덤하게 선로를 사용하는 방식으로 선로의 사용빈도가 높지 않을 경우에 주로 사용된다. 선로의 사용빈도가 높지 않으므로 다른 노드들이 사용하지 않으면(idle 상태) 연결이 성공되고 만약 다른 노드들이 사용하고 있어(busy 상태) 충돌이 되면 연결이 실패되므로 재전송하게 된다. 이때 충돌을 collision이라고 부른다. 이러한 방식은 LAN 연결에서 주로 사용되며 대표적인 방식으로 Aloha, CSMA, CSMA/CD, CSMA/CA(CSMA/Collision Avoidance) 등이 있다. CSMA/CD는 유선 인터넷인 이더넷(Ethernet)에서 사용되어지고, CSMA/CA는 Wi-Fi 등 무선LAN에서 주로 사용되어져 유명해졌다[261].

Aloha 방식의 랜덤 액세스에서 각 단말기는 다른 단말기의 전송에 상관없이 본인이 원하는 순간에 정보를 전달하려고 시도한다. 만약 충돌이 발생하면 랜덤하게 기다린 후 다시 정보를 보낸다. 이를 백오프(back-off)라고 하는데 백오프 시간은 랜덤하게 정해지므로 다음 번 전송할 때 충돌확률이 낮아지게 된다.

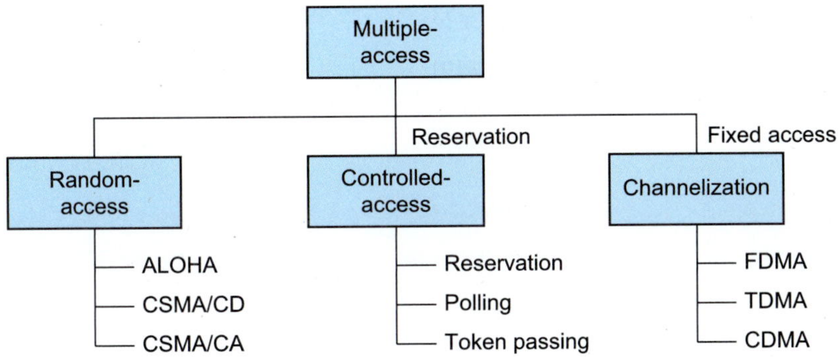

그림 6.29 다중접속 방법의 분류

260) 이더넷은 1983년 IEEE 802 위원회에서 IEEE 802.3으로 표준화되었으며, UTP 케이블 등 전송선로를 각 단말이 공동으로 사용하며 CSMA/CD 규칙에 따라 통신을 수행한다.

261) 유선인터넷에서는 무선보다 상대적으로 충돌이 적으므로 충돌이 감지되면 재전송하는 방법을 주로 사용하지만 무선통신에서는 재전송하기가 유선보다는 어려우므로 충돌을 회피하는 방법을 사용한다.

6.3.3 계층 3/4: TCP/IP와 UDP

이제 인터넷의 계층 3과 계층 4에 대해 살펴보자. 계층 4인 전송계층(Transfport Layer) 기술은 크게 TCP(Transmission Control Protocol)와 UDP(User Datagram Protocol)로 나눌 수 있는데 디지털 오디오를 전송할 때는 TCP 대신 UDP를 사용하기도 한다. TCP는 속도보다는 신뢰성을 우선시한 것이고 UDP는 신뢰성보다는 속도가 우선인 기술로 볼 수 있다. 따라서 컴퓨터 상에서 파일을 전송하는 경우처럼 원본 파일이 절대 손상되면 안되는 서비스에서는 TCP 방식을, 오디오의 실시간 전송과 같이 속도보다는 연속성이 중요한 데이터 전송에는 UDP 방식을 주로 사용한다. 즉, TCP는 연속성보다 신뢰성 있는 전송이 중요할 때에 사용되는 프로토콜이며, UDP는 TCP보다 빠르고 네트워크 부하가 적다는 장점이 있지만 신뢰성 있는 데이터 전송을 보장하지는 않는다. 그렇기 때문에 신뢰성보다는 연속성이 중요한 실시간 스트리밍과 같은 서비스에 사용된다.

[표 6.4] TCP와 UDP의 비교

번호	TCP	UDP
연결방식	연결형 서비스	비연결형 서비스
패킷 교환 방식	가상 회선 방식	데이터그램 방식
전송 순서	전송 순서 보장	전송 순서가 바뀔 수 있음
수신 여부 확인	수신 여부 확인	수신 여부 확인하지 않음
통신 방식	1:1 통신(unicast)	1:1, 1:N, N:N 통신 (unicast, multicast, multicast)
신뢰성	높다	낮다
속도	느리다	빠르다

- 유니캐스팅(unicasting: one-to-one) – IPv4/IPv6에서 사용하는 방식으로 한 node가 다른 한 노드에 데이터를 보내는 모델[262)]

262) IPv4(IP 버전 4)와 IPv6(IP 버전 6)는 인터넷 표준화단체인 IETF(Internet Engineering Task Force)가 정의한 인터넷 프로토콜의 이름이다. 초기에는 IPv4를 사용하였다가 이를 개선한 IPv6가 출시되었다. 하지만 대부분의 PC는 이 두 가지 프로토콜을 모두 사용하고 있다.

- **브로드캐스팅**(broadcasting: one-to-many)– IPv4에서 한 노드가 특정 네트워크(자신과 동일 네트워크도 가능)에 속한 모든 node들에게 데이터를 보내는 모델
- **멀티캐스팅**(multicasting: one-to-many)– IPv4/IPv6에서 사용하는 방식으로 한 node가 다른 한 노드에 데이터를 보내는 모델, 브로드캐스팅은 멀티캐스팅의 특별한 경우임

[그림 6.31]에 TCP와 UDP의 프로토콜을 비교하여 나타내었다. TCP는 데이터를 주고받는 클라이언트와 서버간의 3-way handshaking이라는 연결 설정 방법을 사용한다. 처음 연결 설정할 때 클라이언트(Client)는 서버(Server)에게 SYN(Synchronous Sequence Numbers) 패킷을 요청하고, 서버는 SYN-ACK로 응답하고 이를 수신한 클라이언트는 다시 ACK를 보냄으로써 TCP 접속이 가능함을 확인한다. 이렇게 함으로써 클라이언트와 서버 모두 데이터를 전송할 준비가 되었다는 것을 보장하고, 실제로 데이터 전달이 시작하기 전에 한쪽에서 다른 쪽이 준비되었다는 것을 알 수 있다. TCP 데이터 전송이 완료될 때는 TCP 연결을 종료하기 위하여 4-way handshaking 과정을 거치게 되는데 이 경우 클라이언트가 연결을 종료하겠다는 FIN 패킷을 보내고, 서버는 일단 확인메시지를 보낸 후 자신의 통신이 끝날 때까지 기다렸다고 클라이언트에세 FIN 패킷을 보낸다. 마지막으로 클리이언트는 ACK를 보냄으로써 모든 TCP 연결이 종료된다.

UDP 서버의 경우는 TCP 서버와 달리 연결된 상태로 데이터를 송수신하지 않는다. 따라서 TCP와 달리 연결 설정의 과정이 필요 없다. 하지만 UDP 소켓은 연결 상태를 유지하지 않으므로 데이터를 전송할 때마다 반드시 목적지의 주소 정보를 별도로 추가해야 한다.

보통 PC를 인터넷에 연결할 때 PC별로 하나의 주소(Address)를 할당하는데 이것이 IP 주소가 되고, IP 내부의 세부 포트(Port)가 TCP 또는 UDP의 포트 번호를 나타낸다. 즉 계층 3과 계층 4는 매우 밀접하게 연관되어 있다. 예를 들어 IP 주소를 하나 가지고 웹서비스와 이메일 서비스를 운영하는 회사가 있다면 다음과 같이 포트번호가 할당된다. 즉, TCP 혹은

그림 6.30 TCP와 UDP의 비교

UDP 포트번호는 해당 서비스를 제공하는 서버에 접속하기 위한 논리적인 경로의 이름을 의미한다.

> ▸ 대표 IP 주소 : 1.2.3.4
> 웹서비스 포트번호 80- TCP 포트번호와 UDP 포트번호는 공통
> 이메일 서비스 – TCP 포트번호 : 25, 110

계층 4의 대표적인 포트번호는 아래와 같다.

> ▸ 대표적인 포트번호의 예
> 20: FTP(File Transfer Protocol) - 데이터 포트
> 21: FTP(File Transfer Protocol) - 제어 포트
> 23: Telnet Protocol(암호화되지 않은 텍스트 통신)
> 25: SMTP – 이메일 전송에 사용
> 53: DNS(Domain Name Service)
> 80: HTTP(Hyper Text Transfer Protocol)
> 443: HTTPS – HTTP (암호화 전송)

이제 계층 3과 계층 4에 대해 학습하였으므로 TCP/IP를 통해서 오디오 파일을 전송하는 과정을 [그림 6.31]을 통해 살펴보자. 컴퓨터의 구성을 하드웨어, OS(Kernel), 사용자 응용 프로그램으로 나누면 TCP/IP는 OS에 있다고 보면 된다. 사용자가 전송하고자 하는 디지털 오디오 파일은 파일크기가 크므로 TCP/IP로 전송하기 위에서는 세그먼트(Segment) 단위로 나눈 후 각 세그먼트를 순차적으로 소켓통신으로 TCP 계층에 보내게 된다. TCP/IP 계층을 통과하면 패킷이 되는데 패킷에 TCP 헤더와 IP 헤더가 붙게 된다. 계층 3의 네트워크 계층은 여러 개의 노드를 거쳐 통신할 때 경로를 찾아주는 역할을 한다. 예를 들어 논리적인 IP 어드레스(실제 노드 별로 할당될 수도 있고 동적으로 할당되어 바꿀 수도 있음)를 이용하여 관리하는 것이 계층 3이다[263].

263) 패킷통신 방식마다 OSI 7 계층을 채용하는 방법이 조금씩 다르며 7계층을 모두 포함해야 하는 것은 아니다.

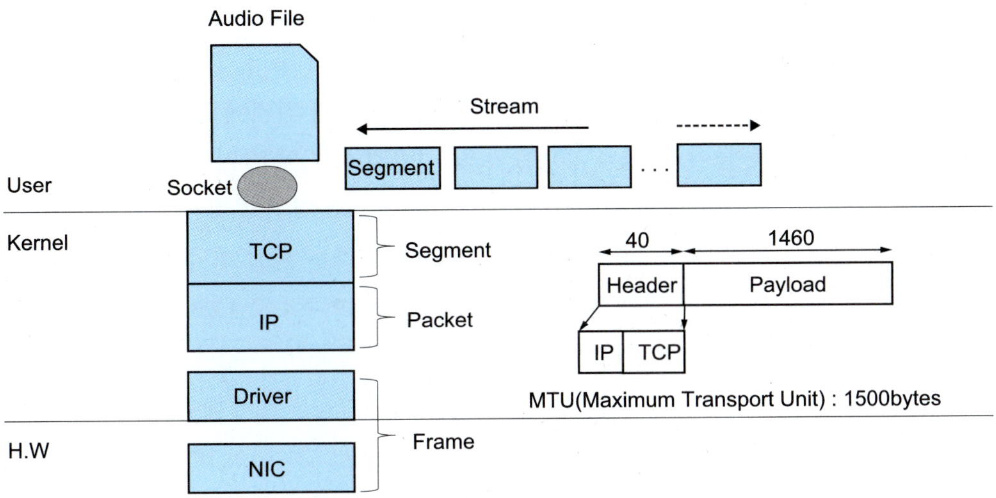

그림 6.31 TCP/IP를 통한 메시지 전송

계층 1과 계층 2에 대한 역할은 드라이버와 NIC(Network Interface Card)가 담당하는데 NIC를 통해 인터넷망에 각각의 패킷이 전송되게 된다[264]. OS의 드라이버 SW와 NIC는 계층 2와 계층 1을 담당하는데 계층 2인 데이터링크 계층은 여러 단말기 간의 네트워크가 구성될 때 노드 간에 신뢰성있는 전송을 보장하기 위한 계층으로 각 노드별 물리적인 MAC(Multiple Access Control) 어드레스를 할당(노드 당 고유의 어드레스)하게 된다. 보통 유선과 무선구간이 구분되는 계층이 계층 2까지이며, 계층 3부터는 유선과 무선의 구분이 존재하지 않는다.[265]

IP와 포트 포워딩(Port Forwarding)

추가적으로 TCP/IP 레벨에서 인터넷을 통한 오디오 전송을 이해하기 위해 필요한 IP주소의 포트포워딩(Port Forwarding)에 대해 알아보자. 포트 포워딩이란 집에 있는 장치와 서버를 외부에 떨어져 있는 장치와 연결할 수 있도록 설정하는 기술을 말한다. 예를 들어 사용자의 노트북과 스마트 홈 카메라를 포트 포워딩으로 연결하면 집 밖에서도 노트북을 통

264) 디지털 오디오 파일은 크기가 크므로 세그먼트 단위로 쪼개서 보내는데 IP 헤더가 붙으면 이를 패킷이라 하고 NIC에서는 프레임이라고 부른다.

265) 인터넷 기반으로 PC와 PC간에 통신하는 자세한 방법은 네트워크 프로그래밍 관련 교재를 참고하기 바란다.

해 카메라에 접근할 수 있다. 집에서 공유기(라우터)를 포함한 모든 인터넷 케이블에 연결된 기기는 홈네트워크라 부르는 근거리 통신망(Local Area Network, LAN)을 형성하게 된다. 외부 인터넷에 연결된 컴퓨터가 홈 네트워크에 중 하나의 기기에 접근하려면 포트 포워딩이 필요하다. 예를 들어, 가정의 홈네트워크가 [그림 6.32]와 같이 구성되었다고 가정하자. 외부에서 바라보았을 때 우리집의 공인 IP 주소는 1.2.3.4이고 각각의 PC는 사설 IP가 할당되어 있다고 하자. 예를 들어 웹서버는 192.168.0.2라는 사설 IP 주소가 할당되었다고 할 수 있다. 공유기 아래에 있는 웹서버의 주소는 공인 IP 주소로 1.2.3.4:80이 된다. 하지만 외부에서는 공유기가 방화벽 역할을 하므로 웹서버에 접속할 수 없다. 외부에서 웹서버에 접속하려면 공유기에서 포트 포워딩(Port Forwarding) 가능을 설정해야 한다. 포트 포워딩이란 말 그대로 특정한 포트를 앞으로 끄집어 내주는 기능으로 사설 IP 주소를 공인 IP의 하나의 포트로 바꾸어주는 것이다. 즉, 아래 그림에서 공유기가 웹서버의 사설 IP 주소인 192.168.0.2를 1.2.3.4:80으로 바꾸어주는 것이다. 이제 외부에서 http://1.2.3.4으로 접속하면 웹서버에 바로 연결되게 된다.

예제 6-16

[그림 6.32]에서 컴퓨터 2를 FTP 서버로 사용하려고 한다. 컴퓨터 2의 사설 IP 주소가 192.168.0.3이라 하자 이를 외부에서 FTP 서버로 접속하기 위한 포트 포워딩은 어떻게 하는가?

풀이 공유기에서 컴퓨터 2의 사설 IP 주소인 192.168.0.3를 1.2.3.4:20으로 바꾸어주면 된다.

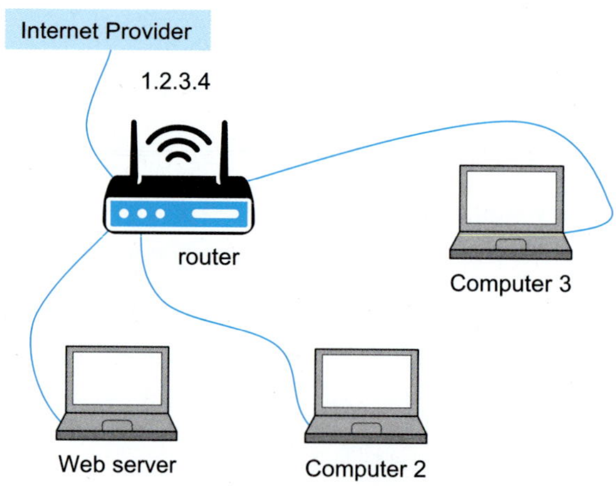

그림 6.32 인터넷 IP와 포트 구성

이제 TCP에 대해 살펴보았으므로 응용계층에서 [그림 6.33]과 같이 오디오 파일을 수신하여 저장하는 과정을 살펴보자. TCP 포트가 다른 2개의 파일을 수신한다고 가정을 때 IP까지는 패킷에 구분이 없이 수신되는 TCP 계층이 포트번호를 확인하여 파일을 분류하여 응용계층으로 보내주는 것을 확인할 수 있다.

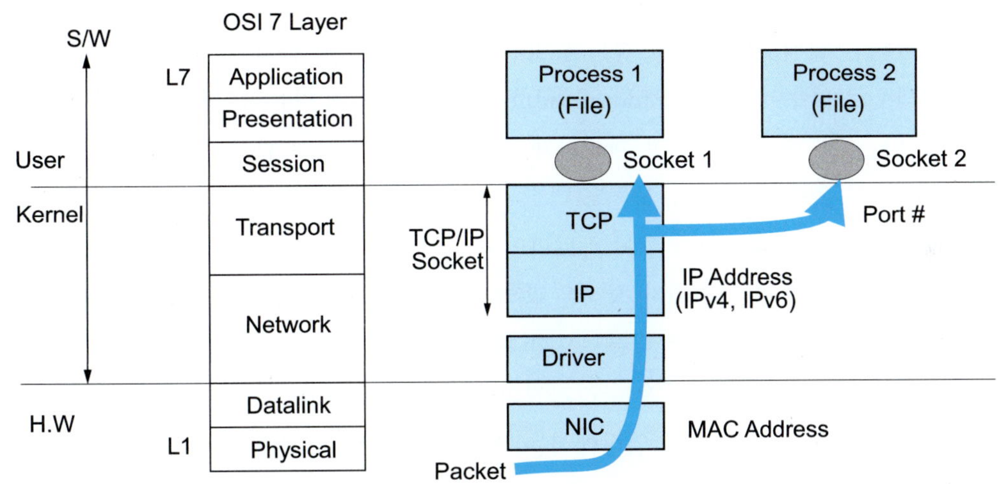

NIC : Network Interface Card (LAN Card)

그림 6.33 TCP/IP를 통한 메시지 수신 과정

6.3.4 응용계층: 오디오 스트리밍

앞에서 TCP/IP 기반 인터넷에 대해 알아보았고, 디지털 오디오를 패킷단위로 주고 받는 방법에 대해 살펴보았다. 이제 인터넷을 이용한 네트워크에서 응용계층에서 어떻게 오디오 스트리밍을 하는지 알아보자. 인터넷이 보급될 당시만 하더라도 응용계층에서는 스트리밍 서비스를 고려하지 않았으며 당시 주요 인터넷 서비스로는 홈페이지를 보기 위한 HTTP, 파일을 보내기 위한 FTP, 저속 데이터 전송을 위한 Telnet 등이 있었다. 따라서 오디오나 비디오 스트리밍을 제공하려는 회사에서는 이러한 응용계층 서비스를 조금씩 변형하여 오디오 스트리밍에 적합한 방법을 제시하게 되었다. 이를 구체적으로 살펴보기 전에 스트리밍에 대해 살펴보자.

크기가 큰 오디오나 비디오 파일을 패킷단위로 쪼개서 주고 받을 수 있는 고속 인터넷 기술이 보급되고, 이러한 패킷 단위의 오디오 파일을 신호처리할 수 있는 다양한 SW 프로그램이 등장함에 따라 오디오 파일을 네트워크 상에서 실시간으로 주고받을 수 있게 되었다. 따라서 오디오나 비디오를 스트리밍하는 서비스가 등장하게 된 것은 어찌보면 당연한 순서인 것이다. 즉, 온라인 음원 판매 서비스는 초기에는 인터넷으로 음악을 구입하면 이를 MP3 플레이어에 다운로드하였다가 듣는 방식이 주류였으나, 현재는 실시간으로 음악을 재생하는 스트리밍 서비스가 대중화되었다. 이 때 스트리밍(Streaming)이란 인터넷을 통하여 실시간으로 데이터를 내려 받는 동시에 재생하는 SW 기술을 의미하게 되었다. 사용자의 컴퓨터는 인터넷 네트워크 속도에 맞춰 인터넷으로부터 음악이나 동영상 파일을 세그먼트 단위로 나누어 다운로드(download)하게 되고, 이렇게 다운로드하자마자 바로 압축을 풀고 다운로드한 부분만큼만 재생하게 된다[266]. 대표적인 음원 스트리밍 서비스는 멜론, 지니, 벅스, 플로 등이 있다. 물론 오디오 스트리밍만 전문적으로 하는 서비스도 있으나, youtube 등 오디오와 비디오를 같이 스트리밍하는 기술이라 보면 된다.

스트리밍의 가장 큰 특징이자 장점은 음악과 동영상을 다운로드하면서 동시에 재생할 수 있다는 것으로 파일 전체를 다운로드할 때까지 기다리지 않아도 즉각적으로 컨텐츠를 즐길 수 있다는 것이다. 따라서 오디오 기기의 저장 공간의 제약에서 벗어나 다양한 컨텐츠를 마음껏 즐길 수 있다. 소비자 입장에서는 음악을 영구적으로 소장할 수는 없으나 얼마든지 필요할 때 들을 수 있으므로 편리하므로 선호하게 되고, 컨텐츠 사업자는 스트리밍 서버만 구입하면 정액제 개념으로 안정적인 사업을 할 수 있게 되므로 현재 스트리밍이 대세가 되고 있다. youtube 등은 오디오 외에 비디오까지 스트리밍하고 있으며, 스트리밍 방식으로 실시간 라이브 방송까지도 제공하고 있다.

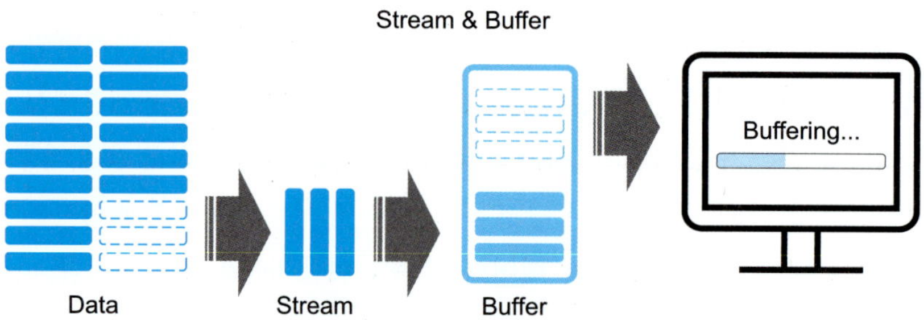

그림 6.34 스트리밍의 원리

266) 스트리밍 서비스는 인터넷 속도과 관련이 깊은데 인터넷 속도가 느렸던 과거에는 오디오 스트리밍 서비스가 주로 이루어지다가 인터넷 속도가 빨라진 지금은 고음질 음악 스트리밍과 동영상 스트리밍으로 스트리밍이 진화하고 있다.

예제 6-17

현재 고품질 음원 스트리밍 서비스를 제공하는 회사를 조사하고 각각의 주요 특징을 정리해 보자.

참고 인터넷이 등장하기 이전에도 스트리밍이라는 용어는 컴퓨터에서 사용되고 있었다. 컴퓨터는 메인보드에 있는 CPU나 메모리(RAM)는 속도가 빠른데 비하여 하드디스크, 마우스, 프린터 등의 입력장치와 출력장치는 상대적으로 속도가 느리다. 따라서 이러한 속도를 맞춰주는 역할을 운영체제(OS)가 수행하였으며 이때 입력장치로 컴포터가 데이터를 받을 때는 입력스트림, 출력장치로 데이터를 보낼 때는 출력스트림이라는 용어를 사용하였다.

이러한 인터넷 상에서 스트리밍 서비스는 영상을 서버에 생성하기 위해 업로드하는 Encoding 단계와 서버의 영상을 받아서 시청할 수 있는 Delivery 단계로 나눌 수 있는데 핵심 기술은 다음과 같다.

[표 6.5] 비디오 스트리밍 Encoding과 Delivery

	Encoding	Delivery
응용계층 스트리밍 기술	RTSP, RTMP, SRT Ready, WebRTC	HLS, mpeg-DASH

Encoding 단계에서 사용하는 최초의 비디오 전송 스트리밍 프로토콜로 RTSP(Real Time Streaming Protocol)가 있다. RTSP는 1996년 IETF에서 발표된 비디오 전송 프로토콜로서 UDP 기반으로 구성되며, 현재는 잘 사용되지 않는다[267]. 이후 2009년도 macromedia라는 회사에서 발표한 RTMP(Real Time Messaging Protocol)고 등장하였는데 이 회사는 Adobe가 인수하면서 RTMP는 Adobe flash에서 기본적으로 사용하는 비디오 프로토콜이 되었다. 이후 youtube에서 영상을 uploading하는데 사용하고 있어 현재 가장 많이 사용되는 방식이다. 단, 역시나 시간이 지난 규격이라 최신 비디오 코텍을 지원 하지 않고 암호 전송이 안되다는 단점이 있다. 이에 2917눈 발표된 SRT(Secure Reliable Transport) Ready라 등장하였는데 암호 전송이 가능하고 안정성이 높아 방송사 등에서 많이 사용하고 있다. 이에 회상회의에서는 WebRTC라는 스트리밍 프로토콜도 있다.

다음으로 사용자가 미디어를 시청할 때인 Delivery 단계의 스트리밍 프로토콜로는 HLS

267) RTSP 프로토콜은 CCTV 등에서는 지금도 사용되고 있다.

(HTTP live streaming)와 mpeg-DASH가 있다. HLS는 2009년 Apple이 발표한 기술로 애플의 스마트폰이 대중화되면서 많이 사용되게 된 방식이다. HLS는 비디오를 10초 단위로 자른 다음 잘라진 조각들을 web 서버에다가 올려 넣고 이를 순차적으로 스트리밍하여 재생할 수 있도록 만든 방식이다. Web 서버를 사용하므로 별도의 고가 미디어 서버가 필요 없이 PC로 만들 수 있는 저렴한 Web 서버를 사용하여 마치 홈페이지에서 데이터를 불러오는 것과 똑 같은 과정으로 비디오를 스트리밍하여 시청하는 방식이다. HLS는 현재 아이폰에서 youtube나 netflix를 보는 방식에 사용하고 있으며, 단점은 애플기기에서만 동작이 잘 된다는 것이다. 반면, mpeg-DASH는 HLS에 대항하기 위해 나온 기술로 HLS와 유사하게 80번 TCP port를 사용하는 HTTP 방식으로 안드로이드 기기에서는 동작이 잘 되나 Apple 기기에는 mpeg-DASH가 동작하지 않는다.

이제 구체적으로 오디오 스트리밍을 구현하는 방법에 대해 살펴보자. 오디오 파일은 서버에 저장되어 있고, client PC에서 인터넷 네트워크를 이용하여 오디오 파일을 서버로부터 다운받는다고 가정하자. 클라이언트 PC는 [그림 6.35]와 같이 Web browser를 이용하여 오디오 파일을 요청하면 서버는 오디오 파일을 HTTP object로 전송하게 된다. 이제 Web 브라우저는 이를 오디오재생 프로그램인 Media player에 넘겨주게 된다. 이러한 방법은 실시간 스트리밍은 불가능하게 된다. 스트리밍 기능이 없이 홈페이지에 음악파일을 upload한 경우 이러한 방식으로 음악을 재생할 수 있고, 인터넷 초창기에 많이 사용되던 방식이다.

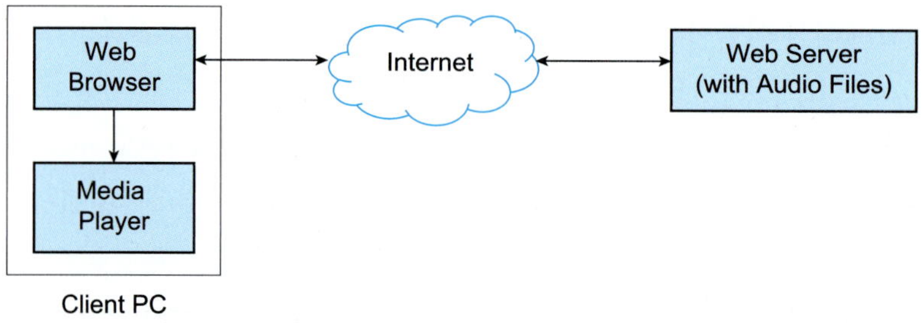

그림 6.35 초장기 오디오 파일 전송 구현 사례

[그림 6.36]은 HTTP 기반 오디오 파일의 스트리밍 전송 동작을 보여준다. 클라이언트 PC에서 URL을 Web 서버에 전송하는 과정을 통해 TCP/IP 연결이 수행된다. 이후 클라이언트가 http.request.method라는 패킷을 보내면 Web 서버는 http response를 통해 HTML 파일을 보내듯이 미디어 파일을 전송하게 된다.

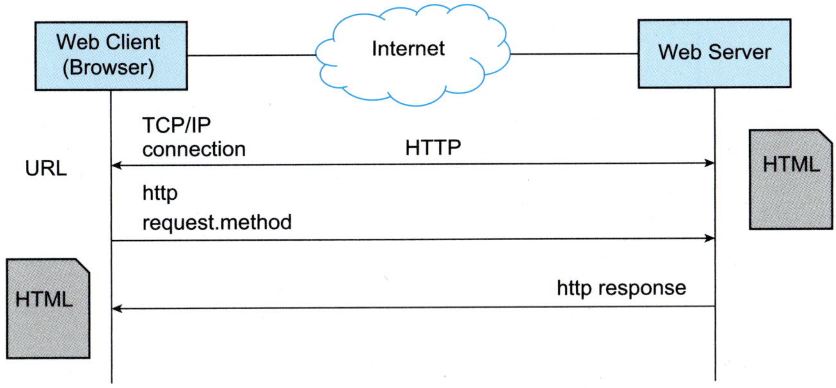

그림 6.36 HTTP 기반 스트리밍 기술[268)]

이제 오디오 스트리밍을 위해서는 [그림 6.37]과 같은 구조를 생각할 수 있다. 클라이인트 PC의 Web Browser는 HTTP GET으로 오디오 파일에 대한 meta 파일을 받게 된다. metafile은 오디오 파일의 URL과 오디오 파일의 정보만을 갖고 있다. meta 파일의 형식을 확인한 Web Browser는 media player를 시작하고 metafile을 넘겨준다. metafile을 넘겨받은 media player는 웹서버에 연결하여 HTTPS 방식으로 스트림 데이터를 수신할 수 있다.

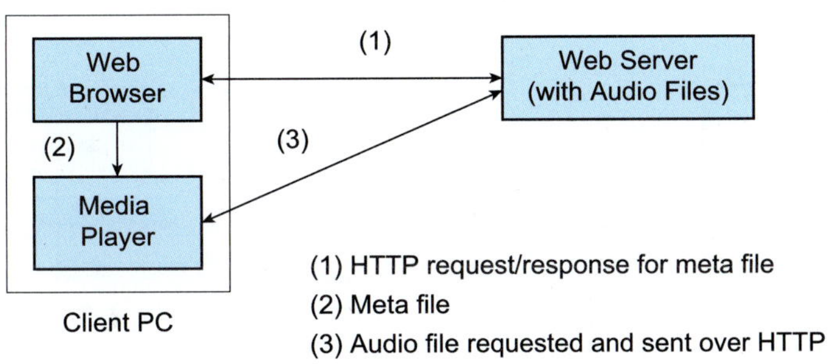

그림 6.37 HTTP 기반 스트리밍 기술

[그림 6.38]과 같이 웹서버가 아닌 별도의 스트리밍 서버를 두는 것도 가능하다. 이제 스트리밍 서버와 Media player는 HTTP가 아닌 별도의 프로토콜을 사용할 수 있다. 예를 들

268) Web 서비스에서 사용되는 용어인 HTML은 Hyper Text Markup Language의 약자이고 HTTP는 Hyber Text Transport Protocol의 약자이다. 최근 Web3.0이라고 부르는 기술이 HTTP 기술의 최신 버전을 의미한다고 보면 된다.

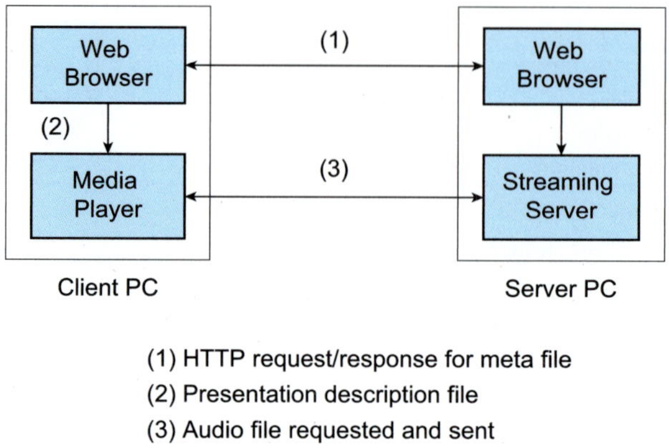

그림 6.38 스트리밍 서버를 갖는 HTTP 기반 스트리밍 기술

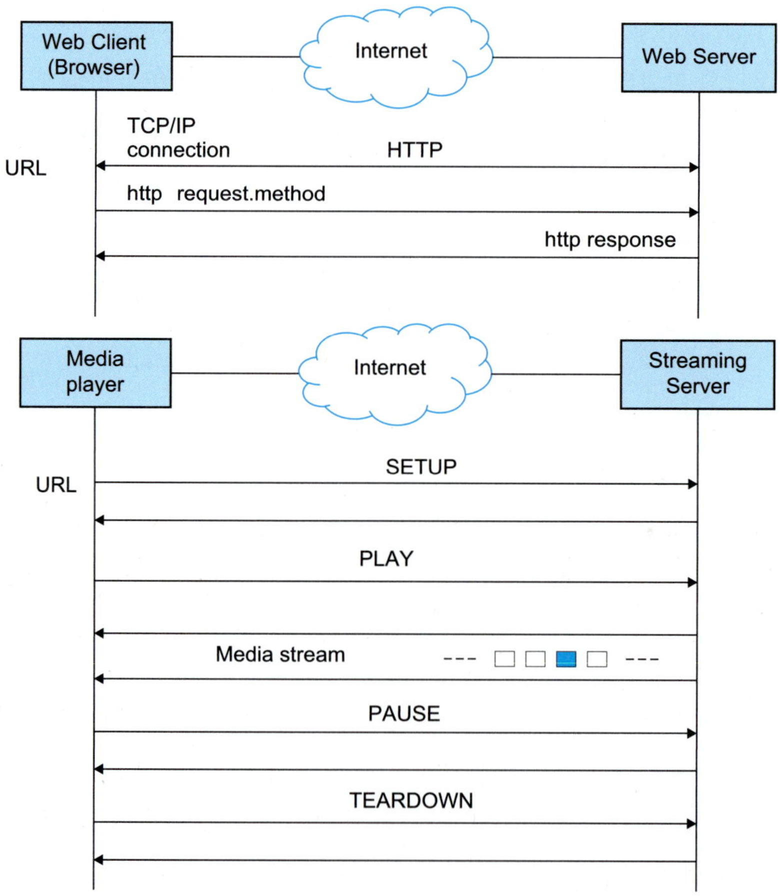

그림 6.39 스트리밍 서버를 갖는 HTTP 기반 스트리밍 기술의 데이터 전송 과정

어 UDP 혹은 TCP를 사용할 수 있다[269]. 이와 같이 하는 이유는 HTTP는 멀티미디어 컨텐츠를 제어하는 방법이 없기 때문이다. RTSP의 경우 사용자가 되감기, 빠른 진행, 일시 정지 등 오디오를 제어할 수 있다. RTSP를 사용하는 경우 RTSP는 out-of-band로 전달된다. RTSP 제어 메시지는 미디어 스트림과는 다른 포트번호(포트번호 554)를 통해서 전달되고 오디오 스트림은 in-band로 간주할 수 있다.

예제 6-18

youtube 등에서 사용하는 비디오 스트리밍의 구성과 동작원리에 대해 알아보자.

6.4 객체기반 디지털 오디오 실시간 신호처리

앞에서 네트워크 오디오와 관련된 하드웨어 중심의 기술적인 문제를 다루었다. 이제 디지털 오디오 신호처리를 위한 소프트웨어 프로그래밍에서도 패킷 단위로 들어오는 디지털 오디오 데이터를 효율적으로 처리하는 방법에 대해 살펴보자. 먼저 네트워크에서의 통신 품질 환경에 대해 살펴보자. 보통 인터넷을 통해 패킷을 수신하는 속도를 다운로드(download) 속도라 하고, 패킷을 송신하는 속도를 업로드(upload) 속도라고 하는데 보통 측정은 다운로드 속도를 기준으로 측정한다. 다운로드 속도는 시간대나 접속된 PC 환경에 따라 인터넷 속도가 달라지게 된다. 이를 네트워크 오디오 관점에서 보면 오디오 패킷 별로 전송되는 속도가 조금씩 달라지게 되므로 모든 패킷을 동일한 방법으로 신호처리할 수는 없다. 예를 들어 네트워크 속도가 높은 상태에서 스트리밍을 시작하여 고음질 코덱을 사용하였는데 스트리밍 중간에 인터넷 속도가 낮아지게 되면 코덱의 성능을 낮출 필요가 있다. 따라서 네트워크 오디오 음악을 신호처리할 때 패킷별로 특성이 달라지는 것을 고려한 프로그래밍이 필요하다. 이를 위해서는 동적 프로그래밍이 필요하며, 동적 프로그래밍을 위해서는 패킷을 독립적인 객체(object)로 보고 객체별로 처리하는 객체지향 프로그래밍(Object-oriented programming)이 필요하다.

---

269) TCP는 손실된 패킷을 재전송하므로 UDP보다 더 좋은 오디오 품질을 제공할 수 있으나 네트워크 지연으로 버퍼가 빌 수 있으므로 이때 play가 일시 중지될 수 있다.

예제 6-19

인터넷에 연결되어 있는 PC의 현재 인터넷 속도를 측정해 보자.

풀이 https://fast.com/ko/와 같은 site에 접속하면 현재 PC에 연결된 인터넷 속도를 알 수 있다. 1분 후에 다시 접속해보자. 속도가 시간에 따라 달라지는 것을 알 수 있다. 또한, 그 값은 초고속 인터넷이 연결된 경우 수백 Mbps 정도가 될 것이다.

네트워크 오디오 환경에서 패킷별로 데이터를 처리하는 방식은 프로그래밍 언어마다 조금씩 다르므로 MATLAB에서 실시간 신호처리를 위해 사용하는 방법을 바탕으로 알아보자. 우리가 실습에 사용하는 MATLAB에도 이러한 패킷(프레임) 단위로 오디오 신호를 처리가 가능한데 이를 위해서 시스템 오브젝트(System Object)라는 개념을 도입하고 있다. 시스템 오브젝트는 객체 지향 프로그램이라 할 수 있는데 하나의 오디오 데이터 프레임을 하나의 객체를 인식하고 각 객체에 대해 프로그램을 수행하는 방식이다. 이러한 시스템 오브젝트를 그래픽하게 구성하면 시뮬링크(Simulink)에서도 사용될 수 있다. [그림 6.40]은 MATLAB의 시스템 오브젝트가 어떻게 데이터를 처리하는지를 보여준다. 데이터는 프레임 단위로 입력되는데 이는 버퍼에 저장된다. 하나의 프레임은 하나의 객체가 되어 객체별로 다르게 처리된다. 이때 데이터와 프로그램 모두 객제지향(Object-Oriented) 방식으로 프로그래밍하게 된다[270].

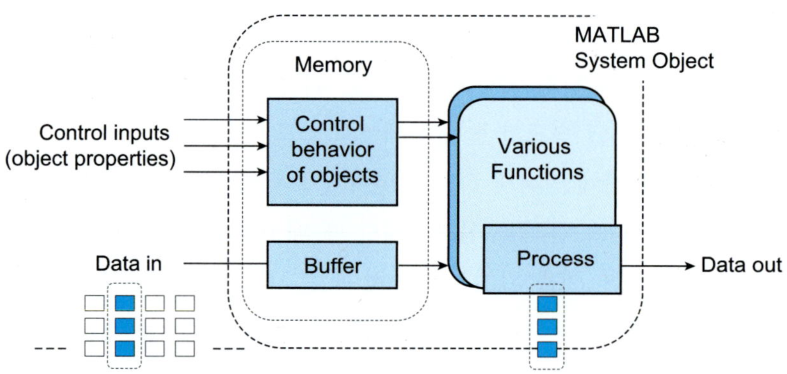

그림 6.40 MATLAB의 시스템 오브젝트 구성도

270) 전자공학에서 사용되는 대표적인 컴퓨터 언어 중에 C는 순차적으로 진행하는 절차지향언어이고 C++은 객체지향언어이다. 따라서 프레임단위로 변하는 실시간 프로그램을 짜기 위해서는 C++을 사용해야 한다.

6.4.1 MATLAB 시스템 오브젝트

먼저 FIR filter system object를 이용하여 Lowpass Filter를 생성해보자. 필터의 차수는 50개, 최대주파수(= 샘플링 주파수의 1/2)의 1/4인 주파수에서 차단주파수를 갖는 저역통과 필터를 obj_filter란 이름으로 할당하는 것을 의미한다.

```
obj_filter = dsp.FIRFilter('Numerator', fir1(50, 0.25, 'low');
```

이제 MATLAB 창에 obj_filter를 입력하여 필터의 특성을 확인해보자. 다음으로 fvtool을 이용하여 filter의 특성을 확인한다.

```
fvtool(obj_filter);
```

설계된 필터의 성능을 확인하기 위하여 잡음신호를 생성하고 필터를 통과해 보자. 필터 통과 전 후의 파형을 그려보면 잡음신호가 저역통과 필터링된 것을 볼 수 있다.

```
x=randn(125,1)
y=step(obj_filter,x);
xaxis=1:100;
plot(xaxis, x(1:100), 'r');
plot(xaxis,y(26:125), 'b');
```

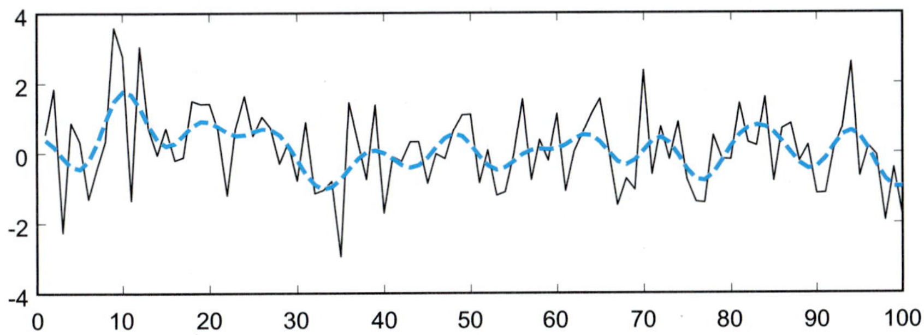

그림 6.41 생성된 필터의 특성

이제 객체기반으로 설계된 filter를 이용하여 시뮬레이션하기 위해 잡음신호를 생성하고 필터를 통과시켜보자. 잡음이 필터링되지 않고 그대로 있는 것을 알 수 있다.

```
obj_filter = dsp.FIRFilter('Numerator', fir1(50, 0.25, 'high');
```

예제 6-20

잡음신호 1000개를 만들어서 앞의 500개는 LPF를, 뒤의 500개는 HPF가 되도록 하시오.

다음으로 MATLAB의 시스템 오브젝트를 이용하여 그래픽 EQ를 만드는 예를 살펴보자. MATLAB 명령창에 다음과 같이 입력하면 그래픽 이퀄라이저에 대한 system object를 만들 수 있다. 이러한 그래픽 이퀄라이저의 초기값은 모두 영(주파수에 따른 이득 조절이 없는 상태)이다.

```
eq=graphicEQ;
```

이제 다음가 같이 입력하면 각 주파수별로 이득을 조절할 수 있으며, 이를 시각화할 수 있다.

```
eq.Gains = [4, 4.2, 4.6, 2.7, -3.7, -5.2, -2.5, 2.3, 5.4, 6.5, 6.5]
visualize(eq)
audioTestBench(eq)
```

예제 6-21

그래픽 이퀄라이저에 대한 시스템 오브젝트틀 구현하고 이득을 조절해보시오.

이렇게 생성된 시스템 오브젝트를 이용하여 [그림 6.42]와 같은 Simulink 프로그램을 만들어보자. 이제 Simulink를 구동하여 디지털 음원의 소리를 들어보면 그래픽 이퀄라이저에서 이득을 조절한 것과 같이 음색이 변함을 알 수 있다. 이와 같이 객체기반으로 디지털 음원을 처리하면 1024개의 샘플을 하나의 프레임으로 하여 처리됨을 알 수 있고 각 프레임별로 조절이 가능하다.

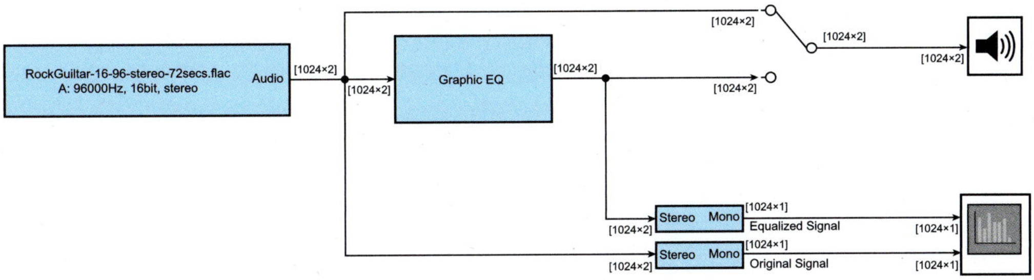

그림 6.42 시스템 오브젝트를 이용한 그래픽 이퀄라이저 실습

예제 6-22

[그림 6.42]의 Simulink 프로그램을 구동하고 음원이 플레이되는 중간에 그래픽 이퀄라이저의 세팅을 바꾸어 음색이 실시간으로 조절됨을 파악하시오.

참고 객체지향 방법으로 오디오 데이터를 전송하거나 신호처리하기 위해서는 네트워크 프로그램과 각종 컴퓨터 언어를 학습할 필요가 있다. 본 절에서는 네트워크 오디오 관점에서 개략적인 내용을 소개한 정도이니 관심이 있는 학생들은 추가적인 관련 학습을 진행하기 바란다.

CHAPTER

7

무선 오디오 (Wireless Audio)

- 현대에 들어 필수불가결하게 된 무선 오디오와 스마트 오디오를 이해할 수 있다.*
- 아날로그/디지털 오디오 신호와 통과대역신호를 상호 변환할 수 있다.
- Bluetooth 통신을 이해하고 Bluetooth 모듈을 이용한 스피커를 만들 수 있다.
- 스마트폰, PC, Wi-Fi 공유기 등으로 무선 기반의 네트워크 오디오 시스템을 구성할 수 있다.

---

* 오디오와 무선과의 관계는 과거 라디오를 오디오를 시청하는 수준에서부터 시작하여 최근 디지털 무선통신 기술의 발전으로 스마트폰을 이용하여 원격서버에 있는 음원을 무선으로 직접 듣는 시대가 되었다.

7.1 스마트폰과 무선 오디오

6장에서 살펴본 네트워크 오디오를 통해 더 이상 음원 전체를 다운로드 받을 필요가 없이 인터넷을 통해 스트리밍할 수 있게 되었다. 그래도 네트워크 오디오는 진화된 오디오 소스기기이며, 여전히 네트워크 오디오를 앰프나 스피커에 연결하는 일은 필요하였다. 하지만 스마트폰이 등장하면서 오디오 시장은 송두리째 바뀌게 되었다. 스마트폰은 오디오 기기로 사용될 수는 있지만 오디오 전용기기는 아니라 무선전화기이다. 따라서 스마트폰으로 음악을 듣게 되면서 오디오는 특별한 기기를 이용해야 들을 수 있다는 생각 자체가 사라지게 된 것이다. 즉, 스마트폰에 의해 음악 감상은 시간과 돈을 투자해야 하는 특별한 취미 생활이 아니라 그냥 사람들의 생활 속의 일부가 된 것이다. 심지어 이제는 음악감상실에서 조차 앰프와 스피커는 빈티지 제품을 사용하더라도 음원만큼은 스마트폰을 통해 인터넷에서 받아오게 되었다. 즉, 스마트폰과 무선 인터넷 기술의 확산으로 오디오기기는 스마트폰을 통해 나오는 무선신호(Bluetooth, Wi-Fi, 등)에 포함된 디지털 음원을 전송받아 출력하는 역할로만 한정되게 된 것이다.

스마트폰은 태생적으로 휴대전화의 뒤를 잇는 무선기기이므로 스마트폰이 중심이 되면 앰프와 스피커도 무선기능을 갖는 것은 당연한 수순이 되었다. 이에 따라 Bluetooth 이어폰/스피커와 Wi-Fi 스피커가 등장하게 되었다[271]. 최근에는 고속 디지털 무선통신 기술의 발달로 무선 데이터 전송속도가 수백 Mbps 이상으로 빨라지게 되면서 CD품질을 넘어서 고품질 오디오를 무선으로 받아서 청취할 수 있는 수준으로까지 발달하고 있다. 본 장에서는 전통적인 AM/FM 라디오부터 디지털 기반의 무선 오디오까지 무선오디오를 전반적으로 다루도록 한다. 단, 무선기술을 이해하기 위해서는 통신이론과 디지털통신에 대한 심화학습이 필요하므로 본 교재에서는 이론은 최소화하고 적용 사례를 중심으로 학습하고자 한다.

7.1.1 주파수와 면허

먼저 무선오디오는 허가된 특정 주파수를 사용하므로 통신이나 방송용 주파수에 대해 알아볼 필요가 있다. 주파수는 유한한 자원이므로 각국에서는 주파수별로 사용 용도를 지정하여 배타적으로 사용하도록 규정하고 있다. 예를 들어 이동통신에 사용되는 주파수는 이동통신 주파수라고 부르며 FM 라디오에 사용되는 주파수는 FM 라디오 주파수라고 부

271) Wi-Fi는 Bluetooth에 비해 전력소모가 많고, IP 주소 할당 등의 어려움이 있으므로 전력소모와 크기가 중요한 이어폰의 경우에는 보통 Wi-Fi가 사용되지 않는다.

른다. 그 이유는 이동통신 주파수는 이동통신 회사에서 주파수 경매를 통해 주파수 면허를 받아 독점적으로 사용하며, FM 라디오 주파수는 라디오 방송국에서 독점적으로 사용하기 때문이다[272]. 주파수별로 주요 서비스를 살펴보면 [표 7.1]과 같다[273] 또한, 기술이 발전하고 수요가 변하면서 주파수 할당도 계속 바뀌게 되는데 예를 들어 3.5 GHz 대역은 예전에 고정통신으로 사용되었으나, 현재는 5G 이동통신용으로 할당되어 사용되고 있다.

[표 7.1] 주파수 할당 사례

1. 100 MHz 이하 : 라디오, 페이저(=무선호출기=삐삐), 아날로그 코드리스 전화
2. 100–800 MHz : 방송용(radio & TV)
3. 400–500 MHz : 무전기, TPMS, TRS (Trunking radio system)
4. 800–1,000 MHz : 2G~4G 이동통신(아날로그 & 디지털), RFID/USN
5. 1.8–1.9 GHz : 2G~4G 이동통신, 코드리스 전화기
6. 2.4–2.5 GHz : ISM 대역, 코드리스 전화기, 무선LAN, 무선 PAN
7. 3.4–4.5 GHz : 5G 이동통신, 고정통신
8. 5.0–5.8 GHz : 무선LAN
9. 11–15 GHz : 위성통신(uplink : 14.0–14.5 GHz, downlink : 11.7–12.2 GHz)
10. 76–81 GHz : 차량충돌방지 레이다

주파수 중에는 ISM(Industrial, Scientific and Medical) 대역이 있는데 이 주파수는 좀 더 자유롭게 쓸 수 있다. 원래 ISM 대역은 유도가열, 유전 가열 등의 목적으로 공장이나 병원에서 다양한 목적으로 사용되는 주파수여서 통신이나 방송에 적합하지 않다. 그럼에도 불구하고 통신이나 방송에서 사용할 수 있다면 사용하도록 개방한 주파수이다. 예를 들어 교통카드에 사용되는 13.56 MHz 대역이나 무선 LAN 등에 사용되는 2.4/5.8 GHz 등이 ISM 대역의 예이다. 이러한 ISM 대역은 별도의 면허없이도 전파인증만 받으면 사용할 수 있는 주파수 대역이어서 가정에서 무선 LAN이나 전자레인지(microwave oven) 등에서 사용하고 있다. 단, ISM 기기는 주파수 사용자가 많으므로 간섭에 취약하다.

---

272) MBC 라디오에서 사용하는 91.9 MHz는 사용하는 주파수 대역의 중심주파수를 의미하며 실제는 중심주파수를 기준으로 좌우로 특정 대역폭(국내 FM라디오는 200 kHz)을 가지므로 91.9 MHz± 100 kHz가 된다. 이 주파수는 MBC만이 사용하고 다른 사람들은 사용할 수 없다. 만약 사용할 경우 MBC 라디오를 청취하는 사람에게 방해를 주므로 불법전파 사용에 따른 처벌을 받는다.

273) 아래의 예는 각 주파수별 대표적인 서비스의 사례를 보여주며, 나라마다 주파수 정책이 다르므로 조금씩 차이가 있다.

[표 7.2] 전세계 ISM 대역

중심주파수	대역폭	특성
6.78 MHz	30 kHz	유도가열 특성 이용
13.56 MHz	14 kHz	
27.12 MHz	326 kHz	
40.68 MHz	40 kHz	
433.92 MHz	1.84 MHz	유전가열 특성 이용
915.0 MHz	26 MHz	
2.45 GHz	100 Mhz	
5.80 GHz	150 MHz	
24.125 GHz	250 MHz	대기 중 흡수 특성 이용 (H_2O, O_2 등)
61.25 GHz	500 MHz	
122.5 GHz	1 GHz	
245 GHz	2 GHz	

참고 전 세계적으로 전파정책에 조금씩 차이가 있다. 예를 들어 915MHz는 미주지역에서는 ISM 대역이나 국내에서는 ISM 대역이 아니다.

또한 주파수 대역은 면허대역(Licensed band)과 비면허대역(Unlicensed band)으로 분류할 수 있는데, 면허대역은 주파수 경매 등의 과정을 거쳐 통신이나 방송사업자 등이 취득하여 특정 기간 동안 배타적으로 사용할 수 있는 대역을 의미한다. 이동통신 주파수대역이 대표적인 면허대역이다. 비면허대역은 별도의 면허가 필요 없는 주파수대역으로 전파인증만 받게 되면 자유롭게 사용할 수 있으며 무선 LAN이 사용하는 2.4 GHz 주파수대역은 ISM 대역이면서 대표적인 비면허대역이다.

예제 7-1

무선오디오에서 사용하는 FM라디오, Bluetooth 오디오, Wi-Fi 오디오는 각각 면허대역인가? 비면허대역인가?

답 FM 라디오는 면허대역, Bluetooth 오디오와 Wi-Fi는 비면허대역이다.

면허대역 무선기기에서 송신하는 전력은 가전기기에서 사용되는 전력에 비해서는 상대적으로 낮기는 하지만 보통 수백 mW 이상을 송신할 수 있다. 이 전력은 일반적인 무선 수신기보다 10^{12}배 이상 크다. 따라서 전력이 큰 무선송신기는 같은 주파수나 인접한 주파수 대역을 사용하는 무선통신 수신기에 나쁜 영향을 줄 수 있다. 따라서 출력이 큰 면허대역의 무선기기는 송신기의 주파수와 그 출력에 대해서 철저한 국가의 관리가 필요하다. 따라서 무선오디오를 대해 이해하기 위해서는 주파수 특성과 함께 전력특성에 대해 이해할 필요가 있다.

예제 7-2

이동통신, Wi-Fi, Bluetooth 등의 무선통신 기술의 송신전력은 얼마인가? 송신전력이 클수록 통신반경이 넓어짐을 보이시오.

풀이 이동통신 > Wi-Fi > Bluetooth 순으로 송신전력이 크며 이에 따라 통신반경이 넓다.

중요 무선오디오를 이해하기 위해서는 공기중의 전파의 특성을 이해해햐 하는데 이러한 특성은 주파수 특성과 전력특성으로 나눌 수 있다. 주파수 특성은 중심주파수, 대역폭 등이 있으며, 전력특성은 공중선 전력, 안테나 이득, EIRP 등이 있다.

7.2 무선기술 개요

무선 오디오를 이해하기 위해서는 먼저 1장에서 논의한 전파의 주파수와 파장의 관계로 다시 돌아가야 한다. 소리를 아날로그 전압신호로 변환하게 되면 주파수가 0을 중심으로 대칭인 기저대역 신호가 생성되게 되는데 이러한 기저대역신호는 주파수가 낮기 때문에 파장이 매우 크다. 따라서 안테나를 통해 무선으로 전송하기 위해서는 무선화하기에 적합한 주파수로 주파수를 상향 변환해야 한다[274]. 주파수 변환이란 기저대역 신호를 특정 주파

274) 안테나는 송신하는 신호의 파장(wavelength)의 1/2(다이폴 안테나의 경우)이거나 1/4(모노폴 안테나의 경우)의 크기를 가져야 하므로 주파수가 높을수록 안테나 크기가 작아지게 된다.

수 대역으로 옮기는 과정을 의미하며, 이러한 과정을 변조(modulation)라고도 한다[275]. 주파수 상향 변환된 신호는 안테나를 통해 전송되게 되며 공기 중을 지나 수신 안테나에 도달하게 된다. 송신안테나와 수신 안테나 사이를 무선 채널이라 하며 수신 신호는 무선 채널의 영향을 받아 크기가 작아지고 왜곡되게 된다. 이러한 신호는 수신 안테나에서 변조의 반대과정인 복조(demodulation)을 거쳐 원래 기저대역 신호로 복원되게 된다. 이러한 무선기술을 이해하기 위해서는 주파수 변환이론에 대한 이해와 이를 구현하는 송수신기 회로 및 안테나에 대해 이해해야 한다.

예제 7-3

무선통신은 유선통신과 달리 기저대역 신호를 직접 전송하지 않고 주파수를 천이하여 통과대역 신호로 변조하여 송신하는 이유는 무엇인가? 주파수가 10 GHz일 때의 안테나의 크기와 1 MHz일 때의 안테나 크기를 이용하여 설명하시오.

답 안테나의 크기는 파장의 함수로 보통 반파장이거나 1/4 파장이어야 공진특성이 형성되어 신호를 공기 중으로 전파할 수 있다. 그런데 기저대역 신호를 바로 보내면 안테나 크기가 너무 커진다. 10 GHz의 파장은 3 cm이므로 안테나 크기는 1.5 cm인 반면에 동일한 성능의 안테나는 1 MHz 안테나는 150 m의 크기를 가져야 한다.

7.2.1 주파수 변환 이론

아날로그 오디오 신호이든 디지털 오디오 신호이든 모든 신호는 기저대역신호이다. [그림 7.1]과 같이 기저대역신호 $m(t)$는 실수신호이고 이를 주파수변환하면 $M(f)$의 주파수 스펙트럼을 갖는다고 하자. Fourier 변환의 성질에 의해 실수신호의 주파수 스펙트럼 $M(f)$는 0 Hz를 중심으로 대칭의 형태를 갖는다. 이 신호를 반송파 주파수(carrier frequency) f_c를 중심으로 주파수 변환하는 과정은 기저대역신호와 반송파신호를 시간영역에서 곱하는 과정으로 구현할 수 있다.

275) 변조는 주파수변환과정과 기저대역신호의 변경을 모두 포함하는 넓은 의미이다. 과거에는 FM 방송과 같이 주파수변환과 기저대역신호를 하나의 회로에서 동시에 수행하였으나, 최근 무선통신은 신호의 변조는 기저대역에서 이루어지고, 주파수변환과정은 RF 회로를 이용하는 방법을 주로 사용한다.

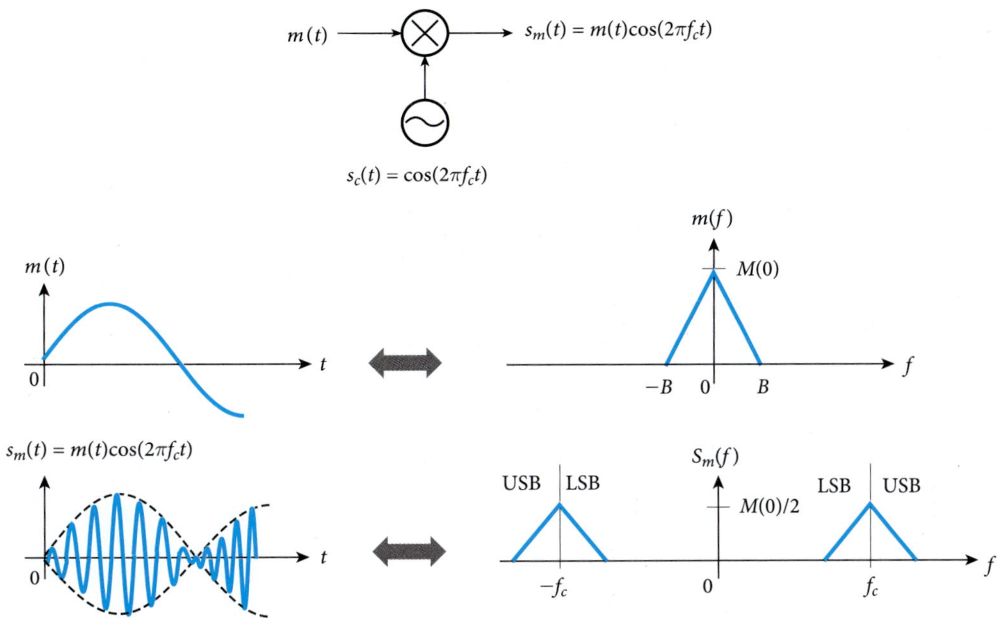

그림 7.1 주파수변환에 의한 스펙트럼 천이의 예

반송파신호를 cosine 함수로 표현하면, 주파수변환 과정은 식 (7.1)로 주어진다.

$$s_m(t) = m(t)\cos(2\pi f_c t) \tag{7.1}$$

이제 cosine 함수는 $-f_c$와 $+f_c$ 주파수에 1/2 크기를 갖는 델타(delta) 함수이고, 시간영역에서 곱셈은 주파수영역에서 컨벌루션(convolution)이므로 주파수 변환과정을 주파수영역에서 표현하면 식 (7.2)와 같다.

$$m(t)\cos(2\pi f_c t) \Leftrightarrow \frac{M(f-f_c)+M(f+f_c)}{2} \tag{7.2}$$

식 (7.2)와 같이 주파수에 반송파 신호를 곱하게 되면 주파수 천이가 발생하며 기저대역 신호일 때는 나타나지 않는 음의 주파수 대역이 보이게 되어 대역폭이 2배가 된다. 또한 주파수 변환된 신호에는 반송파 신호는 보이지 않기 때문에 이러한 주파수 변환과정을 DSB-SC(Double Side Band-Suppressed Carrier)라고 한다[276]. 주파수 스펙트럼에서 반송파 주파

276) DSB-SC 변조는 정보 신호의 스펙트럼을 주파수상에서 $\pm f_c$만큼 옮기지만 스펙트럼의 형태는 변형시키지 않으므로 선형변조(linear modulation) 방식이다.

수보타 높은 주파수 성분을 USB(Upper Side Band), 반송파 주파수보다 낮은 주파수 성분을 LSB(Lower Side Band)라고 부른다.

주파수 변환된 신호의 복원

실수신호를 DBS-SC 방식으로 주파수 변환하여 송신기가 송신하는 경우 수신단에서 어떻게 기저대역 신호가 복원될 수 있는지 살펴보자. [그림 7.2]는 DBS-SC된 신호의 복조 과정의 개념도를 보여준다. 주파수변환 과정에서와 같이 수신된 신호에 다시 한 번 반송파를 곱해주면 주파수 영역에서 스펙트럼을 좌우로 f_c만큼 천이시키게 되므로 f_c의 위치에 있는 송신 스펙트럼은 $f = 0$과 $f = 2f_c$의 위치로 이동하고, $-f_c$의 위치에 있는 송신 스펙트럼은 $f = 0$과 $f = -2f_c$의 위치로 이동하게 된다. 이제 저역통과필터를 이용하여 $f = \pm 2f_c$ 위치에 있는 주파수 성분은 제거하고 $f = 0$ 위치에 있는 주파수 성분만을 통과시키면 송신 신호를 복원할 수 있다. 이 과정을 수식으로 정리하면 시간영역에서는 식 (7.3)이 되며, Fourier 변환을 통해 주파수영역으로 표현하면 식 (7.4)와 같다.

$$s_m(t)\cos(2\pi f_c t) = m(t)\cos^2(2\pi f_c t) = \frac{1}{2}m(t)[1+\cos(4\pi f_c t)\,] \tag{7.3}$$

$$F\{s_m(t)\cos(2\pi f_c t)\} = \frac{1}{2}M(f) + \frac{1}{4}M(f+2f_c) + \frac{1}{4}M(f-2f_c) \tag{7.4}$$

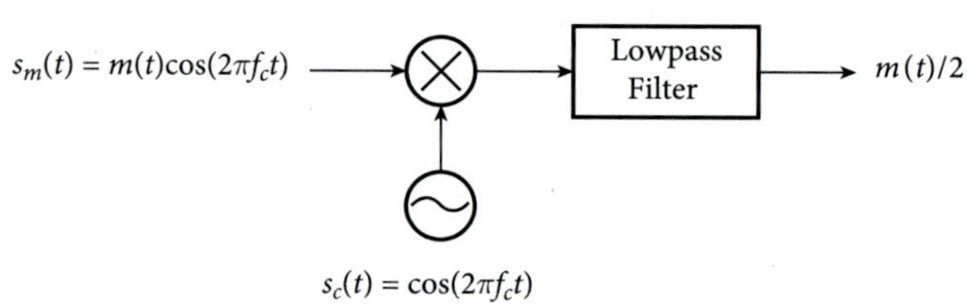

그림 7.2 주파수 변환된 신호의 복원 과정

신호가 cosine 함수인 경우

오디오 신호의 주파수변환 과정의 예로 [그림 7.3]과 같이 오디오 신호가 주파수 f_m인 cosine 파인 $\cos(2\pi f_m t)$ 신호라고 가정해보자. 이 신호를 반송파주파수가 정보신호의 주파수

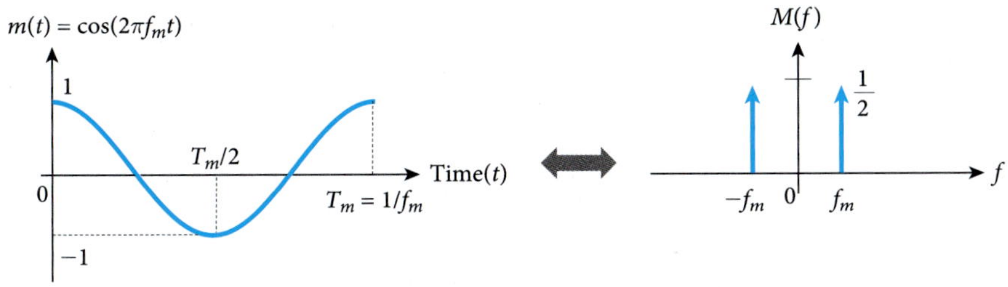

그림 7.3 cosine파의 시간영역과 주파수영역

보다 아주 클 경우 ($f_c \gg f_m$) 주파수변환과정을 살펴보자.

주파수변환된 신호는 cosine 신호함수와 반송파 cos 함수의 곱으로 식 (7.5)와 같다.

$$
\begin{aligned}
s_m(t) &= \cos(2\pi f_m t)\cos(2\pi f_c t) \\
&= \frac{1}{2}\left[\cos(2\pi(f_c - f_m)t + \cos(2\pi(f_c + f_m)t\right]
\end{aligned}
\tag{7.5}
$$

이제 식 (7.5)를 Fourier 변환하면 식 (7.6)과 같다.

$$
S_m(f) = \frac{1}{4}\left[\delta(f - f_c - f_m) + \delta(f - f_c + f_m) + \delta(f + f_c - f_m) + \delta(f + f_c + f_m)\right] \tag{7.6}
$$

식 (7.6)은 [그림 7.4]처럼 주파수 $-f_c$와 $+f_c$ 주파수를 기준으로 좌우로 f_m 만큼 떨어진 모양이 된다. 이때 $-f_c$와 $+f_c$ 주파수에는 아무런 성분이 없음에 볼 수 있다. 주파수 기저대역

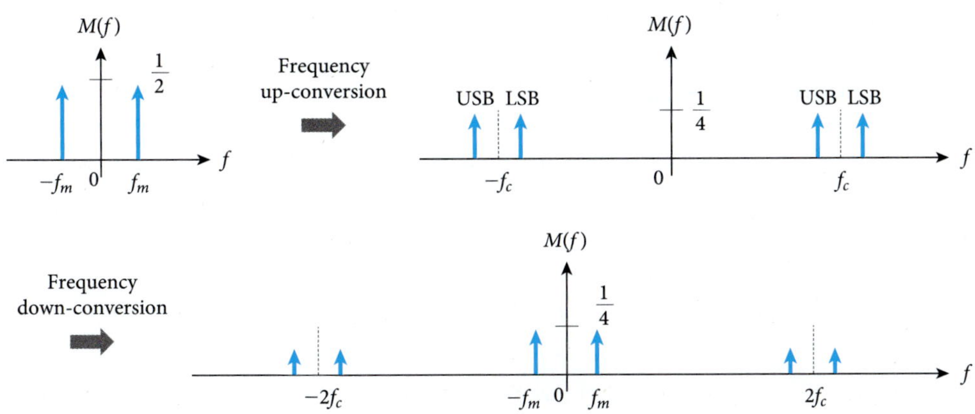

그림 7.4 cosine파의 경우 주파수변환 및 복원 과정

신호를 복원하기 위하여 식 (3.5)를 다시 반송파 주파수를 곱하면 [그림 7.4]의 아래와 같은 주파수 스펙트럼을 얻을 수 있으며 저역통과필터를 통과하게 되면 원래 cosine 신호를 복원할 수 있게 된다.

단 신호의 복원과정에서 반드시 필요한 것이 반송파신호의 주파수와 위상을 알아야 한다는 것이다. 하지만 실제로 떨어져 있지 않은 송신기에서 사용한 반송파 신호의 주파수와 위상을 알기는 어려우므로 수신기는 이를 추정(Estimation)해야 하는데 이러한 과정을 동기(Synchronization)이라 한다. 무선통신의 성능을 희생하더라도 동기과정 없이 신호를 수신할 수 있는 방식이 있는데 이러한 방식을 비동기 방식이라 한다. 과거 AM 라디오나 FM 라디오는 수신기를 간단히 만들기 위해 비동기 방식을 사용하였다. 단, 넓은 지역의 수신기가 동시에 비동기로 신호를 수신하기 위해서는 송신기에서 수십 kW 이상의 큰 전력의 선호를 생성해야 하므로 송신기의 가격은 비싸게 된다. 이런 비싼 라디오송신기는 보통 산 정상이나 높은 철탑 위에 설치하여 하나의 송신기를 중심으로 수십 km 이내에 위치한 라디오에 신호를 보내게 된다. 반면, LTE나 5G 등의 이동통신은 수신기에서 동기방식을 사용하므로 수신기 구조는 복잡하지만 송신기 출력이 라디오 송신기보다는 훨씬 작은 수십 W 이하여도 수 km까지 통신이 가능하다[277].

예제 7-4

동기가 안될 경우 어떤 문제가 발생하는지 수식으로 알아보자.

풀이 식 (7.3)에서 수신기가 송신기 신호와 주파수 오차 Δf와 위상오차 $\Delta\theta$가 있는 경우를 가정하여 수식을 풀어본다.

$$s_m(t)\cos(2\pi(f_c + \Delta f)t + \Delta\theta) = m(t)\cos(2\pi f_c t)\cos(2\pi(f_c + \Delta f)t + \Delta\theta)$$

이 식을 정리하고 저역통과필터를 통과하면 다음과 같다.

$$\frac{1}{2}m(t)\cos(2\pi\Delta f t + \Delta\theta)$$

신호 $m(t)$가 복원되는 것이 아니라 신호에 위상지연과 크기의 출렁임이 있는 송신신호와 다른 신호가 복원된다.

277) 무선기술의 진화는 반도체 기술의 발전과 같이 한다. 반도체 기술의 발전으로 복잡한 무선통신회로가 하나의 반도체 칩 안으로 들어가게 되어 크기가 매우 작아지게 되었다. 따라서 동기방식의 수신기를 반들기가 쉬워지게 되었다.

7.2.2 주파수 변환 회로와 안테나

앞에서 기저대역 신호를 통과대역 신호로 주파수 변환하는 이론에 대해 살펴보았다. 이제 실제 주파수를 변환하는 회로와 공기 중에 방사하는 안테나(antenna)에 대해 살펴보자. [그림 7.5]에 통과대역 신호 전송과 관련된 회로와 안테나의 블록도가 나와 있다. 주파수 변환 회로는 송신기의 경우 주파수 상향변환기(Frequency up-converter) 또는 송신기(Transmitter)라 불리며, 수신기의 경우 주파수 하향변환기(Frequency down-converter) 또는 수신기(Receiver)라 불린다. 송신기와 수신기가 일체형으로 있는 경우는 송수신기(Transceiver, 트랜시버)라고 부른다.

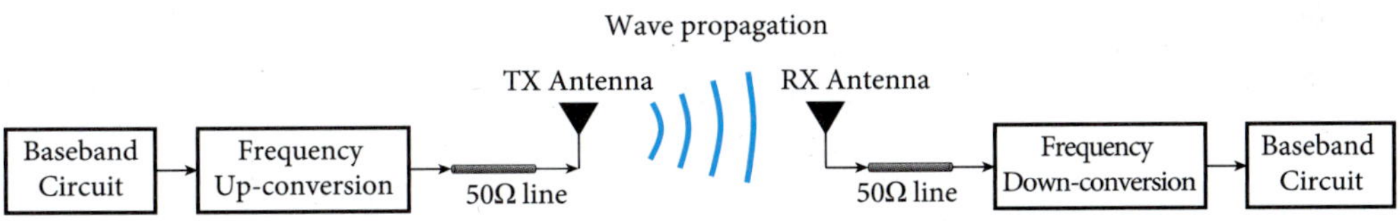

그림 7.5 통과대역 신호의 송신과 수신의 블럭도

이러한 송수신기는 과거에 개별 트랜지스터로 제작하였으나 최근에는 반도체 기술의 발달로 코덱 칩이나 모뎀 칩, 그리고 송수신기 칩이 하나의 SoC(System on Chip)로 만들어지는 추세이다. [그림 7.6]은 WiFi와 Bluetooth가 하나의 모듈로 완성된 제품으로 디지털 데이터를 SPI 로 받아서 WiFi와 Bluetooth 신호를 생성하는 모듈의 예를 보여준다[278].

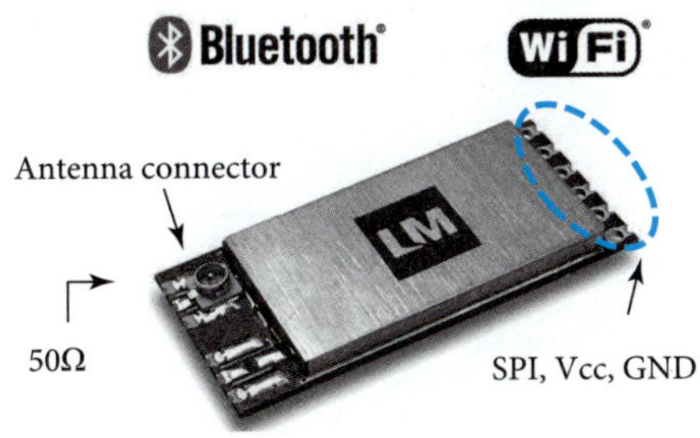

그림 7.6 WiFi + Bluetooth 모듈의 구성(Realtech™)

278) 그림의 알루미늄 케이스 안에 모든 무선통신 기능이 SoC화 되어 있으며, 사용자는 안테나 입출력, 전원 공급, 데이터 입출력만 하면 사용할 수 있다. 이 경우에 IC의 출력단과 안테나를 연결할 때 필요한 임피던스 정합(Impedance matching) 기법 및 제작 후 성능 측정, 전파인증 등의 과정에서 RF 지식이 필요하다.

송수신기 회로는 전파의 주파수가 높고 파장이 짧기 때문에 회로 설계 시 파장의 변화를 고려해야 하는데 이러한 회로를 RF 회로 또는 마이크로파 회로라고 한다[279]. 따라서 본 절에서는 기본 개념 위주로만 살펴본다. 송수신기는 파장이 작기 때문에 회로의 다양한 분야에서 신호의 일부가 주변으로 방사되기가 쉽다. 이러한 원하지 않은 전파의 방사를 EMI(Electro-Magnetic Interference)리고 하며 EMI를 최소화하기 위해서 보통 송수신기 회로는 금속 도체로 차폐를 하는 경우가 많다. 이러한 송신기의 출력에서 나오는 주파수가 높은 전파를 공기 중으로 방사하거나 혹은 공기 중에 있는 전파를 수신하기 위해서는 안테나가 필요하다. 마지막으로 송수신기와 안테나를 연결해야 하는데 이때 손실이 적고 주파수 특성의 변화가 없는 전송선로와 커넥터가 필요하다. 마지막으로 송신기부터 수신기 사이는 자유 공간에 의한 손실을 극복하기 위하여 최대전력전달조건이 되도록 임피던스를 일정하게 유지하는데 보통 50 Ω 임피던스 특성을 갖는 선로를 이용한다.

50Ω 선로와 RF 회로

먼저 송신기와 안테나를 연결하거나 송수신기 내부의 회로들을 연결하기 위한 50 Ω 선로에 대해 알아보자. 50 Ω 선로란 선로의 임피던스가 50 Ω이란 것을 의미하는데 선로를 통해 전달되는 전파의 전기장과 자기장의 비가 50 Ω이라는 뜻이다. 자유공간의 임피던스가 377 Ω인데 회로에서는 왜 50 Ω을 사용하는지 그 이유를 살펴보자.

만약 선로를 선로의 특성이 제일 우수한 동축케이블로 만들 경우 임피던스에 따라 외부도체 대비 내부도체의 직경이 달라진다. 예를 들어 [그림 7.7]에 외부직경이 1 cm이고 두 도체 사이의 유전체가 폴리프로필렌(polypropylene)을 사용한 SMA 동축케이블의 경우 내부도체의 두께에 따른 임피던스 특성을 보여준다[280].

예제 7-5

동축케이블의 임피던스는 수식으로 계산하거나 인터넷 상에 존재하는 계산기를 사용할 수 있다. 'coaxial cable calculator'로 인터넷 검색을 하여 [그림 7.7]의 SMA 동축케이블의 임피던스 특성을 확인하자.

279) RF 회로 또는 마이크로포파회로와 관련된 전자공학 교과목으로 마이크로파공학, 안테나공학, 전파공학 등이 있으며 전자공학 교과목 중에서도 가장 어려운 과목 중에 하나이다.

280) SMA는 동축케이블을 연결하는 커넥터의 한 종류로서 SubMiniature type A의 약자이다. 이보다 크기가 큰 N type 커넥터보다 작아서 많이 사용되며 보통 12 GHz 까지의 초고주파 신호를 안정적으로 보낼 수 있다.

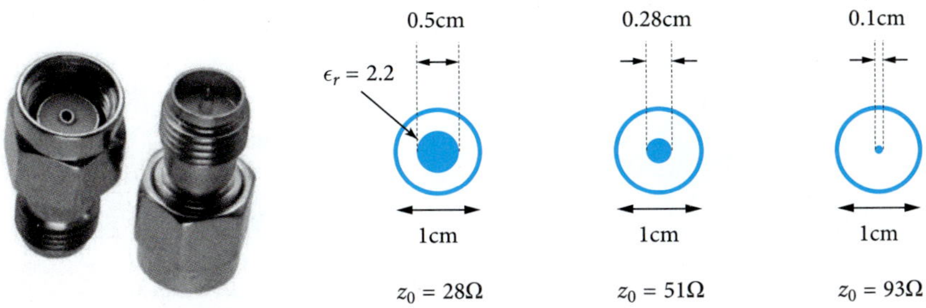

그림 7.7 SMA 동축케이블의 임피던스 특성

그림에서 볼 수 있는 것과 같이 선로의 특성임피던스가 너무 낮으면 내부 도체의 직경이 너무 두꺼워 제작단가가 올라가고 내부 도체의 직경이 너무 작으면 제작이 어렵고 선로를 서로 연결하기가 어려워진다. 따라서 가장 적합한 크기의 동축케이블은 50 Ω 근방임을 알 수 있고 따라서 주파수가 높은 회로에서는 대부분 50 Ω 케이블을 많이 사용한다. 또한 최대전력전달을 위해서는 소스 임피던스, 부하임피던스, 선로 임피던스가 같아야 하는데 선로임피던스가 50 Ω이므로 안테나의 입력임피던스, 송신기의 출력임피던스도 최대전력 전달조건을 만족하기 위하여 모두 50 Ω으로 맞추게 되는데 이를 임피던스 정합(Impedance matching)이라고 한다.

이제 송수신기 회로 내부의 선로를 살펴보자. 송수신기 회로는 PCB(Printed Circuit Board) 기판이나 반도체 기판이므로 평면형태의 회로에서 50 Ω 임피던스를 갖는 선로가 필요하다. 이러한 선로의 대표적인 예로 마이크로스트립(microstrip) 선로가 있다. 마이크로스트립 선로는 선로의 밑면을 금속으로 덮어 접지(GND: Ground)로 사용하고 선로와 GND 사이에 일정한 유전율을 갖는 유전체 매질로 채워 선로의 특성을 일정하게 유지하는 것이다. [그림 7.8]에 마이크로스트립 선로의 일반적인 형태를 보여준다. 마이크로스트립 선로에서 선로의 폭이 일정하다면, 선로의 특성을 일정하게 유지될 수 있어 전송선로의 역할을 할 수 있다. 마이크로스트립 선로의 임피던스는 상단에 위치한 선로의 넓이에 의존하는데 임피던스가 작으면 선로의 폭이 넓어지고 임피던스가 높아지면 선로의 폭이 좁아진다. 따라서 마이크로스트립 선로 역시 50 Ω 임피던스를 갖는 경우가 최적임을 알 수 있다[281].

281) 인터넷 상에 microstrip calculator라고 검색하면 마이크로스트립 선로의 폭에 따른 선로의 특성임피던스와 선로 길이가 특정주파수에서 파장의 함수로 얼마인지를 계산할 수 있다.

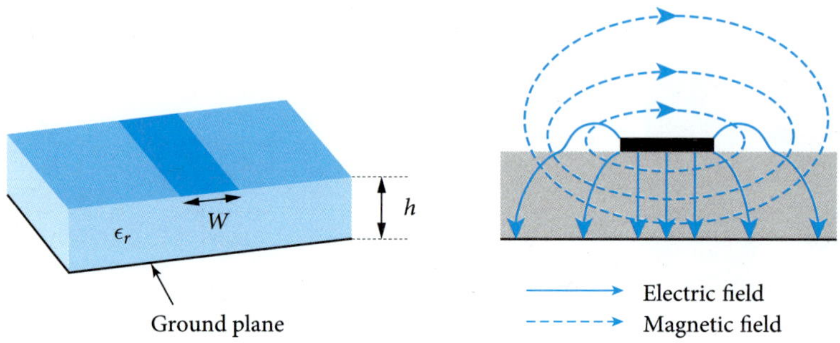

그림 7.8 마이크로스트립 선로

예제 7-6

마이크로스트립 선로의 임피던스는 수식으로 계산하거나 인터넷 상에 존재하는 계산기를 사용할 수 있다. [그림 7.8]의 마이크로스트립 선로의 임피던스가 상단 선로의 폭에 따라 어떻게 변하는지 확인하자.

참고 선로의 폭(W)이 넓을수록 캐패시턴스가 커지므로 특성임피던스($Z_c = \sqrt{L/C}$)가 작아진다.

통과대역 신호의 주파수가 300 MHz 이상에서 회로를 구현할 경우 파장이 cm 단위가 되므로 송신기 회로를 구성할 때도 주의가 필요하다. 보통 아날로그 회로를 PCB로 구현할 때의 과정을 살펴보면 PCB 보드에 회로도에 따라 부품을 적당히 배치하고 그 부품을 연결하기 위해 CAD(Computer Aided Desing) 툴을 이용하여 연결하게 된다. 이 때 부품의 위치에 따라 어떤 선로는 길어지기도 하고 어떤 선로는 짧아지기도 한다. 또한 부품이 많은데 PCB 보드의 크기가 작다면 회로를 윗면과 아랫면에 배치하게 되어 선로가 복잡하게 연결되게 된다. 심지어 PCB에 핀 개수가 많은 IC가 포함되게 되거나 4층 이상의 다층 기판을 사용하게 되면 선로의 연결은 더욱 더 복잡해진다. 이렇게 회로간의 연결이 복잡해져도 주파수가 낮을 때는 시간지연에 차이가 없어 상관없지만 주파수가 300 MHz 이상으로 올라가게 되면 신로 길이에 따른 시간지연의 차이에 따른 위상의 변화, 선로와 선로 간의 전자기 간섭(EMI) 등이 발생하게 되어 회로가 설계도와 같이 동작하지 않게 된다. 특히, 송수신기 회로는 주파수가 높으므로 소자의 배치나 선로의 레이아웃에 많은 신경을 써야 한다. [그림 7.9]에 주파수에 따른 회로의 역할과 그 배치의 차이를 보여준다. 송수신기 회로는 마이크로스트립 선로를 이용한 회로 설계가 되어 있음을 알 수 있다[282].

282) 송수신기 회로와 같은 RF 회로에서는 신호가 전달되는 선로의 폭이 일정할 뿐만 아니라 선로의 형태를 조절하여 원하는 회로를 만들어 낼 수 있다. 이를 분포정수회로(distributed circuit)라 부른다.

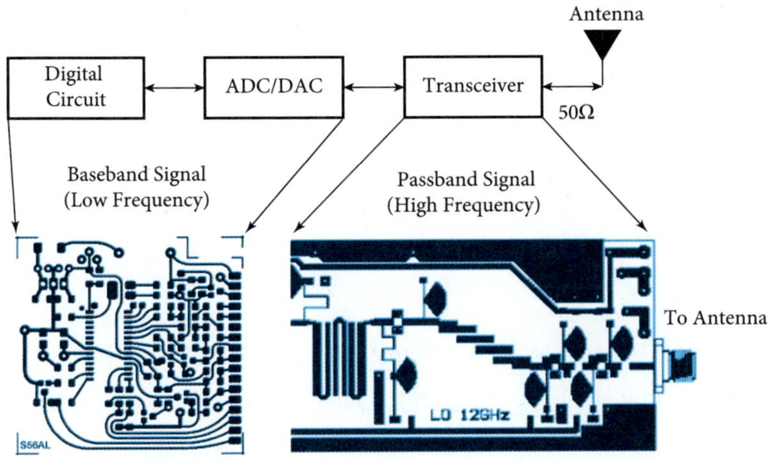

그림 7.9 주파수에 따른 회로의 구성에서의 차이

요약

AM 라디오의 경우 신호주파수가 1 MHz 이므로, 파장은 매우 길다. AM 라디오의 크기가 10 cm 정도라고 하면, 신호의 파장은 300 m로서 PCB 회로 패턴에 비하여 매우 길다. 반면에 위성수신기의 경우 신호주파수가 12 GHz이므로, 파장은 2.5 cm가 된다. 그러므로 신호의 파장이 수신기 회로의 크기보다 작아 PCB 패턴 상에서 신호의 파동적 특성(반사파)이 나타난다. 전송선로에 관한 모든 문제들 (선로의 특성임피던스, 부하의 임피던스, 신호의 반사, 정재파의 발생 등)은 신호의 파장이 선로의 길이에 비해 짧기 때문에 발생하는 문제이다.

안테나(Antenna)

마지막으로 안테나를 살펴보자. 고주파 전압이 도체에 걸리거나 도체에 고주파 전류가 흐르면 Maxwell 방정식에 의해 전자기파가 방사(radiate)하게 되는데, 이러한 도체 구조를 안테나(Antenna)라 한다[283]. 안테나의 다양한 형태를 가지고 있는데 안테나의 형태에 따라

283) 최초의 안테나는 헤인리치 헤르츠(Heinrich Hertz)가 1886년에 설계하여 전자파의 존재를 예측하는데 사용하였다. 그가 설계한 안테나는 신호를 송신하기 위해서 다이폴 안테나(dipole antenna)를, 신호를 수신하기 위하여 루프(Loop) 안테나를 가각 설계하였다. 그 이후로, 안테나 기술은 발전을 거듭하여 무수히 많은 종류의 안테나가 개발되었다.

전파가 방사하는 방향이 결정된다. 안테나는 송신안테나와 수신안테나로 분류할 수 있는데 안테나에 고주파 신호가 입력되어 공기 중으로 방사되는 경우를 송신 안테나라 하고, 반대로 공기 중의 전파가 안테나에 전압 또는 전류를 유도(induce)하면 수신 안테나라 한다[284]. 송신안테나의 형태가 전파의 방사방향과 크기를 결정한 것처럼 수신 안테나의 형태에 따라 어느 방향에서 전파가 더욱 선택적으로 유도되는지가 결정된다. 하나의 안테나는 송신안테나로도 쓸 수 있고, 수신안테나로도 쓸 수 있는데 이것을 안테나의 가역(reciprocity) 특성이라 한다.

안테나에서 많이 쓰는 용어로 안테나 빔(antenna beam)이 있다[285]. 우리가 대화할 때 서로 마주보는 이유가 소리가 나오는 입의 위치에 따라 소리가 몸의 앞쪽으로 퍼지기 때문인데, 전파도 파동이므로 안테나의 형상에 따라 특정방향으로 전파가 집중된다. 이를 안테나 빔이라고 부르며 [그림 7.10(a)]와 같이 안테나 빔이 만드는 모양을 안테나 빔패턴(beam pattern) 또는 방사패턴(radiation pattern)이라고 부른다. 보통 안테나 종사자들은 방사패턴이라는 용어를 주로 사용한다.

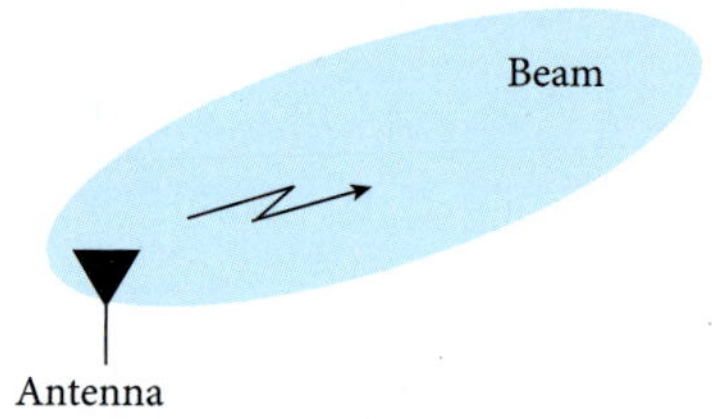

(a) 안테나 방사패턴

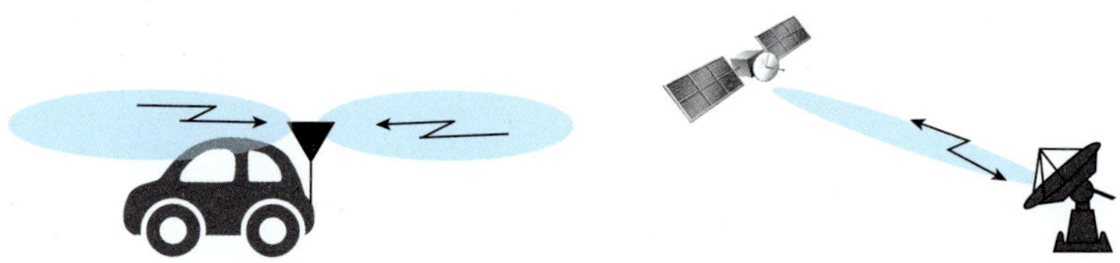

(b) 방사패턴의 응용

그림 7.10 안테나 방사 패턴과 그 응용

284) 안테나의 효율과 지향성은 송수신 안테나에 따라 차이가 없이 동일하다. 이를 안테나의 가역(reciprocity) 특성이라 한다.

285) 레이저가 쏘는 방향으로 레이저 불빛이 나가는데 이를 레이저 빔이라는 부른다. 안테나는 레이저보다 주파수가 많이 낮으므로 빔이 퍼져가기는 회지만 주파수가 높을수록 특정방향으로 향하게 되므로 안테나 빔과 레이저 빔을 동일한 의미로 이해하면 된다.

안테나는 응용에 따라 다양한 형태의 빔 특성을 필요로 한다. [그림 7.10(b)]에 방송국 FM 라디오 신호를 수신하는 자동차용 FM 안테나와 인공위성과 지구국 간에 요구되는 안테나 방사 패턴을 보여준다. 자동차는 자유롭게 이동하므로 이동 중에는 방송국 송신안테나가 360° 방위각(azimuth angle) 중 어느 곳에서도 신호를 받아야 한다. 반면 앙각(elevation angle)에서는 수평방향에서 주로 신호가 들어올 것이고 수직방향(하늘방향)으로는 방송국이 없으므로 신호를 받을 필요가 없다[286]. 이렇게 방위각에 상관없이 일정한 방사패턴을 갖는 안테나를 무지향성(omnidirectional) 안테나라고 한다. 다이폴 안테나가 보통 이러한 특성을 갖는다. 반면, 정지궤도 인공위성은 적도 상공 36,000 km에 위치해 있으므로 인공위성과 통신하기 위해서는 방사패턴이 연필과 같이 뽀족한 방사페턴이 필요하다. 방사패턴이 향하는 방향은 우리나라에서 적도 상공 36,000 km에 위치한 정지궤도 인공위성이 바라보이는 방향인 남쪽 하늘을 향해야 한다. 이러한 안테나를 고이득(high gain) 안테나라고 하며 송신기와 수신기 간에 거리가 멀 경우 미약한 신호를 잘 모아서 신호의 크기를 크게 하려고 사용된다[287].

안테나의 방사패턴을 이해하기 위하여 다이폴 안테나의 방사패턴을 보자. 다이폴 안테나는 다이폴에 수직방향의 신호는 잘 수신하지만 다이폴에 수평방향의 신호는 잘 수신하지 못한다. 이를 구좌표계 그림으로 그리면 [그림 7.11]과 같다. 이 방사패턴을 구모양의 등

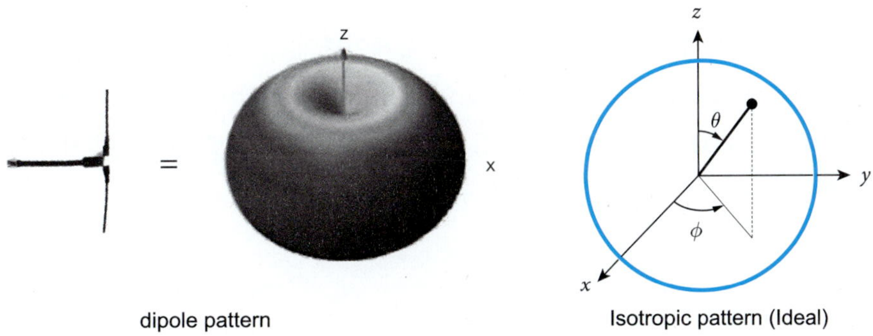

그림 7.11 다이폴 안테나의 방사패턴와 등방성 안테나의 방사패턴의 비교

286) 자동차 윗면에 상어의 지느러미를 닮은 사크 안테나가 있는데 그 형상 안에는 다양한 안테나(AM, FM, GPS 등)가 들어가 있다.

287) 단, 저궤도 인공위성의 경우에는 인공위성의 계속 이동하므로 빔이 pencil beam이어야 함과 아울러 빔이 인공위성을 추적(tracking)할 필요가 있다. 이러한 저궤도 인공위성 추적, 국방 레이다, 차량충돌방지를 위해 사용되는 레이다 등의 경우에는 목표물을 탐지하기 위해서 빔 추적이 매우 중요한 기능을 한다.

방성 방사패턴과 비교하면 다이폴 안테나의 끝방향(end-fire 방향이라고 함)에서 신호를 좀 더 못 받는 대신 다이폴 안테나의 수직방향(broadside 방향이라고 함)으로 좀 더 신호를 잘 수신하거나 송신하므로 특정 방향으로 이득을 갖는다고 표현한다. 등방성 안테나의 이득을 0 dBi라고 하면 다이폴 안테나에 직각 방향으로 약 2.19 dB의 이득(등방성 안테나에 비해 1.64배)을 갖게 된다. dBi에서 기준이 되는 것은 등방성 안테나이므로 isotropic의 첫 자를 따서 dBi라고 한다.

이제 안테나를 회로관점에서 보자. 안테나는 송수신기에 연결하기 위해서는 회로 관점에서 모델링하게 되는데 보통 RLC 회로로 모델링된다. 다이폴 안테나의 경우 RLC 회로로 표현하면 [그림 7.12]와 같다. 저주파에서 다이폴 안테나는 인덕턴스 보다는 캐패시터에 의해 영향을 받아 open된 회로로 보인다. 반면, 주파수가 높아지면 인덕턴스가 증가하고 캐패시턴스는 작아지므로 공진주파수에서는 서로 상쇄되어 저항성분만이 보이게 된다. 공진주파보다 더 커지면 인덕턴스의 영향이 커지게 된다. 따라서 다이폴 안테나는 공진 주파수 근처에서만 공진특성을 갖는 공진기와 유사한 성질을 갖는다[288].

공진주파수에서 다이폴 안테나에 전력이 인가되었을 때 안테나는 저항성 임피던스로만 보이는데 이 임피던스 값은 안테나의 종류마다 다르다. 따라서 공진주파수에서 안테나의 저항성 임피던스가 50 Ω가 다를 경우와 캐패시턴스나 인덕턴스 성분이 남아 있는 경우 전송선로에서 인가된 전력의 일부가 반사되게 된다. 따라서 안테나에서 반사되는 전력만큼 안테나에 인가되는 전력이 줄게 되므로 안테나를 50 Ω으로만 보이게 하는 것이 매우 중요하다. 앞에서 송수신기 회로의 임피던스와 동축케이블이 모두 50 Ω이라 하였으므로 안테나 임피던스를 50 Ω으로 변환해야 하는데 이를 임피던스 정합이라 한다. 보통 시중에서 판매하는 안테나는 50 Ω으로 임피던스 정합시켜 판매하므로 그대로 연결하여 사용해도 큰 문제는 없다.[289]

288) 음파를 방사하는 스피커가 크기에 따라 저역, 중역, 고역스피커로 나뉘는 것처럼 안테나도 주파수별 특성이 있다. 따라서 하나의 주파수로 여러 신호를 송수신하기는 어려우므로 송수신하는 주파수가 달라지면 안테나도 바꾸어야 한다. 단, Wi-Fi 안테나의 경우 2.4 GHz와 5 GHz 두 개의 주파수를 사용하는데 안테나를 교체하기 어려우므로 2개의 주파수에서 동시에 공진하는 이중대역(dual band) 안테나를 사용하므로 교체할 필요는 없다.

289) 안테나 회사에서는 안테나 설계의 목표는 보통 50 Ω에 임피던스 정합이 되면서 원하는 방사패턴 모양을 만드는 안테나를 설계하는 것이 된다.

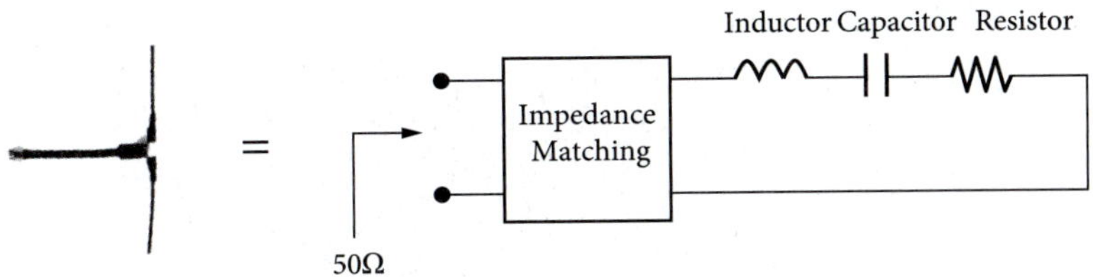

그림 7.12 다이폴 안테나의 등가모델

[표 7.3]은 시중에서 판매하는 다이폴 형태의 2.4 GHz 대역의 Wi-Fi 안테나의 스펙의 예를 보여준다. 안테나는 약간 찌그러진 구모양의 무지향성 방사패턴을 가지며, 임피던스 정합회로가 포함되어 입력임피던스가 50 Ω이 되게 구성하였음을 알 수 있다. 실제로는 정확히 50 Ω은 아니므로 약간의 전력이 반사되는데 이를 나타내는 지표가 반사손실(Return Loss)이다. 반사손실이 10 dB이면 안테나에 입력되는 전력의 1/10 정도가 반사된다는 것을 의미하며, 20 dB이면 1/100 정도만 반사되는 것을 의미한다.

[표 7.3] 다이폴 안테나 스펙의 사례

규격	설명
이득(Gain)	2 dBi 무지향성
Input Impedance	50 Ω
Return Loss	> 15 dB
주파수대역	2400~2485 GHz
크기	80 × 9(mm)

예제 7-7

본인이 Wi-Fi 연결을 위해 사용하고 있는 안테나의 규격을 살펴보고 [표 7.3]의 다이폴 안테나 스펙과 비교해보자. 그 차이는 무엇인가?

참고 현재까지 안테나에 대한 기본적인 설명을 하였다. 성능이 좋은 안테나는 안테나가 여러 개 배열된 배열 안테나(Array Antenna) 구조를 가지면 배열 안테나의 방사 특성이 상황에 따라 변하는 적응형 구조를 갖거나 안테나 성능을 높이기 위해 저잡음 증폭기를 포함하는 등 다양한 형태가 있다.

7.2.3 Friis 방정식과 링크 버젯의 이해

이제 송신안테나와 수신안테나 사이의 전파가 전송될 때 신호의 크기가 얼마나 작아지는지 살펴보자. 이를 무선 링크해석(Link Analysis)이라 하고, 링크 해석의 결과를 링크 버젯(Link Budget)이라 한다. 링크해석에서 송신기에서 수신기 사이에서 전파가 어떻게 전달되는지는 프리스(Friis) 전송공식으로 나타낼 수 있다.

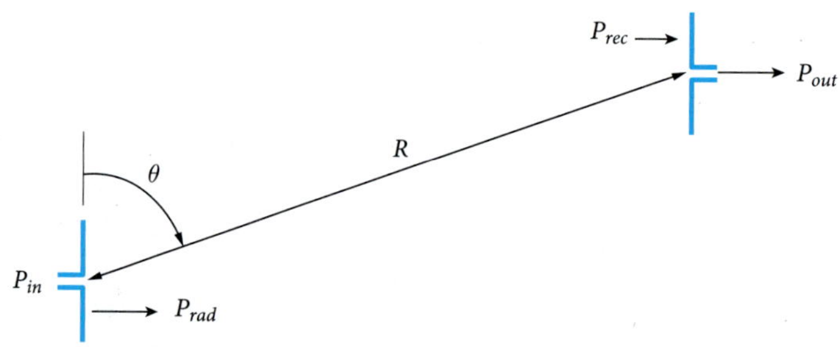

그림 7.13 Friis 공식 유도를 위한 한 쌍의 다이폴 안테나

[그림 7.13]과 같은 안테나 사이의 거리가 R 만큼 떨어진 2개의 안테나가 있다. 이 경우 수신안테나에 입사된 전력은 다음과 같다. 여기서 $G_t(\theta, \phi)$는 송신안테나의 방사패턴 이득으로 수신안테나 방향으로 구모양으로 방사할 때보다 특정 방위각과 앙각에 대하여 얼마나 더 큰 지향성(또는 이득)을 갖는지를 의미하며 $A_r(\theta, \phi)$는 수신안테나가 실효면적(effective aperture)라 부른다. 실효면적은 송신안테나를 중심으로 전파가 구 모양으로 퍼져나갈 경우 표면적이 $4\pi R^2$이 될 텐데 그 표면적 중 얼마만큼의 면적의 에너지만을 수신하는지를 의미한다[290].

$$P_{rec} = \frac{P_{rad}}{4\pi R^2} G_t(\theta, \phi) A_r(\theta, \phi) \tag{7.7}$$

식 (7.7)에서 $G_t(\theta, \phi)$는 $A_r(\theta, \phi)$에서 첨자 t와 r는 각각 송신(TX)과 수신(RX)을 나타낸다.

---

290) 전파는 전기장과 자기장의 상호작용으로 전달되므로 자유공간에서 신호의 크기는 감쇄되지 않는다. 단지 거리가 멀어지면 거리의 제곱으로 구의 표면적이 넓어지듯이 파동이 구면으로 진행될 뿐이다. 따라서 수신안테나 면적이 구면적 전체는 아니므로 구면적 대비 안테나 면적의 비만큼 신호를 작게 수신하게 된다. 거리가 멀어지면 안테나 면적은 동일한데 표면적은 거리의 제곱으로 커지므로 안테나에 수신되는 신호가 작아져 보인다.

이제 수신안테나의 실효면적은 안테나의 실제 크기가 되는데 안테나의 크기를 직사각형이라 하면 공진하는 긴 면을 λ/2, 짧은 면을 λ/2π라고 볼 수 있다[291]. 또한, 수신안테나도 특정 방위각과 앙각에 대하여 이득을 가질 수 있으므로 식 (7.8)과 같다.

$$A_r(\theta, \phi) = \left(\frac{\lambda}{2}\right)\left(\frac{\lambda}{2\pi}\right) G_r(\theta, \phi) \tag{7.8}$$

이제 식 (7.7)과 식 (7.8)을 합치면 식 (7.9)와 같은 Friis 전송공식을 구할 수 있다.

$$\frac{P_{out}}{P_{in}} = G_t(\theta, \phi) G_r(\theta, \phi) \left(\frac{\lambda}{4\pi R}\right)^2 \tag{7.9}$$

이 식에서 전력 전달 비 P_{out}/P_{in}는 안테나의 이득, 파장 그리고 안테나 사이의 거리와 관계된다. Friiss 전송공식은 송신 회로와 송신안테나 사이 그리고 수신 회로와 수신 안테나 사이의 임피던스 정합되었다고 가정한 경우이다. 따라서 최대전력전달 조건인 반사 전력은 없다고 가정한다. 또한 동일한 편파로 안테나가 정렬되었다고 가정한다.

마지막으로 식 (7.9)에서 송신기와 관련된 파라미터는 송신안테나의 이득과 송신기의 출력 전력 두 가지이므로 이 둘을 곱한 값이 송신기의 특성을 결정한다. 이를 유효등방성 방사전력(EIRP: Effective Isotropic Radiated Power)로 정의한다[292].

$$EIRP = P_{in} G_t \tag{7.10}$$

예제 7-8

송신출력이 100 W인 경우와 송신출력이 1 W인 경우 EIRP가 같으려면 안테나 이득은 몇 dB 차이가 나야 하는가?

답 출력이 100배이므로 20 dB 차이가 나야 한다.

291) 도파관(waveguide)이 많이 사용되던 시절 혼 안테나의 경우 이러한 특성을 갖는다.

292) EIRP는 송신기의 성능을 좌우하는 지표로 무선기기의 기술기준(local regulation)에서 사용되는 중요한 파라미터이다.

예제 7-9

최대 전력이 전달되도록 정렬되어 있는 한 쌍의 다이폴 안테나가 1 km 간격으로 위치해 있다. 송신 안테나에는 1.0 GHz 주파수에서 1.0 kW의 송신전력을 갖는다. 안테나 효율이 100%인 경우 수신 안테나의 출력전력 P_{out}을 구해보자. 또한 거리를 2배로 했을 때의 수신 출력 전력은 얼마인가?

답 식 (7.9)로 수신전력을 계산할 수 있다. 이때 반파장 다이폴 안테나의 이득은 1.64이다. 수신전력은 1.5 uW, 0.38 uW이다.

예제 7-10

거리에 따른 수신감도의 변화를 Friis 전송공식을 사용하여 구하시오. 송신안테나와 수신안테나의 이득은 1이라고 가정하고, 주파수는 900 MHz일 때 송신출력을 1 W와 0.1 W에 대하여 구하시오. 아래 MATLAB 파일을 참조하여 주파수, 송신출력 및 안테나 이득에 따른 수신감도의 변화에 대해 논하시오.

```
Gt=1; Gr=1; Px=1e3;
[D,P_1w]= Max_distance(Gt,Gr,Px);
% 0.1W EIRP case
Gt=1; Gr=1; Px=0.1e3;
[D,P_p1]= Max_distance(Gt,Gr,Px);
plot(D,P_1w,D,P_p1);
xlabel('Link Distance(m)'); ylabel('Received power (dBm)');

function [D,Prec]=Max_distance(Gt,Gr,Px)
freq=900e6;      % operating frequency
c=3e8;           % Light speed [m/s]
free_space_term = (Gt * Gr * Px * c^2)/(4*pi*freq)^2;
for k=1:100
    Dist=k*0.1;
    Prec(k)=10*log10(free_space_term/(Dist^2));
    D(k)=Dist;
end
```

이제 송신기의 출력과 안테나 이득, 수신안테나의 이득이 주어지면 식 (7.9)에 의해 송신기와 수신기 사이의 거리에 따른 수신신호의 크기를 알 수 있게 되었다. 수신기에서 신호를 복원하는데 필요한 수신전력이 주어진다면 내가 설계한 송신기와 수신기 사이에 통신이 가능할지(다른 말로 링크(link)가 가능한지) 계산할 수 있다. 이러한 결과가 링크 버젯이므로 링크 버젯을 살펴봄으로써 우리는 전체 무선시스템의 설계 과정 및 통신 성능을 알 수 있다. 예를 들면 무선통신 시스템이 주어진 환경(통신거리)에서 통신이 가능할지 할 수 없을지 예측할 수 있고, 시스템을 구성하는 각 구성 성분들이 시스템 성능에 영향을 미치는 정도를 알 수 있다.

> **중요** 통신반경을 높이려면 송신출력을 높이거나 안테나 이득을 높이면 된다. 출력은 전파법에 허용되는 수준에서만 올릴 수 있고, 안테나 이득을 높이면 안테나가 향하지 않는 위치에서는 통신이 불가능하므로 주의해야 한다. 따라서 수신감도를 높이는 것이 중요하다. 디지털 통신이 아날로그 통신보다 우수한 것은 낮은 수신전력에서도 신호를 복원할 수 있기 때문이다.

링크 버젯(Link Budget)

링크 버젯 해석 시 기본이 되는 것이 수신신호 전력이 얼마일 때 수신기가 신호가 복원될 수 있는가이다. 이를 나타내는 지표가 아날로그 통신에서는 신호대 잡음비(SNR)[293]가 되고 디지털 통신에서는 에러 확률(Pe : Error Probability)이 된다[294]. 보통은 수신기의 수신감도(Sensitivity)로 표시하기도 한다.

먼저 신호대 잡음비(SNR)은 신호전력과 잡음전력의 비로서 주어진다. 여기서 신호는 기저대역 신호 또는 변조된 캐리어 신호가 될 수 있으며, 잡음 신호는 보통 잡음과 간섭신호의 합을 의미한다. 만약 신호전력이 손실(loss)되거나, 잡음전력 또는 간섭(interference) 전력이 커지게 되는 경우를 SNR이 열화(degradation)되었다고 한다. 손실은 신호가 자유공간 등 채널을 통과할 때 흡수, 반사, 감쇄, 또는 산란됨으로써 발생하기도 하며, 안테나의 임피던스 정합이 맞지 않은 경우 발생한다. 잡음 전력에는 링크 내에서 발생하는 열잡음(thermal noise), 대기 중의 특정 잡음, 시스템의 비선형성 및 동일 주파수를 사용하는 타 사용자에 의한 간섭 신호에 의해 발생한다. SNR 값을 열화시키는 요인을 정리하면 다음과 같다.

293) SNR 대신 통과대역을 강조하기 위하여 CNR(Carrier to Noise Ratio)을 쓰는 경우도 있는데 CNR과 SNR은 동일한 개념이다.

294) 아날로그 통신에서는 잡음이 존재할 경우 신호품질이 나빠진다. 보통 신호전력은 잡음전력보다 10배 이상 커야 한다. 반면, 디지털 통신에서는 잡음에 의해 파형이 깨지더라도 1과 0을 복원할 수 있는 정도이면 상관이 없다. 따라서 디지털 통신이 아날로그 통신보다 같은 송신출력의 경우 더 넓은 통신반경을 갖게 된다.

- Bandlimiting loss : 주파수는 유한한 자원이기 때문에 모든 송신기는 송신에너지를 할당된 주파수 스펙트럼 내로 제한하고 다른 사용자에게 간섭을 줄이기 위하여 필터를 사용한다. 필터를 사용하게 되면 신호 에너지 일부가 송신되지 못하므로 신호에 손실을 준다.
- **인접심볼간 간섭**(ISI : Inter-Symbol Interference) : 대역제한된 채널은 수신된 펄스가 인접심볼 구간에 영향을 주는 ISI를 일으켜 복조과정에서 심볼에 간섭을 일으킨다. 열잡음이 없는 환경에서도 ISI는 발생할 수 있다.
- **국부발진기**(local oscillator)**의 위상잡음**(phase noise) : 고주파신호를 기저대역으로 천이하기 위하여 발진기를 사용하는데 발진기의 위상잡음은 복조기의 성능을 떨어뜨리게 된다. 송신기에서는 위상잡음은 대역 외 잡음 성분을 발생시킬 수 있다.
- AM/PM(Amplitude Modulation/Phase Modulation) **변환** : 송신기 전력증폭기의 비선형성에 의한 AM/PM 변환으로 신호가 왜곡된다.
- **혼변조**(Intermodulation: IM) **성분** : 여러 개의 캐리어 주파수가 동시에 비선형 소자를 통과하게 되면 캐리어 주파수간의 상호 작용에 의해 그 합과 차의 주파수 성분이 발생한다.
- **안테나 효율**(Antenna Efficiency) : 안테나에 손실이 존재하거나, 임피던스 부정합이 발생하는 경우 안테나로 입사되는 전력의 일부가 손실로 없어지게 된다.
- Pointing loss : 위성통신의 경우 전파거리(36,000 km)가 길기 때문에 송신안테나와 수신안테나의 최대 지향점이 어긋날 경우 신호의 손실이 발생한다.
- **편파손실**(Polarization loss) : 송신안테나와 수신안테나 사이의 편파가 맞지 않을 경우 신호의 손실이 발생한다.
- **인접채널 간섭**(Adjacent Channel interference) : 완벽한 필터는 존재하지 않으므로 인접채널의 신호의 일부는 자기 채널로 입사되게 되며, 또한 송신기의 IM 성분 등에 의해서도 인접채널 신호가 자기 채널에 영향을 주게 된다.
- **동일채널 간섭**(Co-channel interference) : 이동통신의 경우 스펙트럼 효율을 높이기 위해 주파수를 재사용(frequency reuse)하게 된다. 동일채널을 사용하는 셀 간 거리가 충분하지 않을 때 동일 채널 간섭이 발생한다.
- **구현 손실**(Implementation loss) : 이론적인 수신기의 성능은 실제 구현 시 주파수 옵셋(offset), 디지틀 구현 시 수치오차, 타이밍 에러 등에 의해 실제 수신기 성능과 다르게 되므로 일부 손실이 발생한다.

보통은 이러한 요인들을 마진으로 고려하여 수신기가 수신할 수 있는 기준을 아날로그 통신의 경우 최소 SNR(SNR_{min}: Minimum SNR) 값으로 정의한다. 최소 SNR값은 사용하는 수신기의 성능에 따라 좌우된다[295]. 디지털 통신의 경우 SNR 대신에 E_b/N_0를 사용한다. E_b/N_0는 잡음 전력밀도 스펙트럼에 대한 비트에너지를 의미하는데, 디지털 데이터의 신호 크기는 비트에너지와 데이터율의 곱으로 표현되므로 SNR과 식 (7.11)로 변환이 가능하다.

$$\frac{S}{N} = \frac{E_b}{N_0}\frac{R}{BW} \tag{7.11}$$

여기서 R은 bit rate, BW는 통과대역 신호의 채널대역폭에 해당한다. 디지털통신 이론에서는 송신하는 파형의 형식이 정해지고, 수신기의 구조가 결정되면 E_b/N_0의 함수를 에러확률을 구할 수 있다.

6장에서도 살펴본 바와 같이 디지털 통신이 아날로그 통신에 비해 갖는 가장 큰 장점은 디지털 오디오 신호를 전송할 때는 신호의 파형 자체가 중요한 것이 아니라 신호로부터 송신한 디지털 오디오 신호를 다시 복원할 수 있는지가 중요하다는 점이다. 따라서 비록 디지털 신호는 잡음과 채널의 주파수특성에 의해 왜곡되더라도 복원할 수만 있으면 된다. 반면에 아날로그 오디오 신호를 전송할 경우에는 신호의 파형 자체의 모양이 중요해서 왜곡이나 잡음이 발생하면 신호를 듣기 거북하게 된다. 식 (7.11)에서 $R = BW$일 때 E_b/N_0는 SNR과 같다. 잡음에 비교적 강한 FM 라디오가 요구하는 SNR이 12 dB 정도인데 반하여 디지털 통신에서는 대역확산 등의 디지털 통신기법을 사용할 경우 E_b/N_0가 0 dB 보다 작아도 통신이 가능하다. 따라서 송신기 출력이 작아도 먼거리까지 디지털 정보를 보낼 수 있다.

Link Budget의 예

디지털 무선통신에서 E_b/N_0는 에러확률과 다음 [그림 7.14]를 이용하여 설명할 수 있다. [그림 7.14]에서 10^{-3}의 에러확률을 위해서는 10 dB의 E_b/N_0 값을 필요로 하고, 10^{-5}의 에러확률을 위해서는 12 dB의 E_b/N_0 값을 필요로 한다고 가정하자. 보통 원하는 에러확률이 10^{-3}이라고 할 경우 12 dB의 E_b/N_0 값을 갖도록 설계하게 되면 2 dB의 링크 마진(link margin)을 두었다라고 표현할 수 있다. 링크 마진 M은 수신된 E_b/N_0 값에서 요구되는 E_b/N_0 값을 뺌으로써 다음 식 (7.12)와 같이 주어진다. 그렇다면 링크 마진은 얼마나 필요한가? 이는 통신시스템과 주어진 상황에 따라 다르게 된다. 우리가 통신 시스템을 구성하는 모든 손

295) 보통 동기식 수신기가 비동기식 수신기보다 낮은 SNR 성능을 갖는다.

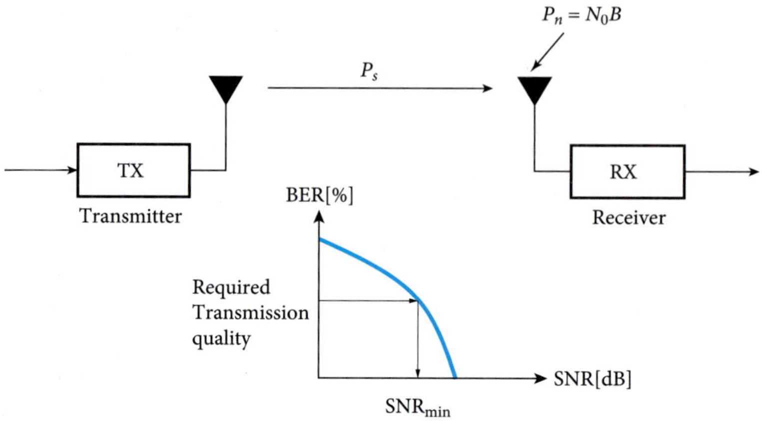

그림 7.14 E_b/N_0와 에러확률

실 및 잡음의 원인을 정확히 알고 이를 시스템에 반영하였다면 링크 마진은 작아도 되며, 반대로 새로운 기술을 적용하거나, 새로운 주파수 대역을 사용할 때에는 더 많은 마진을 필요로 하게 된다.

$$M(dB) = \left(\frac{E_b}{N_0}\right)_{received}(dB) - \left(\frac{E_b}{N_0}\right)_{required}(dB) \tag{7.12}$$

아재 송신기와 수신기가 각각 하나씩 있고 간섭신호가 없을 때 링크 버젯을 구하는 방법은 다음 [그림 7.15]와 같다. 링크 버젯에서 y축은 전력을 기준으로 송신기의 전력에서 시작하여 송신기 Feeder 손실, 안테나 이득을 더한다. 이렇게 송신된 전력을 계산하고, 자유공간의 거리에 따라 전송손실만큼 전력이 작아진다. 이제 수신안테나 이득, 피더 손실을 거치면 수신기에서 수신되는 신호전력(C)가 계산되며 이 값으로부터 수신기의 SNR이 계산된다. [그림 7.15] 수신기에서 잡음이 증가하는 것을 잡음지수(NF: Noise Figure)라고 하고, RF 성능에 의한 열화 정도를 RF Impairments라고 부른다. 링크 마진(Link Margin)은 다음 절에서 설명하도록 한다.

예제 7-11

950 MHz를 사용하는 통신시스템이 있고, 송신기의 출력은 1 mW이고, 수신기는 −90 dBm의 신호까지 신호를 복원할 수 있다고 하자. 송신안테나의 이득이 3 dB, 송신 케이블손실 1 dB, 링크 마진이 20 dB일 때 통신반경은 얼마인가? (이때 자유공간을 가정한다.)

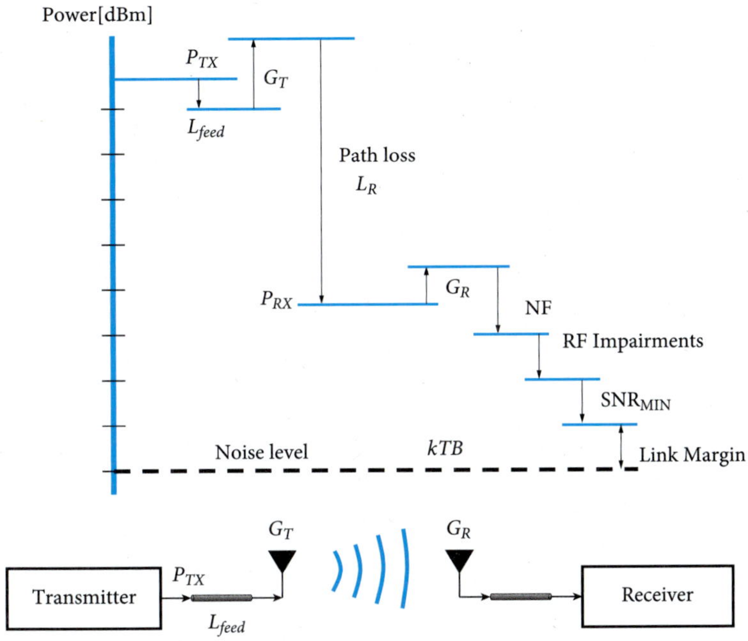

그림 7.15 링크 버젯의 예

풀이 송신 전력 1 mW = 0 dBm, 안테나 이득 3 dB, 케이블 손실 −1 dB
→ EIRP = 2 dBm
수신감도 −90 dBm, 링크 마진 20 dB
→ 최소수신전력 = −70 dBm
허용되는 경로손실 = 72dB
$(\lambda/(4\pi R))^2 = 72$[dB]인 거리는 1 km가 계산되므로
이 통신시스템은 1 km까지 통신할 수 있다.

예제 7-12

예제 7-11에서 다른 파라미터는 그대로이지만 주파수가 1.9 GHz를 높아진다면 거리는 어떻게 되는가?[296]

풀이 주파수가 2배로 증가함에 따라 파장은 1/2배가 되고 반경도 1/2배가 되어 500 m가 된다. 물론 안테나가 작아지는 장점은 갖는다.

296) 무선 LAN은 2.4 GHz와 5 GHz를 사용하는데 2.4 GHz를 사용하는 것이 5 GHz를 사용하는 것보다 대역폭은 좁지만, 즉 속도는 느리지만 통신 반경은 큼을 경험적으로 알 수 있다.

예제 7-13

집에 설치된 Wi-Fi 공유기를 이용하여 2.4 GHz 신호의 최대 통신거리가 5 GHz 통신거리보다 큼을 확인하시오.

예제 7-14

국내 5G 이동통신은 3.5 GHz와 28 GHz 두 개의 주파수를 사용한다. 각각의 주파수의 장단점을 논하시오. 28 GHz 대역이 활성화되지 못하는 이유에 대해서도 논하시오.

참고 전파와 음파의 공기 중의 전파 특성 차이는 동일한 파장을 1대 1로 대응시키면 이해하기 쉽다. 예를 들어 1 kHz의 음파 특성과 1 GHz의 전파 특성이 유사하며, 100 Hz의 음파 특성과 100 MHz의 전파 특성이 유사하다. 100 Hz의 음파가 1 kHz의 음파보다는 공기 중에 감쇄가 적듯이 100 MHz의 전파도 1 GHz의 전파보다 감쇄가 적다. 전파의 반사, 산란, 굴절, 회절 특성도 이와 비슷하게 유추할 수 있다. 단, 차이가 있는 것은 음파는 스펙트럼이 넓어 가청주파수 전체에서 주파수 별로 차이가 큰 전달 특성을 가져 제어하기에 어려움이 많은데 비하여, 전파는 반송파 주파수 중심에서의 전파특성이 일정하다고 볼 수 있으므로 통신에서 이를 해석하고 어느 정도 보상할 수 있다.

7.2.4 무선신호의 전파특성

앞에서 살펴본 링크버젯 해석은 송신기와 수신기 사이에 아무것도 없는 상태일 때를 가정한 것이다. 하지만 무선 오디오가 놓인 공간에는 벽, 마루, 천장, 가구 등이 배치되어 있으며 사람도 자유롭게 움직이고 있다. 따라서 송신기와 수신기 사이에 직접파만 존재하는 것이 아니라 주변 환경에 따른 전파의 변화가 발생하게 된다. 이를 전파의 전파 특성이라고 부른다. 전파를 통과대역 신호로 변환하여 안테나를 통해 공기 중에 퍼져 나가게 되면 주파수가 높기 때문에 파장이 작아져서 다양한 반사, 산란, 회절, 굴절, 간섭 등의 현상이 발생하게 된다. 음파가 스피커를 통과해 나가면서 발생하는 공간에 따른 변화가 전파에서도 발생하게 되는 것이다.

전파는 이런 장애물에 반사(reflection)되거나 굴절(diffraction)되는 등 여러 개의 전파 경로를 갖게 된다. 심지어 장애물이 없더라도 마루 표면에 의한 반사(Ground reflection)는 언제나 있게 마련이다. 따라서 송신기와 수신기 사이에 직접 전달되는 직접파(이러한 조건을 LOS(Line of Sight) 환경이라 부름)는 장애물에 따라 존재할 수 있거나 존재하지 않을 수도 있다. 직접파가 없어도 주변 장애물(건물의 벽이나 가구 등)에 의해 반사되는 다양한 반사

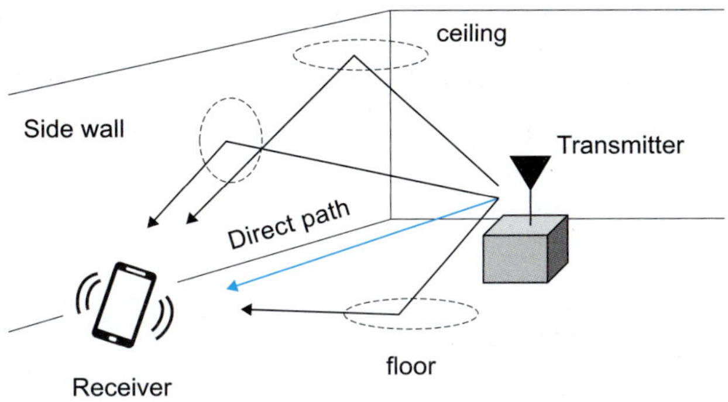

그림 7.16 전파(EM Wave)의 전파(Propagation) 특성

파들이 존재할 수 있으므로 통신이 가능하다. [그림 7.16]에서와 보는 바와 같이 각각의 반사파는 TX와 RX 사이의 거리가 다르기 때문에 크기와 위상에서 차이를 보인다.

다중경로 신호는 서로 간에 간섭을 일으킬 수 있으며, [그림 7.17]과 같이 위상차에 따라 보강간섭에 의해 신호가 커질 수도 있으며 상쇄간섭에 의해 신호가 작아질 수도 있다. 이러한 신호의 변동은 다중경로 페이딩(multi path fading)이라 불린다[297].

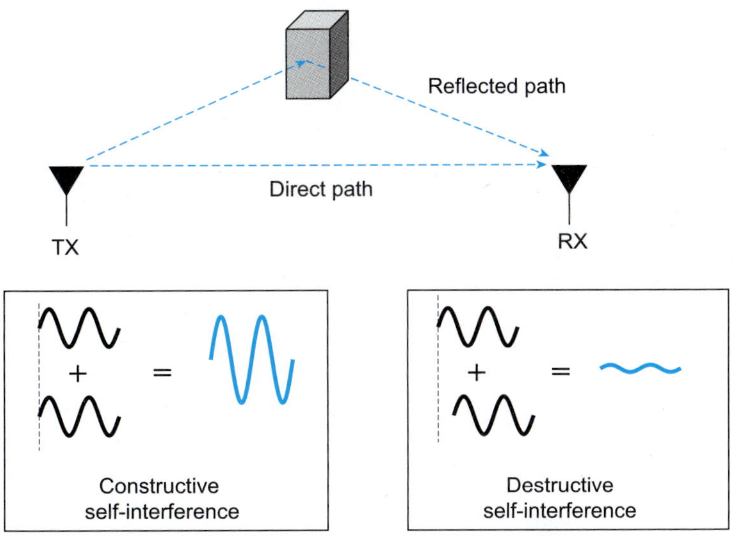

그림 7.17 다중경로 페이딩 현상

297) 다중경로 페이딩의 예로 차량용 라디오가 들리지 않으면 자동차를 1 m 정도 이동시키면 잘 들리는 것을 우리는 경험상으로 알 수 있다.

또한 전파는 벽이나 유리를 통과하면서 크기가 감소하게 된다. 전파는 주파수에 따라 벽이나 유리를 뚫고 나가는 정도가 다르며 벽의 재질이나 유리의 재질에 따라서도 크게 변한다. 이를 전파의 침투손실(penetration loss)라고 하며 몇 가지 예가 [표 7.4]에 나타나 있다.

[표 7.4] 침투 손실의 예

물질	주파수	침투손실(dB)
콘크리트 벽	1.3 GHz	8–15
바닥 면	1.3 GHz	20–30
직각으로 꺽어진 복도	1.3 GHz	10–15

예제 7-15

집에 설치된 Wi-FI 공유기를 이용하여 [표 7.4]와 같은 환경에서 침투손실의 정도를 수신감도가 떨어지는 것을 통해 확인하시오.

현재까지 고정된 환경에서 전파특성의 변화를 살펴보았다. 전파 특성은 시간에 따라 사도 변하게 되는데 [그림 7.17]과 같이 송신기와 수신기 사이에 사람이 지나간다면 특정 시간에 전파의 크기의 감쇄가 갑자기 발생한다. 이를 새도우잉(Shadwoing)이라 한다. 무선통신에서는 이러한 페이딩이나 새도우잉에 의한 갑작스러운 통신환경의 변화에도 대처해야 하기 때문에 링크 버젯에 충분한 페이딩 마진(fading margin)을 충분히 두어 설계하여야 한다.

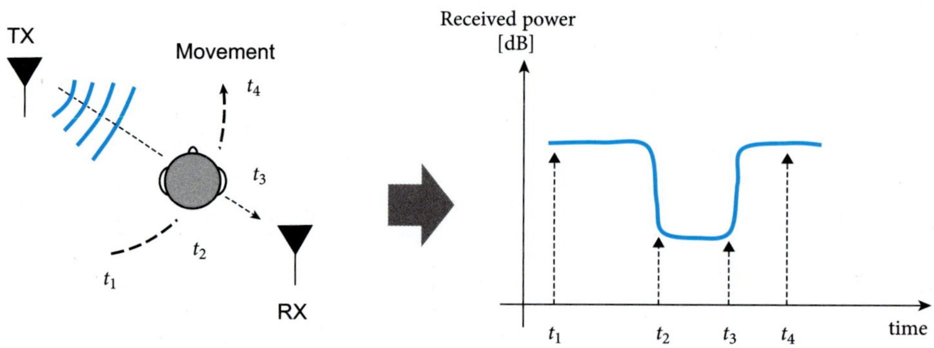

그림 7.18 장애물에 의한 Shadowing 현상

무선 오디오의 전파모델

무선오디오가 사용되는 환경을 보통 실내이므로 Friis 공식에 기반한 자유공간 전파모델을 사용할 수 없다. 따라서 다양한 전파특성을 측정한 후 모델을 만들게 되는데 예를 들어 IEEE 802.15.2 표준에서 사용하는 2.4 GHz 대역 경로 손실 모델을 식 (7.13)과 같이 소개하고 있다.

$$PathLoss = \begin{cases} 40.2 + 22\log_{10}(d) & 0.5 \le d \le 8 \\ 58.5 + 33\log_{10}(d/8) & d > 8 \end{cases} \tag{7.13}$$

식 (7.13)의 의미는 [그림 7.18]와 같이 8 m 이내 까지는 직접파만 있다고 가정하여 거리의 제곱에 비례하여 경로 손실이 생긴다는 것을 의미하고, 8 m 이상에서는 거리의 3.3제곱에 비례하여 작아진다는 것을 의미한다.

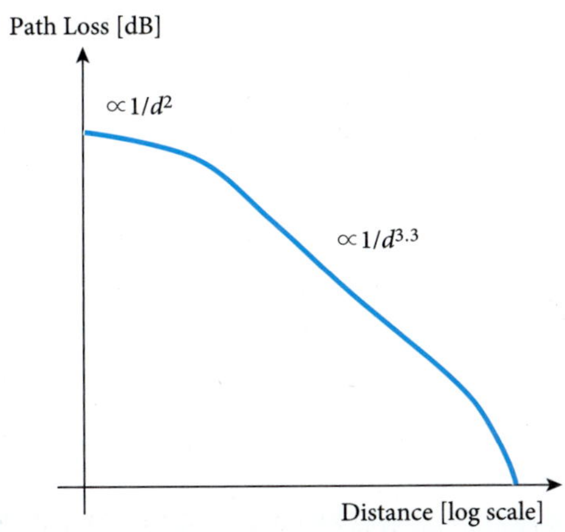

그림 7.19 실내에서의 거리에 따른 전파의 감쇄 특성 모델

예제 7-16

실내에서 2.4 GHz를 사용하는 통신시스템이 있고, 송신기의 출력은 1 mW이고, 수신기는 −90 dBm의 신호까지 신호를 복원할 수 있다고 하자. 송신안테나의 이득이 3 dB, 송신케이블 손실 1 dB, 링크 마진이 20 dB일 때 통신반경은 얼마인가? (이때 실내이므로 식 (7.13)을 가정하는 경우와 자유공간일 경우의 통신반경의 차이를 비교하시오.)

풀이 송신 전력 1 mW = 0 dBm, 안테나 이득 3 dB, 케이블 손실 −1 dB

→ EIRP = 2 dBm

수신감도 −90 dBm, 링크 마진 20 dB

→ 최소수신전력 = −70 dBm

허용되는 경로손실 = 72 dB

자유공간에서는 $(\lambda/(4\pi R))^2$ = 72[dB]인 거리는 약 400 m가 계산된다.

실내에서는 *PathLoss* = 72[dB]인 거리는 약 22 m가 계산된다.

7.3 AM과 FM 라디오

앞에서 무선기술의 기본 원리에 대해 살펴보았으므로 오래전부터 무선오디오에서 사용하는 무선기술인 AM과 FM 라디오에 대해 알아 보자. 최근 들어서 라디오를 직접 청취하는 경우보다는 인터넷 라디오를 청취하는 것이 대세라 하더라도 무선 오디오를 이해하기 위해서는 그 시작인 아날로그 무선기술인 AM과 FM 라디오부터 살펴보는 게 필요하다. 특히, 무선마이크의 경우는 지연시간이 매우 짧은 실시간 처리가 요구되므로 여전히 아날로그 FM 방식을 선호하고 있다.

라디오는 4장에서 살펴본 아날로그 소스기기 중에서 기저대역 전압 신호를 사용하지 않는 소스기기로 [그림 7.20]과 같이 AM 방송과 FM 방송을 수신하는 장치를 의미한다. 라디오는 특정한 반송파 주파수를 갖는 전파 속에 포함되어 있는 음악신호를 추출해

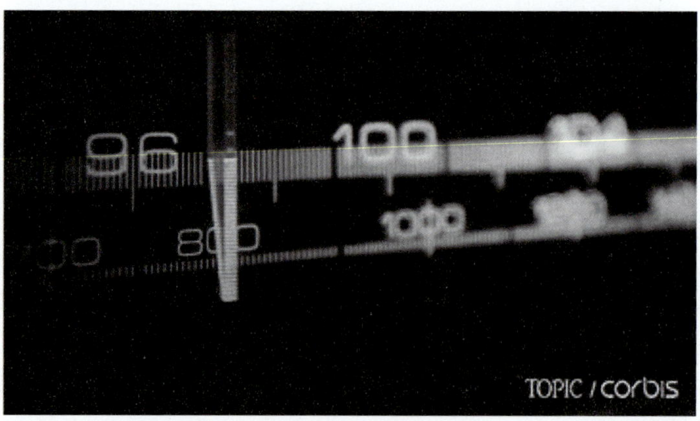

그림 7.20 라디오 튜너의 모습(출처: 네이버)

서 우리가 들을 수 있도록 하는 장치이다. 라디오 방송에는 AM(Amplitude Modulation)과 FM(Frequency Modulation)의 두 가지 전송 방식이 있는데, 일반적인 오디오 튜너는 AM과 FM을 모두 수신할 수 있다. 이중 FM 방식이 잡음이나 왜곡이 적어 음악 감상용에 선호된다. 또한 무선 마이크 등에서도 소리를 오디오 장비로 보내기 위해서는 무선 FM 전송을 이용한다. 성능 좋은 라디오 튜너는 웬만한 아날로그 소스기기의 음질을 뛰어넘을 수 있는데, FM 방송은 그 콘텐츠 자체도 훌륭하지만 기본적으로 스테레오를 지원하는데다가 방송국의 스튜디오에서 녹음된 음향을 그대로 재현시킬 수 있기 때문이다.

AM과 FM 방송은 [표 7.5]와 같이 다양한 방송이 있다. 국내 AM 방송은 중파방송을 기반으로 하며 중파방송의 방송 대역은 535~1605 kHz 사이로 총 1070 kHz를 차지한다[298]. 중파방송은 AM 변조방식을 사용하기 때문에 잡음과 혼선에 취약하며 음질이 FM 초단파(VHF) 방송에 비해 떨어지는 단점이 있다. 중파의 특성상 장거리 전송은 되지만 콘크리트의 투과율이 낮아서 대도시에서는 FM에 비해 실내 수신이 안 되는 경우가 많다. 주파수 대역폭도 하나의 FM 방송국 채널 대역폭이 200 kHz를 갖는데 비해 10 kHz 밖에 되지 않는 협대역으로 저음질의 모노 방송만 구현이 가능하다. 이러한 문제 때문에 오디오 전송용으로 FM 방송이 널리 사용되고 있다[299]. [그림 7.21]은 서울 남산에 위치한 서울 N타워 꼭데기에 방송국 안테나가 설치된 모습을 보여준다.

[표 7.5] 아날로그 라디오 방송국

응용분야	방송국
AM 라디오	KBS 제1라디오, KBS 제2라디오, KBS 제3라디오, KBS 한민족방송, MBC 라디오, SBS 라디오, CBS 라디오, febc 극동방송 등
FM 라디오	KBS Classic FM (1FM), KBS Cool FM (2FM), KBS 제1표준FM (1라디오), KBS 제2표준FM (2라디오, Happy FM), KBS 제3표준FM (3라디오), MBC FM4U, MBC 표준FM, SBS 파워FM, SBS 러브FM (SBS 표준FM), EBS FM, CBS 음악FM, CBS 표준FM, 극동방송 표준FM, BBS 불교방송, 가톨릭평화방송, 등

298) 1988년 ITU는 이 영역을 좀 더 확장시킨 AM 확장 밴드라 하여 1705 kHz까지 가능하도록 하였다.

299) 아직도 자동차 운전 시에는 FM 라디오를 직접 안테나로 수신하기도 하지만 스마트폰에서는 안테나보다는 인터넷 라디오를 통해 이동통신망을 이용해 듣는 경우가 많다. 인터넷 라디오는 아날로그 방식의 라디오 방송이라기 보다는 네트워크 기반의 디지털 소스기기라고 봐야 한다.

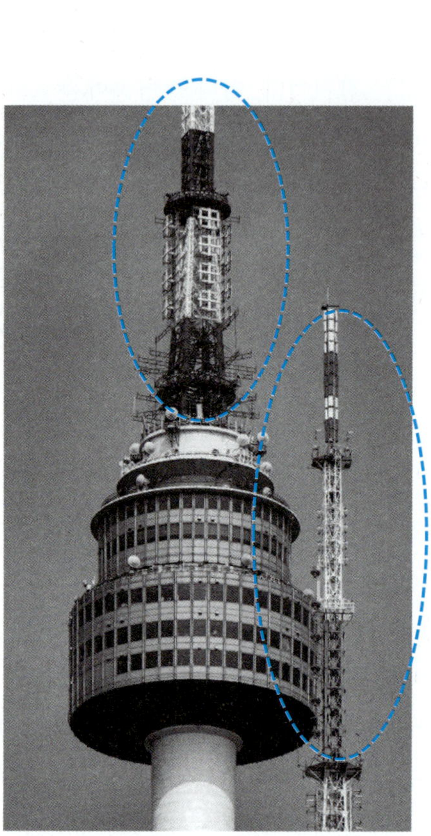

그림 7.21 방송국 안테나가 설치된 모습(서울 N 타워의 경우)

AM 라디오의 송신 안테나는 지상에 설치된 λ/4 모노폴 안테나를 사용하는데 파장이 크므로 철탑 형태로 구성하고, 안테나를 묻은 곳에 GND를 만들기 위해 많은 양의 구리선도 묻어서 설치된다. 송신 안테나는 넓은 부지가 필요하기 때문에 저지대의 평야지대에 설치하며 긴 장파를 쓰는 특성상 높은 송신 전력을 필요로 한다. 이러한 특성 때문에, 수도권의 경우 중파송신소가 경기도 고양, 시흥, 화성에 집중되어 있다. 중파방송은 1990년대 들어서부터 인기와 비중이 줄어들고 있으며, 선진 국가에서 신생 라디오 방송국의 상당부분은 FM 방송국이다. 그러나 전송거리 상의 이점이 남아있어 송출망의 발달이 미약한 개도국이나 국토가 넓은 일부 국가에서는 여전히 중요한 라디오 방송 매체이다.

FM 라디오 방송 대역은 보통 전 세계적으로 초단파 87.5~108.0 MHz 사이에서 사용되고 있다. 주파수 간격은 나라마다 다른데 우리나라는 0.2 MHz(200 kHz)씩 홀수 단위로 배당된다. FM의 장점으로 FM 스테레오 방송이 있다. FM 스테레오 방송은 [그림 7.22]와 같이 파일럿 톤 방식(AM-FM 스테레오 방식)을 사용한다. 이 방식은 기존 모노 FM 수신기와 호환을 위해 나온 것으로 좌측(L), 우측(R) 마이크로폰으로 입력된 두 신호를 변조한 합신호(L+R)와 차신호(L−R)를 하나의 전파에 담는다. 모노 방송으로 송출되는 합신호(L+R)의 대역폭은 0~15 KHz, 스테레오 방송으로 송출되는 차신호(L−R)의 대역폭은 23~53 kHz이며, DSB-SC 방식을 사용한다. 그리고 가운데의 19 kHz 대역에는 DSB-SC 신호의 복조를 위해서 동기를 위한 파일럿 신호를 송신한다. 한편, FM 방송에서도 디지털 데이터를 송신하는 RDS(Radio Data System)시스템이 있다. RDS에서는 19 kHz의 3배 주파수인 57 kHz의 subcarrier로 데이터를 이용하여 1200 bps 디지털 데이터를 송신하는데 보통 운전자에게 교통정보 등을 제공하는 목적으로 사용한다[300]. 파일럿 톤 방식의 장점은 기존 모노 수신기와 호환이 된다는 점이 있으나 모노 FM 방송에 비해 AM 방식을 사용하므로 전파 왜곡에 더 민감해서 잡음에 약하다.

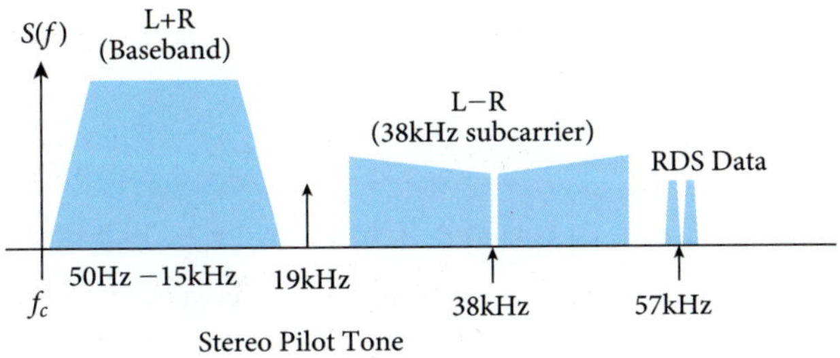

그림 7.22 FM 스테레오 방송신호의 스펙트럼

예제 7-17

주변에 오래된 라디오가 있다면 AM 라디오 방송과 FM 라디오 방송을 들어보자. (집에 없다면 차에는 대부분 AM/FM 라디오가 있으므로 들어보자.) 음질의 차이가 있음을 주변과 얘기하시오.

---

300) 이동통신이 편리하기는 하나 이동통신망이 마비되는 재난상황에서는 불통이 된다. 따라서 스마트폰에 탑재된 FM 라디오 기능을 이용하여 재난 시 사용될 수 있도록 국내의 경우 2018년부터 FM 기능 탑재가 의무화되었다.

7.3.1 AM(DSB–TC) 변조의 이해

기저대역 신호를 반송파주파수로 상향변환하는 DSB-SC 방식은 주파수 변환 과정에서 정보의 왜곡이 없고, 그 구성이 매우 간단하다. 하지만 수신기에서 송신기의 국부발진기의 정확한 위상을 아는 과정, 즉 동기과정이 필요하다는 큰 단점이 있다. 따라서 초창기 라디오 시스템을 만들고자 했던 엔지니어들은 수신기에서 동기가 필요 없는 진폭변조방식을 고민하였고, 이에 등장한 개념이 송신기에서 비록 전력의 손실은 있더라고 반송파를 변조신호와 함께 송신하여 별도로 동기과정이 필요 없는 진폭변조방식인 AM 방식을 고안하게 되었다[301].

AM 변조는 수신기에서 반송파를 쉽게 복구할 수 있도록 송신측에서 변조되지 않은 반송파를 추가로 전송하는 방식이다. 즉 DSB-SC 변조된 신호와 함께 반송파를 같이 전송한다. 반송파가 추가된 AM 신호를 $s_{AM}(t)$하면 식 (7.14)와 같다.

$$s_{AM}(t) = [m(t) + A_c]\cos(2\pi f_c t) \tag{7.14}$$

여기서 $m(t)$는 메시지 신호, A_c는 메시지신호와 함께 송신하는 반송파 신호의 크기가 된다. $s_{AM}(t)$의 스펙트럼은 실수신호의 경우 기저대역 신호의 주파수천이된 스펙트럼에 반송파 주파수 위치에 반송파와 관련된 임펄스 스펙트럼을 더한 것과 같다. 식 (7.13)을 Fourier 변환하면 식 (7.15)와 같다.

$$s_{AM}(f) = \frac{1}{2}[M(f-f_c) + M(f+f_c) + \frac{A_c}{2}[\delta(f-f_c) + \delta(f+f_c)] \tag{7.15}$$

이렇게 반송파를 추가로 전송하기 때문에 AM 신호를 DSB-TC(Double Side Band-Transmitted Carrier) 변조방식이라 부른다. [그림 7.23]은 DSB-TC 즉 AM 변조 방식의 개념도를 보여준다.

---

301) 라디오가 개발되던 시절인 20세기 초반은 트랜지스터가 보급되기 이전이었으므로 트랜지스터 대신 진공관을 사용하던 시기이다. 따라서 진공관 하나도 매우 비싸던 시절이므로 진공관이 필요 없는 회로가 필요하였다. 또한, 송신기는 큰 출력을 내므로 크더라도 몇 개만 설치하면 되므로 비싸도 큰 문제가 되지 않았다.

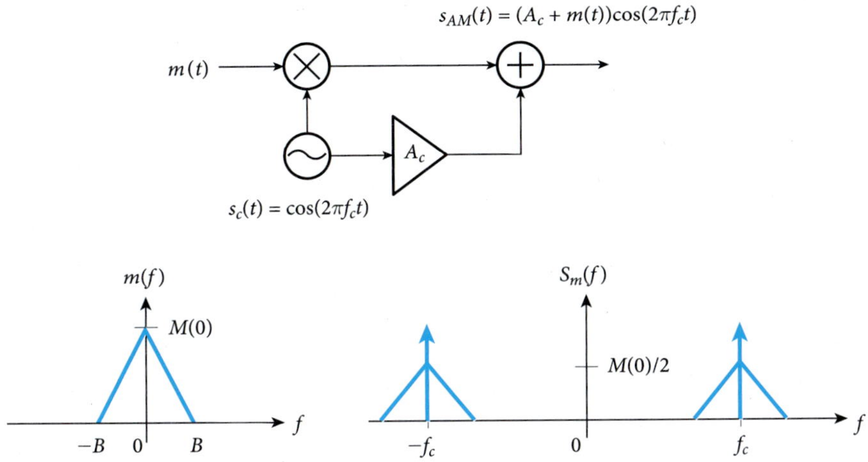

그림 7.23 AM(DSB-TC) 변조과정

비동기 AM 복조회로

이제 AM 변조된 신호의 비동기 복조에 대해 알아보자. 비동기 복조의 대표적인 방법으로 포락선 검파기(Envelope Detector)가 있다. [그림 7.24]와 같이 다이오드, 저항, 캐패시터로 구성된 회로가 있다. 다이오드가 이상적인 스위치 동작으로 0 V 이상에서 ON된다면 AM 신호가 0보다 큰 양의 값을 갖는 동안에 다이오드가 ON 상태에 있으므로 캐패시터는 다이오드를 통해 입력신호의 최대값까지 충전된다. 만약 신호의 크기가 피크값을 지나게 되면 캐패시터에 충전된 전압이 AM 신호값보다 크게 되어 다이오드가 차단된다. 이제 다이오드가 차단되면 캐패시터에 충전된 전압은 저항을 통해 시정수 RC에 의해 방전되게 된

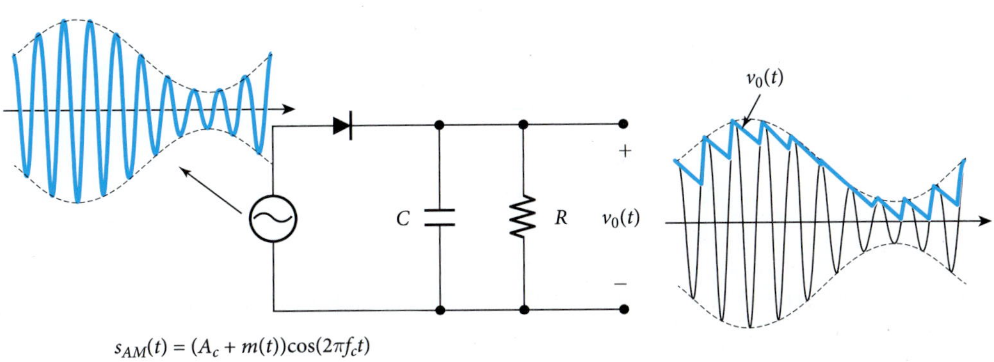

그림 7.24 AM(DSB-TC) 비동기 복조과정

다. 저항을 통해 방전되면서 캐패시터 전압값은 조금씩 떨어지지만 신호의 입력이 이 값보다 커지게 되면 다시 충전되므로 신호의 크기가 급격히 떨어지지는 않는다. 이러한 방식으로 송신신호가 복조될 수 있다.

여기서 고려해야 할 점은 얼마나 큰 전력의 반송파를 보내야 하는가이다. 즉 A_c의 크기를 얼마로 해야 하는지가 중요하다. A_c는 아무런 정보가 없으며 단지 비동기복조가 가능하도록 하기 위한 것이므로 작을수록 좋다[302]. 하지만 너무 작으면 [그림 7.25]와 같이 신호의 극성이 바뀔 수 있으므로 주의해야 한다. 이를 식으로 쓰면 식 (7.16)과 같다.

$$m(t) + A_c \geq 0 \tag{7.16}$$

$m(t)$의 최대값을 m_p라 하면 $A_c \geq m_p$의 조건을 만족하는 것으로 볼 수 있으므로 이에 따라 다음과 같이 변조지수(modulation index) μ를 다음과 같이 정의한다. [그림 7.25]와 같이 AM 변조지수는 1보다 작거나 같아야 포락선검파를 통한 비동기 복조 과정에서 신호의 극성 변화가 없게 된다.

$$\mu = \frac{m_p}{A_c} \tag{7.17}$$

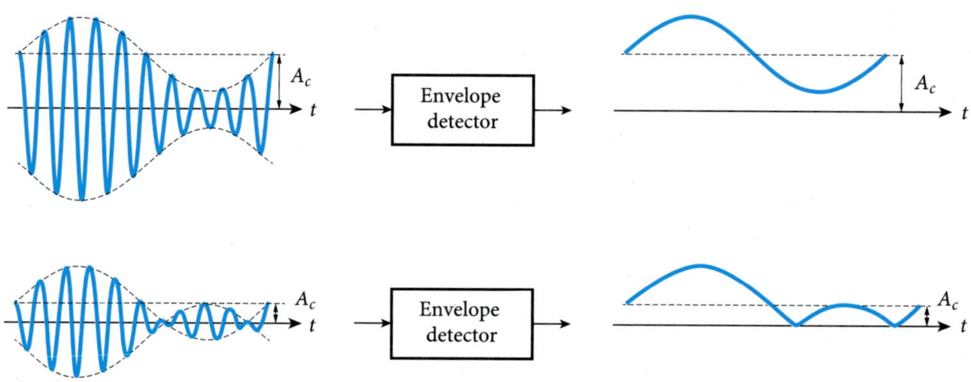

그림 7.25 AM(DSB–TC) 변조지수의 결정[303]

302) 또한, A_c의 크기는 송신기에서 전력증폭기의 비선형성에 의한 송신신호에 왜곡이 발생하지 않도록 하여야 한다.

303) 송신신호는 크기과 0을 기준으로 +와 −값을 갖지만 비동기 검파 시 신호는 +값만이 출력된다. 이를 DC offset이라 하며 실제 신호는 DC offset을 추가로 제거해야 한다.

AM 변조는 반송파를 추가로 전송함으로써 수신기에서 비동기 검파가 가능하지만, 추가로 전송하는 반송파는 아무런 정보도 포함하고 있지 않으므로 그만큼 전력 소모가 발생한다. 전체 전력 중에서 정보 신호를 전송하는 데 사용하는 전력의 비율을 전력 효율이라 하는데, AM 변조에서는 최대 33%의 효율이 얻어지므로 전력효율이 낮은 단점을 갖는다.

7.2.2 FM 변조의 이해

AM 비동기 방식의 등장으로 라디오 방송이 가능하게 되었으나, 진폭에 정보가 있는 경우 무선채널에서 발생하는 다중경로 페이딩에 민감하므로 고품질의 음악방송 등에는 적합하지 않았다[304]. 따라서 새로운 통신방식에 대한 수요가 발생하였고, 이렇게 하여 등장한 것이 주파수변조 개념이다. 주파수변조는 각변조라고도 부르는데, 그 이유는 주파수는 각도를 미분한 값이므로 주파수 변조와 각변조(즉, 위상 변조)는 유사한 성질을 갖기 때문이다.

트랜지스터의 등장으로 트랜지스터를 발진기를 동작시키면 입력신호에 따라 주파수가 변화하는 전압제어발진기(Voltage Controlled Device, VCO) 회로를 쉽게 만들 수 있다. 이를 활용하면 입력신호가 0인 경우 f_c의 주파수를 발생시키고, 신호의 진폭이 0보다 크다면 그에 비례하여 f_c보다 높은 주파수를 발생하게 하고 신호의 진폭이 0보다 작다면 그에 비례하여 f_c보다 낮은 주파수를 발생하게 할 수 있다. 이러한 개념을 무선통신에 활용한 것이 주파수 변조의 시작이다. 심지어 신호를 평균값 0, 최대값 m_p, 최소값 $-m_p$라 할 때 변조된 신호의 스펙트럼 f_c를 중심으로 $\pm k_f m_p$로 변조되는 경우 k_f를 작게 하면 진폭변조가 요구하는 주파수 대역폭보다 좁힐 수 있지 않을까라는 아이디어까지 등장하였다. 이렇게 되면 잡음에도 강하면서 대역폭이 AM보다 훨씬 좁은 이상적인 통신방식이 가능할 수 있다. 하지만 이는 엄청난 오해임이 곧 밝혀졌다. 하지만 잠깐 동안의 실망을 넘어 잡음에 강하다는 주파수 변조의 장점으로 인해 FM 기술이 발전하였고 고품질의 음악방송을 위한 FM 기술이 상용화되었다.

순시주파수란?

주파수변조의 개념을 이해하기 위해서는 먼저, 순시주파수의 개념을 이해할 필요가 있

304) 라디오가 보급된 지 100여년이 지난 지금도 AM 라디오 방송은 뉴스 등의 정보전달을 위주로 사용되며, FM 라이도 방송은 음악 방송을 위주로 방송하고 있다. AM 방송에 머물렀던 방송기술이 트랜지스터의 등장 및 RF 기술의 발전으로 점점 HF(단파) 및 VHF(초단파) 대역으로 확대되었고 이제는 FM 방송이 AM 방송을 능가하는 보편화된 기술이 되었다.

다. 주파수란 1초 동안 몇 번 원운동 하는지 그 회전수를 의미하며, 원운동에서 원주상의 한 점이 x축과 이루는 각도가 위상이고 이 위상이 빠르게 변하면 각속도가 빨라지고, 각속도가 빠르면 주파수가 높은 것을 의미한다는 것을 알 수 있다. 즉, 위상각의 변화율을 구하면 그것이 바로 순간적인 순시각주파수 ω_i가 될 것이다.

$$x(t) = A\cos\theta(t) = A\cos\theta(\omega_i t + \theta_0) \tag{7.18}$$

식 (7.18)에서 순시주파수는 ω_i 또는 f_i는 다음과 같이 주어진다.

$$\omega_i = \frac{d\theta(t)}{dt} \quad \text{or} \quad f_i = \frac{1}{2\pi}\frac{d\theta(t)}{dt} \tag{7.19}$$

[그림 7.26]에 주파수가 변하는 경우 순시주파수의 개념을 나타낸다. 위상의 순간적인 변화율을 순시주파수로 표현할 수 있다.

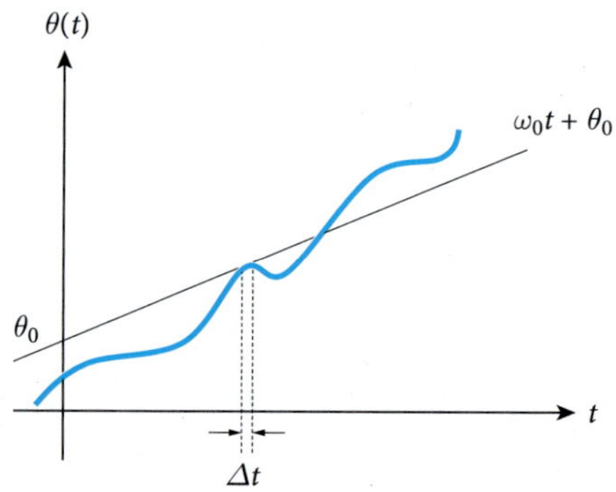

그림 7.26 주파수가 변하는 경우 순시주파수의 개념

예제 7-18

다음 신호의 순시주파수를 구하시오.

(a) $x(t) = 10\cos(6\pi t + 5)$

(b) $x(t) = 10\cos(100\pi t^2)$

답 (a) 3

(b) $100t$

위상변조와 주파수변조의 표현

위상변조(Phase Modulation: PM)는 정보 신호 $m(t)$에 따라 반송파의 위상을 변화시키는 변조방식으로 $m(t)$에 따라 $\theta(t)$를 선형적으로 변화시키는 방법이다.

$$\theta(t) = 2\pi(f_c t + k_p m(t)) \tag{7.20}$$

여기서 k_p는 비례상수이고 f_c는 반송파주파수이다. 이제 PM변조된 신호의 순시 주파수는 다음과 같다.

$$f_i(t) = f_c + k_p \frac{dm(t)}{dt} \tag{7.21}$$

따라서 PM 변조된 신호의 순시주파수는 정보신호의 미분값에 따라 선형적으로 변화한다. PM 변조된 식은 다음과 같다.

$$s_{PM}(t) = A\cos[2\pi(f_c t + k_p m(t)] \tag{7.22}$$

다음으로 주파수변조(Frequency Modulation: FM)은 순시주파수를 정보신호에 따라 선형적으로 변화시키는 방식이다.

$$f_i(t) = f_c + k_f m(t) \tag{7.23}$$

여기서 k_f는 비례상수이고. 따라서 FM변조된 반송파의 각도는 순시주파수를 적분하면 되므로 식 (7.24)와 같고 FM변조된 식을 표현하면 식 (7.25)와 같다.

$$\theta(t) = \int_0^t 2\pi(f_c\tau + k_f m(\tau))d\tau = 2\pi(f_c t + k_f \int_0^t m(\tau)d\tau) \tag{7.24}$$

$$s_{FM}(t) = A\cos[2\pi(f_c t + k_f \int_0^t m(\tau)d\tau)] \tag{7.25}$$

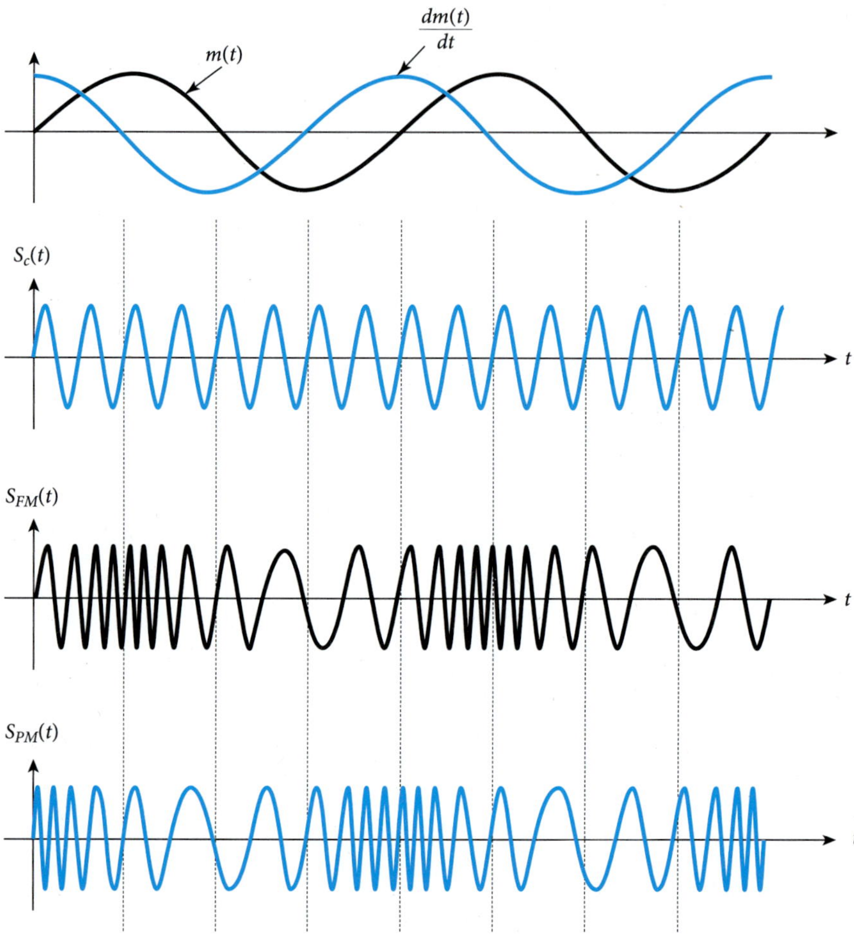

그림 7.27 주파수변조와 위상변조의 예

예제 7-19

FM과 PM의 관계는 서로 밀접한 상관관계를 갖는다. 따라서 [그림 7.28]과 같이 정보신호를 적분하고 PM변조하면 FM변조가 됨을 설명하시오. 반대로 정보신호를 미분하고 FM변조하면 PM변조가 됨을 설명하시오.

그림 7.28 주파수변조와 위상변조의 관계

주파수변조의 비동기 복조

FM 변조신호를 만드는 방법은 다양하지만, 주파수변환을 위한 VCO(Voltage Controlled Oscillator)를 사용하면 FM 신호를 만들 수 있다. VCO는 외부 전원에 의하여 주파수가 변하므로 출력신호의 주파수는 VCO의 입력전압에 비례한다. VCO를 만들기 위해서는 LC 공진기를 이용하는데 역방향 바렉터 다이오드(varactor diode)를 이용하면 전압의 변화에 따라 C의 변화를 얻을 수 있다[305].

이렇게 주파수변조된 신호를 복조하기 위해서는 신호의 주파수 변화를 검출해야 한다. 이러한 기능을 하는 회로로 미분기가 있는데, 미분기의 출력 전압은 입력주파수에 비례하게 된다. 입력신호가 정현파 $\sin(2\pi f_c t)$일 때 이를 미분하면 $2\pi f_c \cos(2\pi f_c t)$가 되므로 주파수가 클수록 미분기의 출력은 커진다. 미분기에 FM신호가 입력되면 출력은 다음과 같다.

$$\begin{aligned}\frac{ds_{FM}(t)}{dt} &= \frac{d}{dt}\left[A\cos[2\pi(f_c t + k_f \int_0^t m(\tau)d\tau)\right] \\ &= -2\pi A(f_c + k_f m(t))\sin\left[2\pi(f_c t + k_f \int_0^t m(\tau)d\tau)\right]\end{aligned} \tag{7.26}$$

따라서 미분기의 출력 신호는 AM 신호와 유사하여 AM 신호의 복조에서 사용된 포락선 검파기를 통하여 메시지 신호를 복구할 수 있다. AM 신호의 복조와 차이는 FM 신호를 미분한 신호는 진폭변조와 주파수변조가 동시에 일어난 형태가 된다는 것이다. [그림 7.29]에 미분기를 통한 FM 신호의 복조과정을 보여준다.

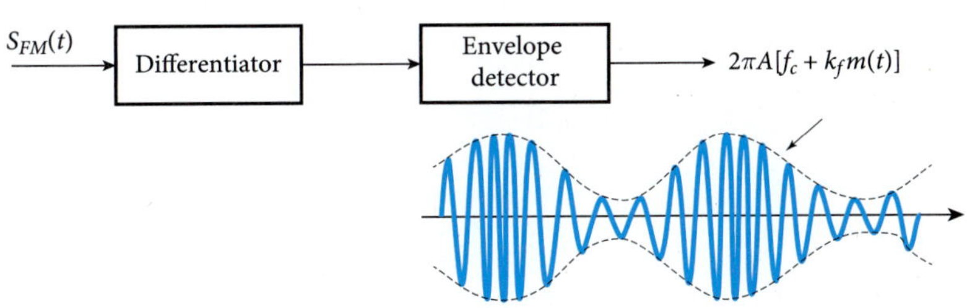

그림 7.29 미분기를 이용한 FM 복조기의 동작

305) 실제 정밀한 FM 변조신호의 생성을 위해서는 VCO의 주파수 변화를 보상하는 PLL 회로가 추가되어야 한다.

하지만 미분기[306]를 바로 사용하기는 어렵다. 그 이유는 무선채널은 다중경로 페이딩에 의해 수신되는 신호의 진폭이 일정하지 않기 때문이다. 따라서 식 (7.26)에서 신호의 진폭이 일정하지 않다면 미분기의 출력의 크기 $2\pi A(f_c + k_f m(t))$는 신호의 정보 $m(t)$ 외에 다중경로페이딩에 의한 진폭의 변화 $A(t)$에 의해 신호가 왜곡될 것이다. 따라서 무선채널에 의한 수신 신호의 진폭 변화 $A(t)$를 최소화할 필요가 있다. 이를 위해서 대역통과 리미터를 사용하면 수신된 FM 신호의 진폭의 변화를 제거할 수 있다. 대역통과 리미터는 진폭변화가 발생한 FM 신호가 진폭이 일정한 사각파로 변하게 된다. 출력 파형은 사각파이지만 '0'을 통과하는 시점은 입력신호와 동일하므로 주파수 특성은 변하지 않는다. 이렇게 리미터와 미분기를 이용한 FM 비동기 복조가 가능하다.

참고 AM 라디오나 FM 라디오는 역사가 오래된 만큼 개인이 취미로 만들 수 있는 키트도 다양하게 존재한다. 보통 트랜지스터 한 개만 있으면 AM 라디오 수신기나 FM 수신기를 1~2만원 정도면 만들 수 있다. 또한 무선마이크에서 사용할 수 있는 FM송신기도 쉽게 만들 수 있으니 전자회로 등에 관심있는 학생들은 도전해보기 바란다.

7.4 블루투스(Bluetooth) 오디오

앞에서 통과대역 아날로그 신호를 이용하는 AM/FM 라디오를 살펴보았다. 이제 디지털 오디오 신호를 전송하는 장치를 알아보자. 오디오가 디지털화되면서 디지털신호를 무선으로 보내는 디지털 무선통신기술이 오디오에도 사용되기 시작하였다[307]. 그 중에서 현재 대중화된 대표적인 기술이 근거리 무선통신에서 사용되던 블루투스(Bluetooth) 기술을 오디오 신호 전송에 사용한 블루투스 스피커와 블루투스 이어폰이라 할 수 있다[308]. [그림 7.30]은 블루투스 스피커와 블루투스 이어폰의 예를 보여준다.

먼저, 블루투스에 시작에 대해 알아보자. 블루투스는 처음부터 오디오용으로 출시된 것이 아니고 수 m 이내의 근거리에 위치한 PC, 마우스나 키보드 등을 무선으로 연결하기

306) FM 비동기 복조에서 미분기를 종종 주파수 변별기(frequency discriminator)라고 부른다.

307) 아날로그 통신과 다른 디지털통신의 특정 및 자세한 이론은 통신공학 또는 디지털통신에서 학습하므로 관심있는 학생은 수강하기 바란다.

308) 특히, 블루투스 이어폰은 젊은 세대에게는 필수 아이템이 되었다.

그림 7.30 블루투스 스피커(Britz)와 블루투스 이어폰(애플 아이팟)

위해 고안된 기술이다[309]. 디지털 무선통신 기술은 그 통달거리에 따라 [그림 7.29]와 같이 구분할 수 있는데 이 중에 가장 통신거리가 작은 것은 WPAN(Wireless Personal Area Network)으로 보통 수 m 내외의 비교적 단거리에서 동작한다[310]. WPAN에는 Bluetooth (IEEE 802.15.1), 고속 WPAN(IEEE 802.15.3), 고속 UWB(IEEE 802.15.3a), 저속 UWB(IEEE 802.15.4a), 저속 센서 네트워크(IEEE 802.15.4) 등 다양한 무선기술을 포함한다. 다음으로 WLAN(Wireless Local Area Network)이 있는데 이는 인터넷을 무선화하기 위해 고안된 기술로 Wi-Fi가 여기에 속한다. Wi-FI는 네트워크 오디오에서 살펴본 TCP/IP 기반으로 동작하여 전송속도가 수백 Mbps로 매우 빠른 반면에 블루투스는 인터넷을 기반으로 하지 않으며 속도도 무선 LAN에 비하여 상대적으로 저속인 것이 특징이다. 또한 통달거리가 짧고 송신기의 출력이 낮아 RF 전력증폭기와 같이 전류소모가 있는 회로가 필요 없으며 성능이 낮은 내장형 소형 안테나를 사용할 수 있다. 또한, 수신기 구조도 간단하여 송수신기를 매우 작게 만들 수 있는 장점이 있어 이어폰 등 공간이 부족한 오디오기기에 쉽게 삽입할 수 있는 장점이 있다.

예제 7-20

본인이 가지고 있는 무선기기 중에서 블루투스를 사용하는 것과 Wi-Fi를 사용하는 것을 구분해서 정리해 보시오.

---

309) 과거의 PC에서는 키보드와 마우스를 유선으로 연결하였는데 최근에는 대부분 무선키보드나 무선마우스를 사용하고 있는데 이때 블루투스를 사용한다.

310) WPAN과 WLAN은 통신거리에 따라 차이가 있지만 TCP/IP 지원 여부에 따라서도 차이가 있다. WPAN은 IP 주소가 없지만 WLAN 기기는 IP 주소를 포함하고 있다. WPAN 기기들을 구별하기 위해서 IP 주소는 없지만 계층2의 MAC 주소는 필요하다.

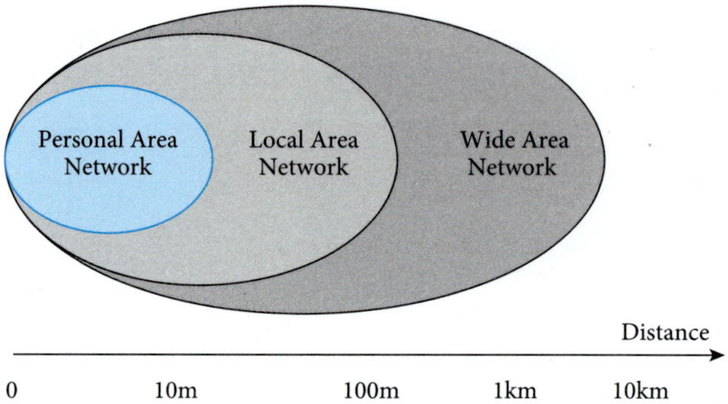

그림 7.31 통달거리에 따른 무선통신 방식

블루투스의 역사는 1998년에 에릭슨, 노키아, 인텔, IBM, 도시바 등이 모인 블루투스 SIG(Special Interest Group)에서 유선 통신 방식인 RS-232를 대체하여, 휴대폰과 주변기기 사이에서 사용할 수 있는 무선 인터페이스 기술로 시작되었다. 블루투스 SIG가 설립된 그 이듬 해인 1999년에 규격 1.0이 발표된 이래, 2000년부터 모바일 폰, 무선 마우스와 키보드, 헤드셋 등에 적용이 되었으며, 스마트 폰이 본격적으로 보급이 되면서 스마트폰과 핸즈프리 이어폰을 연결시켜주는 수단으로 자리매김을 함으로써, 오늘날 Wi-Fi, LTE/5G 등의 셀룰러 이동통신과 함께 대표적인 무선통신 기술로 살아남았다[311].

한편, 블루투스는 버전 4.0이 발표 되던 시기에 저전력 모드를 고려한 또 다른 규격을 발표하게 되는데, 이때를 기점으로 해서 블루투스는 BR(Basic Rate)/EDR(Enhanced Data Rate) 모드와 LE(Low Energy) 모드, 그리고 듀얼 모드로 구분이 되게 된다. 제품들도 각각의 모드에 따라서 완전히 다르게 동작을 한다. BR/EDR 모드는 스트리밍 오디오와 같은 사용 목적에 적합한 구현방법으로 상대적으로 짧은 커버리지와 연속적인 무선 연결을 지원한다. LE 모드는 보다 긴 커버리지를 지원하며, 연속적인 무선 연결을 필요치 않지만 짧은 시간동안의 디지털 데이타를 전송하는 사물인터넷(IoT: Internet of Things)에 적합하고, 장시간 사용을 위해서 긴 배터리 수명시간을 지원한다. 듀얼 모드(Dual-Mode)에서는 오디오 헤드셋과 같은 BR/EDR 기기와 웨어러블(Wearable) 또는 비컨(Beacon)과 같은 LE기기 모두와 연결이 필요한 스마트폰 또는 태블릿 PC에서 사용된다. [표 7.4]에 현재까지 블루투스 규격의 변천

311) 블루투스는 스칸디나비아의 10세기 때 실존 인물인 헤롤드 블루투스의 이름을 딴 것으로, 그가 스칸디나비아를 통일했듯이 블루투스가 통신 프로토콜들을 통일시키기를 희망한다는 의미가 담겨 있다.

[표 7.4] 블루투스 방식 및 주요 특징

<table>
<tr><th colspan="2">규격</th><th>주요 특징</th><th>모듈</th></tr>
<tr><td rowspan="12">Bluetooth</td><td>1.0/1.0B</td><td>– 1999년 최초 발표</td><td rowspan="3"></td></tr>
<tr><td>1.1</td><td>– 2002년 802.15.1 IEEE 표준으로 승인
– 1.0B의 문제점 개선
– RSSI 수신</td></tr>
<tr><td>1.2</td><td>– 2005년 IEEE 표준으로 승인</td></tr>
<tr><td>2.0+EDR</td><td>– 2004년 표준으로 승인
– 3.0Mbps EDR(Enhanced Data Rate) 지원</td><td rowspan="2">HC–06</td></tr>
<tr><td>2.1+EDR</td><td>– 2007년 발표
– NFC cooperation</td></tr>
<tr><td>3.0+HS</td><td>– 2009년 발표
– 24Mbps High Speed (HS) 지원</td><td></td></tr>
<tr><td>4.0+LE</td><td>– 2010년 발표
– Bluetooth Low Energy 포함</td><td rowspan="3">HM–10
HM–M28
HM–M38</td></tr>
<tr><td>4.1</td><td>– 2013년 발표</td></tr>
<tr><td>4.2</td><td>– 2014년 발표</td></tr>
<tr><td>5</td><td>– 2016년 발표
– IoT용, 삼성갤럭시 S8에 포함</td><td rowspan="2">HK–19</td></tr>
<tr><td>5.1</td><td>– 2019년 발표
– 방향탐지 기능(AoA, AoD) 추가</td></tr>
</table>

과정이 나와 있다[312].

예제 7-21

본인이 가지고 있는 블루투스 무선장치들의 규격이 무엇인지 [표 7.4]를 참조하여 확인하시오.

블루투스 오디오는 비면허기기로 국내 전파법에서는 '신고하지 아니하고 개설할 수 있는 무선국용 무선기기(과학기술정보통신부고시)'의 하나로 '특정소출력 무선기기(무선데이

312) Bluetooth 기기는 정보 전달 이외에도 위치 응용을 위하여 최근 규격인 Bluetooth 5.1에서는 방향탐지 기능을 추가하였다.

터통신시스템용 무선기기)'로 정의한다. 이 무선기기는 허가가 필요없지만 적합인증 대상으로 인증을 받아야 한다[313]. Bluetooth 기기는 2.4~2.4835 GHz 사이에서 동작하며 안테나 공급전력이 10 mW 이하 또는 10 mW/MHz 이하로 규정되고 있다. 블루투스 제품을 국내 적합인증 이외도 Bluetooth 표준을 잘 따르는지 확인받아야 한다. 표준을 따르지 않는 블루투스를 탑재한 기기는 서로 프로토콜이 달라 통신이 되지 않기 때문이다. 블루투스 표준을 인증하기 위해 블루투스 SIG에서는 블루투스 탑재제품의 설계가 표준규격을 만족하고 상호운용성을 만족하고 있다는 것을 확인하기 위한 인증제도를 수립하고 있다. 즉 블루투스를 탑재한 제품을 출하하려고 하는 제조사는 Qualification Program을 통과한 후 로고를 제품에 표시하여야 한다. 이러한 인증은 블루투스 표준을 만족하는지 확인하는 작업으로 블루투스 표준은 크게 MAC 계층과 물리계층으로 나눌 수 있으므로 이를 살펴보자.

Bluetooth MAC 계층

블루투스 기기는 TCP/IP 계층이 없으며, OSI 7계층 중 1계층인 물리계층과 2계층인 데이터링크 계층만이 존재한다. 이 중 데이터 링크 계층은 다시 MAC(Media Access Control) 계층과 LLC(Logical Link Control) 계층으로 분리된다. MAC 계층은 통신기기간의 신뢰성 있는 전송을 보장하기 위한 계층으로 상호 통신을 위해 MAC 주소를 할당받는다. MAC 주소는 각 블루투스 기기마다 붙는 고유한 이름이라 볼 수 있다. MAC 주소는 48 bit(16진수 12자리, 예: 12:34:56:78:90:AB)로 구성되며, 장치마다 특별하게 할당된다.

예제 7-22

윈도우 PC의 명령창에서 'ipconfig/all'을 입력한 다음 엔터를 치면 PC에서 사용하는 Wi-FI, Ethernet, Bluetooth 등이 사용하는 MAC 주소를 알 수 있다. 본인이 사용하는 PC의 MAC 주소를 살펴보자.

---

313) 적합인증이란 전파환경 및 방송통신망 등에 위해를 줄 우려가 있는 기자재와 중대한 전자파장해를 주거나 전자파로부터 정상적인 동작을 방해받을 정도의 영향을 받는 기자재로 지정시험기관의 적합성평가기준에 관한 시험을 거쳐 인증을 받아야 하는 것을 의미한다. 적합인증의 종류로는 전파법에 정한 기술기준에 맞는지 확인하는 무선 주파수 인증(RF)과 외부기기에 전자파간섭을 주지않는지 확인하는 무선 전자파 적합성 인증(EMC)이 필요하다. 적합인증을 받은 제품은 제품 뒷면에 KC 인증표시를 한다. 적합인증을 받기 위해서는 신청서, 완제품 샘플 1개, 무선 지그 샘플 1개와 제어 프로그램, 회로도, 부품배치도, 안테나 스펙 등을 포함하여 전문기관에 신청해야 한다.

블루투스를 사용할 때 페어링(pairing)을 하는데 페어링을 통해 서로 인식한 두 개의 블루투스 기기 간에는 1:1 통신이 가능하다. PC의 경우 블루투스 마우스, 블루투스 키보드 등 여러 개를 연결해야 하는데 이 경우 PC를 마스터로 하고 나머지 주변기기를 슬레이브로 연결하는 1:N 구조가 필요하다. 이렇게 형성된 네트워크를 피코네트(piconet)라고 한다. [그림 7.32]에 블루투스 네트워크의 구성을 보여준다. 블루투스에서는 페어링을 통해 피코넷을 형성하는데 이 피코넷에 활성화된 상태로 참여할 수 있는 기기의 개수는 총 8개이며, 이 중의 한 대는 마스터의 역할을 담당한다. 스캐터 네트는 한 개의 슬레이브가 두 개의 마스터에 연결되면서 만들어 질 수도 있고, 한 피코네트의 마스터가 다른 피코네트의 슬레이브가 되면서도 만들어 질 수 있다. 한편, 블루투스에서는 슬레이브끼리는 통신을 할 수 없고, 오로지 마스터와 슬레이브 간에만 통신이 가능하다.

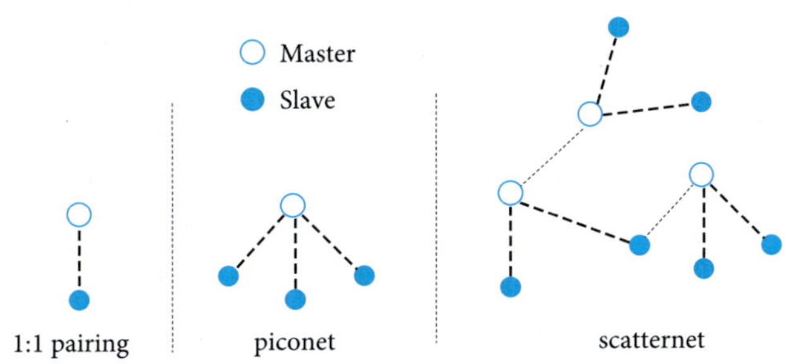

그림 7.32 Blueooth 네트워크의 구성

참고 Bluetooth 2.0은 하나의 기기가 한 번에 다른 하나의 기기와 통신하는 유니캐스트 방식만 지원하였으나, Bluetooth 4.0은 멀티캐스트 통신이 가능하다. 모듈을 사용할 때 이를 고려해야 한다.

Bluetooth 물리계층

블루투스의 물리계층은 주파수, 전력, 변조 방식 등을 정의하는데 블루투스가 사용하는 주파수 대역은 Wi-Fi가 사용하는 주파수 대역과 같은 2.4 GHz ISM 대역이다. 구체적으로 2402 MHz에서 2480 MHz까지의 주파수를 사용한다. 원래 2.4 GHz ISM 대역은 2.40 GHz에서 2.4835 GHz이므로 양쪽 끝에 남는 주파수 대역이 있는데 이를 보호대역(Guard band)라고 부른다[314]. 블루투스는 이 가드 밴드 사이의 대역을 79개의 채널로 분할하고 각각의 채

314) 가드밴드(Guard band)는 인접한 주파수를 사용하는 시스템간의 간섭을 막기 위한 보호대역의 역할을 한다.

널은 1 MHz의 대역폭을 갖게 된다. 각각의 채널의 중심 주파수는 [그림 7.33]과 같이 2402, 2403, 2404 로부터 시작하여 2479, 2480까지 이어진다.

IoT를 지원하기 위해서 만들어진 BLE(Blueooth Low Energy)의 경우는 주파수 대역이 다른데 [그림 7.34]와 같이 40개의 채널로 분할하여 각 채널은 2 MHz의 대역폭을 갖게 된다. 이 중 3개의 채널(37번채널(2.402 MHz), 38번 채널(2.426 MHz), 39번 채널(2.480 MHz))은 주파수 호핑하지 않고 언제나 일정한 비컨(beacon) 신호를 발사하는 방송채널(broadcasting channel)로 사용된다[315].

블루투스는 다른 기기와의 신호 간섭을 피하기 위해서 주파수 호핑(Frequency Hopping)이라는 기술을 사용한다[316]. 앞서 살펴 본 것과 같이 블루투스는 2402 MHz부터 2480 MHz까지 총 79개의 채널로 구분이 되는데, 625[usec] 마다 한 번씩 데이터 전송을 위한 주파수

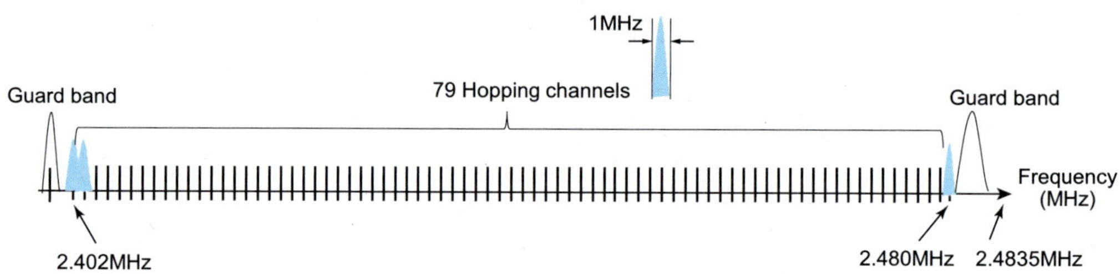

그림 7.33 블루투스 주파수 채널

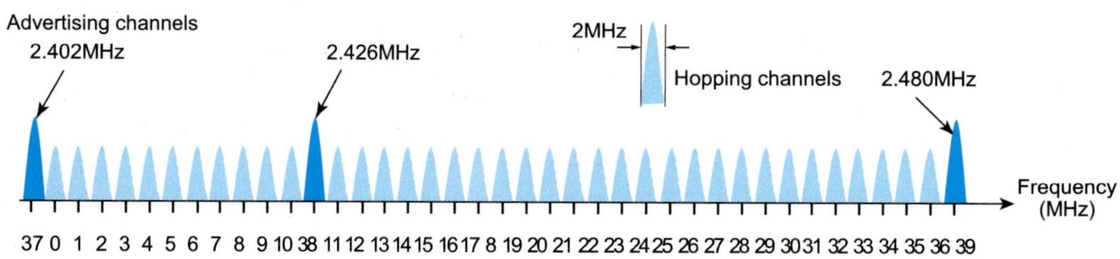

그림 7.34 BLE의 채널번호

315) BLE의 방송채널은 주변의 BLE 노드들에게 자신의 위치정보나 주소 등을 방송하므로 장치 검색, 연결 설정 등에 활용된다.

316) 주파수 도약기술은 헤디 라머(Hedy Lamarr)라는 할리우드 여배우가 1942년 주파수 도약 기술 특허를 취득한 것으로 유명하다. 그러나 당시 기술로는 구현이 힘들어 사장되었다가 전자기술의 발전으로 상용화가 가능하게 되었다.

를 바꾼다. 블루투스의 주파수 호핑이 신호의 간섭을 줄여주는 원리는 간단한다. 지속적으로 주파수를 바꾸어 가면서 데이터를 전송하다가 특정한 주파수에서 신호의 간섭 현상이 발견되면, 해당 주파수에서 통신한 데이터는 간섭이 되어 오류가 나는 채널이므로 호핑에서 제외하는 것이다. 따라서 Wi-Fi와 달리 의도적으로 신호를 방해할 수 있는 재밍 신호에 덜 영향을 받는다.예를 들어 처음에는 2403 MHz 주파수를 사용하고 통신한 후 625[usec] 다음에는 2406 MHz를 사용하고, 그 다음에는 2404 MHz를 사용하는 방식이다. 산술적으로 계산을 하여 1초를 625[usec]로 나누면 1600이 나오는데, 흔히 블루투스는 1초에 1600번을 주파수 호핑을 한다고 할 때의 그 수치가 된다.

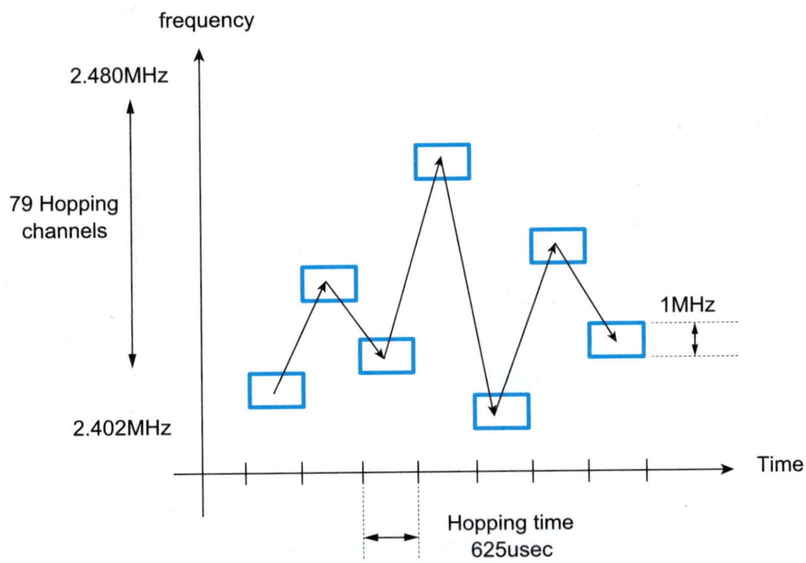

그림 7.35 블루투스 주파수 호핑 방법

Bluetooth 5.1에서는 [그림 7.36]과 같은 프레임 구조를 갖는다. 기존 Bluetooth 프레임 구조에서는 통신을 위해 '1'과 '0'의 정보가 혼재되어 있으며, 주파수천이변조(FSK: frequency shift keying) 방식의 모뎀을 사용한다[317]. 따라서 '0'의 경우, 중심 주파수로부터 250 kHz 낮은 신호의 스펙트럼을 '1'의 경우에는 중심주파수로부터 250 kHz 높은 주파수 성분을 갖게

317) FSK 변조는 아날로그 신호의 FM 변조의 디지털 버전이라고 보면 된다. 아날로그 FM 변조가 신호의 크기에 따라 주파수가 연속적으로 변하는데 반하여 FSK는 1과 0 두 가지 신호만 있으므로 2개의 주파수만을 가지게 된다.

된다. 일반적인 디지털 신호는 '0'과 '1'은 랜덤하게 분포되므로 이 경우 신호에 따라 주파수가 변하게 된다. FSK 전송식은 식 (7.27)과 같이 주어진다.

$$s(t) = \begin{cases} s_1(t) = A\cos(2\pi f_1 t) & \text{for } 1,\ 0 \le t \le T_b \\ s_2(t) = A\cos(2\pi f_2 t) & \text{for } 0,\ 0 \le t \le T_b \end{cases} \tag{7.27}$$

식 (7.27)과 같이 FSK 신호는 진폭이 일정하기 때문에 채널의 진폭 변화에 덜 민감하다. FSK는 두 개의 서로 다른 주파수를 사용하여 정보를 전달하므로 수신기에서는 두 개의 주파수 중 어느 주파수로 들어오는지만 검출하면 되므로 간단히 수신기를 구성할 수 있으며 진폭왜곡에 강인하다[318].

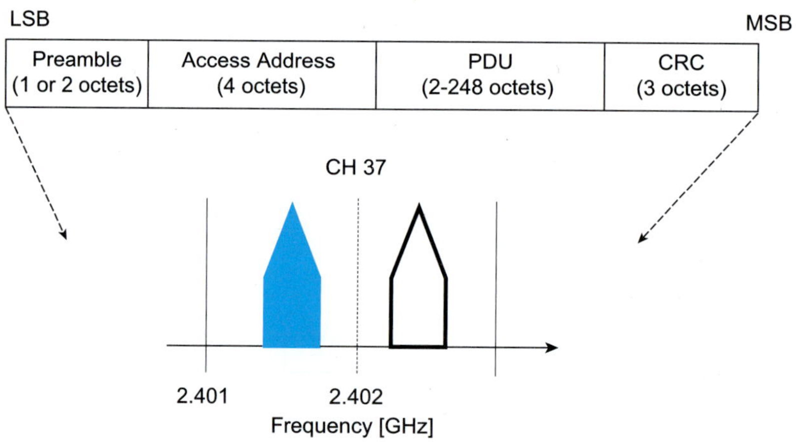

그림 7.36 Bluetooth 5.1의 경우 프레임 구조

FSK 신호를 발생시키는 방법에는 두 개의 주파수를 발생시키고 스위치를 통해 데이터에 의해 신호를 선택하게 하는 방식을 사용하거나 VCO의 제어전압에 따라 주파수를 변화하게 하여 생성하는 두 가지 방식이 있는데 [그림 7.34]와 같이 전압제어발진기(VCO: Voltage Controlled Oscillator)를 이용하는 방식이 발진기가 하나만 필요할 뿐만 아니라 스위치에 의한 위상 불연속이 발생하지 않아 주로 사용된다.

318) Bluetooth 시스템이 이진 FSK를 사용하는 대표적인 디지털 시스템이다. FSK는 구현이 간단하여 현재에도 많이 상용된다.

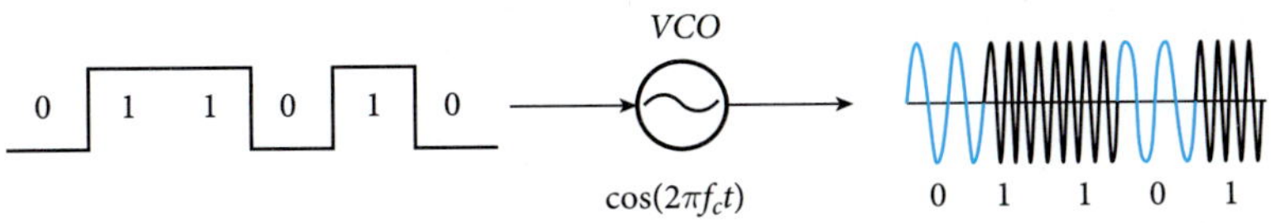

그림 7.37 이진 FSK 신호의 파형

FSK는 서로 다른 OOK 신호의 합으로 볼 수 있으므로 [그림 7.35]와 같이 FSK의 전력 스펙트럼은 주파수상에서 두 개의 ASK 스펙트럼이 더해진 형태가 된다. 따라서 FSK 신호의 대역폭은 다음 식으로 주어진다. 따라서 FSK신호의 대역폭은 ASK에 비하여 넓다.

$$B \cong f_1 - f_2 + \frac{2}{T_b} \tag{7.28}$$

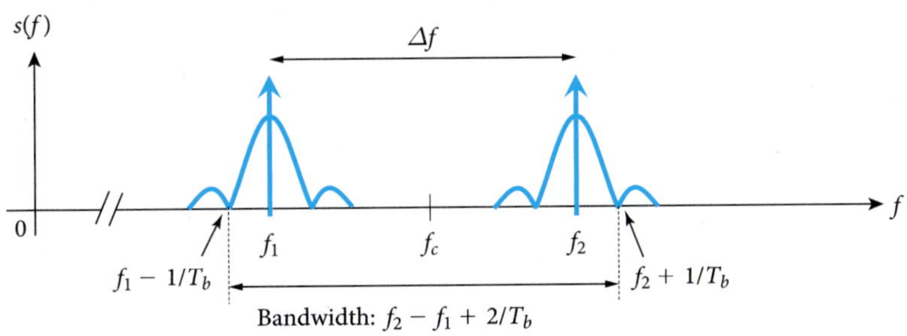

그림 7.38 이진 FSK 신호의 스펙트럼

FSK 신호는 아날로그 FM에서 순시 주파수가 두 개의 값을 갖는 경우로 볼 수 있으므로 FSK 신호의 복조는 아날로그 FM 신호의 복조에서 사용하는 방식을 동일하게 사용할 수 있다. 하지만 디지털 통신의 장점인 1과 0을 판별하는 방식의 정합필터(matched filter) 방식을 사용하면 더욱 우수한 성능을 얻을 수 있다. 동기방식과 비동기방식의 FSK 수신기의 성능은 에러확률 P_e로 표현하는데 이는 E_b/N_0의 함수가 된다. [그림 7.39]는 이진 FSK 신호의 수신 성능을 보여준다. 그래프를 보는 방법은 먼저 y축이 BER(Bit Error Rate)이다. 예를 들어 100개의 디지털 비트를 수신하였는데 1개의 오차가 있는 경우 10^{-2}, 즉 1/100이 된다. 디지털 데이터는 0또는 1이므로 0과 1이 50%씩 존재할 때 랜덤하게 찍는다 하더라도 반은 맞을 수 있으므로 BER의 최대값은 0.5가 된다. 따라서 0.5에서 시작하여 폭포가 떨어지는 모양(water fall shape)을 형성한다. 어떤 식의 곡선을 그릴지는 확률이론을 바탕으로 한 통신이론에 따라 구성되는데 이론적인 분석을 하면 FSK의 동기식 정합필터 방식의 수신기의 에러확률은 식 (7.29)과 같다[319].

$$P_b = Q\left(\sqrt{\frac{E_b}{N_0}}\right) \tag{7.29}$$

비동기 FSK의 수식은 다르게 표현되는데 결과식은 식 (7.30)과 같다.

$$P_b = \frac{1}{2}\exp\left(-\frac{E_b}{2N_0}\right) \tag{7.30}$$

이제 오차가 나더라도 만약에 1000개의 디지털 비트를 수신하였는데 1개의 오차만을 허용하려면 동기식 FSK는 E_b/N_0가 10 dB 이상 필요하지만 비동기식 FSK를 사용한다면 11 dB 이상을 필요로 한다는 의미가 된다. E_b/N_0를 SNR로 바꾸기 위해 대역폭 1 MHz, 데이터 전송속도도 1 Mbps라고 한다면 SNR 역시 10 dB 이상이 필요하게 된다.

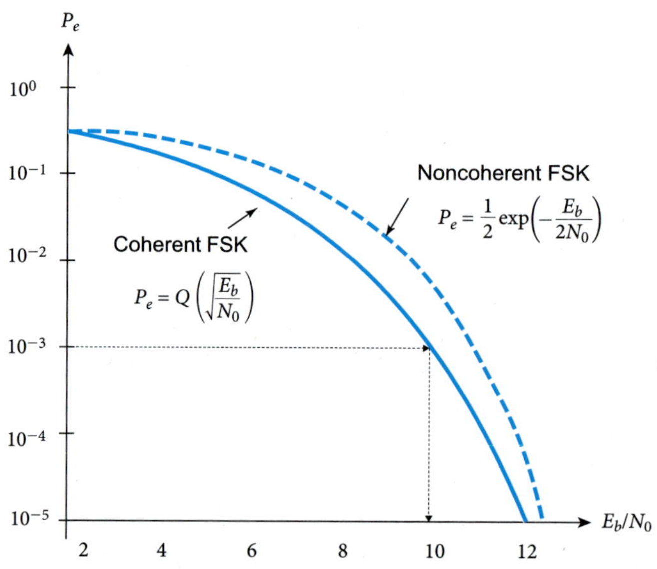

그림 7.39 이진 FSK 신호의 수신성능

319) 식 (7.29)와 식 (7.30)을 유도하기 위해서는 랜덤프로세서와 디지털 통신이론에 대한 전문적인 지식이 필요한데 본 교재에서는 생략하기로 한다. 관심있는 학생은 랜덤프로세스와 디지털통신 수업을 수강하기 바란다.

예제 7-23

실내에서 1 MHz 대역폭을 갖고 1 Mbps 속도를 갖는 Bluetooth 통신시스템의 링크버젯을 구해보자.

풀이 송신기의 출력 10 mW(기술기준에 의해)
수신대역폭 1 MHz이므로 열잡음전력은 −114 dBm
SNR 10dB, 링크마진 10dB 가정하면 최소수신전력은 −94 dBm
송신안테나 이득 = 수신안테나 이득 = −3 dB라고 가정
링크마진 10 dB 가정
→ EIRP = 10 dBm
→ 최소수신전력 = −88 dBm
허용되는 경로손실 = 98 dB
$PathLoss = 58.5 + 33\log_{10}(d/8),\ d > 8$
실내에서는 약 125 m까지 최대로 통신할 수 있다.
(고찰) 만약 출력이 1 mW로 작아지거나 안테나 이득이 적은 경우
통신반경은 더욱 작아지게 된다.

7.4.1 블루투스(Bluetooth) 스피커

블루투스 통신은 본래 오디오 신호 전송이 아닌 근거리 데이터 통신을 위해 개발된 기술이므로 초기에는 무선 키보드나 마우스, 혹은 디바이스 간 데이터 전송을 위해 사용되었으며 오디오 신호 전송과 관련해서는 HFP라는 휴대전화 통신 중에 핸즈프리로 음성을 송수신할 수 있는 프로파일을 지원하고 있다. 하지만 이러한 기술은 단순한 음질이 중요하지 않은 음성 전달이므로 고음질의 오디오 전송을 위한 용도는 아니었다. 따라서 오디오에 대응할 수 있도록 만든 블루투스용 프로파일이 별도로 만들어지게 되었는데 이것이 바로 A2DP(Advanced Audio Distribution Profile)이다.

블루투스 A2DP란 블루투스 통신의 대역폭 내에서 오디오 신호를 전송할 수 있도록 신호를 SBC(Sub Band Coding) 코덱을 통해 압축하여 보내는 프로파일을 의미하며 이렇게 보낸 신호는 오디오 수신부에서 다시 SBC 코덱을 통해 디코딩하여 소리를 재생시킬 수 있다. 비록 신호를 압축하는 과정에서 음질의 저하가 있을 수 있지만 속도가 낮은 블루투스통신으로 고음질의 오디오 신호의 전송을 가능하게 했기 때문에 스마트폰과 블루투스 스피커 및 헤드셋에 표준기능으로 적용되게 되었다. 이후 보다 효율적인 압축 알고리즘을 사용되었는데 대표적인 코덱이 애플의 AAC(Advanced Audio Coding), 소니의 LDAC, CSR의 apt-X 등이 있다.

Bluetooth A2DP 지원 코덱

1) SBC: 기본(의무) 코덱, 328 kbps
2) AAC: 애플 개발
3) LDAC: 소니 개발, Bluetooth 4.0 이상에서 동작, 330/660/990 kbps 지원
4) apt-X : 퀄컴 개발, 352 kbps 지원(apt-HD는 고음질용 576 kbps 코덱)

예제 7-20

본인이 사용하는 스마트폰에서 지원하는 Bluetooth A2DP 코덱을 알아보자. 코덱을 선택할 수 있다면 동일한 음악을 코덱별로 들어보고 그 차이를 얘기해보자.

코덱에 따른 차이는 비단 음질뿐만이 아니라 지연시간에서도 나타난다. SBC 코덱은 패킷이 전송될 때 정해진 양의 패킷이 전송되기 전까지 디코딩을 진행하지 않는 방식인 반면에, apt-X코덱의 경우 'apt-X 워드' 라는 작은 데이터로 분할 전송하고 이를 수신 단계에서 순차적으로 받아서 처리하는 방식으로 동작한다. 이러한 차이는 각 코덱의 지연시간을 보면 명확해지는데 apt-X 코덱의 지연시간이 40 ms인 것에 비해 SBC 코덱은 250 ms로 확연하게 차이가 난다는 사실을 알 수 있다. 물론 아직까지 통상적인 블루투스 오디오 장비들은 대부분이 SBC 방식이며 apt-X 방식의 경우 같은 코덱의 장비끼리만 적용이 가능하다는 단점이 있다[320].

Bluetooth 스피커 만들기

현재 시중에는 다양한 블루투스 스피커가 시판되고 있을 뿐만 아니라 개인이 직접 만들어 볼 수 있는 Kit도 다양하게 나와 있다. 오디오를 만들기 위해서는 오디오 잭이 연결되는 블루투스 모듈이 필요한데 대표적인 모듈이 MH-M28이다.

MH-M28 블루투스 오디오 모듈은 Bluetooth 4.2 표준을 따르며 2-채널 스테레오 오디오

320) 최근 CD 품질 이상의 고음질 음악을 스트리밍하는 서비스의 등장으로 고품질 오디오에 대한 관심이 집중되고 있으나 이런 고음질 음악을 듣기 위해서는 네트워크 플레이어를 이용한 고정 스피커를 추천한다. Bluetooth 스피커나 Bluetooth 이어폰은 태생적으로 고음질 음악을 듣기 이해 개발된 것이 아니며, 소형 스피커나 이어폰에서는 고음질 음원과 CD 음원의 차이를 알기는 어렵다. 이는 4K 영상을 휴대폰으로 보는 것과 동일하다. 4K 영상을 제대로 보려면 대화면 TV에서 제대로 볼 수 있는 것처럼 고음질 음악은 성능이 좋은 앰프와 스피커로 오디오 음향실에서 들어야 한다.

출력을 제공한다. 출력은 낮으므로 별도의 AMP를 필요로 한다[321]. 3장에서 학습한 AMP 지식을 활용하여 스테레오로 2개의 AMP를 구성하고 Bluetooth 모듈을 연결하면 자신만의 블루투스 스피커를 만들 수 있다.

그림 7.40 Bluetooth MH-M28 모듈 사진

예제 7-24

Bluetooth MH-M28 모듈을 이용한 Bluetooth 스피커를 가상으로 설계해보자.

풀이 모듈의 입출력 인터페이스를 정의하면 가상으로 설계할 수 있다. 또한 여유가 있다면 실제 모듈을 구매하고 자신의 스마트폰이나 3.5 mm 이어폰을 이용하여 음악을 들어보자.

7.5 Wi-Fi 오디오

앞에서 살펴본 블루투스는 수 m 내외의 근거리에서 전자기기 간의 1:1 무선연결이 가능하므로 스피커와 소스기기간의 스피커선을 없애는 역할을 할 수 있었다. 하지만 블루투스 스피커는 단순히 소리를 받아서 스피커를 구동하는 역할 외는 할 수가 없었다. 또한 블루투스는 무선 전송속도가 느리기 때문에 오디오 전송 시 압축을 해야 하므로 전용 코덱이 필요할 뿐만 아니라 오디오 스트리밍 모드에서는 디지털 통신임에도 불구하고 데이터가 끊겨도 실시간을 유지하기 위하여 재전송을 하지 않는다. 이에 음악을 듣다가 블루투스 스피

321) 만약 AMP 설계가 필요 없다면 5W AMP 2개을 내장한 MH-M38을 이용하면 바로 스피커와 연결할 수 있다.

커에서 소리가 끊기는 현상을 대신할 수 있는 대안이 필요하게 되었다. 또한, 스피커가 좀 더 스마트한 역할을 하려면 인터넷 네트워크를 통해 외부에서 접속이 가능해야 하는데 이를 위해서 IP 망에 접속할 수 있는 와이파이(Wi-Fi) 스피커가 등장할 수 밖에 없게 되었다[322]. Wi-Fi는 별도의 오디오 전송 모드가 없더라도 블루투스 대비 수십배가 넘는 대역폭으로 인해 무선 연결 시 음원을 압축할 필요가 없으며 블루투스보다 장거리이므로 먼 거리에서도 원음 그대로의 생생한 고음질 재생이 가능하다. 또한, 데이터가 깨질 경우 재전송함으로써 소리가 끊길 염려가 없다. 물론 Wi-Fi 통신반경을 넘어서면 접속 자체가 안 되는 문제가 발생할 수 있다.

Wi-Fi 통신은 무선 근거리 통신망(Wireless Local Area Network)의 표준화 단체인 IEEE 802.11 표준을 기반으로 서로 다른 무선 LAN 장치들 간의 데이터를 주고받는 프로토콜이다[323]. 802.11은 TCP/IP 망에서 계층 2의 이더넷과 계층 1의 LAN 케이블 대신에 무선으로 데이터를 주고받는 방식이다. 따라서 계층 3 이상의 TCP/IP는 동일하므로 Wi-Fi 기능이 있는 기기는 인터넷 네트워크 상에서 하나의 기기로서의 기능을 할 수가 있다. Wi-Fi 표준에서 정의하는 계층 1 프로토콜인 물리계층에서는 고속 무선모뎀 방식인 OFDM(Orthogonal Frequency Division Multiplexing) 방식과 MIMO(Multiple Input Multiple Output) 방식을 사용한다[324]. 이러한 고속 무선 모뎀 방식은 대역폭과 안테나만 충분하다면 유선 LAN 케이블 속도를 능가할 수 있다. 물론 OFDM과 MIMO을 이해하기 위해서는 고급디지털통신 이론에 대한 학습이 필요하므로 관심이 있는 학생들은 도전해 보기 바란다.

다음으로 Wi-Fi 표준에서 정의하는 계층 2 프로토콜인 MAC 계층에서 유선 LAN의 MAC 계층 기술인 CSMA/CD를 변형한 CSMA/CA(Collision Avoidance)를 사용하게 된다. CSMA/CA는 유선방식의 이더넷이 패킷의 충돌을 탐지(Collision Detection)만 하고 충돌이 발생한 경우 재전송하는데 반하여 충돌을 최소화하는 알고리즘을 사용하게 된다[325].

---

322) 스피커를 Wi-Fi로 연결하여 외부에서 제어할 필요가 있는지는 무선 오디오 제조사의 전략에 달려 있다. 참고로 구글에서는 크롬캐스트 오디오로 WI-FI 스피커를 구현하려고 했으나 대중화하지는 못한 바 있다.

323) .IETF, FCC, IEEE 및 Wi-Fi Alliance는 WLAN 사용에 대한 규칙과 규정을 정의하고 설정하는데 관여하는 4개의 주요 국제 기관이다. 국내는 과학기술정보통신부(이하 과기정통부)와 그 산하기관에서 담당하고 있다.

324) MIMO 방식은 송수신기의 안테나 수에 비례하여 속도가 올라간다. 단 송신기와 수신기 중 최소의 안테나 수에 비례한다. 예를 들어 AP(Access Point)는 4개의 안테나가 있고, 스마트폰은 2개의 Wi-Fi 안테나가 있을 때 전송속도는 안테나 1개에 비해 2배가 된다.

325) Wi-Fi의 MAC 계층의 성능은 단순히 주파수 호핑을 하는 Bluetooth에 비해 성능이 우수하여 충돌 가능성을 최소화할 수 있다.

[표 7.4] Wi-Fi 방식 및 주요 특징[326)]

규격		전송속도	주파수 대역	주요 특징
Wi-Fi	802.11(1997)	1.2 Mbps	2.4 GHz	- 최초 표준으로 사용안함 - FHSS & DSSS
	802.11b(1999)	~11 Mbps	2.4/5 GHz	- 최초 상용 표준 - DSSS방식
	802.11a(1999)	~54 Mbps	5 GHz	- OFDM 적용
	802.11g(2003)	~54 Mbps	2.4/5 GHz	- 대규모로 보급된 표준
	802.11n(2009)	~300 Mbps	2.4/5 GHz	- MIMO 적용
	802.11ac(2013)	~6.93 Gbps	5 GHz	- 속도 최대 지원
	802.11ax(2018)	~4.8 Gbps	2.4/5 GHz	- OFDMA 적용

만약 스피커에서 Wi-Fi 지원이 된다면 6장에서 살펴본 DLNA 기반의 네트워크 오디오를 무선으로 구성할 수 있다. 이 경우 Wi-Fi 공유기를 중심으로 각 기기들을 호환하여 연결시키는 홈네트워크가 구성되며, 디지털 오디오 데이터는 Wi-Fi AP(Wireless Access Point)를 경유해 오디오를 재생할 수 있다. 이와 같은 기술은 TCP/IP 기반의 네트워크상에서 자동으로 무선 장비를 인식하고 추가해주는 UPnP(Universal Plug and Play 프로토콜을 통해 기기간의 접속이 이루어져 데이트를 주고받게 된다. 위와 같은 특징 덕분에 Wi-Fi 기반의 DLNA 방식은 고품질 오디오 데이터 재생에 있어서 대역폭의 제한이 거의 없다. 앞에서 설명한 블루투스 통신의 경우 정해진 대역폭 내에서 오디오 신호를 전송해야 했기 때문에 SBC나 apt-X 코덱 같이 압축 알고리즘이 중요했던 반면 Wi-Fi 통신은 오디오의 변형 없이 원본 그대로 전송이 가능하다. 즉 인코딩이나 디코딩이 필요 없이 원본 파일 그대로 무선으로 보낼 수 있다는 점에서 음질 부분이 뛰어나다는 장점을 가진다.

블루투스 통신의 경우 아무리 좋은 코덱과 압축 알고리즘을 사용한다고 해도 기본적으로 16 bit 44.1 kHz의 CD 수준의 음질에서 벗어날 수 없으며 대역폭 또한 A2DP 방식에서 전송대역폭의 상한선이 512 Kbps로 제한된다. 반면에 Wi-Fi 통신의 경우 전송 대역폭이 수십 Mbps 수준으로 매우 넓고 이로 인해 음질 또한 24 bit 192 kHz의 고음질 및 고용량 음원 전송이 가능하다.

물론 음질이나 대역폭 같은 특성들을 가지고 어떤 통신이 좋은지 판단할 수는 없다. 중

326) Wi-Fi는 대부분 2.4 GHz와 5 GHz를 사용하지만 최근에는 6 GHz와 60 GHz를 사용하는 Wi-Fi 기술도 도입되고 있다.

요한 것은 제한된 기술이든 기능이 좋은 기술이든 그 쓰임새에 맞게 쓰여야 된다는 것이다. 하이파이 오디오 시스템을 무선으로 구현한다면 블루투스 스피커는 반드시 피해야할 제품일 것이다. 반면에 스마트폰과 연계되는 간편하게 들고 다닐 수 있는 스피커를 찾는다면 무선 랜 연결이 필수적인 Wi-Fi 스피커는 쓸모가 없다. 이러한 점들을 볼 때 단순히 기술적인 부분뿐만 아니라 사용 편의성과 용도 같은 요소들을 먼저 파악하는 것이 선행되어야 할 것이며 용도와 목적에 맞게 쓰는 것이 효과적으로 자기에게 맞는 기술을 사용하는 법이다.

[표 7.5] 블루투스와 Wi-Fi의 특성 비교

	Bluetooth	Wi-Fi
주파수	2.4 GHz	2.4 GHz/5 GHz
요구조건	1:1 Paring	인터넷 접속 필요
전송음질	압축된 CD 음질	고품질 음원(예: 24 bit 192 kHz)
통신범위	~10 m	~100 m
대역폭	512 Kbps	수십 Mbps
소비전력	매우 낮음	중간

2.4 GHz를 사용하는 Wi-Fi의 채널 배치의 예가 [그림 7.41]에 나타나 있다. Wi-Fi는 규격에 따라 모뎀 방식에 차이가 있으며, 현재 가장 많이 보급된 IEEE 802.11g/n 규격의 경우 20 MHz 채널을 기준으로 할 경우 4개의 주파수 대역을 사용할 수 있다. 참고로 20 MHz 2개를 묶어서 40 MHz 채널을 사용하는 경우도 가능하다[327].

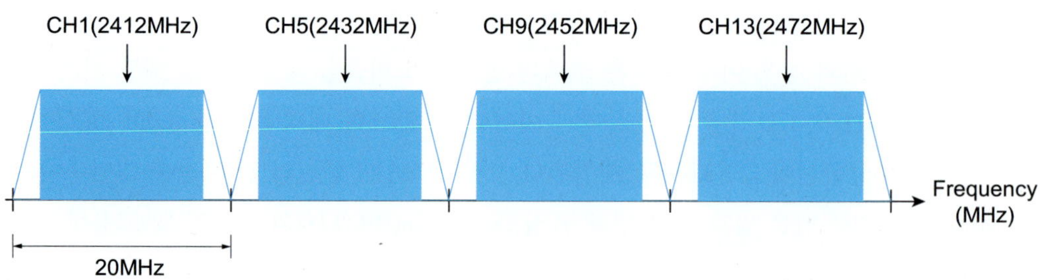

그림 7.41 2.4 GHz 802.11g/n Wi-Fi 20 MHz 주파수 채널

327) 2.4 GHz Wi-Fi 채널은 5 MHz 단위로 13개가 있다. 현재 주파수 간섭을 최소화하기 위하여 1번, 5번, 9번, 13번을 사용하도록 권장하고 있다.

예제 7-25

최근 Wi-FI 사용의 포화로 5 GHz 대역을 많이 사용하고 있다. 5 GHz 대역을 사용하는 Wi-FI의 장단점에 대해 알아보자.

풀이 5 GHz는 2.4 GHz가 최대 40 MHz 대역폭만 가능한데 반하여 80 MHz(규격상에는 160 MHz) 대역폭을 사용하는 것이 가능하여 고속 전송이 가능하다. 단, 주파수가 2배 높기 때문에 Friis공식에 의해 통신반경이 1/4로 작아지게 된다.

Wi-Fi 오디오 사례

Wi-Fi 기반의 스피커의 대표적인 사례로 애플의 Air Play와 구글의 Chromecast 기술이 있다. 애플의 에어플레이(Air Play)는 애플의 iOS/Mac OS 기반에서 사용할 수 있고 구글의 Chromcast는 안드로이드나 구글 크롬 OS 기반에서 사용할 수 있는 Wi-Fi 오디오라 할 수 있다. 예를 들어 [그림 7.42]는 크롬캐스트 오디오의 사진이다. 크롬캐스트 오디오에는 3.5 mm 헤드폰 단자가 있어서 이를 스피커에 연결하여 구동하는 방식이다. 블루투스처럼 스마트폰으로부터 스트리밍하는 것이 아닌 서버에서 직접 스트리밍이 가능하며, 그로 인해 DLNA 스트리밍을 지원하는 웹에서만 사용이 가능하다[328].

애플의 경우 아이폰(iPhone), 아이패드(iPad)에서 사용하는 iOS, 애플 TV(Apple TV)의 tvOS 등 애플 제품의 생태계에서 사용하는 에어플레이를 시작하였고, 2018년에는 에어플레이 2로 리뉴얼되었다. 에어플레이는 간단하게 말하면 아이폰, 아이패드의 음악이나 영상을 무선으로 전송하는 애플의 자체 플랫폼이며. 최신 규격의 에어플레이 2는 iOS 11.4에서 지원을 시작했으며, 이를 지원하는 타사의 제품이 꾸준히 늘어나고 있다. 기존 에어플레이는 아이폰/아이패드에서 보낸 오디오신호를 기기와 1:1로 연결하는 방식이었는데, 에어플레이 2는 1대의 송신측에서 여러 대의 에어플레이2 지원 기기로 전송할 수 있습니다. 에어플레이 2는 기존 에어플레이와 호환성을 유지하고 있어, 1:1 연결방식도 여전히 지원한다. 그리고 새롭게 여러 대의 기기에 오디오신호를 전송할 수 있게 되어 활용도를 높인 것이 특징이라고 할 수 있다. 에어플레이2는 오디오 신호를 전송할 때 끊김 등을 방지하도록 마련된 버퍼 기능을 더욱 강화시킨 것이 특징이다. 오디오 전송의 안정성을 확보하기 위해 확

328) 아쉽게도 2019년 1월 단종되었으며 Google 측에서는 구글 어시스턴트가 탑재된 구글 홈과 같은 AI 스피커에 집중한다고 발표하였다. 단순히 오디오만 전송하기에는 WI-Fi 접속을 유지해야 하는 낭비, 타 Wi-Fi 기기와의 주파수 간섭, 전력소모 등으로 인한 것으로 보인다.

보하는 버퍼의 용량이 기존 에어플레이는 초 단위의 오디오 버퍼 크기를 제공했다면, 에어플레이2는 분 단위 수준으로 오디오 버퍼의 양이 증가되었다. 이러한 버퍼 기능의 강화는 영상과 음성의 정확한 싱크에도 도움을 주는 것으로 알려져 있다.

최근에 나와 있는 무선스피커 중에는 에어플레이 2, 크롬캐스트, 블루투스 연결이 모두 가능한 제품들이 출시되고 있다.

그림 7.42 크롬캐스트 오디오(출처: Google)

참고 Wi-Fi 오디오는 그 광대역 특성으로 인해 오디오이외에도 오디오신호와 비디오 신호를 함께 전송하는 것이 가능해졌다. 향후 Wi-Fi 기술은 오디오 전용이라기 보다는 오디오와 비디오를 통합하여 전송하는 무선기술로 더욱 발전할 것으로 전망된다.

7.5.1 WiSA 무선 오디오

앞에서 살펴본 Bluetooth와 Wi-Fi는 오디오용으로 사용될 수 있지만 기본적으로는 데이터를 무선으로 보내는 통신과 관련된 프로토콜이다. Wi-Fi가 속도가 빠르더라도 기본적인 패킷망이므로 통신 속도가 가변될 수 있으며 시간지연이 존재할 수 있으므로 오디오에 최적인 통신방식은 아니다. 반면 WiSA(Wireless Speaker and Audio)는 이름에서 알 수 있듯이 원래부터 고품질 무선 오디오를 위해 만든 표준으로써 고품질 오디오 전송에 최적으로 만들어졌다. 즉 속도와 초저지연 성능을 기본으로 만든 표준이다.

WiSA를 이해하기 위하여 먼저 Wi-Fi가 사용하는 주파수에 대해 살펴보자. Wi-Fi는 2.4

GHz와 5 GHz를 사용할 수 있는데 2.4 GHz는 대역이 좁고 블루투스 등에서 사용되고 있어 주파수 간섭이 발생할 수 있으므로 보통 Wi-Fi 고속전송을 위해서는 5GHz를 사용한다. 하지만 5 GHz의 주파수 대역의 중간에는 군용 레이다와 기상 레이다 등의 레이다로 사용되고 있어 이 대역은 사용할 수 없을 뿐만 아니라 레이다 인접대역 역시 레이다 보호를 위해 Wi-Fi로 쓸 수는 있지만 이 대역을 사용하려면 DFS(Dynamic Frequency Selection) 기능이 있어야 한다. DFS는 레이다 등의 신호가 있음을 감지하면 사용하지 않도록 하는 기능으로 보통 Wi-Fi에서는 이 기능을 구현하기가 어려우므로 보통은 사용하지 않는다. 하지만 고품질 오디오를 사용하는 환경은 실내 환경이므로 레이다 주파수와의 간섭에서 자유롭다. 따라서 WiSA에서는 이 대역을 실내에서 사용하여 고속의 멀티채널 디지털 오디오 데이터 전송을 하는 것이다[329].

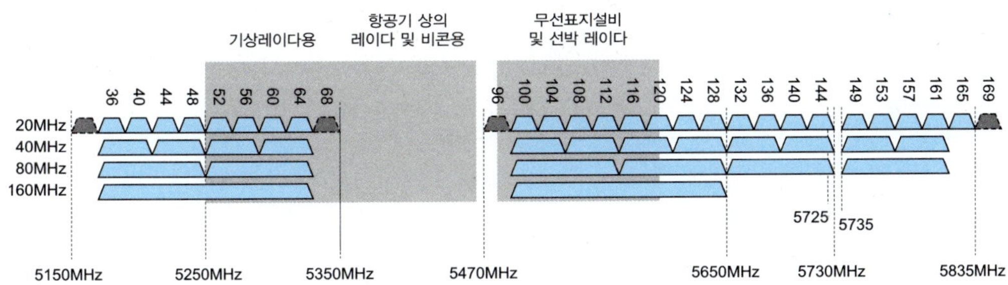

그림 7.43 5 GHz 주파수 대역

WiSA는 넓은 주파수 대역을 사용하여 최대 8채널까지 고품질 오디오를 무선으로 스피커에 전송할 수 있는데 국내의 경우 LG전자가 주도적으로 참여하고 있다. 국제적으로 로는 오디어 업체입 뱅앤올루프센, 하만 인터내셔널, 클립쉬, 엑스박스, 등이 참여하고 있다.

WiSA 지원 기기와 기능

– 24 bit/96 kHz Hi-FI 오디오, 최대 5.2 msec latency

– 최대 8채날 지원: 5.1/7.1 입체음향 지원

329) WiSA 표준의 경우 국제표준이라기 보다는 회사들이 만든 사실 표준에 가깝기 때문에 현재 자세한 기술적 내용을 알기는 어렵다. 현재까지 알려진 내용으로는 24 bit, 96 kHz의 ADC 기능과 Bluetooth 오디오 장치의 대기 시간의 1/10 미만으로 8개 스피커(7.1 채널 또는 5.1.2 채널)를 자동으로 동기화될 수 있다고 알려져 있다.

그림 7.44 WiSA 로고와 TV에서 스피커로의 WiSA 연결(출처: WiSA)

예제 7-26

최근 Wi-FI 기술의 발전으로 5 GHz 외에 6 GHz 주파수를 사용하는 Wi-Fi 기술이 도입되고 있다. 이에 대해 살펴보자.

풀이 국내의 경우 2020년 5.925 GHz에서 7.125 GHz 사이의 1.2 GHz 폭의 주파수를 Wi-Fi에 사용될 수 있도록 기술기준을 제정한 방 있다.

7.6 스마트 스피커

무선 오디오의 마지막 내용으로 스마트 스피커(Smart Speaker)를 살펴보자. 오디오에서 음질에 가장 큰 영향을 미치는 스피커는 과거 단순히 앰프가 출력하는 전류를 받아서 음을 만들어내는 역할이었으나 이제 홈 네트워크의 중심적인 역할로 바뀌고 있다. 이는 스마트폰이 무선 전화기의 역할에서 시작하여 휴대인터넷 기능을 지나 오디오기기, 디지털 카메라, 컴퓨터, 신용카드 등 개인이 필요로 하는 모든 기능을 수행하는 역할을 하게 된 것과 비슷하다. 무선전화기가 스마트폰으로 발전하게 된 이유는 무선전화기는 외부의 전화를 받기 위하여 언제나 들고 다녀야 하기 때문이다. 전자기기가 통합할 때 가장 필수적인 기기에 부수적인 기기가 포함되는 것은 당연한 이치이기 때문이다. 마찬가지로 오디오 관점에서 소리를 듣는 마지막 역할은 스피커가 하므로 스피커는 반드시 있어야 한다. 따라서 스피커가 마이크, 앰프, 소스기기, 네트워크 기능을 포함하는 방향으로 발전하게 될 수밖에 없는 것이다. 인공지능 비서를 AI 스피커라 부르는 것과 동일한 이치이다.

스피커로 모든 오디오 기능이 통합되는 변화를 미리 알고 이를 선도하는 회사는 당연히 오디오 전문 회사가 아니라 구글, 애플, 아마존 같은 IT 회사들이다[330]. 예를 들어 아마존의 AI 스피커 에코는 알렉사(Alexa)라고 불리는 AI 음성비서기능이 내장되어 있다. 구글은 2016년에 구글 홈이라는 스마트 스피커를 출시하였다. 국내에서도 유사한 스마트 스피커로 네이버의 웨이브, 카카오 미니, SKT의 누구, KT의 기가지니 등이 출시된 바 있다. [그림 7.45]는 현재 국내외에서 판매 중인 다양한 AI 스피커의 예를 보여주고 있으며, [표 7.6]은 이러한 AI 스피커가 제공하는 주요 기능을 나타내고 있다.

이러한 스마트 스피커를 구분하면 디자인과 오디오 성능이 우수한 기기가 있고, 오디오 성능이 낮고 음성 인식 기능을 중심으로 하는 것으로 나눌 수 있다. 이중에서 디자인과 오디오 성능이 낮은 AI 스피커는 보통 이용자가 스마트폰이나 IPTV에 가입할 때 무료나 저가로 제공하는 기기들로서, 그렇게 좋은 평가를 받고 있지는 못하고 있다[331]. 결국 음성인식 등의 기능이 진일보하거나 오디오 스피커로서의 성능이 뛰어나야 하는데, 현재는 그 두 가지 기능 모두에서 한계를 보이고 있는 것으로 볼 수 있다. 이는 스마트 스피커의 출현 배경을 정확히 이해하지 못하는 기획자들이 아직 초보적인 단계인 AI 음성인식 기술로 스마트스피커를 기획했기 때문이 아닐까 생각한다. 스마트 스피커의 핵심은 디자인, 오디오 성능, 스마트 기능에 필요한 스마트 센서 기능인 것은 당연하다. 이는 자율주행차의 핵심이 어설픈 자율주행 소프트웨어 기능이 아니라 자동차의 디자인, 자동차 자체의 성능, 자율 주행에 필요한 레이다/카메라/라이다 등의 센서 기능임과 같은 이치이다.

---

330) 과거 휴대폰 기술을 선도하던 모토롤라가 몰락하고 애플, 구글 등 IT 회사들이 스마트폰 기술을 선도하는 것과 같다.

331) 현재 스마트 스피커를 사용한 경험이 있는 소비자의 만족률은 절반을 넘지 못하는 것으로 보이는데 불만족 이유로는 음성 명령이 잘 되지 않는다, 자연스러운 대화가 곤란하다, 소음을 음성 명령으로 오인한다, 나에게 맞는 정확한 정보/콘텐트를 제공하지 못한다, 등의 순으로 나타나고 있다.

그림 7.45 현재 국내 출시 중인 AI 스피커의 예

[표 7.6] 현재 AI 스피커가 제공하는 주요 기능

기능	설명
네트워크 플레이어	스마트폰 내 음악 재생, 스트리밍 사이트(예: 멜론, 지니, 네이버 뮤직 등) 연동
Bluetooth 스피커	음악 재생
정보 제공	사람이 한 말을 분석, 원하는 정보(뉴스, 스포츠, 날씨) 제공
홈 오토메이션	전등, 냉난방, 가전제품 원격제어
기타 기능	알람, 타이머, 메모, 쇼핑 등
긴급 상황 대처	112/119 신고, 독거 노인 관리 등

예제 7-27

판매중인 AI 스피커를 3개 골라 주요 스펙을 비교분석하시오. 이때 오디오 성능이 우수한 것과 성능이 낮은 스피커의 가장 큰 스펙의 차이는 무엇인가?

스마트 스피커를 판매하는 IT 회사 중에 오디오 관점에서 특히 관심을 가져야 할 회사로 애플(Apple)이 있다. 애플의 창업자 중 하나인 스티브잡스는 유명한 오디오 애호가이다. 아이팟(iPod)의 출시로 오디오 시장를 새롭게 재편한 애플은 2006년 아이팟용 전용 도킹 스피커인 'iPod Hi-Fi'를 출시한 바 있다. 아이팟을 소스기기로 하고 D급 디지털 앰프와 우퍼 포함 3개의 스피커를 내장한 오디오였는데 아쉽게도 1년 만에 단종된 바 있다. 아마 그 이유는 다양하겠지만 아이폰으로 소스기기가 변경되면서 스트리밍 기술과 Wi-Fi 스피커의 등장에 따라 도킹 시스템에 대산 수요가 작아졌기 때문인 것으로 보인다. 이후 애플은 2017년 HomePod이라는 스마트 스피커를 출시하였다. 애플의 HomePod은 아마존의 Echo나 구글의 Nest 등의 경쟁업체들이 인공지능 기반의 전자비서 서비스에 집중하는 대신 디자인, 오디오 성능, 스마트 센서 기능에 중점을 둔 제품으로 출시되었다[332]. [그림 7.46]에 애플의 iPod과 HomePod의 사진을 보여주고 있다.

그림 7.46 애플 iPod Hi-Fi(좌)와 HomePod(우)(출처: 애플)

앞으로 스마트스피커의 미래를 정확히 예측하는 것은 쉽지 않지만 스마트 스피커가 발전하기 위해서 스마트 센서 기술이 반드시 필요할 것으로 판단된다. 이러한 스마트 센서 기술은 음파와 전파 모두를 이용할 수 있는데 이는 앞에서 살펴본 바와 같이 스피커가 고성능 입체음향 제공 뿐만 아니라 인공지능 기능의 고급화하는데 필수적이 된다[333].

스마트스피커의 스마트 센서 기능에 대해 좀 더 자세히 살펴보자. 스피커가 입체음향을 만들기 위해서는 두 가지 문제가 해결되어야 한다. 첫째, 앰프에서 스피커까지의 스피커선의 연결에서 자유로워야 한다[334]. 둘째는 입체 음향을 위해서 2개 이상의 스피커가 있을 때

332) 아마존과 구글이 오디오 성능보다는 전자비서 기능을 강화한 반면에 애플의 홈팟은 오디오 성능에 집중하고 있는데 어떤 전략이 성공할지는 2023년 출시된 홈팟 2.0의 성공 여부에 달려있는 것으로 보인다. 홈팟 2.0은 실내 감지기술 및 빔포밍 어레이의 방향제어 등의 기능을 가지고 있다.

333) 스마트 스피커는 음원을 제공하는 스마트폰의 위치인식, 음악을 듣는 사람의 위치인식, 스피커가 복수인 경우 다른 스피커의 위치인식 등이 필요하며, 이를 위해 다양한 기술이 사용된다.

334) 스피커선이 없더라도 전원선은 있어야 하지만 전원을 공급하는 전기선을 없애기는 어렵다. 다행히 전원선은 벽에 콘센트를 이용하면 스피커를 벽에 붙일 수 있다. 또한, 최근 배터리 기술의 발달로 후면스피커의 경우 충전하여 사용하거나 향후 무선충전 기술까지 사용한다면 전기선까지 없앨 수 있다.

스피커 간의 서로의 거리와 방향을 정확히 인식해야 한다. 셋째, 스피커가 놓여진 방의 크기나 사람의 수나 배치까지 인식할 수 있으면 더욱 좋다. 특히, 고품질의 입체음향을 듣기 위해서는 스피커의 배치와 각도가 정확해야 한다. 또한, 네트워크 플레이어, PC, 스마트폰 등 소스기기가 어디에 있는지도 파악할 수 있어야 한다. 이에 필요한 정보가 소스기기와 스피커 간, 스피커와 스피커 간의 상대적인 거리와 위치이다. 이와 같이 무선기술을 이용하여 기기간의 거리와 위치를 알 수 있는 기술을 전통적으로 RTLS(Real Time Location Service)라고 하며 최근에 스마트폰이나 홈팟에 내장하기 유리한 RTLS 기술 중의 하나인 UWB(Ultra Wide-Band) 기술에 관심이 집중되고 있다[335]. 다음으로 스마트 스피커가 주변 환경을 인식하는 상황인식 기술이 필요하다. 예를 들어 스피커에서 발사되는 음파나 전파의 변화를 통해 룸의 크기, 사람의 위치를 센싱하여 상황에 맞는 최적의 음향이 나오도록 할 필요가 있다. 이는 전통적으로 초음파나 레이다에서 사용하는 기술이었으나 UWB 기술을 이용하여 이러한 기능을 구현하는 제품이 출시되고 있다.

예제 7-27

UWB 기술에 대한 미래 전망을 조사해보고, 특히 애플의 HomePod에서 사용하는 UWB 기술로 할 수 있는 서비스에 대해 알아보자.

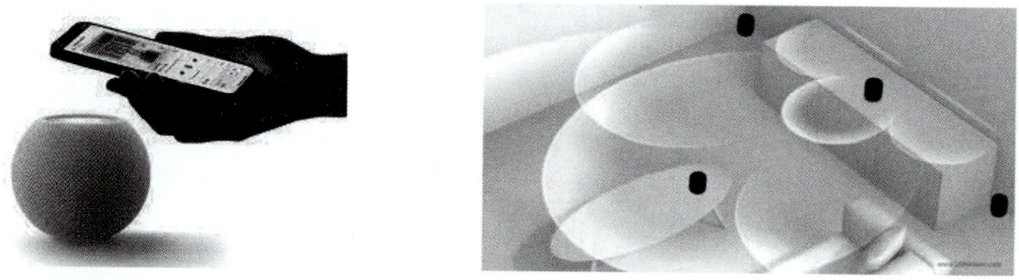

그림 7.47 UWB를 이용한 스피커의 스마트폰 인식 및 입체음향 생성(출처: Apple)

335) UWB 기술은 과저 통신기술로 Bluetooth나 Wi-Fi에 밀려 사장되고 있었으나 UWB 기기 간의 거리를 cm 단위로 정확히 측정할 수 있는 특성이 재발견되면서 최근 관련 연구가 집중되고 있다. 저자 또한 UWB 관련 기술을 개발하고 있으므로 UWB 거리 측정 원리나 이해는 저자가 쓴 UWB 논문이나 관련 자료를 참고하기 바란다.

7.7 나만의 오디오

현재까지 오디오의 전반적인 개요와 오디오에 숨어 있는 전자공학 원리에 대해 살펴보았다. 스피커에서 시작하여 앰프, 아날로그 소스기기, 디지털 소스기기, 네트워크 오디오, 무선 오디오까지 오디오의 모든 것을 최신 전자공학 관점에서 자세히 살펴보았다[336].

이제 마지막으로 현재까지 학습한 내용을 바탕으로 본인의 방에 오디오를 설치하는 경우를 한 번 가정하고, 이때 어떤 구성이 가능할지, 또한 어떤 첨단 기술이 들어가게 될 것인가 상상해보자. 또한 본인의 방의 크기와 현재 판매 중인 오디오 기기를 이용하여 최적의 가격으로 최고의 음질을 내는 것을 목표로 설계도 해보자. 예를 들어 방이 작으면 커다란 우퍼 스피커는 설치해도 들을 수 없을 것이니 빼도록 하자. 또한, 내 방에서 컴퓨터 작업을 하면서 음악을 들을 것인지, 거실에 앉아서 편안하게 TV시청과 함께 음악을 들을 것인지에 따라서도 오디오의 구성과 배치가 달라질 것이다. 현재 가지고 있는 PC나 노트북, 홈네트워크와의 연결은 어떻게 할지도 무선 관점에서 고민해보자. 이러한 과정은 전자공학 전공 학습에 흥미를 유발할 수 있을 것이다. 이 책을 읽은 독자들이 본인의 상황과 나이가 들어감에 따라 자기에게 맞는 나만의 오디오 세계를 지속적으로 만들어 나가기를 바란다.

예제 7-28

[그림 7.48]은 최근 오디오 트렌드 중의 하나인 사운드 바를 이용한 디지털 입체 음향 시스템을 보여준다. 이 그림을 참조하여 오디오의 미래의 모습에 대해 생각해보자.

그림 7.48 사운드바와 우퍼를 이용한 입체음향(출처: 삼성)

336) 본 교재는 어느 한 부분을 깊이 들어가기 보다는 가급적 오디오의 전반적인 내용을 다루고자 하였기에 부족한 부분이 있어 추가 학습이 필요함을 이해해주기 바라며 독자들의 양해를 바랍니다.

참고문헌

[1] 장병준, 무선통신과 레이다, 도서출판 홍릉, 2021년.

[2] 장병준, 한 번에 배우는 전자기학, 도서출판 홍릉, 2022년.

[3] 스탠리 알텐, 미디어음향, 커뮤니케이션북스, 2006년

[4] 네이버퀘스트, 오디오

[5] Lawrence E. Kinster외, 음향학의 기초, 도서출판 홍릉, 1999년

[6] 김명진, MATLAB 실습과 함께 배우는 아날로그 및 디지털 통신이론, 생능출판, 2019

에필로그

오디오와 전자공학

본 교재에서는 초기 오디오부터 시작하여 최신 오디오까지 그 안에 숨어있는 전자공학의 주요 개념들을 학습함으로써 학생들이 전자공학에 친숙해지도록 하였다. 본 교재를 통해 학생들은 전자공학에서 배운 다양한 지식이 오디오에서 어떻게 사용되는지 알 수 있는 계기가 되거나, 본 교재에서 배운 각각의 내용에 흥미를 느껴 해당 전공 공부에 더욱 매진하는 계기가 되기를 희망한다.

책을 끝내기 전에 오디오와 관련된 미래 전망에 대해서 살펴보자. 최근 오디오 시장은 스마트폰과 더불어 헤드폰과 이어폰의 판매량은 큰 폭으로 늘고 있고 블루투스 스피커와 같은 소형 오디오 기기들과 사운드바의 판매량도 늘고 있다. 즉, 입문용 소형 오디오 시스템과 무선통신 기술이 접목된 오디오 기기들의 판매는 늘었지만, 유선으로 동작하며 설치가 복잡하고 덩치 큰 전통적인 오디오 제품의 수요는 상대적으로 감소한 것이다[337]. 이러한 점들을 종합해볼 때 앞으로 오디오 시장은 디지털 기반의 무선 스마트 오디오시대가 본격적으로 도래할 것으로 볼 수 있다. 이에 따라 과거에는 앰프와 스피커 자체 기술이 중요했기 때문에 오디오 전문 업체가 시장을 주도했지만, 디지털음원의 등장과 IT기술을 활용한 사용 편의성 및 소형화 설계 및 디자인 등에 강점을 지니고 있는 IT기업으로 주도권이 넘어가고 있다. 무선통신기술 또한 과거에 비해 발전을 거듭해 오면서 더 이상 유무선의 차이를 느끼지 못할 정도 음질 부분에서 많은 성과를 거두고 있다[338].

현재, 오디오 시장이 IT 업체가 주도하게 되면서 IT 기업은 고품질의 오디오 기술 개발에 적극 투자하고 있다. 네이버, 카카오 등의 IT 플랫폼 회사들은 소비자의 취향을 저격하는 오디오 서버를 구축하여 다양한 오디오 스트리밍 사업을 진행하고 있으며, 삼성전자, LG전자 등의 IT 디바이스 제조 회사들은 블루투스 스피커, Wi-Fi 스피커, 인공지능(AI) 스피커 등을 출시하고 있다. 이는 전 세계적인 현상으로 구글이나 애플도 예외는 아니다. 이와 같이 IT 업계 전반에 걸쳐 오디오 시장이 지속적으로 커지고 있다. 심지어는 모빌리티

---

337) 단, 고가의 전문가용 하이-엔드 오디오는 빈티지 제품을 찾는 매니아층을 중심으로 꾸준히 판매되고 있다.

338) 물론 디지털 무선통신의 경우 대역폭의 한계로 초고음질 무선 전송까지는 좀 더 개발이 필요한 상황이다. 특히, 영상과 함께 실감 오디오 전송을 위해서는 2.4 GHz/5 GHz 대역을 넘어서는 초광대역 Wi-Fi 기술의 발전이 필수적이다.

시장의 확대로 자동차용 오디오 시장도 IT 업체가 주도하고 있다. 현재는 아직은 고급 차량을 중심으로 고급 오디오 시스템이 장착되어 있지만 앞으로는 모든 차종에서 오디오 성능이 차를 선택하는데 있어 중요한 역할을 할 것이다[339]. 이에 IT업체들의 오디오 기술 확보 노력이 이어지고 있으며 기존에는 오디오와 큰 관련이 없었던 기업들도 오디오 관련 역량 확보에 적극적으로 나서고 있다.

몇 가지 예를 살펴보자. 최신 IT 트렌드를 선도하는 스마트폰 시장의 경우 오디오의 가치는 지속적으로 강조되고 있다. 사람들이 스마트폰으로 오디오 콘텐츠를 즐기는 횟수가 늘어나고 있고 고사양의 이어폰과 스피커 등 오디오 관련 주변 기기 시장도 빠르게 커지고 있다. 특히 고음질 오디오는 소비자의 스마트폰 만족도를 높이는 한편 프리미엄 이미지도 강화할 수 있기 때문에 돌비 애트모스 등 최신 오디오 기술을 탑재한 스마트폰이 경쟁적으로 출시되고 있다. 많은 기업들은 자체 기술 개발은 물론 오디오 전문 기업과의 협력을 강화하면서 더욱 생생한 소리를 재생할 수 있는 스마트폰 개발에 주력하고 있다. IT업계의 차세대 먹거리로 떠오르는 가상현실(VR: Virtual Reality) · 증강현실(AR: Augmented Reality)에서도 오디오는 핵심 기술로 자리매김하고 있다. 현재 VR/AR 제품은 주로 시각 효과를 중심으로 발전하고 있지만 향후 사용 저변이 확대될수록 청각 등 인간의 감각 전반에 걸쳐 생생한 체험을 제공하는 것을 고려할 수 밖에 없다. 이에 따라 미래 VR/AR 시대에는 오디오 기술을 활용해 가상 세계의 실감도와 몰입감을 높이려는 움직임도 더욱 커질 전망이다.

이와 같이 오디오 기술 역량을 강화하기 위한 기업들의 연구·개발 경쟁은 더욱 뜨거워질 것으로 보인다. 단지 소리를 녹음하고 출력하는 기능에 더해 빅데이터(Big Data), AI 등 각종 IT가 융합되면서 실제 원음에 가까운 소리를 구현하거나 혹은 주변 환경을 인식하여 최적의 소리를 내주는 오디오 기술도 등장할 수 있다. 지금은 노이즈 제거 정도의 수준이지만 향후에는 스피커가 자기 주변의 공간을 인식하여 에코나 정재파를 제거하는 수준까지도 발전하게 될 것이다. 현재 인공지능 스피커의 경우 사람의 목소리를 분석하여 가전기기를 제어하는 정도이지만 향후에는 스피커 주변에 사람이 얼마나 있는지, 또 어떤 활동을 하고 있는지를 아는 수준까지 확대될 것으로 전망된다. 따라서 국내 IT 기업들 역시 새롭게 부상하는 오디오 기술과 관련 시장에 대한 면밀한 분석과 대응책을 마련할 필요가 있다. 오디오 시장을 새로운 성장 동력으로 바라보고 주요 트렌드를 지속적으로 점검하는 한편 경쟁 기

339) 과거의 자동차는 엔진의 소음 등으로 오디오의 성능이 좋아도 이를 느끼기 어려웠지만 앞으로의 자동차는 조용한 전기차가 일반화되어 오디오의 성능의 차이가 확실하게 느껴질 뿐만 아니라 자율주행 기술의 보급이 확대됨에 따라 운전 중 오디오를 집중하여 듣는 경우가 훨씬 많아졌다. 따라서 좋은 오디오는 자동차의 필수품이 되고 있다.

업과 차별화될 수 있는 기술과 비즈니스 모델을 확보하려는 노력을 한층 강화되어야 한다.

추가하여 현재 오디오는 단순히 소리를 전달하기 위한 음향기기를 떠나 다양한 디자인과 결합되고 있다. 예를 들어 전등이나 가구 등과 결합되기도 한다. 이에 따라 오디오는 과거와는 달리 오디오가 단순히 음을 잘 내는 기계로만 받아들여지지 않고 첨단 기술과 디자인적 요구가 접목된 매체도 발전하고 있다. 이에 따라 크기가 작으면서도 가구 등과 결합될 수 있는 성능이 우수한 스피커에 대한 요구가 지속될 것이다. 또한, 전통적으로 오디오의 소형화에 따라 스피커 내에 다양한 첨단 회로가 들어오게 되면서 회로에서 발생하는 발열, 노이즈 등을 최소화하기 위한 하드웨어적인 노력 역시 지속적으로 필요하다는 것을 다시 한번 더 강조하고자 한다. 끝으로 인공지능 스피커의 등장에서 알 수 있듯이 스피커가 주변 상황을 자동으로 센싱하는 기술은 앞으로 관심이 집중될 것이다. 이를 위해 UWB 등의 기술이 활용되고 있으며, 학생들은 무선기술을 무선통신으로만 생각하지 말고 무선센싱과 연계하는 발상의 전환을 할 수 있기를 기대한다.

본 교재를 통해 학생들이 전자공학에 친숙해지고, 향후 등장할 오디오 관련 기술에 관심을 가지게 되기를 다시 한 번 희망하며 학생들의 발전을 기원한다.